Hydrostatische Führungen und Lager

Božina Perović

Hydrostatische Führungen und Lager

Grundlagen, Berechnung und Auslegung von Hydraulikplänen

Springer

Prof. Dr.-Ing. Božina Perović
Blohmstr. 3
12307 Berlin
Deutschland
b.perovic@yahoo.de

ISBN 978-3-642-20297-1 e-ISBN 978-3-642-20298-8
DOI 10.1007/978-3-642-20298-8
Springer Heidelberg Dordrecht London New York

Die Deutsche Nationalbibliothek verzeichnet diese Publikation in der Deutschen Nationalbibliografie; detaillierte bibliografische Daten sind im Internet über http://dnb.d-nb.de abrufbar.

Einbandentwurf: WMXDesign GmbH, Heidelberg

Gedruckt auf säurefreiem Papier

Springer ist Teil der Fachverlagsgruppe Springer Science+Business Media (www.springer.com)

Vorwort

Dieses Buch befasst sich mit hydrostatischen Führungen und Lagern. Sein Zweck ist es, den Konstrukteur von Werkzeugmaschinen in die Lage zu versetzen, ihre eigenen Führungen und Lager rasch, ohne zusätzliche Literatur und unabhängig von externen Berechnungshilfen zu berechnen, sowie die zu den Führungen passende Hydraulikpläne auszulegen. Neben den Praktikern soll dieses Buch auch Studierenden an Hoch- und Fachschulen als praxisorientiertes und leicht verständliches Lehrbuch dienen.

Durch den Einsatz von hydrostatischen Führungen erhält man Werkzeugmaschinen mit über Jahre hinweg gleich bleibend exzellenten Eigenschaften: sie sind spielfrei, arbeiten ohne Verschleiß, ohne ruckendes Gleiten, und weisen eine ausgezeichnete Dämpfung auf. Höchste Präzision, beste Oberflächengüte, höchste Repetierbarkeit der Maschinen, sowie präzise Bearbeitung ohne Korrekturen und ohne Service, sind das Ergebnis.

Hydrostatische Führungen und Lager werden in der bisher vorliegenden Literatur in Lehr- und Fachbüchern in prinzipiellen Darstellungen behandelt und dargestellt. In dem vorliegenden Buch werden erstmals für alle wissenschaftlich untersuchten Ölversorgungssysteme mit Kapillardrosseln, Membrandrosseln und Mehrkreispumpen die für die Berechnung und Auslegung erforderlichen Formeln abgeleitet und für alle bekannten Ausführungsformen von Führungen und Lagern vollständig durchgeführte Berechnungsbeispiele und Hydraulikpläne angeboten. Erstmalig werden für das Ölversorgungssystem „Eine gemeinsame Pumpe und Membrandrosseln" die vollständigen Berechnungsgrundlagen und die detaillierte Konstruktionszeichnungen zur Verfügung gestellt.

Kapitel 1 Grundlagen enthält prinzipielle Darstellungen und Beschreibungen hydrostatischer Führungen und Lager. Kapitel 2 Berechnungen von hydrostatischen Führungen und Lagern stellt vollständige Ausführungen von hydrostatischen Führungen und Lagern dar, die Berechnungsformeln werden abgeleitet, die einzelnen Berechnungsschritte werden angegeben. In Kap. 3 Auslegungen von Hydraulikplänen werden für jedes behandelte Berechnungsbeispiel die Hydraulikpläne der drei oben aufgeführten Ölversorgungssysteme ausgelegt.

Die Voraussetzungen für dieses Buch ergaben sich durch meine Forschung und der Promotion auf dem Gebiet der hydrostatischen Führungen am Institut für Werkzeugmaschinen und Fertigungstechnik der TU Berlin, der Lehre und Forschung an schnelllaufenden hydrostatischen Lagern im Ingenieurwissenschaftlichem Zentrum (IWZ) Köln, und meine Konstruktionspraxis an hydrostatischen Führungen und Lagern in Werkzeugmaschinenfirmen und eigenem Konstruktionsbüro.

Großer dank gilt dem Springer-Verlag, besonders Frau Eva Hestermann-Beyerle für die vertrauensvolle und anregende Zusammenarbeit. Für die Durchsicht des Manuskriptes und hilfreiche Anmerkungen zu seiner Verbesserung danke ich meinem Sohn Aleksandar Perović.

Berlin, März 2011 Božina Perović

Inhaltsverzeichnis

Kapitel 1
Grundlagen

1.1 Einleitung

Führungen sind eines der wichtigsten Bauelemente der Werkzeugmaschine, von ihnen wird die Fertigungsgenauigkeit der Werkzeugmaschine entscheidend beeinflusst. Führungen haben die Aufgabe, eine geometrisch bestimmte Lage von Werkzeug und Werkstück zu sichern und die Gewichts- und Schnittkräfte aufzunehmen. Im Hinblick auf eine hohe Arbeitsgenauigkeit der Maschine müssen die Führungen große Steifigkeit und günstiges Reibungs- und Verschleißverhalten aufweisen.

Für Werkzeugmaschinen werden hauptsächlich drei Arten von Führungen angewandt:

- Gleitführungen,
- Wälzführungen,
- hydrostatische Führungen.

Gleitführungen in der Paarung Grauguss gegen Grauguss oder Grauguss gegen Stahl, die früher angewandt wurden, entsprechen den an aktuellen Werkzeugmaschinen gestellten Anforderungen nicht, da bei niedrigen Tischgeschwindigkeiten Mischreibung auftritt. Rückgleiten (*stick-slip*), Verschleiß der Gleitbahnen und erhöhte Erwärmung sind die Folge. An aktuellen Werkzeugmaschinen werden deshalb Gleitführungen angewandt, die aus den Paarungen Gusseisen gegen Kunststoff, d. h. Gusseisen gegen POM (Polyoxymethylen) oder Gusseisen gegen PTFE (Polytetrafluorethylen) bestehen. Die Paarungen Grauguss gegen Kunststoff haben keine Neigung zum Ruckgleiten, haben niedrige Reibungszahlen und gute Notlaufeigenschaften. Gleitführungen weisen im Vergleich mit hydrostatischen Führungen und Wälzführungen jedoch folgende Nachteile auf: es tritt ein relativ großer Verschleiß der Kunststoffgleitbahnen auf, und der sehr geringe Elastizitätsmodul des Kunststoffs führt zu relativ großem Durchfedern des Kunststoffgleitbahnbelages beim Kraftanstieg.

Für moderne numerisch gesteuerte Werkzeugmaschinen werden Wälzführungen und hydrostatische Führungen angewandt.

Wälzführungen haben den *Vorteil*, dass sie als fertige Maschinenelemente zu beziehen sind. Im Vergleich zu hydrostatischen Führungen haben Wälzführungen jedoch

B. Perović, *Hydrostatische Führungen und Lager*,

DOI 10.1007/978-3-642-20298-8_1,

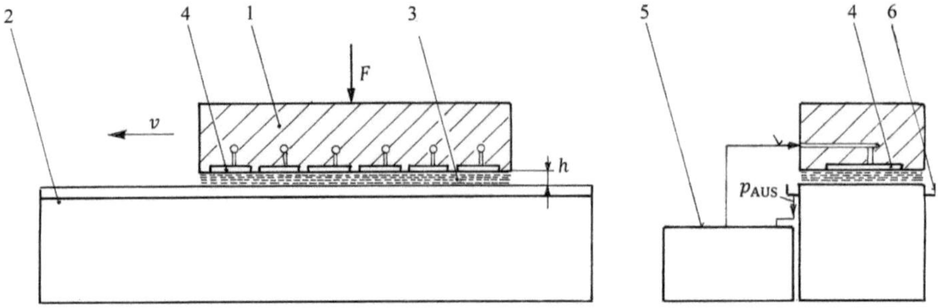

Abb. 1.1 Schematische Darstellung von hydrostatischen Führungen. *1* bewegliches Teil (Tisch, Schlitten oder Ständer), *2* unbewegliches Teil (Bett, Schlittenunterteil), *3* Ölfilm, *4* hydrostatische Tasche, *5* Ölversorgungsaggregat, *6* Ölrinne. *F* Gewichts- und Schnittkraft, *h* Lagerspalt, p_T Öldruck in den hydrostatischen Taschen, p_{AUS} Öldruck beim Austreten aus der Tasche, *v* Geschwindigkeit des beweglichen Teiles

den *Nachteil*, dass sie eine relativ große Bauhöhe aufweisen, dass die Schlittenbewegung bei hoher Flächenpressung und geringer Schwingungsdämpfung stattfindet und dass relativ hohe Herstellungskosten anfallen.

In Abb. 1.1 ist die *schematische Darstellung einer hydrostatischen Führung* mit dem Ölversorgungsaggregat dargestellt. Das bewegliche Teil der Führung 1 (Tisch, Schlitten oder Ständer) verfährt auf dem unbeweglichen Teil 2 (Bett, Schlittenunterteil) mit der Tischgeschwindigkeit *v*. Die Flächen zwischen dem beweglichen Teil und dem unbeweglichen Teil der Führung sind durch einen Ölfilm 3 unter Druck p_T voneinander getrennt, so dass während des Betriebes ein Lagerspalt *h* vorhanden ist. In dem beweglichen Teil der Führung sind die hydrostatischen Taschen 4 eingearbeitet, die von einem außerhalb der Maschine angeordneten Ölversorgungsaggregat 5 mit Öl versorgt werden.

Die hydrostatischen Taschen befinden sich im kürzeren und beweglichen Teil der Führung, d. h. im Tisch, Schlitten oder Ständer, damit das Öl ständig zwischen zwei Gleitflächen zugeführt wird. Das aus den hydrostatischen Taschen ausströmende Öl fließt mit dem Druck $p_{AUS} = 0$ in eine im Bett eingegossene Ölrinne 6 und weiter zu dem Ölversorgungsaggregat 5 zurück.

Die Gewichts- und Schnittkräfte *F* belasten das bewegliche Teil der Führung. Hydrostatische Führungen arbeiten im Gebiet der Flüssigkeitsreibung, da die Gleitflächen in jedem Betriebszustand durch einen Ölfilm voneinander getrennt sind. Nur mit hydrostatischen Führungen können höchste spezifische Drücke ohne plastische Verformung der gleitenden Teile aufgenommen werden.

Vorteile von hydrostatischen Führungen:

- Der Verschleiß der Gleitflächen ist ausgeschlossen
- Der Reibungskoeffizient der Flüssigkeitsreibung ist vernachlässigbar klein
- Auch bei kleinsten Geschwindigkeiten des Tisches ist eine gleichmäßige, ruckfreie Tischbewegung gewährleistet
- Durch entsprechende Wahl der Taschenflächen und des Taschendruckes kann eine große Tragfähigkeit der hydrostatischen Führung erreicht werden

- Die Werkzeugmaschine zeigt über Jahre hinweg gleichbleibende exzellente Eigenschaften: Spielfrei, ohne Verschleiß ohne ruckendes Gleiten, mit ausgezeichneter Dämpfung
- Die Steifigkeit der hydrostatischen Führung hängt vom Pumpendruck, von der Taschenfläche, von dem Lagerspalt und vom Ölversorgungssystem ab, wobei das Ölversorgungssystem den größten Einfluss ausübt
- Die Schwingungsdämpfung normal zur Gleitfläche ist sehr groß
- Bei Einständer- und Konsolmaschinen und überall dort wo extreme Punkt- und Linienbelastungen herrschen, ist die hydrostatische Führung mit dem Ölversorgungssystem „Eine gemeinsame Pumpe und Membrandrosseln", die einzige Führung, die höchste Flächenpressung ohne plastische Verformung der gleitenden Teile aufnehmen kann
- Sehr kleine Bauhöhe der Führung
- Die Verschmutzungsempfindlichkeit ist gering, da Verschmutzungen durch Öl ausgeschwemmt werden

Nachteile von hydrostatischen Führungen: Mit hydrostatischen Führungen werden bei einer Bewegungsachse höhere Herstellungskosten als bei wälzenden Führungen erreicht. Wenn jedoch mehr als drei Bewegungsachsen hydrostatisch geführt werden, können mit den hydrostatischen Führungen niedrigere Herstellungskosten erreicht werden als mit wälzenden Führungen.

Hydrostatische Führungen haben eine breite Anwendung an Werkzeugmaschinen, Wärmeturbinen und großen Elektromotoren. Vorteilhaft werden die hydrostatischen Führungen an folgenden Werkzeugmaschinen angewandt:

- An Genauigkeitswerkzeugmaschinen zum Schleifen, Drehen und Fräsen wegen hoher Führungsgenauigkeit und guter Schwingungsdämpfung
- an Einständer- und Konsolmaschinen und Maschinen mit Auslegerarmen und überall dort, wo extreme Punkt- und Linienbelastungen herrschen

Abbildung 1.2 zeigt die *schematische Darstellung von kombinierten hydrostatischen Radial- und Axiallagern*.

Die beweglichen Teile der kombinierten hydrostatischen Radial- und Axiallagern sind die Antriebswelle 1, der Rundtisch 2 und der Umgriff 3. Die unbeweglichen Teile der kombinierten hydrostatischen Radial- und Axiallager sind die Lagerscheibe 4 und das Lagergehäuse 5. Die Antriebswelle ist auf zwei Stellen durch je vier Radiallager 6 hydrostatisch gelagert. Der Rundtisch ist von oben durch vier Axiallager-Tragbahn 7, von unten durch vier Axiallager-Umgriff 8 hydrostatisch gelagert. Die Flächen zwischen den beweglichen Teilen und den unbeweglichen Teilen der Lagerung sind durch einen Ölfilm 9 unter Druck p_T voneinander getrennt, so dass während des Betriebes immer ein Lagerspalt h vorhanden ist.

Der Rundtisch wird durch die Gewichts- und Schnittkräfte F belastet. Die Spindel wird durch die radialen Kräfte belastet. Diese Kräfte und die Taschendrücke werden in Kap. 2 behandelt.

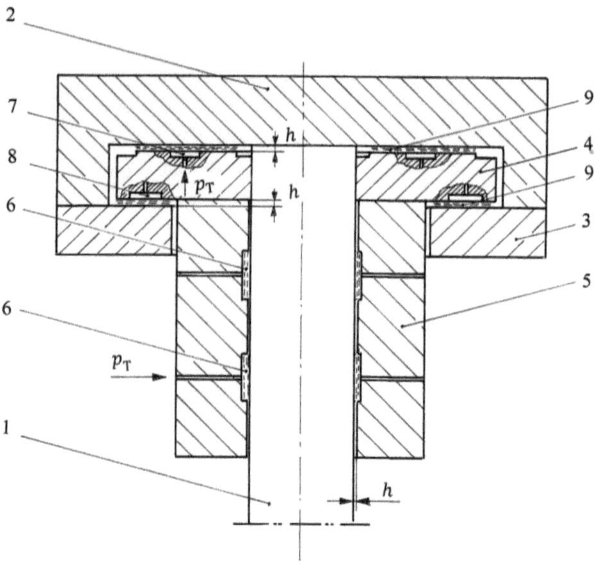

Abb. 1.2 Schematische Darstellung von kombinierten hydrostatischen Radial- und Axiallagern. *1* Antriebswelle, *2* Rundtisch, *3* Umgriff, *4* Lagerscheibe, *5* Lagergehäuse, *6* Radiallager, *7* Axialager-Tragbahn, *8* Axiallager-Umgriff, *9* Ölfilm

Hydrostatische Radial- und Axiallager haben eine breite Anwendung an Werkzeugmaschinen. Vorteilhaft werden hydrostatische Gleitlager an folgenden Werkzeugmaschinen angewandt:

- an Präzisionsschleif-, Dreh- und Fräsmaschinen als Hauptspindellagerung
- an Rundtischen von Werkzeugmaschinen

1.2 Prinzipieller Aufbau eines hydrostatischen Lagers

In Abb. 1.3 ist der prinzipielle Aufbau eines hydrostatischen Lagers dargestellt. Die Flächen zwischen dem beweglichen Teil 1 (Tisch, Schlitten oder Ständer) und dem unbeweglichen Teil 2 (Bett, Schlittenunterteil) sind durch einen während des Betriebes vorhandenen Ölfilm voneinander getrennt. In einem der beiden Führungsteile der Maschine sind die hydrostatischen Taschen eingearbeitet, die von einem außerhalb der Maschine angeordneten Ölversorgungsaggregat mit Öl unter Druck p_T versorgt werden.

Die hydrostatischen Taschen befinden sich im kürzeren und beweglichen Teil der Führung, d. h. im Tisch oder Ständer (wie in Abb. 1.1 dargestellt), damit das Öl ständig zwischen zwei Gleitflächen zugeführt werden kann.

Das Drucköl strömt in allen vier Richtungen über die Stege l aus der Tasche, der Öldruck wird beim Austreten aus der hydrostatischen Tasche vom Taschendruck p_T auf $p_{AUS} = 0$ abgebaut.

Der Abstand zwischen beiden Gleitflächen h wird Lagerspalt genannt.

Die Länge der gestrichelten Umrandungslinie von Abb. 1.3 entspricht der *Abströmbreite b* senkrecht zur Strömungsrichtung:

$$b = 2B_w + 2L_w \tag{1.1}$$

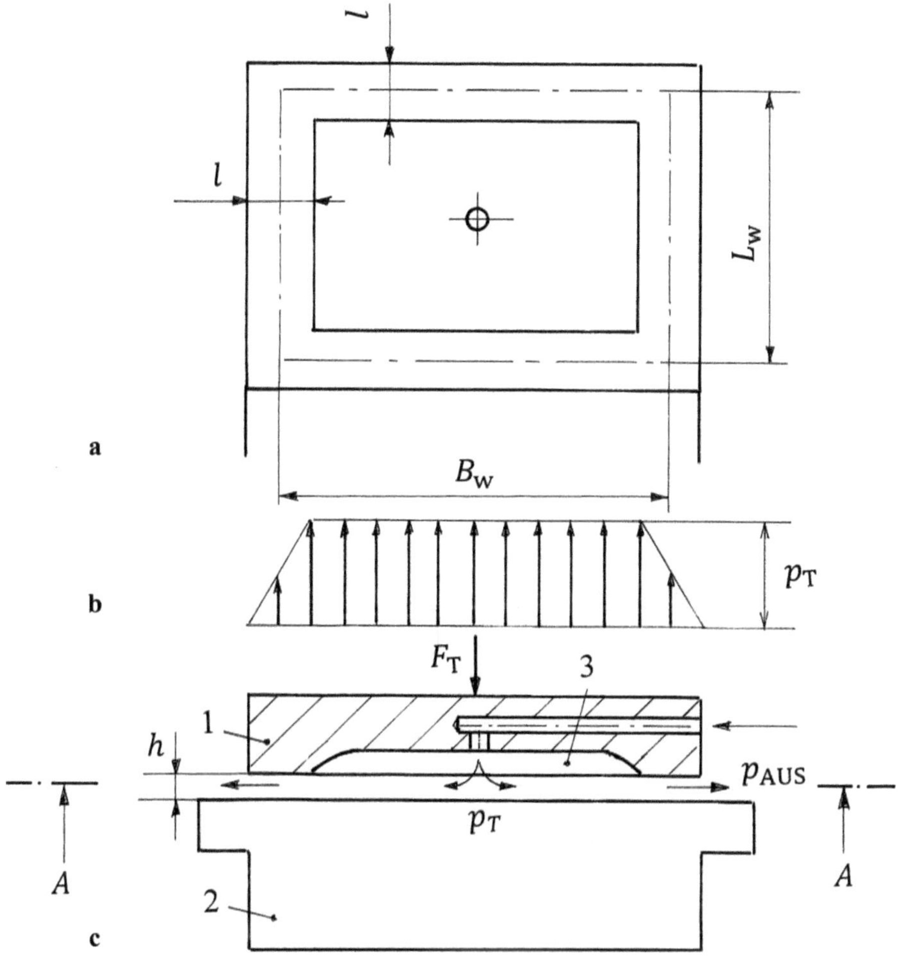

Abb. 1.3 Prinzipieller Aufbau eines hydrostatischen Lagers bei hydrostatischen Führungen. **a** Ansicht A-A, **b** Druckdiagramm, **c** Hydrostatische Führung. *1* bewegliches Teil, *2* unbewegliches Teil, l Abströmlänge, p_T Taschendruck, F_T Gewichts- und Schnittkraft pro Tasche, h Lagerspalt, p_{AUS} Öldruck beim Austreten aus der Tasche, B_W wirksame Taschenbreite, L_W wirksame Taschenlänge

Das Strömungsverhältnis wird als Quotient aus Abströmbreite b und der *Abströmlänge* l definiert:

$$\text{Strömungsverhältnis: } \frac{b}{l} \tag{1.2}$$

Die wirksame Taschenbreite B_W und die wirksame Taschenlänge L_W werden konstruktiv festgelegt und für die Lagerberechnung als Vorgabewerte angegeben.

Die wirksame Taschenfläche A_W wird bei Taschen mit scharfen Ecken und kleinen Verhältnissen l/b nach folgender Näherungsgleichung bestimmt [1]:

$$A_w = B_w L_w \tag{1.3}$$

Die *Taschenkraft*, die auf ein hydrostatisches Lager wirkt, wird nach dem Taschendruck p_{T} und der wirksamen Taschenfläche A_{W} bestimmt:

$$F_{\mathrm{T}} = p_{\mathrm{T}} A_{\mathrm{w}} \tag{1.4}$$

Der *Volumenstrom* Q ist die Durchflußmenge V, die in einer Zeiteinheit t durch eine hydrostatische Tasche fließt und wird differential ausgedrückt:

$$Q = \frac{dV}{dt}$$

Der Volumenstrom, der durch eine hydrostatische Tasche fließt, errechnet sich nach dem *Hagen-Poiseuilleschen Gesetz* aus dem *Taschendruck* p_{T}, dem *Lagerspalt* h, dem Strömungsverhältnis b/l und der *dynamischen Viskosität* des Öles η:

$$Q = \frac{p_{\mathrm{T}} h^3}{12\eta} \frac{b}{l} \tag{1.5}$$

In Abb. 1.4 ist der *prinzipielle Aufbau eines hydrostatischen Lagers bei hydrostatischen Radial- und Axiallagern* dargestellt.

Bestimmung der Kenngrößen beim Radiallager nach Abb. 1.4a

Die Abb. 1.4a einspricht dem Schnitt durch Radiallager von Abb. 1.2.

In der Bohrung des Gehäuses sind mehrere hydrostatische Taschen (in Abb. 1.4 vier) als hydrostatische Radiallager eingearbeitet. Sie werden von einem außerhalb der Maschine angeordneten Ölversorgungsaggregat mit Öl unter Druck p_{T} versorgt. Das Drucköl wird jeder Tasche zugeführt, es fließt axial über die Stege der Breite l_{a} und in Umfangsrichtung über die Stege der Breite l_{u} ab.

Bei hydrostatischen Radiallagern unterscheidet man zwischen axialer Abströmbreite b_{a}

$$b_{\mathrm{a}} = 2L_{\mathrm{w}} \tag{1.6}$$

und der Abströmbreite in Umfangsrichtung b_{u}

$$b_{\mathrm{u}} = 2B_{\mathrm{w}} \tag{1.7}$$

Die hydrostatischen Radiallager sollten so ausgelegt werden, dass die *Strömungsverhältnisse* in axialer und radialer Richtung gleich sind:

$$\frac{b_{\mathrm{a}}}{l_{\mathrm{a}}} = \frac{b_{\mathrm{u}}}{l_{\mathrm{u}}} = \frac{b}{l} \tag{1.8}$$

Die *wirksame Taschenbreite* B_{W} wird konstruktiv festgelegt und für die Lagerberechnung als Vorgabewert angegeben. Die *wirksame Taschenlänge* L_{W} wird in Abhängigkeit von Lagerdurchmesser D, Nutbreite l_1, Abströmlänge in Umfangsrichtung l_{u} und der Anzahl der Taschen z nach folgender Gleichung bestimmt:

$$L_{\mathrm{w}} = \frac{\pi D - z l_1}{z} - l_{\mathrm{u}} \tag{1.9}$$

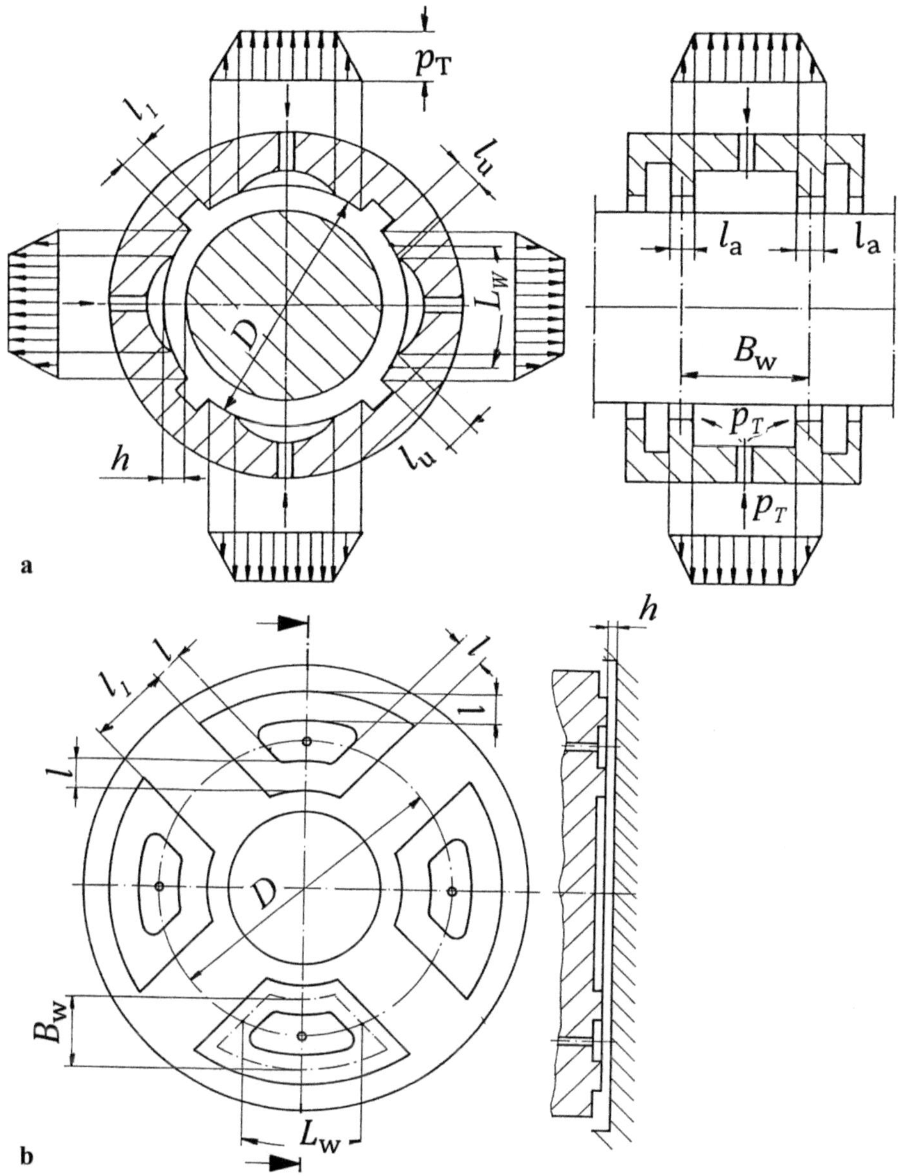

Abb. 1.4 Prinzipieller Aufbau eines hydrostatischen Lagers bei hydrostatischen Radial- und Axiallagern. **a** Radiallager, **b** Axiallager, B_W wirksame Taschenbreite, D Lagerdurchmesser, h Lagerspalt, L_W wirksame Taschenlänge, l Abströmlänge bei Axiallager, l_1 Nutbreite, l_a Abströmlänge in axialer Richtung, l_u Abströmlänge in Umfangsrichtung, p_T Taschendruck

Die *wirksame Taschenfläche* beim Radiallager wird nach folgender Gleichung bestimmt:

$$A_{\text{W}} = B_{\text{W}} L_{\text{W}} \tag{1.3}$$

Bestimmung der Kenngrößen beim Axiallager nach Abb. 1.4b
Die Abströmbreite bei Axiallagern (Abb. 1.4b) wird nach folgender Gleichung bestimmt:

$$b = 2B_{\text{W}} + 2L_{\text{W}} \tag{1.1}$$

Für die wirksame Taschenfläche beim Axiallager gilt:

$$A_{\text{W}} = B_{\text{W}} L_{\text{W}} \tag{1.3}$$

Die wirksame Taschenbreite B_{W} wird bei Axiallagern konstruktiv festgelegt und für die Lagerberechnung als Vorgabewert angegeben. Die wirksame Taschenlänge L_{W} wird in Abhängigkeit von Lagerdurchmesser D, Nutbreite l_1, Abströmlänge l und der Anzahl der Taschen z nach folgender Gleichung bestimmt:

$$L_{\text{W}} = \frac{\pi D - z l_1}{z} - l \tag{1.10}$$

1.3 Kennlinien und Hydraulikpläne der Ölversorgungssysteme

In Abb. 1.5 sind die Kennlinien (Abb. rechts) und Hydraulikpläne (Abb. links) der Ölversorgungssysteme vereinfacht dargestellt.

Es werden drei Ölversorgungssysteme, die wissenschaftlich untersucht worden sind, dargestellt und beschrieben:

- eine gemeinsame Pumpe und Kapillardrosseln (Abb. 1.5a)
- eine Pumpe pro Tasche (Abb. 1.5b)
- eine gemeinsame Pumpe und Membrandrosseln (Abb. 1.5c)

Diese Systeme werden am einfachsten mit Hilfe der *Hagen-Poiseuilleschen-Gleichung*

$$Q = \frac{p_{\text{T}} h^3}{12\eta} \frac{b}{l} \tag{1.5}$$

und der Steifigkeitsgleichung beschrieben.

Die Steifigkeit des hydrostatischen Lagers K ist definiert als Quotient aus Kraftanstieg ΔF und *Lagerspaltänderung* Δh:

$$K = \frac{dF}{dh} = \frac{F_{\text{T}} - F_{T0}}{\Delta h} \tag{1.11}$$

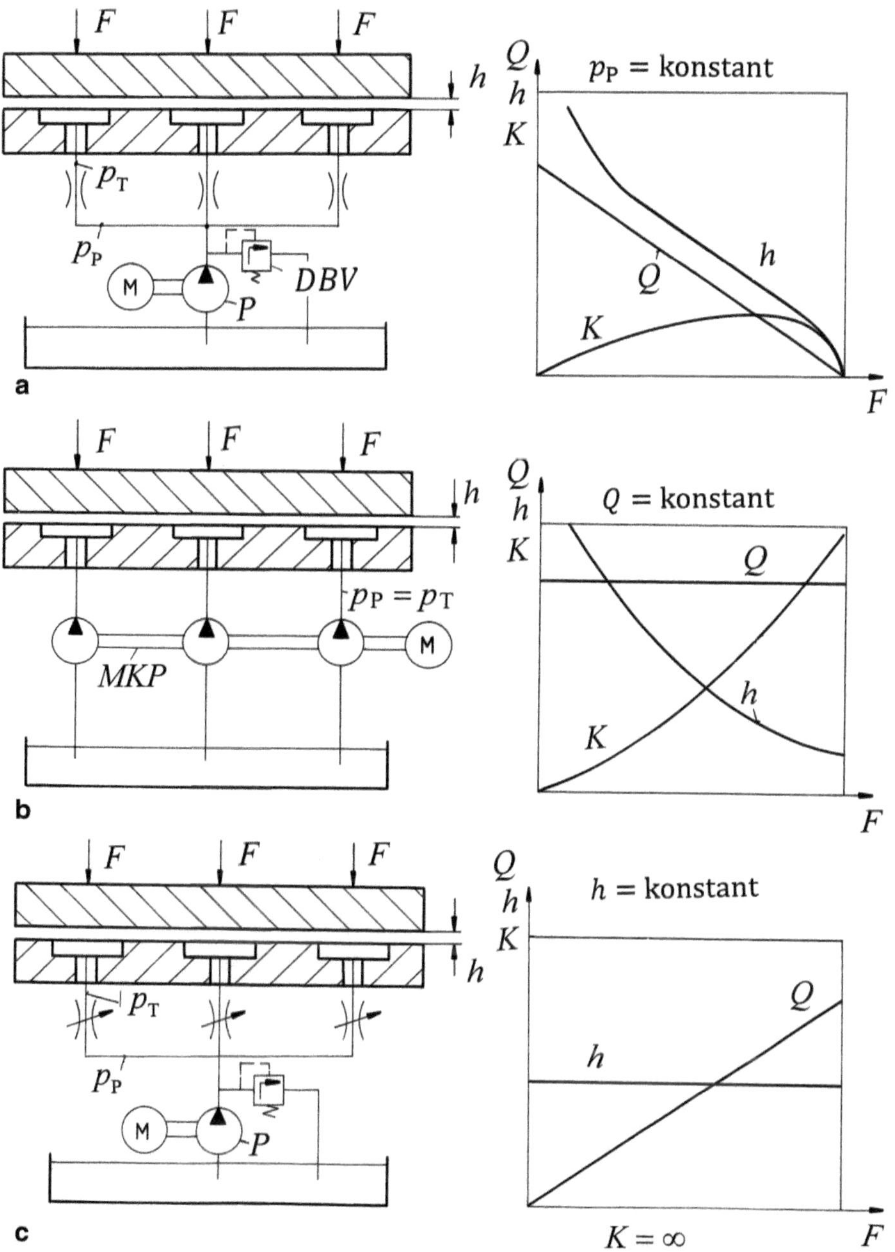

Abb. 1.5 Kennlinien und Hydraulikpläne der Ölversorgungssysteme. **a** Eine gemeinsame Pumpe und Kapillardrosseln (p_P = konstant), **b** Eine Pumpe pro Tasche (Q = konstant), **c** Eine gemeinsame Pumpe and Membrandrosseln (h = konstant, $K = \infty$). *DBV* Druckbegrenzungsventil, *F* Gewichts- und Schnittkraft pro Tasche, *h* Lagerspalt, K Lagersteifigkeit, *MKP* Mehrkreispumpen, *P* Pumpe, p_P Pumpendruck, p_T Taschendruck, Q Volumenstrom durch eine hydrostatische Tasche

Beim Ölversorgungssystem „*Eine gemeinsame Pumpe und Kapillardrosseln*“ werden mit einer Pumpe (Bezeichnung P) über die Kapillardrosseln mehrere hydrostatische Taschen (in Abb. 1.5a drei Taschen) versorgt. Charakteristisch für dieses System ist der konstante Pumpendruck ($p_\mathrm{P} = \text{konstant}$). Da der Taschendruck p_T beim Kraftanstieg ΔF ansteigt, nehmen der Volumenstrom Q und der Lagerspalt h *ab* (vgl. Gl. 1.5). Die Steifigkeit des hydrostatischen Lagers K ist in Bezug auf die anderen Ölversorgungssysteme gering, da beim Kraftanstieg, der Lagerspalt und der Volumenstrom abnehmen. Dieses Ölversorgungssystem wird an Werkzeugmaschinen mit zentrischer Belastung häufig angewandt, da die einfache Einstellung der Kapillardrosseln eine sehr gute Anpassung an das hydrostatische Lager ermöglicht, und mit diesem System niedrige Herstellungskosten erreicht werden können.

Die Kapillardrosseln sind wie die Blenden feste Vorwiderstände, sie werden eingestellt, bis das optimale Drosselverhältnis erreicht wird.

Das *Drosselverhältnis* wird nach folgender Gleichung definiert:

$$\xi = \frac{p_\mathrm{P}}{p_\mathrm{T0}} - 1, \quad \text{es gilt weiter: } \frac{p_\mathrm{P}}{p_\mathrm{T0}} = \xi + 1 \tag{1.12}$$

Das Verhältnis des Pumpendruckes und des Taschendruckes $\frac{p_\mathrm{P}}{p_\mathrm{T0}}$ *wird in der Praxis Drosselverhältnis genannt.*

Beim Ölversorgungssystem „*Eine Pumpe pro Tasche*“ (Abb. 1.5b) wird für jede hydrostatische Tasche eine gesonderte Verdrängerpumpe vorgeschaltet. Solche Pumpen werden in einem Block als Mehrkreispumpen (Bezeichnung *MKP*) ausgeführt. Charakteristisch für dieses System ist der konstante Volumenstrom ($Q = \text{konstant}$). Beim Kraftanstieg ΔF, erhöht sich der Taschendruck p_T, der Lagerspalt h nimmt ab, der Volumenstrom Q bleibt unverändert, die Steifigkeit K steigt an. Die Steifigkeit dieses Systems ist größer als des Systems „Eine gemeinsame Pumpe und Kapillardrosseln“, aber deutlich geringer als beim Ölversorgungssystem „Eine gemeinsame Pumpe und Membrandrosseln“.

Die Volumenströme Q von Mehrkreispumpen müssen genau bestimmt werden, da die nachträgliche Veränderung zum Zwecke der Anpassung an das hydrostatische Lager nicht möglich ist.

Die Kosten des aufwendigen Ölversorgungssystems werden durch den Einbau von Mehrkreispumpen MKP deutlich gesenkt.

Beim Ölversorgungssystem „*Eine gemeinsame Pumpe und Membrandrosseln*“ (Abb. 1.5c) werden mit einer Pumpe (Bezeichnung P) über die Membrandrosseln mehrere hydrostatische Taschen versorgt. Sie werden nicht wie die Kapillardrosseln eingestellt, sondern so ausgelegt, dass sie sich bei jeder Last dem hydrostatischen Lager anpassen. Mit den Membrandrosseln wird die höchste Lagersteifigkeit von allen angegebenen Ölversorgugnssystemen erreicht. Beim Anstieg der Kraft F, erhöht sich der Taschendruck p_T, das Durchbiegen der Membran H wird größer, es fließt mehr Öl durch die Membrandrosseln. Beim gleichzeitigem Anstieg des Taschendruckes p_T, und des Volumenstromes Q bleibt der Lagerspalt h annähernd konstant (siehe *Hagen-Poiseuillesche-Gleichung*).

Die Membrandrosseln sind wie die Ringnuthülsendrosseln, Kolbendrosseln, Laufspaltdrosseln und Progressiv-Mengenregler lastabhängige Vorwiderstände.

Laufspaltdrosseln sind die Erfindung der Fa. Zollern.

Progressiv-Mengenregler wurden bei der Fa. Hyprostatik entwickelt.

Dieses Buch wurde auf den theoretischen Grundlagen Literatur: [1–6] aufgebaut, weitere Literatur [7–10] dient zur Vervollständigung des Buches.

Kapitel 2
Berechnungen von hydrostatischen Führungen- und Lagern

In diesem Kapitel werden sämtliche Ausführungsformen von hydrostatischen Führungen und Lager dargestellt, die Berechnungsformeln werden abgeleitet, die einzelnen Berechnungsschritte werden angegeben und vollständig durchgeführte Berechnungsbeispieleund Hydraulikpläne werden angeboten.

2.1 Formelzeichen und Abkürzungen

A_R	m^2	Reibfläche
A_w	m^2	Wirksame Taschenfläche
a_n	m	Taschenabstand
B_w	m	Wirksame Taschenbreite
b	m	Abströmbreite
b_a	m	Axiale Abströmbreite
b_u	m	Abströmbreite in Umfangsrichtung
D	m	Lagerdurchmesser
e	m	Exzentrizität
F_T	N	Resultierende Taschenkraft unter Wirkung der Schnittkraft
$F_{äuß}$	N	Zusätzlich wirkende Schnittkraft
F_e	N	Exzentrisch wirkende Kraft
F_G	N	Gewichtskraft des Tisches mit allen auf dem Tisch gespannten Teilen
F_{Tn}	N	Resultierende Taschenkraft unter Wirkung der Schnittkraft der Tasche *n* bei exzentrischer Belastung
F_{T0}	N	Resultierende Taschenkraft im Anfangszustand
F_{T0n}	N	Resultierende Taschenkraft im Anfangszustand der Tasche *n* bei exzentrischer Belastung
F_μ	N	Reibungskraft
h_0	m	Lagerspalt im Anfangszustand
h_I	m	Lagerspalt bei Tragbahn unter Wirkung der Schnittkraft
h_{II}	m	Lagerspalt bei Umgriff unter Wirkung der Schnittkraft
K	$N\,m^{-1}$	Steifigkeit des hydrostatischen Lagers

B. Perović, *Hydrostatische Führungen und Lager*,
DOI 10.1007/978-3-642-20298-8_2, © Springer-Verlag Berlin Heidelberg 2012

L_{w}	m	Wirksame Taschenlänge
l	m	Abströmlänge
M	Nm	Drehmoment
m	kg	Masse des Tisches
P_{VER}	W	Verlustleistung
p_{P}	$\mathrm{N\,m^{-2}}$	Pumpendruck
p_{T}	$\mathrm{N\,m^{-2}}$	Taschendruck
Q	$\mathrm{m^3\,s^{-1}}$	Volumenstrom
v	$\mathrm{m\,s^{-1}}$	Höchste Tischgeschwindigkeit
γ	$\mathrm{kg\,cm^{-3}}$	Dichte des Öles
η	$\mathrm{N\,s\,m^{-2}}$	Dynamische Viskosität
ϑ	°C	Öltemperatur
ν	$\mathrm{m^2\,s^{-1}}$	Kinematische Viskosität

2.2 Berechnungsformeln

Abströmbreite	$b = 2B_{\mathrm{w}} + 2L_{\mathrm{w}}$	(1.1)
Strömungsverhältnis	$\frac{b}{l}$	(1.2)
Wirksame Taschenfläche	$A_{\mathrm{w}} = B_{\mathrm{w}} L_{\mathrm{w}}$	(1.3)
Taschenkraft	$F_{\mathrm{T}} = p_{\mathrm{T}} A_{\mathrm{w}}$	(1.4)
Volumenstrom	$Q = \frac{p_{\mathrm{T}} h^3}{12\eta} \frac{b}{l}$	(1.5)
Axiale Abströmbreite	$b_{\mathrm{a}} = 2L_{\mathrm{w}}$	(1.6)
Abströmbreite in Umfangsr.	$b_{\mathrm{u}} = 2B_{\mathrm{w}}$	(1.7)
Strömungsverhältnisse	$\frac{b_{\mathrm{a}}}{l_{\mathrm{a}}} = \frac{b_{\mathrm{u}}}{l_{\mathrm{u}}} = \frac{b}{l}$	(1.8)
Wirksame Taschenlänge	$L_{\mathrm{w}} = \frac{\pi D - z l_1}{z} - l_{\mathrm{u}}$	(1.9)
Wirksame Taschenlänge	$L_{\mathrm{w}} = \frac{\pi D - z l_1}{z} - l$	(1.10)
Steifigkeit	$K = \frac{dF}{dh} = \frac{F_{\mathrm{T}} - F_{\mathrm{T0}}}{\Delta h}$	(1.11)
Druckverhältnis	$\frac{p_{\mathrm{P}}}{p_{\mathrm{T0}}} = \xi + 1$	(1.12)
Gewichtskraft des Tisches	$F_{\mathrm{G}} = mg$	(2.1)
Anzahl der Taschenpaare	$z = 2n$	(2.2)
Anzahl der hydrostatischen Taschen	$2z$	(2.3)

Resultierende Taschenkraft	$F_{\mathrm{T0}} = p_{\mathrm{T0I}} A_{\mathrm{wI}} - p_{\mathrm{T0II}} A_{\mathrm{wII}}$	(2.4)
Taschendrücke	$p_{\mathrm{T0I}} = p_{\mathrm{T0II}} = p_{\mathrm{T0}}$	(2.5)
Lagerspalten	$h_{0\mathrm{I}} = h_{0\mathrm{II}} = h_0$	(2.6)
Taschendruck	$p_{\mathrm{T0}} = \frac{F_{\mathrm{T0}}}{A_{\mathrm{wI}} - A_{\mathrm{wII}}}$	(2.7)
Resultierende Taschenkraft	$F_{\mathrm{T0}} = \frac{F_{\mathrm{G}}}{z}$	(2.8)
Äußere Kraft (Schnittkraft)	$F_{\mathrm{äuß}} = zF_{\mathrm{T}} - F_{\mathrm{G}}$	(2.9)
Resultierende Taschenkraft	$F_{\mathrm{T}} = p_{\mathrm{TI}} A_{\mathrm{WI}} - p_{\mathrm{TII}} A_{\mathrm{WII}}$	(2.10)
Lagerspalt	$h_{\mathrm{I}} = h_0 - \Delta h$	(2.11)
Lagerspalt	$h_{\mathrm{II}} = h_0 + \Delta h$	(2.12)
Flächenverhältnis	$\varphi = \frac{A_{\mathrm{wII}}}{A_{\mathrm{wI}}}$	(2.13)
Relative Spaltänderung	$\Psi = \frac{\Delta h}{h_0}$	(2.14)
Strömungsverhältnisse	$\frac{b_{\mathrm{I}}}{l_{\mathrm{I}}} = \frac{b_{\mathrm{II}}}{l_{\mathrm{II}}} = \frac{b}{l}$	(2.15)
Volumenstrom	$Q_{0\mathrm{GES}} = 2z \frac{p_{\mathrm{T0}} h_0^3}{12\eta} \frac{b}{l}$	(2.16)
Volumenstrom	$Q_{\mathrm{GES}} = z \frac{1}{12\eta} \frac{b}{l} (p_{\mathrm{TI}} h_{\mathrm{I}}^3 + p_{\mathrm{TII}} h_{\mathrm{II}}^3)$	(2.17)
Reibfläche	$A_{\mathrm{R}} = (B_{\mathrm{w}} + l)l2z + (L_{\mathrm{w}} - l)l2z$	(2.18)
Gesamtreibfläche	$A_{\mathrm{R}} = A_{\mathrm{RI}} + A_{\mathrm{RII}}$	(2.19)
Verlustleistung	$P_{\mathrm{VER}} = P_{\mathrm{P}} + P_{\mathrm{R}} = Q_{0\mathrm{GES}} p_{\mathrm{P}} + \frac{A_{\mathrm{R}} \eta v^2}{h_0}$	(2.20)
Pumpendruck	$p_{\mathrm{P}} = \left(\frac{p_{\mathrm{P}}}{p_{\mathrm{T0}}}\right)_{\mathrm{OPT}} p_{\mathrm{T0}}$	(2.21)
Taschendruck	$p_{\mathrm{TI}} = \frac{p_{\mathrm{P}}}{\left(\frac{p_{\mathrm{P}}}{p_{\mathrm{T0}}} - 1\right)\left(1 - \frac{\Delta h}{h_0}\right)^3 + 1}$	(2.22)
Taschendruck	$p_{\mathrm{TII}} = \frac{p_{\mathrm{P}}}{\left(\frac{p_{\mathrm{P}}}{p_{\mathrm{T0}}} - 1\right)\left(1 + \frac{\Delta h}{h_0}\right)^3 + 1}$	(2.23)
Kinematische Viskosität	$v = \nu_{20} - (\nu_{20} - \nu_{40}) \frac{(\vartheta - 20)}{20}$	(2.24)
Dichte bei Öltemperatur ϑ	$\gamma = \gamma_{15} - 0{,}0006 \cdot 10^{-3} (\vartheta - 15)$	(2.25)
Dynamische Viskosität	$\eta = \nu\gamma$	(2.26)
Taschendruck	$p_{\mathrm{TI}} = \frac{p_{\mathrm{T0}}}{\left(1 - \frac{\Delta h}{h_0}\right)^3}$	(2.27)
Taschendruck	$p_{\mathrm{TII}} = \frac{p_{\mathrm{T0}}}{\left(1 + \frac{\Delta h}{h_0}\right)^3}$	(2.28)

Volumenstrom	$Q_{S0} = \frac{p_{T0} h_0{}^3}{12\eta} \frac{b}{l}$	(2.29)
Volumenstrom	$Q_{SI} = \frac{p_{T0} h_I{}^3}{12\eta} \frac{b}{l}$	(2.30)
Volumenstrom	$Q_{SII} = \frac{p_{TII} h_{II}{}^3}{12\eta} \frac{b}{l}$	(2.31)
Proportionalitätsfaktor	$c = \frac{Q_0}{F_{T0}}$	(2.32)
Taschendrücke	$p_{TI} = p_{TII} = p_T$	(2.33)
Taschenkraft	$F_T = p_T (A_{wI} - A_{wII})$	(2.34)
Lagerspalte	$h_I = h_{II} = h_0$	(2.35)
Volumenstrom	$Q_{GES} = 2z \frac{p_T h_0^3}{12\eta} \frac{b}{l}$	(2.36)
Optimales Druckverhältnis	$(p_T/p_P)_{OPT} = 0{,}1$ bis $0{,}6$	(2.37)
Volumenstrom	$Q = F_T c$	(2.38)
Taschendrücke	$p_{T0I1} = p_{T0II1} = p_{T01}$, $p_{T0In} = p_{T0IIn} = p_{T0n}$	(2.39)
Taschendrücke	$p_{T01} \neq p_{T02} \neq p_{T0n}$	(2.40)
Mittlere resultierende Taschenkraft	$F_{T0M} = \frac{F_G + F_e}{2n} = \frac{F_G + F_e}{z}$	(2.41)
Gleichgewichtsgleichung für Kräfte	$F_{T01} + F_{T02} + F_{T03} + \cdots + F_{T0n} = F_{T0M} n = F_{T0M} \frac{z}{2}$	(2.42)
Gleichgewichtsgleichung für Momente	$(F_{T0n} - F_{T0n-1}) a_n + \cdots + (F_{T06} - F_{T05}) a_6 + (F_{T04} - F_{T03}) a_4 + (F_{T02} - F_{T01}) a_2 = \frac{F_e e_1}{2}$	(2.43)
Mittlerer Taschendruck	$p_{T0M} = \frac{p_{T01} + p_{T02} + \cdots + p_{T0n}}{n}$	(2.44)
Mittlerer Taschendruck	$p_{T0M} = \frac{F_{T0M}}{A_{wI} - A_{wII}}$	(2.45)
Volumenstrom	$Q_{0GES} = 2z \frac{p_{T0M} h_0{}^3}{12\eta} \frac{b}{l}$	(2.46)
Gleichgewichtsgleichung für Kräfte	$F_{T1} + F_{T2} + F_{T3} + \cdots + F_{Tn} = \frac{F_G + F_e + F_{äuß}}{2}$	(2.47)
Gleichgewichtsgleichung für Momente	$(F_{Tn} - F_{Tn-1}) a_n + \cdots + (F_{T6} - F_{T5}) a_6 + (F_{T4} - F_{T3}) a_4 + F_{T2} - F_{T1}) a_2 = \frac{F_e e_1 + F_{äuß} e_2}{2}$	(2.48)
	$\tan\alpha = \frac{\Delta h_n - \Delta h_{n-1}}{2a_n} = \frac{\Delta h_2 - \Delta h_5}{a_6 + a_2} = \frac{\Delta h_1 - \Delta h_5}{a_6 - a_2}$	(2.49)
	$\tan\alpha = \frac{\Delta h_n - \Delta h_{n-1}}{2a_n} = \frac{\Delta h_3 - \Delta h_5}{a_6 - a_4}$	
Neigungswinkel	$\alpha = \arctan \frac{\Delta h_n - \Delta h_{n-1}}{2a_n}$	(2.50)

Mittlere resultierende Taschenkraft	$F_{\mathrm{TM}} = \frac{F_{\mathrm{G}} + F_{\mathrm{e}} + F_{\mathrm{äuß}}}{z}$	(2.51)
Mittlerer Taschendruck	$p_{\mathrm{TM}} = \frac{p_{\mathrm{T1}} + p_{\mathrm{T2}} + \cdots + p_{\mathrm{Tn}}}{n}$	(2.52)
Volumenstrom	$Q_{\mathrm{GES}} = 2z\frac{p_{\mathrm{TM}}{h_0}^3}{12\eta}\frac{b}{l}$	(2.53)
Resultierende Taschenkraft	$F_{\mathrm{T0}} = \frac{2F_{\mathrm{G}}}{xz}$	(2.54)
Taschendruckverhältnis	$\zeta = \frac{p_{\mathrm{T0I}}}{p_{\mathrm{T0II}}} = 1{,}5\ldots 2\ldots 2{,}5$	(2.55)
Taschendruck	$p_{\mathrm{T0I}} = \zeta\, p_{\mathrm{T0II}}$	(2.56)
Wirksame Taschenfläche	$A_{\mathrm{wI}} = A_{\mathrm{wII}} = A_{\mathrm{w}} = B_{\mathrm{w}}L_{\mathrm{w}}$	(2.57)
Taschendruck	$p_{\mathrm{T0II}} = \frac{F_{\mathrm{T0}}}{(\zeta - 1)A_{\mathrm{w}}\cos\alpha}$	(2.58)
Resultierende Taschenkraft	$F_{\mathrm{T}} = A_{\mathrm{w}}\cos\alpha(p_{\mathrm{TI}} - p_{\mathrm{TII}})$	(2.59)
Zusätzlich wirkende Kraft	$F_{\mathrm{äuß}} = \frac{xzF_{\mathrm{T}}}{2} - F_{\mathrm{G}}$	(2.60)
Volumenstrom	$Q_{\mathrm{0GES}} = \frac{xz{h_0}^3}{24\eta}\frac{b}{l}(p_{\mathrm{T0I}} + p_{\mathrm{T0II}})$	(2.61)
Volumenstrom	$Q_{\mathrm{GES}} = \frac{xz}{24\eta}\frac{b}{l}(p_{\mathrm{TI}}{h_{\mathrm{I}}}^3 + p_{\mathrm{TII}}{h_{\mathrm{II}}}^3)$	(2.62)
Reibfläche	$A_{\mathrm{R}} = (B_{\mathrm{w}} + l_{\mathrm{a}})l_{\mathrm{u}}2zx + (L_{\mathrm{w}} - l_{\mathrm{u}})l_{\mathrm{a}}2zx$	(2.63)
Volumenstrom	$Q_{\mathrm{GES}} = \frac{xz}{2}(Q_{\mathrm{SI}} + Q_{\mathrm{SII}})$	(2.64)
Resultierende Taschenkraft	$F_{\mathrm{T}} = \frac{(F_{\mathrm{G}} + F_{\mathrm{äuß}})2}{xz}$	(2.65)
Taschendruck	$p_{\mathrm{TII}} = \frac{F_{\mathrm{T}}}{(\zeta - 1)A_{\mathrm{w}}\cos\alpha}$	(2.66)
Taschendruck	$p_{\mathrm{TI}} = \zeta\, p_{\mathrm{TII}}$	(2.67)
Volumenstrom	$Q_{\mathrm{GES}} = \frac{xz{h_0}^3}{24\eta}\frac{b}{l}(p_{\mathrm{TI}} + p_{\mathrm{TII}})$	(2.68)
Gleichgewichtsgleichung	$F_{\mathrm{T01}} - F_{\mathrm{T02}} = \frac{2F_{\mathrm{e}}}{z}$	(2.69)
Gleichgewichtsgleichung	$F_{\mathrm{T01}}a_1 - F_{\mathrm{e}}(e_1 + a_1) = 0$	(2.70)
Gleichgewichtsgleichung	$F_{\mathrm{T1}} - F_{\mathrm{T2}} = \frac{2(F_{\mathrm{e}} + F_{\mathrm{äuß}})}{z}$	(2.71)
Gleichgewichtsgleichung	$F_{\mathrm{T1}}a_1 - F_{\mathrm{e}}(e_1 + a_1) - F_{\mathrm{äuß}}(e_2 + a_1) = 0$	(2.72)
Volumenstrom	$Q_{\mathrm{0GES}} = \frac{z{h_0}^3}{24\eta}\frac{b}{l}(p_{\mathrm{T0I1}} + p_{\mathrm{T0II1}} + p_{\mathrm{T0I2}} + p_{\mathrm{T0II2}})$	(2.73)
Neigungswinkel	$\alpha = \arctan\frac{(\Delta h_1 + \Delta h_2)}{a_1}$	(2.74)
Volumenstrom	$Q_{\mathrm{0II}} = \frac{2{h_0}^3}{12\eta}\frac{b}{l}p_{\mathrm{T0II}}$	(2.75)
Volumenstrom	$Q_{\mathrm{0I}} = \frac{2{h_0}^3}{12\eta}\frac{b}{l}p_{\mathrm{T0I}}$	(2.76)
Volumenstrom	$Q_{\mathrm{GES}} = Q_{\mathrm{I1}} + Q_{\mathrm{II1}} + Q_{\mathrm{I2}} + Q_{\mathrm{II2}}$	(2.77)
Volumenstrom	$Q_{\mathrm{GES}} = \frac{z{h_0}^3}{24\eta}\frac{b}{l}(p_{\mathrm{TI1}} + p_{\mathrm{TII1}} + p_{\mathrm{TI2}} + p_{\mathrm{TII2}})$	(2.78)
Reibungskraft	$F_{\mu} = \mu m_{\mathrm{L}}g$	(2.79)
Drehmoment	$M = (F_{\mathrm{f}} + F_{\mu})\frac{d_2}{2}\tan(\alpha + \rho)$	(2.80)

Steigungswinkel des Gewindes	$\alpha = \arctan \frac{p}{\pi d_2}$	(2.81)
Reibungswinkel	$\rho = \arctan \mu_s$	(2.82)
Reibungswinkel	$\rho \approx 0$	(2.83)
Drehmoment	$M = (F_\text{f} + F_\mu)\frac{d_2}{2} \tan\alpha$	(2.84)
Drehmoment	$M = F_\text{f}\frac{d_2}{2} \tan\alpha$	(2.85)
Anzahl der Gewindegänge	$i = \frac{m}{p}$	(2.86)
Anzahl der Taschenpaare	$z = yi$	(2.87)
Taschenkraft	$F_\text{T0} = A_\text{w} \cos\frac{\gamma}{2} \cos\alpha(p_\text{T0I} - p_\text{T0II})$	(2.88)
Taschenkraft	$F_\text{T0} = \frac{F_\text{f}+F_\mu}{z}$	(2.89)
Taschendruck	$p_\text{T0II} = \frac{F_\text{T0}}{A_\text{w}\cos\frac{\gamma}{2}\cos\alpha(\zeta-1)}$	(2.90)
Taschenkraft	$F_\text{T} = \frac{F_\text{f}+F_\text{fz}+F_\mu}{z}$	(2.91)
Taschenkraft	$F_\text{T} = A_\text{w} \cos\frac{\gamma}{2} \cos\alpha\,(p_\text{TI} - p_\text{TII})$	(2.92)
Volumenstrom	$Q_\text{0GES} = \frac{2zh_0{}^3}{24\eta}\frac{b}{l}(p_\text{T0I} + p_\text{T0II})$	(2.93)
Gesamtreibfläche	$A_\text{RGES} = 2A_\text{R}$	(2.94)
Wirksame Taschenlänge	$L_\text{w} = \frac{\pi d_2 - yl_1}{y} - l$	(2.95)
Schnittkraft	$F_\text{äuß} = F_\text{T}z$	(2.96)
Taschenkraft	$F_\text{T} = A_\text{w}(p_\text{TI} - p_\text{TII})$	(2.97)
Volumenstrom	$Q_\text{0GES} = (2z + 2z_\text{MF})\frac{p_\text{T0}h_0^3}{12\eta}\frac{b}{l}$	(2.98)
Volumenstrom	$Q_\text{GES} = z\frac{1}{12\eta}\frac{b}{l}(p_\text{TI}h_\text{I}^3 + p_\text{TII}h_\text{II}^3) + (2z_\text{MF})\frac{p_\text{T0}h_0^3}{12\eta}\frac{b}{l}$	(2.99)
Gesamtreibfläche	$A_\text{R} = A_\text{RI} + A_\text{RII} + A_\text{RIII}$	(2.100)
Wirksame Taschenlänge	$L_\text{wI} = \frac{\pi d_\text{T} - zl_\text{T}}{z} - l_\text{I}$	(2.101)
Wirksame Taschenlänge	$L_\text{wII} = \frac{\pi d_\text{U} - zl_\text{UM}}{z} - l_\text{II}$	(2.102)
Wirksame Taschenbreite	$B_\text{wI} = B_\text{T} - l_\text{I}$	(2.103)
Wirksame Taschenbreite	$B_\text{wII} = B_\text{UM} - l_\text{II}$	(2.104)
Gleitgeschwindigkeit	$v_\text{T} = \frac{\pi d_\text{T} n_S}{60}$	(2.105)
Gleitgeschwindigkeit	$v_\text{U} = \frac{\pi d_\text{U} n_\text{S}}{60}$	(2.106)
Spindeldrehzahl	$n_\text{s} = \frac{60 v_\text{c}}{\pi D_\text{s}}$	(2.107)
Volumenstrom	$Q_\text{GES} = \frac{xz}{2}(Q_\text{SI} + Q_\text{SII})$	(2.108)
Volumenstrom	$Q_\text{GES} = \frac{z}{24\eta}\frac{b}{l}(p_\text{TI1}h_\text{I1}^3 + p_\text{TII1}h_\text{II1}^3 + p_\text{TI2}h_\text{I2}^3 + p_\text{TII2}h_\text{II2}^3)$	(2.109)

Gleichgewichtsgleichung	$F_{\mathrm{T01}} - F_{\mathrm{T02}} = \frac{2(F_e+F_a)}{z}$	(2.110)
Gleichgewichtsgleichung	$F_{\mathrm{T01}} a_1 - F_e(e_1 + a_1) + F_a a_2 = 0$	(2.111)
Gleichgewichtsgleichung	$F_{\mathrm{T1}} - F_{\mathrm{T2}} = \frac{2(F_e+F_a+F_{\text{äuß}})}{z}$	(2.112)
Gleichgewichtsgleichung	$F_{\mathrm{T1}} a_1 - F_e(e_1 + a_1) - F_{\text{äuß}}(e_2 + a_1) + F_a a_2 = 0$	(2.113)
Taschenkraft	$F_{\mathrm{T}} = \frac{F_{\mathrm{G}}}{z}$	(2.114)
Gesamtvolumenstrom	$Q_{\mathrm{GES}} = z\frac{p_{\mathrm{T}} h^3}{12\eta}\frac{b}{l}$	(2.115)
Taschendruck	$p_{\mathrm{T0}} = \frac{F_{\mathrm{T0}}}{A_{\mathrm{w}}}$	(2.116)
Gesamtvolumenstrom	$Q_{0\mathrm{GES}} = z\frac{p_{\mathrm{T0}} h_0{}^3}{12\eta}\frac{b}{l}$	(2.117)
Taschenkraft	$F_{\mathrm{T0}} = 2F_{\mathrm{T0V}}$	(2.118)
Taschenkraft	$F_{\mathrm{T0V}} = p_{\mathrm{T0}} A_{\mathrm{wV}} \cos\gamma$	(2.119)
Wirksame Taschenfläche	$A_{\mathrm{wV}} = \frac{A_{\mathrm{w}}}{2\cos\gamma}$	(2.120)
Taschendruck	$p_{\mathrm{T0}} = \frac{F_{\mathrm{G}}}{z(A_{\mathrm{w}}+2A_{\mathrm{wV}}\cos\gamma)}$	(2.121)
Lagerspalt	$h_{\mathrm{V}} = h_0 - \Delta h \cos\gamma$	(2.122)
Taschendruck	$p_{\mathrm{TV}} = \frac{p_{\mathrm{P}}}{\left(\frac{p_{\mathrm{P}}}{p_{\mathrm{T0}}}-1\right)\left(1-\frac{\Delta h\cos\gamma}{h_0}\right)^3+1}$	(2.123)
Taschendruck	$p_{\mathrm{TV}} = \frac{p_{\mathrm{T0}}}{\left(1-\frac{\Delta h\cos\gamma}{h_0}\right)^3}$	(2.124)
Taschenkraft	$F_{\mathrm{TV}} = p_{\mathrm{TV}} A_{\mathrm{wV}} \cos\gamma$	(1.125)
Schnittkraft	$F_{\text{äuß}} = z p_{\mathrm{T}} A_{\mathrm{w}} + 2z\, p_{\mathrm{TV}} A_{\mathrm{wV}} \cos\gamma - F_{\mathrm{G}}$	(2.126)
Taschenkraft	$F_{\mathrm{T}} = 2F_{\mathrm{TV}}$	(2.127)
Taschenkraft	$F_{\mathrm{T}} = \frac{F_{\mathrm{G}}+F_{\text{äuß}}}{2z}$	(2.128)
Volumenstrom	$Q_{\mathrm{GES}} = 2z\frac{p_{\mathrm{TV}} h_V{}^3}{12\eta}\frac{b}{l}$	(2.129)
Reibfläche	$A_{\mathrm{R}} = A_{\mathrm{RI}} + 2A_{\mathrm{RV}}$	(2.130)
Taschendruck	$p_{\mathrm{T0}} = \frac{F_{\mathrm{G}}}{z(A_{\mathrm{wI}}-2A_{\mathrm{wII}}+2A_{\mathrm{wV}}\cos\gamma)}$	(2.131)
Schnittkraft	$F_{\text{äuß}} = z(p_{\mathrm{TI}} A_{\mathrm{wI}} - 2p_{\mathrm{TII}} A_{\mathrm{wII}} + 2p_{\mathrm{TV}} A_{\mathrm{wV}} \cos\gamma) - F_{\mathrm{G}}$	(2.132)
Taschenkraft	$F_{\mathrm{T}} = F_{\mathrm{TVR}}$	(2.133)
Volumenstrom	$Q_{0\mathrm{GES}} = 3z\frac{p_{\mathrm{T0}} h_0^3}{12\eta}\frac{b}{l}$	(2.134)
Volumenstrom	$Q_{\mathrm{GES}} = z\frac{1}{12\eta}\frac{b}{l}(2p_{\mathrm{TV}} h_{\mathrm{V}}^3 + p_{\mathrm{TII}} h_{\mathrm{II}}^3)$	(2.135)
Gesamtreibfläche	$A_{\mathrm{R}} = A_{\mathrm{RI}} + 2A_{\mathrm{RII}} + 2A_{\mathrm{RV}}$	(2.136)
Resultierende Taschenkraft	$F_{\mathrm{T0VR}} = \frac{F_{\mathrm{G}}}{2z}$	(2.137)
Taschendruck	$p_{\mathrm{T0}} = \frac{F_{\mathrm{T0VR}}}{(2A_{\mathrm{wV}}\cos\gamma - A_{\mathrm{wII}})}$	(2.138)

Resultierende Taschenkraft	$F_{\mathrm{TVR}} = 2p_{\mathrm{TV}}A_{\mathrm{wV}}\cos\gamma - p_{\mathrm{TII}}A_{\mathrm{wII}}$	(2.139)
Schnittkraft	$F_{\text{äuß}} = 2zF_{\mathrm{TVR}} - F_{\mathrm{G}}$	(2.140)
Taschendrücke	$p_{\mathrm{TV}} = p_{\mathrm{TII}} = p_{\mathrm{T}}$	(2.141)
Taschendruck	$p_{\mathrm{T}} = \frac{F_{\mathrm{TVR}}}{(2A_{\mathrm{wV}}\cos\gamma - A_{\mathrm{wII}})}$	(2.142)
Volumenstrom	$Q_0 = 6z\frac{p_{\mathrm{T0}}h_0^3}{12\eta}\frac{b}{l}$	(2.143)
Volumenstrom	$Q_{\mathrm{GES}} = 2z\frac{p_{\mathrm{T}}}{12\eta}\frac{b}{l}(2h_{\mathrm{V}}^3 + h_{\mathrm{II}}^3)$	(2.144)
Gesamtreibfläche	$A_{\mathrm{R}} = 2A_{\mathrm{RII}} + 4A_{\mathrm{RV}}$	(2.145)
Mittlere Taschenkraft	$F_{\mathrm{T0VRM}} = \frac{F_{\mathrm{G}}+F_{\mathrm{e}}}{2z}$	(2.146)
Gleichgewichtsgleichung für Taschenkräfte	$F_{\mathrm{T0VR1}} + F_{\mathrm{T0VR2}} + F_{\mathrm{T0VR3}} + \cdots + F_{\mathrm{T0VRn}} = F_{\mathrm{T0VRM}}z$	(2.147)
Gleichgewichtsgleichung für Momente im Anfangszustand:	$(F_{\mathrm{T0VRn}} - F_{\mathrm{T0VRn-1}})a_n + \cdots (F_{\mathrm{T0VR6}} - F_{\mathrm{T0VR5}})a_6 + (F_{\mathrm{T0VR4}} - F_{\mathrm{T0VR3}})a_4 + (F_{\mathrm{T0VR2}} - F_{\mathrm{T0VR1}})a_2 = \frac{F_{\mathrm{e}}e_1}{2}$	(2.148)
Mittlerer Taschendruck	$p_{\mathrm{T0VRM}} = \frac{p_{\mathrm{T0VR1}}+p_{\mathrm{T0VR2}}+\cdots+p_{\mathrm{T0VRn}}}{z}$	(2.149)
Gleichgewichtsgleichung für Taschenkräfte unter Wirkung der Schnittkraft	$F_{\mathrm{TVR1}} + F_{\mathrm{TVR2}} + F_{\mathrm{TVR3}} + \cdots + F_{\mathrm{TVR}n} = \frac{F_{\mathrm{G}}+F_{e}+F_{\text{äuß}}}{2}$	(2.150)
Gleichgewichtsgleichung für Momente unter Wirkung der Schnittkraft	$(F_{\mathrm{TVRn}} - F_{\mathrm{TVRn-1}})a_{\mathrm{n}} + \cdots + (F_{\mathrm{TVR6}} - F_{\mathrm{TVR5}})a_6 + (F_{\mathrm{TVR4}} - F_{\mathrm{TVR3}})a_4 + (F_{\mathrm{TVR2}} - F_{\mathrm{TVR1}})a_2 = \frac{F_{\mathrm{e}}e_1+F_{\text{äuß}}e_2}{2}$	(2.151)
Mittlere resultierende Taschenkraft	$F_{\mathrm{TVRM}} = \frac{F_{\mathrm{G}}+F_{\mathrm{e}}+F_{\text{äuß}}}{2z}$	(2.152)
Mittlerer Taschendruck unter Wirkung der Schnittkraft	$p_{\mathrm{TVRM}} = \frac{p_{\mathrm{T1}}+p_{\mathrm{T2}}+\cdots+p_{\mathrm{Tn}}}{z}$	(2.153)
Volumenstrom durch alle Taschen unter Wirkung der Schnittkraft	$Q_{\mathrm{GES}} = 6z\frac{p_{\mathrm{TVRM}}h_0^3}{12\eta}\frac{b}{l}$	(2.154)
Taschenwiderstand	$R_{\mathrm{T0}} = \frac{12\eta l}{{h_0}^3 b}$	(3.1)
Widerstand einer Kapillare	$R_{\mathrm{K}} = \frac{8\eta l_K}{\pi {r_K}^4}$	(3.2)
Länge einer Kapillare	$l_{\mathrm{K}} = \frac{1{,}5\pi {r_K}^4\left(\frac{p_{\mathrm{P}}}{p_{\mathrm{T0}}}-1\right)}{{h_0}^3}\frac{l}{b}$	(3.3)
Druckdifferenz	$p_{\mathrm{T}} - p_{\mathrm{PV}} = 4$ bis 7 bar	(3.4)

Dimensionsloser Faktor
$$K = \sqrt[3]{\frac{2\pi}{\ln \frac{R_a}{R_i}\frac{l}{b}}} \tag{3.5}$$

Volumenstrom
$$Q_D = \frac{(p_P - p_T)\pi H^3}{6\eta \ln \frac{R_a}{R_i}} \tag{3.6}$$

Relativer Spalt beim System: „Eine Membrandrossel für eine Tasche“
$$H\frac{k}{h_c} = \sqrt[3]{\frac{\frac{p_T}{p_P}}{1-\frac{p_T}{p_P}}} \tag{3.7}$$

Relativer Spalt beim System: „Eine Membrandrossel für zwei Taschen“
$$H\frac{k}{h_c} = \sqrt[3]{\frac{2\frac{p_T}{p_P}}{1-\frac{p_T}{p_P}}} \tag{3.8}$$

Relativer Spalt beim System: „Eine Membrandrossel für drei Taschen“
$$H\frac{k}{h_c} = \sqrt[3]{\frac{3\frac{p_T}{p_P}}{1-\frac{p_T}{p_P}}} \tag{3.9}$$

Relativer Spalt
$$H\frac{k}{h_c} = H_a\frac{k}{h_c} + (H_{MAX} - H_a)\frac{k}{h_c}\frac{p_T}{p_P} \tag{3.10}$$

Testdiagramm beim System: „Eine Membrandrossel für eine Tasche“
$$H = \frac{h_c}{K}\left(0{,}35 + 1{,}35\frac{p_T}{p_P}\right) \tag{3.11}$$

Testdiagramm beim System: „Eine Membrandrossel für zwei Taschen“
$$H = \frac{h_c}{K}\left(0{,}47 + 1{,}63\frac{p_T}{p_P}\right) \tag{3.12}$$

Testdiagramm beim System: „Eine Membrandrossel für drei Taschen“
$$H = \frac{h_c}{K}\left(0{,}48 + 2\frac{p_T}{p_P}\right) \tag{3.13}$$

Theoretische Membranstärke beim System: „Eine Membrandrossel für eine Tasche“
$$s_{TH} = 0{,}00356 \cdot \sqrt[3]{\frac{K{r_a}^4 p_P}{h_c}} \tag{3.14}$$

Theoretische Membranstärke beim System: „Eine Membrandrossel für zwei Taschen“
$$s_{TH} = 0{,}00332 \cdot \sqrt[3]{\frac{K{r_a}^4 p_P}{h_c}} \tag{3.15}$$

Theoretische Membranstärke beim System: „Eine Membrandrossel für drei Taschen“
$$s_{TH} = 0{,}003144 \cdot \sqrt[3]{\frac{K{r_a}^4 p_P}{h_c}} \tag{3.16}$$

Praktische Membranstärke
$$s = 1{,}1\, s_{TH} \tag{3.17}$$

2.3 Berechnungstabellen

Die *Optimierung der Drosselverhältnisse* bei konstantem Pumpendruck wird nach Tab. 2.1, 2.2 und 2.3 durchgeführt.

Tab. 2.1 Optimale Drosselverhältnisse $\left(\frac{p_P}{p_{T0}}\right)_{OPT}$ bei p_P = konstant und $\varphi = 0$ bis $\varphi = 0{,}3$ [2]

$\varphi = 0$			$\varphi = 0{,}1$			$\varphi = 0{,}2$			$\varphi = 0{,}3$		
$\frac{\Delta h}{h_0}$	$\frac{p_P}{p_{T0}}$	$\frac{F-F_0}{p_P A_{wI}}$	$\frac{\Delta h}{h_0}$	$\frac{p_P}{p_{T0}}$	$\frac{F-F_0}{p_P A_{wI}}$	$\frac{\Delta h}{h_0}$	$\frac{p_P}{p_{T0}}$	$\frac{F-F_0}{p_P A_{wI}}$	$\frac{\Delta h}{h_0}$	$\frac{p_P}{p_{T0}}$	$\frac{F-F_0}{p_P A_{wI}}$
0	1,2	0	0	1,26	0	0	1,22	0	0	1,22	0
0,03	2,04	0,02	0,03	2,03	0,03	0,03	2,02	0,02	0,03	2,02	0,02
0,05	2,08	0,04	0,05	2,07	0,04	0,05	2,05	0,05	0,05	2,04	0,05
0,07	2,12	0,06	0,07	2,1	0,06	0,07	2,09	0,07	0,07	2,07	0,07
0,1	2,17	0,08	0,1	2,14	0,09	0,1	2,12	0,09	0,1	2,1	0,1
0,13	2,22	0,1	0,13	2,19	0,11	0,13	2,16	0,12	0,13	2,13	0,13
0,15	2,28	0,12	0,15	2,23	0,13	0,15	2,2	0,14	0,15	2,17	0,15
0,17	2,33	0,14	0,17	2,28	0,15	0,17	2,24	0,17	0,17	2,2	0,18
0,2	2,4	0,17	0,2	2,34	0,18	0,2	2,29	0,19	0,2	2,25	0,2
0,23	2,47	0,19	0,23	2,4	0,2	0,23	2,34	0,22	0,23	2,29	0,23
0,25	2,54	0,21	0,25	2,47	0,23	0,25	2,4	0,24	0,25	2,35	0,26
0,28	2,62	0,24	0,28	2,54	0,25	0,28	2,47	0,27	0,28	2,41	0,28
0,3	2,71	0,26	0,3	2,62	0,28	0,3	2,54	0,29	0,3	2,47	0,31
0,33	2,8	0,29	0,33	2,71	0,3	0,33	2,62	0,32	0,33	2,54	0,34
0,35	2,91	0,31	0,35	2,8	0,33	0,35	2,71	0,35	0,35	2,62	0,36
0,38	3,02	0,34	0,38	2,91	0,36	0,38	2,81	0,37	0,38	2,71	0,39
0,4	3,15	0,37	0,4	3,03	0,38	0,4	2,92	0,4	0,4	2,81	0,42
0,42	3,29	0,39	0,42	3,16	0,41	0,42	3,04	0,43	0,42	2,93	0,45
0,45	3,45	0,42	0,45	3,31	0,44	0,45	3,18	0,46	0,45	3,05	0,47
0,47	3,63	0,45	0,47	3,48	0,47	0,47	3,33	0,48	0,47	3,2	0,5
0,5	3,83	0,48	0,5	3,67	0,5	0,5	3,51	0,51	0,5	3.36	0,53
0,53	4,05	0,51	0,53	3,88	0,52	0,53	3,71	0,54	0,53	3,55	0,56
0,55	4,31	0,54	0,55	4,23	0,55	0,55	3,94	0,57	0,55	3,76	0,59
0,57	4,61	0,57	0,57	4,41	0,58	0,57	4,21	0,6	0,57	4,01	0,61
0,6	4,95	0,6	0,6	4,73	0,61	0,6	4,52	0,63	0,6	4,3	0,64
0,65	5,83	0,66	0,65	5,57	0,67	0,65	5,31	0,68	0,65	5,05	0,7
0,7	7,09	0,72	0,7	6,77	0,73	0,7	5,44	0,74	0,7	6,12	0,75
0,75	9	0,78	0,75	8,59	0,79	0,75	8,18	0,8	0,75	7,76	0,81
0,8	10	0,83	0,8	10	0,84	0,8	10	0,84	0,8	10	0,86
0,85	10	0,87	0,85	10	0,88	0,85	10	0,89	0,85	10	0,9
0,9	10	0,89	0,9	10	0,9	0,9	10	0,91	0,9	10	0,92
0,95	10	0,9	0,95	10	0,91	0,95	10	0,92	0,95	10	0,92
1	10	0,9	1	10	0,91	1	10	0,92	1	10	0,93

Die rechnerische Optimierung wird für $\varphi = 0$ bis $\varphi = 1$ und für $\frac{\Delta h}{h_0} = 0$ bis $\frac{\Delta h}{h_0} = 1$ durchgeführt.

Die Optimierung der Drosselverhältnisse bei konstanter Taschenverlustleistung P_T wird nach Tab. 2.4 und 2.5 durchgeführt.

Tab. 2.2 Optimale Drosselverhältnisse $(\frac{p_P}{p_{T0}})_{OPT}$ bei p_P = konstant und $\varphi = 0{,}4$ bis $\varphi = 0{,}7$ [2]

$\varphi = 0{,}4$			$\varphi = 0{,}5$			$\varphi = 0{,}6$			$\varphi = 0{,}7$		
$\frac{\Delta h}{h_0}$	$\frac{p_P}{p_{T0}}$	$\frac{F-F_0}{p_P A_{wI}}$	$\frac{\Delta h}{h_0}$	$\frac{p_P}{p_{T0}}$	$\frac{F-F_0}{p_P A_{wI}}$	$\frac{\Delta h}{h_0}$	$\frac{p_P}{p_{T0}}$	$\frac{F-F_0}{p_P A_{wI}}$	$\frac{\Delta h}{h_0}$	$\frac{p_P}{p_{T0}}$	$\frac{F-F_0}{p_P A_{wI}}$
0	1,64	0	0	1,2	0	0	1,2	0	0	1,2	0
0,03	2,02	0,03	0,03	2,01	0,03	0,03	2,01	0,03	0,03	2,01	0,03
0,05	2,04	0,05	0,05	2,03	0,06	0,05	2,02	0,06	0,05	2,02	0,06
0,07	2,06	0,08	0,07	2,05	0,09	0,07	2,04	0,09	0,07	2,03	0,1
0,1	2,08	0,11	0,1	2,07	0,11	0,1	2,05	0,12	0,1	2,04	0,13
0,13	2,11	0,13	0,13	2,09	0,14	0,13	2,07	0,15	0,13	2,06	0,16
0,15	2,14	0,16	0,15	2,12	0,17	0,15	2,1	0,18	0,15	2,08	0,19
0,17	2,17	0,19	0,17	2,14	0,2	0,17	2,12	0,21	0,17	2,1	0,22
0,2	2,21	0,22	0,2	2,18	0,23	0,2	2,15	0,24	0,2	2,12	0,26
0,23	2,25	0,24	0,23	2,21	0,26	0,23	2,18	0,27	0,23	2,15	0,29
0,25	2,3	0,27	0,25	2,25	0,29	0,25	2,22	0,3	0,25	2,18	0,32
0,28	2,35	0,3	0,28	2,3	0,32	0,28	2,26	0,33	0,28	2,22	0,35
0,3	2,41	0,33	0,3	2,35	0,34	0,3	2,3	0,36	0,3	2,26	0,38
0,33	2,47	0,36	0,33	2,41	0,37	0,33	2,35	0,39	0,33	2,3	0,41
0,35	2,54	0,38	0,35	2,47	0,4	0,35	2,41	0,42	0,35	2,35	0,44
0,38	2,63	0,41	0,38	2,55	0,43	0,38	2,48	0,45	0,38	2,41	0,47
0,4	2,72	0,44	0,4	2,63	0,46	0,4	2,55	0,48	0,4	2,48	0,5
0,42	2,82	0,47	0,42	2,72	0,49	0,42	2,63	0,51	0,42	2,55	0,53
0,45	2,94	0,49	0,45	2,83	0,51	0,45	2,73	0,53	0,45	2,63	0,56
0,47	3,07	0,52	0,47	2,95	0,54	0,47	2,83	0,56	0,47	2,73	0,58
0,5	3,22	0,55	0,5	3,08	0,57	0,5	2,96	0,59	0,5	2,84	0,61
0,53	3,39	0,58	0,53	3,24	0,6	0,53	3,1	0,62	0,53	2,97	0,64
0,55	3,59	0,6	0,55	3,42	0,62	0,55	3,27	0,64	0,55	3,11	0,66
0,57	3,82	0,63	0,57	3,64	0,65	0,57	3,46	0,67	0,57	3,28	0,69
0,6	4,09	0,66	0,6	3,88	0,68	0,6	3,68	0,69	0,6	3,48	0,71
0,65	4,79	0,71	0,65	4,52	0,73	0,65	4,26	0,75	0,65	4	0,76
0,7	5,79	0,77	0,7	5,45	0,78	0,7	5,11	0,79	0,7	4,77	0,81
0,75	7,33	0,82	0,75	6,87	0,83	0,75	6,41	0,84	0,75	5,94	0,85
0,8	9,87	0,87	0,8	9,26	0,87	0,8	8,6	0,88	0,8	7,91	0,89
0,85	10	0,9	0,85	10	0,91	0,85	10	0,92	0,85	10	0,93
0,9	10	0,92	0,9	10	0,93	0,9	10	0,94	0,9	10	0,95
0,95	10	0,93	0,95	10	0,94	0,95	10	0,95	0,95	10	0,96
1	10	0,93	1	10	0,94	1	10	0,95	1	10	0,96

Die Optimierung der Drosselverhältnisse nach der höchsten Lagersteifigkeit ohne Berücksichtigung der Taschenverlustleistung (Tab. 2.1, 2.2 und 2.3) wird allgemein angewandt und empfohlen [2], insbesondere bei Maschinen, bei denen der Preis des Ölkühlers im Vergleich zum Preis der Maschine mit Ölversorgung nur gering ist.

Bei Maschinen, bei denen die Kosten des Ölkühlers im Vergleich zur gesamten Fertigungsanlage unverhältnismäßig hoch sind, empfiehlt es sich, die Optimierung der Drosselverhältnisse unter Berücksichtigung der Taschenverlustleistung P_T durchzuführen (Tab. 2.4 und 2.5).

Tab. 2.3 Optimale Drosselverhältnisse $\left(\frac{p_P}{p_{T0}}\right)_{OPT}$ bei p_P = konstant und $\varphi = 0{,}8$ bis $\varphi = 1{,}0$ [2]

$\varphi = 0{,}8$			$\varphi = 0{,}9$			$\varphi = 1{,}0$		
$\frac{\Delta h}{h_0}$	$\frac{p_P}{p_{T0}}$	$\frac{F - F_0}{p_P A_{wI}}$	$\frac{\Delta h}{h_0}$	$\frac{p_P}{p_{T0}}$	$\frac{F - F_0}{p_P A_{wI}}$	$\frac{\Delta h}{h_0}$	$\frac{p_P}{p_{T0}}$	$\frac{F - F_0}{p_P A_{wI}}$
0	1,2	0	0	1,2	0	0	1,2	0
0,03	2,01	0,03	0,03	2	0,04	0,03	2	0,04
0,05	2,01	0,07	0,05	2,01	0,07	0,05	2	0,07
0,07	2,02	0,1	0,07	2,01	0,11	0,07	2,01	0,11
0,1	2,03	0,14	0,1	2,02	0,14	0,1	2,02	0,14
0,13	2,05	0,17	0,13	2,03	0,18	0,13	2,02	0,19
0,15	2,06	0,2	0,15	2,05	0,21	0,15	2,03	0,22
0,17	2,08	0,24	0,17	2,06	0,25	0,17	2,05	0,26
0,2	2,1	0,27	0,2	2,08	0,28	0,2	2,06	0,3
0,23	2,13	0,3	0,23	2,1	0,32	0,23	2,08	0,33
0,25	2,15	0,33	0,25	2,13	0,35	0,25	2,1	0,37
0,28	2,18	0,37	0,28	2,15	0,38	0,28	2,13	0,4
0,3	2,22	0,4	0,3	2,18	0,42	0,3	2,15	0,43
0,33	2,26	0,43	0,33	2,22	0,45	0,33	2,18	0,47
0,35	2,3	0,46	0,35	2,26	0,48	0,35	2,22	0,49
0,38	2,35	0,49	0,38	2,3	0,51	0,38	2,26	0,53
0,4	2,41	0,52	0,4	2,35	0,54	0,4	2,3	0,56
0,42	2,48	0,55	0,42	2,41	0,57	0,42	2,35	0,59
0,45	2,55	0,58	0,45	2,47	0,6	0,45	2,4	0,62
0,47	2,63	0,6	0,47	2,55	0,63	0,47	2,47	0,65
0,5	2,73	0,63	0,5	2,63	0,65	0,5	2,54	0,68
0,53	2,84	0,66	0,53	2,73	0,68	0,53	2,62	0,7
0,55	2,97	0,68	0,55	2,84	0,71	0,55	2,72	0,73
0,57	3,12	0,71	0,57	2,97	0,73	0,57	2,83	0,75
0,6	3,3	0,73	0,6	3,12	0,76	0,6	2,95	0,78
0,65	3,75	0,78	0,65	3,51	0,8	0,65	3,28	0,82
0,7	4,42	0,83	0,7	4,08	0,84	0,7	3,74	0,86
0,75	5,45	0,87	0,75	4,95	0,88	0,75	4,45	0,9
0,8	7,17	0,9	0,8	6,42	0,92	0,8	5,62	0,93
0,85	10	0,94	0,85	9,24	0,95	0,85	7,84	0,95
0,9	10	0,96	0,9	10	0,97	0,9	10	0,98
0,95	10	0,97	0,95	10	0,98	0,95	10	0,98
1	10	0,97	1	10	0,98	1	10	0,99

Die *kinematische Viskosität* und *Dichte des Schmierstoffes* verschiedener Viskositätsklassen sind in Tab. 2.6 aufgestellt.

2.4 Zentrisch belastete hydrostatische Führung mit Umgriff

Abb. 2.1 zeigt eine *zentrisch belastete hydrostatische Führung mit Umgriff* mit n Taschenpaaren auf einer Führungsbahn in Längsrichtung.

Tab. 2.4 Optimale Drosselverhältnisse $\left(\frac{P_T}{p_{T0}}\right)_{OPT}$ bei P_T = konstant und $\varphi = 0$ bis $\varphi = 0{,}5$ [2]

$\varphi = 0$		$\varphi = 0{,}1$		$\varphi = 0{,}2$		$\varphi = 0{,}3$		$\varphi = 0{,}4$		$\varphi = 0{,}5$	
$\frac{\Delta h}{h_0}$	$\frac{p_P}{p_{T0}}$	$\frac{\Delta h}{h_0}$	$\frac{p_P}{p_{T0}}$	$\frac{\Delta h}{h_0}$	$\frac{p_P}{p_{T0}}$	$\frac{\Delta h}{h_0}$	$\frac{p_P}{p_{T0}}$	$\frac{\Delta h}{h_0}$	$\frac{p_P}{p_{T0}}$	$\frac{\Delta h}{h_0}$	$\frac{p_P}{p_{T0}}$
0	2,99	0	2,99	0	3	0	2,99	0	2,99	0	2,99
0,03	3,1	0,03	3,09	0,03	3,07	0,03	3,06	0,03	3,05	0,03	3,04
0,05	3,22	0,05	3,18	0,05	3,15	0,05	3,13	0,05	3,11	0,05	3,09
0,07	3,34	0,07	3,29	0,07	3,25	0,07	3,21	0,07	3,18	0,07	3,15
0,1	3,47	0,1	3,41	0,1	3,35	0,1	3,3	0,1	3,26	0,1	3,22
0,13	3,62	0,13	3,54	0,13	3,47	0,13	3,4	0,13	3,35	0,13	3,3
0,15	3,77	0,15	3,68	0,15	3,6	0,15	3,52	0,15	3,46	0,15	3,4
0,17	3,95	0,17	3,84	0,17	3,74	0,17	3,66	0,17	3,58	0,17	3,51
0,2	4,13	0,2	4,01	0,2	3,9	0,2	3,81	0,2	3,72	0,2	3,65
0,23	4,34	0,23	4,21	0,23	4,09	0,23	3,98	0,23	3,88	0,23	3,8
0,25	4,56	0,25	4,42	0,25	4,29	0,25	4,18	0,25	4,07	0,25	3,97
0,28	4.82	0,28	4,66	0,28	4,52	0,28	4,4	0,28	4,28	0,28	4,17
0,3	5,1	0,3	4,93	0,3	4,78	0,3	4,65	0,3	4,52	0,3	4,4
0,33	5,41	0,33	5,24	0,33	5,08	0,33	4,93	0,33	4,79	0,33	4,66
0,35	5,7	0,35	5,58	0,35	5,42	0,35	5,26	0,35	5,11	0,35	4,97
0,38	6,17	0,38	5,98	0,38	5,8	0,38	5,63	0,38	5,47	0,38	5,32
0,4	6,63	0,4	6,43	0,4	6,24	0,4	6,07	0,4	5,9	0,4	5,73
0,42	7,16	0,42	6,95	0,42	6,76	0,42	6,57	0,42	6,39	0,42	6,22
0,45	7,78	0,45	7,57	0,45	7,36	0,45	7,16	0,45	6,97	0,45	6,79
0,47	8,5	0,47	8,28	0,47	8,07	0,47	7,86	0,47	7,66	0,47	7,47
0,5	9,3	0,5	9,14	0,5	8,92	0,5	8,7	0,5	8,49	0,5	8,28
0,53	10	0,53	10	0,53	9,93	0,53	9,71	0,53	9,48	0,53	9,27
0,55	10	0,55	10	0,55	10	0,55	10	0,55	10	0,55	10
0,57	10	0,57	10	0,57	10	0,57	10	0,57	10	0,57	10
0,6	10	0,6	10	0,6	10	0,6	10	0,6	10	0,6	10
0,65	10	0,65	10	0,65	10	0,65	10	0,65	10	0,65	10
0,7	10	0,7	10	0,7	10	0,7	10	0,7	10	0,7	10
0,75	10	0,75	10	0,75	10	0,75	10	0,75	10	0,75	10
0,8	10	0,8	10	0,8	10	0,8	10	0,8	10	0,8	10
0,85	10	0,85	10	0,85	10	0,85	10	0,85	10	0,85	10
0,9	10	0,9	10	0,9	10	0,9	10	0,9	10	0,9	10
0,95	10	0,95	10	0,95	10	0,95	10	0,95	10	0,95	10
1	10	1	10	1	10	1	10	1	10	1	10

In diesem Beispiel werden zwei Tragbahnführungen und zwei Umgriffsführungen hydrostatisch gelagert. Die beweglichen Teile der hydrostatischen Führung sind der Tisch 1 und die Umgriffsleiste 2. Sie werden auf dem unbeweglichen Bett 3 in Längsrichtung hydrostatisch geführt.

Die hydrostatischen Taschen befinden sich in den beweglichen Teilen, d. h. in dem Tisch und in der Umgriffsleiste. Die Führung wird im Anfangszustand durch eine in Längs- und Querrichtung zentrisch wirkende Kraft F_G belastet (Abb. 2.1a). In Abb. 2.1b wird die Führung zusätzlich durch eine in Längs- und Querrichtung zentrisch wirkende Schnittkraft $F_{\text{äuß}}$ belastet. Die obere, breitere Führungsbahn wird

Tab. 2.5 Optimale Drosselverhältnisse $\left(\frac{p_P}{p_{T0}}\right)_{OPT}$ bei P_T = konstant und $\varphi = 0{,}6$ bis $\varphi = 1{,}0$ [2]

$\varphi = 0{,}6$		$\varphi = 0{,}7$		$\varphi = 0{,}8$		$\varphi = 0{,}9$		$\varphi = 1{,}0$	
$\frac{\Delta h}{h_0}$	$\frac{p_P}{p_{T0}}$	$\frac{\Delta h}{h_0}$	$\frac{p_P}{p_{T0}}$	$\frac{\Delta h}{h_0}$	$\frac{p_P}{p_{T0}}$	$\frac{\Delta h}{h_0}$	$\frac{p_P}{p_{T0}}$	$\frac{\Delta h}{h_0}$	$\frac{p_P}{p_{T0}}$
0	2,99	0	2,99	0	2,99	0	3,01	0	3,01
0,03	3,03	0,03	3,02	0,03	3,02	0,03	3,01	0,03	3,01
0,05	3,07	0,05	3,06	0,05	3,04	0,05	3,03	0,05	3,02
0,07	3,12	0,07	3,1	0,07	3,08	0,07	3,06	0,07	3,05
0,1	3,18	0,1	3,15	0,1	3,13	0,1	3,1	0,1	3,08
0,13	3,26	0,13	3,22	0,13	3,19	0,13	3,16	0,13	3,13
0,15	3,35	0,15	3,3	0,15	3,26	0,15	3,23	0,15	3,19
0,17	3,45	0,17	3,4	0,17	3,35	0,17	3,31	0,17	3,27
0,2	3,58	0,2	3,51	0,2	3,46	0,2	3,4	0,2	3,36
0,23	3,72	0,23	3,65	0,23	3,53	0,23	3,52	0,23	3,46
0,25	3,88	0,25	3,8	0,25	3,72	0,25	3,66	0,25	3,59
0,28	4,07	0,28	3,98	0,28	3,89	0,28	3,82	0,28	3,74
0,3	4,29	0,3	4,19	0,3	4,09	0,3	4	0,3	3,92
0,33	4,54	0,33	4,43	0,33	4,32	0,33	4,23	0,33	4,13
0,35	4,84	0,35	4,71	0,35	4,6	0,35	4,49	0,35	4,38
0,38	5,18	0,38	5,04	0,38	4,92	0,38	4,79	0,38	4,68
0,4	5,58	0,4	5,43	0,4	5,29	0,4	5,16	0,4	5,03
0,42	6,05	0,42	5,89	0,42	5,74	0,42	5,59	0,42	5,45
0,45	6,61	0,45	6,44	0,45	6,27	0,45	6,11	0,45	5,96
0,47	7,28	0,47	7,09	0,47	6,91	0,47	6,74	0,47	6,57
0,5	8,08	0,5	7,88	0,5	7,69	0,5	7,5	0,5	7,32
0,53	9,05	0,53	8,84	0,53	8,64	0,53	8,44	0,53	8,24
0,55	10	0,55	10	0,55	9,81	0,55	9,59	0,55	9,38
0,57	10	0,57	10	0,57	10	0,57	10	0,57	10
0,6	10	0,6	10	0,6	10	0,6	10	0,6	10
0,65	10	0,65	10	0,65	10	0,65	10	0,65	10
0,7	10	0,7	10	0,7	10	0,7	10	0,7	10
0,75	10	0,75	10	0,75	10	0,75	10	0,75	10
0,8	10	0,8	10	0,8	10	0,8	10	0,8	10
0,85	10	0,85	10	0,85	10	0,85	10	0,85	10
0,9	10	0,9	10	0,9	10	0,9	10	0,9	10
0,95	10	0,95	10	0,95	10	0,95	10	0,95	10
1	10	1	10	1	10	1	10	1	10

Tragbahn genannt und mit I bezeichnet, die untere, schmalere Führungsbahn wird Umgriff genannt und mit II bezeichnet.

Die zentrisch wirkende Kraft F_G ist die *Gewichtskraft* des Tisches mit allen auf dem Tisch eingebauten Teilen, wie z. B. den Vorrichtungen. Sie wird nach der *Masse des Tisches m* und nach der Erdbeschleunigung g ermittelt:

$$F_G = mg \tag{2.1}$$

Die Gesamtanzahl der Taschenpaare in Längsrichtung z wird nach der Gesamtanzahl der Taschenpaare auf einer Führungsbahn n in Längsrichtung bestimmt:

$$z = 2n \tag{2.2}$$

Tab. 2.6 Vergleich kinematischer Viskosität und Dichte der Schmierstoffe verschiedener Viskositätsklasse nach DIN 51517 und DIN 51519

Öl-Viskositätsklasse nach DIN 51517, DIN 51519, ISO VG	Kinematische Viskosität ν in $mm^2\ s^{-1}$ (Mittelwerte) bei Öltemperaturen		Dichte γ in kg cm^{-3} bei Öltemperaturen
	40 °C	20 °C	15 °C
2	2,2	3,31	$0{,}86 \cdot 10^{-3}$
3	3,2	5,2	$0{,}861.10^{-3}$
5	4,6	8,06	$0{,}863 \cdot 10^{-3}$
7	6,8	12,9	$0{,}864 \cdot 10^{-3}$
10	10	20,6	$0{,}866 \cdot 10^{-3}$
15	15	34,05	$0{,}867 \cdot 10^{-3}$
22	22	54,85	$0{,}868 \cdot 10^{-3}$
32	32	87,8	$0{,}87 \cdot 10^{-3}$
46	46	136,5	$0{,}877 \cdot 10^{-3}$
68	68	218,5	$0881 \cdot 10^{-3}$
100	100	343	$0883 \cdot 10^{-3}$
150	150	550	$0866 \cdot 10^{-3}$
220	220	862,5	$0891 \cdot 10^{-3}$
320	320	1340	$0894 \cdot 10^{-3}$
460	460	2055	$0898 \cdot 10^{-3}$
680	680	3265	$0{,}902 \cdot 10^{-3}$
1000	1000	5165	$0{,}905 \cdot 10^{-3}$
1500	1500	8395	$0{,}91 \cdot 10^{-3}$

$$\text{Die Gesamtanzahl der hydrostatischen Taschen: } 2z \tag{2.3}$$

Auf jede hydrostatische Tasche der Tragbahn wirken im Anfangszustand der Taschendruck p_{T0I} und die Taschenkraft $p_{\mathrm{T0I}} A_{\mathrm{wI}}$. Auf jede hydrostatische Tasche des Umgriffs wirken im Anfangszustand der Taschendruck p_{T0II} und die Taschenkraft $p_{\mathrm{T0II}} A_{\mathrm{wII}}$.

Die *resultierende Taschenkraft* F_{T0}, die im Anfangszustand auf ein hydrostatisches Lagerpaar (Tragbahn und Umgriff) wirkt, wird nach der Gleichgewichtsgleichung für Taschenkräfte bestimmt:

$$F_{\mathrm{T0}} = p_{\mathrm{T0I}} A_{\mathrm{wI}} - p_{\mathrm{T0II}} A_{\mathrm{wII}} \tag{2.4}$$

Die Ölversorgungssysteme können so ausgelegt und eingestellt werden, dass im Anfangszustand (Abb. 2.1a) die Taschendrücke und die Lagerspalte bei Tragbahn und bei Umgriff gleich sind:

$$p_{\mathrm{T0I}} = p_{\mathrm{T0II}} = p_{\mathrm{T0}} \tag{2.5}$$

$$h_{\mathrm{0I}} = h_{\mathrm{0II}} = h_{\mathrm{0}} \tag{2.6}$$

Beim Einsatz von Gl. (2.5) in Gl. (2.4) ergibt sich:

$$F_{\mathrm{T0}} = p_{\mathrm{T0}}(A_{\mathrm{wI}} - A_{\mathrm{wII}})$$

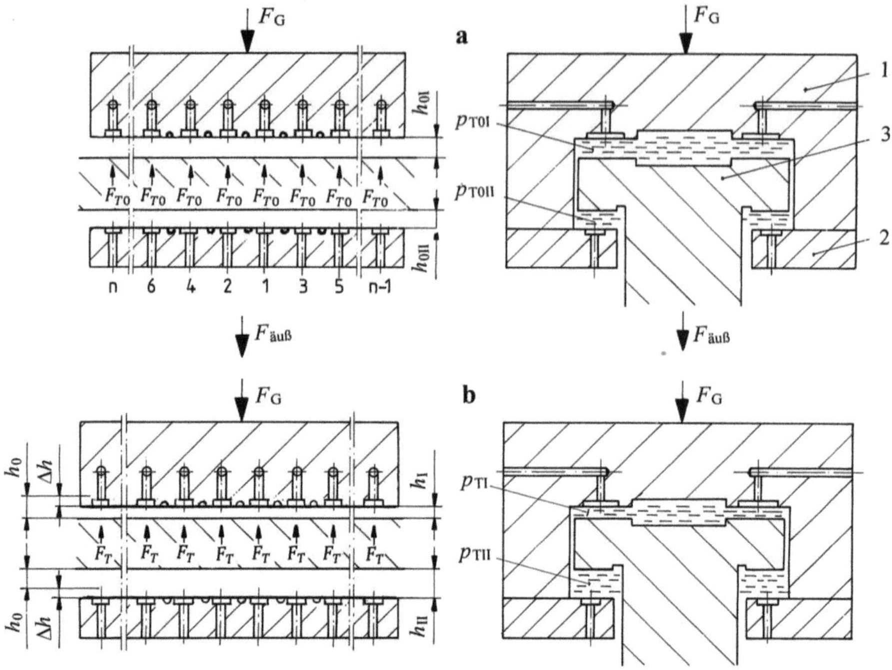

Abb. 2.1 Zentrisch belastete hydrostatische Führung mit Umgriff mit *n* Taschenpaaren auf einer Führungsbahn in Längsrichtung [3]. (**a**) Die Führung wird im Anfangszustand durch eine in Längs- und Querrichtung zentrisch wirkende Kraft F_G belastet; (**b**) Die Führung wird zusätzlich durch eine in Längs- und Querrichtung zentrisch wirkende Schnittkraft $F_{äuß}$ belastet. *1* Tisch, *2* Umgriffsleiste, *3* Bett; Index 0 Anfangszustand, Index I Tragbahn, Index II Umgriff; F_{T0} Resultierende Taschenkraft, die im Anfangszustand auf ein hydrostatisches Lagerpaar (Tragbahn und Umgriff) wirkt; F_T Resultierende Taschenkraft, die unter Wirkung der Schnittkraft auf ein hydrostatisches Lagerpaar (Tragbahn und Umgriff) wirkt

Der Taschendruck im Anfangszustand p_{T0} ergibt sich zu:

$$p_{T0} = \frac{F_{T0}}{A_{wI} - A_{wII}} \tag{2.7}$$

Im Anfangszustand übernimmt jede hydrostatische Tasche die Kraft:

$$F_{T0} = \frac{F_G}{z} \tag{2.8}$$

Nachdem der Maschinenkonstrukteur den Tisch und die hydrostatischen Taschen konstruktiv ausgelegt hat, errechnet er nach Gl. 2.8 die Taschenkraft F_{T0} und anschließend nach Gl. 2.7 den Taschendruck im Anfangszustand p_{T0}.

Wenn der Tisch durch eine zusätzlich wirkende *Schnittkraft* $F_{äuß}$ belastet wird (Abb. 2.1b), verändern sich die Taschendrücke, die Lagerspalte und die Taschenkräfte:

Die Taschendrücke bei Tragbahn haben sich von p_{T0} auf p_{TI} verändert,
die Taschendrücke bei Umgriff haben sich von p_{T0} auf p_{TII} verändert,
der Lagerspalt bei Tragbahn haben sich von h_0 auf h_{I} verändert,
der Lagerspalt bei Umgriff haben sich von h_0 auf h_{II} verändert,
die Taschenkräfte haben sich von F_{T0} auf F_{T} verändert.

Die *resultierende Taschenkraft* F_{T}, die auf ein hydrostatisches Lagerpaar unter Wirkung der Schnittkraft wirkt, wird so bestimmt, dass alle Kräfte F_{T}, die Gewichtskraft des Tisches F_{G} und die zusätzlich wirkende Schnittkraft $F_{\text{äuß}}$ übernehmen:

$$F_{\mathrm{T}} = \frac{F_{\mathrm{G}} + F_{\text{äuß}}}{z}$$

Aus dieser Gleichung ergibt sich die *Schnittkraft*:

$$F_{\text{äuß}} = zF_{\mathrm{T}} - F_{\mathrm{G}} \tag{2.9}$$

Aus der Gl. (2.9) kann die Schnittkraft $F_{\text{äuß}}$ berechnet werden, wenn die Kraft F_{T} bekannt ist. Die resultierende Taschenkraft F_{T}, die auf ein hydrostatisches Lagerpaar unter Wirkung der Schnittkraft wirkt, wird nach der Gleichgewichtsgleichung für Taschenkräfte bestimmt:

$$F_{\mathrm{T}} = p_{\mathrm{TI}} A_{\mathrm{wI}} - p_{\mathrm{TII}} A_{\mathrm{wII}} \tag{2.10}$$

Die Taschendrücke p_{TI} und p_{TII}, die unter Wirkung der Schnittkraft aufgebaut werden, sind von dem Ölversorgungssystem abhängig und werden nach der vorgegebenen Lagerspaltänderung Δh ermittelt.

Bei Systemen höherer Steifigkeit ergeben sich bei gleichen Lagerspaltänderungen Δh höhere Taschenkräfte F_{T}, und somit auch höhere Schnittkräfte $F_{\text{äuß}}$, als bei weniger steifen Ölversorgungssystemen. So werden z. B. beim System „Eine Pumpe pro Tasche" bei gleichen Lagerspaltänderungen Δh, höhere Taschenkräfte F_{T}, höhere Schnittkräfte $F_{\text{äuß}}$ und somit höhere Lagersteifigkeiten erreicht, als mit dem Ölversorgungssystem „Eine gemeinsame Pumpe und Kapillardrosseln".

Der Lagerspalt bei Tragbahn unter Wirkung der Schnittkraft $F_{\text{äuß}}$ hat sich von h_0 auf h_{I} verändert:

$$h_{\mathrm{I}} = h_0 - \Delta h \tag{2.11}$$

Der Lagerspalt bei Umgriff unter Wirkung der Schnittkraft $F_{\text{äuß}}$ hat sich von h_0 auf h_{II} verändert:

$$h_{\mathrm{II}} = h_0 + \Delta h \tag{2.12}$$

Das *Flächenverhältnis* φ ist das Verhältnis der Taschenflächen des Umgriffs A_{wII} und der Tragbahn A_{wI}:

$$\varphi = \frac{A_{\mathrm{wII}}}{A_{\mathrm{wI}}} \tag{2.13}$$

Die *relative Spaltänderung* Ψ ist das Verhältnis der Lagerspaltänderung Δh und des Lagerspaltes im Anfangszustand h_0:

$$\Psi = \frac{\Delta h}{h_0} \tag{2.14}$$

Die hydrostatischen Taschen sollen so ausgelegt werden, dass die *Strömungsverhältnisse* bei Tragbahn und beim Umgriff gleich sind [2]:

$$\frac{b_{\mathrm{I}}}{l_{\mathrm{I}}} = \frac{b_{\mathrm{II}}}{l_{\mathrm{II}}} = \frac{b}{l} \tag{2.15}$$

Volumenstrom durch alle Taschen im Anfangszustand:

$$Q_{0\mathrm{GES}} = 2z \frac{p_{\mathrm{T0}} h_0^3}{12\eta} \frac{b}{l} \tag{2.16}$$

Volumenstrom durch alle Taschen unter Wirkung der Schnittkraft:

$$Q_{\mathrm{GES}} = z \frac{1}{12\eta} \frac{b}{l} \left(p_{\mathrm{TI}} h_{\mathrm{I}}^3 + p_{\mathrm{TII}} h_{\mathrm{II}}^3 \right) \tag{2.17}$$

Die *Reibfläche* A_{R} wird nach Abb. 1.3 ermittelt:

$$A_{\mathrm{R}} = (B_{\mathrm{w}} + l)\, l 2z + (L_{\mathrm{w}} - l)\, l 2z \tag{2.18}$$

Die Gesamtreibfläche A_{R} ergibt sich aus der Reibfläche bei Tragbahn A_{RI} und der Reibfläche bei Umgriff A_{RII}:

$$A_{\mathrm{R}} = A_{\mathrm{RI}} + A_{\mathrm{RII}} \tag{2.19}$$

Die *Verlustleistung* P_{VER}, nach welcher die Kühlölaggregate ausgelegt werden, errechnet sich als Summe von Pumpenleistung P_{P} und Reibleistung P_{R}:

$$P_{\mathrm{VER}} = P_{\mathrm{P}} + P_{\mathrm{R}} = Q_{0\mathrm{GES}}\, p_{\mathrm{P}} + \frac{A_{\mathrm{R}} \eta v^2}{h_0} \tag{2.20}$$

Bei der Berechnung der Verlustleistung bei den Membrandrosseln wird Q_{GES} eingesetzt, da $Q_{\mathrm{GES}} > Q_{0\mathrm{GES}}$.

Das optimale Verhältnis zwischen *Pumpendruck* und Taschendruck $(p_{\mathrm{P}}/p_{\mathrm{T0}})_{\mathrm{OPT}}$ bei der Ölversorgung mit Kapillardrosseln wird bei der Optimierung nach der größten Lagesteifigkeit nach dem Flächenverhältnis φ und der relativen Spaltänderung Ψ nach Tab. 2.1, 2.2 und 2.3 (s. Unterkapitel 2.3) ermittelt. Bei den meisten hydrostatischen Führungen mit Umgriff nach Abb. 2.1 befinden sich die Flächenverhältnisse zwischen $\varphi = 0{,}2$ bis 0,7.

Der Lagerspalt h_0 wird im Hinblick auf die Art der Maschine bestimmt. Bei großen Maschinen und langen Hüben müssen größere Lagerspalte, bei kleineren Maschinen und kleineren Hüben müssen kleinere Lagerspalte gewählt werden. Je nach der Art der Maschine werden die Lagerspalte zwischen $h_0 = 0{,}02\,\text{mm}$ und 0,06 mm gewählt.

Die hydrostatische Führung und das Ölversorgungssystem müssen so ausgelegt werden, dass bei der Einwirkung der Schnittkraft $F_{\text{äuß}}$ die Spaltänderungen Δh möglichst klein bleiben, damit eine hohe Steifigkeit des hydrostatischen Lagers erreicht werden kann (Gl. 1.11). Bei hohen Steifigkeiten des hydrostatischen Lagers werden auch gute Fertigungsgenauigkeiten erreicht. Die relativen Spaltänderungen $\Psi = \frac{\Delta h}{h_0}$ befinden sich normalerweise im Bereich $\Psi = \frac{\Delta h}{h_0} = 0{,}05$ bis 0,4. In diesem Bereich werden aus den Tab. 2.1, 2.2 und 2.3 für $\varphi = 0{,}2$ bis 0,7, die optimalen Verhältnisse $\left(\frac{p_P}{p_{T0}}\right)_{OPT}$ abgelesen: $\left(\frac{p_P}{p_{T0}}\right)_{OPT} = 2{,}02$ bis 2,92.

Bei der Optimierung der Drosselverhältnisse unter Berücksichtigung der Taschenverlustleistung (Tab. 2.4 und 2.5) ergeben sich im Bereich.

$\Psi = \frac{\Delta h}{h_0} = 0{,}05$ bis 0,4 für $\varphi = 0{,}2$ bis 0,7 die folgenden optimalen Verhältnisse: $\left(\frac{p_P}{p_{T0}}\right)_{OPT} = 3{,}06$ bis 6,24.

Der *Pumpendruck* p_P bei Kapillardrosseln wird rechnerisch nach folgender Gleichung bestimmt:

$$p_P = \left(\frac{p_P}{p_{T0}}\right)_{OPT} p_{T0} \tag{2.21}$$

Der Taschendruck im Anfangszustand p_{T0} wird nach Gl. (2.7) errechnet, das optimale Verhältnis zwischen Pumpendruck und Taschendruck $\left(\frac{p_P}{p_{T0}}\right)_{OPT}$ wird nach Tab. 2.1, 2.2 und 2.3 nach dem Flächenverhältnis φ und nach der relativen Spaltänderung ψ ermittelt.

Das Flächenverhältnis $\varphi = 0$ gilt für die hydrostatische Führung ohne Umgriff, das Flächenverhältnis $\varphi = 1$ gilt für den Fall, wenn die Taschenflächen der Tragbahn und des Umgriffs gleich sind, was bei hydrostatischen Lagern, bei der Mittenführung und beim hydrostatischen Gewindetrieb vorkommt.

Die *Taschendrücke*, die unter Wirkung der Schnittkraft bei Tragbahn p_{TI} und bei Umgriff p_{TII} aufgebaut werden, werden beim Ölversorgungssystem „Eine gemeinsame Pumpe und Kapillardrosseln“ nach folgenden Gleichungen bestimmt:

$$p_{TI} = \frac{p_P}{\left(\frac{p_P}{p_{T0}} - 1\right)\left(1 - \frac{\Delta h}{h_0}\right)^3 + 1} \tag{2.22}$$

$$p_{TII} = \frac{p_P}{\left(\frac{p_P}{p_{T0}} - 1\right)\left(1 + \frac{\Delta h}{h_0}\right)^3 + 1} \tag{2.23}$$

Die kinematische Viskosität des Öles bei der Temperatur ϑ kann für praktische Berechnungen durch die Interpolation der kinematischen Viskosität υ_{20} und υ_{40} errechnet werden:

$$\upsilon = \upsilon_{20} - (\upsilon_{20} - \upsilon_{40}) \frac{(\vartheta - 20)}{20} \tag{2.24}$$

Nach Tab. 2.6 (s. Unterkapitel 2.3) werden die kinematische Viskosität υ_{20} (bei 20 °C), υ_{40} (bei 40 °C) und die Dichte γ_{15} (bei 15 °C) für das gewählte Schmieröl ermittelt.

Die Dichte bei Öltemperatur ϑ wird für praktische Berechnungen nach folgender Gleichung errechnet:

$$\gamma_{25} = \gamma_{15} - 0{,}0006 \cdot 10^{-3}(\vartheta - 15) \tag{2.25}$$

Die dynamische Viskosität des Öles η errechnet sich nach der kinematischen Viskosität v und der Dichte des Öles γ:

$$\eta = \upsilon\gamma \tag{2.26}$$

Bei der Berechnung und Auslegung von zentrisch belasteter Führung mit Umgriff wird zuerst der Taschendruck im Anfangszustand p_{T0} nach Gl. (2.7) errechnet.

Bei den Ölversorgungssystemen mit Kapillardrosseln und mit Membrandrosseln muss der Pumpendruck höher als der Taschendruck gewählt werden. Bei dem Ölversorgungssystem „Eine Pumpe pro Tasche" ist der Pumpendruck gleich groß wie der Taschendruck. Die Taschendrücke, die unter Wirkung der Schnittkraft bei Tragbahn p_{TI} und bei Umgriff p_{TII} aufgebaut werden, werden beim Ölversorgungssystem „Eine Pumpe pro Tasche" nach folgenden Gleichungen bestimmt:

$$p_{\mathrm{TI}} = \frac{p_{\mathrm{T0}}}{\left(1 - \frac{\Delta h}{h_0}\right)^3} \tag{2.27}$$

$$p_{\mathrm{TII}} = \frac{p_{\mathrm{T0}}}{\left(1 + \frac{\Delta h}{h_0}\right)^3} \tag{2.28}$$

Beim Ölversorgungssystem „Eine Pumpe pro Tasche" (Abb. 1.5b) wird für jede hydrostatische Tasche eine gesonderte Verdrängerpumpe vorgeschaltet, die in einem Block als Mehrkreispumpe (Abkürzung MKP) ausgeführt wird.

Der Volumenstrom, der im Anfangszustand durch einen Strang der Mehrkreispumpe strömt, wird nach folgender Gleichung bestimmt:

$$Q_{\mathrm{S0}} = \frac{p_{\mathrm{T0}} {h_0}^3}{12\eta} \frac{b}{l} \tag{2.29}$$

Der Volumenstrom, der unter Wirkung der Schnittkraft durch eine hydrostatische Tasche bei der Tragbahn strömt (durch einen Strang der Mehrkreispumpe), wird nach folgender Gleichung bestimmt:

$$Q_{\mathrm{SI}} = \frac{p_{\mathrm{TI}} {h_{\mathrm{I}}}^3}{12\eta} \frac{b}{l} \tag{2.30}$$

Der Volumenstrom, der unter Wirkung der Schnittkraft durch eine hydrostatische Tasche beim Umgriff strömt (durch einen Strang der Mehrkreispumpe), wird nach folgender Gleichung bestimmt:

$$Q_{\mathrm{SII}} = \frac{p_{\mathrm{TII}} {h_{\mathrm{II}}}^3}{12\eta} \frac{b}{l} \tag{2.31}$$

Die Berechnung und Auslegung der zentrisch belasteten hydrostatischen Führung mit Umgriff mit Ölversorgung „Eine gemeinsame Pumpe und Membrandrosseln“ wird wie folgt durchgeführt.

Es wird angenommen, dass die Taschendrücke und die Lagerspalte bei Tragbahn und bei Umgriff im Anfangszustand gleich sind:

$$p_{\mathrm{T0I}} = p_{\mathrm{T0II}} = p_{\mathrm{T0}} \tag{2.5}$$

$$h_{0\mathrm{I}} = h_{0\mathrm{II}} = h_0 \tag{2.6}$$

Die resultierende Taschenkraft F_{T0}, die im Anfangszustand auf ein hydrostatisches Lagerpaar wirkt, ergibt sich aus der Gleichgewichtsgleichung für Taschenkräfte:

$$F_{\mathrm{T0}} = p_{\mathrm{T0I}} A_{\mathrm{wI}} - p_{\mathrm{T0II}} A_{\mathrm{wII}} = p_{\mathrm{T0}} (A_{\mathrm{wI}} - A_{\mathrm{wII}})$$

Aus dieser Gleichung bekommt man den Taschendruck im Anfangszustand:

$$p_{\mathrm{T0}} = \frac{F_{\mathrm{T0}}}{A_{\mathrm{wI}} - A_{\mathrm{wII}}} \tag{2.7}$$

Die resultierenden Taschenkräfte übernehmen die Gewichtskraft des Tisches F_{G}:

$$z F_{\mathrm{T0}} = F_{\mathrm{G}}$$

Aus dieser Gleichung ergibt sich

$$F_{\mathrm{T0}} = \frac{F_{\mathrm{G}}}{z} \tag{2.8}$$

Der Gesamtvolumenstrom durch alle Taschen im Anfangszustand beträgt:

$$Q_{0\mathrm{GES}} = 2z \frac{p_{\mathrm{T0}} h_0^3}{12\eta} \frac{b}{l} \tag{2.16}$$

Aus Abb. 1.5c wird deutlich, dass bei der Ölversorgung mit Membrandrosseln der Volumenstrom mit zunehmender Kraft linear ansteigt. Der *Proportionalitätsfaktor c* kann beim Einsatz von (2.16) und (2.8) abgeleitet werden zu:

$$c = \frac{Q_0}{F_{\mathrm{T0}}} \tag{2.32}$$

Die resultierende Taschenkraft F_{T}, die auf ein hydrostatisches Lagerpaar unter Wirkung der Schnittkraft wirkt, wird nach der Gleichgewichtsgleichung für Taschenkräfte bestimmt:

$$F_{\mathrm{T}} = p_{\mathrm{TI}} A_{\mathrm{wI}} - p_{\mathrm{TII}} A_{\mathrm{wII}} \tag{2.10}$$

Die Taschendrücke bei Tragbahn und bei Umgriff sind bei der Ölversorgung mit Membrandrosseln gleich:

$$p_{\mathrm{TI}} = p_{\mathrm{TII}} = p_{\mathrm{T}} \tag{2.33}$$

Beim Einsetzen von Gl. (2.33) in Gl. (2.10) erhält man:

$$F_{\mathrm{T}} = p_{\mathrm{T}}(A_{\mathrm{WI}} - A_{\mathrm{WII}}) \tag{2.34}$$

Die resultierende Taschenkraft F_{T}, die auf ein hydrostatisches Lagerpaar unter Wirkung der Schnittkraft wirkt, wird so bestimmt, dass alle Kräfte F_{T}, die Gewichtskraft des Tisches F_{G} und die zusätzlich wirkende Schnittkraft $F_{\text{äuß}}$ übernehmen:

$$F_{\mathrm{T}} = \frac{F_{\mathrm{G}} + F_{\text{äuß}}}{z} \tag{2.9}$$

Die Gleichung für den Volumenstrom durch alle Taschen unter Wirkung der Schnittkraft lautet:

$$Q_{\mathrm{GES}} = z\frac{1}{12\eta}\frac{b}{l}\left(p_{\mathrm{TI}}h_{\mathrm{I}}^3 + p_{\mathrm{TII}}h_{\mathrm{II}}^3\right) \tag{2.17}$$

Bei den Membrandrosseln bleibt der Lagerspalt unverändert:
$h = \text{konstant}, \ \Delta h = 0$, somit ergibt sich:

$$h_{\mathrm{I}} = h_{\mathrm{II}} = h_0 \tag{2.35}$$

Aus Gl. (2.17) unter Berücksichtigung von (2.33) und (2.35) bekommt man den Volumenstrom durch alle Taschen unter Wirkung der Schnittkraft $F_{\text{äuß}}$ bei der Ölversorgung mit Membrandrosseln:

$$Q_{\mathrm{GES}} = 2z\frac{p_{\mathrm{T}}h_0^3}{12\eta}\frac{b}{l} \tag{2.36}$$

Die Reibfläche A_{R} wird nach Abb. 1.3 ermittelt:

$$A_{\mathrm{R}} = (B_{\mathrm{w}} + l)\,l2z + (L_{\mathrm{w}} - l)\,l2z \tag{2.18}$$

Die Gesamtreibfläche A_{R} ergibt sich aus der Reibfläche bei Tragbahn A_{RI} und der Reibfläche bei Umgriff A_{RII}:

$$A_{\mathrm{R}} = A_{\mathrm{RI}} + A_{\mathrm{RII}} \tag{2.19}$$

Die Verlustleistung P_{VER}, nach welcher die Kühlölaggregate ausgelegt werden, errechnet sich als Summe von Pumpenleistung P_{P} und Reibleistung P_{R}:

$$P_{\mathrm{VER}} = P_{\mathrm{P}} + P_{\mathrm{R}} = Q_{0\mathrm{GES}}\,p_{\mathrm{P}} + \frac{A_{\mathrm{R}}\eta v^2}{h_0} \tag{2.20}$$

Für das *optimale Druckverhältnis* für die Membrandrosseln gilt [2]:

$$(p_{\mathrm{T}}/p_{\mathrm{P}})_{\mathrm{OPT}} = 0{,}1 \text{ bis } 0{,}6 \tag{2.37}$$

Die Steifigkeit des hydrostatischen Lagers K ist definiert als Quotient des Kraftanstieges ΔF und der Lagerspaltänderung Δh:

$$K = \frac{dF}{dh} = \frac{F_{\mathrm{T}} - F_{\mathrm{T0}}}{\Delta h} \tag{1.11}$$

Für Membrandrosseln gilt:

$$\Delta h = 0$$

Daher ergibt sich die Steifigkeit des hydrostatischen Lagers für Membrandrosseln

$$K = \infty$$

Bei der Berechnung von Membrandrosseln wird die Schnittkraft $F_{\text{äuß}}$ unter bekannten Vorgabedaten angegeben. Der Taschendruck p_{T} wird auf folgende Art ermittelt:

1. Resultierende Taschenkraft:

$$F_{\mathrm{T0}} = \frac{F_{\mathrm{G}}}{z} \tag{2.8}$$

2. Taschendruck im Anfangszustand:

$$p_{\mathrm{T0}} = \frac{F_{\mathrm{T0}}}{A_{\mathrm{wI}} - A_{\mathrm{wII}}} \tag{2.7}$$

3. Volumenstrom durch alle Taschen im Anfangszustand:

$$Q_{0\mathrm{GES}} = 2z \frac{p_{\mathrm{T0}} h_0^3}{12\eta} \frac{b}{l} \tag{2.16}$$

4. Resultierende Taschenkraft:

$$F_{\mathrm{T}} = \frac{F_{\mathrm{G}} + F_{\text{äuß}}}{z} \tag{2.9}$$

5. Proportionalitätsfaktor:

$$c = \frac{Q_0}{F_{\mathrm{T0}}} = \frac{Q}{F_{\mathrm{T}}} \tag{2.32}$$

6. Volumenstrom durch alle Taschen unter Wirkung der Schnittkraft:

$$Q = F_{\mathrm{T}} c \tag{2.38}$$

7. Resultierende Taschenkraft:

$$F_{\mathrm{T}} = p_{\mathrm{T}} (A_{\mathrm{wI}} - A_{\mathrm{wII}}) \tag{2.34}$$

Taschendruck ergibt sich aus dieser Gleichung:

$$p_T = \frac{F_T}{A_{wI} - A_{wII}}$$

8. Der Volumenstrom durch alle Taschen unter Wirkung der Schnittkraft kann auch durch folgende Gleichung ermittelt werden:

$$Q_{GES} = 2z\frac{p_T h_0^3}{12\eta}\frac{b}{l} \tag{2.36}$$

2.4.1 Berechnungsbeispiel bei Ölversorgung „Eine gemeinsame Pumpe und Kapillardrosseln"

Die hydrostatische Führung mit Umgriff nach Abb. 2.1 soll ausgelegt werden.

Vorgabedaten:

Wirksame Taschenbreite der Tragbahn: $B_{WI} = 0{,}176\,\text{m}$
Wirksame Taschenlänge der Tragbahn: $L_{WI} = 0{,}110\,\text{m}$
Abströmlänge bei Tragbahn: $l_I = 0{,}0143\,\text{m}$
Wirksame Taschenbreite des Umgriffs: $B_{WII} = 0{,}106\,\text{m}$
Wirksame Taschenlänge des Umgriffs: $L_{WII} = 0{,}110\,\text{m}$
Abströmlänge bei Umgriff: $l_{II} = 0{,}0108\,\text{m}$
Lagerspalt im Anfangszustand:$h_{0I} = h_{0II} = h_0 = 0{,}00003\,\text{m} = 0{,}030 \cdot 10^{-3}\,\text{m}$
Anzahl der Taschenpaare auf einer Bahn: $n = 6$
Höchste Tischgeschwindigkeit: $v = 0{,}36\,\text{m}\,\text{s}^{-1}$
Tischmasse: $m = 5510\,\text{kg}$
Schmieröl: ISO VG 46
Öltemperatur: $\vartheta = 25\,°\text{C}$
Die Spaltänderung unter Wirkung der Schnittkraft wird angenommen:
$\Delta h_I = \Delta h_{II} = \Delta h = 0{,}000003 = 0{,}003 \cdot 10^{-3}\,\text{m}$

Gesucht:

- Schnittkraft $F_{äuß}$
- Volumenstrom im Anfangszustand Q_{0GES}
- Volumenstrom unter Wirkung der Schnittkraft Q_{GES}
- Verlustleistung P_{VER}
- Lagersteifigkeit K

Lösung:

1. Gesamtanzahl der Taschenpaare:

$$z = 2n = 2 \cdot 6 = 12 \tag{2.2}$$

2. Gesamtanzahl der hydrostatischen Taschen:

$$2z = 2 \cdot 12 = 24 \tag{2.3}$$

3. Gewichtskraft des Tisches

$$F_G = mg = 5510 \cdot 9{,}81 = 54054\,\mathrm{N} \tag{2.1}$$

4. Resultierende Taschenkraft im Anfangszustand:

$$F_{T0} = \frac{F_G}{z} = \frac{54054}{12} = 4504{,}5\,\mathrm{N} \tag{2.8}$$

5. Wirksame Taschenfläche der Tragbahn:

$$A_{wI} = B_{wI} L_{wI} = 0{,}176 \cdot 0{,}110 = 0{,}01936\,\mathrm{m}^2 \tag{1.3}$$

6. Wirksame Taschenfläche des Umgriffs:

$$A_{wII} = B_{wII} L_{wII} = 0{,}106 \cdot 0{,}110 = 0{,}01166\,\mathrm{m}^2 \tag{1.3}$$

7. Flächenverhältnis:

$$\varphi = \frac{A_{wII}}{A_{wI}} = \frac{0{,}01166}{0{,}01936} = 0{,}6 \tag{2.13}$$

8. Taschendruck im Anfangszustand:

$$p_{T0} = \frac{F_{T0}}{A_{wI} - A_{wII}} = \frac{4504{,}5}{0{,}01936 - 0{,}01166} = 585000 = 5{,}85 \cdot 10^5\,\mathrm{N\,m^{-2}} \tag{2.7}$$

9. Relative Spaltänderung:

$$\Psi = \frac{\Delta h}{h_0} = \frac{0{,}003 \cdot 10^{-3}}{0{,}03 \cdot 10^{-3}} = 0{,}1 \tag{2.14}$$

10. Nach Tab. 2.2 (Unterkapitel 2.3) wird für $\varphi = 0{,}6$ und $\Psi = \dfrac{\Delta h}{h_0} = 0{,}1$ ein optimales Drosselverhältnis ermittelt: $\left(\dfrac{p_P}{p_{T0}}\right)_{OPT} = 2{,}05$
11. Pumpendruck:

$$p_P = \left(\frac{p_P}{p_{T0}}\right)_{OPT} p_{T0} = 2{,}05 \cdot 5{,}85 \cdot 10^5 = 12 \cdot 10^5\,\mathrm{N\,m^{-2}} \tag{2.21}$$

12. Taschendruck bei Tragbahn unter Wirkung der Schnittkraft $F_{\text{äuß}}$:

$$p_{\text{TI}} = \frac{p_{\text{P}}}{\left(\frac{p_{\text{P}}}{p_{\text{T0}}} - 1\right)\left(1 - \frac{\Delta h}{h_0}\right)^3 + 1} = \frac{12 \cdot 10^5}{(2{,}05 - 1) \cdot (1 - 0{,}1)^3 + 1}$$
$$= 6{,}79 \cdot 10^5\ \text{N}\,\text{m}^{-2} \quad (2.22)$$

13. Taschendruck bei Umgriff unter Wirkung der Schnittkraft:

$$p_{\text{TII}} = \frac{p_{\text{P}}}{\left(\frac{p_{\text{P}}}{p_{\text{T0}}} - 1\right)\left(1 + \frac{\Delta h}{h_0}\right)^3 + 1} = \frac{11{,}3175 \cdot 10^5}{(2{,}05 - 1) \cdot (1 + 0{,}1)^3 + 1}$$
$$= 5 \cdot 10^5\ \text{N}\,\text{m}^{-2} \quad (2.23)$$

14. Resultierende Taschenkraft unter Wirkung der Schnittkraft:

$$F_{\text{T}} = p_{\text{TI}} A_{\text{wI}} - p_{\text{TII}} A_{\text{wII}} = 6{,}79 \cdot 10^5 \cdot 0{,}01936 - 5 \cdot 10^5 \cdot 0{,}01166 = 7315{,}4\,\text{N} \quad (2.10)$$

15. Resultierende Taschenkraft unter Wirkung der Schnittkraft kann auch nach Tab. 2.2 errechnet werden. Für $\varphi = 0{,}6$ und $\Psi = \frac{\Delta h}{h_0} = 0{,}1$ gilt:

$$\frac{F - F_0}{p_{\text{P}} A_{\text{wI}}} = 0{,}12$$

Aus diesem Ausdruck ergibt sich:

$$F_{\text{T}} = 0{,}12 p_{\text{P}} A_{\text{wI}} + F_{\text{T0}} = 0{,}1211 \cdot 12 \cdot 10^5 \cdot 0{,}01936 + 4504{,}5 = 7317\,\text{N}$$

16. Schnittkraft:

$$F_{\text{äuß}} = z F_{\text{T}} - F_{\text{G}} = 12 \cdot 7315{,}4 - 54054 = 33730{,}8\,\text{N} \quad (2.9)$$

Bei dieser Berechnung wird die Spaltänderung unter Wirkung der Schnittkraft als bekannt angegeben:

$$\Delta h_{\text{I}} = \Delta h_{\text{II}} = \Delta h = 0{,}003 \cdot 10^{-3}\,\text{m}.$$

Wenn die Schnittkraft $F_{\text{äuß}}$ als bekannt angegeben wird, wird die relative Spaltänderung Ψ angenommen und die Berechnung wiederholt, bis die Gleichungen (2.22), (2.23), (2.10), (2.9) erfüllt werden.

17. Nach Tab. 2.6 (Unterkapitel 2.3) wird für das Schmieröl ISO VG 46 die kinematische Viskosität bei 20 °C und 40 °C ermittelt:

$$\upsilon_{20} = 136{,}5\ \text{mm}^2\,\text{s}^{-1}; \quad \upsilon_{40} = 46\ \text{mm}^2\,\text{s}^{-1}$$

18. Kinematische Viskosität bei $\vartheta = 25\ °\text{C}$:

$$v_{25} = v_{20} - (v_{20} = -v_{40})\frac{(\vartheta - 20)}{20} = 136{,}5 - (136{,}5 - 46) \cdot \frac{25 - 20}{20}$$
$$= 113{,}875\,\text{mm}^2\,\text{s}^{-1} \qquad (2.24)$$

19. Nach Tab. 2.6 wird für das Schmieröl ISO VG 46 die Dichte bei 15 °C ermittelt:

$$\gamma_{15} = 0{,}877 \cdot 10^{-3}\ \text{kg cm}^{-3}$$

20. Dichte bei Öltemperatur $\vartheta = 25\ °\text{C}$:

$$\gamma_{25} = \gamma_{15} - 0{,}0006 \cdot 10^{-3}(\vartheta - 15) = 0{,}877 \cdot 10^{-3} - 0{,}0006 \cdot 10^{-3}(25 - 15)$$
$$= 0{,}871 \cdot 10^{-3}\,\text{kg}\,\text{cm}^{-3} \qquad (2.25)$$

21. Dynamische Viskosität des Öles:

$$\eta = v\gamma = 113{,}875 \cdot 0{,}871 \cdot 10^{-3} = 0{,}0992\,\text{N}\,\text{s}\,\text{m}^{-2} \qquad (2.26)$$

22. Abströmbreite b bei Tragbahn:

$$b_\text{I} = 2B_\text{wI} + 2L_\text{wI} = 2 \cdot 0{,}176 + 2 \cdot 0{,}110 = 0{,}572\,\text{m} \qquad (1.1)$$

23. Strömungsverhältnis bei Tragbahn:

$$\frac{b_\text{I}}{l_\text{I}} = \frac{0{,}572}{0{,}0143} = 40 \qquad (1.2)$$

24. Abströmbreite bei Umgriff:

$$b_\text{II} = 2B_\text{wII} + 2L_\text{wII} = 2 \cdot 0{,}106 + 2 \cdot 0{,}110 = 0{,}432\,\text{m} \qquad (1.1)$$

25. Strömungsverhältnis bei Umgriff:

$$\frac{b_\text{II}}{l_\text{II}} = \frac{0{,}432}{0{,}0108} = 40 \qquad (1.2)$$

26. Die Empfehlung wird erfüllt, dass die hydrostatischen Taschen so ausgelegt werden, dass die Strömungsverhältnisse bei Tragbahn und Umgriff gleich sind:

$$\frac{b_\text{I}}{l_\text{I}} = \frac{b_\text{II}}{l_\text{II}} = \frac{b}{l} = 40 \qquad (2.15)$$

27. Gesamtvolumenstrom im Anfangszustand:

$$Q_\text{0GES} = 2z\frac{p_\text{T0}h_0^3}{12\eta}\frac{b}{l} = 24 \cdot \frac{5{,}52077 \cdot 10^5 \cdot (0{,}00003)^3}{12 \cdot 0{,}0992} \cdot 40$$
$$= 0{,}000013064\,\text{m}^3\,\text{s}^{-1} = 0{,}78\,\text{dm}^3\,\text{min}^{-1} \qquad (2.16)$$

28. Lagerspalt bei Tragbahn unter Wirkung der Schnittkraft:

$$h_{\mathrm{I}} = h_0 - \Delta h = 0{,}03 \cdot 10^{-3} - 0{,}003 \cdot 10^{-3} = 0{,}000027\,\mathrm{m} = 0{,}027 \cdot 10^{-3}\,\mathrm{m} \quad (2.11)$$

29. Lagerspalt bei Umgriff unter Wirkung der Schnittkraft:

$$h_{\mathrm{II}} = h_0 + \Delta h = 0{,}03 \cdot 10^{-3} + 0{,}003 \cdot 10^{-3} = 0{,}000033\,\mathrm{m} = 0{,}033 \cdot 10^{-3}\mathrm{m} \quad (2.12)$$

30. Gesamtvolumenstrom unter Wirkung der Schnittkraft:

$$\begin{aligned} Q_{\mathrm{GES}} &= z\frac{1}{12\eta}\frac{b}{l}(p_{\mathrm{TI}}h_{\mathrm{I}}^3 + p_{\mathrm{TII}}h_{\mathrm{II}}^3) = 12 \cdot \frac{1}{12 \cdot 0{,}0992} \\ &\quad \times 40(6{,}79 \cdot 10^5 \cdot 0{,}000027^3 + 5 \cdot 10^5 \cdot 0{,}000033^3) \\ &= 0{,}0000126\,\mathrm{m}^3\,\mathrm{s}^{-1} = 0{,}758\,\mathrm{dm}^3\,\mathrm{min}^{-1} \end{aligned} \quad (2.17)$$

31. Reibfläche bei Tragbahn:

$$\begin{aligned} A_{\mathrm{RI}} &= (B_{\mathrm{wI}} + l_{\mathrm{I}})l_{\mathrm{I}}2z + (L_{\mathrm{wI}} - l_{\mathrm{I}})l_{\mathrm{I}}2z = (0{,}176 + 0{,}0143) \cdot 0{,}0143 \cdot 2 \cdot 12 \\ &\quad + (0{,}110 - 0{,}0143) \cdot 0{,}0143 \cdot 2 \cdot 12 = 0{,}09815\,\mathrm{m}^2 \end{aligned} \quad (2.18)$$

32. Reibfläche bei Umgriff:

$$\begin{aligned} A_{\mathrm{RII}} &= (B_{\mathrm{wII}} + l_{\mathrm{II}})l_{\mathrm{II}}2z + (L_{\mathrm{wII}} - l_{\mathrm{II}})l_{\mathrm{II}}2z = (0{,}106 + 0{,}0108)0{,}0108 \cdot 2 \cdot 12 \\ &\quad + (0{,}110 - 0{,}0108) \cdot 0{,}0108 \cdot 2 \cdot 12 = 0{,}05598\,\mathrm{m}^2 \end{aligned} \quad (2.18)$$

33. Gesamtreibfläche:

$$A_{\mathrm{R}} = A_{\mathrm{RI}} + A_{\mathrm{RII}} = 0{,}09815 + 0{,}05598 = 0{,}15413\,\mathrm{m}^2 \quad (2.19)$$

34. Verlustleistung:

$$\begin{aligned} P_{\mathrm{VER}} &= P_{\mathrm{P}} + P_{\mathrm{R}} = Q_{0\mathrm{GES}}p_{\mathrm{P}} + \frac{A_{R\eta v^2}}{h_0} = 0{,}000013064 \cdot 12 \cdot 10^5 \\ &\quad + \frac{0{,}15413 \cdot 0{,}0992 \cdot 0{,}36^2}{0{,}00003} = 15{,}6 + 66{,}05 = 81{,}65\,\mathrm{W} \end{aligned} \quad (2.20)$$

35. Steifigkeit des hydrostatischen Lagers:

$$\begin{aligned} K &= \frac{dF}{dh} = \frac{F_{\mathrm{T}} - F_{\mathrm{T0}}}{\Delta h} = \frac{7315{,}4 - 4504{,}5}{0{,}000003} \\ &= 936966666\,\mathrm{N\,m}^{-1} = 936{,}9\,\mathrm{N\,\mu m}^{-1} \end{aligned} \quad (1.11)$$

2.4.2 Berechnungsbeispiel bei Ölversorgung „Eine Pumpe pro Tasche“

Damit die Ölversorgungssysteme „Eine gemeinsame Pumpe und Kapillardrosseln“ mit dem System „Eine Pumpe pro Tasche“ unter gleichen Bedingungen verglichen werden können, werden in dem Berechnungsbeispiel (2.4.2) die gleichen Vorgabedaten wie im Berechnungsbeispiel (2.4.1) angenommen.

Die hydrostatische Führung mit Umgriff nach Abb. 2.1 soll ausgelegt werden.

Vorgabedaten:

Wirksame Taschenbreite der Tragbahn: $B_{\mathrm{wI}} = 0{,}176\,\mathrm{m}$
Wirksame Taschenlänge der Tragbahn: $L_{\mathrm{wI}} = 0{,}110\,\mathrm{m}$
Abströmlänge bei Tragbahn: $l_{\mathrm{I}} = 0{,}0143\,\mathrm{m}$
Wirksame Taschenbreite des Umgriffs: $B_{\mathrm{wII}} = 0{,}106\,\mathrm{m}$
Wirksame Taschenlänge des Umgriffs: $L_{\mathrm{wII}} = 0{,}110\,\mathrm{m}$
Abströmlänge bei Umgriff: $l_{\mathrm{II}} = 0{,}0108\,\mathrm{m}$
Lagerspalt im Anfangszustand: $h_{0\mathrm{I}} = h_{0\mathrm{II}} = h_0 = 0{,}00003\ \mathrm{m} = 0{,}030 \cdot 10^{-3}\,\mathrm{m}$
Anzahl der Taschenpaare auf einer Bahn: $n = 6$
Höchste Tischgeschwindigkeit: $v = 0{,}36\,\mathrm{m\,s^{-1}}$
Tischmasse: $m = 5510\,\mathrm{kg}$
Schmieröl: ISO VG 46
Öltemperatur: $\vartheta = 25\ ^\circ\mathrm{C}$
Wie im Berechnungsbeispiel 2.4.1 ergeben sich:
Dynamische Viskosität des Öles bei 25 °C: $\eta = 0{,}0992\,\mathrm{N\,s\,m^{-2}}$
Kinematische Viskosität bei $\vartheta = 25°\mathrm{c}$: $v_{25} = 113{,}875\,\mathrm{mm^2\,s^{-1}}$
Die Spaltänderung unter Wirkung der Schnittkraft $F_{\text{äuß}}$ wird angenommen:
$\Delta h_{\mathrm{I}} = h_{\mathrm{II}} = \Delta h = 0{,}000003 = 0{,}003 \cdot 10^{-3}\,\mathrm{m}$

Gesucht:

- Schnittkraft $F_{\text{äuß}}$
- Volumenstrom im Anfangszustand $Q_{0\mathrm{GES}}$
- Volumenstrom unter Wirkung der Schnittkraft Q_{GES}
- Volumenstrom durch einen Strang im Anfangszustand Q_{S0}
- Volumenstrom durch einen Strang unter Wirkung der Schnittkraft Q_{SI}, Q_{SII}
- Verlustleistung P_{VER}
- Lagersteifigkeit K

Lösung:

1. Gesamtanzahl der Taschenpaare:

$$z = 2n = 2 \cdot 6 = 12 \tag{2.2}$$

2. Gesamtanzahl der hydrostatischen Taschen:

$$2z = 2 \cdot 12 = 24 \tag{2.3}$$

3. Gewichtskraft des Tisches

$$F_{\mathrm{G}} = mg = 5510 \cdot 9{,}81 = 54054\,\mathrm{N} \tag{2.1}$$

4. Resultierende Taschenkraft im Anfangszustand:

$$F_{\mathrm{T0}} = \frac{F_{\mathrm{G}}}{z} = \frac{54054}{12} = 4504{,}5\,\mathrm{N} \tag{2.8}$$

5. Wirksame Taschenfläche der Tragbahn:

$$A_{\mathrm{wI}} = B_{\mathrm{wI}} L_{\mathrm{wI}} = 0{,}176 \cdot 0{,}110 = 0{,}01936\,\mathrm{m}^2 \tag{1.3}$$

6. Wirksame Taschenfläche des Umgriffs:

$$A_{\mathrm{wII}} = B_{\mathrm{wII}} L_{\mathrm{wII}} = 0{,}106 \cdot 0{,}110 = 0{,}01166\,\mathrm{m}^2 \tag{1.3}$$

7. Flächenverhältnis:

$$\varphi = \frac{A_{\mathrm{wII}}}{A_{\mathrm{wI}}} = \frac{0{,}01166}{0{,}01936} = 0{,}6 \tag{2.13}$$

8. Taschendruck im Anfangszustand:

$$p_{\mathrm{T0}} = \frac{F_{\mathrm{T0}}}{A_{\mathrm{wI}} - A_{\mathrm{wII}}} = \frac{4504{,}5}{0{,}01936 - 0{,}01166} = 585000 = 5{,}85 \cdot 10^5\,\mathrm{N\,m^{-2}} \tag{2.7}$$

9. Relative Spaltänderung:

$$\Psi = \frac{\Delta h}{h_0} = \frac{0{,}003 \cdot 10^{-3}}{0{,}03 \cdot 10^{-3}} = 0{,}1 \tag{2.14}$$

10. Taschendruck bei Tragbahn unter Wirkung der Schnittkraft:

$$p_{\mathrm{TI}} = \frac{p_{\mathrm{T0}}}{\left(1 - \dfrac{\Delta h}{h_0}\right)^3} = \frac{5{,}52077 \cdot 10^5}{(1 - 0{,}1)^3} = 8{,}02 \cdot 10^5\ \mathrm{N\,m^{-2}} \tag{2.27}$$

11. Taschendruck bei Umgriff unter Wirkung der Schnittkraft:

$$p_{\mathrm{TII}} \frac{p_{\mathrm{T0}}}{\left(1 + \dfrac{\Delta h}{h_0}\right)^3} = \frac{5{,}52.077 \cdot 10^5}{(1 + 0{,}1)^3} = 4{,}395 \cdot 10^5\ \mathrm{N\,m^{-2}} \tag{2.28}$$

12. Resultierende Taschenkraft unter Wirkung der Schnittkraft:

$$F_{\mathrm{T}} = p_{\mathrm{TI}} A_{\mathrm{wI}} - p_{\mathrm{TII}} A_{\mathrm{wII}} = 8{,}02 \cdot 10^5 \cdot 0{,}01936 - 4{,}395 \cdot 10^5 \cdot 0{,}01166$$

$$= 10402{,}1\,\mathrm{N} \tag{2.10}$$

13. Schnittkraft:

$$F_{\text{äuß}} = zF_{\mathrm{T}} - F_{\mathrm{G}} = 12 \cdot 10402{,}1 - 54054 = 70771{,}2\,\mathrm{N} \tag{2.9}$$

Bei dieser Berechnung wird die Spaltänderung unter Wirkung der Schnittkraft $F_{\text{äuß}}$ als bekannt angegeben:

$$\Delta h_{\mathrm{I}} = \Delta h_{\mathrm{II}} = \Delta h = 0{,}000003 = 0{,}003 \cdot 10^{-3}$$

Wenn die Schnittkraft $F_{\text{äuß}}$ als bekannt angegeben wird, wird die relative Spaltänderung Ψ angenommen und die Berechnung wiederholt, bis die Gleichungen (2.27), (2.28), (2.10), (2.9) erfüllt werden.

14. Abströmbreite b bei Tragbahn:

$$b_{\mathrm{I}} = 2B_{\mathrm{wI}} + 2L_{\mathrm{wI}} = 2 \cdot 0{,}176 + 2 \cdot 0{,}110 = 0{,}572\,\mathrm{m} \tag{1.1}$$

15. Strömungsverhältnis bei Tragbahn:

$$\frac{b_{\mathrm{I}}}{l_{\mathrm{I}}} = \frac{0{,}572}{0{,}0143} = 40 \tag{1.2}$$

16. Abströmbreite bei Umgriff:

$$b_{\mathrm{II}} = 2B_{\mathrm{wII}} + 2L_{\mathrm{wII}} = 2 \cdot 0{,}106 + 2 \cdot 0{,}110 = 0{,}432\,\mathrm{m} \tag{1.1}$$

17. Strömungsverhältnis bei Umgriff:

$$\frac{b_{\mathrm{II}}}{l_{\mathrm{II}}} = \frac{0{,}432}{0{,}0108} = 40 \tag{1.2}$$

18. Die Empfehlung wird erfüllt, dass die hydrostatischen Taschen so ausgelegt werden sollen, dass die Strömungsverhältnisse bei Tragbahn und Umgriff gleich sind:

$$\frac{b_{\mathrm{I}}}{l_{\mathrm{I}}} = \frac{b_{\mathrm{II}}}{l_{\mathrm{II}}} = \frac{b}{l} = 40 \tag{2.15}$$

19. Gesamtvolumenstrom im Anfangszustand:

$$Q_{\mathrm{0GES}} = 2z\frac{p_{\mathrm{T0}}h_0^3}{12\eta}\frac{b}{l} = 24 \cdot \frac{5{,}85 \cdot 10^5 \cdot (0{,}00003)^3}{12 \cdot 0{,}0992} \cdot 40$$

$$= 0{,}000013064\,\mathrm{m^3\,s^{-1}} = 0{,}78\,\mathrm{dm^3\,min^{-1}} \tag{2.16}$$

20. Lagerspalt bei Tragbahn unter Wirkung der Schnittkraft:

$$h_{\mathrm{I}} = h_0 - \Delta h = 0{,}030 \cdot 10^{-3} - 0{,}0030 \cdot 10^{-3} = 0{,}000027\,\mathrm{m}$$

$$= 0{,}027 \cdot 10^{-3}\,\mathrm{m} \tag{2.11}$$

21. Lagerspalt bei Umgriff unter Wirkung der Schnittkraft:

$$h_{\mathrm{II}} = h_0 + \Delta h = 0{,}030 \cdot 10^{-3} + 0{,}0030 \cdot 10^{-3} = 0{,}000033\ \mathrm{m} = 0{,}033 \cdot 10^{-3}\ \mathrm{m} \quad (2.12)$$

22. Gesamtvolumenstrom unter Wirkung der Schnittkraft:

$$Q_{\mathrm{GES}} = z\frac{1}{12\eta}\frac{b}{l}(p_{\mathrm{TI}}h_{\mathrm{I}}^3 + p_{\mathrm{TII}}h_{\mathrm{II}}^3) = 12 \cdot \frac{1}{12 \cdot 0{,}0992} \cdot 40 \cdot (8{,}02 \cdot 10^5 \cdot 0{,}000027^3$$
$$+ 4{,}395 \cdot 10^5 \cdot 0{,}000033^3 = 0{,}00001273\,\mathrm{m}^3\,\mathrm{s}^{-1} = 0{,}76\,\mathrm{dm}^3\,\mathrm{min}^{-1} \quad (2.17)$$

23. Reibfläche bei Tragbahn:

$$\begin{aligned} A_{\mathrm{RI}} &= (B_{\mathrm{wI}} + l_{\mathrm{I}})l_{\mathrm{I}}2z + (L_{\mathrm{wI}} - l_{\mathrm{I}})l_{\mathrm{I}}2z \\ &= (0{,}176 + 0{,}0143) \cdot 0{,}0143 \cdot 2 \cdot 12 + (0{,}110 - 0{,}0143) \cdot 0{,}0143 \cdot 2 \cdot 12 \\ &= 0{,}09815\,\mathrm{m}^2 \end{aligned} \quad (2.18)$$

24. Reibfläche bei Umgriff:

$$\begin{aligned} A_{\mathrm{RII}} &= (B_{\mathrm{wII}} + l_{\mathrm{II}})l_{\mathrm{II}}2z + (L_{\mathrm{wII}} - l_{\mathrm{II}})l_{\mathrm{II}}2z \\ &= (0{,}106 + 0{,}0108)0{,}0108 \cdot 2 \cdot 12 + (0{,}110 - 0{,}0108)0{,}0108 \cdot 2 \cdot 12 \\ &= 0{,}05598\,\mathrm{m}^2 \end{aligned} \quad (2.18)$$

25. Gesamtreibfläche:

$$A_{\mathrm{R}} = A_{\mathrm{RI}} + A_{\mathrm{RII}} = 0{,}09815 + 0{,}05598 = 0{,}15413\,\mathrm{m}^2 \quad (2.19)$$

26. Verlustleistung:

$$\begin{aligned} P_{\mathrm{VER}} &= P_{\mathrm{P}} + P_{\mathrm{R}} = Q_{0\mathrm{GES}}\,p_{\mathrm{P}} + \frac{A_{\mathrm{R}}\eta v^2}{h_0} \\ &= 0{,}000013064 \cdot 8{,}02 \cdot 10^5 + \frac{0{,}15413 \cdot 0{,}0992 \cdot 0{,}36^2}{0{,}00003} \\ &= 10{,}47 + 66{,}06 = 76{,}5\,\mathrm{W} \end{aligned} \quad (2.20)$$

(Da $p_{\mathrm{P}} = p_{\mathrm{T}}$, wird in obere Gleichung eingesetzt: $p_{\mathrm{P}} = p_{\mathrm{TI}} = 8{,}02 \cdot 10^5$)

27. Steifigkeit des hydrostatischen Lagers:

$$K = \frac{dF}{dh} = \frac{F_{\mathrm{T}} - F_{\mathrm{T0}}}{\Delta h} = \frac{10402{,}1 - 4504{,}5}{0{,}000003} = 1965000000\,\mathrm{N\,m}^{-1} = 1965\,\mathrm{N\,\mu m}^{-1} \quad (1.11)$$

2.4.3 Berechnungsbeispiel bei Ölversorgung „Eine gemeinsame Pumpe und Membrandrosseln“

Vorgabedaten:

Wirksame Taschenbreite der Tragbahn: $B_{wI} = 0{,}176\,\text{m}$
Wirksame Taschenlänge der Tragbahn: $L_{wI} = 0{,}110\,\text{m}$
Abströmlänge bei Tragbahn: $l_I = 0{,}0143\,\text{m}$
Wirksame Taschenbreite des Umgriffs: $B_{wII} = 0{,}106\,\text{m}$
Wirksame Taschenlänge des Umgriffs: $L_{wII} = 0{,}110\,\text{m}$
Abströmlänge bei Umgriff: $l_{II} = 0{,}0108\,\text{m}$
Lagerspalt im Anfangszustand: $h_{0I} = h_{0II} = h_0 = 0{,}00003\,\text{m} = 0{,}030 \cdot 10^{-3}\,\text{m}$
Zusätzlich wirkende Schnittkraft: $F_{äuß} = 70771{,}2\,\text{N}$
Anzahl der Taschenpaare auf einer Bahn: $n = 6$
Höchste Tischgeschwindigkeit: $v = 0{,}36\,\text{m}\,\text{s}^{-1}$
Tischmasse: $m = 5510\,\text{kg}$
Schmieröl: ISO VG 46
Öltemperatur: $\vartheta = 25\ °\text{C}$
Wie im Berechnungsbeispiel 2.4.1 ergeben sich:
Dynamische Viskosität des Öles bei 25 °C: $\eta = 0{,}0992\,\text{N}\,\text{s}\,\text{m}^{-2}$
Kinematische Viskosität bei $\vartheta = 25°\text{C}: v_{25} = 113{,}875\,\text{mm}^2\,\text{s}^{-1}$

Gesucht:

- Volumenstrom im Anfangszustand Q_{0GES}
- Volumenstrom unter Wirkung der Schnittkraft Q_{GES}
- Verlustleistung P_{VER}

Lösung:

1. Gesamtanzahl der Taschenpaare:

$$z = 2n = 2 \cdot 6 = 12 \tag{2.2}$$

2. Gesamtanzahl der hydrostatischen Taschen:

$$2z = 2 \cdot 12 = 24 \tag{2.3}$$

3. Gewichtskraft des Tisches

$$F_G = mg = 5510 \cdot 9{,}81 = 54054\,\text{N} \tag{2.1}$$

4. Resultierende Taschenkraft im Anfangszustand:

$$F_{T0} = \frac{F_G}{z} = \frac{54054}{12} = 4504{,}5\,\text{N} \tag{2.8}$$

5. Wirksame Taschenfläche der Tragbahn:

$$A_{\mathrm{wI}} = B_{\mathrm{wI}} L_{\mathrm{wI}} = 0,176 \cdot 0,110 = 0{,}01936\,\mathrm{m}^2 \tag{1.3}$$

6. Wirksame Taschenfläche des Umgriffs:

$$A_{\mathrm{wII}} = B_{\mathrm{wII}} L_{\mathrm{wII}} = 0,106 \cdot 0,110 = 0{,}01166\,\mathrm{m}^2 \tag{1.3}$$

7. Flächenverhältnis:

$$\varphi = \frac{A_{\mathrm{wII}}}{A_{\mathrm{wI}}} = \frac{0{,}01166}{0{,}01936} = 0{,}6 \tag{2.13}$$

8. Taschendruck im Anfangszustand:

$$p_{\mathrm{T0}} = \frac{F_{\mathrm{T0}}}{A_{\mathrm{wI}} - A_{\mathrm{wII}}} = \frac{4504{,}5}{0{,}01936 - 0{,}01166} = 585000 = 5{,}85 \cdot 10^5\ \mathrm{N\,m^{-2}} \tag{2.7}$$

9. Gesamtvolumenstrom im Anfangszustand:

$$Q_{\mathrm{0GES}} = 2z \frac{p_{\mathrm{T0}} h_0^3}{12\eta} \frac{b}{l} = 24 \cdot \frac{5{,}85 \cdot 10^5 \cdot (0{,}00003)^3}{12 \cdot 0{,}0992} \cdot 40 = 0{,}000013064\,\mathrm{m^3\,s^{-1}}$$
$$= 0{,}78\,\mathrm{dm^3\,min^{-1}} \tag{2.16}$$

10. Proportionalitätsfaktor:

$$c = \frac{Q_0}{F_{\mathrm{T0}}} = \frac{1{,}3 \cdot 10^{-5}}{4504{,}5} = 2{,}9 \cdot 10^{-9}\ \mathrm{m^3\,s^{-1}\,N^{-1}} \tag{2.32}$$

11. Resultierende Taschenkraft:

$$F_{\mathrm{T}} = \frac{F_{\mathrm{G}} + F_{\mathrm{äuß}}}{z} = \frac{54054 + 70771{,}2}{12} = 10402,1\,\mathrm{N} \tag{2.9}$$

12. Gesamtvolumenstrom unter Wirkung der Schnittkraft:

$$Q = F_{\mathrm{T}} c = 10402,1 \cdot 2{,}9 \cdot 10^{-9} = 0{,}0000301\,\mathrm{m^3\,s^{-1}} = 1{,}8\,\mathrm{dm^3\,min^{-1}} \tag{2.38}$$

13. Resultierende Taschenkraft:

$$F_{\mathrm{T}} = p_{\mathrm{T}}(A_{\mathrm{wI}} - A_{\mathrm{wII}}) \tag{2.34}$$

Aus dieser Gleichung wird der Taschendruck abgeleitet:

$$p_{\mathrm{T}} = \frac{F_{\mathrm{T}}}{A_{\mathrm{wI}} - A_{\mathrm{wII}}} = \frac{10402,1}{0{,}01936 - 0{,}01166} = 13{,}5 \cdot 10^5\ \mathrm{N\,m^{-2}}$$

14. Der Gesamtvolumenstrom unter Wirkung der Schnittkraft kann auch durch folgende Gleichung ermittelt werden:

$$Q_{\mathrm{GES}} = 2z \frac{p_{\mathrm{T}} h_0^3}{12\eta} \frac{b}{l} = 2 \cdot 12 \frac{13{,}5 \cdot 10^5 \cdot 0{,}00003^3}{12 \cdot 0{,}0992} \cdot 40$$
$$= 0{,}000029\,\mathrm{m^3\,s^{-1}} = 1{,}77\,\mathrm{dm^3\,min^{-1}} \tag{2.36}$$

15. Reibfläche bei Tragbahn:

$$A_{\mathrm{RI}} = (B_{\mathrm{wI}} + l_{\mathrm{I}})l_{\mathrm{I}}2z + (L_{\mathrm{wI}} - l_{\mathrm{I}})l_{\mathrm{I}}2z = (0{,}176 + 0{,}0143) \cdot 0{,}0143 \cdot 2 \cdot 12$$
$$+ (0{,}110 - 0{,}0143) \cdot 0{,}0143 \cdot 2 \cdot 12 = 0{,}09815\,\mathrm{m}^2 \tag{2.18}$$

16. Reibfläche bei Umgriff:

$$A_{\mathrm{RII}} = (B_{\mathrm{wII}} + l_{\mathrm{II}})\, l_{\mathrm{II}}2z + (L_{\mathrm{wII}} - l_{\mathrm{II}})\, l_{\mathrm{II}}2z = (0{,}106 + 0{,}0108) \cdot 0{,}0108 \cdot 2 \cdot 12$$
$$+ (0{,}110 - 0{,}0108) \cdot 0{,}0108 \cdot 2 \cdot 12 = 0{,}05598\,\mathrm{m}^2 \tag{2.18}$$

17. Gesamtreibfläche:

$$A_{\mathrm{R}} = A_{\mathrm{RI}} + A_{\mathrm{RII}} = 0{,}09815 + 0{,}05598 = 0{,}15413\,\mathrm{m}^2 \tag{2.19}$$

18. Der Pumpendruck wird so gewählt, dass die Membrandrossel in dem optimalen Druckverhältnis belastet wird:

$$(p_{\mathrm{T}}/p_{\mathrm{P}})_{\mathrm{OPT}} = 0{,}1 \text{ bis } 0{,}6 \tag{2.37}$$

Der Pumpendruck wird wie folgt gewählt: $p_{\mathrm{P}} = 38{,}5 \cdot 10^5\,\mathrm{N\,m^{-2}}$
Größtes Druckverhältnis:

$$\frac{p_{\mathrm{T}}}{p_{\mathrm{P}}} = \frac{13{,}5 \cdot 10^5}{38{,}5 \cdot 10^5} = 0{,}35$$

Kleinstes Druckverhältnis:

$$\frac{p_{\mathrm{T0}}}{p_{\mathrm{P}}} = \frac{5{,}85 \cdot 10^5}{38{,}5 \cdot 10^5} = 0{,}15$$

19. Verlustleistung:

$$P_{\mathrm{VER}} = P_{\mathrm{P}} + P_{\mathrm{R}} = Q_{0\mathrm{GES}}\, p_{\mathrm{P}} + \frac{A_{\mathrm{R}} \eta v^2}{h_0} = 0{,}000013064 \cdot 38{,}5 \cdot 10^5$$
$$+ \frac{0{,}15413 \cdot 0{,}0992 \cdot 0{,}36^2}{0{,}00003} = 50{,}2 + 66{,}06 = 116{,}3\,\mathrm{W} \tag{2.20}$$

2.4.4 *Zusammenfassung*

Bei der Ölversorgung „Eine gemeinsame Pumpe und Kapillardrosseln" (Berechnungsbeispiel 2.4.1) wird die Spaltänderung unter Wirkung der Schnittkraft Δh als bekannt angegeben, die Schnittkraft $F_{\text{äuß}}$ wird aus den Gl. (2.22), (2.23), (2.10) und (2.9) berechnet.

Bei der Ölversorgung „Eine Pumpe pro Tasche" (Berechnungsbeispiel 2.4.2) wird die Spaltänderung unter Wirkung der Schnittkraft Δh als bekannt angegeben, die Schnittkraft $F_{\text{äuß}}$ wird aus den Gl. (2.27), (2.28), (2.10) und (2.9) berechnet. Auf diese Art wird die Schnittkraft ermittelt, die noch zumutbar ist, um die zulässigen Spaltänderungen einzuhalten.

Wenn die Schnittkraft $F_{\text{äuß}}$ bekannt ist, soll bei der Ölversorgung „Eine gemeinsame Pumpe und Kapillardrosseln" aus der Gl. (2.9) die Taschenkraft F_T berechnet, anschließend werden nach den Gl. (2.10), (2.22), (2.23) die Taschendrücke p_{TI} und p_{TII} und die Spaltänderungen unter Wirkung der Schnittkraft Δh berechnet.

Wenn die Schnittkraft $F_{\text{äuß}}$ bekannt ist, soll bei der Ölversorgung „Eine Pumpe pro Tasche" aus der Gl. (2.9) die Taschenkraft F_T berechnet, anschließend werden nach den Gl. (2.10), (2.27), (2.28) die Taschendrücke p_{TI} und p_{TII} und die Spaltänderungen unter Wirkung der Schnittkraft Δh berechnet.

Da die Berechnung der Spaltänderungen Δh aus den Gl. (2.22), (2.23), (2.27), (2.28) mathematisch nicht möglich ist, wird die Spaltänderung unter Wirkung der Schnittkraft Δh angenommen, und die Berechnungen durch alle oben angegebenen Gleichungen werden durchgeführt, bis die Spaltänderung ermittelt wird, bei welcher die bekannte Schnittkraft erreicht ist.

Bei der Ölversorgung „Eine gemeinsame Pumpe und Membrandrosseln" wird die Schnittkraft $F_{\text{äuß}}$ als bekannt angegeben, die resultierende Taschenkraft F_T und die Taschendrücke p_T werden nach den Gl. (2.9)und (2.34) berechnet.

Aus den Berechnungsbeispielen 2.4.1, 2.4.1 und 2.4.3 ergibt sich:

- Mit den gleichen Vorgabedaten: Anzahl der hydrostatischen Taschen, Taschenabmessungen, Lagerspalte, Tischmassen, und Spaltänderung unter Wirkung der Schnittkraft, ergeben sich beim Ölversorgungssystem „Eine Pumpe pro Tasche" höhere Taschendrücke p_{TI}, höhere Taschenkräfte F_T, höhere Schnittkräfte $F_{\text{äuß}}$ und wesentlich höhere Lagersteifigkeiten K als beim System „Eine gemeinsame Pumpe und Kapillardrosseln".
- Beim Ölversorgungssystem „Eine gemeinsame Pumpe und Membrandrosseln" werden bei gleicher Schnittkraft wie beim System „Eine Pumpe pro Tasche" gleiche Taschenkräfte F_T und höhere Taschendrücke p_{TI} erreicht. Die Steifigkeit ist nicht messbar, da sie theoretisch unendlich hoch ist.

Die Ergebnisse dieser Berechnungen sind in Tab. 2.7 übersichtlich dargestellt.

Tab. 2.7 Vergleichstabelle zwischen verschiedenen Ölversorgungssystemen

Ölversorgung mit	$F_{äuß}$ in N	p_{TI} in bar	p_P in bar	F_T in N	Δh in µm	K in N µm^{-1}
Kapillardrosseln	33730	6,79	12	6907	3	885
Einer Pumpe pro Tasche	70771	8,02	$p_P = p_T$	9825	3	1858
Membrandrosseln	70771	13,5	38,5	9825	0	∞

2.5 Exzentrisch belastete hydrostatische Führung mit Umgriff

Abb. 2.2 zeigt eine *exzentrisch belastete hydrostatische Führung mit Umgriff* mit n Taschenpaaren auf einer Führungsbahn in Längsrichtung.

In diesem Beispiel werden zwei Tragbahnführungen und zwei Umgriffsführungen hydrostatisch gelagert.

Die Führung wird im Anfangszustand durch die in Längs- und Querrichtung zentrisch wirkende Kraft F_G und durch die in Längsrichtung exzentrisch und in Querrichtung zentrisch wirkende Kraft F_e (Abb. 2.2a) belastet.

In Abb. 2.2b wird die Führung zusätzlich durch die in Längsrichtung exzentrisch und in Querrichtung zentrisch wirkende Schnittkraft $F_{äuß}$ belastet.

Es wird vorausgesetzt, dass im Anfangszustand (Abb. 2.2a) die Taschendrücke und die Lagerspalte bei Tragbahn und bei Umgriff gleich sind:

$$p_{T0I} = p_{T0II} = p_{T0} \tag{2.5}$$

$$h_{0I} = h_{0II} = h_0 \tag{2.6}$$

Für alle Taschen von 1 bis n gilt:

$$p_{T0I1} = p_{T0II1} = p_{T01} \text{ und } p_{T0In} = p_{T0IIn} = p_{T0n} \tag{2.39}$$

Die Taschendrücke einzelner Taschen untereinander sind verschieden, damit die exzentrisch wirkende Kraft im Anfangszustand F_e aufgenommen werden kann:

$$p_{T01} \neq p_{T02} \neq \mathrm{p}_{T0n} \tag{2.40}$$

Für jede hydrostatische Tasche wird der Taschendruck im Anfangszustand wie bei zentrischer Belastung berechnet:

$$p_{T0} = \frac{F_{T0}}{A_{wI} - A_{wII}} \tag{2.7}$$

Für die Tasche 1 gilt:

$$p_{T01} = \frac{F_{T01}}{A_{wI} - A_{wII}}$$

und für die Tasche n:

$$p_{T0n} = \frac{F_{T0n}}{A_{wI} - A_{wII}} \tag{2.7}$$

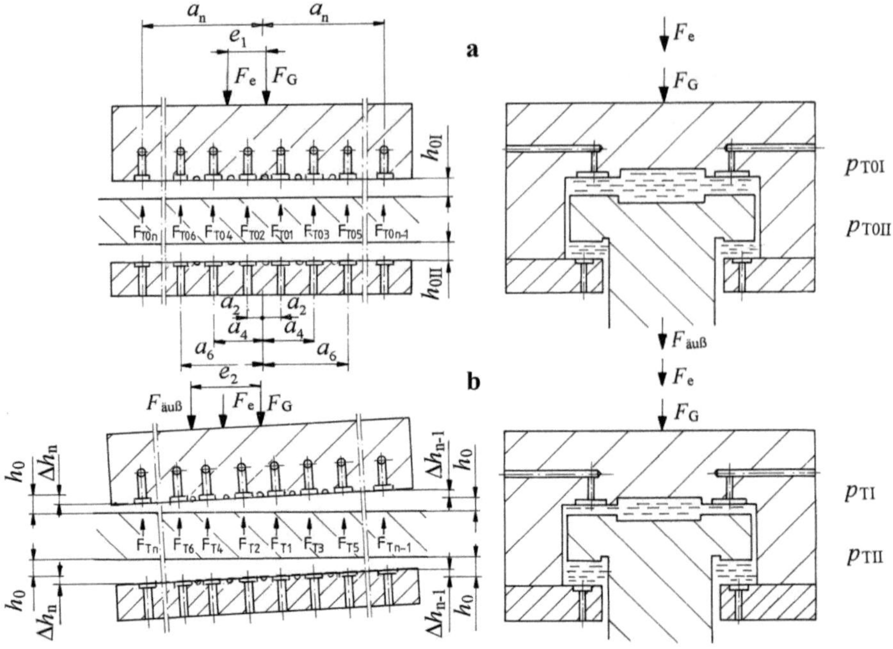

Abb. 2.2 Exzentrisch belastete hydrostatische Führung mit Umgriff mit n Taschenpaaren auf einer Führungsbahn in Längsrichtung [3]. (**a**) Die Führung wird im Anfangszustand durch die zentrisch wirkende kraft F_G und exzentrisch wirkende Kraft F_e belastet; (**b**) Die Führung wird zusätzlich durch exzentrisch wirkende Schnittkraft $F_{\text{äuß}}$ belastet. F_{T0} Resultierende Taschenkraft, die im Anfangszustand auf ein hydrostatisches Lager wirkt, F_T Resultierende Taschenkraft, die unter Wirkung der exzentrisch wirkenden Schnittkraft auf ein hydrostatisches Lager wirkt

Die Berechnung der exzentrisch belasteten hydrostatischen Führung mit Umgriff wird mit Hilfe der Abb. 2.3 durchgeführt.

Die Taschenkräfte im Anfangszustand F_{T01} bis F_{T0N} (Abb. 2.2a) übernehmen die Gewichtskraft des Tisches F_G und die exzentrisch wirkende Kraft F_e. Die Gleichgewichtsgleichung für die Kräfte im Anfangszustand lautet:

$$(F_{T01} + F_{T02} + F_{T03} + \cdots + F_{T0n})2 = F_G + F_e$$

Die Taschenkräfte im Anfangszustand können durch eine mittlere resultierende Taschenkraft auf eine Führungsbahn im Anfangszustand ersetzt werden:

$$F_{T0M} = \frac{F_{T01} + F_{T02} + F_{T03} + \cdots + F_{T0n}}{n}$$

Nach den oberen zwei Gleichungen ergibt sich:

$$F_{T0M} = \frac{F_G + F_e}{2n} = \frac{F_G + F_e}{z} \tag{2.41}$$

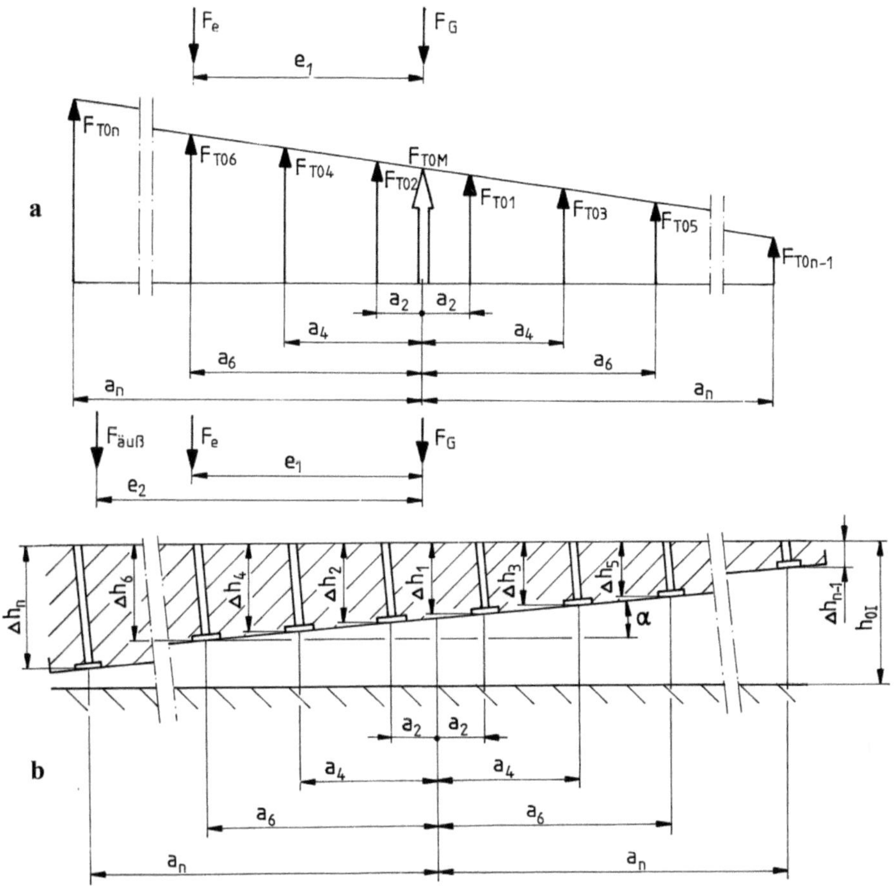

Abb. 2.3 Schematische Darstellung der Taschenkräfte und der Spaltänderungen [3]. (**a**) Taschenkräfte im Anfangszustand; (**b**) Spaltänderungen unter Wirkung der exzentrischen Schnittkraft

Die Gleichgewichtsgleichung für die Taschenkräfte im Anfangszustand lautet:

$$F_{\mathrm{T01}} + F_{\mathrm{T02}} + F_{\mathrm{T03}} + \cdots + F_{\mathrm{T0n}} = F_{\mathrm{T0M}}n = F_{\mathrm{T0M}}\frac{z}{2} \tag{2.42}$$

Die Gleichgewichtsgleichung für die Momente im Anfangszustand lautet:

$$\begin{aligned}(F_{\mathrm{T0n}} - F_{\mathrm{T0n-1}})a_{\mathrm{n}} + \cdots + (F_{\mathrm{T06}} - F_{\mathrm{T05}})a_6 \\ + (F_{\mathrm{T04}} - F_{\mathrm{T03}})a_4 + (F_{\mathrm{T02}} - F_{\mathrm{T01}})a_2 = \frac{F_{\mathrm{e}}e_1}{2}\end{aligned} \tag{2.43}$$

Die Berechnung der exzentrisch belasteten hydrostatischen Führung mit Umgriff beginnt mit der Bestimmung der mittleren resultierenden Taschenkraft im Anfangszustand F_{T0M} nach Gl. (2.41). Anschließend werden die Gleichgewichtsgleichungen für die Taschenkräfte (2.42) und für die Momente (2.43) aufgestellt. Die Lösung dieser Gleichungen wird wie folgt durchgeführt.

1. Die errechnete mittlere resultierende Taschenkraft im Anfangszustand F_{TOM} wird in einem bestimmten Maßstab in der Mitte der Führungsbahn in Abb. 2.3 eingetragen.
2. Eine beliebige Taschenkraft, z. B. F_{T06}, wird angenommen und in Abb. 2.3 maßstäblich eingetragen. Alle anderen Taschenkräfte liegen auf der Geraden, die diese zwei Taschenkräfte verbindet.
3. Anschließend wird rechnerisch überprüft, ob die Gleichgewichtsgleichungen (2.42) und (2.43) erfüllt werden. Ist dies nicht der Fall, müssen die Berechnungsschritte 2 und 3 wiederholt werden, bis beide Gleichungen erfüllt werden.

Nach der Bestimmung der Taschendrücke im Anfangszustand für alle Taschen nach Gl. (2.7) wird der mittlere Taschendruck errechnet:

$$p_{\mathrm{TOM}} = \frac{p_{\mathrm{T01}} + p_{\mathrm{T02}} + \cdots + p_{\mathrm{T0n}}}{n} \tag{2.44}$$

Der mittlere Taschendruck im Anfangszustand kann auch nach folgender Gleichung ermittelt werden:

$$p_{\mathrm{TOM}} = \frac{F_{\mathrm{TOM}}}{A_{\mathrm{wI}} - A_{\mathrm{wII}}} \tag{2.45}$$

Der Gesamtvolumenstrom im Anfangszustand errechnet sich nach dem mittleren Taschendruck:

$$Q_{\mathrm{0GES}} = 2z \frac{p_{\mathrm{TOM}} h_0^{\,3}}{12\eta} \frac{b}{l} \tag{2.46}$$

Die Gleichgewichtsgleichung für die Taschenkräfte unter Wirkung der Schnittkraft (Abb. 2.2b) lautet:

$$F_{\mathrm{T1}} + F_{\mathrm{T2}} + F_{\mathrm{T3}} + \cdots + F_{\mathrm{Tn}} = \frac{F_{\mathrm{G}} + F_{\mathrm{e}} + F_{\mathrm{äuß}}}{2} \tag{2.47}$$

Die Gleichgewichtsgleichung für die Momente unter Wirkung der Schnittkraft (Abb. 2.2b) lautet:

$$(F_{\mathrm{Tn}} - F_{\mathrm{Tn-1}})a_n + \cdots + (F_{\mathrm{T6}} - F_{\mathrm{T5}})a_6 + (F_{\mathrm{T4}} - F_{\mathrm{T3}})a_4 + (F_{\mathrm{T2}} - F_{\mathrm{T1}})a_2 = \frac{F_{\mathrm{e}} e_1 + F_{\mathrm{äuß}} e_2}{2} \tag{2.48}$$

Anschließend werden die Taschendrücke bei Tragbahn und Umgriff unter Wirkung der Schnittkraft für alle Taschen bei der Ölversorgung durch Kapillardrosseln aufgestellt:

$$p_{\mathrm{TI1}} = \frac{p_{\mathrm{P}}}{\left(\frac{p_{\mathrm{P}}}{p_{\mathrm{T01}}} - 1\right)\left(1 - \frac{\Delta h1}{h_0}\right)^3 + 1}; \tag{2.22}$$

$$p_{\text{TIn}} = \frac{p_{\text{P}}}{\left(\dfrac{p_{\text{P}}}{p_{\text{T0n}}} - 1\right)\left(1 - \dfrac{\Delta hn}{h_0}\right)^3 + 1} \tag{2.22}$$

$$p_{\text{TII1}} = \frac{p_{\text{P}}}{\left(\dfrac{p_{\text{P}}}{p_{\text{T01}}} - 1\right)\left(1 + \dfrac{\Delta h1}{h_0}\right)^3 + 1}; \tag{2.23}$$

$$p_{\text{TIIn}} = \frac{p_{\text{P}}}{\left(\dfrac{p_{\text{P}}}{p_{\text{T0n}}} - 1\right)\left(1 + \dfrac{\Delta hn}{h_0}\right)^3 + 1}; \tag{2.23}$$

Die Taschendrücke bei Tragbahn und Umgriff unter Wirkung der Schnittkraft bei der Ölversorgung durch „Eine Pumpe pro Tasche“ sind:

$$p_{\text{TI1}} = \frac{p_{\text{T01}}}{\left(1 - \dfrac{\Delta h1}{h_0}\right)^3}; \quad p_{\text{TIn}} = \frac{p_{\text{T0n}}}{\left(1 - \dfrac{\Delta hn}{h_0}\right)^3} \tag{2.27}$$

$$p_{\text{TII1}} = \frac{p_{\text{T01}}}{\left(1 + \dfrac{\Delta h1}{h_0}\right)^3}; \quad p_{\text{TIIn}} = \frac{p_{\text{T0n}}}{\left(1 + \dfrac{\Delta hn}{h_0}\right)^3} \tag{2.28}$$

Die resultierenden Taschenkräfte unter Wirkung der Schnittkraft werden für alle hydrostatische Taschen nach folgender Gleichung bestimmt:

$$\begin{aligned} F_{\text{T1}} &= p_{\text{TI1}} A_{\text{wI}} - p_{\text{TII1}} \text{A}_{\text{wII}} \\ F_{\text{Tn}} &= p_{\text{TIn}} A_{\text{wI}} - p_{\text{TIIn}} A_{\text{wII}} \end{aligned} \tag{2.10}$$

Nach Abb. 2.3b ergibt sich die Gleichung für den *Neigungswinkel* des Tisches α:

$$\begin{aligned} \tan\alpha &= \frac{\Delta h_{\text{n}} - \Delta h_{\text{n}-1}}{2a_n} = \frac{\Delta h_6 - \Delta h_5}{2a_6} \\ \tan\alpha &= \frac{\Delta h_{\text{n}} - \Delta h_{\text{n}-1}}{2a_n} = \frac{\Delta h_4 - \Delta h_5}{a_6 + a_4} \\ \tan\alpha &= \frac{\Delta h_{\text{n}} - \Delta h_{\text{n}-1}}{2a_n} = \frac{\Delta h_2 - \Delta h_5}{a_6 + a_2} \\ \tan\alpha &= \frac{\Delta h_{\text{n}} - \Delta h_{\text{n}-1}}{2a_n} = \frac{\Delta h_1 - \Delta h_5}{a_6 - a_2} \\ \tan\alpha &= \frac{\Delta h_{\text{n}} - \Delta h_{\text{n}-1}}{2a_n} = \frac{\Delta h_3 - \Delta h_5}{a_6 - a_4} \end{aligned} \tag{2.49}$$

Aus den Gleichgewichtsgleichungen für die Taschenkräfte unter Wirkung der Schnittkraft (2.47), den Gleichgewichtsgleichungen für die Momente (2.48), den Gleichungen für die Taschendrücke bei Tragbahn und Umgriff (2.22) und (2.23) bei der Ölversorgung „Eine gemeinsame Pumpe und Kapillardrosseln“ und (2.27) und

(2.28) bei der Ölversorgung „Eine Pumpe pro Tasche"), den Gleichungen für die resultierenden Taschenkräfte (2.10) und den Gleichungen für den Neigungswinkel (2.49) sollen numerisch folgende Unbekannte gelöst werden:

$$F_{\mathrm{T1}}, F_{\mathrm{T2}}, \dots, F_{\mathrm{Tn}}$$

$$p_{\mathrm{TI1}}, p_{\mathrm{TI2}}, \dots, p_{\mathrm{TIn}}$$

$$p_{\mathrm{TII1}}, p_{\mathrm{TII2}}, \dots, p_{\mathrm{TIIn}}$$

$$\Delta h_1, \Delta h_2, \dots, \Delta h_{\mathrm{n}}$$

Man erhält ein nichtlineares Gleichungssystem aus $4n$ Gleichungen mit $4n$ Unbekannten, bei welchem die Spaltänderungen angenommen und die Berechnungen wiederholt werden, bis alle Gleichungen erfüllt werden. Numerisch schnell kann dieses Gleichungssystem mit dem Einsatz von Rechnerprogrammen und den dazu entwickelten Algorithmen effizient gelöst werden.

Bei einer Führung mit 6 Taschenpaaren auf einer Führungsbahn ($n = 6$) gibt es insgesamt 12 Taschenpaare ($z = 12$) und 24 hydrostatische Taschen ($2z = 24$). Für die Lösung ist es notwendig, 24 Gleichungen mit folgenden 24 Unbekannten zu lösen:

$$6F_{\mathrm{Ti}},\ 6p_{\mathrm{TIi}},\ 6p_{\mathrm{TIIi}},\ 6\Delta h_{\mathrm{i}}$$

Für die Steifigkeit des hydrostatischen Lagers gilt:

$$K = \frac{dF}{dh} = \frac{F_{\mathrm{Tn}} - F_{\mathrm{T0n}}}{\Delta h_{\mathrm{n}}} \tag{1.11}$$

Der *Neigungswinkel* des Tisches wird nach Gl. (2.49) abgeleitet zu:

$$\alpha = \arctan \frac{\Delta h_{\mathrm{n}} - \Delta h_{\mathrm{n-1}}}{2a_{\mathrm{n}}} \tag{2.50}$$

Bei den Membrandrosseln wird die mittlere resultierende Taschenkraft auf eine Führungsbahn unter Wirkung der Schnittkraft ermittelt:

$$F_{\mathrm{TM}} = \frac{F_{\mathrm{G}} + F_{\mathrm{e}} + F_{\mathrm{äuß}}}{z} \tag{2.51}$$

Die errechnete mittlere resultierende Taschenkraft im F_{TM} wird in einem bestimmten Maßstab in der Mitte der Führungsbahn eingetragen. Eine beliebige Taschenkraft, z. B. F_{T6}, wird angenommen und in Abb. 2.3 maßstäblich eingetragen. Alle anderen Taschenkräfte liegen auf der Geraden, die diese zwei Taschenkräfte verbindet. Anschließend wird überprüft, ob die Gl. (2.47) und (2.48) erfüllt werden:

$$F_{\mathrm{T1}} + F_{\mathrm{T2}} + F_{\mathrm{T3}} + \dots + F_{\mathrm{Tn}} = \frac{F_{\mathrm{G}} + F_{\mathrm{e}} + F_{\mathrm{äuß}}}{2} = F_{\mathrm{TM}} \frac{z}{2} \tag{2.47}$$

$$(F_{\mathrm{T6}} - F_{\mathrm{T5}})\, a_6 + (F_{\mathrm{T4}} - F_{\mathrm{T3}})\, a_4 + (F_{\mathrm{T2}} - F_{\mathrm{T1}})\, a_2 = \frac{F_{\mathrm{e}} e_1 + F_{\mathrm{äuß}} e_2}{2} \tag{2.48}$$

Der mittlere Taschendruck unter Wirkung der Schnittkraft bei den Membrandrosseln lautet:

$$p_{\mathrm{TM}} = \frac{p_{\mathrm{T1}} + p_{\mathrm{T2}} + \cdots + p_{\mathrm{Tn}}}{n} \tag{2.52}$$

Der Gesamtvolumenstrom unter Wirkung der Schnittkraft wird bei den Membrandrosseln nach dem mittleren Taschendruck p_{TM} ermittelt:

$$Q_{\mathrm{GES}} = 2z \frac{p_{\mathrm{TM}} h_0{}^3}{12\eta} \frac{b}{l} \tag{2.53}$$

2.5.1 *Berechnungsbeispiel bei Ölversorgung „Eine gemeinsame Pumpe und Kapillardroseln“*

Vorgabedaten:

Wirksame Taschenbreite der Tragbahn: $B_{\mathrm{wI}} = 0{,}160\,\mathrm{m}$
Wirksame Taschenlänge der Tragbahn: $L_{\mathrm{wI}} = 0{,}100\,\mathrm{m}$
Wirksame Taschenbreite des Umgriffs: $B_{\mathrm{wII}} = 0{,}095\,\mathrm{m}$
Wirksame Taschenlänge des Umgriffs: $L_{\mathrm{wII}} = 0{,}100\,\mathrm{m}$
Lagerspalt im Anfangszustand: $h_{0\mathrm{I}} = h_{0\mathrm{II}} = h_0 = 0{,}000030\,\mathrm{m} = 0{,}030 \cdot 10^{-3}\,\mathrm{m}$
Anzahl der Taschenpaare auf einer Bahn: $n = 6$
Gesamtanzahl der Taschenpaare: $z = 12$
Höchste Tischgeschwindigkeit: $v = 0{,}34\,\mathrm{m\,s^{-1}}$
Tischmasse: $m = 5500\,\mathrm{kg}$
Schmieröl: ISO VG 46, Öltemperatur: $\vartheta = 25\,°\mathrm{C}$, wie im Berechnungsbeispiel 2.4.1 ergeben sich: Dynamische Viskosität des Öles bei 25 °C: $\eta = 0{,}0992\,\mathrm{N\,s\,m^{-2}}$
Kinematische Viskosität bei $\vartheta = 25\,°\mathrm{C}$: $\upsilon_{25} = 113{,}875\,\mathrm{mm^2\,s^{-1}}$
Strömungsverhältnis: $\frac{b_{\mathrm{I}}}{l_{\mathrm{I}}} = \frac{b_{\mathrm{II}}}{l_{\mathrm{II}}} = \frac{b}{l} = 40$
Exzentrisch wirkende Anfangskraft: $F_{\mathrm{e}} = 22000\,\mathrm{N}$
Zusätzlich exzentrisch wirkende Schnittkraft: $F_{\mathrm{äuß}} = 30000\,\mathrm{N}$
Maße nach Abb. 2.2:

$a_2 = 0{,}075\,\mathrm{m}$; $a_4 = 0{,}225\,\mathrm{m}$; $a_6 = 0{,}375\,\mathrm{m}$; $e_1 = 0{,}250\,\mathrm{m}$; $e_2 = 0{,}350\,\mathrm{m}$.

Gesucht:

- Taschenkräfte F_{T}
- Taschendrücke bei Tragbahn p_{TI}, Taschendrücke bei Umgriff p_{TII}
- Spaltänderungen Δh
- Gesamtvolumenstrom im Anfangszustand $Q_{0\mathrm{GES}}$
- Verlustleistung P_{VER}
- Neigungswinkel des Tisches α
- Lagersteifigkeit K

Lösung:

1. Gewichtskraft des Tisches:

$$F_G = mg = 5500 \cdot 9{,}81 = 53955\,\text{N} \tag{2.1}$$

2. Mittlere resultierende Taschenkraft auf eine Führungsbahn im Anfangszustand:

$$F_{TOM} = \frac{F_G + F_e}{z} = \frac{53955 + 22000}{12} = 6329{,}5\,\text{N} \tag{2.41}$$

3. Die errechnete mittlere resultierende Taschenkraft im Anfangszustand F_{TOM} wird in einem bestimmten Maßstab in der Mitte der Führungsbahn in Abb. 2.3 eingetragen.
4. Eine beliebige Taschenkraft, z. B. F_{T06} wird angenommen und in Abb. 2.3 maßstäblich eingetragen. Alle anderen Taschenkräfte liegen auf der Geraden, die diese zwei Taschenkräfte verbindet.
   Anschließend wird rechnerisch überprüft, ob die Gleichgewichtsgleichungen (2.42) und (2.43) erfüllt werden. Ist dies nicht der Fall, müssen die Rechnungsschritte 2 und 3 wiederholt werden, bis beide Gleichungen erfüllt werden.
5. Gleichgewichtsgleichung für Taschenkräfte im Anfangszustand:

$$\begin{aligned} &F_{T01} + F_{T02} + F_{T03} + F_{T04} + F_{T05} + F_{T06} \\ &= F_{TOM} n = F_{TOM} \frac{z}{2} = 6329{,}5 \cdot \frac{12}{2} = 37977\,\text{N} \end{aligned} \tag{2.42}$$

6. Gleichgewichtsgleichung für Momente im Anfangszustand:

$$(F_{T06} - F_{T05})a_6 + (F_{T04} - F_{T03})a_4 + (F_{T02} - F_{T01})a_2 = \frac{F_e e_1}{2}$$

$$\begin{aligned} &(F_{T06} - F_{T05}) \cdot 375 + (F_{T04} - F_{T03}) \cdot 0{,}225 + (F_{T02} - F_{T01}) \cdot 0{,}075 \\ &= \frac{22000 \cdot 0{,}250}{2} = 2750\,\text{N m} \end{aligned} \tag{2.43}$$

7. Die Gl. (2.42) und (2.43) werden wie schon beschrieben gelöst, die Ergebnisse lauten:

$$F_{T01} = 5807\,\text{N}; \quad F_{T02} = 6853\,\text{N}; \quad F_{T03} = 4761\,\text{N};$$
$$F_{T04} = 7898\,\text{N}; \quad F_{T05} = 3715\,\text{N}; \quad F_{T06} = 8944\,\text{N}$$

8. Wirksame Taschenfläche der Tragbahn:

$$A_{wI} = B_{wI} L_{wI} = 0{,}160 \cdot 0{,}100 = 0{,}016\,\text{m}^2 \tag{1.3}$$

9. Wirksame Taschenfläche des Umgriffs:

$$A_{wII} = B_{wII} L_{wII} = 0{,}095 \cdot 0{,}100 = 0{,}0095\,\text{m}^2 \tag{1.3}$$

10. Taschendruck der Taschen 1 und 2 im Anfangszustand:

$$p_{T01} = \frac{F_{T01}}{A_{wI} - A_{wII}} = \frac{5807}{0{,}0168 - 0{,}0095} = 7{,}95 \cdot 10^5 \text{ N m}^{-2}$$
$$p_{T02} = \frac{F_{T02}}{A_{wI} - A_{wII}} = \frac{6853}{0{,}0168 - 0{,}0095} = 9{,}38 \cdot 10^5 \text{ N m}^{-2} \quad (2.7)$$

Auf diese Art werden die Taschendrücke aller Taschen ermittelt:

$$p_{T03} = 6{,}52 \cdot 10^5 \text{ N m}^{-2}; \quad p_{T04} = 10{,}82 \cdot 10^5 \text{ N m}^{-2}$$
$$p_{T05} = 5{,}09 \cdot 10^5 \text{ N m}^{-2}; \quad p_{T06} = 12{,}25 \cdot 10^5 \text{ N m}^{-2}$$

11. Flächenverhältnis:

$$\varphi = \frac{A_{wII}}{A_{wI}} = \frac{0{,}0095}{0{,}0160} = 0{,}6 \quad (2.13)$$

12. Die relative Spaltänderung wird angenommen oder durch Rechnerprogramme ermittelt:

$$\Psi = \frac{\Delta h}{h_0} = 0{,}08 \quad (2.14)$$

13. Nach Tab. 2.2 wird für $\varphi = 0{,}6$ und $\frac{\Delta h}{h_0} = 0{,}08$ ein optimales Verhältnis ermittelt:

$$\left(\frac{p_P}{p_{T0}}\right)_{OPT} = 2{,}04$$

14. Mittlerer Taschendruck im Anfangszustand:

$$p_{T0M} = \frac{p_{T01} + p_{T02} + \cdots + p_{T0n}}{n}$$
$$= \frac{(7{,}95 + 9{,}38 + 6{,}52 + 10{,}82 + 5{,}09 + 12{,}25) \cdot 10^5}{6}$$
$$= 8{,}67 \cdot 10^5 \text{ N m}^{-2} \quad (2.44)$$

15. Pumpendruck:

$$p_P = \left(\frac{p_P}{p_{T0}}\right)_{OPT} p_{T0} = 2{,}04 \cdots 8{,}67 \cdot 10^5 \text{ N m}^{-2} = 17{,}68 \cdot 10^5 \text{ N m}^{-2} \quad (2.21)$$

16. Gleichgewichtsgleichung für Taschenkräfte unter Wirkung der Schnittkraft:

$$F_{T1} + F_{T2} + F_{T3} + \cdots + F_{Tn} = \frac{F_G + F_e + F_{äuß}}{2}$$
$$= \frac{53955 + 22000 + 30000}{2} = 52977{,}5 \text{ N} \quad (2.47)$$

17. Gleichgewichtsgleichung für Momente unter Wirkung der Schnittkraft:

$$(F_{\mathrm{Tn}} - F_{\mathrm{Tn-1}})\,a_{\mathrm{n}} + \cdots + (F_{\mathrm{T6}} - F_{\mathrm{T5}})\,a_6 + (F_{\mathrm{T4}} - F_{\mathrm{T3}})\,a_4 + (F_{\mathrm{T2}} - F_{\mathrm{T1}})\,a_2$$
$$= \frac{F_{\mathrm{e}} e_1 + F_{\mathrm{äuß}} e_2}{2} = \frac{22000 \cdot 0{,}250 + 30000 \cdot 0{,}350}{2} = 8000\,\mathrm{N\,m} \tag{2.48}$$

18. Taschendruck der Tasche 1 bei Tragbahn unter Wirkung der Schnittkraft:

$$p_{\mathrm{TI1}} = \frac{p_{\mathrm{P}}}{\left(\dfrac{p_{\mathrm{P}}}{p_{\mathrm{T01}}} - 1\right)\left(1 - \dfrac{\Delta h_1}{h_0}\right)^3 + 1}$$
$$= \frac{17{,}68 \cdot 10^5}{\left(\dfrac{17{,}68}{7{,}95} - 1\right) \cdot \left(1 - \dfrac{\Delta h_1}{0{,}030 \cdot 10^{-3}}\right)^3 + 1} \tag{2.22}$$

Auf diese Art werden die Taschendrücke aller Taschen ermittelt:

$$p_{\mathrm{TI6}} = \frac{p_{\mathrm{P}}}{\left(\dfrac{p_{\mathrm{P}}}{p_{\mathrm{T06}}} - 1\right)\left(1 - \dfrac{\Delta h_6}{h_0}\right)^3 + 1}$$
$$= \frac{17{,}68 \cdot 10^5}{\left(\dfrac{17{,}68}{12{,}25} - 1\right) \cdot \left(1 - \dfrac{\Delta h_6}{0{,}030 \cdot 10^{-3}}\right)^3 + 1}$$

19. Taschendruck der Tasche 1 bei Umgriff unter Wirkung der Schnittkraft:

$$p_{\mathrm{TII1}} = \frac{p_{\mathrm{P}}}{\left(\dfrac{p_{\mathrm{P}}}{p_{\mathrm{T01}}} - 1\right)\left(1 + \dfrac{\Delta h_1}{h_0}\right)^3 + 1}$$
$$= \frac{17{,}68 \cdot 10^5}{\left(\dfrac{17{,}68}{7{,}95} - 1\right) \cdot \left(1 + \dfrac{\Delta h_1}{0{,}030 \cdot 10^{-3}}\right)^3 + 1} \tag{2.23}$$

Auf diese Art werden die Taschendrücke aller Taschen ermittelt:

$$p_{\mathrm{TII6}} = \frac{p_{\mathrm{P}}}{\left(\dfrac{p_{\mathrm{P}}}{p_{\mathrm{T06}}} - 1\right)\left(1 + \dfrac{\Delta h_6}{h_0}\right)^3 + 1}$$
$$= \frac{17{,}68 \cdot 10^5}{\left(\dfrac{17{,}68}{12{,}25} - 1\right) \cdot \left(1 + \dfrac{\Delta h_6}{0{,}030 \cdot 10^{-3}}\right)^3 + 1}$$

20. Resultierende Taschenkraft der Taschen 1 und 6 unter Wirkung der Schnittkraft:

$$F_{\mathrm{T1}} = p_{\mathrm{TI1}} A_{\mathrm{wI}} - p_{\mathrm{TII1}} A_{\mathrm{wII}} = p_{\mathrm{TI1}} \cdot 0{,}016 - p_{\mathrm{TII1}} \cdot 0{,}0095$$
$$F_{\mathrm{T6}} = p_{\mathrm{TI6}} A_{\mathrm{wI}} - p_{\mathrm{TII6}} A_{\mathrm{wII}} = p_{\mathrm{TI6}} \cdot 0{,}016 - p_{\mathrm{TII6}} \cdot 0{,}0095 \qquad (2.10)$$

Auf diese Art werden die Taschenkräfte aller Taschen ermittelt.

21. Gleichungen für den Neigungswinkel des Tisches:

$$\tan\alpha = \frac{\Delta h_6 - \Delta h_5}{2a_6} = \frac{\Delta h_4 - \Delta h_5}{a_6 + a_4}; \quad \tan\alpha = \frac{\Delta h_6 - \Delta h_5}{2 \cdot 0{,}375} = \frac{\Delta h_4 - \Delta h_5}{0{,}375 + 0{,}225}$$
$$\tan = \frac{\Delta h_6 - \Delta h_5}{2a_6} = \frac{\Delta h_2 - \Delta h_5}{a_6 + a_2}; \quad \tan\alpha = \frac{\Delta h_6 - \Delta h_5}{2 \cdot 0{,}375} = \frac{\Delta h_2 - \Delta h_5}{0{,}375 + 0{,}075}$$
$$\tan\alpha = \frac{\Delta h_6 - \Delta h_5}{2a_6} = \frac{\Delta h_1 - \Delta h_5}{a_6 - a_2}; \quad \tan\alpha = \frac{\Delta h_6 - \Delta h_5}{2 \cdot 0{,}375} = \frac{\Delta h_1 - \Delta h_5}{0{,}375 - 0{,}075}$$
$$\tan\alpha = \frac{\Delta h_6 - \Delta h_5}{2a_6} = \frac{\Delta h_3 - \Delta h_5}{a_6 - a_4}; \quad \tan\alpha = \frac{\Delta h_6 - \Delta h_5}{2 \cdot 0{,}375} = \frac{\Delta h_3 - \Delta h_5}{0{,}375 - 0{,}225}$$
$$(2.49)$$

22. Aus den Gleichgewichtsgleichungen für die Taschenkräfte (2.47), den Gleichgewichtsgleichungen für die Momente (2.48), den Gleichungen für die Taschendrücke bei Tragbahn (2.22), den Gleichungen für die Taschendrücke bei Umgriff (2.23), den Gleichungen für die resultierenden Taschenkräfte (2.10) und den Gleichungen für den Neigungswinkel des Tisches (2.49) ergeben sich folgende 24 Lösungen:

$$F_{\mathrm{T1}} = 7379\,\mathrm{N}; \quad F_{\mathrm{T2}} = 10810\,\mathrm{N}; \quad F_{\mathrm{T3}} = 3993\,\mathrm{N};$$
$$F_{\mathrm{T4}} = 13770\,\mathrm{N}; \quad F_{\mathrm{T5}} = 1111\,\mathrm{N}; \quad F_{\mathrm{T6}} = 15839\,\mathrm{N};$$

$$p_{\mathrm{TI1}} = 8{,}56 \cdot 10^5\,\mathrm{N\,m^{-2}}; \quad p_{\mathrm{TI2}} = 10{,}94 \cdot 10^5\,\mathrm{N\,m^{-2}};$$
$$p_{\mathrm{TI3}} = 6{,}23 \cdot 10^5\,\mathrm{N\,m^{-2}}; \quad p_{\mathrm{TI4}} = 13{,}09 \cdot 10^5\,\mathrm{N\,m^{-2}};$$
$$p_{\mathrm{TI5}} = 4{,}18 \cdot 10^5\,\mathrm{N\,m^{-2}}; \quad p_{\mathrm{TI6}} = 14{,}81 \cdot 10^5\,\mathrm{N\,m^{-2}};$$

$$p_{\mathrm{TII1}} = 7{,}38 \cdot 10^5\,\mathrm{N\,m^{-2}}; \quad p_{\mathrm{TII2}} = 7{,}96 \cdot 10^5\,\mathrm{N\,m^{-2}};$$
$$p_{\mathrm{TII3}} = 6{,}82 \cdot 10^5\,\mathrm{N\,m^{-2}}; \quad p_{\mathrm{TII4}} = 8{,}65 \cdot 10^5\,\mathrm{N\,m^{-2}};$$
$$p_{\mathrm{TII5}} = 6{,}22 \cdot 10^5\,\mathrm{N\,m^{-2}}; \quad p_{\mathrm{TII6}} = 9{,}51 \cdot 10^5\,\mathrm{N\,m^{-2}};$$

$$\Delta h_1 = 0{,}00147 \cdot 10^{-3}\mathrm{m}; \quad \Delta h_2 = 0{,}00371 \cdot 10^{-3}\,\mathrm{m};$$
$$\Delta h_3 = -0{,}00077 \cdot 10^{-3}\,\mathrm{m}; \quad \Delta h_4 = 0{,}00595 \cdot 10^{-3}\,\mathrm{m};$$
$$\Delta h_5 = -0{,}00301 \cdot 10^{-3}\,\mathrm{m}; \quad \Delta h_6 = 0{,}00819 \cdot 10^{-3}\mathrm{m};$$

23. Neigungswinkel des Tisches:

$$\alpha = \arctan \frac{\Delta h_6 - \Delta h_5}{2a_6} = \frac{0{,}00819 \cdot 10^{-3} + 0{,}00301 \cdot 10^{-3}}{2 \cdot 0{,}375} = 0{,}0009° \quad (2.50)$$

24. Der Gesamtvolumenstrom im Anfangszustand wird nach dem mittleren Taschendruck im Anfangszustand p_{T0M} berechnet:

$$Q_{\mathrm{0GES}} = 2z \frac{p_{\mathrm{T0M}} h_0{}^3}{12\eta} \frac{b}{l} = 2 \cdot 12 \frac{8{,}67 \cdot 10^5 \cdot 0{,}00003^3}{12 \cdot 0{,}0992} \cdot 40 = 1{,}88 \cdot 10^{-5}\,\mathrm{m^3\,s^{-1}}$$
$$= 1{,}128\,\mathrm{dm^3\,min^{-1}} \quad (2.46)$$

25. Lagerspalt der Taschen 1 bis 6 bei Tragbahn unter Wirkung der Schnittkraft:

$$h_{\mathrm{I1}} = h_0 - \Delta h_1 = 0{,}030 \cdot 10^{-3} - 0{,}00147 \cdot 10^{-3} = 0{,}0285 \cdot 10^{-3}\,\mathrm{m}$$
$$h_{\mathrm{I2}} = h_0 - \Delta h_2 = 0{,}030 \cdot 10^{-3} - 0{,}00371 \cdot 10^{-3} = 0{,}026 \cdot 10^{-3}\,\mathrm{m}$$
$$h_{\mathrm{I3}} = h_0 - \Delta h_3 = 0{,}030 \cdot 10^{-3} + 0{,}00077 \cdot 10^{-3} = 0{,}0307 \cdot 10^{-3}\,\mathrm{m}$$
$$h_{\mathrm{I4}} = h_0 - \Delta h_4 = 0{,}030 \cdot 10^{-3} - 0{,}00595 \cdot 10^{-3} = 0{,}024 \cdot 10^{-3}\,\mathrm{m}$$
$$h_{\mathrm{I5}} = h_0 - \Delta h_5 = 0{,}030 \cdot 10^{-3} + 0{,}00301 \cdot 10^{-3} = 0{,}033 \cdot 10^{-3}\,\mathrm{m}$$
$$h_{\mathrm{I6}} = h_0 - \Delta h_6 = 0{,}030 \cdot 10^{-3} - 0{,}00819 \cdot 10^{-3} = 0{,}0218 \cdot 10^{-3}\,\mathrm{m} \quad (2.11)$$

26. Lagerspalt bei Umgriff unter Wirkung der Schnittkraft:

$$h_{\mathrm{II1}} = h_0 + \Delta h_1 = 0{,}030 \cdot 10^{-3} + 0{,}00147 \cdot 10^{-3} = 0{,}03147 \cdot 10^{-3}\,\mathrm{m}$$
$$h_{\mathrm{II2}} = h_0 + \Delta h_2 = 0{,}030 \cdot 10^{-3} + 0{,}00371 \cdot 10^{-3} = 0{,}0337 \cdot 10^{-3}\,\mathrm{m}$$
$$h_{\mathrm{II3}} = h_0 + \Delta h_3 = 0{,}030 \cdot 10^{-3} - 0{,}00077 \cdot 10^{-3} = 0{,}0292 \cdot 10^{-3}\,\mathrm{m}$$
$$h_{\mathrm{II4}} = h_0 + \Delta h_4 = 0{,}030 \cdot 10^{-3} + 0{,}00595 \cdot 10^{-3} = 0{,}0359 \cdot 10^{-3}\,\mathrm{m}$$
$$h_{\mathrm{II5}} = h_0 + \Delta h_5 = 0{,}030 \cdot 10^{-3} - 0{,}00301 \cdot 10^{-3} = 0{,}0269 \cdot 10^{-3}\,\mathrm{m}$$
$$h_{\mathrm{II6}} = h_0 + \Delta h_6 = 0{,}030 \cdot 10^{-3} + 0{,}00819 \cdot 10^{-3} = 0{,}038 \cdot 10^{-3}\,\mathrm{m} \quad (2.12)$$

27. Abströmbreite bei Tragbahn:

$$b_{\mathrm{I}} = 2B_{\mathrm{wI}} + 2L_{\mathrm{wI}} = 2 \cdot 0{,}160 + 2 \cdot 0{,}100 = 0{,}52\,\mathrm{m} \quad (1.1)$$

28. Abströmbreite bei Umgriff:

$$b_{\mathrm{II}} = 2B_{\mathrm{wII}} + 2L_{\mathrm{wII}} = 2 \cdot 0{,}095 + 2 \cdot 0{,}100 = 0{,}39\,\mathrm{m} \quad (1.1)$$

29. Nach dem Strömungsverhältnis

$$\frac{b_{\mathrm{I}}}{l_{\mathrm{I}}} = \frac{b_{\mathrm{II}}}{l_{\mathrm{II}}} = \frac{b}{l} = 40$$

wird die Abströmlänge bestimmt.

Abströmlänge bei Tragbahn:

$$l_{\mathrm{I}} = \frac{b_{\mathrm{I}}}{b/l} = \frac{0,52}{40} = 0{,}013\,\mathrm{m} \qquad (2.15)$$

Abströmlänge bei Umgriff:

$$l_{\mathrm{II}} = \frac{b_{\mathrm{II}}}{b/l} = \frac{0,39}{40} = 0{,}0098\,\mathrm{m}$$

30. Reibfläche bei Tragbahn:

$$A_{\mathrm{RI}} = (B_{\mathrm{wI}} + l_{\mathrm{I}})\, l_{\mathrm{I}} 2z + (L_{\mathrm{wI}} - l_{\mathrm{I}})\, l_{\mathrm{I}} 2z = (0,160 + 0{,}013) \cdot 0{,}013 \cdot 2 \cdot 12$$
$$+ (0,100 - 0{,}013) \cdot 0{,}013 \cdot 2 \cdot 12 = 0{,}0811\,\mathrm{m}^2 \qquad (2.18)$$

31. Reibfläche bei Umgriff:

$$A_{\mathrm{RII}} = (B_{\mathrm{wII}} + l_{\mathrm{II}})\, l_{\mathrm{II}} 2z + (L_{\mathrm{wII}} - l_{\mathrm{II}})\, l_{\mathrm{II}} 2z$$
$$= (0{,}095 + 0{,}0098) \cdot 0{,}0098 \cdot 2 \cdot 12$$
$$+ (0,100 - 0{,}0098) \cdot 0{,}0098 \cdot 2 \cdot 12 = 0{,}0458\ \mathrm{m}^2 \qquad (2.18)$$

32. Gesamtreibfläche:

$$A_{\mathrm{R}} = A_{\mathrm{RI}} + A_{\mathrm{RII}} = 0{,}081 + 0{,}0458 = 0{,}1269\,\mathrm{m}^2 \qquad (2.19)$$

33. Verlustleistung:

$$P_{\mathrm{VER}} = P_{\mathrm{P}} + P_{\mathrm{R}} = Q_{0\mathrm{GES}}\, p_{\mathrm{P}} + \frac{A_{\mathrm{R}} \eta v^2}{h_0} = 1{,}88 \cdot 10^{-5} \cdot 17{,}68 \cdot 10^5$$
$$+ \frac{0,1269 \cdot 0{,}0992 \cdot 0{,}34^2}{0{,}000030} = 78{,}71\,\mathrm{W} \qquad (2.20)$$

34. Steifigkeit der letzten hydrostatischen Tasche:

$$K_6 = \frac{dF}{dh} = \frac{F_{\mathrm{T6}} - F_{\mathrm{T06}}}{\Delta h_6}$$
$$= \frac{15839 - 8944}{0{,}00819 \cdot 10^{-3}} = 841880341{,}9\,\mathrm{N\,m^{-1}} = 841{,}8\,\mathrm{N\,\mu m^{-1}} \qquad (1.11)$$

Steifigkeit der ersten hydrostatischen Tasche:

$$K_1 = \frac{dF}{dh} = \frac{F_{\mathrm{T1}} - F_{\mathrm{T01}}}{\Delta h_1}$$
$$= \frac{7379 - 5807}{0{,}00147 \cdot 10^{-3}} = 106938775\,\mathrm{N\,m^{-1}} = 1069{,}3\,\mathrm{N\,\mu m^{-1}}$$

Mittlere Lagersteifigkeit:

$$\mathrm{K}_{\mathrm{mittl}} = \frac{K_1 + K_6}{2} = \frac{1069387 + 841880}{2} = 955{,}633\,\mathrm{N\,\mu m^{-1}}$$

2.5.2 Berechnungsbeispiel bei Ölversorgung „Eine Pumpe pro Tasche"

Vorgabedaten:

Wirksame Taschenbreite der Tragbahn: $B_{\text{wI}} = 0{,}160\,\text{m}$
Wirksame Taschenlänge der Tragbahn: $L_{\text{wI}} = 0{,}100\,\text{m}$
Wirksame Taschenbreite des Umgriffs: $B_{\text{wII}} = 0{,}095\,\text{m}$
Wirksame Taschenlänge des Umgriffs: $L_{\text{wII}} = 0{,}100\,\text{m}$
Lagerspalt im Anfangszustand: $h_{0\text{I}} = h_{0\text{II}} = h_0 = 0{,}000030\,\text{m} = 0{,}030 \cdot 10^{-3}\,\text{m}$
Anzahl der Taschenpaare auf einer Bahn: $n = 6$
Gesamtanzahl der Taschenpaare: $z = 12$
Höchste Tischgeschwindigkeit: $v = 0{,}34\,\text{m s}^{-1}$
Tischmasse: $m = 5000\,\text{kg}$
Schmieröl: ISO VG 46
Öltemperatur: $\vartheta = 25\,°\text{C}$
Wie im Berechnungsbeispiel 2.4.1 ergeben sich:
Dynamische Viskosität des Öles bei 25 °C: $\eta = 0{,}0992\,\text{N s m}^{-2}$
Kinematische Viskosität bei $\vartheta = 25\,°\text{C}$: $\upsilon_{25} = 113{,}875\,\text{mm}^2\,\text{s}^{-1}$
Strömungsverhältnis: $\dfrac{b_\text{I}}{l_\text{I}} = \dfrac{b_\text{II}}{l_\text{II}} = \dfrac{b}{l} = 40$
Exzentrisch wirkende Anfangskraft: $F_\text{e} = 20000\,\text{N}$
Zusätzlich exzentrisch wirkende Schnittkraft: $F_{\text{äuß}} = 30000\,\text{N}$
Maße nach Abb. 2.2:
$a_2 = 0{,}075\,\text{m};\ a_4 = 0{,}225\,\text{m};\ a_6 = 0{,}375\,\text{m};\ e_1 = 0{,}250\,\text{m};\ e_2 = 0{,}350\,\text{m}$

Gesucht:

- Taschenkräfte F_T
- Taschendrücke bei Tragbahn p_{TI}
- Taschendrücke bei Umgriff p_{TII}
- Spaltänderungen Δh
- Gesamtvolumenstrom im Anfangszustand $Q_{0\text{GES}}$
- Verlustleistung P_{VER}
- Neigungswinkel des Tisches α
- Lagersteifigkeit K

Lösung:

1. Gewichtskraft des Tisches:

$$F_\text{G} = mg = 5000 \cdot 9{,}81 = 49050\,\text{N} \tag{2.1}$$

2. Mittlere resultierende Taschenkraft auf eine Führungsbahn im Anfangszustand:

$$F_{\text{T0M}} = \frac{F_\text{G} + F_\text{e}}{z} = \frac{49050 + 20000}{12} = 5754{,}16\,\text{N} \tag{2.41}$$

3. Die errechnete mittlere resultierende Taschenkraft im Anfangszustand F_{T0M} wird in einem bestimmten Maßstab in der Mitte der Führungsbahn eingetragen (Abb. 2.3).
Eine beliebige Taschenkraft, z. B. F_{T06}, wird angenommen und in Abb. 2.3 maßstäblich eingetragen. Alle anderen Taschenkräfte liegen auf der Geraden, die diese zwei Taschenkräfte verbindet.
Anschließend wird rechnerisch überprüft, ob die Gleichgewichtsgleichungen (2.42) und (2.43) erfüllt werden. Ist dies nicht der Fall, müssen die Berechnungsschritte 2 und 3 wiederholt werden, bis beide Gleichungen erfüllt werden.
4. Gleichgewichtsgleichung für Taschenkräfte im Anfangszustand:

$$F_{\mathrm{T01}} + F_{\mathrm{T02}} + F_{\mathrm{T03}} + F_{\mathrm{T04}} + F_{\mathrm{T05}} + F_{\mathrm{T06}} = F_{\mathrm{T0M}} \frac{z}{2} = 5754{,}16 \cdot \frac{12}{2} = 34525\,\mathrm{N} \quad (2.42)$$

5. Gleichgewichtsgleichung für Momente im Anfangszustand:

$$(F_{\mathrm{T06}} - F_{\mathrm{T05}})a_6 + (F_{\mathrm{T04}} - F_{\mathrm{T03}})a_4 + (F_{\mathrm{T02}} - F_{\mathrm{T01}})a_2 = \frac{F_e e_1}{2}$$

$$= (F_{\mathrm{T06}} - F_{\mathrm{T05}})\,375 + (F_{\mathrm{T04}} - F_{\mathrm{T03}})\,0{,}225 + (F_{\mathrm{T02}} - F_{\mathrm{T01}})0{,}075$$

$$= \frac{20.000 \cdot 0{,}250}{2} = 2500\,\mathrm{N\,m} \quad (2.43)$$

6. Die Lösung der Gl. (2.42) und (2.43) ergibt:

$F_{\mathrm{T01}} = 5279\,\mathrm{N}$; $F_{\mathrm{T02}} = 6230\,\mathrm{N}$; $F_{\mathrm{T03}} = 4328\,\mathrm{N}$; $F_{\mathrm{T04}} = 7180\,\mathrm{N}$;
$F_{\mathrm{T05}} = 3377\,\mathrm{N}$; $F_{\mathrm{T06}} = 8131\,\mathrm{N}$

7. Wirksame Taschenfläche der Tragbahn:

$$A_{\mathrm{wI}} = B_{\mathrm{wI}} L_{\mathrm{wI}} = 0{,}160 \cdot 0{,}100 = 0{,}016\,\mathrm{m}^2 \quad (1.3)$$

8. Wirksame Taschenfläche des Umgriffs:

$$A_{\mathrm{wII}} = B_{\mathrm{wII}} L_{\mathrm{wII}} = 0{,}095 \cdot 0{,}100 = 0{,}0095\,\mathrm{m}^2 \quad (1.3)$$

9. Taschendruck der Taschen 1 und 2 im Anfangszustand:

$$p_{\mathrm{T01}} = \frac{F_{\mathrm{T01}}}{A_{\mathrm{wI}} - A_{\mathrm{wII}}} = \frac{5279}{0{,}0160 - 0{,}0095} = 8{,}25 \cdot 10^5\,\mathrm{N\,m^{-2}}$$

$$p_{\mathrm{T02}} = \frac{F_{\mathrm{T02}}}{A_{\mathrm{wI}} - A_{\mathrm{wII}}} = \frac{6230}{0{,}0160 - 0{,}0095} = 9{,}73 \cdot 10^5\,\mathrm{N\,m^{-2}} \quad (2.7)$$

Auf diese Art werden die Taschendrücke aller Taschen ermittelt:

$$p_{\mathrm{T03}} = 6{,}76 \cdot 10^5\,\mathrm{N\,m^{-2}}; \quad p_{\mathrm{T04}} = 11{,}22 \cdot 10^5\,\mathrm{N\,m^{-2}}$$

$$p_{\mathrm{T05}} = 5{,}28 \cdot 10^5\,\mathrm{N\,m^{-2}}; \quad p_{\mathrm{T06}} = 12{,}71 \cdot 10^5\,\mathrm{N\,m^{-2}}$$

10. Flächenverhältnis:

$$\varphi = \frac{A_{\mathrm{wII}}}{A_{\mathrm{wI}}} = \frac{0{,}0096}{0{,}0160} = 0{,}6 \tag{2.13}$$

11. Mittlerer Taschendruck im Anfangszustand:

$$\begin{aligned} p_{\mathrm{T0M}} &= \frac{p_{\mathrm{T01}} + p_{\mathrm{T02}} + \cdots + p_{\mathrm{T0n}}}{n} \\ &= \frac{(8{,}25 + 9{,}73 + 6{,}76 + 11{,}22 + 5{,}28 + 12{,}71) \cdot 10^5}{6} \\ &= 8{,}99 \cdot 10^5\,\mathrm{N\,m^{-2}} \end{aligned} \tag{2.44}$$

12. Gleichgewichtsgleichung für Taschenkräfte unter Wirkung der Schnittkraft:

$$\begin{aligned} F_{\mathrm{T1}} + F_{\mathrm{T2}} + F_{\mathrm{T3}} + \cdots + F_{\mathrm{Tn}} &= \frac{F_{\mathrm{G}} + F_{\mathrm{e}} + F_{\mathrm{äuß}}}{2} \\ &= \frac{49050 + 20000 + 30000}{2} = 49525\,\mathrm{N} \end{aligned} \tag{2.47}$$

13. Gleichgewichtsgleichung für Momente unter wirkung der Schnittkraft:

$$\begin{aligned} &(F_{\mathrm{Tn}} - F_{\mathrm{Tn-1}})a_{\mathrm{n}} + \cdots + (F_{\mathrm{T6}} - F_{\mathrm{T5}})\,a_6 + (F_{\mathrm{T4}} - F_{\mathrm{T3}})\,a_4 + F_{\mathrm{T2}} - F_{\mathrm{T1}})a_2 \\ &= \frac{F_{\mathrm{e}} e_1 + F_{\mathrm{äuß}} e_2}{2} = 7750\,\mathrm{N\,m} \end{aligned} \tag{2.48}$$

14. Taschendruck der Tasche 1 bei Tragbahn unter Wirkung der Schnittkraft:

$$p_{\mathrm{TI1}} = \frac{p_{\mathrm{T01}}}{\left(1 - \dfrac{\Delta h_1}{h_0}\right)^3} = \frac{8{,}25 \cdot 10^5}{\left(1 - \dfrac{\Delta h_1}{0{,}030 \cdot 10^{-3}}\right)^3} \tag{2.27}$$

Auf diese Art werden die Taschendrücke aller Taschen ermittelt.

15. Taschendruck der Tasche 1 bei Umgriff unter Wirkung der Schnittkraft:

$$p_{\mathrm{TII1}} = \frac{p_{\mathrm{T01}}}{\left(1 + \dfrac{\Delta h_1}{h_0}\right)^3} = \frac{8{,}25 \cdot 10^5}{\left(1 + \dfrac{\Delta h_1}{0{,}030 \cdot 10^{-3}}\right)^3} \tag{2.28}$$

Auf diese Art werden die Taschendrücke aller Taschen ermittelt.

16. Resultierende Taschenkräfte der Taschen 1 und 6 unter Wirkung der Schnittkraft

$$\begin{aligned} F_{\mathrm{T1}} &= p_{\mathrm{TI1}} A_{\mathrm{wI}} - p_{\mathrm{TII1}} A_{\mathrm{wII}} = p_{\mathrm{TI1}} \cdot 0{,}0160 - p_{\mathrm{TII1}} \cdot 0{,}0096 \\ F_{\mathrm{T6}} &= p_{\mathrm{TI6}} A_{\mathrm{wI}} - p_{\mathrm{TII6}} A_{\mathrm{wII}} = p_{\mathrm{TI6}} \cdot 0{,}0160 - p_{\mathrm{TII6}} \cdot 0{,}0096 \end{aligned} \tag{2.10}$$

Auf diese Art werden die Taschenkräfte aller Taschen ermittelt.

17. Neigungswinkel des Tisches:

$$\tan\alpha = \frac{\Delta h_6 - \Delta h_5}{2a_6} = \frac{\Delta h_4 - \Delta h_5}{a_6 + a_4}; \quad \tan\alpha = \frac{\Delta h_6 - \Delta h_5}{2\cdot 0{,}375} = \frac{\Delta h_4 - \Delta h_5}{0{,}375 + 0{,}225}$$
$$\tan\alpha = \frac{\Delta h_6 - \Delta h_5}{2a_6} = \frac{\Delta h_2 - \Delta h_5}{a_6 + a_2}; \quad \tan\alpha = \frac{\Delta h_6 - \Delta h_5}{2\cdot 0{,}375} = \frac{\Delta h_2 - \Delta h_5}{0{,}375 + 0{,}075}$$
$$\tan\alpha = \frac{\Delta h_6 - \Delta h_5}{2a_6} = \frac{\Delta h_1 - \Delta h_5}{a_6 - a_2}; \quad \tan\alpha = \frac{\Delta h_6 - \Delta h_5}{2\cdot 0{,}375} = \frac{\Delta h_1 - \Delta h_5}{0{,}375 - 0{,}075}$$
$$\tan\alpha = \frac{\Delta h_6 - \Delta h_5}{2a_6} = \frac{\Delta h_3 - \Delta h_5}{a_6 - a_4}; \quad \tan\alpha = \frac{\Delta h_6 - \Delta h_5}{2\cdot 0{,}375} = \frac{\Delta h_3 - \Delta h_5}{0{,}375 - 0{,}225} \tag{2.49}$$

18. Aus den Gleichgewichtsgleichungen für die Taschenkräfte (2.47), den Gleichgewichtsgleichungen für die Momente (2.48), den Gleichungen für die Taschendrücke bei Tragbahn (2.27), den Gleichungen für die Taschendrücke bei Umgriff (2.28), den Gleichungen für die resultierenden Taschenkräfte (2.10) und den Gleichungen für den Neigungswinkel des Tisches (2.49) ergeben sich folgende 24 Lösungen:

$$F_{T1} = 5976\,\mathrm{N}; \quad F_{T2} = 8866\,\mathrm{N}; \quad F_{T3} = 3660\,\mathrm{N};$$
$$F_{T4} = 12406\,\mathrm{N}; \quad F_{T5} = 1912\,\mathrm{N}; \quad F_{T6} = 16648\,\mathrm{N};$$

$$p_{TI1} = 8{,}52\cdot 10^5\,\mathrm{N\,m^{-2}}; \quad p_{TI2} = 10{,}82\cdot 10^5\,\mathrm{N\,m^{-2}};$$
$$p_{TI3} = 6{,}51\cdot 10^5\,\mathrm{N\,m^{-2}}; \quad p_{TI4} = 13{,}43\cdot 10^5\,\mathrm{N\,m^{-2}};$$
$$p_{TI5} = 4{,}74\cdot 10^5\,\mathrm{N\,m^{-2}}; \quad p_{TI6} = 16{,}42\cdot 10^5\,\mathrm{N\,m^{-2}};$$

$$p_{TII1} = 7{,}99\cdot 10^5\,\mathrm{N\,m^{-2}}; \quad p_{TII2} = 8{,}79\cdot 10^5\,\mathrm{N\,m^{-2}};$$
$$p_{TII3} = 7{,}03\cdot 10^5\,\mathrm{N\,m^{-2}}; \quad p_{TII4} = 9{,}47\cdot 10^5\,\mathrm{N\,m^{-2}};$$
$$p_{TII5} = 5{,}9\cdot 10^5\,\mathrm{N\,m^{-2}}; \quad p_{TII6} = 10{,}03\cdot 10^5\,\mathrm{N\,m^{-2}};$$

$$\Delta h_1 = 0{,}000324\cdot 10^{-3}\mathrm{m}; \quad \Delta h_2 = 0{,}00103\cdot 10^{-3}\,\mathrm{m};$$
$$\Delta h_3 = -0{,}000338\cdot 10^{-3}\,\mathrm{m}; \quad \Delta h_4 = 0{,}00174\cdot 10^{-3}\,\mathrm{m};$$
$$\Delta h_5 = -0{,}0011\cdot 10^{-3}\,\mathrm{m}; \quad \Delta h_6 = 0{,}00246\cdot 10^{-3}\mathrm{m}$$

19. Neigungswinkel des Tisches:

$$\alpha = \arctan\frac{\Delta h_6 - \Delta h_5}{2a_6} = \frac{0{,}00246\cdot 10^{-3} + 0{,}0011\cdot 10^{-3}}{2\cdot 0{,}375} = 0{,}0003^\circ \tag{2.50}$$

20. Der Gesamtvolumenstrom im Anfangszustand wird nach dem mittleren Taschendruck im Anfangszustand p_{T0M} ermittelt:

$$Q_{\mathrm{0GES}} = 2z\frac{p_{\mathrm{T0M}} h_0{}^3}{12\eta}\frac{b}{l} = 2 \cdot 12 \cdot \frac{8{,}99 \cdot 10^5 \cdot 0{,}00003^3}{12 \cdot 0{,}0992} \cdot 40$$

$$= 1{,}957 \cdot 10^{-5}\,\mathrm{m}^3\,\mathrm{s}^{-1} = 1{,}17\,\mathrm{dm}^3\,\mathrm{min}^{-1} \tag{2.46}$$

21. Abströmbreite bei Tragbahn:

$$b_{\mathrm{I}} = 2B_{\mathrm{wI}} + 2L_{\mathrm{wI}} = 2 \cdot 0{,}160 + 2 \cdot 0{,}100 = 0{,}52\,\mathrm{m} \tag{1.1}$$

22. Abströmbreite bei Umgriff:

$$b_{\mathrm{II}} = 2B_{\mathrm{wII}} + 2L_{\mathrm{wII}} = 2 \cdot 0{,}096 + 2 \cdot 0{,}100 = 0{,}392\,\mathrm{m} \tag{1.1}$$

23. Nach dem Strömungsverhältnis

$$\frac{b_{\mathrm{I}}}{l_{\mathrm{I}}} = \frac{b_{\mathrm{II}}}{l_{\mathrm{II}}} = \frac{b}{l} = 40$$

werden die Abströmlängen bestimmt. Für die Abströmlänge bei Tragbahn erhält man:

$$l_{\mathrm{I}} = \frac{b_{\mathrm{I}}}{b/l} = \frac{0{,}52}{40} = 0{,}013\,\mathrm{m} \tag{2.15}$$

24. Abströmlänge bei Umgriff:

$$l_{\mathrm{II}} = \frac{b_{\mathrm{II}}}{b/l} = \frac{0{,}39}{40} = 0{,}0098\,\mathrm{m}$$

25. Reibfläche bei Tragbahn:

$$A_{\mathrm{RI}} = (B_{\mathrm{wI}} + l_{\mathrm{I}})\, l_{\mathrm{I}} 2z + (L_{\mathrm{wI}} - l_{\mathrm{I}})\, l_{\mathrm{I}} 2z = (0{,}160 + 0{,}013) \tag{2.18}$$

$$\cdot 0{,}013 \cdot 2 \cdot 12 + (0{,}100 - 0{,}013) \cdot 0{,}013 \cdot 2 \cdot 12 = 0{,}0811\,\mathrm{m}^2$$

26. Reibfläche bei Umgriff:

$$A_{\mathrm{RII}} = (B_{\mathrm{wII}} + l_{\mathrm{II}})\, l_{\mathrm{II}} 2z + (L_{\mathrm{wII}} - l_{\mathrm{II}})\, l_{\mathrm{II}} 2z = (0{,}096 + 0{,}0098) \tag{2.18}$$

$$\cdot 0{,}0098 \cdot 2 \cdot 1 + (0{,}100 - 0{,}0098) \cdot 0{,}0098 \cdot 2 \cdot 12 = 0{,}0461\,\mathrm{m}^2$$

27. Gesamtreibfläche:

$$A_{\mathrm{R}} = A_{\mathrm{RI}} + A_{\mathrm{RII}} = 0{,}0811 + 0{,}0461 = 0{,}1272 \tag{2.19}$$

28. Da der Pumpendruck bei diesem Ölversorgungssystem gleich groß wie der Taschendruck ist, wird der höchste Taschendruck in die Gleichung für die Pumpenleistung eingesetzt:

$$p_P = p_{TI6} = 16{,}42 \cdot 10^5 \text{ N m}^{-2}$$

29. Verlustleistung:

$$P_{VER} = P_P + P_R = Q_{0GES}\, p_P + \frac{A_R \eta v^2}{h_0} = 1{,}957 \cdot 10^{-5} \cdot 16{,}42 \cdot 10^5 \qquad (2.20)$$

$$+ \frac{0{,}1272 \cdot 0{,}0992 \cdot 0{,}34^2}{0{,}000030} = 32{,}1 + 48{,}6 = 80{,}7\,\text{W}$$

30. Steifigkeit der letzten hydrostatischen Tasche:

$$K_6 = \frac{dF}{dh} = \frac{F_{T6} - F_{T06}}{\Delta h_6} = \frac{16648 - 8131}{0{,}00246 \cdot 10^{-3}} = 3462195122\,\text{N m}^{-1}$$

$$= 3462{,}2\,\text{N}\,\mu\text{m}^{-1} \qquad (1.11)$$

Steifigkeit der ersten hydrostatischen Tasche:

$$K_1 = \frac{dF}{dh} = \frac{F_{T1} - F_{T01}}{\Delta h_1} = \frac{5967 - 5279}{0{,}000324 \cdot 10^{-3}} = 2123456790\,\text{N m}^{-1}$$

$$= 2123{,}4\,\text{N}\,\mu\text{m}^{-1}$$

Mittlere Lagersteifigkeit:

$$K_{mittl} = \frac{K_1 + K_6}{2} = \frac{2123456 + 3462195}{2} = 2792{,}8\,\text{N}\,\mu\text{m}^{-1}$$

2.5.3 Berechnungsbeispiel bei Ölversorgung „Eine gemeinsame Pumpe und Membrandrosseln“

Vorgabedaten:

Wirksame Taschenbreite der Tragbahn: $B_{wI} = 0{,}160$ m
Wirksame Taschenlänge der Tragbahn: $L_{wI} = 0{,}100$ m
Wirksame Taschenbreite des Umgriffs: $B_{wII} = 0{,}095$ m
Wirksame Taschenlänge des Umgriffs: $L_{wII} = 0{,}100$ m
Lagerspalt im Anfangszustand: $h_{0I} = h_{0II} = h_0 = 0{,}000030\,\text{m} = 0{,}030 \cdot 10^{-3}\,\text{m}$
Anzahl der Taschenpaare auf einer Bahn: $n = 6$
Gesamtanzahl der Taschenpaare: $z = 12$
Höchste Tischgeschwindigkeit: $v = 0{,}34\,\text{m s}^{-1}$
Tischmasse: $m = 5000$ kg
Schmieröl: ISO VG 46

Öltemperatur: $\vartheta = 25\ °C$
Wie im Berechnungsbeispiel 2.4.1 ergeben sich:
Dynamische Viskosität des Öles bei 25 °C: $\eta = 0{,}0992°\ \mathrm{N\,s\,m^{-2}}$
Kinematische Viskosität bei $\vartheta = 25\,°C$: $\upsilon_{25} = 113{,}875\,\mathrm{mm^2\,s^{-1}}$
Strömungsverhältnis: $\frac{b_{\mathrm{I}}}{l_{\mathrm{I}}} = \frac{b_{\mathrm{II}}}{l_{\mathrm{II}}} = \frac{b}{l} = 40$
Exzentrisch wirkende Anfangskraft: $F_{\mathrm{e}} = 20000\ \mathrm{N}$
Zusätzlich exzentrisch wirkende Schnittkraft: $F_{\mathrm{äuß}} = 30000\ \mathrm{N}$
Maße nach Abb. 2.2:

$a_2 = 0{,}075\,\mathrm{m};\ a_4 = 0{,}225\,\mathrm{m};\ a_6 = 0{,}375\,\mathrm{m};\ e_1 = 0{,}250\,\mathrm{m};\ e_2 = 0{,}350\,\mathrm{m}$

Gesucht:

- Taschenkräfte F_{T}
- Taschendrücke bei Tragbahn p_{TI}
- Taschendrücke bei Umgriff p_{TII}
- Gesamtvolumenstrom im Anfangszustand Q_{0GES}
- Gesamtvolumenstrom unter Wirkung der Schnittkraft Q_{GES}
- Verlustleistung P_{VER}

Lösung:

1. Gewichtskraft des Tisches:

$$F_{\mathrm{G}} = mg = 5000 \cdot 9{,}81 = 49050\,\mathrm{N} \tag{2.1}$$

2. Mittlere resultierende Taschenkraft auf eine Führungsbahn im Anfangszustand

$$F_{\mathrm{T0M}} = \frac{F_{\mathrm{G}} + F_{\mathrm{e}}}{z} = \frac{49050 + 20000}{12} = 5754{,}16\,\mathrm{N} \tag{2.41}$$

3. Die errechnete mittlere resultierende Taschenkraft im Anfangszustand F_{T0M} wird in einem bestimmten Maßstab in der Mitte der Führungsbahn eingetragen (Abb. 2.3).
   Eine beliebige Taschenkraft, z. B. $\mathrm{F_{T06}}$, wird angenommen und in Abb. 2.3 maßstäblich eingetragen. Alle anderen Taschenkräfte liegen auf der Geraden, die diese zwei Taschenkräfte verbindet.
   Anschließend wird rechnerisch überprüft, ob die Gleichgewichtsgleichungen (2.42) und (2.43) erfüllt werden. Ist dies nicht der Fall, müssen die Rechnungsschritte 2 und 3 wiederholt werden, bis beide Gleichungen erfüllt werden.
4. Gleichgewichtsgleichung für Taschenkräfte im Anfangszustand:

$$F_{\mathrm{T01}} + F_{\mathrm{T02}} + F_{\mathrm{T03}} + F_{\mathrm{T04}} + F_{\mathrm{T05}} + F_{\mathrm{T06}}$$
$$= F_{\mathrm{T0M}}\frac{z}{2} = 5754{,}16 \cdot \frac{12}{2} = 34525\,\mathrm{N} \tag{2.42}$$

5. Gleichgewichtsgleichung für Momente im Anfangszustand:

$$(F_{\mathrm{T06}} - F_{\mathrm{T05}})a_6 + (F_{\mathrm{T04}} - F_{\mathrm{T03}})a_4 + (F_{\mathrm{T02}} - F_{\mathrm{T01}})a_2 = \frac{F_e e_1}{2}$$

$$(F_{\mathrm{T06}} - F_{\mathrm{T05}}) \cdot 0{,}375 + (F_{\mathrm{T04}} - F_{\mathrm{T03}}) \cdot 0{,}225 + (F_{\mathrm{T02}} - F_{\mathrm{T01}}) \cdot 0{,}075$$

$$= \frac{20000 \cdot 0{,}250}{2} = 2500\,\mathrm{N\,m} \tag{2.43}$$

6. Die Lösung der Gl. (2.42) und (2.43) ergibt:

$F_{\mathrm{T01}} = 5279\,\mathrm{N}$; $F_{\mathrm{T02}} = 6230\,\mathrm{N}$; $F_{\mathrm{T03}} = 4328\,\mathrm{N}$; $F_{\mathrm{T04}} = 7180\mathrm{N}$;
$F_{\mathrm{T05}} = 3377\,\mathrm{N}$; $F_{\mathrm{T06}} = 8131\,\mathrm{N}$.

7. Wirksame Taschenfläche der Tragbahn:

$$A_{\mathrm{wI}} = B_{\mathrm{wI}} L_{\mathrm{wI}} = 0{,}160 \cdot 0{,}100 = 0{,}016\,\mathrm{m}^2 \tag{1.3}$$

8. Wirksame Taschenfläche des Umgriffs:

$$A_{\mathrm{wII}} = B_{\mathrm{wII}} L_{\mathrm{wII}} = 0{,}095 \cdot 0{,}100 = 0{,}0095\,\mathrm{m}^2 \tag{1.3}$$

9. Es gilt für alle Taschen von 1 bis n:

$$p_{\mathrm{T0I1}} = p_{\mathrm{T0II1}} = p_{\mathrm{T01}} \quad \text{und} \quad p_{\mathrm{T0In}} = p_{\mathrm{T0IIn}} = p_{\mathrm{T0n}} \tag{2.39}$$

10. Taschendruck der Taschen 1 und 2 im Anfangszustand:

$$p_{\mathrm{T01}} = \frac{F_{\mathrm{T01}}}{A_{\mathrm{wI}} - A_{\mathrm{wII}}} = \frac{5279}{0{,}0160 - 0{,}0095} = 8{,}25 \cdot 10^5\,\mathrm{N\,m^{-2}}$$
$$p_{\mathrm{T02}} = \frac{F_{\mathrm{T02}}}{A_{\mathrm{wI}} - A_{\mathrm{wII}}} = \frac{6230}{0{,}0160 - 0{,}0095} = 9{,}73 \cdot 10^5\,\mathrm{N\,m^{-2}} \tag{2.7}$$

Auf diese Art werden die Taschendrücke aller Taschen ermittelt:

$$p_{\mathrm{T03}} = 6{,}76 \cdot 10^5\,\mathrm{N\,m^{-2}}; \quad p_{\mathrm{T04}} = 11{,}22 \cdot 10^5\,\mathrm{N\,m^{-2}}$$
$$p_{\mathrm{T05}} = 5{,}28 \cdot 10^5\,\mathrm{N\,m^{-2}}; \quad p_{\mathrm{T06}} = 12{,}71 \cdot 10^5\,\mathrm{N\,m^{-2}}$$

11. Flächenverhältnis:

$$\varphi = \frac{A_{\mathrm{wII}}}{A_{\mathrm{wI}}} = \frac{0{,}0096}{0{,}0160} = 0{,}6 \tag{2.13}$$

12. Mittlerer Taschendruck im Anfangszustand:

$$p_{\mathrm{T0M}} = \frac{p_{\mathrm{T01}} + p_{\mathrm{T02}} + \cdots + p_{\mathrm{T0n}}}{n}$$
$$= \frac{(8{,}25 + 9{,}73 + 6{,}76 + 11{,}22 + 5{,}28 + 12{,}71) \cdot 10^5}{6}$$
$$= 8{,}99 \cdot 10^5\,\mathrm{N\,m^{-2}} \tag{2.44}$$

13. Mittlere resultierende Taschenkraft auf eine Führungsbahn unter Wirkung der Schnittkraft:

$$F_{\mathrm{TM}} = \frac{F_{\mathrm{G}} + F_{\mathrm{e}} + F_{\text{äuß}}}{z} = \frac{49050 + 20000 + 30000}{12} = 8254{,}16\,\mathrm{N} \tag{2.51}$$

14. Die errechnete mittlere resultierende Taschenkraft F_{TM} wird in einem bestimmten Maßstab in der Mitte der Führungsbahn in Abb. 2.3 eingetragen.
Eine beliebige Taschenkraft, z. B. F_{T6}, wird angenommen und in Abb. 2.3 maßstäblich eingetragen. Alle anderen Taschenkräfte liegen auf der Geraden, die diese zwei Taschenkräfte verbindet.
Angenommen: $F_{\mathrm{T6}} = 15500$ N, die anderen Kräfte, die diese zwei Taschenkräfte verbinden, sind:

$$F_{\mathrm{T1}} = 6700\,\mathrm{N}; \quad F_{\mathrm{T2}} = 9550\,\mathrm{N}; \quad F_{\mathrm{T3}} = 3850\,\mathrm{N};$$
$$F_{\mathrm{T4}} = 12700\,\mathrm{N}; \quad F_{\mathrm{T5}} = 1050\,\mathrm{N}$$

15. Gleichgewichtsgleichung für Taschenkräfte unter Wirkung der Schnittkraft:

$$F_{\mathrm{T1}} + F_{\mathrm{T2}} + F_{\mathrm{T3}} + \cdots + F_{\mathrm{Tn}} \tag{2.47}$$
$$= \frac{F_{\mathrm{G}} + F_{\mathrm{e}} + F_{\text{äuß}}}{2} = \frac{49050 + 20000 + 30000}{2} = 49525\,\mathrm{N}$$

16. Gleichgewichtsgleichung für Momente unter Wirkung der Schnittkraft:

$$(F_{\mathrm{Tn}} - F_{\mathrm{Tn-1}})a_n + \cdots + (F_{\mathrm{T6}} - F_{\mathrm{T5}})a_6 + (F_{\mathrm{T4}} - F_{\mathrm{T3}})a_4 + F_{\mathrm{T2}} - F_{\mathrm{T1}})a_2$$
$$= \frac{F_{\mathrm{e}}e_1 + F_{\text{äuß}}e_2}{2} = \frac{20000 \cdot 0{,}250 + 30000 \cdot 0{,}350}{2} = 7750\,\mathrm{N\,m} \tag{2.48}$$

17. Es wird überprüft, ob die Gl. (2.47) und (2.48) erfüllt werden:

$$F_{\mathrm{T1}} + F_{\mathrm{T2}} + F_{\mathrm{T3}} + F_{\mathrm{T4}} + F_{\mathrm{T5}} + F_{\mathrm{T6}} = 49525\,\mathrm{N} \tag{2.47}$$

$$6700 + 9550 + 3850 + 12700 + 1050 + 15500 = 49350\,\mathrm{N} \approx 49525\,\mathrm{N}$$

Die Gl. (2.47) wird erfüllt.

$$(F_{\mathrm{T6}} - F_{\mathrm{T5}})\,a_6 + (F_{\mathrm{T4}} - F_{\mathrm{T3}})\,a_4 + (F_{\mathrm{T2}} - F_{\mathrm{T1}})\,a_2 \text{ soll} = 7750$$
$$(15500 - 1050)0{,}375 + (12700 - 3850)0{,}225$$
$$+ (9550 - 6700)0{,}075 = 7722 \approx 7750 \tag{2.48}$$

Die Gl. (2.48) wird erfüllt.

18. Volumenstrom durch die Tasche 1 im Anfangszustand:

$$Q_{01} = \frac{h_0{}^3}{12\eta}\frac{b}{l}p_{\mathrm{T01}} = \frac{0{,}00003^3}{12 \cdot 0{,}0992} \cdot 40 \cdot 8{,}25 \cdot 10^5$$
$$= 0{,}000000748\,\mathrm{m^3 s^{-1}} = 0{,}044\,\mathrm{dm^3\,min^{-1}}$$

19. Proportionalitätsfaktor:

$$c_{\mathrm{I}} = \frac{Q_{01}}{F_{\mathrm{T01}}} = \frac{0{,}000000748}{5279} = 1{,}41 \cdot 10^{-10}\,\mathrm{m^3\,s^{-1}\,N^{-1}} \tag{2.32}$$

20. Volumenstrom durch die Tasche 2 im Anfangszustand:

$$\begin{aligned} Q_{02} &= \frac{h_0{}^3}{12\eta}\frac{b}{l}p_{\mathrm{T02}} = \frac{0{,}00003^3}{12 \cdot 0{,}0992} \cdot 40 \cdot 9{,}73 \cdot 10^5 \\ &= 0{,}000000882\,\mathrm{m^3 s^{-1}} = 0{,}035\,\mathrm{dm^3\,min^{-1}} \end{aligned}$$

21. Proportionalitätsfaktor:

$$c_2 = \frac{Q_{02}}{F_{\mathrm{T02}}} = \frac{0{,}000000882}{6230} = 1{,}41 \cdot 10^{-10}\,\mathrm{m^3\,s^{-1}\,N^{-1}} \tag{2.32}$$

22. Volumenstrom durch die Tasche 3 im Anfangszustand:

$$\begin{aligned} Q_{03} &= \frac{h_0{}^3}{12\eta}\frac{b}{l}p_{\mathrm{T03}} = \frac{0{,}00003^3}{12 \cdot 0{,}0992} \cdot 40 \cdot 6{,}76 \cdot 10^5 \\ &= 0{,}000000613\,\mathrm{m^3\,s^{-1}} = 0{,}036\,\mathrm{dm^3\,min^{-1}} \end{aligned}$$

23. Proportionalitätsfaktor:

$$c_3 = \frac{Q_{03}}{F_{\mathrm{T03}}} = \frac{0{,}000000613}{4328} = 1{,}41 \cdot 10^{-10}\,\mathrm{m^3\,s^{-1}\,N^{-1}} \tag{2.32}$$

24. Volumenstrom durch die Tasche 4 im Anfangszustand:

$$\begin{aligned} Q_{04} &= \frac{h_0{}^3}{12\eta}\frac{b}{l}p_{\mathrm{T04}} = \frac{0{,}00003^3}{12 \cdot 0{,}0992} \cdot 40 \cdot 11{,}22 \cdot 10^5 \\ &= 0{,}000001017\,\mathrm{m^3\,s^{-1}} = 0{,}06\,\mathrm{dm^3\,min^{-1}} \end{aligned}$$

25. Proportionalitätsfaktor:

$$c_4 = \frac{Q_{03}}{F_{\mathrm{T04}}} = \frac{0{,}000001017}{7180} = 1{,}41 \cdot 10^{-10}\,\mathrm{m^3\,s^{-1}\,N^{-1}} \tag{2.32}$$

26. Volumenstrom durch die Tasche 5 im Anfangszustand:

$$\begin{aligned} Q_{05} &= \frac{h_0{}^3}{12\eta}\frac{b}{l}p_{\mathrm{T05}} = \frac{0{,}00003^3}{12 \cdot 0{,}0992} \cdot 40 \cdot 5{,}28 \cdot 10^5 \\ &= 0{,}000000479\,\mathrm{m^3 s^{-1}} = 0{,}028\,\mathrm{dm^3\,min^{-1}} \end{aligned}$$

27. Proportionalitätsfaktor:

$$c_5 = \frac{Q_{05}}{F_{\mathrm{T05}}} = \frac{0{,}000000479}{3377} = 1{,}41 \cdot 10^{-10}\,\mathrm{m^3 s^{-1}\,N^{-1}} \tag{2.32}$$

28. Volumenstrom durch die Tasche 6 im Anfangszustand:

$$Q_{06} = \frac{h_0{}^3}{12\eta}\frac{b}{l}p_{T06} = \frac{0{,}00003^3}{12 \cdot 0{,}0992} \cdot 40 \cdot 12{,}71 \cdot 10^5$$
$$= 0{,}000001153\,\mathrm{m^3\,s^{-1}} = 0{,}028\,\mathrm{dm^3\,min^{-1}}$$

29. Proportionalitätsfaktor:

$$c_6 = \frac{Q_{06}}{F_{T06}} = \frac{0{,}000001153}{8131} = 1{,}41 \cdot 10^{-10}\,\mathrm{m^3\,s^{-1}\,N^{-1}} \tag{2.32}$$

30. Volumenstrom durch die Tasche 6 unter Wirkung der Schnittkraft:

$$Q_6 = F_{T6}c_6 = 15500 \cdot 1{,}41 \cdot 10^{-10} = 0{,}000002185\,\mathrm{m^3\,s^{-1}} = 0,13\,\mathrm{dm^3\,min^{-1}} \tag{2.38}$$

31. Taschendruck bei Tasche 6 unter Wirkung der Schnittkraft:

$$p_{T6} = \frac{Q_6 12\eta}{h_0{}^3}\frac{l}{b} = \frac{0{,}000002185 \cdot 12 \cdot 0{,}0992}{0{,}00003^3} \cdot \frac{1}{40} = 24{,}08 \cdot 10^5\,\mathrm{N\,m^{-2}}$$

32. Volumenstrom durch die Tasche 5 unter Wirkung der Schnittkraft:

$$Q_5 = F_{T5}c_5 = 1050 \cdot 1{,}41 \cdot 10^{-10} = 0{,}000000148\,\mathrm{m^3 s^{-1}} = 0{,}0088\,\mathrm{dm^3\,min^{-1}}$$

33. Taschendruck der Tasche 5 unter Wirkung der Schnittkraft:

$$p_{T5} = \frac{Q_5 12\eta}{h_0{}^3}\frac{l}{b} = \frac{0{,}000000148 \cdot 12 \cdot 0{,}0992}{0{,}00003^3} \cdot \frac{1}{40} = 1{,}63 \cdot 10^5\,\mathrm{N\,m^{-2}}$$

34. Volumenstrom durch die Tasche 4 unter Wirkung der Schnittkraft:

$$Q_4 = F_{T4}c_4 = 12700 \cdot 1{,}41 \cdot 10^{-10} = 0{,}00000179\,\mathrm{m^3 s^{-1}} = 0,107\,\mathrm{dm^3\,min^{-1}}$$

35. Taschendruck der Tasche 4 unter Wirkung der Schnittkraft:

$$p_{T4} = \frac{Q_4 12\eta}{h_0{}^3}\frac{l}{b} = \frac{0{,}00000179 \cdot 12 \cdot 0{,}0992}{0{,}00003^3} \cdot \frac{1}{40} = 19{,}73 \cdot 10^5\,\mathrm{N\,m^{-2}}$$

36. Volumenstrom durch die Tasche 3 unter Wirkung der Schnittkraft:

$$Q_3 = F_{T3}c_3 = 3850 \cdot 1{,}41 \cdot 10^{-10} = 0{,}000000542\,\mathrm{m^3 s^{-1}} = 0{,}032\,\mathrm{dm^3\,min^{-1}}$$

37. Taschendruck der Tasche 3 unter Wirkung der Schnittkraft:

$$p_{T3} = \frac{Q_3 12\eta}{h_0{}^3}\frac{l}{b} = \frac{0{,}000000542 \cdot 12 \cdot 0{,}0992}{0{,}00003^3} \cdot \frac{1}{40} = 5{,}97 \cdot 10^5\,\mathrm{N\,m^{-2}}$$

38. Volumenstrom durch die Tasche 2 unter Wirkung der Schnittkraft:

$$Q_2 = F_{T2}c_2 = 9550 \cdot 1{,}41 \cdot 10^{-10} = 0{,}000001346\,\mathrm{m^3 s^{-1}} = 0{,}08\,\mathrm{dm^3\,min^{-1}}$$

39. Taschendruck der Tasche 2 unter Wirkung der Schnittkraft:

$$p_{\mathrm{T2}} = \frac{Q_2 12\eta}{h_0{}^3}\frac{l}{b} = \frac{0{,}000001346 \cdot 12 \cdot 0{,}0992}{0{,}00003^3} \cdot \frac{1}{40} = 14{,}8 \cdot 10^5\,\mathrm{N\,m^{-2}}$$

40. Volumenstrom durch die Tasche 1 unter Wirkung der Schnittkraft:

$$Q_1 = F_{\mathrm{T1}} c_1 = 6700 \cdot 1{,}41 \cdot 10^{-10} = 0{,}000000944\,\mathrm{m^3 s^{-1}} = 0{,}056\,\mathrm{dm^3\,min^{-1}}$$

41. Taschendruck der Tasche 1 unter Wirkung der Schnittkraft:

$$p_{\mathrm{T1}} = \frac{Q_1 12\eta}{h_0{}^3}\frac{l}{b} = \frac{0{,}000000944 \cdot 12 \cdot 0{,}0992}{0{,}00003^3} \cdot \frac{1}{40} = 10{,}4 \cdot 10^5\,\mathrm{N\,m^{-2}}$$

42. Kontrolle:

$$\begin{aligned}
F_{\mathrm{T1}} &= p_{\mathrm{T1}}\,(A_{\mathrm{wI}} - A_{\mathrm{w2}})\\
6700 &= 10{,}4 \cdot 10^5 \cdot (0{,}0160 - 0{,}0096)\\
6700 &\approx 6656\\
F_{\mathrm{T2}} &= p_{\mathrm{T2}}\,(A_{\mathrm{w1}} - A_{\mathrm{w2}})\\
9550 &= 14{,}8 \cdot 10^5 \cdot (0{,}0160 - 0{,}0096)\\
9550 &\approx 9472\\
F_{\mathrm{T3}} &= p_{\mathrm{T3}}\,(A_{\mathrm{w1}} - A_{\mathrm{w2}})\\
3850 &= 5{,}97 \cdot 10^5 \cdot (0{,}0160 - 0{,}0096)\\
3850 &\approx 3820\\
F_{\mathrm{T4}} &= p_{\mathrm{T4}}\,(A_{\mathrm{w1}} - A_{\mathrm{w2}})\\
12700 &= 19{,}73 \cdot 10^5 \cdot (0{,}0160 - 0{,}0096)\\
12700 &\approx 12627\\
F_{\mathrm{T5}} &= p_{\mathrm{T5}}\,(A_{\mathrm{w1}} - A_{\mathrm{w2}})\\
1050 &= 1{,}63 \cdot 10^5 \cdot (0{,}0160 - 0{,}0096)\\
1050 &\approx 1043
\end{aligned}$$

43. Der Gesamtvolumenstrom im Anfangszustand wird nach dem mittleren Taschendruck im Anfangszustand p_{T0M} ermittelt:

$$\begin{aligned}
Q_{\mathrm{0GES}} &= 2z\frac{p_{\mathrm{T0M}} h_0{}^3}{12\eta}\frac{b}{l} = 2 \cdot 12 \cdot \frac{8{,}99 \cdot 10^5 \cdot 0{,}00003^3}{12 \cdot 0{,}0992} \cdot 40 \qquad (2.46)\\
&= 1{,}957 \cdot 10^{-5}\,\mathrm{m^3 s^{-1}} = 1{,}17\,\mathrm{dm^3\,min^{-1}}
\end{aligned}$$

44. Mittlerer Taschendruck unter Wirkung der Schnittkraft:

$$p_{\mathrm{TM}} = \frac{p_{\mathrm{T1}} + p_{\mathrm{T1}} + \cdots + p_{\mathrm{Tn}}}{n}$$

$$= \frac{(10{,}4 + 14{,}8 + 5{,}97 + 19{,}73 + 1{,}63 + 24{,}08) \cdot 10^5}{6}$$

$$= 12{,}76 \cdot 10^5\,\mathrm{N\,m^{-2}} \tag{2.52}$$

45. Der Gesamtvolumenstrom unter Wirkung der Schnittkraft wird nach dem mittleren Taschendruck p_{TM} ermittelt:

$$Q_{\mathrm{GES}} = 2z\frac{p_{\mathrm{TM}} {h_0}^3}{12\eta}\frac{b}{l} = 2 \cdot 12\frac{12{,}76 \cdot 10^5 \cdot 0{,}00003^3}{12 \cdot 0{,}0992} \cdot 40$$

$$= 2{,}277 \cdot 10^{-5}\,\mathrm{m^3\,s^{-1}} = 1{,}66\,\mathrm{dm^3\,min^{-1}} \tag{2.53}$$

46. Abströmbreite bei Tragbahn:

$$b_{\mathrm{I}} = 2B_{\mathrm{wI}} + 2L_{\mathrm{wI}} = 2 \cdot 0{,}160 + 2 \cdot 0{,}100 = 0{,}52\,\mathrm{m} \tag{1.1}$$

47. Abströmbreite bei Umgriff:

$$b_{\mathrm{II}} = 2B_{\mathrm{wII}} + 2L_{\mathrm{wII}} = 2 \cdot 0{,}096 + 2 \cdot 0{,}100 = 0{,}392\,\mathrm{m} \tag{1.1}$$

48. Nach dem Strömungsverhältnis

$$\frac{b_{\mathrm{I}}}{l_{\mathrm{II}}} = \frac{b_{\mathrm{II}}}{l_{\mathrm{II}}} = \frac{b}{l} = 40$$

werden die Abströmlängen bestimmt.
Abströmlänge bei Tragbahn:

$$l_{\mathrm{I}} = \frac{b_{\mathrm{I}}}{b/l} = \frac{0{,}52}{40} = 0{,}013\,\mathrm{m} \tag{2.15}$$

Abströmlänge bei Umgriff:

$$l_{\mathrm{II}} = \frac{b_{\mathrm{II}}}{b/l} = \frac{0{,}39}{40} = 0{,}0098\,\mathrm{m}$$

49. Reibfläche bei Tragbahn

$$A_{\mathrm{RI}} = (B_{\mathrm{wI}} + l_{\mathrm{I}})l_{\mathrm{I}}2z + (L_{\mathrm{wI}} - l_{\mathrm{I}})l_{\mathrm{I}}2z = (0{,}160 + 0{,}013) \cdot 0{,}013$$

$$\cdot 2 \cdot 12 + (0{,}100 - 0{,}013) \cdot 0{,}013 \cdot 2 \cdot 12 = 0{,}0811\,\mathrm{m^2} \tag{2.18}$$

50. Reibfläche bei Umgriff:

$$A_{\mathrm{RII}} = (B_{\mathrm{wII}} + l_{\mathrm{II}})l_{\mathrm{II}}2z + (L_{\mathrm{wII}} - l_{\mathrm{II}})l_{\mathrm{II}}2z = (0{,}096 + 0{,}0098) \cdot 0{,}0098$$

$$\cdot 2 \cdot 12 + (0{,}100 - 0{,}0098)0{,}0098 \cdot 2 \cdot 12 = 0{,}0461\,\mathrm{m^2} \tag{2.18}$$

51. Gesamtreibfläche:

$$A_{\mathrm{R}} = A_{\mathrm{RI}} + A_{\mathrm{RII}} = 0{,}0811 + 0{,}0461 = 0{,}1272\,\mathrm{m^2} \tag{2.19}$$

52. Der Pumpendruck wird so gewählt, dass die Membrandrossel in dem optimalen Druckverhältnis belastet wird:

$$(p_T/p_P)_{OPT} = 0,1 \text{ bis } 0,6 \tag{2.37}$$

Angenommen: $p_P = 40 \cdot 10^5\,\mathrm{N\,m^{-2}}$
Kleinstes Druckverhältnis:

$$\frac{p_{T5}}{p_P} = \frac{1,63 \cdot 10^5}{40 \cdot 10^5} = 0,04$$

Dieses Druckverhältnis ist zu klein, deshalb werden vier Taschen Nr. 5 mit der Ölversorgung „Eine Pumpe pro Tasche" angeschlossen.
Für das neue kleinste Druckverhältnis gilt:

$$\frac{p_{T3}}{p_P} = \frac{5,97 \cdot 10^5}{40 \cdot 10^5} = 0,149$$

Größtes Druckverhältnis:

$$\frac{p_{T6}}{p_P} = \frac{24,08 \cdot 10^5}{40 \cdot 10^5} = 0,6$$

53. Mit den Membrandrosseln werden vier Taschen Nr. 6, vier Taschen Nr. 4, vier Taschen Nr. 2, vier Taschen Nr. 1 und vier Taschen Nr. 3, insgesamt zwanzig Taschen verbunden.
54. Volumenstrom, der im Anfangszustand durch einen Strang der Mehrkreispumpe strömt:

$$Q_{S0} = \frac{p_{T05} {h_0}^3}{12\eta} \frac{b}{l} = \frac{5,28 \cdot 10^5 \cdot 0,00003^3}{12 \cdot 0,0992} \cdot 40$$
$$= 0,479 \cdot 10^{-6}\mathrm{m^3 s^{-1}} = 0,028\,\mathrm{dm^3\,min^{-1}}$$

55. Volumenstrom, der unter Wirkung der Schnittkraft durch einen Strang der Mehrkreispumpe strömt:

$$Q_S = \frac{p_{T5} {h_0}^3}{12\eta} \frac{b}{l} = \frac{1,63 \cdot 10^5 \cdot 0,00003^3}{12 \cdot 0,0992} \cdot 40$$
$$= 0,148 \cdot 10^{-6}\mathrm{m^3 s^{-1}} = 0,0089\,\mathrm{dm^3\,min^{-1}}$$

56. $$P_{VER} = P_P + P_R = Q_{0GES}\, p_P + \frac{A_R \eta v^2}{h_0} = 1,957 \cdot 10^{-5} \cdot 40 \cdot 10^5$$
$$+ \frac{0,1272 \cdot 0,0992 \cdot 0,34^2}{0,000030} = 78,28 + 48,6 = 126,8\,\mathrm{W} \tag{2.20}$$

Tab. 2.8 Vergleichstabelle zwischen verschiedene Ölversorgungssystemen

Ölversorgung mit:	$F_{\text{äuß}}$ In N	p_{P} in bar	F_{T6} In N	p_{TI6} in bar	p_{TI5} in bar	Δh_6 in µm	α in Grad	K_6 in $\text{N}\mu\text{m}^{-1}$
Kapillardrosseln	30000	17,7	15832	14,8	4,2	8,2	0,0009	842
Einer Pumpe pro Tasche	30000	$p_{\text{P}} = p_{\text{T}}$	16648	16,4	4,7	2,4	0,0003	3462
Membrandrosseln	30000	40	15500	24	1,6	0	0	∞

2.5.4 Zusammenfassung

Bei allen drei Ölversorgungen (Berechnungsbeispiele 2.5.1, 2.5.2 und 2.5.3) wird die exzentrische Schnittkraft $F_{\text{äuß}}$ als bekannt angegeben, die Taschenkräfte F_{T}, Taschendrücke bei Tragbahn P_{TI}, Taschendrücke bei Umgriff p_{TII}, Spaltänderungen Δh, Gesamtvolumenstrom im Anfangszustand Q_{0GES}, Verlustleistung P_{VER}, Neigungswinkel des Tisches α und Lagersteifigkeit K werden rechnerisch ermittelt.

In Tab. 2.8 sind die Ergebnisse dieser Untersuchungen aufgestellt.

Aus diesen Berechnungen ergibt sich:

- Mit den gleichen Vorgabedaten: Anzahl der hydrostatischen Taschen, Taschenabmessungen, Lagerspalte, Tischmassen, exzentrische Anfangskräfte und exzentrische Schnittkräfte, ergeben sich beim Ölversorgungssystem „Eine Pumpe pro Tasche" viermal höhere Lagersteifigkeiten K als beim System „Eine gemeinsame Pumpe und Kapillardrosseln".
- Beim Ölversorgungssystem „Eine Pumpe pro Tasche" wird ein dreimal kleinerer Neigungswinkel des Tisches α als beim System „Eine gemeinsame Pumpe und Kapillardrosseln" errechnet.
- Der Taschendruck p_{TI6} ist bei der Ölversorgung „Eine gemeinsame Pumpe und Membrandrosseln" wesentlich höher als beim Ölversorgungssystem „Eine Pumpe pro Tasche".
- Der kleinste Taschendruck p_{TI6} ergibt sich beim Ölversorgungssystem „Eine gemeinsame Pumpe und Kapillardrosseln".
- Der höchste Pumpendruck wird bei der Ölversorgung „Eine gemeinsame Pumpe und Membrandrosseln" erreicht.
- Die Berechnungsbeispiele 2.5.1, 2.5.2 und 2.5.3 zeigen, dass das Ölversorgungssystem „Eine gemeinsame Pumpe und Kapillardrosseln" bei exzentrisch belasteten hydrostatischen Führungen nicht geeignet ist, da durch relativ große Schiefstellung des Tisches keine hohe Fertigungsgenauigkeit erreicht werden kann.

2.6 Kombinierte Radial- und Axiallager

In Abb. 2.4 ist ein kombiniertes *Radial-* und *Axiallager* dargestellt.

Der Rundtisch 1 ist von oben durch vier Axiallager-Tragbahn (Schnitt X–X) von unten durch vier Axiallager-Umgriff (Schnitt Y–Y), hydrostatisch gelagert. Üblich

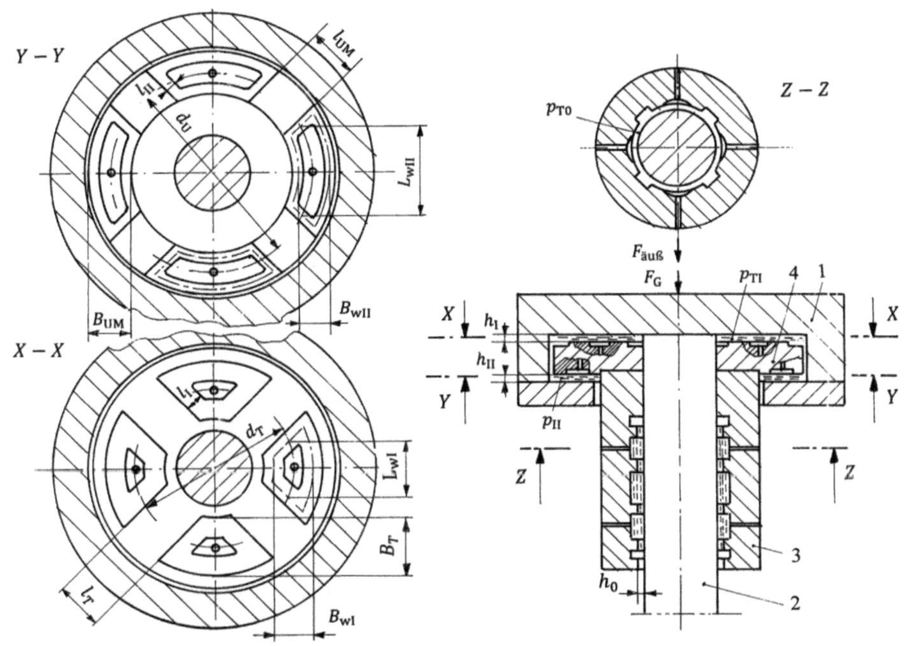

Abb. 2.4 Kombiniertes Radial- und Axiallager *1* Rundtisch, *2* Antriebswelle, *3* Lagergehäuse, *4* Lagerscheibe F_G zentrisch wirkende Gewichtskraft des Rundtisches $F_{äuß}$ zentrisch wirkende Schnittkraft

werden drei bis sechs Axiallager-Tragbahn und drei bis sechs Axiallager-Umgriff vorgesehen. Die Antriebswelle 2 ist auf zwei Stellen durch je vier Radiallager (Schnitt Z–Z) hydrostatisch gelagert.

Die hydrostatischen Taschen sind im Lagergehäuse 3 und in der Lagerscheibe 4 eingearbeitet.

Die Antriebswelle, die mit dem Rundtisch fest verbunden ist, wird von der unteren Seite angetrieben (in Bild nicht dargestellt). Das Lagergehäuse ist mit der Lagerscheibe fest verbunden. Der Rundtisch ist im Anfangszustand durch die zentrisch wirkende Gewichtskraft des Rundtisches F_G belastet.

Die zentrisch wirkende Kraft F_G ist die Gewichtskraft des Rundtisches mit allen auf dem Tisch eingebauten Teilen, wie z. B. mit den Vorrichtungen. Sie wird nach der Masse M und nach der Erdbeschleunigung g berechnet:

$$F_G = mg \tag{2.1}$$

Auf jede hydrostatische Tasche der Tragbahn wirkt im Anfangszustand der Taschendruck p_{TOI} und die Taschenkraft $p_{TOI}A_{wI}$.

Auf jede hydrostatische Tasche des Umgriffs wirken im Anfangszustand der Taschendruck p_{TOII} und die Taschenkraft $p_{TOII}A_{wII}$.

Die resultierende Taschenkraft F_{TO}, die im Anfangszustand auf ein hydrostatisches Axiallagerpaar wirkt, wird nach der Gleichgewichtsgleichung für

Taschenkräfte bestimmt:

$$F_{T0} = p_{T0I} A_{wI} - p_{T0II} A_{wII} \tag{2.4}$$

Die Ölversorgungssysteme können so ausgelegt und eingestellt werden, dass im Anfangszustand die Taschendrücke und die Lagerspalte bei Tragbahn und bei Umgriff gleich sind:

$$p_{T0I} = p_{T0II} = p_{T0} \tag{2.5}$$

$$h_{0I} = h_{0II} = h_0 \tag{2.6}$$

Beim Einsatz von Gl. (2.5) in Gl. (2.4) ergibt sich:

$$F_{T0} = p_{T0}(A_{wI} - A_{wII})$$

Der Taschendruck im Anfangszustand p_{T0} ergibt sich zu:

$$p_{T0} = \frac{F_{T0}}{A_{wI} - A_{wII}} \tag{2.7}$$

Die Gesamtanzahl der Taschenpaare bei den Axiallagern wird, wie bei den hydrostatischen Führungen, mit z bezeichnet.

Im Anfangszustand übernimmt jede hydrostatische Tasche der Axiallager die Taschenkraft:

$$F_{T0} = \frac{F_G}{z} \tag{2.8}$$

Nachdem der Maschinenkonstrukteur den Rundtisch und die hydrostatischen Taschen konstruktiv ausgelegt hat, errechnet er nach Gl. (2.8) die Taschenkraft F_{T0} und anschließend nach Gl. (2.7) den Taschendruck im Anfangszustand p_{T0}.

Die Radiallager werden in diesem Anwendungsfall durch keine äußeren Kräfte belastet, von beiden Seiten der Radiallager wirkt der gleiche Taschendruck:

$$p_{T0I} = p_{T0II} = p_{T0} \tag{2.5}$$

Für die Ölversorgung der hydrostatischen Taschen der Radiallager wird die Ölversorgung „Eine gemeinsame Pumpe und Membrandrosseln“ nicht verwendet, da die Membrandrosseln lastabhängige Vorwiderstände sind und die Radiallager durch keine Kräfte belastet werden. Das Ölversorgungssystem „Eine Pumpe pro Tasche“ kann auch nicht angewandt werden, da der Taschendruck p_T nur bei der Belastung aufgebaut wird. Beim Anschluss von Mehrkreispumpen mit dem vorgespannten hydrostatischen Radiallager hält das Druckstufenventil den Druck von ca. 2,5 bar und dieser Druck ist als Vorspannung zu gering.

Für die Vorspannung der Radiallager wird die Ölversorgung „Eine gemeinsame Pumpe und Kapillardrosseln“ angewandt. Die Kapillardrosseln werden so ausgelegt und eingestellt, dass in den Radiallagern der gewünschte Taschendruck p_{T0} herrscht.

Wenn der Rundtisch axial durch eine zusätzlich wirkende Schnittkraft $F_{äuß}$ belastet wird, verändern sich die Taschendrücke, die Lagerspalte und die Taschenkräfte bei Tragbahn und bei Umgriff:

Die Taschendrücke bei Tragbahn haben sich von p_{T0} auf p_{TI} verändert,
die Taschendrücke bei Umgriff haben sich von p_{T0} auf p_{TII} verändert,
die Lagerspalte bei Tragbahn haben sich von h_0 auf $h_I = h_0 - \Delta h$ verändert,
die Lagerspalte bei Umgriff haben sich von h_0 auf $h_{II} = h_0 + \Delta h$ verändert,
die Taschenkräfte haben sich von F_{T0} auf F_T verändert.

Die resultierende Taschenkraft p_T, die auf ein hydrostatisches axiales Lagerpaar unter Wirkung der Schnittkraft wirkt, wird so bestimmt, dass alle Kräfte F_T die Gewichtskraft des Tisches F_G und die zusätzlich wirkende Schnittkraft $F_{äuß}$ übernehmen:

$$F_T = \frac{F_G + F_{äuß}}{z}$$

Aus dieser Gleichung ergibt sich die Schnittkraft:

$$F_{äuß} = zF_T - F_G \tag{2.9}$$

Aus Gl. (2.9) kann die Schnittkraft $F_{äuß}$ errechnet werden, wenn die Taschenkraft F_T bekannt ist. Die resultierende Taschenkraft F_T, die auf ein hydrostatisches Lagerpaar unter Wirkung der Schnittkraft wirkt, wird nach der Gleichgewichtsgleichung für Taschenkräfte bestimmt:

$$F_T = p_{TI} A_{wI} - p_{TII} A_{wII} \tag{2.10}$$

Die Taschendrücke F_{TI} und p_{TII}, die unter Wirkung der Schnittkraft aufgebaut werden, sind von dem Ölversorgungssystem abhängig und werden nach der vorgegebenen Lagerspaltänderung Δh ermittelt.

Beim Ölversorgungssystem „Eine gemeinsame Pumpe und Kapillardrosseln" gilt:

$$p_{TI} = \frac{p_P}{\left(\frac{p_P}{p_{T0}} - 1\right)\left(1 - \frac{\Delta h}{h_0}\right)^3 + 1} \tag{2.22}$$

$$p_{TII} = \frac{p_P}{\left(\frac{p_P}{p_{T0}} - 1\right)\left(1 + \frac{\Delta h}{h_0}\right)^3 + 1} \tag{2.23}$$

Beim Ölversorgungssystem „Eine Pumpe pro Tasche" werden die Taschendrücke p_{TI} und p_{TII} nach folgender Gleichung bestimmt:

$$p_{TI} = \frac{p_{T0}}{\left(1 - \frac{\Delta h}{h_0}\right)^3} \tag{2.27}$$

$$p_{\mathrm{TII}} = \frac{p_{\mathrm{T0}}}{\left(1 + \frac{\Delta h}{h_0}\right)^3} \tag{2.28}$$

Die hydrostatischen Taschen sollen so ausgelegt werden, dass die Strömungsverhältnisse bei Tragbahn und bei Umgriff gleich sind:

$$\frac{b_{\mathrm{I}}}{l_{\mathrm{I}}} = \frac{b_{\mathrm{II}}}{l_{\mathrm{II}}} = \frac{b}{l} \tag{2.15}$$

Der Gesamtvolumenstrom der Axiallager im Anfangszustand lautet:

$$Q_{0\mathrm{GES}} = 2z\frac{p_{\mathrm{T0}}h_0^3}{12\eta}\frac{b}{l} \tag{2.16}$$

Der Gesamtvolumenstrom der Axiallager unter Wirkung der Schnittkraft lautet:

$$Q_{\mathrm{GES}} = z\frac{1}{12\eta}\frac{b}{l}(p_{\mathrm{TI}}h_{\mathrm{I}}^3 + p_{\mathrm{TII}}h_{\mathrm{II}}^3) \tag{2.17}$$

Für die Reibfläche A_{R} gilt:

$$A_{\mathrm{R}} = (B_{\mathrm{w}} + l)\,l2z + (L_{\mathrm{w}} - l)\,l2z \tag{2.18}$$

Die Gesamtreibfläche A_{R} ergibt sich aus der Reibfläche bei Tragbahn A_{RI} und der Reibfläche bei Umgriff A_{RII}:

$$A_{\mathrm{R}} = A_{\mathrm{RI}} + A_{\mathrm{RII}} \tag{2.19}$$

Die Verlustleistung P_{VER} errechnet sich als Summe aus Pumpenleistung P_{P} und Reibleistung P_{R}:

$$P_{\mathrm{VER}} = P_{\mathrm{P}} + P_{\mathrm{R}} = Q_{0\mathrm{GES}}p_{\mathrm{P}} + \frac{A_{\mathrm{R}}\eta v^2}{h_0} \tag{2.20}$$

2.6.1 Berechnungsbeispiel bei Ölversorgung „Eine gemeinsame Pumpe und Kapilladrosseln“

Die kombinierten Radial- und Axiallager nach Abb. 2.4 sollen mit der Ölversorgung „Eine gemeinsame Pumpe und Kapillardrosseln“ ausgelegt werden. Die Axiallager des Rundtisches werden im Anfangszustand durch die zentrisch wirkende Gewichtskraft des Rundtisches mit allen auf dem Rundtisch aufgebauten Teilen F_{G} und anschließend durch eine zusätzlich wirkende Schnittkraft $F_{\mathrm{äuß}}$ belastet. Der Belastungsfall für die Axiallager des Rundtisches entspricht der zentrisch belasteten hydrostatischen Führung mit Umgriff nach Abb. 2.1.

Vorgabedaten:

Wirksame Taschenbreite der Tragbahn: $B_{wI} = 0{,}140\,\text{m}$
Wirksame Taschenlänge der Tragbahn: $L_{wI} = 0{,}190\,\text{m}$
Abströmlänge bei Tragbahn: $l_I = 0{,}050\,\text{m}$
Wirksame Taschenbreite des Umgriffs: $B_{wII} = 0{,}100\,\text{m}$
Wirksame Taschenlänge des Umgriffs: $L_{wII} = 0{,}212\,\text{m}$
Abströmlänge bei Umgriff: $l_{II} = 0{,}048\,\text{m}$
Lagerspalt im Anfangszustand: $h_{0I} = h_{0II} = h_0 = 0{,}00004\,\text{m} = 0{,}040 \cdot 10^{-3}\,\text{m}$
Gesamtanzahl der Taschenpaare bei Axiallager: $z = 4$
Anzahl der hydrostatischen Taschen der Radiallager in einem Querschnitt: $z = 4$
Anzahl der Radiallager: $x = 2$
Wirkungsdurchmesser der Tragbahntaschen $d_T = 0{,}5\,\text{m}$
Wirkungsdurchmesser der Umgriffstaschen: $d_u = 0{,}62\,\text{m}$
Rundtischdrehzahl bei den Takten: $n = 5{,}73\,\text{min}^{-1}$
Tischmasse mit allen auf dem Rundtisch aufgebauten Teilen: $m = 1600\,\text{kg}$
Schmieröl: ISO VG 46
Öltemperatur: $\vartheta = 25\,°\text{C}$
Wie im Berechnungsbeispiel 2.4.1 ergeben sich:
Dynamische Viskosität des Öles bei 25 °C: $\eta = 0{,}0992\,\text{N s m}^{-2}$
Kinematische Viskosität bei $\vartheta = 25\,°\text{C}$: $\nu_{25} = 113{,}875\,\text{mm}^2\,\text{s}^{-1}$
Die Spaltänderung unter Wirkung der Schnittkraft $F_{äuß}$ wird angenommen:
$\Delta h_I = \Delta h_{II} = \Delta h = 0{,}000003 = 0{,}003 \cdot 10^{-3}\,\text{m}$

Gesucht:

- Schnittkraft $F_{äuß}$
- Volumenstrom im Anfangszustand Q_{0GES}
- Volumenstrom unter Wirkung der Schnittkraft Q_{GES}
- Verlustleistung P_{VER}
- Lagersteifigkeit K

Lösung:

1. Höchste Tischgeschwindigkeit am Wirkungsdurchmesser der Tragbahntaschen:

$$v_T = \frac{\pi d_T n}{60} = \frac{\pi \cdot 0{,}5 \cdot 5{,}73}{60} = 0{,}15\,\text{m s}^{-1}$$

2. Höchste Tischgeschwindigkeit am Wirkungsdurchmesser der Umgriffstaschen:

$$v_u = \frac{\pi d_u n}{60} = \frac{\pi \cdot 0{,}62 \cdot 5{,}73}{60} = 0{,}186\,\text{m s}^{-1}$$

3. Gesamtanzahl der hydrostatischen Taschen der Axiallager:

$$2z = 2 \cdot 4 = 8 \tag{2.3}$$

4. Gewichtskraft des Rundtisches:

$$F_G = mg = 1600 \cdot 9{,}81 = 15.696\,\text{N} \tag{2.1}$$

5. Resultierende Taschenkraft bei Axiallager im Anfangszustand:

$$F_{T0} = \frac{F_G}{z} = \frac{15696}{4} = 3924\,\text{N} \tag{2.8}$$

6. Wirksame Taschenfläche der Tragbahn:

$$A_{wI} = B_{wI} L_{wI} = 0{,}140 \cdot 0{,}190 = 0{,}0266\,\text{m}^2 \tag{1.3}$$

7. Wirksame Taschenfläche des Umgriffs:

$$A_{wII} = B_{wII} L_{wII} = 0{,}100 \cdot 0{,}212 = 0{,}02128\,\text{m}^2 \tag{1.3}$$

8. Flächenverhältnis:

$$\varphi = \frac{A_{wII}}{A_{wI}} = \frac{0{,}0212}{0{,}0266} = 0{,}8 \tag{2.13}$$

9. Taschendruck bei den Axiallagern im Anfangszustand:

$$p_{T0} = \frac{F_{T0}}{A_{wI} - A_{wII}} = \frac{3924}{0{,}0266 - 0{,}02128} = 737593{,}985 = 7{,}37 \cdot 10^5\,\text{N}\,\text{m}^{-2} \tag{2.7}$$

10. Relative Spaltänderung:

$$\Psi = \frac{\Delta h}{h_0} = \frac{0{,}003 \cdot 10^{-3}}{0{,}04 \cdot 10^{-3}} = 0{,}075 \tag{2.14}$$

11. Nach Tab. 2.3 wird für $\varphi = 0{,}8$ und $\psi = \frac{\Delta h}{h_0} = 0{,}075$ ein optimales Drosselverhältnis ermittelt: $\left(\frac{p_P}{p_{T0}}\right)_{OPT} = 2{,}02$
12. Pumpendruck:

$$p_P = \left(\frac{p_P}{p_{T0}}\right)_{OPT} p_{T0} = 2{,}02 \cdot 7{,}37593 \cdot 10^5 = 14{,}89 \cdot 10^5\,\text{N}\,\text{m}^{-2} \tag{2.21}$$

13. Taschendruck bei Tragbahn unter Wirkung der Schnittkraft:

$$\begin{aligned} p_{TI} &= \frac{p_P}{\left(\frac{p_P}{p_{T0}} - 1\right)\left(1 - \frac{\Delta h}{h_0}\right)^3 + 1} \\ &= \frac{14{,}89 \cdot 10^5}{(2{,}02 - 1) \cdot (1 - 0{,}075)^3 + 1} = 8{,}24 \cdot 10^5\,\text{N}\,\text{m}^{-2} \end{aligned} \tag{2.22}$$

14. Taschendruck bei Umgriff unter Wirkung der Schnittkraft:

$$p_{\mathrm{TII}} = \frac{p_{\mathrm{P}}}{\left(\frac{p_{\mathrm{P}}}{p_{\mathrm{T0}}} - 1\right)\left(1 + \frac{\Delta h}{h_0}\right)^3 + 1}$$

$$= \frac{14{,}89 \cdot 10^5}{(2{,}02 - 1) \cdot (1 + 0{,}075)^3 + 1} = 6{,}57 \cdot 10^5\ \mathrm{N\,m^{-2}} \qquad (2.23)$$

15. Resultierende Taschenkraft bei den Axiallagern unter Wirkung der Schnittkraft $F_{\text{äuß}}$:

$$F_{\mathrm{T}} = p_{\mathrm{TI}} A_{\mathrm{wI}} - p_{\mathrm{TII}} A_{\mathrm{wII}} = 8{,}245 \cdot 10^5 \cdot 0{,}0266$$
$$- 6{,}571 \cdot 10^5 \cdot 0{,}02128 = 7948{,}6\,\mathrm{N} \qquad (2.10)$$

16. Die resultierende Taschenkraft bei den Axiallagern unter Wirkung der Schnittkraft kann auch nach Tab. 2.3 errechnet werden. Für $\varphi = 0{,}8$ und $\Psi = \frac{\Delta h}{h_0} = 0{,}075$ ergibt sich:

$$\frac{F - F_0}{p_{\mathrm{P}} A_{\mathrm{wI}}} = 0{,}1$$

Aus diesem Ausdruck folgt:

$$F_{\mathrm{T}} = 0{,}1 p_{\mathrm{P}} A_{\mathrm{wI}} + F_0 = 0{,}1 \cdot 14{,}89937 \cdot 10^5 \cdot 0{,}0266 + 3924 = 7887{,}2\,\mathrm{N}$$

Die Differenz zwischen 7948,6 und 7887,2 ist durch Rundungen bei den numerischen Berechnungen entstanden.

17. Schnittkraft:

$$F_{\text{äuß}} = z F_{\mathrm{T}} - F_{\mathrm{G}} = 4 \cdot 7900 - 15696 = 15904\,\mathrm{N} \qquad (2.9)$$

Bei dieser Berechnung wird die Spaltänderung unter Wirkung der Schnittkraft $F_{\text{äuß}}$ als bekannt in Vorgabedaten angegeben:

$$\Delta h_{\mathrm{I}} = \Delta h_{\mathrm{II}} = \Delta h = 0{,}003 \cdot 10^{-3}\,\mathrm{m}.$$

Wenn die Schnittkraft $F_{\text{äuß}}$ als bekannt in Vorgabedaten angegeben wird, werden relative Spaltänderungen Ψ angenommen und die Berechnung wiederholt, bis die Gl. (2.22), (2.23), (2.10), (2.9) erfüllt werden.

18. Abströmbreite b bei Tragbahn:

$$b_{\mathrm{I}} = 2B_{\mathrm{wI}} + 2L_{\mathrm{wI}} = 2 \cdot 0{,}140 + 2 \cdot 0{,}190 = 0{,}66\,\mathrm{m} \qquad (1.1)$$

19. Strömungsverhältnis bei Tragbahn:

$$\frac{b_{\mathrm{I}}}{l_{\mathrm{I}}} = \frac{0{,}66}{0{,}050} = 13 \qquad (1.2)$$

20. Abströmbreite bei Umgriff:

$$b_{\mathrm{II}} = 2B_{\mathrm{wII}} + 2L_{\mathrm{wII}} = 2 \cdot 0,100 + 2 \cdot 0,212 = 0,624\,\mathrm{m} \tag{1.1}$$

21. Strömungsverhältnis bei Umgriff:

$$\frac{b_{\mathrm{II}}}{l_{\mathrm{II}}} = \frac{0,624}{0,048} = 13 \tag{1.2}$$

22. Die Empfehlung wird erfüllt, dass die hydrostatischen Taschen so ausgelegt werden, dass die Strömungsverhältnisse bei Tragbahn und Umgriff gleich sind:

$$\frac{b_{\mathrm{I}}}{l_{\mathrm{I}}} = \frac{b_{\mathrm{II}}}{l_{\mathrm{II}}} = \frac{b}{l} = 13 \tag{2.15}$$

23. Gesamtvolumenstrom bei den Axiallagern im Anfangszustand:

$$Q_{0\mathrm{GES}} = 2z\frac{p_{\mathrm{T0}}h_0^3}{12\eta}\frac{b}{l} = 2 \cdot 4 \cdot \frac{7,37593 \cdot 10^5 \cdot (0,00004)^3}{12 \cdot 0,0992} \cdot 13 \tag{2.16}$$

$$= 0,000004124\,\mathrm{m^3 s^{-1}} = 4,124 \cdot 10^{-6}\,\mathrm{m^3 s^{-1}} = 0,247\,\mathrm{dm^3\,min^{-1}}$$

24. Lagerspalt bei Tragbahn unter Wirkung der Schnittkraft:

$$h_{\mathrm{I}} = h_0 - \Delta h = 0,04 \cdot 10^{-3} - 0,003 \cdot 10^{-3} = 0,000037\,\mathrm{m} = 0,037 \cdot 10^{-3}\,\mathrm{m} \tag{2.11}$$

25. Lagerspalt bei Umgriff unter Wirkung der Schnittkraft:

$$h_{\mathrm{II}} = h_0 + \Delta h = 0,04 \cdot 10^{-3} + 0,003 \cdot 10^{-3} = 0,000043\,\mathrm{m} = 0,043 \cdot 10^{-3}\,\mathrm{m} \tag{2.12}$$

26. Gesamtvolumenstrom bei den Axiallagern unter Wirkung der Schnittkraft:

$$Q_{\mathrm{GES}} = z\frac{1}{12\eta}\frac{b}{l}(p_{\mathrm{TI}}h_{\mathrm{I}}^3 + p_{\mathrm{TII}}h_{\mathrm{II}}^3) = 4 \cdot \frac{1}{12 \cdot 0,0992} \cdot 13 \cdot (8,245 \cdot 10^5 \cdot 0,000037^3$$

$$+ 6,571 \cdot 10^5 \cdot 0,000043^3) = 4,1 \cdot 10^{-6}\,\mathrm{m^3\,s^{-1}} = 0,246\,\mathrm{dm^3\,min^{-1}} \tag{2.17}$$

27. Reibfläche bei Tragbahn:

$$A_{\mathrm{RI}} = (B_{\mathrm{wI}} + l_{\mathrm{I}})\,l_{\mathrm{I}}2z + (L_{\mathrm{wI}} - l_{\mathrm{I}})\,l_{\mathrm{I}}2z = (0,140 + 0,050) \cdot 0,050 \cdot 2 \cdot 4$$

$$+ (0,190 - 0,050) \cdot 0,050 \cdot 2 \cdot 4 = 0,132\,\mathrm{m^2} \tag{2.18}$$

28. Reibfläche bei Umgriff:

$$A_{\mathrm{RII}} = (B_{\mathrm{wII}} + l_{\mathrm{II}})l_{\mathrm{II}}2z + (L_{\mathrm{wII}} - l_{\mathrm{II}})l_{\mathrm{II}}2z = (0,100 + 0,0480) \cdot 0,048 \cdot 2 \cdot 4$$

$$+ (0,212 - 0,048) \cdot 0,048 \cdot 2 \cdot 4 = 0,195\,\mathrm{m^2} \tag{2.18}$$

29. Gesamtreibfläche bei den Axiallagern:

$$A_R = A_{RI} + A_{RII} = 0,132 + 0,195 = 0,327\,\mathrm{m}^2 \tag{2.19}$$

30. Verlustleistung bei den Axiallagern:

$$P_{VER} = Q_{0GES}\,p_P + \frac{A_{RI}\eta v_T{}^2}{h_0} + \frac{A_{RII}\eta v_u{}^2}{h_0} = 1,26 \cdot 10^{-5} \cdot 14,89937 \cdot 10^5$$
$$+ \frac{0,132 \cdot 0,0992 \cdot 0,15^2}{0,00004} + \frac{0,195 \cdot 0,0992 \cdot 0,186^2}{0,00004} = 42,86\,\mathrm{W} \tag{2.20}$$

31. Steifigkeit des hydrostatischen Axiallagers:

$$K = \frac{dF}{dh} = \frac{F_T - F_{T0}}{\Delta \mathrm{h}} = \frac{7900 - 3924}{0,000003}$$
$$= 1325333333\,\mathrm{N\,m}^{-1} = 1325,3 \cdot \mathrm{N\,\mu m}^{-1} \tag{1.11}$$

32. Die Radiallager werden mit folgendem Taschendruck vorgespannt:

$$p_{T0} = 7,37 \cdot 10^5\,\mathrm{N\,m}^{-2}$$

33. Gesamtvolumenstrom bei den Radiallagern im Anfangszustand:

$$Q_{0GES} = 2z\frac{p_{T0}h_0^3}{12\eta}\frac{b}{l} = 2 \cdot 4 \cdot \frac{7,37593 \cdot 10^5 \cdot (0,00004)^3}{12 \cdot 0,0992} \cdot 13 \tag{2.16}$$
$$= 0,000004124\,\mathrm{m}^3\mathrm{s}^{-1} = 4,124 \cdot 10^{-6}\mathrm{m}^3\mathrm{s}^{-1} = 0,247\,\mathrm{dm}^3\,\mathrm{min}^{-1}$$

2.6.2 Berechnungsbeispiel bei Ölversorgung „Eine Pumpe pro Tasche“

Damit die Ölversorgungssysteme unter gleichen Bedingungen verglichen werden können, werden in diesem Berechnungsbeispiel die gleichen Vorgabedaten wie im Berechnungsbeispiel mit Kapillardrosseln (2.6.1) angenommen.

Vorgabedaten:

Wirksame Taschenbreite der Tragbahn: $B_{wI} = 0,140\,\mathrm{m}$
Wirksame Taschenlänge der Tragbahn: $L_{wI} = 0,190\,\mathrm{m}$
Abströmlänge bei Tragbahn: $l_I = 0,050\,\mathrm{m}$
Wirksame Taschenbreite des Umgriffs: $B_{wII} = 0,100\,\mathrm{m}$
Wirksame Taschenlänge des Umgriffs: $L_{wII} = 0,212\,\mathrm{m}$
Abströmlänge bei Umgriff: $l_{II} = 0,048\,\mathrm{m}$
Lagerspalt im Anfangszustand: $h_{0I} = h_{0II} = h_0 = 0,00004\,\mathrm{m} = 0,040 \cdot 10^{-3}\,\mathrm{m}$
Gesamtanzahl der Taschenpaare bei den Axiallagern: $z = 4$

Anzahl der hydrostatischen Taschen der Radiallager in einem Querschnitt: $z=4$
Anzahl der Radiallager: $x=2$
Wirkungsdurchmesser der Tragbahntaschen $d_T=0{,}5$ m
Wirkungsdurchmesser der Umgriffstaschen: $d_u=0{,}62$ m
Rundtischdrehzahl bei den Takten: $n=5{,}73\ \text{min}^{-1}$
Tischmasse mit allen auf dem Rundtisch aufgebauten Teilen: $m = 1600$ kg
Schmieröl: ISO VG 46
Öltemperatur: $\vartheta=25$ °C
Wie im Berechnungsbeispiel 2.4.1 ergeben sich:
Dynamische Viskosität des Öles bei 25 °C: $\eta = 0{,}0992\ \text{N s m}^{-2}$
Kinematische Viskosität bei $\vartheta=25$ °C: $\nu_{25} = 113{,}875\ \text{mm}^2\,\text{s}^{-1}$
Die Spaltänderung unter Wirkung der Schnittkraft $F_{\text{äuß}}$ wird angenommen:

$$\Delta h_{\text{I}} = \Delta h_{\text{II}} = \Delta h = 0{,}000003 = 0{,}003 \cdot 10^{-3}\ \text{m}$$

Gesucht:

- Schnittkraft $F_{\text{äuß}}$
- Volumenstrom im Anfangszustand Q_{0GES}
- Volumenstrom unter Wirkung der Schnittkraft Q_{GES}
- Verlustleistung P_{VER}
- Lagersteifigkeit K

Lösung:

1. Höchste Tischgeschwindigkeit am Wirkungsdurchmesser der Tragbahntaschen:

$$v_{\text{T}} = \frac{\pi d_{\text{T}} n}{60} = \frac{\pi \cdot 0{,}5 \cdot 5{,}73}{60} = 0{,}15\ \text{m s}^{-1}$$

2. Höchste Tischgeschwindigkeit am Wirkungsdurchmesser der Umgriffstaschen:

$$v_{\text{u}} = \frac{\pi d_{\text{u}} n}{60} = \frac{\pi \cdot 0{,}62 \cdot 5{,}73}{60} = 0{,}186\ \text{m s}^{-1}$$

3. Gesamtanzahl der hydrostatischen Taschen:

$$2z = 2 \cdot 4 = 8 \tag{2.3}$$

4. Gewichtskraft des Rundtisches

$$F_{\text{G}} = mg = 1600 \cdot 9{,}81 = 15696\ \text{N} \tag{2.1}$$

5. Resultierende Taschenkraft im Anfangszustand:

$$F_{\text{T0}} = \frac{F_{\text{G}}}{z} = \frac{15696}{4} = 3924\ \text{N} \tag{2.8}$$

6. Wirksame Taschenfläche der Tragbahn:

$$A_{\text{wI}} = B_{\text{wI}} L_{\text{wI}} = 0{,}140 \cdot 0{,}190 = 0{,}0266\ \text{m}^2 \tag{1.3}$$

7. Wirksame Taschenfläche des Umgriffs:

$$A_{\mathrm{wII}} = B_{\mathrm{wII}} L_{\mathrm{wII}} = 0,100 \cdot 0,212 = 0,02128\,\mathrm{m}^2 \tag{1.3}$$

8. Flächenverhältnis:

$$\varphi = \frac{A_{\mathrm{wII}}}{A_{\mathrm{wI}}} = \frac{0,0212}{0,0266} = 0,8 \tag{2.13}$$

9. Taschendruck bei den Axiallagern im Anfangszustand:

$$p_{\mathrm{T0}} = \frac{F_{\mathrm{T0}}}{A_{\mathrm{wI}} - A_{\mathrm{wII}}} = \frac{3924}{0,0266 - 0,02128} = 737593,985 = 7,3 \cdot 10^5\,\mathrm{N\,m^{-2}} \tag{2.7}$$

10. Relative Spaltänderung:

$$\Psi = \frac{\Delta h}{h_0} = \frac{0,003 \cdot 10^{-3}}{0,04 \cdot 10^{-3}} = 0,075 \tag{2.14}$$

11. Taschendruck bei Tragbahn unter Wirkung der Schnittkraft:

$$p_{\mathrm{TI}} = \frac{p_{\mathrm{T0}}}{\left(1 - \dfrac{\Delta h}{h_0}\right)^3} = \frac{7,37593 \cdot 10^5}{(1 - 0,075)^3} = 9,3194 \cdot 10^5\,\mathrm{N\,m^{-2}} \tag{2.27}$$

12. Taschendruck bei Umgriff unter Wirkung der Schnittkraft:

$$p_{\mathrm{TII}} = \frac{p_{\mathrm{T0}}}{\left(1 + \dfrac{\Delta h}{h_0}\right)^3} = \frac{7,37593 \cdot 10^5}{(1 + 0,075)^3} = 5,9373 \cdot 10^5\,\mathrm{N\,m^{-2}} \tag{2.28}$$

13. Resultierende Taschenkraft unter Wirkung der Schnittkraft:

$$\begin{aligned} F_{\mathrm{T}} &= p_{\mathrm{TI}} A_{\mathrm{wI}} - p_{\mathrm{TII}} A_{\mathrm{wII}} = 9,3194 \cdot 10^5 \cdot 0,0266 - 5,9373 \cdot 10^5 \cdot 0,02128 \\ &= 12155,0296\,\mathrm{N} \end{aligned} \tag{2.10}$$

14. Schnittkraft:

$$F_{\mathrm{äuß}} = z F_{\mathrm{T}} - F_{\mathrm{G}} = 4 \cdot 12155,0296 - 15696 = 32924,11\,\mathrm{N} \tag{2.9}$$

Bei dieser Berechnung wird die Spaltänderung unter Wirkung der Schnittkraft $F_{\mathrm{äuß}}$ als bekannt in Vorgabedaten angegeben:

$$\Delta h_{\mathrm{I}} = \Delta h_{\mathrm{II}} = \Delta h = 0,003 \cdot 10^{-3}\,\mathrm{m}$$

Wenn die Schnittkraft $F_{\mathrm{äuß}}$ als bekannt in Vorgabedaten angegeben wird, werden relative Spaltänderungen Ψ angenommen und die Berechnung wiederholt, bis die Gl. (2.27), (2.28), (2.10), (2.9) erfüllt werden.

15. Abströmbreite b bei Tragbahn:

$$b_{\mathrm{I}} = 2B_{\mathrm{wI}} + 2L_{\mathrm{wI}} = 2 \cdot 0,140 + 2 \cdot 0,190 = 0,66\,\mathrm{m} \tag{1.1}$$

16. Strömungsverhältnis bei Tragbahn:

$$\frac{b_{\mathrm{I}}}{l_{\mathrm{I}}} = \frac{0,66}{0,050} = 13 \tag{1.2}$$

17. Abströmbreite bei Umgriff:

$$b_{\mathrm{II}} = 2B_{\mathrm{wII}} + 2L_{\mathrm{wII}} = 2 \cdot 0,100 + 2 \cdot 0,212 = 0,624\,\mathrm{m} \tag{1.1}$$

18. Strömungsverhältnis bei Umgriff:

$$\frac{b_{\mathrm{II}}}{l_{\mathrm{II}}} = \frac{0,624}{0,048} = 13 \tag{1.2}$$

19. Die Empfehlung wird erfüllt, dass die hydrostatischen Taschen so ausgelegt werden sollen, dass die Strömungsverhältnisse bei Tragbahn und Umgriff gleich sind:

$$\frac{b_{\mathrm{I}}}{l_{\mathrm{I}}} = \frac{b_{\mathrm{II}}}{l_{\mathrm{II}}} = \frac{b}{l} = 13 \tag{2.15}$$

20. Gesamtvolumenstrom der Axiallager im Anfangszustand:

$$Q_{0\mathrm{GES}} = 2z\frac{p_{\mathrm{T0}}h_0^3}{12\eta}\frac{b}{l} = 2 \cdot 4 \cdot \frac{7,37593 \cdot 10^5 \cdot (0,00004)^3}{12 \cdot 0,0992} \cdot 13$$
$$= 0,000004124\,\mathrm{m^3s^{-1}} = 4,124 \cdot 10^{-6}\mathrm{m^3s^{-1}} = 0,247\,\mathrm{dm^3\,min^{-1}} \tag{2.16}$$

21. Lagerspalt bei Tragbahn unter Wirkung der Schnittkraft:

$$h_{\mathrm{I}} = h_0 - \Delta h = 0,04 \cdot 10^{-3} - 0,003 \cdot 10^{-3} = 0,000037\,\mathrm{m} = 0,037 \cdot 10^{-3}\,\mathrm{m} \tag{2.11}$$

22. Lagerspalt bei Umgriff unter Wirkung der Schnittkraft:

$$h_{\mathrm{II}} = h_0 + \Delta h = 0,04 \cdot 10^{-3} + 0,003 \cdot 10^{-3} = 0,000043\,\mathrm{m} = 0,043 \cdot 10^{-3}\mathrm{m} \tag{2.12}$$

23. Gesamtvolumenstrom der Axiallager unter Wirkung der Schnittkraft:

$$Q_{\mathrm{GES}} = z\frac{1}{12\eta}\frac{b}{l}(p_{\mathrm{TI}}h_{\mathrm{I}}^3 + p_{\mathrm{TII}}h_{\mathrm{II}}^3) = 4 \cdot \frac{1}{12 \cdot 0,0992} \cdot 13 \cdot (9,3194 \cdot 10^5 \cdot 0,000037^3$$
$$+ 5,9373 \cdot 10^5 \cdot 0,000043^3) = 4,124 \cdot 10^{-6}\mathrm{m^3\,s^{-1}} = 0,24\,\mathrm{dm^3\,min^{-1}} \tag{2.17}$$

24. Volumenstrom durch einen Strang der Mehrkreispumpe bei den Axiallagern:

$$Q_{\mathrm{SI}} = \frac{Q_{\mathrm{0GES}}}{2z} = \frac{0{,}247}{2 \cdot 4} = 0{,}03\,\mathrm{dm^3\,min^{-1}}$$

25. Reibfläche bei Tragbahn:

$$A_{\mathrm{RI}} = (B_{\mathrm{wI}} + l_{\mathrm{I}})\,l_{\mathrm{I}}2z + (L_{\mathrm{wI}} - l_{\mathrm{I}})\,l_{\mathrm{I}}2z = (0{,}140 + 0{,}050) \cdot 0{,}050 \cdot 2 \cdot 4$$
$$+ (0{,}190 - 0{,}050) \cdot 0{,}050 \cdot 2 \cdot 4 = 0{,}132\,\mathrm{m^2} \qquad (2.18)$$

26. Reibfläche bei Umgriff:

$$A_{\mathrm{RII}} = (B_{\mathrm{wII}} + l_{\mathrm{II}})\,l_{\mathrm{II}}2z + (L_{\mathrm{wII}} - l_{\mathrm{II}})\,l_{\mathrm{II}}2z = (0{,}100 + 0{,}0480) \cdot 0{,}048 \cdot 2 \cdot 4$$
$$+ (0{,}212 - 0{,}048) \cdot 0{,}048 \cdot 2 \cdot 4 = 0{,}195\,\mathrm{m^2} \qquad (2.18)$$

27. Gesamtreibfläche:

$$A_{\mathrm{R}} = A_{\mathrm{RI}} + A_{\mathrm{RII}} = 0{,}132 + 0{,}195 = 0{,}327\,\mathrm{m^2} \qquad (2.19)$$

28. Verlustleistung:

$$P_{\mathrm{VER}} = Q_{\mathrm{0GES}}\,p_{\mathrm{P}} + \frac{A_{\mathrm{RI}}\eta {v_{\mathrm{T}}}^2}{h_0} + \frac{A_{\mathrm{RII}}\eta {v_{\mathrm{u}}}^2}{h_0} = 4{,}124 \cdot 10^{-6} \cdot 9{,}319 \cdot 10^5$$
$$+ \frac{0{,}132 \cdot 0{,}0992 \cdot 0{,}15^2}{0{,}00004} + \frac{0{,}195 \cdot 0{,}0992 \cdot 0{,}186^2}{0{,}00004}$$
$$= 3{,}84 + 7{,}36 + 16{,}7 = 27{,}9\,\mathrm{W} \qquad (2.20)$$

(Da $p_{\mathrm{P}} = p_{\mathrm{T}}$, wird in obere Gleichung $p_{\mathrm{P}} = p_{\mathrm{TI}} = 9{,}31910^5\ \mathrm{N\,m^{-2}}$ eingesetzt.)

29. Steifigkeit des hydrostatischen Lagers:

$$K = \frac{dF}{dh} = \frac{F_{\mathrm{T}} - F_0}{\Delta h} = \frac{12.155{,}0296 - 3924}{0{,}000003} = 2743676533\,\mathrm{N\,m^{-1}}$$
$$= 2743{,}6\,\mathrm{N\,\mu m^{-1}} \qquad (1.11)$$

30. Die Radiallager werden mit folgendem Taschendruck vorgespannt:

$$p_{\mathrm{T0}} = 7{,}37593 \cdot 10^5\ \mathrm{N\,m^{-2}}$$

31. Volumenstrom bei den Radiallagern im Anfangszustand:

$$Q_{\mathrm{0GES}} = 2z\frac{p_{\mathrm{T0}}h_0^3}{12\eta}\frac{b}{l} = 2 \cdot 4 \cdot \frac{7{,}37593 \cdot 10^5 \cdot (0{,}00004)^3}{12 \cdot 0{,}0992} \cdot 13$$
$$= 0{,}000004124\,\mathrm{m^3\,s^{-1}} = 4{,}124 \cdot 10^{-6}\mathrm{m^3 s^{-1}} = 0{,}247\,\mathrm{dm^3\,min^{-1}} \quad (2.16)$$

2.6.3 Berechnungsbeispiel bei Ölversorgung „Eine gemeinsame Pumpe und Membrandrosseln"

Vorgabedaten:

Wirksame Taschenbreite der Tragbahn: $B_{\mathrm{wI}} = 0{,}140\,\mathrm{m}$
Wirksame Taschenlänge der Tragbahn: $L_{\mathrm{wI}} = 0{,}190\,\mathrm{m}$
Abströmlänge bei Tragbahn: $l_{\mathrm{I}} = 0{,}050\,\mathrm{m}$
Wirksame Taschenbreite des Umgriffs: $B_{\mathrm{wII}} = 0{,}100\,\mathrm{m}$
Wirksame Taschenlänge des Umgriffs: $L_{\mathrm{wII}} = 0{,}212\,\mathrm{m}$
Abströmlänge bei Umgriff: $l_{\mathrm{II}} = 0{,}048\,\mathrm{m}$
Lagerspalt im Anfangszustand: $h_{0\mathrm{I}} = h_{0\mathrm{II}} = h_0 = 0{,}00004\,\mathrm{m} = 0{,}040 \cdot 10^{-3}\,\mathrm{m}$
Gesamtanzahl der Taschenpaare bei Axiallager: $z = 4$
Anzahl der hydrostatischen Taschen der Radiallager in einem Querschnitt: $z = 4$
Anzahl der Radiallager: $x = 2$
Wirkungsdurchmesser der Tragbahntaschen: $d_{\mathrm{T}} = 0{,}5\,\mathrm{m}$
Wirkungsdurchmesser der Umgriffstaschen: $d_{\mathrm{u}} = 0{,}62\,\mathrm{m}$
Rundtischdrehzahl bei den Takten: $n = 5{,}73\,\mathrm{min}^{-1}$
Tischmasse mit allen auf dem Rundtisch aufgebauten Teilen: $m = 1600\,\mathrm{kg}$
Zusätzlich wirkende Schnittkraft: $F_{\text{äuß}} = 32924\,\mathrm{N}$
Schmieröl: ISO VG 46
Öltemperatur: $\vartheta = 25\,°\mathrm{C}$
Wie im Berechnungsbeispiel 2.4.1 ergeben sich:
Dynamische Viskosität des Öles bei 25 °C: $\eta = 0{,}0992\,\mathrm{N\,s\,m^{-2}}$
Kinematische Viskosität bei $\vartheta = 25\,°\mathrm{C}$: $\nu_{25} = 113{,}875\,\mathrm{mm^2\,s^{-1}}$

Gesucht:

- Volumenstrom im Anfangszustand $Q_{0\mathrm{GES}}$
- Volumenstrom unter Wirkung der Schnittkraft Q_{GES}
- Verlustleistung P_{VER}

Lösung:

1. Höchste Tischgeschwindigkeit am Wirkungsdurchmesser der Tragbahntaschen:

$$v_{\mathrm{T}} = \frac{\pi d_{\mathrm{T}} n}{60} = \frac{\pi \cdot 0{,}5 \cdot 5{,}73}{60} = 0{,}15\,\mathrm{m\,s^{-1}}$$

2. Höchste Tischgeschwindigkeit am Wirkungsdurchmesser der Umgriffstaschen:

$$v_{\mathrm{u}} = \frac{\pi d_{\mathrm{u}} n}{60} = \frac{\pi \cdot 0{,}62 \cdot 5{,}73}{60} = 0{,}186\,\mathrm{m\,s^{-1}}$$

3. Gesamtanzahl der hydrostatischen Taschen bei Axiallagern und Radiallagern:

$$2z = 2 \cdot 4 = 8 \qquad (2.3)$$

4. Gewichtskraft des Rundtisches

$$F_\mathrm{G} = mg = 1600 \cdot 9{,}81 = 15696\,\mathrm{N} \tag{2.1}$$

5. Resultierende Taschenkraft im Anfangszustand:

$$F_\mathrm{T0} = \frac{F_\mathrm{G}}{z} = \frac{15696}{4} = 3924\,\mathrm{N} \tag{2.8}$$

6. Wirksame Taschenfläche der Tragbahn:

$$A_\mathrm{wI} = B_\mathrm{wI} L_\mathrm{wI} = 0{,}140 \cdot 0{,}190 = 0{,}0266\,\mathrm{m}^2 \tag{1.3}$$

7. Wirksame Taschenfläche des Umgriffs:

$$A_\mathrm{wII} = B_\mathrm{wII} L_\mathrm{wII} = 0{,}100 \cdot 0{,}212 = 0{,}02128\,\mathrm{m}^2 \tag{2.13}$$

8. Flächenverhältnis:

$$\varphi = \frac{A_\mathrm{wII}}{A_\mathrm{wI}} = \frac{0{,}0212}{0{,}0266} = 0{,}8 \tag{2.13}$$

9. Taschendruck bei Axiallagern im Anfangszustand:

$$p_\mathrm{T0} = \frac{F_\mathrm{T0}}{A_\mathrm{wI} - A_\mathrm{wII}} = \frac{3924}{0{,}0266 - 0{,}02128}$$
$$= 737593{,}985 = 7{,}37 \cdot 10^5\,\mathrm{N\,m}^{-2} \tag{2.7}$$

10. Abströmbreite b bei Tragbahn:

$$b_\mathrm{I} = 2B_\mathrm{wI} + 2L_\mathrm{wI} = 2 \cdot 0{,}140 + 2 \cdot 0{,}190 = 0{,}66\,\mathrm{m} \tag{1.1}$$

11. Strömungsverhältnis bei Tragbahn:

$$\frac{b_\mathrm{I}}{l_\mathrm{I}} = \frac{0{,}66}{0{,}050} = 13 \tag{1.2}$$

12. Abströmbreite bei Umgriff:

$$b_\mathrm{II} = 2B_\mathrm{wII} + 2l_\mathrm{wII} = 2 \cdot 0{,}100 + 2 \cdot 0{,}212 = 0{,}624\,\mathrm{m} \tag{1.1}$$

13. Strömungsverhältnis bei Umgriff:

$$\frac{b_\mathrm{II}}{l_\mathrm{II}} = \frac{0{,}624}{0{,}048} = 13 \tag{1.2}$$

14. Die Empfehlung wird erfüllt, dass die hydrostatischen Taschen so ausgelegt werden, dass die Strömungsverhältnisse bei Tragbahn und Umgriff gleich sind:

$$\frac{b_\mathrm{I}}{l_\mathrm{I}} = \frac{b_\mathrm{II}}{l_\mathrm{II}} = \frac{b}{l} = 13 \tag{2.15}$$

15. Gesamtvolumenstrom bei den Axiallagern im Anfangszustand:

$$Q_{0\mathrm{GES}} = 2z\frac{p_{\mathrm{T0}}h_0^3}{12\eta}\frac{b}{l} = 2\cdot 4\cdot\frac{7{,}37593\cdot 10^5\cdot(0{,}00004)^3}{12\cdot 0{,}0992}\cdot 13$$
$$= 0{,}000004124\,\mathrm{m^3\,s^{-1}} = 4{,}124\cdot 10^{-6}\,\mathrm{m^3\,s^{-1}} = 0{,}24\,\mathrm{dm^3\,min^{-1}} \quad (2.16)$$

16. Resultierende Taschenkraft:

$$F_{\mathrm{T}} = \frac{F_{\mathrm{G}} + F_{\text{äuß}}}{z} = \frac{15696 + 32924}{4} = 12155\,\mathrm{N} \quad (2.9)$$

17. Proportionalitätsfaktor:

$$c = \frac{Q_0}{F_{\mathrm{T0}}} = \frac{4{,}124\cdot 10^{-6}}{3924} = 1{,}0509\cdot 10^{-9}\,\mathrm{m^3s^{-1}N^{-1}} \quad (2.32)$$

18. Gesamtvolumenstrom bei den Axiallagern unter Wirkung der Schnittkraft:

$$Q = F_{\mathrm{T}}c = 12155\cdot 1{,}0509\cdot 10^{-9} = 12{,}77\cdot 10^{-6}\cdot\mathrm{m^3s^{-1}} = 0{,}76\,\mathrm{dm^3\,min^{-1}} \quad (2.38)$$

19. Taschendruck bei Axiallager:

$$p_{\mathrm{T}} = \frac{F_{\mathrm{T}}}{A_{\mathrm{wI}} - A_{\mathrm{wII}}} = \frac{12155}{0{,}0266 - 0{,}02128} = 22{,}84\cdot 10^5\,\mathrm{N\,m^{-2}} \quad (2.34)$$

20. Der Gesamtvolumenstrom bei den Axiallagern unter Wirkung der Schnittkraft kann auch durch folgende Gleichung ermittelt werden:

$$Q_{\mathrm{GES}} = 2z\frac{p_{\mathrm{T}}h_0^3}{12\eta}\frac{b}{l} = 4\cdot\frac{22{,}84\cdot 10^5\cdot(0{,}00004)^3}{6\cdot 0{,}0992}\cdot 13 = 12{,}77\cdot 10^{-6}\,\mathrm{m^3s^{-1}} \quad (2.36)$$

21. Reibfläche bei Tragbahn:

$$A_{\mathrm{RI}} = (B_{\mathrm{wI}} + l_{\mathrm{I}})\,l_{\mathrm{I}}2z + (L_{\mathrm{wI}} - l_{\mathrm{I}})\,l_{\mathrm{I}}2z = (0{,}140 + 0{,}050)\cdot 0{,}050\cdot 2\cdot 4$$
$$+ (0{,}190 - 0{,}050)\cdot 0{,}050\cdot 2\cdot 4 = 0{,}132\,\mathrm{m^2} \quad (2.18)$$

22. Reibfläche bei Umgriff:

$$A_{\mathrm{RII}} = (B_{\mathrm{wII}} + l_{\mathrm{II}})\,l_{\mathrm{II}}2z + (L_{\mathrm{wII}} - l_{\mathrm{II}})\,l_{\mathrm{II}}2z = (0{,}100 + 0{,}0480)\cdot 0{,}048\cdot 2\cdot 4$$
$$+ (0{,}212 - 0{,}048)\cdot 0{,}048\cdot 2\cdot 4 = 0{,}195\,\mathrm{m^2} \quad (2.18)$$

23. Gesamtreibfläche:

$$A_{\mathrm{R}} = A_{\mathrm{RI}} + A_{\mathrm{RII}} = 0{,}132 + 0{,}195 = 0{,}32\,\mathrm{m^2} \quad (2.19)$$

24. Der Pumpendruck wird so gewählt, dass die Membrandrossel in optimalem Druckverhältnis belastet wird:

$$(p_{\mathrm{T}}/p_{\mathrm{P}})_{\mathrm{OPT}} = 0{,}1 \,\mathrm{bis}\, 0{,}6 \tag{2.37}$$

Gewählt wird der Pumpendruck:

$$p_{\mathrm{P}} = 45{,}68 \cdot 10^5 \,\mathrm{N\,m^{-2}}$$

Größter Taschendruck:

$$p_{\mathrm{TI}} = p_{\mathrm{TII}} = p_{\mathrm{T}} = 22{,}84 \cdot 10^5 \,\mathrm{N\,m^{-2}}$$

Größtes Druckverhältnis:

$$\frac{p_{\mathrm{T}}}{p_{\mathrm{P}}} = \frac{22{,}84}{45{,}68} = 0{,}5$$

Kleinstes Druckverhältnis:

$$\frac{p_{\mathrm{TO}}}{p_{\mathrm{P}}} = \frac{7{,}37593 \cdot 10^5}{45{,}68 \cdot 10^5} = 0{,}16$$

25. Verlustleistung:

$$\begin{aligned} P_{\mathrm{VER}} &= Q_{0\mathrm{GES}}\, p_{\mathrm{P}} + \frac{A_{\mathrm{RI}}\eta v_{\mathrm{T}}^2}{h_0} + \frac{A_{\mathrm{RII}}\eta v_{\mathrm{u}}^2}{h_0} = 4{,}124 \cdot 10^{-6} \cdot 45{,}68 \cdot 10^5 \\ &+ \frac{0{,}132 \cdot 0{,}0992 \cdot 0{,}15^2}{0{,}00004} + \frac{0{,}195 \cdot 0{,}0992 \cdot 0{,}186^2}{0{,}00004} \\ &= 188{,}38 + 7{,}36 + 16{,}7 = 212{,}44\,\mathrm{W} \end{aligned} \tag{2.20}$$

26. Die Radiallager werden mit folgendem Taschendruck vorgespannt:

$$p_{\mathrm{TO}} = 7{,}3 \cdot 10^5 \,\mathrm{N\,m^{-2}}$$

27. Gesamtvolumenstrom bei den Radiallagern im Anfangszustand:

$$\begin{aligned} Q_{\mathrm{OR}} &= 2z \frac{p_{\mathrm{TO}} h_0^3}{12\eta} \frac{b}{l} = 2 \cdot 4 \cdot \frac{7{,}37593 \cdot 10^5 \cdot (0{,}00004)^3}{12 \cdot 0{,}0992} \cdot 13 \\ &= 0{,}000004124\,\mathrm{m^3 s^{-1}} = 4{,}124 \cdot 10^{-6}\,\mathrm{m^3 s^{-1}} = 0{,}24\,\mathrm{dm^3\,min^{-1}} \end{aligned} \tag{2.16}$$

2.6.4 Zusammenfassung

Bei der Ölversorgung „Eine gemeinsame Pumpe und Kapillardrosseln“ (Berechnungsbeispiel 2.6.1) wird die Spaltänderung unter Wirkung der Schnittkraft Δh als bekannt angegeben, die Schnittkraft $F_{\text{äuß}}$ wird aus den Gl. (2.22), (2.23), (2.10) und (2.9) berechnet.

Tab. 2.9 Vergleichstabelle zwischen verschiedenen Ölversorgungssystemen

Ölversorgung mit:	$F_{äuß}$ In N	p_{T0} in bar	p_{TI} in bar	F_T in N	Δh in µm	K in N μm^{-1}
Kapillardrosseln	15904	7,37	8,24	7887	3	1325
Eine Pumpe pro Tasche	32924	7,37	9,31	12155	3	1325
Membrandrosseln	32924	7,37	22,84	12155	0	∞

Bei der Ölversorgung „Eine Pumpe pro Tasche" (Berechnungsbeispiel 2.6.2) wird die Spaltänderung unter Wirkung der Schnittkraft Δh als bekannt angegeben, die Schnittkraft $F_{äuß}$ wird aus den Gl. (2.27), (2.28), (2.10) und (2.9) berechnet. Auf diese Art wird die Schnittkraft $F_{äuß}$ ermittelt, die noch zumutbar ist, um die zulässigen Spaltänderungen einzuhalten.

Bei der Ölversorgung „Eine gemeinsame Pumpe und Membrandrosseln" (Berechnungsbeispiel 2.6.3) wird aus der Gl. (2.9) die Taschenkraft F_T berechnet, anschließend wird aus den Gl. (2.32), (2.38) und (2.34) der Taschendruck p_T bestimmt.

Aus den oberen Berechnungsbeispielen ergibt sich:

- Mit den gleichen Vorgabedaten und mit der gleichen Spaltänderung Δh ergeben sich beim System „Eine Pumpe pro Tasche" ein größerer Taschendruck p_{TI}, eine größere Taschenkraft F_T, eine größere Schnittkraft $F_{äuß}$ und eine größere Lagersteifigkeit K als beim Ölversorgungssystem „Eine gemeinsame Pumpe und Kapillardrosseln". Dies bedeutet, dass bei gleicher Schnittkraft $F_{äuß}$ bei der Ölversorgung „Eine Pumpe pro Tasche" eine kleinere Spaltänderung Δh erreicht wird und eine höhere Fertigungsgenauigkeit erzielt werden kann.
- Bei den Membrandrosseln wird bei gleicher Schnittkraft $F_{äuß}$ wie beim System „Eine Pumpe pro Tasche" ein höherer Taschendruck p_{TI} erreicht.

Die Ergebnisse dieser Untersuchungen sind in Tab. 2.9 aufgestellt.

2.7 Zentrisch belastete hydrostatische Radiallagerung

In Abb. 2.5 ist eine zentrisch belastete hydrostatisch gelagerte Spindel mit zwei Radiallagern dargestellt. Die Spindel wird axial wälzgelagert (im Bild nicht dargestellt).

Die Berechnung wird mit Hilfe der Abb. 1.4 und 2.4 durchgeführt. Auf jede hydrostatische Tasche wirkt die Kraft $p_T A_w$ (Gl. 1.4).

Auf jede untere hydrostatische Tasche wirken im Anfangszustand der Taschendruck p_{T0I} und die Taschenkraft $p_{T0I} A_{wI}$.

Auf jede obere hydrostatische Tasche wirken im Anfangszustand der Taschendruck p_{T0II} und die Taschenkraft $p_{T0II} A_{wII}$.

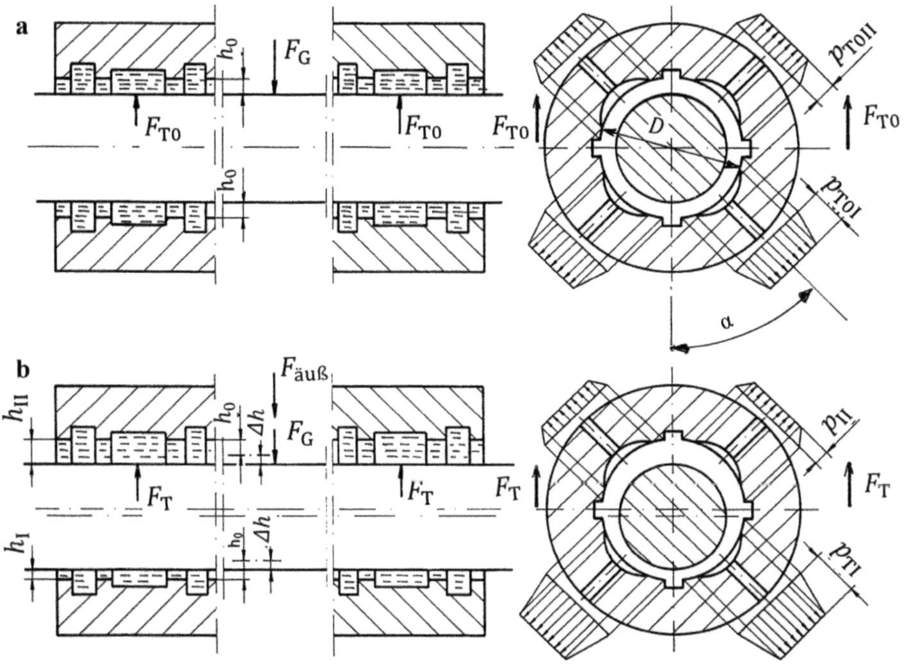

Abb. 2.5 Zentrisch belastete hydrostatisch gelagerte Spindel mit zwei Radiallagern. **a** Im Anfangszustand wird die Spindel durch die zentrisch wirkende Kraft F_G belastet; **b** Die Spindel wird zusätzlich durch die zentrisch wirkende Schnittkraft. $F_{äuß}$ belastet. α Winkel zwischen der hydrostatischen Tasche und der Senkrechtachse

Die Komponente der Taschenkraft $p_{T0I}A_{wI}$ in Richtung der zentrisch wirkenden Kraft F_G wird nach dem Winkel α bestimmt:

$$p_{T0I}A_{wI}\cos\alpha$$

Die Komponente der Taschenkraft $p_{T0II}A_{wII}$ in Richtung der zentrisch wirkenden Kraft F_G:

$$p_{T0II}A_{wII}\cos\alpha$$

Die resultierende Komponente der Taschenkraft, die im Anfangszustand auf ein hydrostatisches Lagerpaar (auf die obere und untere hydrostatische Tasche) wirkt, beträgt:

$$F_{T0} = p_{T0I}A_{wI}\cos\alpha - p_{T0II}A_{wII}\cos\alpha$$

Wenn die Anzahl der Radiallager mit x bezeichnet wird und die Anzahl der hydrostatischen Taschen in einem Querschnitt mit z bezeichnet wird, bekommt man die Gleichgewichtsgleichung für die Taschenkräfte im Anfangszustand:

$$F_{T0}\frac{x \cdot z}{2} = F_G$$

Aus dieser Gleichgewichtsgleichung ergibt sich die resultierende Taschenkraft F_{T0}, die im Anfangszustand auf ein hydrostatisches Lager wirkt:

$$F_{\mathrm{T0}} = \frac{2F_{\mathrm{G}}}{xz} \tag{2.54}$$

Die Kapillardrosseln werden im Anfangszustand so eingestellt, bzw. die Mehrkreispumpen beim System „Eine Pumpe pro Tasche" so gewählt, dass folgende Taschendruckverhältnisse ζ erreicht werden:

$$\zeta = \frac{p_{\mathrm{T0I}}}{p_{\mathrm{T0II}}} = 1{,}5 \cdots 2 \cdots 2{,}5 \tag{2.55}$$

und die Lagerspalte bei den unteren und oberen hydrostatischen Taschen im Anfangszustand gleich sind:

$$h_{0\mathrm{I}} = h_{0\mathrm{II}} = h_0 \tag{2.6}$$

Aus Gl. (2.55) ergibt sich der Taschendruck p_{T0I}:

$$p_{\mathrm{T0I}} = \zeta\, p_{\mathrm{T0II}} \tag{2.56}$$

Die wirksamen Taschenflächen bei den unteren und oberen hydrostatischen Taschen sind bei den Radiallagern gleich:

$$A_{\mathrm{wI}} = A_{\mathrm{wII}} = A_{\mathrm{w}} = B_{\mathrm{w}} L_{\mathrm{w}} \tag{2.57}$$

Erläuterung zu Gl. (2.55):

Da die wirksamen Taschenflächen gleich sind, müssen die Taschendrücke der oberen und der unteren hydrostatischen Taschen verschieden sein, damit die Kraft F_{G} aufgenommen werden kann. Bei hydrostatischen Führungen können die Taschendrücke der oberen und unteren hydrostatischen Taschen gleich sein, da die wirksamen Taschenflächen verschieden sind.

Die resultierende Komponente der Taschenkraft im Anfangszustand:

$$F_{\mathrm{T0}} = p_{\mathrm{T0I}} A_{\mathrm{wI}} \cos\alpha - p_{\mathrm{T0II}} A_{\mathrm{wII}} \cos\alpha$$

wird nach dem Einsetzen von Gl. (2.56) und (2.57):

$$F_{\mathrm{T0}} = A_{\mathrm{w}} \cos\alpha (p_{\mathrm{T0I}} - p_{\mathrm{T0II}}) = A_{\mathrm{w}} \cos\alpha (\zeta\, p_{\mathrm{T0II}} - p_{\mathrm{T0II}}) = A_{\mathrm{w}} \cos\alpha\, p_{\mathrm{T0II}} (\zeta - 1)$$

Aus dieser Gleichung ergibt sich der Taschendruck bei der oberen hydrostatischen Tasche im Anfangszustand:

$$p_{\mathrm{T0II}} = \frac{F_{\mathrm{T0}}}{(\zeta - 1) A_{\mathrm{w}} \cos\alpha} \tag{2.58}$$

Die zentrisch wirkende Kraft F_{G} ist die Gewichtskraft der Spindel mit dem auf der Spindel eingebauten Werkzeug (Schleifscheibe).

Unter Einwirkung der Schnittkraft ergibt sich für die resultierende Taschenkraft, die auf ein hydrostatisches Lager wirkt:

$$F_{\mathrm{T}} = p_{\mathrm{TI}} A_{\mathrm{wI}} \cos\alpha - p_{\mathrm{TII}} A_{\mathrm{wII}} \cos\alpha = A_{\mathrm{w}} \cos\alpha (p_{\mathrm{TI}} - p_{\mathrm{TII}}) \tag{2.59}$$

Für die Gleichgewichtsgleichung für Taschenkräfte unter Wirkung der Schnittkraft gilt:

$$F_{\mathrm{T}} \frac{x \cdot z}{2} = F_{\mathrm{G}} + F_{\mathrm{äuß}}$$

Aus dieser Gleichgewichtsgleichung ergibt sich die Schnittkraft:

$$F_{\mathrm{äuß}} = \frac{xzF_{\mathrm{T}}}{2} - F_{\mathrm{G}} \tag{2.60}$$

Für den Gesamtvolumenstrom im Anfangszustand gilt:

$$Q_{\mathrm{0GES}} = \frac{xzh_0^3}{24\eta} \frac{b}{l} (p_{\mathrm{T0I}} + p_{\mathrm{T0II}}) \tag{2.61}$$

Der Gesamtvolumenstrom unter Einwirkung der Schnittkraft beträgt:

$$Q_{\mathrm{GES}} = \frac{xz}{24\eta} \frac{b}{l} (p_{\mathrm{TI}} h_{\mathrm{I}}^3 + p_{\mathrm{TII}} h_{\mathrm{II}}^3) \tag{2.62}$$

Für die Reibfläche gilt:

$$A_{\mathrm{R}} = (B_{\mathrm{w}} + l_{\mathrm{a}}) l_{\mathrm{u}} 2zx + (L_{\mathrm{w}} - l_{\mathrm{u}}) l_{\mathrm{a}} 2zx \tag{2.63}$$

Der Gesamtvolumenstrom unter Einwirkung der Schnittkraft lautet:

$$Q_{\mathrm{GES}} = \frac{xz}{2} (Q_{\mathrm{SI}} + Q_{\mathrm{SII}}) \tag{2.64}$$

Beim Ölversorgungssystem „Eine gemeinsame Pumpe und Membrandrosseln" werden folgende Gleichungen abgeleitet:

Für die resultierende Taschenkraft unter Einwirkung der Schnittkraft gilt:

$$F_{\mathrm{T}} = \frac{(F_{\mathrm{G}} + F_{\mathrm{äuß}})2}{xz} \tag{2.65}$$

Der Taschendruck bei den oberen hydrostatischen Taschen unter Einwirkung der Schnittkraft beträgt:

$$p_{\mathrm{TII}} = \frac{F_{\mathrm{T}}}{(\zeta - 1) A_{\mathrm{w}} \cos\alpha} \tag{2.66}$$

Für den Taschendruck bei den unteren hydrostatischen Taschen unter Einwirkung der Schnittkraft gilt:

$$p_{\mathrm{TI}} = \zeta \, p_{\mathrm{TII}} \tag{2.67}$$

Der Gesamtvolumenstrom unter Einwirkung der Schnittkraft beträgt:

$$Q_{\mathrm{GES}} = \frac{xzh_0^3}{24\eta} \frac{b}{l} (p_{\mathrm{TI}} + p_{\mathrm{TII}}) \tag{2.68}$$

2.7.1 Berechnungsbeispiel bei Ölversorgung „Eine gemeinsame Pumpe und Kapillardrosseln“

Vorgabedaten:

Lagerdurchmesser: $D = 0{,}1$ m
Nutbreite: $l_1 = 0{,}010$
Winkel zwischen der hydrostatischen Tasche und der Senkrechtachse: $\alpha = 45°$
Wirksame Taschenbreite: $B_w = 0{,}060$ m
Strömungsverhältnisse: $\frac{b_a}{l_a} = \frac{b_u}{l_u} = \frac{b}{l} = 40$
Lagerspalte im Anfangszustand: $h_{0I} = h_{0II} = h_0 = 0{,}00002\,\text{m} = 0{,}020 \cdot 10^{-3}\,\text{m}$
Spaltänderung unter Wirkung der Schnittkraft $F_{äuß}$:
$\Delta h = 0{,}004 \cdot 10^{-3}\text{m} = 0{,}000004\,\text{m}$
Anzahl der hydrostatischen Taschen in einem Querschnitt: $z = 4$
Anzahl der Radiallager: $x = 2$
Höchste Spindeldrehzahl: $n = 2000\,\text{min}^{-1}$
Zentrisch wirkende Kraft Im Anfangszustand: $F_G = 10000$ N
Schmieröl: ISO VG 10
Öltemperatur: $\vartheta = 25$ °C

Gesucht:

- Zusätzlich wirkende Schnittkraft $F_{äuß}$
- Volumenstrom im Anfangszustand Q_{0GES}
- Volumenstrom unter Wirkung der Schnittkraft Q_{GES}
- Verlustleistung P_{VER}
- Lagersteifigkeit K

Lösung:

1. Abströmbreite in Umfangsrichtung:

$$b_u = 2B_w = 2 \cdot 0{,}12\,\text{m} \tag{1.7}$$

2. Für die Abströmlänge in Umfangsrichtung l_u gilt:

$$\frac{b_a}{l_a} = \frac{b_u}{l_u} = \frac{b}{l} \tag{1.8}$$

So ergibt sich:

$$l_u = \frac{b_u}{b/l} \frac{0{,}12}{40} = 0{,}003\,\text{m}$$

3. Wirksame Taschenlänge:

$$l_w = \frac{\pi D - z l_1}{z} - l_u = \frac{\pi \cdot 0{,}1 - 4 \cdot 0{,}010}{4} - 0{,}0030 = 0{,}0655\,\text{m} \tag{1.9}$$

4. Wirksame Taschenfläche:

$$A_W = B_W L_W = 0{,}060 \cdot 0{,}0655 = 0{,}0039\,\text{m}^2 \tag{1.3}$$

5. Resultierende Taschenkraft, die im Anfangszustand auf ein hydrostatisches Lager wirkt:

$$F_{T0} = \frac{2F_G}{xz} = \frac{2 \cdot 10000}{2 \cdot 4} = 2500\,\text{N} \tag{2.54}$$

6. Taschendruckverhältnis wird angenommen: $\zeta = 2$ (2.55)
7. Taschendruck bei der oberen hydrostatischen Tasche im Anfangszustand:

$$p_{T0I} = \frac{F_{T0}}{(\zeta - 1)A_W \cos\alpha} = \frac{2500}{(2-1) \cdot 0{,}0039 \cdot \cos 45°} = 9{,}065 \cdot 10^5\,\text{N}\,\text{m}^{-2} \tag{2.58}$$

8. Taschendruck bei der unteren hydrostatischen Tasche im Anfangszustand:

$$p_{T0I} = \zeta\, p_{T0II} = 2 \cdot 9{,}065 \cdot 10^5 = 18{,}13 \cdot 10^5\text{N}\,\text{m}^{-2} \tag{2.56}$$

9. Relative Spaltänderung:

$$\Psi = \frac{\Delta h}{h_0} = \frac{0{,}004 \cdot 10^{-3}}{0{,}020 \cdot 10^{-3}} = 0{,}2 \tag{2.14}$$

10. Flächenverhältnis:

$$\varphi = \frac{A_{wII}}{A_{wI}} = 1 \tag{2.13}$$

11. Nach Tab. 2.3 wird für $\varphi = 1$ und $\Psi = \frac{\Delta h}{h_0} = 0{,}2$ ein optimales Drosselverhältnis ermittelt:

$$\left(\frac{p_P}{p_{T0}}\right)_{OPT} = 2{,}06$$

12. Pumpendruck:

$$p_P = \left(\frac{p_P}{p_{T0}}\right)_{OPT} p_{T0} = 2{,}06 \cdot 18{,}13 \cdot 10^5 = 37{,}34 \cdot 10^5\,\text{N}\,\text{m}^{-2} \tag{2.21}$$

(der Pumpendruck wird nach größerem Taschendruck bestimmt).

13. Taschendruck bei den unteren hydrostatischen Taschen unter Wirkung der Schnittkraft $F_{äuß}$:

$$p_{T1} = \frac{p_P}{\left(\frac{p_P}{p_{T0}} - 1\right)\left(1 - \frac{\Delta h}{h_0}\right)^3 + 1} = \frac{37{,}34 \cdot 10^5}{(2{,}06 - 1) \cdot (1 - 0{,}2)^3 + 1} = 24{,}46 \cdot 10^5\,\text{N}\,\text{m}^{-2} \tag{2.22}$$

14. Taschendruck bei den oberen hydrostatischen Taschen unter Wirkung der Schnittkraft:

$$p_{\mathrm{TII}} = \frac{p_{\mathrm{P}}}{\left(\frac{p_{\mathrm{P}}}{p_{\mathrm{T0}}} - 1\right)\left(1 + \frac{\Delta h}{h_0}\right)^3 + 1} = \frac{37{,}34 \cdot 10^5}{(2{,}06 - 1) \cdot (1 + 0{,}2)^3 + 1} = 13{,}18 \cdot 10^5\,\mathrm{N\,m^{-2}} \qquad (2.23)$$

15. Resultierende Taschenkraft unter Wirkung der Schnittkraft:

$$F_{\mathrm{T}} = A_{\mathrm{w}} \cos\alpha (p_{\mathrm{TI}} - p_{\mathrm{TII}}) = 0{,}0039 \cdot \cos 45° \cdot (24{,}46 \cdot 10^5 - 13{,}18 \cdot 10^5) = 3110{,}7\,\mathrm{N} \qquad (2.59)$$

16. Schnittkraft:

$$F_{\mathrm{äuß}} = \frac{xzF_{\mathrm{T}}}{2} - F_{\mathrm{G}} = \frac{2 \cdot 4 \cdot 3110{,}7}{2} - 10000 = 2442{,}8\,\mathrm{N} \qquad (2.60)$$

17. Nach Tab. 2.6 wird für das Schmieröl ISO VG 10 die kinematische Viskosität bei 20 °C und 40 °C ermittelt:

$$\nu_{20} = 20{,}60\,\mathrm{mm^2\,s^{-1}};\ \nu_{40} = 10\,\mathrm{mm^2\,s^{-1}}$$

18. Kinematische Viskosität bei $\vartheta = 25$ °C:

$$\nu_{25} = \nu_{20} - (\nu_{20} - \nu_{40})\frac{(\vartheta - 20)}{20} = 20{,}60 - (20{,}60 - 10) \cdot \frac{25 - 20}{20} = 17{,}95\,\mathrm{mm^2\,s^{-1}} \qquad (2.24)$$

19. Nach Tab. 2.6 wird für das Schmieröl ISO VG 10 die Dichte bei 15 °C ermittelt:

$$\gamma_{15} = 0{,}866 \cdot 10^{-3}\,\mathrm{kg\,cm^{-3}}$$

20. Dichte bei Öltemperatur $\vartheta = 25$ °C:

$$\gamma = \gamma_{15} - 0{,}0006 \cdot 10^{-3}(\vartheta - 15) = 0{,}866 \cdot 10^{-3} - 0{,}0006 \cdot 10^{-3}(25 - 15) = 0{,}86 \cdot 10^{-3}\,\mathrm{kg\,cm^{-3}} \qquad (2.25)$$

21. Dynamische Viskosität des Öles:

$$\eta = \nu\gamma = 17{,}95 \cdot 0{,}86 \cdot 10^{-3} = 0{,}0156\,\mathrm{N\,s\,m^{-2}} \qquad (2.26)$$

22. Gesamtvolumenstrom im Anfangszustand:

$$Q_{\mathrm{0GES}} = \frac{xzh_0{}^3}{24\eta}\frac{b}{l}(p_{\mathrm{T0I}} + p_{\mathrm{T0II}}) = \frac{2\cdot 4\cdot (0{,}00002)^3}{24\cdot 0{,}0156}\cdot 40(18{,}13\cdot 10^5 + 9{,}065\cdot 10^5) = 0{,}00001859\,\mathrm{m^3\,s^{-1}} = 1{,}11\,\mathrm{dm^3\,min^{-1}} \quad (2.61)$$

23. Lagerspalt der unteren hydrostatischen Tasche unter Wirkung der Schnittkraft:

$$h_{\mathrm{I}} = h_0 - \Delta h = 0{,}00002 - 0{,}000004 = 0{,}000016\,\mathrm{m} = 0{,}016\cdot 10^{-3}\,\mathrm{m} \quad (2.11)$$

24. Lagerspalt der oberen hydrostatischen Tasche unter Wirkung der Schnittkraft:

$$h_{\mathrm{II}} = h_0 + \Delta h = 0{,}00002 + 0{,}000004 = 0{,}000024\,\mathrm{m} = 0{,}024\cdot 10^{-3}\,\mathrm{m} \quad (2.12)$$

25. Volumenstrom durch alle Taschen unter Wirkung der Schnittkraft:

$$\begin{aligned} Q_{\mathrm{GES}} &= \frac{xz}{24\eta}\frac{b}{l}(p_{\mathrm{TI}}h_{\mathrm{I}}{}^3 + p_{\mathrm{TII}}h_{\mathrm{II}}{}^3) \\ &= \frac{2\cdot 4}{24\cdot 0{,}0156}40\cdot\Big[24{,}46\cdot 10^5\cdot(0{,}016\cdot 10^{-3})^3 \\ &\quad +13{,}18\cdot 10^5\cdot(0{,}024\cdot 10^{-3})^3\Big] \\ &= 0{,}0000241\,\mathrm{m^3\,s^{-1}} = 1{,}448\,\mathrm{dm^3\,min^{-1}} \end{aligned} \quad (2.62)$$

26. Axiale Abströmbreite:

$$b_{\mathrm{a}} = 2L_{\mathrm{w}} = 2\cdot 0{,}0655 = 0{,}131\,\mathrm{m} \quad (1.6)$$

27. Abströmlänge in axialer Richtung:

$$l_{\mathrm{a}} = \frac{b_{\mathrm{a}}}{b/l} = \frac{0{,}131}{40} = 0{,}0033\,\mathrm{m} \quad (1.8)$$

28. Reibfläche:

$$A_{\mathrm{R}} = (B_{\mathrm{w}} + l_{\mathrm{a}})l_{\mathrm{u}}2zx + (L_{\mathrm{w}} - l_{\mathrm{u}})l_{\mathrm{a}}2zx = (0{,}060 + 0{,}0033)\cdot 0{,}003\cdot 2\cdot 4\cdot 2 + (0{,}0655 - 0{,}003)\cdot 0{,}0033\cdot 2\cdot 4\cdot 2 = 0{,}0063\,\mathrm{m^2} \quad (2.63)$$

29. Höchste Gleitgeschwindigkeit:

$$v = \frac{\pi Dn}{60} = \frac{\pi\cdot 0{,}1\cdot 2000}{60} = 10{,}47\,\mathrm{m\,s^{-1}}$$

30. Verlustleistung:

$$P_{\mathrm{VER}} = P_{\mathrm{P}} + P_{\mathrm{R}} = Q_{0\mathrm{GES}}\, p_{\mathrm{P}} + \frac{A_{\mathrm{R}}\eta v^2}{h_0} = 0{,}00001859 \cdot 37{,}34 \cdot 10^5$$

$$+ \frac{0{,}0063 \cdot 0{,}0156 \cdot 10{,}47^2}{0{,}00002} = 69{,}4 + 538{,}6 = 608\,\mathrm{W} \qquad (2.20)$$

31. Steifigkeit des hydrostatischen Lagers:

$$K = \frac{F_{\mathrm{T}} - F_{\mathrm{T0}}}{\Delta \mathrm{h}} = \frac{3110{,}7 - 2500}{0{,}000004} = 152675000\,\mathrm{N\,m^{-1}} = 152{,}6\,\mathrm{N\,\mu m^{-1}} \qquad (1.11)$$

2.7.2 Berechnungsbeispiel bei Ölversorgung „Eine Pumpe pro Tasche“

Vorgabedaten:

Lagerdurchmesser: $D = 0{,}1\,\mathrm{m}$
Nutbreite: $l_1 = 0{,}010\,\mathrm{m}$
Winkel zwischen der hydrostatischen Tasche und der Senkrechtachse: $\alpha = 45°$
Wirksame Taschenbreite: $B_{\mathrm{w}} = 0{,}060\,\mathrm{m}$
Strömungsverhältnisse: $\frac{b_{\mathrm{a}}}{l_{\mathrm{a}}} = \frac{b_{\mathrm{u}}}{l_{\mathrm{u}}} = \frac{b}{l} = 40$
Lagerspalte im Anfangszustand: $h_{0\mathrm{I}} = h_{0\mathrm{II}} = h_0 = 0{,}020 \cdot 10^{-3}\,\mathrm{m} = 0{,}00002\,\mathrm{m}$
Spaltänderung unter Wirkung der zusätzlich wirkenden Schnittkraft $F_{\mathrm{äuß}}$:
$\Delta h = 0{,}004 \cdot 10^{-3}\,\mathrm{m} = 0{,}000004\,\mathrm{m}$
Anzahl der hydrostatischen Taschen in einem Querschnitt: $z = 4$
Anzahl der Radiallager: $x = 2$
Höchste Spindeldrehzahl: $n = 2000\,\mathrm{min}^{-1}$
Zentrisch wirkende Kraft Im Anfangszustand: $F_{\mathrm{G}} = 10000$ N
Schmieröl: ISO VG 10
Öltemperatur: $\vartheta = 25$ °C
Wie im Berechnungsbeispiel 2.7.1 ergeben sich:
Dynamische Viskosität des Öles bei 25 °C: $\eta = 0{,}0156\,\mathrm{N\,s\,m^{-2}}$
Kinematische Viskosität bei $\vartheta = 20°C$: $v_{25} = 17{,}95\,\mathrm{mm^2\,s^{-1}}$

Gesucht:

- Schnittkraft $F_{\mathrm{äuß}}$
- Volumenstrom im Anfangszustand $Q_{0\mathrm{GES}}$
- Volumenstrom unter Wirkung der Schnittkraft Q_{GES}
- Verlustleistung P_{VER}
- Lagersteifigkeit K

Lösung:

1. Abströmbreite in Umfangsrichtung:

$$b_u = 2B_w = 2 \cdot 0{,}060 = 0{,}12\,\text{m} \tag{1.7}$$

2. Abströmlänge in Umfangsrichtung:

$$l_u = \frac{b_u}{b/l} = \frac{0{,}12}{40} = 0{,}003\,\text{m} \tag{1.8}$$

3. Wirksame Taschenlänge:

$$l_w = \frac{\pi D - z l_1}{z} - l_u = \frac{\pi \cdot 0{,}1 - 4 \cdot 0{,}010}{4} - 0{,}003 = 0{,}0655\,\text{m} \tag{1.9}$$

4. Wirksame Taschenfläche: $A_w = B_w L_w = 0{,}060 \cdot 0{,}0655 = 0{,}0039\,\text{m}^2$ (1.3)
5. Resultierende Taschenkraft, die im Anfangszustand auf ein hydrostatisches Lagerpaar wirkt:

$$F_{T0} = \frac{2F_G}{xz} = \frac{2 \cdot 10000}{2 \cdot 4} = 2500\,\text{N} \tag{2.54}$$

6. Das Taschendruckverhältnis wird angenommen:

$$\zeta = 2 \tag{2.55}$$

7. Taschendruck bei den oberen hydrostatischen Taschen im Anfangszustand:

$$p_{T0II} = \frac{F_{T0}}{(\zeta - 1)A_w \cos\alpha} = \frac{2500}{(2-1) \cdot 0{,}0039 \cdot \cos 45^\circ} = 9{,}065 \cdot 10^5\,\text{N}\,\text{m}^{-2} \tag{2.58}$$

8. Taschendruck bei den unteren hydrostatischen Taschen im Anfangszustand:

$$p_{T0I} = \zeta\, p_{T0II} = 2 \cdot 9{,}065 \cdot 10^5 = 18{,}13 \cdot 10^5\,\text{N}\,\text{m}^{-2} \tag{2.56}$$

9. Relative Spaltänderung:

$$\Psi = \frac{\Delta h}{h_0} = \frac{0{,}002 \cdot 10^{-3}}{0{,}040 \cdot 10^{-3}} = 0{,}2 \tag{2.14}$$

10. Flächenverhältnis:

$$\varphi = \frac{A_{wII}}{A_{wI}} = 1 \tag{2.13}$$

11. Taschendruck bei den unteren hydrostatischen Taschen unter Wirkung der Schnittkraft:

$$p_{TI} = \frac{p_{T0}}{\left(1 - \dfrac{\Delta h}{h_0}\right)^3} = \frac{18{,}13 \cdot 10^5}{(1-0{,}2)^3} = 35{,}41 \cdot 10^5\,\text{N}\,\text{m}^{-2} \tag{2.27}$$

12. Taschendruck bei der oberen hydrostatischen Taschen unter Wirkung der Schnittkraft:

$$p_{\mathrm{TII}} = \frac{p_{\mathrm{T0}}}{\left(1 + \frac{\Delta h}{h_0}\right)^3} = \frac{9{,}065 \cdot 10^5}{(1 + 0{,}2)^3} = 5{,}24 \cdot 10^5\,\mathrm{N\,m^{-2}} \tag{2.28}$$

13. Resultierende Taschenkraft unter Wirkung der Schnittkraft:

$$\begin{aligned} F_{\mathrm{T}} &= A_{\mathrm{w}} \cos\alpha (p_{\mathrm{TI}} - p_{\mathrm{TII}}) \\ &= 0{,}0039 \cdot \cos 45°(35{,}41 \cdot 10^5 - 5{,}24 \cdot 10^5) = 8320\,\mathrm{N} \end{aligned} \tag{2.59}$$

14. Schnittkraft:

$$F_{\text{äuß}} = \frac{xzF_{\mathrm{T}}}{2} - F_{\mathrm{G}} = \frac{2 \cdot 4 \cdot 8320}{2} - 10000 = 23280{,}1\,\mathrm{N} \tag{2.60}$$

15. Gesamtvolumenstrom im Anfangszustand:

$$\begin{aligned} Q_{\mathrm{0GES}} &= \frac{xzh_0{}^3}{24\eta}\frac{b}{l}(p_{\mathrm{T0I}} + p_{\mathrm{T0II}}) = \frac{2 \cdot 4 \cdot (0{,}020 \cdot 10^{-3})^3}{24 \cdot 0{,}0156} \\ &\quad \times 40 \cdot \left(18{,}13 \cdot 10^5 + 9{,}065 \cdot 10^5\right) = 1{,}85 \cdot 10^{-5}\,\mathrm{m^3 s^{-1}} \\ &= 1{,}11\,\mathrm{dm^3\,min^{-1}} \end{aligned} \tag{2.61}$$

16. Lagerspalt der unteren hydrostatischen Taschen unter Wirkung der Schnittkraft:

$$h_{\mathrm{I}} = h_0 - \Delta h = 0{,}00002 - 0{,}000004 = 0{,}000016\,\mathrm{m} \tag{2.11}$$

17. Lagerspalt der oberen hydrostatischen Taschen unter Wirkung der Schnittkraft:

$$h_{\mathrm{II}} = h_0 + \Delta h = 0{,}00002 + 0{,}000004 = 0{,}000024\,\mathrm{m} \tag{2.12}$$

18. Volumenstrom, der unter Wirkung der Schnittkraft durch eine untere hydrostatische Tasche strömt (durch einen Strang der Mehrkreispumpe):

$$\begin{aligned} Q_{\mathrm{SI}} &= \frac{p_{\mathrm{TI}} h_{\mathrm{I}}{}^3}{12\eta}\frac{b}{l} = \frac{35{,}41 \cdot 10^5 \cdot (0{,}000016)^3}{12 \cdot 0{,}0156} \cdot 40 \\ &= 0{,}000003099\,\mathrm{m^3 s^{-1}} = 0{,}18\,\mathrm{dm^3\,min^{-1}} \end{aligned} \tag{2.30}$$

19. Volumenstrom, der unter Wirkung der Schnittkraft durch eine obere hydrostatische Tasche strömt (durch einen Strang der Mehrkreispumpe):

$$\begin{aligned} Q_{\mathrm{SII}} &= \frac{p_{\mathrm{TII}} h_{\mathrm{II}}{}^3}{12\eta}\frac{b}{l} = \frac{5{,}24 \cdot 10^5 \cdot (0{,}000024)^3}{12 \cdot 0{,}0156} \cdot 40 = 0{,}000001547\,\mathrm{m^3 s^{-1}} \\ &= 0{,}09\,\mathrm{dm^3\,min^{-1}} \end{aligned} \tag{2.31}$$

20. Gesamtvolumenstrom unter Wirkung der Schnittkraft:

$$Q_{\mathrm{GES}} = \frac{xz}{2}(Q_{\mathrm{SI}} + Q_{\mathrm{SII}}) = \frac{2 \cdot 4}{2} \cdot (3{,}099 \cdot 10^{-6} + 1{,}54 \cdot 10^{-6})$$
$$= 1{,}85 \cdot 10^{-5}\mathrm{m}^3\mathrm{s}^{-1} = 1{,}11\,\mathrm{dm}^3\,\mathrm{min}^{-1} \quad (2.64)$$

21. Axiale Abströmbreite:

$$b_{\mathrm{a}} = 2L_{\mathrm{w}} = 2 \cdot 0{,}0655 = 0{,}131\,\mathrm{m} \quad (1.6)$$

22. Abströmlänge in axialer Richtung:

$$l_{\mathrm{a}} = \frac{b_{\mathrm{a}}}{b/l} = \frac{0{,}131}{40} = 0{,}0033\,\mathrm{m} \quad (1.8)$$

23. Reibfläche:

$$A_{\mathrm{R}} = (B_{\mathrm{w}} + l_{\mathrm{a}})l_{\mathrm{u}}2zx + (L_{\mathrm{w}} - l_{\mathrm{u}})l_{\mathrm{a}}2zx = (0{,}060 + 0{,}0033) \cdot 0{,}003 \cdot 2 \cdot 4 \cdot 2$$
$$+ (0{,}0655 - 0{,}003) \cdot 0{,}0033 \cdot 2 \cdot 4 \cdot 2 = 0{,}0063\,\mathrm{m}^2 \quad (2.63)$$

24. Höchste Gleitgeschwindigkeit:

$$v = \frac{\pi D n}{60} = \frac{\pi \cdot 0{,}1 \cdot 2000}{60} = 10{,}47\,\mathrm{m\,s}^{-1}$$

25. Verlustleistung:

$$P_{\mathrm{VER}} = P_{\mathrm{P}} + P_{\mathrm{R}} = Q_{0\mathrm{GES}}\,p_{\mathrm{P}} + \frac{A_{\mathrm{R}}\eta v^2}{h_0} = 1{,}85 \cdot 10^{-5} \cdot 35{,}41 \cdot 10^5$$
$$+ \frac{0{,}0063 \cdot 0{,}0156 \cdot 10{,}47^2}{0{,}020 \cdot 10^{-3}} = 65{,}50 + 538{,}6 = 604{,}1\,\mathrm{W}$$
$$(p_{\mathrm{P}} = p_{\mathrm{TI}} = 35{,}41 \cdot 10^5\,\mathrm{N\,m}^{-2}) \quad (2.20)$$

26. Steifigkeit des hydrostatischen Lagers:

$$K = \frac{F_{\mathrm{T}} - F_{\mathrm{T0}}}{\Delta h} = \frac{8320 - 2500}{0{,}004 \cdot 10^{-3}} = 1455000000\,\mathrm{N\,m}^{-1} = 1455\,\mathrm{N\,\mu m}^{-1} \quad (1.11)$$

2.7.3 Berechnungsbeispiel bei Ölversorgung „Eine gemeinsame Pumpe und Membrandrosseln“

Vorgabedaten:

Lagerdurchmesser: $D = 0{,}1\,\text{m}$
Nutbreite: $l_1 = 0{,}010\,\text{m}$
Winkel zwischen der hydrostatischen Tasche und der Senkrechtachse: $\alpha = 45°$
Wirksame Taschenbreite: $B_w = 0{,}060\,\text{m}$
Strömungsverhältnisse: $\frac{b_a}{l_a} = \frac{b_u}{l_u} = \frac{b}{l} = 40$
Lagerspalte im Anfangszustand: $h_{0I} = h_{0II} = h_0 = 0{,}00002\,\text{m} = 0{,}020 \cdot 10^{-3}\,\text{m}$
Anzahl der hydrostatischen Taschen in einem Querschnitt: $z = 4$
Anzahl der Radiallager: $x = 2$
Höchste Spindeldrehzahl: $n = 2000\,\text{min}^{-1}$
Zentrisch wirkende Kraft Im Anfangszustand: $F_G = 10000\,\text{N}$
Zusätzlich wirkende Schnittkraft $F_{\text{äuß}} = 23280{,}1\,\text{N}$
Schmieröl: ISO VG 10
Öltemperatur: $\vartheta = 25\,°\text{C}$
Wie im Berechnungsbeispiel 2.7.1 ergeben sich:
Dynamische Viskosität des Öles bei 25 °C: $\eta = 0{,}0156\,\text{N}\,\text{sm}^{-2}$
Kinematische Viskosität bei $\vartheta = 25\,°\text{C}$: $\upsilon_{25} = 17{,}95\,\text{mm}^2\,\text{s}^{-1}$

Gesucht:

- Volumenstrom im Anfangszustand Q_{0GES}
- Volumenstrom unter Wirkung der Schnittkraft Q_{GES}
- Verlustleistung P_{VER}

Lösung:

1. Abströmbreite in Umfangsrichtung:

$$b_u = 2B_w = 2 \cdot 0{,}060 = 0{,}12\,\text{m} \tag{1.7}$$

2. Abströmlänge in Umfangsrichtung:

$$l_u = \frac{b_u}{b/l} = \frac{0{,}12}{40} = 0{,}003\,\text{m} \tag{1.8}$$

3. Wirksame Taschenlänge:

$$l_w = \frac{\pi D - z l_1}{z} - l_u = \frac{\pi \cdot 0{,}1 - 4 \cdot 0{,}010}{4} - 0{,}003 = 0{,}0655\,\text{m} \tag{1.9}$$

4. Wirksame Taschenfläche:

$$A_w = B_w L_w = 0{,}060 \cdot 0{,}0655 = 0{,}0039\,\text{m}^2 \tag{1.3}$$

5. Resultierende Taschenkraft, die im Anfangszustand auf ein hydrostatisches Lagerpaar wirkt:

$$F_{\text{T0}} = \frac{2F_{\text{G}}}{xz} = \frac{2 \cdot 10000}{2 \cdot 4} = 2500\,\text{N} \tag{2.54}$$

6. Als Taschendruckverhältnis wird angenommen:

$$\zeta = 2 \tag{2.55}$$

7. Taschendruck bei der oberen hydrostatischen Tasche im Anfangszustand:

$$p_{\text{T0II}} = \frac{F_{\text{T0}}}{(\zeta - 1)A_{\text{w}} \cos\alpha} = \frac{2500}{(2-1) \cdot 0{,}0039 \cdot \cos 45°} = 9{,}065 \cdot 10^5\ \text{N}\,\text{m}^{-2}$$

8. Taschendruck bei den unteren hydrostatischen Taschen im Anfangszustand:

$$p_{\text{T0I}} = \zeta\, p_{\text{T0II}} = 2 \cdot 9{,}065 \cdot 10^5 = 18{,}13 \cdot 10^5\ \text{N}\,\text{m}^{-2} \tag{2.56}$$

9. Flächenverhältnis:

$$\varphi = \frac{A_{\text{wII}}}{A_{\text{wI}}} = 1 \tag{2.13}$$

10. Resultierende Taschenkraft unter Wirkung der Schnittkraft $F_{\text{äuß}}$:

$$F_{\text{T}} = \frac{(F_{\text{G}} + F_{\text{äuß}}) \cdot 2}{xz} = \frac{(10000 + 23280{,}1) \cdot 2}{2 \cdot 4} = 8320\,\text{N} \tag{2.65}$$

11. Gesamtvolumenstrom im Anfangszustand:

$$\begin{aligned} Q_{\text{0GES}} &= \frac{xzh_0{}^3}{24\eta}\frac{b}{l}(p_{\text{T0I}} + p_{\text{T0II}}) \\ &= \frac{2 \cdot 4 \cdot \left(0{,}020 \cdot 10^{-3}\right)^3}{24 \cdot 0{,}0156} \cdot 40 \cdot (18{,}13 \cdot 10^5 + 9{,}065 \cdot 10^5) \\ &= 1{,}85 \cdot 10^{-5}\,\text{m}^3\text{s}^{-1} = 1{,}11\,\text{dm}^3\,\text{min}^{-1} \end{aligned} \tag{2.61}$$

12. Proportionalitätsfaktor:

$$c = \frac{Q_0}{F_{\text{T0}}} = \frac{1{,}85 \cdot 10^{-5}}{2500}\text{m}^3\text{s}^{-1}\text{N}^{-1} = 7{,}4 \cdot 10^{-9}\,\text{m}^3\,\text{s}^{-1}\,\text{N}^{-1} \tag{2.32}$$

13. Gesamtvolumenstrom unter Wirkung der Schnittkraft:

$$Q = F_{\text{T}}c = 8320 \cdot \frac{1{,}85 \cdot 10^{-5}}{2500} = 6{,}156 \cdot 10^{-5}\text{m}^3\text{s}^{-1} = 3{,}69\,\text{dm}^3\,\text{min}^{-1} \tag{2.38}$$

14. Taschendruck bei den oberen hydrostatischen Taschen unter Wirkung der Schnittkraft:

$$p_{\mathrm{TII}} = \frac{F_{\mathrm{T}}}{(\zeta - 1)A_{\mathrm{w}} \cos\alpha} = \frac{8320}{(2-1)\cdot 0{,}0039 \cdot \cos 45^\circ} = 30{,}17 \cdot 10^5\,\mathrm{N\,m^{-2}} \tag{2.66}$$

15. Taschendruck bei den unteren hydrostatischen Taschen unter Wirkung der Schnittkraft:

$$p_{\mathrm{TI}} = \zeta\, p_{\mathrm{TII}} = 2 \cdot 30{,}17 \cdot 10^5 = 60{,}34 \cdot 10^5\,\mathrm{N\,m^{-2}} \tag{2.67}$$

16. Der Gesamtvolumenstrom unter Wirkung der Schnittkraft kann auch durch Gl. (2.68) ermittelt werden:

$$\begin{aligned} Q_{\mathrm{GES}} &= \frac{xzh_0{}^3}{24\eta}\frac{b}{l}(p_{\mathrm{TI}} + p_{\mathrm{TII}}) = \frac{2\cdot 4\cdot \left(0{,}020\cdot 10^{-3}\right)^3}{24\cdot 0{,}0156} \\ &\quad\times 40(60{,}34\cdot 10^5 \cdot 10^5 + 30{,}17\cdot 10^5) \\ &= 6{,}18\cdot 10^{-5}\,\mathrm{m^3\,s^{-1}} = 3{,}7\,\mathrm{dm^3\,min^{-1}} \end{aligned} \tag{2.68}$$

17. Axiale Abströmbreite:

$$b_{\mathrm{a}} = 2L_{\mathrm{w}} = 2\cdot 0{,}0655 = 0{,}131\,\mathrm{m} \tag{1.6}$$

18. Abströmlänge in axialer Richtung:

$$l_{\mathrm{a}} = \frac{b_{\mathrm{a}}}{b/l} = \frac{0{,}131}{40} = 0{,}0033\,\mathrm{m} \tag{1.8}$$

19. Reibfläche:

$$\begin{aligned} A_{\mathrm{R}} &= (B_{\mathrm{w}} + l_{\mathrm{a}})l_{\mathrm{u}}2zx + (L_{\mathrm{w}} - l_{\mathrm{u}})l_{\mathrm{a}}2zx = (0{,}060 + 0{,}0033)\cdot 0{,}003\cdot 2\cdot 4\cdot 2 \\ &\quad + (0{,}0655 - 0{,}003)\cdot 0{,}0033\cdot 2\cdot 4\cdot 2 = 0{,}0063\,\mathrm{m^2} \end{aligned} \tag{2.63}$$

20. Höchste Gleitgeschwindigkeit:

$$v = \frac{\pi D n}{60} = \frac{\pi\cdot 0{,}1\cdot 2000}{60} = 10{,}47\,\mathrm{m\,s^{-1}}$$

21. Der Pumpendruck wird so gewählt, dass die Membrandrossel in dem optimalen Druckbereich benutzt wird:

$$(p_{\mathrm{T}}/p_{\mathrm{P}})_{\mathrm{OPT}} = 0{,}1 \text{ bis } 0{,}6 \tag{2.37}$$

Als Pumpendruck wird gewählt:

$$p_{\mathrm{P}} = 100{,}5\cdot 10^5\,\mathrm{N\,m^{-2}}$$

Größter Taschendruck:

$$p_{\mathrm{TI}} = 60{,}34 \cdot 10^5\ \mathrm{N\,m^{-2}}$$

Gewählt wird das größte Druckverhältnis:

$$\frac{p_\mathrm{T}}{p_\mathrm{P}} = \frac{60{,}34}{100{,}5} = 0{,}6$$

Kleinstes Druckverhältnis:

$$\frac{p_{\mathrm{T0II}}}{p_\mathrm{P}} = \frac{9{,}065 \cdot 10^5}{100{,}5 \cdot 10^5} = 0{,}09$$

22. Verlustleistung:

$$P_{\mathrm{VER}} = P_\mathrm{P} + P_\mathrm{R} = Q_{\mathrm{0GES}}\, p_\mathrm{P} + \frac{A_\mathrm{R}\eta v^2}{h_0} = 1{,}85 \cdot 10^{-5} \cdot 100{,}5 \cdot 10^5$$
$$+ \frac{0{,}0063 \cdot 0{,}0156 \cdot 10{,}47^2}{0{,}020 \cdot 10^{-3}} = 85{,}9 + 538{,}6 = 724{,}5\ \mathrm{W} \qquad (2.20)$$

2.7.4 *Zusammenfassung*

Aus den Berechnungsbeispielen 2.7.1, 2.7.2 und 2.7.3 ergibt sich:

Mit den gleichen Vorgabedaten und mit den gleichen Spaltänderungen ergeben sich bei der Ölversorgung „Eine Pumpe pro Tasche“ höhere Taschendrücke bei den unteren hydrostatischen Taschen p_{TI}, eine höhere resultierende Taschenkraft F_T, eine höhere Schnittkraft $F_{\mathrm{äuß}}$ und eine wesentlich höhere Steifigkeit des hydrostatischen Lagers K als beim Ölversorgungssystem „Eine gemeinsame Pumpe und Kapillardrosseln“.

Dies bedeutet, dass bei der gleicher Schnittkraf $F_{\mathrm{äuß}}$, bei der Ölversorgung „Eine Pumpe pro Tasche“ kleinere Spaltänderungen als beim Ölversorgungssystem „Eine gemeinsame Pumpe und Kapillardrosseln“ erreicht werden.

Mit den gleichen Vorgabedaten ergeben sich beim Ölversorgungssystem „Eine gemeinsame Pumpe und Membrandrosseln“ die Pumpendrücke von über 142 bar. Bei diesem Ölversorgungssystem werden bei jedem Anwendungsbeispiel die höchsten Taschendrücke und die höchsten Pumpendrücke erreicht.

Das kleinste Druckverhältnis ist 0,06, d. h. kleiner als das minimal empfohlene 0,1.

An diesem Beispiel wird die Anwendungsgrenze der Ölversorgung „Eine gemeinsame Pumpe und Membrandrosseln“ vorgestellt.

Die Ergebnisse dieser Untersuchungen sind in Tab. 2.10 aufgestellt.

Tab. 2.10 Vergleichstabelle zwischen verschiedenen Ölversorgungssystemen

Ölversorgung mit:	$p_{\mathrm{TOII}}/p_{\mathrm{TOI}}$	$F_{\text{äuß}}$ in N	p_{TI} in bar	F_{T} in N	p_{P} in bar	Δh in µm	P_{VER} in W	K in $\mathrm{N\,\mu m^{-1}}$
Kapillardrosseln	9 / 18	2442	24,4	3110	37,3	4	608	152
Eine Pumpe pro Tasche	9 / 18	23280	35,4	8320	$p_{\mathrm{P}} = p_{\mathrm{PII}}$	4	604	1455
Membrandrosseln	9 / 18	23280	60,34	8320	100,5	0	724	∞

2.8 Exzentrisch belastete hydrostatische Radiallagerung

In Abb. 2.6 ist eine exzentrisch belastete hydrostatisch gelagerte Spindel mit zwei Radiallagern dargestellt. Die Spindel wird axial wälzgelagert (im Bild nicht dargestellt).

Die Berechnung wird mit Hilfe der Abb. 1.4 und 2.6 durchgeführt. Auf jede hydrostatische Tasche wirkt die Kraft $p_{\mathrm{T}} A_{\mathrm{w}}$ (Gl. 1.4).

Die wirksamen Taschenflächen bei den unteren und bei den oberen hydrostatischen Taschen sind bei den Radiallagern gleich:

$$A_{\mathrm{wI}} = A_{\mathrm{wII}} = A_{\mathrm{w}} = B_{\mathrm{w}} L_{\mathrm{w}} \tag{2.57}$$

Auf jede untere hydrostatische Tasche mit Bez. 1 wirken im Anfangszustand die Taschendrücke p_{TOI1} und die Taschenkräfte $p_{\mathrm{TOI1}} A_{\mathrm{w}}$.

Auf jede obere hydrostatische Tasche mit Bez. 1 wirken im Anfangszustand die Taschendrücke p_{TOII1} und die Taschenkräfte $p_{\mathrm{TOII1}} A_{\mathrm{w}}$.

Auf jede untere hydrostatische Tasche mit Bez. 2 wirken im Anfangszustand die Taschendrücke p_{TOII2} und die Taschenkräfte $p_{\mathrm{TOII2}} A_{\mathrm{w}}$.

Auf jede obere hydrostatische Tasche mit Bez. 2 wirken im Anfangszustand die Taschendrücke p_{TOI2} und die Taschenkräfte $p_{\mathrm{TOI2}} A_{\mathrm{w}}$.

Höhere Taschendrücke werden mit dem Index I bezeichnet.

Bei der Tasche 1 sind die höheren Taschendrücke bei den unteren hydrostatischen Taschen, bei der Tasche 2 sind die höheren Taschendrücke bei den oberen hydrostatischen Taschen.

Die Komponenten der Taschenkräfte $p_{\mathrm{TOI1}} A_{\mathrm{w}}$ und $p_{\mathrm{TOII1}} A_{\mathrm{w}}$ in Richtung der exzentrisch wirkenden Kraft F_{e} werden nach dem Winkel α bestimmt:

$$p_{\mathrm{TOI1}} A_{\mathrm{w}} \cos\alpha \quad \text{und} \quad p_{\mathrm{TOII1}} A_{\mathrm{w}} \cos\alpha$$

Die Komponenten der Taschenkräfte $p_{\mathrm{TOI2}} A_{\mathrm{w}}$ und $p_{\mathrm{TOII2}} A_{\mathrm{w}}$ in Richtung der exzentrisch wirkenden Kraft F_{e} werden nach dem Winkel α bestimmt:

$$p_{\mathrm{TOI2}} A_{\mathrm{w}} \cos\alpha \quad \text{und} \quad p_{\mathrm{TOII2}} A_{\mathrm{w}} \cos\alpha$$

Die resultierende Komponente der Taschenkraft, die im Anfangszustand auf ein hydrostatisches Lagerpaar mit Bez. 1 wirkt, lautet:

$$F_{\mathrm{TO1}} = p_{\mathrm{TOI1}} A_{\mathrm{w}} \cos\alpha - p_{\mathrm{TOII1}} A_{\mathrm{w}} \cos\alpha$$

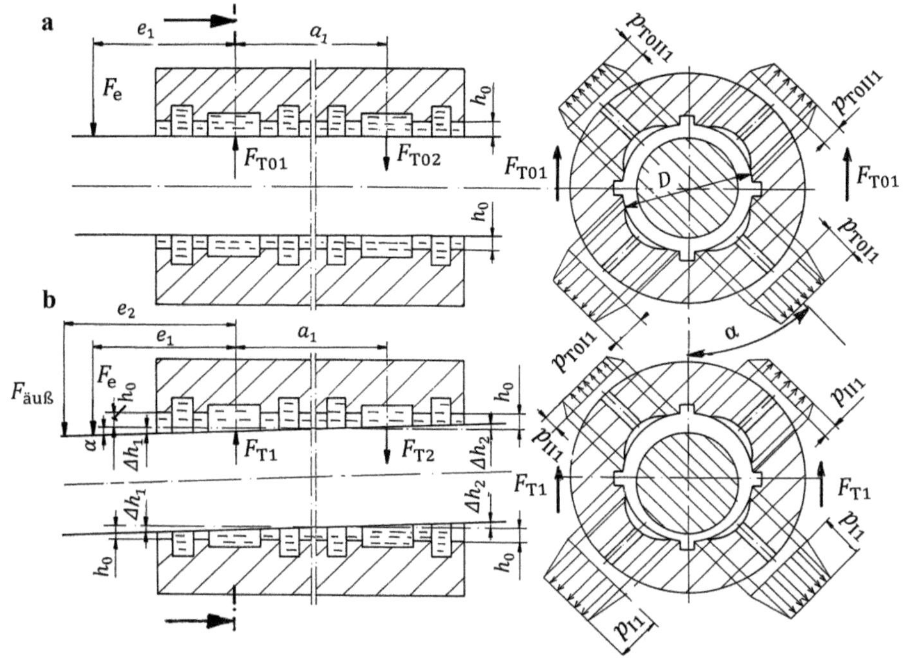

Abb. 2.6 Exzentrisch belastete hydrostatisch gelagerte Spindel mit zwei Radiallagern. (**a**) Im Anfangszustand wird die Spindel durch die exzentrisch wirkende Kraft F_e belastet; (**b**) Die Spindel wird zusätzlich durch die exzentrisch wirkende Schnittkraft $F_{äuß}$ belastet. Rechte Abbildungen: Querschnitt durch die Taschen mit Bezeichnung 1. F_{T01} und F_{T02} sind die resultierenden Taschenkräfte, die in den hydrostatischen Taschen 1 und 2 im Anfangszustand wirken, F_{T1} und F_{T02} sind die resultierenden Taschenkräfte, die in den hydrostatischen Taschen 1 und 2 unter Wirkung der Schnittkraft wirken

Die resultierende Komponente der Taschenkraft, die im Anfangszustand auf ein hydrostatisches Lagerpaar mit Bez. 2 wirkt, lautet:

$$F_{T02} = p_{T0I2} A_w \cos\alpha - p_{T0II2} A_w \cos\alpha$$

Die Kapillardrosseln werden im Anfangszustand so eingestellt (oder die Mehrkreispumpen beim System „Eine Pumpe pro Tasche“ so gewählt), dass folgende Taschendruckverhältnisse ζ erreicht werden:

$$\zeta = \frac{p_{T0I}}{p_{T0II}} = 1{,}5 \cdots 2 \cdots 2{,}5 \tag{2.55}$$

und die Lagerspalte bei den unteren und oberen hydrostatischen Taschen gleich sind:

$$h_{0I} = h_{0II} = h_0 \tag{2.6}$$

Es gilt für jedes Lager:

$$\zeta = \frac{p_{T0I1}}{p_{T0II1}} = 1{,}5 \ldots 2 \ldots 2{,}5; \quad \text{und} \quad \zeta = \frac{p_{T0I2}}{p_{T0II2}} = 1{,}5 \ldots 2 \ldots 2{,}5$$

Aus der Gl. (2.55) wird der Taschendruck bei der unteren hydrostatischen Tasche 1 im Anfangszustand abgeleitet zu:

$$p_{\text{T0I1}} = \zeta\, p_{\text{T0II1}} \tag{2.56}$$

Für den Taschendruck bei der oberen hydrostatische Tasche 2 im Anfangszustand gilt:

$$p_{\text{T0I2}} = \zeta\, p_{\text{T0II2}} \tag{2.56}$$

Die resultierende Komponente der Taschenkraft, die im Anfangszustand auf ein hydrostatisches Lagerpaar mit Bez. 1 wirkt, wird unter Berücksichtigung von (2.56) abgeleitet zu:

$$\begin{aligned} F_{\text{T01}} &= A_{\text{w}} \cos\alpha (p_{\text{T0I1}} - p_{\text{T0II1}}) = A_{\text{w}} \cos\alpha (\zeta\, p_{\text{T0II1}} - p_{\text{T0II1}}) \\ &= A_{\text{w}} \cos\alpha\, p_{\text{T0II1}} (\zeta - 1) \end{aligned}$$

Die resultierende Komponente der Taschenkraft, die im Anfangszustand auf ein hydrostatisches Lager mit Bez. 2 wirkt, wird mit (2.56) abgeleitet zu:

$$\begin{aligned} F_{\text{T02}} &= A_{\text{w}} \cos\alpha (p_{\text{T0I2}} - p_{\text{T0II2}}) = A_{\text{w}} \cos\alpha (\zeta\, p_{\text{T0II2}} - p_{\text{T0II2}}) \\ &= A_{\text{w}} \cos\alpha\, p_{\text{T0II2}} (\zeta - 1) \end{aligned}$$

Aus diesen Gleichungen ergibt sich der Taschendruck bei der oberen hydrostatischen Tasche 1 im Anfangszustand:

$$p_{\text{T0II1}} = \frac{F_{\text{T01}}}{(\zeta - 1) A_{\text{w}} \cos\alpha} \tag{2.58}$$

und der Taschendruck bei der unteren hydrostatischen Tasche 2 im Anfangszustand:

$$p_{\text{T0II2}} = \frac{F_{\text{T02}}}{(\zeta - 1) A_{\text{w}} \cos\alpha} \tag{2.58}$$

Wenn die Anzahl der hydrostatischen Taschen in einem Querschnitt mit z bezeichnet wird, bekommt man die Gleichgewichtsgleichung für Taschenkräfte im Anfangszustand:

$$(F_{\text{T01}} - F_{\text{T02}}) \frac{z}{2} = F_{\text{e}}$$

Aus dieser Gleichung ergibt sich:

$$F_{\text{T01}} - F_{\text{T02}} = \frac{2F_{\text{e}}}{z} \tag{2.69}$$

Die Gleichgewichtsgleichung für Momente im Anfangszustand lautet:

$$F_{\text{T01}} a_1 - F_{\text{e}} (e_1 + a_1) = 0 \tag{2.70}$$

Aus Gl. (2.69) und (2.70) können die resultierenden Taschenkräfte F_{T01} und F_{T02} ermittelt werden.

Die resultierende Komponente der Taschenkraft unter Wirkung der Schnittkraft auf ein hydrostatisches Lager mit Bez. 1 lautet:

$$F_{\mathrm{T1}} = p_{\mathrm{TI1}} A_{\mathrm{w}} \cos\alpha - p_{\mathrm{TII1}} A_{\mathrm{w}} \cos\alpha = A_{\mathrm{w}} \cos\alpha (p_{\mathrm{TI1}} - p_{\mathrm{TII1}}). \tag{2.59}$$

Für den Taschendruck bei der unteren hydrostatischen Tasche 1 unter Wirkung der Schnittkraft $F_{\text{äuß}}$ beim Ölversorgungssystem „Eine gemeinsame Pumpe und Kapillar-drosseln“ gilt:

$$p_{\mathrm{TI1}} = \frac{p_{\mathrm{P}}}{\left(\dfrac{p_{\mathrm{P}}}{p_{\mathrm{T0I1}}} - 1\right)\left(1 - \dfrac{\Delta h_1}{h_0}\right)^3 + 1} \tag{2.22}$$

Für den Taschendruck bei der oberen hydrostatischen Tasche 1 unter Wirkung der Schnittkraft beim Ölversorgungssystem „Eine gemeinsame Pumpe und Kapillardrosseln“ gilt:

$$p_{\mathrm{TII1}} = \frac{p_{\mathrm{P}}}{\left(\dfrac{p_{\mathrm{P}}}{p_{\mathrm{T0II1}}} - 1\right)\left(1 + \dfrac{\Delta h_1}{h_0}\right)^3 + 1} \tag{2.23}$$

Aus den Gl. (2.59), (2.22) und (2.23) können p_{TI1}, p_{TII1} und Δh_1 errechnet werden.

Die resultierende Komponente der Taschenkraft unter Wirkung der Schnittkraft $F_{\text{äuß}}$ auf ein hydrostatisches Lager mit Bez. 2 lautet:

$$F_{\mathrm{T2}} = p_{\mathrm{TI2}} A_{\mathrm{w}} \cos\alpha - p_{\mathrm{TII2}} A_{\mathrm{w}} \cos\alpha = A_{\mathrm{w}} \cos\alpha (p_{\mathrm{TI2}} - p_{\mathrm{TII2}}) \tag{2.59}$$

Für den Taschendruck bei der oberen hydrostatischen Tasche 2 unter Wirkung der Schnittkraft beim Ölversorgungssystem „Eine gemeinsame Pumpe und Kapillardrosseln“ gilt:

$$p_{\mathrm{TI2}} = \frac{p_{\mathrm{P}}}{\left(\dfrac{p_{\mathrm{P}}}{p_{\mathrm{T0I2}}} - 1\right)\left(1 - \dfrac{\Delta h_2}{h_0}\right)^3 + 1} \tag{2.22}$$

Für den Taschendruck bei der unteren hydrostatischen Tasche 2 unter Wirkung der Schnittkraft beim Ölversorgungssystem „Eine gemeinsame Pumpe und Kapillardrosseln“ gilt:

$$p_{\mathrm{TII2}} = \frac{p_{\mathrm{P}}}{\left(\dfrac{p_{\mathrm{P}}}{p_{\mathrm{T0II2}}} - 1\right)\left(1 + \dfrac{\Delta h_2}{h_0}\right)^3 + 1} \tag{2.23}$$

Aus den Gl. (2.59), (2.22) und (2.23) können p_{TI2}, p_{TII2} und Δh_2 errechnet werden.

Für den Taschendruck bei der unteren hydrostatischen Tasche 1 unter Wirkung der Schnittkraft beim Ölversorgungssystem „Eine Pumpe pro Tasche“ gilt:

$$p_{\mathrm{TI1}} = \frac{p_{\mathrm{TOI1}}}{\left(1 - \frac{\Delta h_1}{h_0}\right)^3} \tag{2.27}$$

Für den Taschendruck bei der oberen hydrostatischen Tasche 1 unter Wirkung der Schnittkraft beim Ölversorgungssystem „Eine Pumpe pro Tasche“ gilt:

$$p_{\mathrm{TII1}} = \frac{p_{\mathrm{TOII1}}}{\left(1 + \frac{\Delta h_1}{h_0}\right)^3} \tag{2.28}$$

Aus den Gl. (2.59), (2.27) und (2.28) können p_{TI1}, p_{TII1} und Δh_1 errechnet werden.

Für den Taschendruck bei der oberen hydrostatischen Tasche 2 unter Wirkung der Schnittkraft beim Ölversorgungssystem „Eine Pumpe pro Tasche“ gilt:

$$p_{\mathrm{TI2}} = \frac{p_{\mathrm{TOI2}}}{\left(1 - \frac{\Delta h_2}{h_0}\right)^3} \tag{2.27}$$

Für den Taschendruck bei der unteren hydrostatischen Tasche 2 unter Wirkung der Schnittkraft beim Ölversorgungssystem „Eine Pumpe pro Tasche“ gilt:

$$p_{\mathrm{TII2}} = \frac{p_{\mathrm{TOII2}}}{\left(1 + \frac{\Delta h_2}{h_0}\right)^3} \tag{2.28}$$

Aus den Gl. (2.59), (2.27) und (2.28) können p_{TI2}, p_{TII2} und Δh_2 bestimmt werden.

Die Gleichgewichtsgleichung für die Taschenkräfte unter Wirkung der Schnittkraft lautet:

$$(F_{\mathrm{T1}} - F_{\mathrm{T2}})\frac{z}{2} = F_{\mathrm{e}} + F_{\mathrm{äuß}}$$

Aus dieser Gleichung ergibt sich:

$$F_{\mathrm{T1}} - F_{\mathrm{T2}} = \frac{2(F_{\mathrm{e}} + F_{\mathrm{äuß}})}{z} \tag{2.71}$$

Die Gleichgewichtsgleichung für die Momente unter Wirkung der Schnittkraft lautet:

$$F_{\mathrm{T1}} a_1 - F_{\mathrm{e}}(e_1 + a_1) - F_{\mathrm{äuß}}(e_2 + a_1) = 0 \tag{2.72}$$

Aus den Gl. (2.71) und (2.72) können die resultierenden Taschenkräfte F_{T1} und F_{T2} ermittelt werden.

Für den Gesamtvolumenstrom im Anfangszustand gilt:

$$Q_{\mathrm{OGES}} = \frac{z h_0{}^3}{24\eta}\frac{b}{l}(p_{\mathrm{TOI1}} + p_{\mathrm{TOII1}} + p_{\mathrm{TOI2}} + p_{\mathrm{TOII2}}) \tag{2.73}$$

Für die Reibfläche gilt:

$$A_{\mathrm{R}} = (B_{\mathrm{w}} + l_{\mathrm{a}})l_{\mathrm{u}}2zx + (L_{\mathrm{w}} - l_{\mathrm{u}})l_{\mathrm{a}}2zx \tag{2.63}$$

Die höchste Gleitgeschwindigkeit wird in der Abhängigkeit von Lagerdurchmesser und von Drehzahl ermittelt:

$$v = \frac{\pi D n}{60}$$

Für die Verlustleistung gilt:

$$P_{\mathrm{VER}} = P_{\mathrm{P}} + P_{\mathrm{R}} = Q_{0\mathrm{GES}} p_{\mathrm{P}} + \frac{A_{\mathrm{R}} \eta v^2}{h_0} \tag{2.20}$$

Die Steifigkeit des hydrostatischen Lagers der Tasche 1 beträgt:

$$K_1 = \frac{F_{\mathrm{T1}} - F_{\mathrm{T01}}}{\Delta h_1} \tag{1.11}$$

Die Steifigkeit des hydrostatischen Lagers der Tasche 2 beträgt:

$$K_2 = \frac{F_{\mathrm{T2}} - F_{\mathrm{T02}}}{\Delta h_2} \tag{1.11}$$

Für den Neigungswinkel der Spindel unter Wirkung der Schnittkraft gilt:

$$\alpha = \arctan \frac{(\Delta h_1 + \Delta h_2)}{a_1} \tag{2.74}$$

Für die Ölversorgung „Eine gemeinsame Pumpe und Membrandrosseln“ gelten folgende Gleichungen:

Der Volumenstrom, der durch die zwei oberen hydrostatischen Taschen 1 im Anfangszustand strömt, beträgt:

$$Q_{0\mathrm{II}1} = \frac{2{h_0}^3}{12\eta} \frac{b}{l} p_{\mathrm{T0II1}} \tag{2.75}$$

Der Volumenstrom, der durch die zwei unteren hydrostatischen Taschen 1 im Anfangszustand strömt, beträgt:

$$Q_{0\mathrm{I}1} = \frac{2{h_0}^3}{12\eta} \frac{b}{l} p_{\mathrm{T0I1}} \tag{2.76}$$

Für den Gesamtvolumenstrom unter Wirkung der Schnittkraft gilt:

$$Q_{\mathrm{GES}} = Q_{\mathrm{I}1} + Q_{\mathrm{II}1} + Q_{\mathrm{I}2} + Q_{\mathrm{II}2} \tag{2.77}$$

Der Gesamtvolumenstrom unter Wirkung der Schnittkraft kann auch durch folgende Gleichung errechnet werden:

$$Q_{\mathrm{GES}} = \frac{z{h_0}^3}{24\eta} \frac{b}{l} (p_{\mathrm{TI1}} + p_{\mathrm{TII1}} + p_{\mathrm{TI2}} + p_{\mathrm{TII2}}) \tag{2.78}$$

2.8.1 Berechnungsbeispiel bei Ölversorgung „Eine gemeinsame Pumpe und Kapillardrosseln“

Vorgabedaten:

Lagerdurchmesser: $D = 0,1\,\text{m}$
Nutbreite: $l_1 = 0{,}010\,\text{m}$
Wirksame Taschenbreite: $B_\text{w} = 0{,}060\,\text{m}$
Strömungsverhältnisse: $\frac{b_\text{a}}{l_\text{a}} = \frac{b_\text{u}}{l_\text{u}} = \frac{b}{l} = 40$
Lagerspalte im Anfangszustand: $h_{0\text{I}} = h_{0\text{II}} = h_0 = 0{,}020 \cdot 10^{-3}\,\text{m}$
Winkel zwischen der hydrostatischen Tasche und der Senkrechtachse: $\alpha = 45°$
Anzahl der hydrostatischen Taschen in einem Querschnitt: $z = 4$
Anzahl der Radiallager: $x = 2$
Höchste Spindeldrehzahl: $n = 2000\,\text{min}^{-1}$
Exzentrisch wirkende Kraft Im Anfangszustand: $F_\text{e} = 1500\,\text{N}$
Zusätzlich exzentrisch wirkende Schnittkraft: $F_\text{äuß} = 1750\,\text{N}$
Maße nach Abb. 2.6:
$a_1 = 0,150\,\text{m}; \quad e_1 = 0,150\,\text{m}; \quad e_2 = 0,180\,\text{m}$
Schmieröl: ISO VG 10
Öltemperatur: $\vartheta = 25\,°\text{C}$
Wie im Berechnungsbeispiel 2.7.1 ergeben sich:
Dynamische Viskosität des Öles bei 25 °C: $\eta = 0{,}0156\,\text{N}\,\text{s}\,\text{m}^{-2}$
Kinematische Viskosität bei $\vartheta = 25\,°\text{C}$: $v_{25} = 17{,}95\,\text{mm}^2\,\text{s}^{-1}$

Gesucht:

- Schnittkraft $F_\text{äuß}$
- Volumenstrom im Anfangszustand Q_0GES
- Volumenstrom unter Wirkung der Schnittkraft Q_GES
- Verlustleistung P_VER
- Spaltänderungen Δh_1 und Δh_2
- Lagersteifigkeit K

Lösung:

1. Abströmbreite in Umfangsrichtung:

$$b_\text{u} = 2B_\text{w} = 2 \cdot 0{,}060 = 0,12\,\text{m} \tag{1.7}$$

2. Abströmlänge in Umfangsrichtung:

$$l_\text{u} = \frac{b_\text{u}}{b/l} = \frac{0,12}{40} = 0{,}003\,\text{m} \tag{1.8}$$

3. Wirksame Taschenlänge:

$$L_\text{w} = \frac{\pi D - z l_1}{z} - l_\text{u} = \frac{\pi \cdot 0{,}1 - 4 \cdot 0{,}010}{4} - 0{,}003 = 0{,}0655\,\text{m} \tag{1.9}$$

4. Wirksame Taschenfläche: $A_w = B_w L_w = 0{,}060 \cdot 0{,}0655 = 0{,}0039\,\mathrm{m}^2$ (1.3)
5. Gleichgewichtsgleichung für die Taschenkräfte im Anfangszustand:

$$F_{T01} - F_{T02} = \frac{2F_e}{z} = \frac{2 \cdot 1500}{4} = 750 \qquad (2.69)$$

6. Gleichgewichtsgleichung für die Momente im Anfangszustand:

$$\begin{aligned} F_{T01} a_1 - F_e(e_1 + a_1) &= 0 \\ F_{T01} \cdot 0{,}150 - 1500 \cdot (0{,}150 + 0{,}150) &= 0 \end{aligned} \qquad (2.70)$$

Die Lösung der Gl. (2.69) und (2.70) ergibt:

$$\begin{aligned} F_{T01} &= 3000\,\mathrm{N} \\ F_{T02} &= 2250\,\mathrm{N} \end{aligned}$$

7. Das Taschendruckverhältnis wird angenommen: $\zeta = 2$ (2.55)
8. Taschendruck bei der oberen hydrostatischen Tasche 1 im Anfangszustand:

$$p_{T0II1} \frac{F_{T01}}{(\zeta - 1) A_w \cos\alpha} = \frac{3000}{(2-1) \cdot 0{,}0039 \cdot \cos 45°} = 10{,}87 \cdot 10^5\,\mathrm{N\,m^{-2}} \qquad (2.58)$$

9. Taschendruck bei der unteren hydrostatischen Tasche 1 im Anfangszustand:

$$p_{T0I1} = \zeta\, p_{T0II1} = 2 \cdot 10{,}87 \cdot 10^5 = 21{,}74 \cdot 10^5\,\mathrm{N\,m^{-2}} \qquad (2.56)$$

10. Taschendruck bei der unteren hydrostatischen Tasche 2 im Anfangszustand:

$$p_{T0II2} = \frac{F_{T02}}{(\zeta - 1) A_w \cos\alpha} = \frac{2250}{(2-1) \cdot 0{,}0039} = 8{,}16 \cdot 10^5\,\mathrm{N\,m^{-2}} \qquad (2.58)$$

11. Taschendruck bei der oberen hydrostatischen Tasche 2 im Anfangszustand:

$$p_{T0I2} = \zeta\, p_{T0II2} = 2 \cdot 8{,}16 \cdot 10^5 = 16{,}32 \cdot 10^5\,\mathrm{N\,m^{-2}} \qquad (2.56)$$

12. Die relative Spaltänderung wird angenommen:

$$\Psi = \frac{\Delta h}{h_0} = 0{,}2 \qquad (2.14)$$

13. Flächenverhältnis:

$$\varphi = \frac{A_{wII}}{A_{wI}} = 1 \qquad (2.13)$$

14. Nach Tab. 2.3 wird für $\varphi = 1$ und $\Psi = \dfrac{\Delta h}{h_0} = 0{,}2$ ein optimales Drosselverhältnis ermittelt:

$$\left(\frac{p_P}{p_{T0}}\right)_{OPT} = 2{,}06$$

15. Pumpendruck:

$$p_P = \left(\frac{p_P}{p_{T0}}\right)_{OPT} p_{T0} = 2{,}06 \cdot 21{,}74 \cdot 10^5 = 44{,}78 \cdot 10^5 \mathrm{N\,m^{-2}} \tag{2.21}$$

Es wird p_{TOI1} eingesetzt, da für die Bestimmung des Pumpendruckes der höchste Taschendruck maßgebend ist.

16. Gleichgewichtsgleichung für die Taschenkräfte unter Wirkung der Schnittkraft:

$$F_{T1} - F_{T2} = \frac{2(F_e + F_{äuß})}{z} = \frac{2 \cdot (1500 + 1750)}{4} \tag{2.71}$$

17. Gleichgewichtsgleichung für die Momente unter Wirkung der Schnittkraft:

$$\begin{aligned} &F_{T1}a_1 - F_e(e_1 + a_1) - F_{äuß}(e_2 + a_1) = 0 \\ &F_{T1} \cdot 0{,}150 - 1500 \cdot (0{,}150 + 0{,}150) - 1750 \cdot (0{,}180 + 0{,}150) = 0 \end{aligned} \tag{2.72}$$

18. Die Lösung der Gl. (2.71) und (2.72) ergibt:

$$\begin{aligned} F_{T1} &= 6850\,\mathrm{N} \\ F_{T2} &= 5225\,\mathrm{N} \end{aligned}$$

19. Taschendruck bei der unteren hydrostatische Tasche 1 unter Wirkung der Schnittkraft:

$$p_{TI1} = \frac{p_P}{\left(\frac{p_P}{p_{TOI1}} - 1\right)\left(1 - \frac{\Delta h_1}{h_0}\right)^3 + 1} = \frac{44{,}78 \cdot 10^5}{\left(\frac{44{,}78 \cdot 10^5}{21{,}74 \cdot 10^5} - 1\right) \cdot \left(1 - \frac{\Delta h_1}{0{,}020 \cdot 10^{-3}}\right)^3 + 1} \tag{2.22}$$

20. Taschendruck bei der oberen hydrostatischen Tasche 1 unter Wirkung der Schnittkraft:

$$p_{TII1} = \frac{p_P}{\left(\frac{p_P}{p_{TOII1}} - 1\right)\left(1 + \frac{\Delta h_1}{h_0}\right)^3 + 1} = \frac{44{,}78 \cdot 10^5}{\left(\frac{44{,}78 \cdot 10^5}{10{,}87 \cdot 10^5} - 1\right) \cdot \left(1 + \frac{\Delta h_1}{0{,}020 \cdot 10^{-3}}\right)^3 + 1} \tag{2.23}$$

21. Resultierende Taschenkraft der Tasche 1 unter Wirkung der Schnittkraft:

$$\begin{aligned} F_{T1} &= A_w \cos\alpha (p_{TI1} - p_{TII1}) \\ 6850 &= 0{,}0039 \cos 45° (p_{TI1} - p_{TII1}) \end{aligned} \tag{2.59}$$

22. Die Lösung der Gl. (2.22), (2.23) und (2.59) ergibt:

$$\begin{aligned} p_{TI1} &= 31{,}1 \cdot 10^5\,\mathrm{Nm^{-2}} \\ p_{TII1} &= 6{,}31 \cdot 10^5\,\mathrm{N\,m^{-2}} \\ \Delta h_1 &= 0{,}0042 \cdot 10^{-3}\,\mathrm{m} \end{aligned}$$

23. Taschendruck bei der oberen hydrostatischen Tasche 2 unter Wirkung der Schnittkraft:

$$p_{\mathrm{TI2}} = \frac{p_{\mathrm{P}}}{\left(\frac{p_{\mathrm{P}}}{p_{\mathrm{TOI2}}} - 1\right)\left(1 - \frac{\Delta h_2}{h_0}\right)^3 + 1} = \frac{44{,}78 \cdot 10^5}{\left(\frac{44{,}78 \cdot 10^5}{16{,}32 \cdot 10^5} - 1\right) \cdot \left(1 - \frac{\Delta h_2}{0{,}020 \cdot 10^{-3}}\right)^3 + 1} \tag{2.22}$$

24. Taschendruck bei der unteren hydrostatischen Tasche 2 unter Wirkung der Schnittkraft:

$$p_{\mathrm{TII2}} = \frac{p_{\mathrm{P}}}{\left(\frac{p_{\mathrm{P}}}{p_{\mathrm{TOI2}}} - 1\right)\left(1 + \frac{\Delta h_2}{h_0}\right)^3 + 1} = \frac{44{,}78 \cdot 10^5}{\left(\frac{44{,}78 \cdot 10^5}{8{,}16 \cdot 10^5} - 1\right) \cdot \left(1 + \frac{\Delta h_2}{0{,}020 \cdot 10^{-3}}\right)^3 + 1} \tag{2.23}$$

25. Resultierende Taschenkraft der Tasche 2 unter Wirkung der Schnittkraft:

$$\begin{aligned} F_{\mathrm{T2}} &= A_{\mathrm{w}} \cos\alpha (p_{\mathrm{TI2}} - p_{\mathrm{TII2}}) \\ 5225 &= 0{,}0039 \cos 45° (p_{\mathrm{TI2}} - p_{\mathrm{TII2}}) \end{aligned} \tag{2.59}$$

26. Die Lösung der Gl. (2.22), (2.23) und (2.59) ergibt:

$$p_{\mathrm{TI2}} = 23{,}8 \cdot 10^5\ \mathrm{N\,m^{-2}}$$

$$p_{\mathrm{TII2}} = 4{,}9 \cdot 10^5\ \mathrm{N\,m^{-2}}$$

$$\Delta h_2 = 0{,}0039 \cdot 10^{-3}\ \mathrm{m}$$

27. Neigungswinkel der Spindel unter Wirkung der Schnittkraft:

$$\alpha = \arctan\frac{(\Delta h_1 + \Delta h_2)}{a_1} = \arctan\frac{(0{,}0042 \cdot 10^{-3} + 0{,}0039 \cdot 10^{-3})}{0{,}150} = 0{,}0030° \tag{2.74}$$

28. Gesamtvolumenstrom im Anfangszustand:

$$\begin{aligned} Q_{\mathrm{OGES}} &= \frac{z{h_0}^3}{24\eta}\frac{b}{l}(p_{\mathrm{TOI1}} + p_{\mathrm{TOII1}} + p_{\mathrm{TOI2}} + p_{\mathrm{TOII2}}) \\ &= \frac{4 \cdot (0{,}020 \cdot 10^{-3})^3}{24 \cdot 0{,}0156} \cdot 40 \cdot (21{,}74 \cdot 10^5 + 10{,}87 \cdot 10^5 + 16{,}32 \cdot 10^5 \\ &\quad + 8{,}16 \cdot 10^5) = 1{,}95 \cdot 10^{-5}\ \mathrm{m^3\,s^{-1}} = 1{,}17\ \mathrm{dm^3\,min^{-1}} \end{aligned} \tag{2.73}$$

29. Axiale Abströmbreite:

$$b_{\mathrm{a}} = 2L_{\mathrm{W}} = 2 \cdot 0{,}0655 = 0{,}131\ \mathrm{m} \tag{1.6}$$

30. Abströmlänge in axialer Richtung:

$$l_a = \frac{b_a}{b/l} = \frac{0{,}131}{40} = 0{,}0033\,\text{m} \tag{1.8}$$

31. Reibfläche:

$$\begin{aligned} A_R &= (B_w + l_a)l_u 2zx + (L_w - l_u)l_a 2zx = (0{,}060 + 0{,}0033) \cdot 0{,}003 \cdot 2 \cdot 4 \cdot 2 \\ &\quad + (0{,}0655 - 0{,}003) \cdot 0{,}0033 \cdot 2 \cdot 4 \cdot 2 = 0{,}0063\,\text{m}^2 \end{aligned} \tag{2.63}$$

32. Höchste Gleitgeschwindigkeit:

$$v = \frac{\pi D n}{60} = \frac{\pi \cdot 0{,}1 \cdot 2000}{60} = 10{,}47\,\text{m}\,\text{s}^{-1}$$

33. Verlustleistung:

$$\begin{aligned} P_{VER} &= P_P + P_R = Q_{0GES}\,p_P + \frac{A_R \eta v^2}{h_0} \\ &= 1{,}95 \cdot 10^{-5} \cdot 44{,}78 \cdot 10^5 + \frac{0{,}0063 \cdot 0{,}0156 \cdot 10{,}47^2}{0{,}020 \cdot 10^{-3}} = 625{,}99\,\text{W} \end{aligned} \tag{2.20}$$

34. Steifigkeit des hydrostatischen Lagers der Tasche 1:

$$K_1 = \frac{F_{T1} - F_{T01}}{\Delta h_1} = \frac{6850 - 3000}{0{,}0042 \cdot 10^{-3}} = 916666666\,\text{N}\,\text{m}^{-1} = 916\,\text{N}\,\mu\text{m}^{-1} \tag{1.11}$$

35. Steifigkeit des hydrostatischen Lagers der Tasche 2:

$$K_2 = \frac{F_{T2} - F_{T02}}{\Delta h_2} = \frac{5225 - 2250}{0{,}0039 \cdot 10^{-3}} = 762820512{,}8\,\text{N}\,\text{m}^{-1} = 762{,}8\,\text{N}\,\mu\text{m}^{-1} \tag{1.11}$$

36. Mittlere Steifigkeit des hydrostatischen Lagers:

$$\begin{aligned} K_{mittl} &= \frac{K_1 + K_2}{2} = \frac{916666666 + 762820512{,}8}{2} \\ &= 839743589\,\text{Nm}^{-1} = 839{,}4\,\text{N}\,\mu\text{m}^{-1} \end{aligned}$$

37. Mittlere Spaltänderung unter Wirkung der Schnittkraft:

$$\Delta h_{mittl} = \frac{\Delta h_1 + \Delta h_2}{2} = \frac{0{,}0042 \cdot 10^{-3} + 0{,}0039 \cdot 10^{-3}}{2} = 0{,}0040 \cdot 10^{-3}\,\text{m}$$

38. Mittlere relative Spaltänderung:

$$\Psi_{mittl} = \frac{\Delta h_{mittl}}{h_0} = \frac{0{,}0040 \cdot 10^{-3}}{0{,}020 \cdot 10^{-3}} = 0{,}13$$

2.8.2 Berechnungsbeispiel bei Ölversorgung „Eine Pumpe pro Tasche"

Vorgabedaten:

Lagerdurchmesser: $D = 0,1$ m
Nutbreite: $l_1 = 0,010$ m
Wirksame Taschenbreite: $B_w = 0,060$ m
Strömungsverhältnisse: $\frac{b_a}{l_a} = \frac{b_u}{l_u} = \frac{b}{l} = 40$
Lagerspalte im Anfangszustand: $h_{0I} = h_{0II} = h_0 = 0,020 \cdot 10^{-3}$ m
Winkel zwischen der hydrostatischen Tasche und der Senkrechtachse: $\alpha = 45°$
Anzahl der hydrostatischen Taschen in einem Querschnitt: $z = 4$
Anzahl der Radiallager: $x = 2$
Höchste Spindeldrehzahl: $n = 2000\,\text{min}^{-1}$
Exzentrisch wirkende Kraft Im Anfangszustand: $F_e = 1500$ N
Zusätzlich exzentrisch wirkende Schnittkraft: $F_{\text{äuß}} = 1750$ N
Maße nach Abb. 2.6:
$a_1 = 0,150$ m; $e_1 = 0,150$ m; $e_2 = 0,180$ m
Schmieröl: ISO VG 10
Öltemperatur: $\vartheta = 25$ °C
Wie im Berechnungsbeispiel 2.7.1 ergeben sich:
Dynamische Viskosität des Öles bei 25 °C: $\eta = 0,0156$ N s m^{-2}
Kinematische Viskosität bei $\vartheta = 25$ °C: $\upsilon_{25} = 17,95\,\text{mm}^2\,\text{s}^{-1}$

Gesucht:

- Volumenstrom im Anfangszustand Q_{0GES}
- Volumenstrom unter Wirkung der Schnittkraft Q_{GES}
- Verlustleistung P_{VER}
- Spaltänderungen Δh_1 und Δh_2
- Lagersteifigkeit K

Lösung:

1. Abströmbreite in Umfangsrichtung:

$$b_u = 2B_w = 2 \cdot 0,060 = 0,12\,\text{m} \tag{1.7}$$

2. Abströmlänge in Umfangsrichtung:

$$l_u = \frac{b_u}{b/l} = \frac{0,12}{40} = 0,003\ \text{m} \tag{1.8}$$

3. Wirksame Taschenlänge:

$$L_{\mathrm{w}} = \frac{\pi D - z l_1}{z} - l_{\mathrm{u}} = \frac{\pi \cdot 0{,}1 - 4 \cdot 0{,}010}{4} - 0{,}0030\,\mathrm{m} \tag{1.9}$$

4. Wirksame Taschenfläche:

$$A_{\mathrm{w}} = B_{\mathrm{w}} L_{\mathrm{w}} = 0{,}060 \cdot 0{,}0655 = 0{,}0039\,\mathrm{m}^2 \tag{1.3}$$

5. Gleichgewichtsgleichung für die Taschenkräfte im Anfangszustand:

$$F_{\mathrm{T01}} - F_{\mathrm{T02}} = \frac{2F_e}{z} = \frac{2 \cdot 1500}{4} = 750 \tag{2.69}$$

6. Gleichgewichtsgleichung für die Momente im Anfangszustand:

$$\begin{aligned} &F_{\mathrm{T01}} a_1 - F_{\mathrm{e}}(e_1 + a_1) = 0 \\ &F_{\mathrm{T01}} \cdot 0{,}150 - 1500 \cdot (0{,}150 + 0{,}150) = 0 \end{aligned} \tag{2.70}$$

7. Aus (2.69) und (2.70) ergibt sich:

$$\begin{aligned} F_{\mathrm{T01}} &= 3000\,\mathrm{N} \\ F_{\mathrm{T02}} &= 2250\,\mathrm{N} \end{aligned}$$

8. Das Taschendruckverhältnis wird angenommen:

$$\zeta = 2 \tag{2.55}$$

9. Taschendruck bei der oberen hydrostatischen Tasche 1 im Anfangszustand:

$$p_{\mathrm{T0II1}} = \frac{F_{\mathrm{T01}}}{(\zeta - 1) A_{\mathrm{w}} \cos\alpha} = \frac{3000}{(2-1) 0{,}0039 \cos 45^\circ} = 10{,}87 \cdot 10^5\,\mathrm{N\,m^{-2}} \tag{2.58}$$

10. Taschendruck bei der unteren hydrostatischen Tasche 1 im Anfangszustand:

$$p_{\mathrm{T0I1}} = \zeta\, p_{\mathrm{T0II1}} = 2 \cdot 10{,}87 \cdot 10^5 = 21{,}74 \cdot 10^5\,\mathrm{N\,m^{-2}} \tag{2.56}$$

11. Taschendruck bei der unteren hydrostatischen Tasche 2 im Anfangszustand:

$$p_{\mathrm{T0II2}} = \frac{F_{\mathrm{T02}}}{(\zeta - 1) A_{\mathrm{w}} \cos\alpha} = \frac{2250}{(2-1) 0{,}0039 \cos 45^\circ} = 8{,}16 \cdot 10^5\,\mathrm{N\,m^{-2}} \tag{2.58}$$

12. Taschendruck bei der oberen hydrostatischen Tasche 2 im Anfangszustand:

$$p_{\mathrm{T0I2}} = \zeta\, p_{\mathrm{T0II2}} = 2 \cdot 8{,}16 \cdot 10^5 = 16{,}32 \cdot 10^5\,\mathrm{N\,m^{-2}} \tag{2.56}$$

13. Flächenverhältnis:

$$\varphi = \frac{A_{\mathrm{wII}}}{A_{\mathrm{wI}}} = 1 \tag{2.13}$$

14. Gleichgewichtsgleichung für die Taschenkräfte unter Wirkung der Schnittkraft:

$$F_{T1} - F_{T2} = \frac{2(F_e + F_{\text{äuß}})}{z} = \frac{2 \cdot (1500 + 1750)}{4} = 1625 \qquad (2.71)$$

15. Gleichgewichtsgleichung für die Momente unter Wirkung der Schnittkraft:

$$\begin{aligned} &F_{T1}a_1 - F_e(e_1 + a_1) - F_{\text{äuß}}(e_2 + a_1) = 0 \\ &F_{T1} \cdot 0{,}150 - 1500(0{,}150 + 0{,}150) - 1750(0{,}180 + 0{,}150) = 0 \end{aligned} \qquad (2.72)$$

16. Aus (2.71) und (2.72) ergibt sich:

$$\begin{aligned} F_{T1} &= 6850\ \text{N} \\ F_{T2} &= 5225\ \text{N} \end{aligned}$$

17. Taschendruck bei der unteren hydrostatische Tasche 1 unter Wirkung der Schnittkraft:

$$p_{TI1} = \frac{p_{TOI1}}{\left(1 - \frac{\Delta h_1}{h_0}\right)^3} = \frac{21{,}74 \cdot 10^5}{\left(1 - \frac{\Delta h_1}{0{,}020 \cdot 10^{-3}}\right)^3} \qquad (2.27)$$

18. Taschendruck bei der oberen hydrostatischen Tasche 1 unter Wirkung der Schnittkraft:

$$p_{TII1} = \frac{p_{TOII1}}{\left(1 + \frac{\Delta h_1}{h_0}\right)^3} = \frac{10{,}87 \cdot 10^5}{\left(1 + \frac{\Delta h_1}{0{,}020 \cdot 10^{-3}}\right)^3} \qquad (2.28)$$

19. Resultierende Taschenkraft der Tasche 1 unter Wirkung der Schnittkraft:

$$\begin{aligned} F_{T1} &= A_w \cos\alpha\,(p_{TI1} - p_{TII1}) \\ 6850 &= 0{,}0039 \cdot \cos 45^\circ\,(p_{TI1} - p_{TII1}) \end{aligned} \qquad (2.59)$$

20. Aus (2.27), (2.28) und (2.59) folgt:

$$\begin{aligned} p_{TI1} &= 31{,}9 \cdot 10^5\,\text{N}\,\text{m}^{-2} \\ p_{TII1} &= 7{,}7 \cdot 10^5\,\text{N}\,\text{m}^{-2} \\ \Delta h_1 &= 0{,}0036 \cdot 10^{-3}\,\text{m} \end{aligned}$$

21. Taschendruck bei der oberen hydrostatischen Tasche 2 unter Wirkung der Schnittkraft:

$$p_{TI2} = \frac{p_{OI2}}{\left(1 - \frac{\Delta h_2}{h_0}\right)^3} = \frac{16{,}32 \cdot 10^5}{\left(1 - \frac{\Delta h_2}{0{,}020 \cdot 10^{-3}}\right)^3} \qquad (2.27)$$

22. Taschendruck bei der unteren hydrostatischen Tasche 2 unter Wirkung der Schnittkraft:

$$p_{\mathrm{TII2}} = \frac{p_{\mathrm{TOII2}}}{\left(1 + \dfrac{\Delta h_2}{h_0}\right)^3} = \frac{8{,}16 \cdot 10^5}{\left(1 + \dfrac{\Delta h_2}{0{,}020 \cdot 10^{-3}}\right)^3} \tag{2.28}$$

23. Resultierende Taschenkraft der Tasche 2 unter Wirkung der Schnittkraft:

$$\begin{aligned} F_{\mathrm{T2}} &= A_{\mathrm{w}} \cos\alpha\, (p_{\mathrm{TI2}} - p_{\mathrm{TII2}}) \\ 5225 &= 0{,}0039\ \cos 45^\circ\, (p_{\mathrm{TI2}} - p_{\mathrm{TII2}}) \end{aligned} \tag{2.59}$$

24. Die Lösung der Gl. (2.27), (2.28) und (2.59) ergibt:

$$p_{\mathrm{TI2}} = 24 \cdot 10^5\,\mathrm{N\,m^{-2}}$$

$$p_{\mathrm{TII2}} = 5{,}8 \cdot 10^5\,\mathrm{N\,m^{-2}}$$

$$\Delta h_2 = 0{,}0036 \cdot 10^{-3}\,\mathrm{m}$$

25. Neigungswinkel der Spindel unter Wirkung der Schnittkraft:

$$\alpha = \arctan \frac{(\Delta h_1 + \Delta h_2)}{a_1} = \arctan \frac{(0{,}0036 \cdot 10^{-3} + 0{,}0036 \cdot 10^{-3})}{0{,}150} = 0{,}0027^\circ \tag{2.74}$$

26. Gesamtvolumenstrom im Anfangszustand:

$$\begin{aligned} Q_{\mathrm{0GES}} &= \frac{z h_0{}^3}{24\eta} \frac{b}{l} (p_{\mathrm{TOI1}} + p_{\mathrm{TOII1}} + p_{\mathrm{TOI2}} + p_{\mathrm{TOII2}}) \\ &= \frac{4 \cdot (0{,}020 \cdot 10^{-3})^3}{24 \cdot 0{,}0156} \\ &\quad \times 40 \cdot (21{,}74 \cdot 10^5 + 10{,}87 \cdot 10^5 + 16{,}32 \cdot 10^5 + 8{,}16 \cdot 10^5) \\ &= 1{,}95 \cdot 10^{-5}\,\mathrm{m^3 s^{-1}} = 1{,}17\ \mathrm{dm^3\ min^{-1}} \end{aligned} \tag{2.73}$$

27. Axiale Abströmbreite:

$$b_{\mathrm{a}} = 2L_{\mathrm{w}} = 2 \cdot 0{,}0655 = 0{,}131\ \mathrm{m} \tag{1.6}$$

28. Abströmlänge in axialer Richtung:

$$l_{\mathrm{a}} = \frac{b_{\mathrm{a}}}{b/l} = \frac{0{,}131}{40} = 0{,}0033\ \mathrm{m} \tag{1.8}$$

29. Reibfläche:

$$A_R = (B_w + l_a)l_u 2zx + (L_w - l_u)l_a 2zx$$
$$= (0{,}060 + 0{,}0033)0{,}003 \cdot 2 \cdot 4 \cdot 2 + (0{,}0655 - 0{,}003)0{,}0033 \cdot 2 \cdot 4 \cdot 2$$
$$= 0{,}0063\ \mathrm{m}^2 \quad (2.63)$$

30. Höchste Gleitgeschwindigkeit:

$$v = \frac{\pi Dn}{60} = \frac{\pi \cdot 0{,}1 \cdot 2000}{60} = 10{,}47\,\mathrm{m\ s^{-1}}$$

31. Verlustleistung:

$$P_{VER} = P_P + P_R = Q_{0GES}\,p_P + \frac{A_R \eta v^2}{h_0} = 1{,}95 \cdot 10^{-5} \cdot 21{,}74 \cdot 10^5$$
$$+ \frac{(0{,}0063 \cdot 0{,}0156 \cdot 10{,}47^2)}{0{,}030 \cdot 10^{-3}} = 580{,}9\,\mathrm{W} \quad (2.20)$$

Da bei dieser Ölversorgung $p_P = p_T$ gilt, wird der höchste Taschendruck eingesetzt:

$$p_{T0I1} = 21{,}74 \cdot 10^5\,\mathrm{N\,m^{-2}}$$

32. Steifigkeit des hydrostatischen Lagers der Tasche 1:

$$K_1 = \frac{F_{T1} - F_{T01}}{\Delta h_1} = \frac{6850 - 3000}{0{,}0036 \cdot 10^{-3}} = 1069444444\,\mathrm{N\,m^{-1}} = 1069\,\mathrm{N\ \mu m^{-1}} \quad (1.11)$$

33. Steifigkeit des hydrostatischen Lagers der Tasche 2:

$$K_2 = \frac{F_{T2} - F_{T02}}{\Delta h_2} = \frac{5225 - 2250}{0{,}0036 \cdot 10^{-3}} = 826388888{,}9\,\mathrm{N\,m^{-1}} = 826{,}3\,\mathrm{N\ \mu m^{-1}} \quad (1.11)$$

34. Mittlere Steifigkeit des hydrostatischen Lagers:

$$K_{mittl} = \frac{K_1 + K_2}{2} = \frac{1069 + 826{,}3}{2} = 947{,}6\,\mathrm{N\,\mu m^{-1}}$$

35. Mittlere Spaltänderung unter Wirkung der Schnittkraft:

$$\Delta h_{mittl} = \frac{\Delta h_1 + \Delta h_2}{2} = \frac{0{,}0036 \cdot 10^{-3} + 0{,}0036 \cdot 10^{-3}}{2} = 0{,}0036 \cdot 10^{-3}$$

36. Mittlere relative Spaltänderung:

$$\Psi_{mittl} = \frac{\Delta h_{mittl}}{h_0} = \frac{0{,}0036 \cdot 10^{-3}}{0{,}020 \cdot 10^{-3}} = 0{,}18 \quad (2.14)$$

37. Lagerspalt bei der unteren hydrostatischen Tasche 1 unter Wirkung der Schnittkraft:

$$h_{\mathrm{I1}} = h_0 - \Delta h_1 = 0{,}020 \cdot 10^{-3} - 0{,}0036 \cdot 10^{-3} = 0{,}0164 \cdot 10^{-3}\,\mathrm{m} \quad (2.11)$$

38. Lagerspalt bei der oberen hydrostatischen Tasche 1 unter Wirkung der Schnittkraft:

$$h_{\mathrm{II1}} = h_0 + \Delta h_1 = 0{,}020 \cdot 10^{-3} + 0{,}0036 \cdot 10^{-3} = 0{,}0236 \cdot 10^{-3}\,\mathrm{m} \quad (2.12)$$

39. Lagerspalt bei der unteren hydrostatischen Tasche 2 unter Wirkung der Schnittkraft:

$$h_{\mathrm{II2}} = h_0 + \Delta h_2 = 0{,}020 \cdot 10^{-3} + 0{,}0036 \cdot 10^{-3} = 0{,}0236 \cdot 10^{-3}\,\mathrm{m} \quad (2.12)$$

40. Lagerspalt bei der oberen hydrostatischen Tasche 2 unter Wirkung der Schnittkraft:

$$h_{\mathrm{I2}} = h_0 - \Delta h_2 = 0{,}020 \cdot 10^{-3} - 0{,}0036 \cdot 10^{-3} = 0{,}0164 \cdot 10^{-3}\,\mathrm{m} \quad (2.11)$$

41. Volumenstrom, der unter Wirkung der Schnittkraft durch die untere hydrostatische Tasche 1 strömt (durch einen Strang der Mehrkreispumpe):

$$Q_{\mathrm{SI1}} = \frac{p_{\mathrm{TI1}} {h_{\mathrm{I1}}}^3}{12\eta}\frac{b}{l} = \frac{31{,}9 \cdot 10^5 (0{,}0164 \cdot 10^{-3})^3}{12 \cdot 0{,}0156} 40$$
$$= 0{,}3 \cdot 10^{-5}\mathrm{m}^3\mathrm{s}^{-1} = 0{,}18\,\mathrm{dm}^3\,\mathrm{min}^{-1} \quad (2.30)$$

42. Volumenstrom, der unter Wirkung der Schnittkraft durch die obere hydrostatische Tasche 1 strömt (durch einen Strang der Mehrkreispumpe):

$$Q_{\mathrm{SII1}} = \frac{p_{\mathrm{TII1}} {h_{\mathrm{II1}}}^3}{12\eta}\frac{b}{l} = \frac{7{,}7 \cdot 10^5 \cdot (0{,}236 \cdot 10^{-3})^3}{12 \cdot 0{,}0156} 40$$
$$= 0{,}21 \cdot 10^{-5}\mathrm{m}^3\mathrm{s} = 0{,}13\ \mathrm{dm}^3\,\mathrm{min}^{-1} \quad (2.31)$$

43. Volumenstrom, der unter Wirkung der Schnittkraft durch die untere hydrostatische Tasche 2 strömt (durch einen Strang der Mehrkreispumpe):

$$Q_{\mathrm{SII2}} = \frac{p_{\mathrm{TII2}} {h_{\mathrm{II2}}}^3}{12}\frac{b}{l} = \frac{5{,}8 \cdot 10^5 \cdot (0{,}0236 \cdot 10^{-3})^3}{12 \cdot 0{,}0156} 40$$
$$= 0{,}16 \cdot 10^{-5}\mathrm{m}^3\mathrm{s} = 0{,}09\,\mathrm{dm}^3\,\mathrm{min}^{-1} \quad (2.31)$$

44. Volumenstrom, der unter Wirkung der Schnittkraft durch die obere hydrostatische Tasche 2 strömt (durch einen Strang der Mehrkreispumpe):

$$Q_{\mathrm{SI2}} = \frac{p_{\mathrm{TI2}} {h_{\mathrm{I2}}}^3}{12\eta}\frac{b}{l} = \frac{24 \cdot 10^5 (0{,}0164 \cdot 10^{-3})^3}{12 \cdot 0{,}0156} 40$$
$$= 0{,}22 \cdot 10^{-5}\mathrm{m}^3\mathrm{s} = 0{,}13\,\mathrm{dm}^3\,\mathrm{min}^{-1} \quad (2.30)$$

2.8.3 Berechnungsbeispiel bei Ölversorgung „Eine gemeinsame Pumpe und Membrandrosseln“

Vorgabedaten:

Lagerdurchmesser: $D = 0,1$ m
Nutbreite: $l_1 = 0{,}010\,\text{m}$
Wirksame Taschenbreite: $B_\text{w} = 0{,}060\,\text{m}$
Strömungsverhältnisse: $\frac{b_\text{a}}{l_\text{a}} = \frac{b_\text{u}}{l_\text{u}} = \frac{b}{l} = 40$
Lagerspalte im Anfangszustand: $h_{0\text{I}} = h_{0\text{II}} = h_0 = 0{,}020 \cdot 10^{-3}\,\text{m}$
Winkel zwischen der hydrostatischen Tasche und der Senkrechtachse: $\alpha = 45°$
Anzahl der hydrostatischen Taschen in einem Querschnitt: $z = 4$
Anzahl der Radiallager: $x = 2$
Höchste Spindeldrehzahl: $n = 2000\ \text{min}^{-1}$
Exzentrisch wirkende Kraft Im Anfangszustand: $F_e = 1500\,\text{N}$
Zusätzlich exzentrisch wirkende Schnittkraft: $F_\text{äuß} = 1750\,\text{N}$
Maße nach Abb. 2.6:
$a_1 = 0,150$ m; $e_1 = 0,150$ m; $e_2 = 0,180$ m
Schmieröl: ISO VG 10
Öltemperatur: $\vartheta = 25$ °C
Wie im Berechnungsbeispiel 2.7.1 ergeben sich:
Dynamische Viskosität des Öles bei 25 °C: $\eta = 0{,}0156\,\text{N}\,\text{s}\,\text{m}^{-2}$
Kinematische Viskosität bei $\vartheta = 25$ °C: $\upsilon_{25} = 17{,}95\,\text{mm}^2\,\text{s}^{-1}$

Gesucht:

- Volumenstrom im Anfangszustand $Q_{0\text{GES}}$
- Volumenstrom unter Wirkung der Schnittkraft Q_GES
- Verlustleistung P_VER

Lösung:

1. Abströmbreite in Umfangsrichtung

$$b_\text{u} = 2B_\text{w} = 2 \cdot 0{,}060 = 0{,}12\,\text{m} \tag{1.7}$$

2. Abströmlänge in Umfangsrichtung:

$$l_\text{u} = \frac{b_\text{u}}{b/l} = \frac{0,12}{40} = 0{,}003\ \text{m} \tag{1.8}$$

3. Wirksame Taschenlänge:

$$L_\text{w} = \frac{\pi D - z l_1}{z} - l_\text{u} = \frac{\pi \cdot 0,1 - 4 \cdot 0{,}010}{4} - 0{,}0030\ \text{m} \tag{1.9}$$

4. Wirksame Taschenfläche:

$$A_w = B_w L_w = 0{,}060 \cdot 0{,}0655 = 0{,}0039\ \text{m}^2 \tag{1.3}$$

5. Gleichgewichtsgleichung für die Taschenkräfte im Anfangszustand:

$$F_{T01} - F_{T02} = \frac{2F_e}{z} = \frac{2 \cdot 1500}{4} = 750 \tag{2.69}$$

6. Gleichgewichtsgleichung für die Momente im Anfangszustand:

$$\begin{aligned} &F_{T01} a_1 - F_e\,(e_1 + a_1) = 0 \\ &F_{T01} \cdot 0{,}150 - 1500 \cdot (0{,}150 + 0{,}150) = 0 \end{aligned} \tag{2.70}$$

7. Aus (2.69) und (2.70) erhält man:

$$\begin{aligned} F_{T01} &= 3000\,\text{N} \\ F_{T02} &= 2250\,\text{N} \end{aligned}$$

8. Das Taschendruckverhältnis wird angenommen:

$$\zeta = 2 \tag{2.55}$$

9. Taschendruck bei der oberen hydrostatischen Tasche 1 im Anfangszustand:

$$p_{T0II1} = \frac{F_{T01}}{(\zeta - 1) A_w \cos\alpha} = \frac{3000}{(2-1)0{,}0039 \cos 45^\circ} = 10{,}87 \cdot 10^5\ \text{N m}^{-2} \tag{2.58}$$

10. Taschendruck bei der unteren hydrostatischen Tasche 1 im Anfangszustand:

$$p_{T0I1} = \zeta\, p_{T0II1} = 2 \cdot 10{,}87 \cdot 10^5 = 21{,}74 \cdot 10^5\ \text{N m}^{-2} \tag{2.56}$$

11. Taschendruck bei der unteren hydrostatischen Tasche 2 im Anfangszustand:

$$p_{T0II2} = \frac{F_{T02}}{(\zeta - 1) A_w \cos\alpha} = \frac{2250}{(2-1)0{,}0039\ \cos 45^\circ} = 8{,}16 \cdot 10^5\ \text{N m}^{-2} \tag{2.58}$$

12. Taschendruck bei der oberen hydrostatischen Tasche 2 im Anfangszustand:

$$p_{T0I2} = \zeta\, p_{T0II2} = 2 \cdot 8{,}16 \cdot 10^5 = 16{,}32 \cdot 10^5\ \text{N m}^{-2} \tag{2.56}$$

13. Flächenverhältnis:

$$\varphi = \frac{A_{wII}}{A_{wI}} = 1 \tag{2.13}$$

14. Gleichgewichtsgleichung für die Taschenkräfte unter Wirkung der Schnittkraft:

$$F_{T1} - F_{T2} = \frac{2(Fe + F_{\text{äuß}})}{z} = \frac{2 \cdot (1500 + 1750)}{z} = 1625 \tag{2.71}$$

15. Gleichgewichtsgleichung für die Momente unter Wirkung der Schnittkraft:

$$F_{T1}a_1 - F_e(e_1 + a_1) - F_{\text{äuß}}(e_2 + a_1) = 0$$

$$F_{T1} \cdot 0{,}150 - 1500 \cdot (0{,}150 + 0{,}150) - 1750 \cdot (0{,}180 + 0{,}150) = 0 \quad (2.72)$$

16. Aus (2.71) und (2.72) ergibt sich:

$$F_{T1} = 6850\,\text{N}$$
$$F_{T2} = 5225\,\text{N}$$

17. Taschendruck bei der oberen hydrostatischen Tasche 1 unter Wirkung der Schnittkraft:

$$p_{\text{TII1}} = \frac{F_{T1}}{(\zeta - 1)A_w \cos\alpha} = \frac{6850}{(2-1)0{,}0039 \cos 45°} = 24{,}83 \cdot 10^5\,\text{N}\,\text{m}^{-2} \quad (2.66)$$

18. Taschendruck bei der unteren hydrostatischen Tasche 1 unter Wirkung der Schnittkraft:

$$p_{\text{TI1}} = \zeta\, p_{\text{TII1}} = 2 \cdot 24{,}83 \cdot 10^5 = 49{,}66 \cdot 10^5\,\text{N}\,\text{m}^{-2} \quad (2.67)$$

19. Taschendruck bei der unteren hydrostatischen Tasche 2 unter Wirkung der Schnittkraft:

$$p_{\text{TII2}} = \frac{F_{T2}}{(\zeta - 1)A_w \cos\alpha} = \frac{5225}{(2-1) \cdot 0{,}0039 \cdot \cos 45°} = 18{,}9 \cdot 10^5\,\text{N}\,\text{m}^{-2} \quad (2.66)$$

20. Taschendruck bei der oberen hydrostatischen Tasche 2 unter Wirkung der Schnittkraft:

$$p_{\text{TI2}} = \zeta\, p_{\text{TII2}} = 2 \cdot 18{,}9 \cdot 10^5 = 37{,}8 \cdot 10^5\,\text{N}\,\text{m}^{-2} \quad (2.67)$$

21. Gesamtvolumenstrom im Anfangszustand:

$$Q_{\text{OGES}} = \frac{z h_0{}^3}{24\eta}\frac{b}{l}(p_{\text{TOI1}} + p_{\text{TOII1}} + p_{\text{TOI2}} + p_{\text{TOII2}})$$
$$= \frac{4 \cdot (0{,}020 \cdot 10^{-3})^3}{24 \cdot 0{,}0156} 40(21{,}74 \cdot 10^5 + 10{,}87 \cdot 10^5 + 16{,}32 \cdot 10^5 + 8{,}16 \cdot 10^5)$$
$$= 1{,}95 \cdot 10^{-5}\,\text{m}^3\text{s}^{-1} = 1{,}17\,\text{dm}^3\,\text{min}^{-1} \quad (2.73)$$

22. Axiale Abströmbreite:

$$b_a = 2L_w = 2 \cdot 0{,}0655 = 0{,}131\ \text{m} \quad (1.6)$$

23. Abströmlänge in axialer Richtung:

$$l_a = \frac{b_a}{b/l} = \frac{0{,}131}{40} = 0{,}0033\,\text{m} \quad (1.8)$$

24. Reibfläche:

$$A_{\mathrm{R}} = (B_{\mathrm{w}} + l_{\mathrm{a}})l_{\mathrm{u}}2zx + (L_{\mathrm{w}} - l_{\mathrm{u}})l_{\mathrm{a}}2zx = (0{,}060 + 0{,}0033)\cdot 0{,}003\cdot 2\cdot 4\cdot 2$$
$$+ (0{,}0655 - 0{,}003)\cdot 0{,}0033\cdot 2\cdot 4\cdot 2 = 0{,}0063\ \mathrm{m}^2 \qquad (2.63)$$

25. Höchste Gleitgeschwindigkeit:

$$v = \frac{\pi Dn}{60} = \frac{\pi\cdot 0{,}1\cdot 2000}{60} = 10{,}47\,\mathrm{m\,s^{-1}}$$

26. Volumenstrom, der durch die zwei unteren hydrostatischen Taschen 1 im Anfangszustand strömt:

$$Q_{\mathrm{0I1}} = \frac{2h_0{}^3}{12\eta}\frac{b}{l}p_{\mathrm{T0I1}} = \frac{2\cdot\left(0{,}020\cdot 10^{-3}\right)^3}{12\cdot 0{,}0156}40\cdot 21{,}74\cdot 10^5$$
$$= 0{,}000007432\,\mathrm{m^3 s^{-1}} = 0{,}445\,\mathrm{dm^3\,min^{-1}} \qquad (2.76)$$

27. Proportionalitätsfaktor:

$$c_{\mathrm{I1}} = \frac{Q_{01}}{F_{\mathrm{T01}}} = \frac{0{,}000007432}{3000} = 2{,}4785\cdot 10^{-9}\,\mathrm{m^3\,s^{-1}\,N^{-1}} \qquad (2.32)$$

28. Volumenstrom, der durch die zwei oberen hydrostatischen Taschen 1 im Anfangszustand strömt:

$$Q_{\mathrm{0II1}} = \frac{2h_0{}^3}{12\eta}\frac{b}{l}p_{\mathrm{T0II1}} = \frac{2\cdot\left(0{,}020\cdot 10^{-3}\right)^3}{12\cdot 0{,}0156}40\cdot 7{,}25\cdot 10^5$$
$$= 0{,}000003715\,\mathrm{m^3 s^{-1}} = 0{,}2229\,\mathrm{dm^3\,min^{-1}} \qquad (2.75)$$

29. Proportionalitätsfaktor:

$$c_{\mathrm{II1}} = \frac{Q_{\mathrm{0II1}}}{F_{\mathrm{T01}}} = \frac{0{,}000003715}{3000} = 1{,}239\cdot 10^{-9}\,\mathrm{m^3 s^{-1} N^{-1}} \qquad (2.32)$$

30. Volumenstrom, der durch die zwei unteren hydrostatischen Taschen 2 im Anfangszustand strömt:

$$Q_{\mathrm{0II2}} = \frac{2h_0{}^3}{12\eta}\frac{b}{l}p_{\mathrm{T0II2}} = \frac{2\cdot\left(0{,}020\cdot 10^{-3}\right)^3}{12\cdot 0{,}0156}\cdot 40\cdot 5{,}43\cdot 10^5$$
$$= 0{,}000002789\,\mathrm{m^3\,s^{-1}} = 0{,}167\,\mathrm{dm^3\,min^{-1}} \qquad (2.75)$$

31. Proportionalitätsfaktor:

$$c_{\mathrm{II2}} = \frac{Q_{\mathrm{0II2}}}{F_{\mathrm{T02}}} = \frac{0{,}000002789}{2250} = 1{,}237\cdot 10^{-9}\,\mathrm{m^3 s^{-1} N^{-1}} \qquad (2.32)$$

32. Volumenstrom, der durch die zwei oberen hydrostatischen Taschen 2 im Anfangszustand strömt:

$$Q_{\mathrm{OI2}} = \frac{2h_0{}^3}{12\eta}\frac{b}{l}p_{\mathrm{TOI2}} = \frac{2\cdot\left(0{,}020\cdot 10^{-3}\right)^3}{12\cdot 0{,}0156}\cdot 40\cdot 10{,}87\cdot 10^5$$
$$= 0{,}000005579\,\mathrm{m^3 s^{-1}} = 0{,}334\,\mathrm{dm^3\,min^{-1}} \quad (2.76)$$

33. Proportionalitätsfaktor:

$$c_{\mathrm{I2}} = \frac{Q_{OI2}}{F_{\mathrm{T02}}} = \frac{0{,}000005579}{2250} = 2{,}477\ 10^{-9}\,\mathrm{m^3 s^{-1} N^{-1}} \quad (2.32)$$

34. Volumenstrom, der durch die zwei unteren hydrostatischen Taschen 1 unter Wirkung der Schnittkraft strömt:

$$Q_{\mathrm{I1}} = F_{\mathrm{T1}}c_{\mathrm{I1}} = 6850\cdot 2{,}4785\cdot 10^{-9} = 0{,}00001697\,\mathrm{m^3 s^{-1}} - 1{,}018\,\mathrm{dm^3\,min^{-1}} \quad (2.38)$$

35. Volumenstrom, der durch die zwei oberen hydrostatischen Taschen 1 unter Wirkung der Schnittkraft strömt:

$$Q_{\mathrm{II1}} = F_{\mathrm{T1}}c_{\mathrm{II1}} = 6850\cdot 1{,}239\cdot 10^{-9} = 0{,}000008487\,\mathrm{m^3 s^{-1}} = 0{,}51\,\mathrm{dm^3\,min^{-1}} \quad (2.38)$$

36. Volumenstrom, der durch die zwei unteren hydrostatischen Taschen 2 unter Wirkung der Schnittkraft strömt:

$$Q_{\mathrm{II2}} = F_{\mathrm{T2}}c_{\mathrm{II2}} = 5225\cdot 1{,}237\cdot 10^{-9} = 0{,}000006463\,\mathrm{m^3\,s^{-1}} = 0{,}38\,\mathrm{dm^3\,min^{-1}} \quad (2.38)$$

37. Volumenstrom, der durch die zwei oberen hydrostatischen Taschen 2 unter Wirkung der Schnittkraft strömt:

$$Q_{\mathrm{I2}} = F_{\mathrm{T2}}c_{\mathrm{I2}} = 5225\cdot 2{,}477\cdot 10^{-9} = 0{,}00001294\,\mathrm{m^3\,s^{-1}} = 0{,}776\,\mathrm{dm^3\,min^{-1}} \quad (2.38)$$

38. Gesamtvolumenstrom unter Wirkung der Schnittkraft:

$$Q_{\mathrm{GES}} = Q_{\mathrm{I1}} + Q_{\mathrm{II1}} + Q_{\mathrm{I2}} + Q_{\mathrm{II2}}$$
$$= 1{,}018 + 0{,}51 + 0{,}776 + 0{,}38 = 2{,}68\,\mathrm{dm^3\,min^{-1}} \quad (2.77)$$

39. Der Gesamtvolumenstrom unter Wirkung der Schnittkraft kann auch aus folgender Gleichung errechnet werden:

$$Q_{\mathrm{GES}} = \frac{zh_0{}^3}{24\eta}\frac{b}{l}\left(p_{\mathrm{TI1}} + p_{\mathrm{TII1}} + p_{\mathrm{TI2}} + p_{\mathrm{TII2}}\right) = \frac{4\cdot(0{,}020\cdot 10^{-3})^3}{24\cdot 0{,}0156}$$
$$\cdot 40(49{,}66\cdot 10^5 + 24{,}83\cdot 10^5 + 37{,}7\cdot 10^5 + 18{,}9\cdot 10^5)$$
$$= 0{,}0000448\ \mathrm{m^3\ s^{-1}} = 2{,}68\ \mathrm{dm^3\,min^{-1}} \quad (2.78)$$

40. Der Pumpendruck wird so gewählt, dass die Membrandrossel in optimalem Druckverhältnis belastet wird:

$$(p_T/p_P)_{OPT} = 0{,}1 \text{ bis } 0{,}6 \tag{2.37}$$

Gewählt wird der Pumpendruck:

$$p_P = 82{,}7 \cdot 10^5 \,\mathrm{N\,m^{-2}}$$

Größter Taschendruck:

$$p_{TI1} = 49{,}66 \cdot 10^5 \,\mathrm{N\,m^{-2}}$$

Gewählt wird das größte Druckverhältnis:

$$\frac{p_T}{p_P} = \frac{49{,}66}{82{,}7} = 0{,}6$$

Kleinstes Druckverhältnis:

$$\frac{p_{TOII2}}{p_P} = \frac{8{,}16 \cdot 10^5}{82{,}7 \cdot 10^5} = 0{,}098 \approx 0{,}1$$

41. Verlustleistung:

$$P_{VER} = P_P + P_R = Q_{OGES}\,p_P + \frac{A_R \eta v^2}{h_0} = 1{,}95 \cdot 10^{-5} \cdot 10^{-5} \cdot 82{,}7 \cdot 10^5$$
$$+ \frac{0{,}0063 \cdot 0{,}0156 \cdot 10{,}47^2}{0{,}020 \cdot 10^{-3}} = 161{,}26 + 538{,}6 = 699{,}86\,\mathrm{W} \tag{2.20}$$

2.8.4 Zusammenfassung

Aus den Berechnungsbeispielen 2.8.1, 2.8.2, und 2.8.3 ergibt sich:

Mit den gleichen Vorgabedaten ergeben sich bei der Ölversorgung „Eine Pumpe pro Tasche" eine niedrigere Spaltänderung Δh_1, ein kleinerer Neigungswinkel der Spindel α und eine höhere Steifigkeit des hydrostatischen Lagers K als beim Ölversorgungssystem „Eine gemeinsame Pumpe und Kapillardrosseln". Beim Ölversorgungssystem „Eine gemeinsame Pumpe und Membrandrosseln" werden die höchsten Taschendrücke p_{TI1} und die Pumpendrücke p_P erreicht. Nach Abb. 2.6 wird deutlich, dass bei der unteren Tasche 1 (p_{TOI1}) höhere Taschendrücke aufgebaut werden als bei der oberen hydrostatischen Tasche 1 (p_{TOII1}). Im Falle der Tasche 2 verhält es sich umgekehrt, hier werden höhere Taschendrücke bei der oberen hydrostatischen Tasche (p_{TOI2})aufgebaut. Die Ergebnisse dieser Berechnungen sind in Tab. 2.11 aufgestellt.

Tab. 2.11 Vergleichstabelle zwischen verschiedenen Ölversorgungssystemen

Ölversorgung mit	F_e in N	$F_{äuß}$ in N	p_{TI1} in bar	p_P in bar	Δh_1 in µm	α in Grad	K_1 in N µm^{-1}
Kapillardrosseln	1500	1750	31,1	44,7	4,2	0,0030	916
Einer Pumpe pro Tasche	1500	1750	31,9	$p_P = p_T$	3,6	0,0027	1069
Membrandrosseln	1500	1750	49,6	82,7	0	0	∞

2.9 Hydrostatischer Gewindetrieb

Die Gewindetriebe dienen zur Umsetzung der drehenden Bewegung der Gewindespindel in die lineare Bewegung des Tisches. Sie werden entweder durch wälzende Gewindetriebe, d. h. durch Kugelrollspindel und Kugelumlaufmutter, oder durch hydrostatischen Gewindetrieb realisiert.

Abbildung 2.7 zeigt eine prinzipielle Skizze des Vorschubantriebes durch einen Drehstrom-Servomotor. Am Beispiel dieses Vorschubantriebes werden im Folgenden die Gewindetriebe prinzipiell behandelt.

Der Drehstrom-Servomotor 1 treibt die Gewindespindel 2 mit dem Drehmoment M an. Die Gewindespindel ist in den Lagerhaltern 3 und 4 radial und axial gelagert.

Die drehende Bewegung der Gewindespindel wird durch die Gewindemutter 5 in die geradlinige Bewegung des Tisches 6 umgesetzt.

Der Antriebsmotor wird so ausgelegt, dass die Schubkraft des Vorschubantriebes F_{SCH} die beiden entgegengesetzter Richtung wirkenden Kräfte F_{f} (Vorschubkraft) und F_{μ} (Reibungskraft an den Führungsbahnen) aufnehmen kann:

$$F_{\mathrm{SCH}} \geq F_{\mathrm{f}} + F_{\mu}$$

Die *Reibungskraft* an den Führungsbahnen F_{μ} wird nach der Gesamtmasse des Tisches m_{L}, der Reibungszahl an den Führungsbahnen μ und der Erdbeschleunigung g bestimmt:

$$F_{\mu} = \mu m_{\mathrm{L}} g \tag{2.79}$$

Zwischen dem *Drehmoment* an der Gewindespindel M und der Schubkraft F_{SCH} gilt folgende Beziehung:

$$M = F_{\mathrm{SCH}} \frac{d_2}{2} \tan(\alpha + \rho)$$

Aus oberer Gleichung ergibt sich beim Einsetzen der Gleichung für die Schubkraft des Vorschubantriebes die allgemeine Gleichung für das *Drehmoment* an der Gewindespindel:

$$M = (F_{\mathrm{f}} + F_{\mu}) \frac{d_2}{2} \tan(\alpha + \rho) \tag{2.80}$$

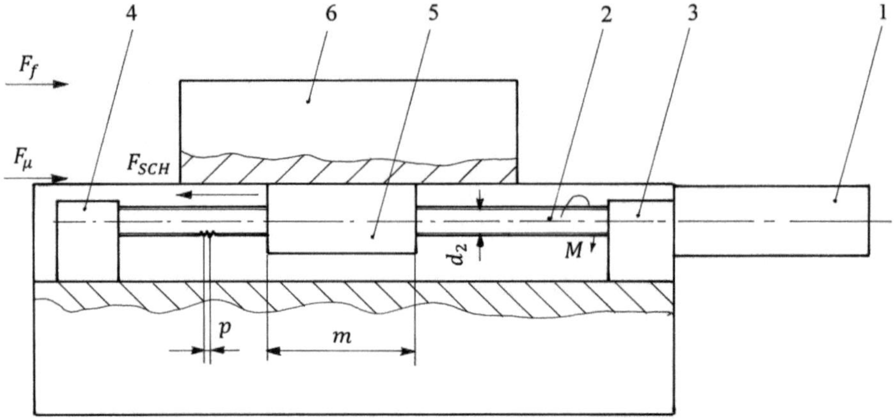

Abb. 2.7 Vorschubantrieb durch den Drehstrom-Servomotor. *1* Drehstrom-Servomotor, *2* Gewindespindel, *3* Lagerhalter, *4* Lagerhalter, *5* Gewindemutter, *6* Tisch F_{SCH} Schubkraft des Vorschubantriebes, M Drehmoment an der Gewindespindel, F_fVorschubkraft, F_μ Reibungskraft an den Führungsbahnen, p Steigung der Gewindespindel, ρ Reibungswinkel zwischen Gewindespindel und Gewindemutter, d_2 Flankendurchmesser des Gewindes, μ_s Reibungszahl im Gewinde, m Mutterhöhe

Für den *Steigungswinkel* des Gewindes α gilt:

$$\alpha = \arctan \frac{p}{\pi d_2} \tag{2.81}$$

Der Reibungswinkel ρ zwischen Gewindespindel und Gewindemutter wird nach der Reibungszahl im Gewinde μ_s bestimmt:

$$\rho = \arctan \mu_s \tag{2.82}$$

Aus Gl. (2.80) wird deutlich, dass das Antriebsdrehmoment an der Gewindespindel M von der Vorschubkraft F_f, der Reibungskraft an den Führungsbahnen F_μ, dem Flankendurchmesser des Gewindes d_2 und der Reibungszahl im Gewinde μ_s abhängig ist.

Um die Reibungen an den Führungen und im Gewinde zu minimieren, werden für die Servo-Vorschubantriebe entweder wälzende Führungen und wälzende Gewindetriebe (Kugelrollspindel und Kugelumlaufmutter), oder aber hydrostatische Führungen und hydrostatische Gewindetriebe verwendet.

Bei den wälzenden Gewindetrieben ist die Reibungszahl zwischen Gewindespindel und Gewindemutter sehr gering:

$$\mu_s = 0{,}005$$

Bei den hydrostatischen Gewindetrieben ist die Reibungszahl zwischen Gewindespindel und Gewindemutter vernachlässigbar klein:

$$\begin{aligned} \mu_s &\approx 0 \\ \rho &\approx 0 \end{aligned} \tag{2.83}$$

Beim Einsetzen von Gl. (2.83) in die Gl. (2.80) ergibt sich das Drehmoment an der Gewindespindel für die hydrostatischen Gewindetriebe:

$$M = (F_\text{f} + F_\mu)\frac{d_2}{2}\tan\alpha \tag{2.84}$$

Mit dem hydrostatischen Gewindetrieb wird eine spielfreie, reibungslose und schwingungsdämpfende Übertragung der Drehbewegung in die geradlinige Bewegung realisiert. Die Vorschubkräfte können bei dem hydrostatischen Gewindetrieb mit geringerem Antriebsmoment aufgenommen werden.

Wenn auch der Tisch hydrostatisch geführt wird, gilt:

$$F_\mu = 0$$

Das Drehmoment an der Gewindespindel für die hydrostatischen Gewindetriebe und für die hydrostatisch geführten Tische wird abgeleitet zu:

$$M = F_\text{f}\frac{d_2}{2}\tan\alpha \tag{2.85}$$

Der hydrostatische Gewindetrieb besteht aus der Gewindespindel 1 und der Gewindemutter 2. Die hydrostatischen Taschen befinden sich in der geradlinig bewegten Gewindemutter.

Die hydrostatischen Taschen werden von einer Pumpe mit dem Pumpendruck p_P über die in der Gewindemutter eingebauten Kapillardrosseln 3 mit Öl versorgt. Kapillardrosseln sind für den hydrostatischen Gewindetrieb sehr geeignet, da sie in die Gewindemutter problemlos eingebaut werden können.

Auf einem Gewindegang werden auf jede Flanke dreibis vier Taschen eingefräst:

$$y = 3 \text{ bis } 4$$

Die Anzahl der Gewindegänge i wird nach der Mutterhöhe m und der Steigung der Gewindespindel p bestimmt:

$$i = \frac{m}{p} \tag{2.86}$$

Die Gesamtanzahl der Taschenpaare:

$$z = yi \tag{2.87}$$

Die Gesamtanzahl der hydrostatischen Taschen: 2z (2.3)

Die hydrostatischen Taschen (in Abb. 2.8 drei Taschen) werden in der Flankenmitte der Gewindemutter angeordnet. Die wirksamen Taschenflächen A_wI und A_wII sind beim Gewindetrieb gleich:

$$A_\text{wI} = A_\text{wII} = A_\text{w} = B_\text{w} L_\text{w} \tag{2.57}$$

Auf jede hydrostatische Tasche wirkt im Anfangszustand auf der Seite der wirkenden Kraft mit Bezeichnung I der Taschendruck p_T0I und die Taschenkraft $p_\text{T0I} A_\text{w}$.

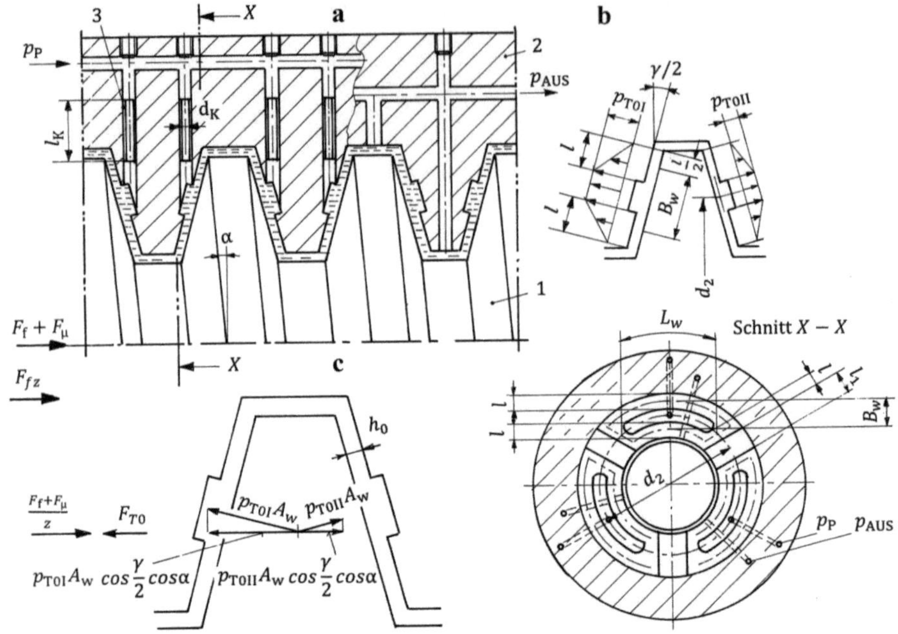

Abb. 2.8 Hydrostatischer Gewindetrieb (a) Längsschnitt (b) Druckdiagramm (c) Taschenkräfte und äußere Kräfte Schnitt $X - X$ (die wirksame Taschenbreite B_w und die Abströmlänge 1 erscheinen in diesem Schnitt nicht in richtiger Größe, sondern als die Projektion) 1 Gewindespindel, 2 Gewindemutter, 3 Kapillardrossel Index I: Seite, auf welche die Kraft wirkt, Index II: andere Flankenseite α Steigungswinkel des Gewindes, γ Flankenwinkel, F_f Vorschubkraft, F_μ Reibungskraft, p_P Pumpendruck, p_{AUS} Öldruck beim Austreten aus der Tasche, l_K Kapillarlänge, D_K Innendurchmesser der Kapillare, B_w wirksame Taschenbreite, L_w wirksame Taschenlänge, l Abströmlänge, l_1 Nubreite, p_{TOI} Taschendruck auf der Seite der wirkenden Kraft, p_{TOII} Taschendruck auf der anderen Flankenseite, d_2 Flankendurchmesser des Gewindes, F_{fz} zusätzlich wirkende Vorschubkraft.

Auf jede hydrostatische Tasche auf der anderen Flankenseite der wirkenden Kraft mit Bezeichnung II wirkt im Anfangszustand der Taschendruck p_{TOII} und die Taschenkraft $p_{TOII}A_w$. Die Komponente der Taschenkraft $p_{TOI}A_w$ in Richtung der Vorschubkraft F_f und der Reibungskraft F_μ wird nach dem Flankenwinkel γ und dem Steigungswinkel des Gewindes α bestimmt:

$$p_{TOI}A_w \cos\frac{\gamma}{2}\cos\alpha$$

Die Komponente der Taschenkraft $p_{TOII}A_w$ in Richtung der Vorschubkraft F_f und der Reibungskraft F_μ wird nach dem Flankenwinkel γ und dem Steigungswinkel des Gewindes α bestimmt:

$$p_{TOII}A_w \cos\frac{\gamma}{2}\cos\alpha$$

Die resultierende Komponente der im Anfangszustand auf ein hydrostatisches Lager wirkenden Taschenkraft lautet:

$$F_{\mathrm{T0}} = p_{\mathrm{T0I}} A_{\mathrm{w}} \cos\frac{\gamma}{2}\cos\alpha - p_{\mathrm{T0II}} A_{\mathrm{w}} \cos\frac{\gamma}{2}\cos\alpha$$

Aus dieser Gleichung folgt:

$$F_{\mathrm{T0}} = A_{\mathrm{w}} \cos\frac{\gamma}{2}\cos\alpha(p_{\mathrm{T0I}} - p_{\mathrm{T0II}}) \tag{2.88}$$

Der Anfangszustand wird so definiert, dass beim Einwirken der Vorschubkraft F_f und der Reibungskraft F_μ die Lagerspalte von beiden Flankenseiten gleich sind:

$$h_{0\mathrm{I}} = h_{0\mathrm{II}} = h_0 \tag{2.6}$$

Die Gleichgewichtsgleichung der Taschenkräfte im Gewindetrieb im Anfangszustand lautet:

$$F_{\mathrm{T0}}\mathrm{z} = F_{\mathrm{f}} + F_\mu$$

Aus dieser Gleichung ergibt sich die resultierende Komponente der Taschenkraft, die im Anfangszustand auf ein hydrostatisches Lager wirkt:

$$F_{\mathrm{T0}} = \frac{F_{\mathrm{f}} + F_\mu}{z} \tag{2.89}$$

Um Gl. (2.88) lösen zu können,muss wie bei den hydrostatischen Radiallagerungen das Taschendruckverhältnis eingeführt werden:

$$\zeta = \frac{p_{\mathrm{T0I}}}{p_{\mathrm{T0II}}} = 1{,}5\ldots 2\ldots 2{,}5 \tag{2.55}$$

Aus dieser Gleichung ergibt sich:

$$p_{\mathrm{T0I}} = \zeta p_{\mathrm{T0II}} \tag{2.56}$$

Beim Einsatz von Gl. (2.56) in Gl. (2.88) ergibt sich:

$$F_{\mathrm{T0}} = A_{\mathrm{w}} \cos\frac{\gamma}{2}\cos\alpha(\zeta p_{\mathrm{T0II}} - p_{\mathrm{T0II}}) = A_{\mathrm{w}} \cos\frac{\gamma}{2}\cos\alpha\, p_{\mathrm{T0II}}(\zeta - 1)$$

Aus dieser Gleichung bekommt man den Taschendruck p_{T0II}:

$$p_{\mathrm{T0II}} = \frac{F_{\mathrm{T0}}}{A_{\mathrm{w}} \cos\frac{\gamma}{2}\cos\alpha(\zeta - 1)} \tag{2.90}$$

Beim Eingreifen einer zusätzlich wirkenden Vorschubkraft F_{fz} verändern sich:

die Taschendrücke von p_{T0I} auf p_{TI},
die Taschendrücke von p_{T0II} auf p_{TII},
die resultierende Komponente der Taschenkraft von F_{T0} auf F_{T}.

Für die Taschendrücke beim Ölversorgungssystem „Eine gemeinsame Pumpe und Kapillardrosseln“ gilt:

$$p_{\mathrm{TI}} = \frac{p_{\mathrm{P}}}{\left(\frac{p_{\mathrm{P}}}{p_{\mathrm{T0}}} - 1\right)\left(1 - \frac{\Delta h}{h_0}\right)^3 + 1} \tag{2.22}$$

$$p_{\mathrm{TII}} = \frac{p_{\mathrm{P}}}{\left(\frac{p_{\mathrm{P}}}{p_{\mathrm{T0}}} - 1\right)\left(1 + \frac{\Delta h}{h_0}\right)^3 + 1} \tag{2.23}$$

Für die resultierende Komponente der Taschenkraft gilt:

$$F_{\mathrm{T}} = \frac{F_{\mathrm{f}} + F_{\mu} + F_{\mathrm{fz}}}{z} \tag{2.91}$$

Die resultierende Komponente der Taschenkraft, die beim Eingreifen der zusätzlich wirkenden Vorschubkraft F_{fz} auf ein hydrostatisches Lager wirkt, kann auch durch die Taschendrücke abgeleitet werden:

$$F_{\mathrm{T}} = p_{\mathrm{TI}} A_{\mathrm{w}} \cos\frac{\gamma}{2}\cos\alpha - p_{\mathrm{TII}} A_{\mathrm{w}} \cos\frac{\gamma}{2}\cos\alpha = A_{\mathrm{w}} \cos\frac{\gamma}{2}\cos\alpha(p_{\mathrm{TI}} - p_{\mathrm{TII}}) \tag{2.92}$$

Der Gesamtvolumenstrom im Anfangszustand beträgt:

$$Q_{0\mathrm{GES}} = \frac{2zh_0{}^3}{24\eta}\frac{b}{l}(p_{\mathrm{T0I}} + p_{\mathrm{T0II}}) \tag{2.93}$$

Für die Reibfläche auf eine Flanke gilt:

$$A_{\mathrm{R}} = (B_{\mathrm{w}} + l)l2z + (L_{\mathrm{w}} - l)l2z \tag{2.18}$$

Die Gesamtreibfläche auf beiden Flanken:

$$A_{\mathrm{RGES}} = 2A_{\mathrm{R}} \tag{2.94}$$

Für die Verlustleistung gilt:

$$P_{\mathrm{VER}} = P_{\mathrm{P}} + P_{\mathrm{R}} = Q_{0\mathrm{GES}}\, p_{\mathrm{P}} + \frac{A_{\mathrm{R}}\eta v^2}{h_0} \tag{2.20}$$

Analog der Gl. (1.9) wird die wirksame Taschenlänge abgeleitet zu:

$$L_{\mathrm{w}} - \frac{\pi d_2 - y l_1}{y} - 1 \tag{2.95}$$

2.9.1 Berechnungsbeispiel bei Ölversorgung „Eine gemeinsame Pumpe und Kapillardrosseln“

Bekannte Vorgabedaten:

Gesamtmasse des Tisches: $m_L = 2800\,\text{kg}$
Reibungszahl an den Führungsbahn: $\mu = 0{,}06$
Eilganggeschwindigkeit: $v = 10\,\text{m}\,\text{min}^{-1}$
Vorschubkraft: $F_f = 18000\,\text{N}$
Flankendurchmesser des Gewindes: $d_2 = 0{,}113\,\text{m}$
Steigung der Gewindespindel: $p = 0{,}014$ m
Höhe der Gewindemutter: $m = 0{,}140$ m
Flankenwinkel: $\gamma = 30°$
Anzahl der Taschen auf einem Gewindegang: $y = 4$
Lagerspalte im Anfangszustand: $h_0 = 0{,}030 \cdot 10^{-3}$ m
Wirksame Taschenbreite: $B_w = 0{,}007\,\text{m}$
Abströmlänge: $l = 0{,}003$ m
Nutbreite: $l_1 = 0{,}025\,\text{m}$
Schmieröl: ISO VG 10
Öltemperatur: $\vartheta = 25$ °C
Wie im Berechnungsbeispiel 2.7.1 ergeben sich:
Dynamische Viskosität des Öles bei 25 °C: $\eta = 0{,}0156\,\text{N s m}^{-2}$
Kinematische Viskosität bei $\vartheta = 25$ °C: $\nu_{25} = 17{,}95\,\text{mm}^2\,\text{s}^{-1}$
Erdbeschleunigung: $g = 9{,}81\,\text{m s}^{-2}$
Reibungszahl zwischen Gewindespindel und Gewindemutter beim Antrieb über Kugelrollspindel und Kugelumlaufmutter: $\mu_s = 0{,}005$
Spaltänderung unter Wirkung der zusätzlich wirkenden Vorschubkraft F_{fz} wird angenommen: $\Delta h_I = \Delta h_{II} = \Delta h = 0{,}000002 = 0{,}002 \cdot 10^{-3}\,\text{m}$

Gesucht:

- Taschendrücke im Anfangszustand
- Zusätzlich wirkende Vorschubkraft F_{fZ}
- Pumpendruck
- Drehmoment an der Gewindespindel
- Gesamtvolumenstrom
- Verlustleistung
- Steifigkeit des hydrostatischen Lagers

Lösung:

1. Wirksame Taschenlänge:

$$L_w = \frac{\pi d_2 - y l_1}{y} - l = \frac{\pi \cdot 0{,}113 - 4 \cdot 0{,}025}{4} - 0{,}003 = 0{,}0607\,\text{m} \qquad (2.95)$$

2. Abströmbreite senkrecht zur Strömungsrichtung:

$$b = 2B_{\mathrm{w}} + 2L_{\mathrm{w}} = 2 \cdot 7 + 2 \cdot 60{,}74 = 135{,}48\,\mathrm{mm} \tag{1.1}$$

3. Strömungsverhältnis:

$$\frac{b}{l} = \frac{135{,}48}{3} = 45{,}16 \tag{1.2}$$

4. Höchste Drehzahl der Gewindespindel:

$$n_{\mathrm{sMAX}} = \frac{v}{p} = \frac{10}{0{,}014} = 714{,}28\,\mathrm{min}^{-1}$$

5. Reibungskraft an den Führungsbahnen:

$$F_{\mu} = \mu m_{\mathrm{L}} g = 0{,}06 \cdot 2800 \cdot 9{,}81 = 1648\,\mathrm{N} \tag{2.79}$$

6. Steigungswinkel der Gewindespindel:

$$\alpha = \arctan\frac{p}{\pi d_2} = \arctan\frac{0{,}014}{\pi \cdot 0{,}113} = 2{,}258^{\circ} \tag{2.81}$$

7. Reibungswinkel ρ zwischen Gewindespindel und Gewindemutter beim Antrieb über Kugelrollspindel und Kugelumlaufmutter:

$$\rho = \arctan \mu_s = \arctan 0{,}005 = 0{,}2865^{\circ} \tag{2.82}$$

8. Drehmoment an der Gewindespindel beim Antrieb durch wälzenden Gewindetrieb (durch Kugelrollspindel und Kugelumlaufmutter):

$$\begin{aligned} M &= (F_{\mathrm{f}} + F_{\mu})\frac{d_2}{2}\tan(\alpha + \rho) \\ &= (18000 + 1648) \cdot \frac{0{,}113}{2} \cdot \tan(2{,}258 + 0{,}2865) = 51{,}87\,\mathrm{N\,m} \end{aligned} \tag{2.80}$$

9. Drehmoment an der Gewindespindel beim Antrieb durch hydrostatischen Gewindetrieb:

$$M = (F_{\mathrm{f}} + F_{\mu})\frac{d_2}{2}\tan\alpha = (1800 + 1648) \cdot \frac{0{,}113}{2} \cdot \tan 2{,}258^{\circ} = 43{,}77\,\mathrm{N\,m} \tag{2.84}$$

10. Drehmoment an der Gewindespindel beim hydrostatischen Gewindetrieb und beim hydrostatisch geführtem Tisch:

$$M = F_{\mathrm{f}}\frac{d_2}{2}\tan\alpha = 18000 \cdot \frac{0{,}113}{2} \cdot \tan 2{,}258^{\circ} = 40{,}1\,\mathrm{Nm} \tag{2.85}$$

11. Wirksame Taschenfläche auf beiden Flankenseiten:

$$A_{wI} = A_{wII} = A_w = B_w L_w = 0{,}007 \cdot 0{,}0607 = 0{,}0004249\,\mathrm{m}^2 \tag{2.57}$$

12. Flächenverhältnis:

$$\varphi = \frac{A_{wII}}{A_{wI}} = 1 \tag{2.13}$$

13. Das Taschendruckverhältnis wird angenommen:

$$\zeta = \frac{p_{T0I}}{p_{T0II}} = 2 \tag{2.55}$$

14. Anzahl der Gewindegänge:

$$i = \frac{m}{p} = \frac{0{,}140}{0{,}014} = 10 \tag{2.86}$$

15. Gesamtanzahl der Taschenpaare:

$$z = yi = 4 \cdot 10 = 40 \tag{2.87}$$

16. Gesamtanzahl der hydrostatischen Taschen:

$$2z = 2 \cdot 40 = 80 \tag{2.3}$$

17. Resultierende Komponente der Taschenkraft:

$$F_{T0} = \frac{F_f + F_\mu}{z} = \frac{18000 + 1648}{40} = 491{,}2\,\mathrm{N} \tag{2.89}$$

18. Taschendruck bei der hydrostatischen Tasche mit Bez. II im Anfangszustand:

$$\begin{aligned} p_{T0II} &= \frac{F_{T0}}{A_w \cos\frac{\gamma}{2}\cos\alpha(\zeta - 1)} = \frac{491{,}2}{0{,}0004249 \cdot \cos 2{,}258^\circ(2 - 1)} \\ &= 11{,}97 \cdot 10^5\,\mathrm{N\,m^{-2}} \end{aligned} \tag{2.90}$$

19. Taschendruck bei der hydrostatischen Tasche mit Bez. I im Anfangszustand:

$$p_{T0I} = \zeta\, p_{T0II} = 2 \cdot 11{,}97 \cdot 10^{-5}\,\mathrm{N\,m^{-2}} = 23{,}94 \cdot 10^5\,\mathrm{N\,m^{-2}} \tag{2.56}$$

20. Der Anfangszustand wird so definiert, dass im Anfangszustand auf den hydrostatischen Gewindetrieb die Vorschubkraft F_f und die Reibungskraft F_μ einwirken, es gilt: $\Delta h = 0$
21. Relative Spaltänderung:

$$\Psi = \frac{\Delta h}{h_0} = 0 \tag{2.14}$$

22. Nach Tab. 2.3 wird für $\varphi = 1$ und $\dfrac{\Delta h}{h_0} = 0$ ein optimales Drosselverhältnis ermittelt:

$$\left(\frac{p_\mathrm{P}}{p_\mathrm{T0}}\right)_\mathrm{OPT} = 2$$

23. Pumpendruck:

$$p_\mathrm{P} = \left(\frac{p_\mathrm{P}}{p_\mathrm{T0}}\right)_\mathrm{OPT} p_\mathrm{T0} = 2 \cdot 23{,}94 = 47{,}88 \cdot 10^5\,\mathrm{N\,m^{-2}} \tag{2.21}$$

(in obere Gleichung wird der höhere Taschendruck p_T0I eingesetzt).

24. Taschendruck von der Kraftseite:

$$p_\mathrm{TI} = \frac{p_\mathrm{P}}{\left(\dfrac{p_\mathrm{P}}{p_\mathrm{T0I}} - 1\right)\left(1 - \dfrac{\Delta h}{h_0}\right)^3 + 1}$$
$$= \frac{47{,}88 \cdot 10^5}{\left(\dfrac{47{,}88 \cdot 10^5}{(23{,}94 \cdot 10^5} - 1\right)\left(1 - \dfrac{0{,}0020 \cdot 10^{-3}}{0{,}030 \cdot 10^{-3}}\right)^3 + 1} = 26{,}4 \cdot 10^5\,\mathrm{N\,m^{-2}} \tag{2.22}$$

25. Taschendruck von der gegenüberliegenden Seite der Kraft:

$$p_\mathrm{TII} = \frac{p_\mathrm{P}}{\left(\dfrac{p_\mathrm{P}}{p_\mathrm{T0II}} - 1\right)\left(1 + \dfrac{\Delta h}{h_0}\right)^3 + 1}$$
$$= \frac{47{,}88 \cdot 10^5}{\left(\dfrac{47{,}88 \cdot 10^5}{11{,}97 \cdot 10^5} - 1\right)\left(1 + \dfrac{0{,}0020 \cdot 10^{-3}}{0{,}030 \cdot 10^{-3}}\right)^3 + 1} = 10{,}3 \cdot 10^5\,\mathrm{N\,m^{-2}} \tag{2.23}$$

26. Resultierende Komponente der Taschenkraft, die unter Wirkung der Vorschubkraft F_fz auf ein hydrostatisches Lager wirkt:

$$F_\mathrm{T} = A_\mathrm{w} \cos\frac{\gamma}{2} \cos\alpha (p_\mathrm{TI} - p_\mathrm{TII})$$
$$= 0{,}0004249 \cdot \cos 15^\circ \cdot \cos 2{,}258^\circ \cdot (26{,}4 \cdot 10^5 - 10{,}3 \cdot 10^5) = 659\,\mathrm{N} \tag{2.92}$$

27. Zusätzlich wirkende Vorschubkraft:

$$F_\mathrm{fz} = \mathrm{z}F_\mathrm{T} - F_\mathrm{f} - F_\mu = 40 \cdot 659 - 18000 - 1648 = 6731{,}4\,\mathrm{N} \tag{2.91}$$

28. Gesamtvolumenstrom im Anfangszustand:

$$Q_{0\mathrm{GES}} = \frac{2zh_0{}^3}{24\eta}\frac{b}{l}(p_{\mathrm{T0I}} + p_{\mathrm{T0II}})$$
$$= \frac{2 \cdot 40 \cdot (0{,}030 \cdot 10^{-3})^3}{24 \cdot 0{,}0156} \cdot 45{,}16 \cdot (23{,}94 \cdot 10^5 + 11{,}97 \cdot 10^5)$$
$$= 2{,}07 \cdot 10^{-5}\,\mathrm{m^3 s^{-1}} = 1{,}242\,\mathrm{dm^3\,min^{-1}} \tag{2.93}$$

29. Reibfläche:

$$A_\mathrm{R} = (B_\mathrm{w} + l)l2z + (L_\mathrm{w} - l)l2z = (0{,}007 + 0{,}003) \cdot 0{,}003 \cdot 2 \cdot 40$$
$$+ (\,0{,}0607 - 0{,}003) \cdot 0{,}003 \cdot 2 \cdot 40 = 0{,}016248\ \mathrm{m}^2 \tag{2.18}$$

30. Gesamtreibfläche:

$$A_{\mathrm{RGES}} = 2A_\mathrm{R} = 2 \cdot 0{,}016248 = 0{,}0324\,\mathrm{m}^2 \tag{2.94}$$

31. Höchste Gleitgeschwindigkeit an den Gewindeflanken:

$$v = \frac{\pi d_2 n}{60} = \frac{\pi \cdot 0{,}113 \cdot 714{,}28}{60} = 4{,}226\,\mathrm{m\ s^{-1}}$$

32. Verlustleistung:

$$P_{\mathrm{VER}} = P_\mathrm{P} + P_\mathrm{R} = Q_{0\mathrm{GES}}\,p_\mathrm{P} + \frac{A_\mathrm{R}\eta v^2}{h_0} = 2{,}07 \cdot 10^{-5} \cdot 47{,}88$$
$$+ \frac{0{,}0324 \cdot 0{,}0156 \cdot (4{,}226)^2}{0{,}030 \cdot 10^{-3}} = 300{,}89\,\mathrm{W} \tag{2.20}$$

33. Steifigkeit des hydrostatischen Lagers:

$$K = \frac{F_\mathrm{T} - F_{\mathrm{T0}}}{\Delta h} = \frac{659 - 491{,}2}{0{,}000003} = 55933333{,}3\,\mathrm{N\ m^{-1}} = 55{,}9\,\mathrm{N\ \mu m^{-1}} \tag{1.11}$$

2.10 Vorgespannte hydrostatische Mittenführung

In Abb. 2.9 ist eine vorgespannte hydrostatische Mittenführung dargestellt. In diesem Anwendungsbeispiel wird nur die Mittenführung hydrostatisch gelagert.

Die Gesamtanzahl der Taschenpaare in Längsrichtung wird mit z bezeichnet.

$$\text{Die Gesamtanzahl der hydrostatischen Taschen: } 2z \tag{2.3}$$

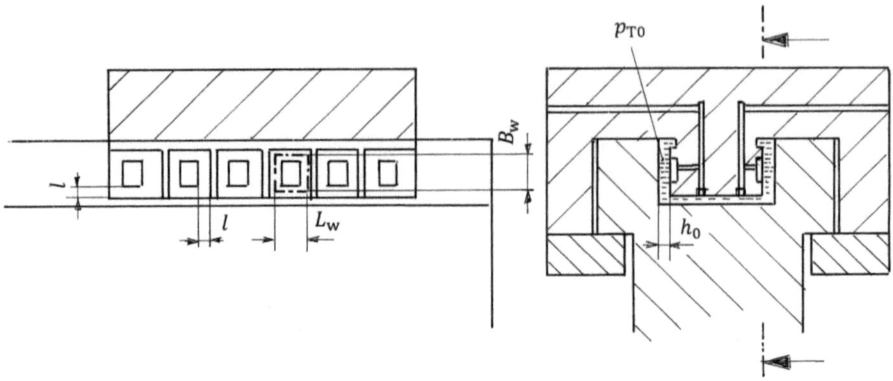

Abb. 2.9 Vorgespannte hydrostatische Mittenführung. p_{T0} Taschendruck im Anfangszustand, h_0 Lagerspalt im Anfangszustand, B_w wirksame Taschenbreite bei Mittenführung, L_w wirksame Taschenlänge bei Mittenführung, l Abströmlänge

Die Mittenführung wird durch keine äußeren Kräfte belastet, von beiden Seiten der Mittenführung wirkt der gleiche Taschendruck:

$$p_{T0I} = p_{T0II} = p_{T0} \tag{2.5}$$

Für die Ölversorgung der hydrostatischen Taschen der Mittenführung werden weder das Ölversorgungssystem „Eine gemeinsame Pumpe und Membrandrosseln" noch das Ölversorgungssystem „Eine Pumpe pro Tasche" verwendet. Der Grund ist, dass für beide Ölversorgungssysteme die äußeren Kräfte vorausgesetzt werden – bei den Membrandrosseln, weil sie lastabhängige Vorwiderstände sind, und beim Ölversorgungssystem „Eine Pumpe pro Tasche", weil der Taschendruck p_T nur bei der Belastung des Schlittens aufgebaut wird. Beim Anschluss von Mehrkreispumpen an vorgespannte hydrostatische Mittenführungen hält das Druckstufenventil einen Druck von maximal ca. 2,5 bar und dieser Druck ist als Vorspannung zu gering.

Die einzig mögliche Ölversorgung für die Vorspannung einer Mittenführung ist die Ölversorgung mit Kapillardrosseln. Die Kapillardrosseln werden so ausgelegt, dass in der Mittenführung der gewünschte Taschendruck p_{T0} erreicht werden kann.

Die wirksamen Taschenflächen A_{wI} und A_{wII} sind gleich:

$$A_{wI} = A_{wII} = A_w = B_w L_w \tag{2.57}$$

Auf jede hydrostatische Tasche wirkt im Anfangszustand die Taschenkraft:

$$F_0 = p_{T0} A_w - p_{T0} A_w = 0$$

2.10.1 *Berechnungsbeispiel bei Ölversorgung: „Eine gemeinsame Pumpe und Kapillardrosseln“*

Vorgabedaten:

Gesamtanzahl der Taschenpaare: $z = 6$
Wirksame Taschenbreite: $B_\mathrm{w} = 0{,}106\,\mathrm{m}$
Wirksame Taschenlänge: $L_\mathrm{w} = 0{,}110\,\mathrm{m}$
Lagerspalt im Anfangszustand: $h_{0\mathrm{I}} = h_{0\mathrm{II}} = h_0 = 0{,}00003\ \mathrm{m} = 0{,}03 \cdot 10^{-3}\,\mathrm{m}$
Abströmlänge: $l = 0{,}0108\,\mathrm{m}$
Taschendruck: $p_{\mathrm{T}0} = 6\,\mathrm{N\,m^{-2}}$
Höchste Tischgeschwindigkeit: $v = 0{,}36\ \mathrm{m\ s^{-1}}$
Schmieröl: ISO VG 46
Öltemperatur: $\vartheta = 25\ °\mathrm{C}$
Wie im Berechnungsbeispiel 2.4.1 ergeben sich:
Dynamische Viskosität des Öles bei 25 °C: $\eta = 0{,}0992\ \mathrm{N\ s\ m^{-2}}$
Kinematische Viskosität bei $\vartheta = 25\ °\mathrm{C}$: $v_{25} = 113{,}875\ \mathrm{mm^2\ s^{-1}}$

Gesucht:

- Pumpendruck p_P
- Volumenstrom im Anfangszustand Q_0
- Verlustleistung P_VER

Lösung:

1. Abströmbreite:

$$b = 2B_\mathrm{w} + 2L_{\mathrm{wI}} = 2 \cdot 0{,}106 + 2 \cdot 0{,}110 \cdot 0{,}432\ \mathrm{m} \tag{1.1}$$

2. Strömungsverhältnis:

$$\frac{b}{l} = \frac{0{,}432}{0{,}0108} = 40 \tag{1.2}$$

3. Ein optimales Druckverhältnis für $\varphi = 1$ und $\Delta \mathrm{h}/h_0 = 0$ wird der Tab. 2.3 entnommen:

$$\left(\frac{p_\mathrm{P}}{p_{\mathrm{T}0}}\right)_\mathrm{OPT} \approx 2$$

4. Pumpendruck:

$$p_\mathrm{P} = \left(\frac{p_\mathrm{P}}{p_{\mathrm{T}0}}\right)_\mathrm{OPT} p_{\mathrm{T}0} = 2 \cdot 6 = 12\ \mathrm{N\,m^{-2}} \tag{2.21}$$

5. Gesamtvolumenstrom im Anfangszustand:

$$Q_{0\mathrm{GES}} = 2z\frac{p_{\mathrm{T}0}h_0^3}{12\eta}\frac{b}{l} = 2 \cdot 6 = \frac{5 \cdot 10^5 \cdot (0{,}00003)^3}{12 \cdot 0{,}0992} \times 40$$
$$= 0{,}000006531\ \mathrm{m^3\ s^{-1}} = 0{,}39\ \mathrm{dm^3\ min^{-1}} \tag{2.16}$$

6. Reibfläche:

$$A_R = (B_w + l)l2z + (L_w - l)l2z = (0,106 + 0,0108) \cdot 0,0108 \cdot 2 \cdot 6 + (0,110 - 0,0108) \cdot 0,0108 \cdot 2 \cdot 6 = 0,02799 \text{ m}^2 \quad (2.18)$$

7. Verlustleistung:

$$P_{VER} = P_P + P_R = Q_{0GES} p_P + \frac{A_R \eta v^2}{h_0} = 0,000006531 \cdot 12 \cdot 10^5 + \frac{0,02799 \cdot 0,0992 \cdot 0,36^2}{0,00003} = 7,83 + 11,99 = 19,82 \text{ W} \quad (2.20)$$

2.11 Vorgespannte, zentrisch belastete hydrostatische Mittenführung

In Abb. 2.10 ist eine vorgespannte, zentrisch belastete hydrostatische Mittenführung dargestellt.

Die wirksamen Taschenflächen A_{wI} und A_{wII} sind gleich:

$$A_{wI} = A_{wII} = A_w = B_w L_w \quad (2.57)$$

Da die Mittenführung im Anfangszustand durch keine äußeren Kräfte belastet wird, soll bei dieser Führung die Ölversorgung „Eine gemeinsame Pumpe und Kapillardrosseln" eingesetzt werden.Auf jede hydrostatische Tasche wirkt im Anfangszustand die Taschenkraft:

$$F_{T0} = p_{T0} A_w - p_{T0} A_w = 0$$

Wenn die Mittenführung durch die Schnittkraft $F_{\text{äuß}}$ belastet wird (Abb. 2.10b), verändern sich die Taschendrücke, die Lagerspalte und die Taschenkräfte:

Die Taschendrücke auf der Seite der Mittenführung mit Bez. II haben sich von p_{T0} auf p_{TII} verändert,
die Taschendrückeauf der Seite der Mittenführung mit Bez. I haben sich von p_{T0} auf p_{TI} verändert,
die Lagerspalte auf der Seite der Mittenführung mit Bez. II haben sich von h_0 auf $h_{II} = h_0 + \Delta h$ verändert,
die Lagerspalte auf der Seite der Mittenführung mit Bez. I haben sich von h_0 auf $h_I = h_0 - \Delta h$ verändert,
die Taschenkräfte haben sich von 0 auf F_T verändert.

Die Gesamtanzahl der Taschenpaare in Längsrichtung wird mit z bezeichnet.

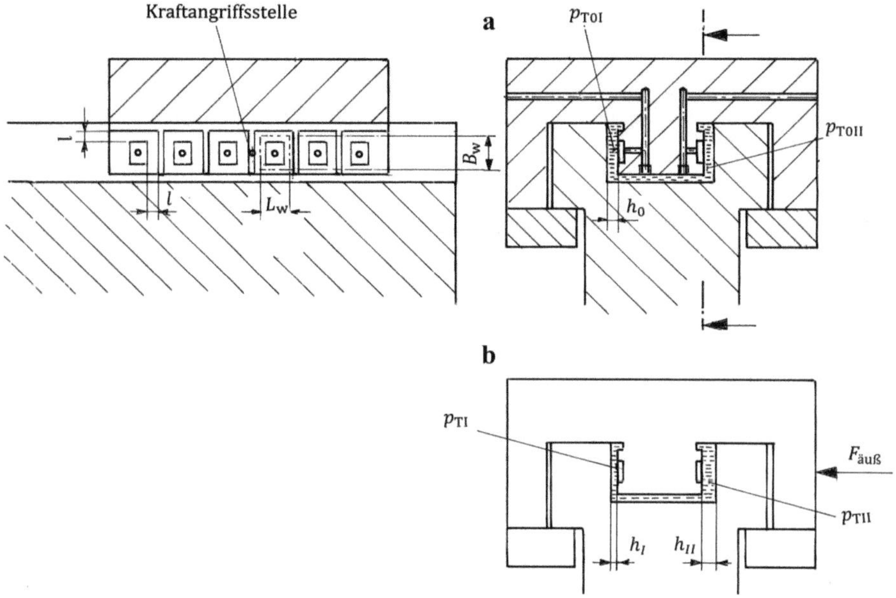

Abb. 2.10 Vorgespannte, zentrisch belastete hydrostatische Mittenführung. **a** Mittenführung wird im Anfangszustand durch keine Kräfte belastet, **b** Mittenführung wird durch eine zentrisch wirkende Schnittkraft belastet. h_0 Lagerspalt im Anfangszustand, h_I Lagerspalt unter Wirkung der Schnittkraft auf der Bahn mit Bez. I, h_{II} Lagerspalt unter Wirkung der Schnittkraft auf der Bahn mit Bez. II, p_{T0} Taschendruck im Anfangszustand, p_{TI} Taschendruck unter Wirkung der Schnittkraft auf der Bahn mit Bez. I, p_{TII} Taschendruck unter Wirkung der Schnittkraft auf der Bahn mit Bez. II, B_w wirksame Taschenbreite bei Mittenführung, L_w wirksame Taschenlänge bei Mittenführung, l Abströmlänge, $F_{äuß}$ zentrisch wirkende Schnittkraft

Die Schnittkraft $F_{äuß}$ wird so bestimmt, dass alle Taschenkräfte F_T, die Schnittkraft $F_{äuß}$ übernehmen:

$$F_{äuß} = zF_T \tag{2.96}$$

Die resultierende Taschenkraft F_T, die auf ein hydrostatisches Lagerpaar unter Wirkung der Schnittkraft wirkt, wird nach der Gleichgewichtsgleichung für Taschenkräfte bestimmt:

$$F_T = p_{TI}A_w - p_{TII}A_w = A_w(p_{TI} - p_{TII}) \tag{2.97}$$

Taschendruck auf der Seite der Mittenführung mit Bez. I unter Wirkung der Schnittkraft:

$$p_{TI} = \frac{p_P}{\left(\frac{p_P}{p_{T0}} - 1\right)\left(1 - \frac{\Delta h}{h_0}\right)^3 + 1} \tag{2.22}$$

Taschendruck auf der Seite der Mittenführung mit Bez. II unter Wirkung der Schnittkraft:

$$p_{\mathrm{TII}} = \frac{p_{\mathrm{P}}}{\left(\frac{p_{\mathrm{P}}}{p_{\mathrm{T0}}} - 1\right)\left(1 + \frac{\Delta h}{h_0}\right)^3 + 1} \tag{2.23}$$

Gesamtvolumenstrom im Anfangszustand:

$$Q_{0\mathrm{GES}} = 2z\frac{p_{\mathrm{T0}} h_0^3}{12\eta}\frac{b}{l} \tag{2.16}$$

Gesamtvolumenstrom unter Wirkung der Schnittkraft:

$$Q_{\mathrm{GES}} = z\frac{1}{12\eta}\frac{b}{l}\left(p_{\mathrm{TI}} h_{\mathrm{I}}^3 + p_{\mathrm{TII}} h_{\mathrm{II}}^3\right) \tag{2.17}$$

2.11.1 Berechnungsbeispiel mit Ölversorgung „Eine gemeinsame Pumpe und Kapillardrosseln“

Vorgabedaten:

Gesamtanzahl der Taschenpaare: $z = 6$
Wirksame Taschenbreite: $B_{\mathrm{w}} = 0{,}106\,\mathrm{m}$
Wirksame Taschenlänge: $L_{\mathrm{w}} = 0{,}110\,\mathrm{m}$
Lagerspalt im Anfangszustand: $h_{0\mathrm{I}} = h_{0\mathrm{II}} = h_0 = 0{,}00003\,\mathrm{m} = 0{,}030 \cdot 10^{-3}\,\mathrm{m}$
Die Spaltänderung unter Wirkung der Schnittkraft $F_{\mathrm{äuß}}$ wird angenommen:
$\Delta h = 0{,}000003 = 0{,}003 \cdot 10^{-3}\mathrm{m}$
Abströmlänge: $l = 0{,}0108\,\mathrm{m}$
Taschendruck im Anfangszustand: $p_{\mathrm{T0}} = 6\,\mathrm{N\,m^{-2}}$
Höchste Tischgeschwindigkeit: $v = 0{,}36\ \mathrm{m\ s^{-1}}$
Schmieröl: ISO VG 46
Öltemperatur: $\vartheta = 25\ °\mathrm{C}$
Wie im Berechnungsbeispiel 2.4.1 ergeben sich:
Dynamische Viskosität des Öles bei 25 °C: $\eta = 0{,}0992\,\mathrm{N\ s\ m^{-2}}$
Kinematische Viskosität bei $\vartheta = 25\ °\mathrm{C}$: $\upsilon_{25} = 113{,}875\,\mathrm{mm^2\ s^{-1}}$

Gesucht:

- Pumpendruck p_{P}
- Schnittkraft $F_{\mathrm{äuß}}$
- Volumenstrom im Anfangszustand Q_0
- Volumenstrom unter Wirkung der Schnittkraft Q_{GES}
- Verlustleistung P_{VER}
- Lagersteifigkeit K

Lösung:

1. Abströmbreite:

$$b = 2B_\mathrm{w} + 2L_\mathrm{wI} = 2 \cdot 0{,}106 + 2 \cdot 0{,}110 = 0{,}432\,\mathrm{m}$$

2. Strömungsverhältnis:

$$\frac{b}{l} = \frac{0{,}432}{0{,}0108} = 40 \tag{1.2}$$

3. Relative Spaltänderung:

$$\Psi = \frac{\Delta h}{h_0} = \frac{0{,}003/10^3}{0{,}03/10^3} = 0{,}1 \tag{2.14}$$

4. Das optimale Druckverhältnis für $\varphi = 1$ und $\Delta h/h_0 = 0{,}1$ wird der Tab. 2.3 entnommen: $\left(\frac{p_\mathrm{P}}{p_\mathrm{T0}}\right)_\mathrm{OPT} = 2{,}02$
5. Pumpendruck:

$$p_\mathrm{P} = \left(\frac{p_\mathrm{P}}{p_\mathrm{T0}}\right)_\mathrm{OPT} p_\mathrm{T0} = 2{,}02 \cdot 6 = 12{,}1\ \mathrm{N\,m^{-2}} \approx 12\ \mathrm{N\,m^{-2}} \tag{2.21}$$

6. Gesamtvolumenstrom im Anfangszustand:

$$\begin{aligned} Q_\mathrm{0GES} &= 2z\frac{p_\mathrm{T0}h_0^3}{12\eta}\frac{b}{l} = 2 \cdot 6 \cdot \frac{6 \cdot 10^5 \cdot (0{,}00003)^3}{12 \cdot 0{,}0992} \cdot 40 \\ &= 0{,}000006528\,\mathrm{m^3s^{-1}} = 0{,}39\,\mathrm{dm^3\,min^{-1}} \end{aligned} \tag{2.16}$$

7. Wirksame Taschenfläche der Mittenführung:

$$A_\mathrm{w} = B_\mathrm{w}L_\mathrm{w} = 0{,}106 \cdot 0{,}110 = 0{,}01166\,\mathrm{m^2} \tag{1.3}$$

8. Taschendruck auf der Seite mit Bez. I unter Wirkung der Schnittkraft:

$$\begin{aligned} p_\mathrm{TI} &= \frac{p_\mathrm{P}}{\left(\frac{p_\mathrm{P}}{p_\mathrm{T0}} - 1\right)\left(1 - \frac{\Delta h}{h_0}\right)^3 + 1} \\ &= \frac{12 \cdot 10^5}{(2-1) \cdot (1-0{,}1)^3 + 1} = 6{,}93 \cdot 10^5\,\mathrm{N\,m^{-2}} \end{aligned} \tag{2.22}$$

9. Taschendruck auf der Seite mit Bez. II unter Wirkung der Schnittkraft:

$$\begin{aligned} p_\mathrm{TII} &= \frac{p_\mathrm{P}}{\left(\frac{p_\mathrm{P}}{p_\mathrm{T0}} - 1\right)\left(1 + \frac{\Delta h}{h_0}\right)^3 + 1} \\ &= \frac{12 \cdot 10^5}{(2-1) \cdot (1+0{,}1)^3 + 1} = 5{,}14 \cdot 10^5\,\mathrm{N\,m^{-2}} \end{aligned} \tag{2.23}$$

10. Resultierende Taschenkraft, die auf ein hydrostatisches Lagerpaar unter Wirkung der Schnittkraft wirkt:

$$F_{\mathrm{T}} = A_{\mathrm{w}}\,(p_{\mathrm{TI}} - p_{\mathrm{TII}}) = 0{,}01166 \cdot (6{,}93 \cdot 10^5 - 5{,}14 \cdot 10^5) = 2087{,}14\,\mathrm{N} \tag{2.97}$$

11. Schnittkraft:

$$F_{\mathrm{äuß}} = F_{\mathrm{T}} z = 2087{,}14 \cdot 6 = 12522{,}8\,\mathrm{N} \tag{2.96}$$

12. Lagerspalt auf der Seite mit Bez. I unter Wirkung der Schnittkraft:

$$\begin{aligned} h_{\mathrm{I}} &= h_0 - \Delta h = 0{,}030 \cdot 10^{-3} - 0{,}0030 \cdot 10^{-3} = 0{,}000027\,\mathrm{m} \\ &= 0{,}027 \cdot 10^{-3}\,\mathrm{m} \end{aligned} \tag{2.11}$$

13. Lagerspalt auf der Seite mit Bez. II unter Wirkung der Schnittkraft:

$$\begin{aligned} h_{\mathrm{II}} &= h_0 + \Delta h = 0{,}030 \cdot 10^{-3} + 0{,}0030 \cdot 10^{-3} = 0{,}000033\,\mathrm{m} \\ &= 0{,}033 \cdot 10^{-3}\,\mathrm{m} \end{aligned} \tag{2.12}$$

14. Gesamtvolumenstrom unter Wirkung der Schnittkraft:

$$\begin{aligned} Q_{\mathrm{GES}} &= z\frac{1}{12\eta}\frac{b}{l}\left(p_{\mathrm{TI}}h_{\mathrm{I}}^3 + p_{\mathrm{TII}}h_{\mathrm{II}}^3\right) \\ &= 6 \cdot \frac{1}{12 \cdot 0{,}0992} \cdot 40 \cdot (6{,}93 \cdot 10^5 \cdot 0{,}000027^3 \\ &\quad + 5{,}14 \cdot 10^5 \cdot 0{,}000033^3) = 0{,}000006474\,\mathrm{m^3s^{-1}} \\ &= 0{,}38\,\mathrm{dm^3\,min^{-1}} \end{aligned} \tag{2.17}$$

15. Reibfläche:

$$\begin{aligned} A_{\mathrm{R}} &= (B_{\mathrm{w}} + l)\,l2z + (L_{\mathrm{w}} - l)\,l2z = (0{,}106 + 0{,}0108) \cdot 0{,}0108 \cdot 2 \cdot 6 \\ &\quad + (0{,}110 - 0{,}0108) \cdot 0{,}0108 \cdot 2 \cdot 6 = 0{,}02799\,\mathrm{m^2} \end{aligned} \tag{2.18}$$

16. Verlustleistung:

$$\begin{aligned} P_{\mathrm{VER}} &= P_{\mathrm{P}} + P_{\mathrm{R}} = Q_{0\mathrm{GES}}\,p_{\mathrm{P}} + \frac{A_{\mathrm{R}}\eta v^2}{h_0} = 0{,}000006528 \cdot 12 \cdot 10^5 \\ &\quad + \frac{(0{,}02799 \cdot 0{,}0992 \cdot 0{,}36^2)}{0{,}00003} = 7{,}83 + 11{,}99 = 19{,}82\,\mathrm{W} \end{aligned} \tag{2.20}$$

17. Steifigkeit des hydrostatischen Lagers:

$$\begin{aligned} K &= \frac{dF}{dh} = \frac{F_{\mathrm{T}} - F_{\mathrm{T0}}}{\Delta h} = \frac{2087{,}14 - 0}{0{,}000003} \\ &= 695713333\,\mathrm{N\,m^{-1}} = 695{,}71\,\mathrm{N\,\mu m^{-1}} \end{aligned} \tag{1.11}$$

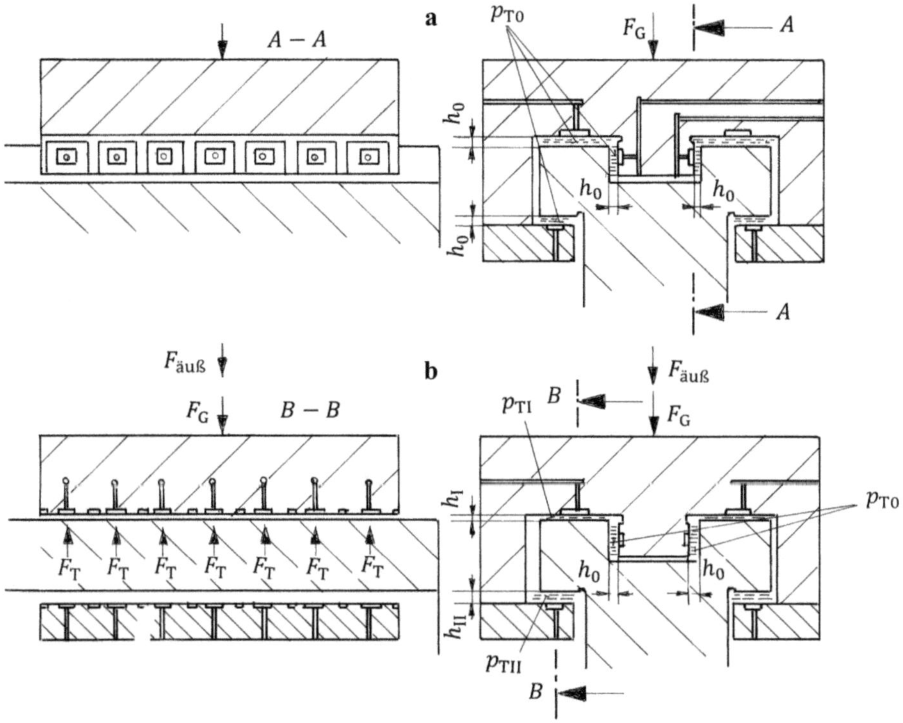

Abb. 2.11 Zentrisch belasteter hydrostatischer Schlitten. **a** Die Führung wird im Anfangszustand durch eine in Längs- und Querrichtung zentrisch wirkende Kraft F_G belastet. **b** Die Führung wird zusätzlich durch eine in Längs- und Querrichtung zentrisch wirkende Schnittkraft $F_{äuß}$ belastet

2.12 Zentrisch belasteter hydrostatischer Schlitten

Abbildung 2.11 zeigt einen zentrisch belasteten hydrostatischen Schlitten, der durch folgende Führungsbahnen geführt wird:

1. Zwei Führungsbahnen der Tragbahn mit Bez. I
2. Zwei Führungsbahnen des Umgriffs mit Bez. II
3. Zwei Führungsbahnen der Mittenführung mit Bez. III

Die Ölversorgungssysteme können so ausgelegt und eingestellt werden, dass im Anfangszustand (Abb. 2.11a) die Taschendrücke und die Lagerspalte bei Tragbahn und bei Umgriff gleich sind:

$$p_{\mathrm{T0I}} = p_{\mathrm{T0II}} = p_{\mathrm{T0}} \tag{2.5}$$

$$h_{\mathrm{0I}} = h_{\mathrm{0II}} = h_0 \tag{2.6}$$

Die Mittenführung wird weder im Anfangszustand (Abb. 2.11a) noch bei der Einwirkung der Schnittkraft $F_{äuß}$ (Abb. 2.11b) durch äußere Kräfte belastet. Damit eine

Vorspannung der Mittenführung bei der Bewegung des Schlittens gewährleistet wird, werden beide Seiten der Mittenführung durch die Taschendrücke p_{T0} beaufschlagt. Die Ölversorgung wird einfacher, wenn die Taschendrücke bei Mittenführung so bestimmt werden, dass sie gleich sind wie die Taschendrücke bei Tragbahn und bei Umgriff im Anfangszustand. Die Lagerspalte bei Mittenführung h_0 sind auf beiden Seiten gleich. Die Gesamtanzahl der Taschenpaare der Tragbahn und des Umgriffs in Längsrichtung z wird nach der Gesamtanzahl der Taschenpaare auf einer Führungsbahn in Längsrichtung n bestimmt:

$$z = 2n \tag{2.2}$$

Die Gesamtanzahl der hydrostatischen Taschen der Tragbahn und des Umgriffs:

$$2z \tag{2.3}$$

Auf jede hydrostatische Tasche wirkt die Kraft $p_T A_w$.

Auf jede hydrostatische Tasche der Tragbahn wirken im Anfangszustand der Taschendruck p_{T0I} und die Taschenkraft $p_{T0I} A_{wI}$. Auf jede hydrostatische Tasche des Umgriffs wirken im Anfangszustand der Taschendruck p_{T0II} und die Taschenkraft $p_{T0II} A_{wII}$.

Die resultierende Taschenkraft F_{T0}, die im Anfangszustand auf ein hydrostatisches Lagerpaar (Tragbahn und Umgriff) wirkt, wird nach der Gleichgewichtsgleichung für Taschenkräfte bestimmt:

$$F_{T0} = p_{T0I} A_{wI} - p_{T0II} A_{wII} \tag{2.4}$$

Beim Einsatz von Gl. (2.5) in Gl. (2.4) ergibt sich:

$$F_{T0} = p_{T0}(A_{wI} - A_{wII})$$

Der Taschendruck im Anfangszustand p_{T0} ergibt sich zu:

$$p_{T0} = \frac{F_{T0}}{A_{wI} - A_{wII}} \tag{2.7}$$

Im Anfangszustand übernimmt jede hydrostatische Tasche folgende Kraft:

$$F_{T0} = \frac{F_G}{z} \tag{2.8}$$

Wenn der Tisch durch die Schnittkraft $F_{äuß}$ belastet wird (Abb. 2.11b), verändern sich die Taschendrücke, die Lagerspalte und die Taschenkräfte:

Die Taschendrücke bei Tragbahn haben sich von p_{T0} auf p_{TI} verändert,
die Taschendrückebei Umgriff haben sich von p_{T0} auf p_{TII} verändert,
die Lagerspalte bei Tragbahn haben sich von h_0 auf $h_I = h_0 - \Delta h$ verändert,
die Lagerspalte bei Umgriff haben sich von h_0 auf $h_{II} = h_0 + \Delta h$ verändert,
die Taschenkräfte haben sich von F_{T0} auf F_T verändert.

Die resultierende Taschenkraft F_T, die auf ein hydrostatisches Lagerpaar unter Wirkung der Schnittkraft wirkt, übernimmt die Gewichtskraft des Tisches F_G und die zusätzlich wirkende Schnittkraft $F_{äuß}$:

$$F_T = \frac{F_G + F_{äuß}}{z}$$

Aus dieser Gleichung ergibt sich die Schnittkraft:

$$F_{äuß} = zF_T - F_G \tag{2.9}$$

Die resultierende Taschenkraft F_T, die auf ein hydrostatisches Lagerpaar der Tragbahn und des Umgriffs unter Wirkung der Schnittkraft wirkt, wird nach der Gleichgewichtsgleichung für Taschenkräfte bestimmt:

$$F_T = p_{TI}A_{wI} - p_{TII}A_{wII} \tag{2.10}$$

Für die Taschendrücke, die unter Wirkung der Schnittkraftbei der Tragbahn p_{TI} und beim Umgriff p_{TII} aufgebaut werden, gelten beim Ölversorgungssystem „Eine gemeinsame Pumpe und Kapillardrosseln" folgende Gleichungen:

$$p_{TI} = \frac{p_P}{\left(\frac{p_P}{p_{T0}} - 1\right)\left(1 - \frac{\Delta h}{h_0}\right)^3 + 1} \tag{2.22}$$

$$p_{TII} = \frac{p_P}{\left(\frac{p_P}{p_{T0}} - 1\right)\left(1 + \frac{\Delta h}{h_0}\right)^3 + 1} \tag{2.23}$$

Die Taschendrücke, die unter Wirkung der Schnittkraft bei der Tragbahn p_{TI} und beim Umgriff p_{TII}aufgebaut werden, werden beim Ölversorgungssystem „Eine Pumpe pro Tasche" nach folgender Gleichung bestimmt:

$$p_{TI} = \frac{p_{T0}}{\left(1 - \frac{\Delta h}{h_0}\right)^3} \tag{2.27}$$

$$p_{TII} = \frac{p_{T0}}{\left(1 + \frac{\Delta h}{h_0}\right)^3} \tag{2.28}$$

Der Lagerspalt bei der Tragbahn unter Wirkung der Schnittkrafthat sich von h_0 auf h_I verändert:

$$h_I = h_0 - \Delta h \tag{2.11}$$

Der Lagerspalt beim Umgriff unter Wirkung der zusätzlichen Schnittkraft hat sich von h_0 auf h_{II} verändert:

$$h_{II} = h_0 + \Delta h \tag{2.12}$$

Die hydrostatischen Taschen sollen so ausgelegt werden, dass die Strömungsverhältnisse bei Tragbahn und Umgriff gleich sind:

$$\frac{b_{\mathrm{I}}}{l_{\mathrm{I}}} = \frac{b_{\mathrm{II}}}{l_{\mathrm{II}}} = \frac{b}{l} \tag{2.15}$$

Der Volumenstrom durch alle Taschen der Tragbahn und des Umgriffs im Anfangszustand lautet:

$$Q_{\mathrm{0GES}} = 2z\frac{p_{\mathrm{T0}}h_0^3}{12\eta}\frac{b}{l} \tag{2.16}$$

Die Gesamtanzahl der Taschenpaare der Mittenführung wird mit z_{MF} bezeichnet.

Der Volumenstrom durch alle Taschen der Mittenführung im Anfangszustand lautet:

$$Q_{\mathrm{0GES}} = 2z_{\mathrm{MF}}\frac{p_{\mathrm{T0}}h_0^3}{12\eta}\frac{b}{l} \tag{2.16}$$

Für den Volumenstrom durch alle Taschen der Tragbahn und des Umgriffs unter Wirkung der Schnittkraft gilt:

$$Q_{\mathrm{GES}} = z\frac{1}{12\eta}\frac{b}{l}(p_{\mathrm{TI}}h_{\mathrm{I}}^3 + p_{\mathrm{TII}}h_{\mathrm{II}}^3) \tag{2.17}$$

Der Volumenstrom durch alle Taschen der Tragbahn, des Umgriffs und der Mittenführung im Anfangszustand wird abgeleitet zu:

$$Q_{\mathrm{0GES}} = (2z + 2z_{\mathrm{MF}})\frac{p_{\mathrm{T0}}h_0^3}{12\eta}\frac{b}{l} \tag{2.98}$$

Der Volumenstrom durch alle Taschen der Tragbahn, des Umgriffs und der Mittenführung unter Wirkung der Schnittkraft wird abgeleitet zu:

$$Q_{\mathrm{GES}} = z\frac{1}{12\eta}\frac{b}{l}(p_{\mathrm{TI}}h_{\mathrm{I}}^3 + p_{\mathrm{TII}}h_{\mathrm{II}}^3) + 2z_{\mathrm{MF}}\frac{p_{\mathrm{T0}}h_0^3}{12\eta}\frac{b}{l} \tag{2.99}$$

Für die Reibfläche A_{R} gilt:

$$A_{\mathrm{R}} = (B_{\mathrm{w}} + l)l2z + (L_{\mathrm{w}} - l)l2z \tag{2.18}$$

Die Gesamtreibfläche A_{R} ergibt sich aus der Reibfläche bei Tragbahn A_{RI}, der Reibfläche bei Umgriff A_{RII} und Reibfläche bei Mittenführung A_{RIII}:

$$A_{\mathrm{R}} = A_{\mathrm{RI}} + A_{\mathrm{RII}} + A_{\mathrm{RIII}} \tag{2.100}$$

Die Verlustleistung P_{VER} errechnet sich als Summe aus Pumpenleistung P_{P} und Reibleistung P_{R}:

$$P_{\mathrm{VER}} = P_{\mathrm{P}} + P_{\mathrm{R}} = Q_{\mathrm{0GES}}p_{\mathrm{P}} + \frac{A_{\mathrm{R}}\eta v^2}{h_0} \tag{2.20}$$

Die Taschendrücke bei Tragbahn und bei Umgriff sind bei der Ölversorgung mit Membrandrosseln gleich:

$$p_{\text{TI}} = p_{\text{TII}} = p_{\text{T}} \tag{2.33}$$

Beim Einsatz von Gl. (2.33) in Gl. (2.10) bekommt man:

$$F_{\text{T}} = p_{\text{T}}(A_{\text{wI}} - A_{\text{wII}}) \tag{2.34}$$

2.12.1 Berechnungsbeispiel bei Ölversorgung „Eine gemeinsame Pumpe und Kapillardrosseln“

Die genormte Schlitteneinheit 630 × 630 nach Abb. 2.11 soll ausgelegt werden.

Maße der Schlitteneinheit:

Schlittenbreite: 630 mm
Höhe der Schlitteneinheit: 400 mm
Schlittenlänge: 12500 mm
Hub des Schlittens: 630 mm

Vorgabedaten:

Wirksame Taschenbreite der Tragbahn: $B_{\text{wI}} = 0{,}109$ m
Wirksame Taschenlänge der Tragbahn: $L_{\text{wI}} = 0{,}130$ m
Abströmlänge bei Tragbahn: $l_{\text{I}} = 0{,}015$ m
Wirksame Taschenbreite des Umgriffs: $B_{\text{wII}} = 0{,}077$ m
Wirksame Taschenlänge des Umgriffs: $L_{\text{wII}} = 0{,}130$ m
Abströmlänge bei Umgriff: $l_{\text{II}} = 0{,}013$ m
Wirksame Taschenbreite der Mittenführung: $B_{\text{wIII}} = 0{,}077$ m
Wirksame Taschenlänge der Mittenführung: $L_{\text{wIII}} = 0{,}130$ m
Abströmlänge der Mittenführung: $l_{\text{III}} = 0{,}013$ m
Lagerspalt im Anfangszustand: $h_{0\text{I}} = h_{0\text{II}} = h_{0\text{III}} = h_0 = 0{,}00003$ m
$= 0{,}030 \cdot 10^{-3}$ m
Anzahl der Taschenpaare auf einer Führungsbahn bei Tragbahn und Umgriff: $n = 7$
Anzahl der Taschenpaare bei der Mittenführung: $z_{\text{MF}} = 7$
Höchste Tischgeschwindigkeit: $v = 21{,}6\,\text{mm in}^{-1} = 0{,}36\,\text{m s}^{-1}$
Schlittenmasse: $m_{\text{sch}} = 1846{,}3$ kg
Zusatzmasse auf dem Schlitten: $m_{\text{zus}} = 1750$ kg
Gesamtmasse: $m = 3596{,}3$ kg
Schmieröl: ISO VG 32
Öltemperatur: $\vartheta = 25$ °C
Die Spaltänderung unter Wirkung der Schnittkraft $F_{\text{äuß}}$ wird angenommen:
$\Delta h_{\text{I}} = \Delta h_{\text{II}} = \Delta h = 0{,}000003 = 0{,}003 \cdot 10^{-3}$ m

Gesucht:

- Schnittkraft $F_{\text{äuß}}$
- Volumenstrom im Anfangszustand $Q_{0\text{GES}}$
- Volumenstrom unter Wirkung der Schnittkraft Q_{GES}
- Verlustleistung P_{VER}
- Lagersteifigkeit K

Lösung:

1. Gesamtanzahl der Taschenpaare bei Tragbahn und Umgriff:

$$z = 2n = 2 \cdot 7 = 14 \quad (2.2)$$

2. Gesamtanzahl der hydrostatischen Taschen bei Tragbahn und Umgriff:

$$2z = 2 \cdot 14 = 28 \quad (2.3)$$

3. Gesamtanzahl der hydrostatischen Taschen bei der Mittenführung:

$$2z_{MF} = 2 \cdot 7 = 14$$

4. Gesamtanzahl der hydrostatischen Taschen bei zentrisch belastetem hydrostatischem Schlitten:

$$2z{+}2z_{MF} = 28 + 14 = 42$$

5. Gewichtskraft des Tisches

$$F_{\text{G}} = mg = 3596{,}3 \cdot 9{,}81 = 35280\,\text{N} \quad (2.1)$$

6. Resultierende Taschenkraft im Anfangszustand:

$$F_{\text{T0}} = \frac{F_G}{z} = \frac{35280}{14} = 2520\,\text{N} \quad (2.8)$$

7. Wirksame Taschenfläche der Tragbahn:

$$A_{\text{wI}} = B_{\text{wI}} L_{\text{wI}} = 0{,}109 \cdot 0{,}130 = 0{,}0142\ \text{m}^2 \quad (1.3)$$

8. Wirksame Taschenfläche des Umgriffs:

$$A_{\text{wII}} = B_{\text{wII}} L_{\text{wII}} = 0{,}077 \cdot 0{,}130 = 0{,}01\,\text{m}^2 \quad (1.3)$$

9. Wirksame Taschenfläche der Mittenführung:

$$A_{\text{wIII}} = B_{\text{wIII}} L_{\text{wIII}} = 0{,}077 \cdot 0{,}130 = 0{,}01\ \text{m}^2 \quad (1.3)$$

10. Flächenverhältnis bei Tragbahn und Umgriff:

$$\varphi = \frac{A_{\text{wII}}}{A_{\text{wI}}} = \frac{0{,}01}{0{,}0142} = 0{,}7 \quad (2.13)$$

11. Flächenverhältnis bei Mittenführung:

$$\varphi = \frac{A_{\mathrm{wIII}}}{A_{\mathrm{wIII}}} = \frac{0{,}01}{0{,}01} = 1 \tag{2.13}$$

12. Taschendruck im Anfangszustand bei Tragbahn und Umgriff:

$$p_{\mathrm{T0}} = \frac{F_{\mathrm{T0}}}{A_{\mathrm{wI}} - A_{\mathrm{wII}}} = \frac{2520}{0{,}0142 - 0{,}01} = 6 \cdot 10^5\,\mathrm{N\,m^{-2}} \tag{2.7}$$

Mit diesem Taschendruck werden auch 14 hydrostatische Taschen der Mittenführung beaufschlagt.

13. Abströmbreite b bei Tragbahn:

$$b_{\mathrm{I}} = 2B_{\mathrm{wI}} + 2L_{\mathrm{wI}} = 2 \cdot 0{,}109 + 2 \cdot 0{,}130 = 0{,}478\ \mathrm{m} \tag{1.1}$$

14. Strömungsverhältnis bei Tragbahn:

$$\frac{b_{\mathrm{I}}}{l_{\mathrm{I}}} = \frac{0{,}478}{0{,}015} = 31{,}8 \tag{1.2}$$

15. Abströmbreite bei Umgriff:

$$b_{\mathrm{II}} = 2B_{\mathrm{wII}} + 2L_{\mathrm{wII}} = 2 \cdot 0{,}077 + 2 \cdot 0{,}130 = 0{,}414\ \mathrm{m} \tag{1.1}$$

16. Strömungsverhältnis bei Umgriff:

$$\frac{b_{\mathrm{II}}}{l_{\mathrm{II}}} = \frac{0{,}414}{0{,}013} = 31{,}8 \tag{1.2}$$

17. Abströmbreite bei Mittenführung:

$$b_{\mathrm{III}} = 2B_{\mathrm{wIII}} + 2L_{\mathrm{wIII}} = 2 \cdot 0{,}077 + 2 \cdot 0{,}130 = 0{,}414\ \mathrm{m} \tag{1.1}$$

18. Strömungsverhältnis bei Mittenführung:

$$\frac{b_{\mathrm{III}}}{l_{\mathrm{III}}} = \frac{0{,}414}{0{,}013} = 31{,}8 \tag{1.2}$$

19. Die Empfehlung wird erfüllt, dass die hydrostatischen Taschen so ausgelegt werden sollen, dass die Strömungsverhältnisse bei Tragbahn, Umgriff und Mittenführung gleich sind:

$$\frac{b_{\mathrm{I}}}{l_{\mathrm{I}}} = \frac{b_{\mathrm{II}}}{l_{\mathrm{II}}} = \frac{b_{\mathrm{III}}}{l_{\mathrm{III}}} = \frac{b}{l} = 31{,}8 \tag{2.15}$$

20. Relative Spaltänderung:

$$\Psi = \frac{\Delta h}{h_0} = \frac{0{,}003 \cdot 10^{-3}}{0{,}03 \cdot 10^{-3}} = 0{,}1 \tag{2.14}$$

21. Nach Tab. 2.2 wird für $\varphi = 0{,}7$ und $\Psi = 0{,}1$ ein optimales Drosselverhältnis ermittelt: $\left(\frac{p_P}{p_{T0}}\right)_{OPT} = 2{,}04$
22. Pumpendruck:

$$p_P = \left(\frac{p_P}{p_{T0}}\right)_{OPT} p_{T0} = 2{,}04 \cdot 6 \cdot 10^5 = 12{,}24 \cdot 10^5\,\mathrm{N\,m^{-2}} \tag{2.21}$$

23. Taschendruck bei Tragbahn unter Wirkung der Schnittkraft:

$$\begin{aligned} p_{TI} &= \frac{p_P}{\left(\frac{p_P}{p_{T0}} - 1\right)\left(1 - \frac{\Delta h}{h_0}\right)^3 + 1} = \frac{12{,}24 \cdot 10^5}{(2{,}04 - 1) \cdot (1 - 0{,}1)^3 + 1} \\ &= 6{,}96 \cdot 10^5\,\mathrm{N\,m^{-2}} \end{aligned} \tag{2.22}$$

24. Taschendruck bei Umgriff unter Wirkung der Schnittkraft:

$$\begin{aligned} p_{TII} &= \frac{p_P}{\left(\frac{p_P}{p_{T0}} - 1\right)\left(1 + \frac{\Delta h}{h_0}\right)^3 + 1} = \frac{10{,}2 \cdot 10^5}{(2{,}04 - 1) \cdot (1 + 0{,}1)^3 + 1} \\ &= 5{,}13 \cdot 10^5\,\mathrm{N\,m^{-2}} \end{aligned} \tag{2.23}$$

25. Resultierende Taschenkraft unter Wirkung der Schnittkraft:

$$F_T = p_{TI} A_{wI} - p_{TII} A_{wII} = 6{,}96 \cdot 10^5 \cdot 0{,}0142 - 5{,}13 \cdot 10^5 \cdot 0{,}01 = 4753{,}2\,\mathrm{N}$$

26. Die resultierende Taschenkraft unter Wirkung der Schnittkraft kann auch nach Tab. 2.2 errechnet werden. Für $\varphi = 0{,}7$ und $\Psi = \frac{\Delta h}{h_0} = 0{,}1$ gilt:

$$\frac{F - F_0}{p_P A_{wI}} = 0{,}13$$

Aus diesem Ausdruck ergibt sich:

$$\begin{aligned} F_T &= 0{,}13 p_P A_{wI} + F_{T0} \\ &= 0{,}13 \cdot 12{,}24 \cdot 10^5 \cdot 0{,}0142 + 2520 = 4779\,\mathrm{N} \end{aligned}$$

Der Unterschied zwischen den errechneten Taschenkräften 4753,2 und 4779 ist durch die Abrundungen einzelner Berechnungen entstanden.
27. Schnittkraft:

$$F_{\text{äuß}} = zF_T - F_G = 14 \cdot 4753{,}2 - 35280 = 31264{,}8\,\mathrm{N} \tag{2.9}$$

Bei dieser Berechnung wird die Spaltänderung unter Wirkung der Schnittkraft $F_{\text{äuß}}$ als bekannt in Vorgabedaten angegeben:

$$\Delta h_I = \Delta h_{II} = \Delta h = 0{,}0030 \cdot 10^{-3}\ \mathrm{m}.$$

Wenn die Schnittkraft $F_{\text{äuß}}$ als bekannt in Vorgabedaten angegeben wird, dann werden die relativen Spaltänderungen Ψ angenommen und die Berechnung wiederholt, bis die Gl. (2.22), (2.23), (2.10) und (2.9) erfüllt werden.

28. Nach Tab. 2.6 wird für das Schmieröl ISO VG 32 die kinematische Viskosität bei 20 °C und 40 °C ermittelt:

$$v_{20} = 87{,}8\,\text{mm}^2\ \text{s}^{-1};\ v_{40} = 32\ \text{mm}^2\ \text{s}^{-1}$$

29. Kinematische Viskosität bei ϑ = 25 °C:

$$\begin{aligned} v_{25} &= v_{20} - (v_{20} - v_{40})\frac{(\vartheta - 20)}{20} = 87{,}8 - (87{,}8 - 32)\frac{25 - 20}{20} \\ &= 73{,}85\ \text{mm}^2\ \text{s}^{-1} \end{aligned} \tag{2.24}$$

30. Nach Tab. 2.6 wird für das Schmieröl ISO VG 32 die Dichte bei 15 °C ermittelt:

$$\gamma_{15} = 0{,}87 \cdot 10^{-3}\ \text{kg cm}^{-3}$$

31. Dichte bei Öltemperatur ϑ = 25 °C:

$$\begin{aligned} \gamma &= \gamma_{15} - 0{,}0006 \cdot 10^{-3}(\vartheta - 15) \\ &= 0{,}87 \cdot 10^{-3} - 0{,}0006 \cdot 10^{-3}(25 - 15) = 0{,}869 \cdot 10^{-3}\,\text{kg cm}^{-3} \end{aligned} \tag{2.25}$$

32. Dynamische Viskosität des Öles:

$$\eta = v_{25}\gamma_{25} = 73{,}85 \cdot 0{,}869 \cdot 10^{-3} = 0{,}0641\,\text{N s m}^{-2} \tag{2.26}$$

33. Volumenstrom durch alle Taschen der Tragbahn des Umgriffs und der Mittenführung im Anfangszustand:

$$\begin{aligned} Q_{\text{OGES}} &= (2z + 2z_{\text{MF}})\frac{p_{\text{TO}}h_0^3}{12\eta}\frac{b}{l} = (28 + 14) \cdot \frac{6 \cdot 10^5 \cdot (0{,}00003)^3}{12 \cdot 0{,}0641} \cdot 31{,}8 \\ &= 0{,}00002813\,\text{m}^3\text{s}^{-1} = 1{,}21 \cdot 10^{-5}\text{m}^3\text{s}^{-1} = 1{,}68\,\text{dm}^3\,\text{min}^{-1} \end{aligned} \tag{2.98}$$

34. Lagerspalt bei Tragbahn unter Wirkung der Schnittkraft:

$$h_{\text{I}} = h_0 - \Delta h = 0{,}03 \cdot 10^{-3} - 0{,}003 \cdot 10^{-3} = 0{,}000027\,\text{m} = 0{,}027 \cdot 10^{-3}\,\text{m} \tag{2.11}$$

35. Lagerspalt bei Umgriff unter Wirkung der Schnittkraft:

$$h_{\text{II}} = h_0 + \Delta h = 0{,}03 \cdot 10^{-3} + 0{,}003 \cdot 10^{-3} = 0{,}000033\,\text{m} = 0{,}033 \cdot 10^{-3}\,\text{m} \tag{2.12}$$

36. Volumenstrom durch alle Taschen der Tragbahn des Umgriffs und der Mittenführung unter Wirkung der Schnittkraft:

$$Q_{\mathrm{GES}} = z\frac{1}{12\eta}\frac{b}{l}(p_{\mathrm{TI}}h_{\mathrm{I}}^3 + p_{\mathrm{TII}}h_{\mathrm{II}}^3) + (2z_{\mathrm{MF}})\frac{p_{\mathrm{T0}}h_0^3}{12\eta}\frac{b}{l} = 14\frac{1}{12\cdot 0{,}0641}\cdot 31{,}8$$
$$\cdot (6{,}96\cdot 10^5\cdot 0{,}000027^3 + 5{,}13\cdot 10^5\cdot 0{,}000033^3)$$
$$+ 14\cdot\frac{6\cdot 10^5\cdot (0{,}00003)^3}{12\cdot 0{,}0641}\cdot 31{,}8 = 0{,}00002757\,\mathrm{m^3s^{-1}}$$
$$= 1{,}65\,\mathrm{dm^3\,min^{-1}} \quad (2.99)$$

37. Reibfläche bei Tragbahn:

$$A_{\mathrm{RI}} = (B_{\mathrm{wI}} + l_{\mathrm{I}})l_{\mathrm{I}}2z + (L_{\mathrm{wI}} - l_{\mathrm{I}})l_{\mathrm{I}}2z = (0,109 + 0{,}015)\cdot 0{,}015\cdot 2\cdot 14$$
$$+ (0{,}130 - 0{,}015)\cdot 0{,}015\cdot 2\cdot 14 = 0{,}1\,\mathrm{m^2} \quad (2.18)$$

38. Reibfläche bei Umgriff:

$$A_{\mathrm{RII}} = (B_{\mathrm{wII}} + l_{\mathrm{II}})l_{\mathrm{II}}2z + (L_{\mathrm{wII}} - l_{\mathrm{II}})l_{\mathrm{II}}2z = (0{,}077 + 0{,}013)\cdot 0{,}013\cdot 2\cdot 14$$
$$+ (0{,}130 - 0{,}013)\cdot 0{,}013\cdot 2\cdot 14 = 0{,}075\,\mathrm{m^2} \quad (2.18)$$

39. Reibfläche bei Mittenführung:

$$A_{\mathrm{RIII}} = (B_{\mathrm{wIII}} + l_{\mathrm{III}})l_{\mathrm{III}}2z + (L_{\mathrm{wIII}} - l_{\mathrm{III}})l_{\mathrm{III}}2z = (0{,}077 + 0{,}013)\cdot 0{,}013$$
$$\cdot 2\cdot 14 + (0{,}130 - 0{,}013)\cdot 0{,}013\cdot 2\cdot 14 = 0{,}075\,\mathrm{m^2} \quad (2.18)$$

40. Gesamtreibfläche:

$$A_{\mathrm{R}} = A_{\mathrm{RI}} + A_{\mathrm{RII}} + A_{\mathrm{RIII}} = 0{,}1 + 0{,}075 + 0{,}075 = 0{,}25\,\mathrm{m^2} \quad (2.100)$$

41. Verlustleistung:

$$P_{\mathrm{VER}} = P_{\mathrm{P}} + P_{\mathrm{R}} = Q_{\mathrm{0GES}}\,p_{\mathrm{P}} + \frac{A_{\mathrm{R}}\eta v^2}{h_0} = 0{,}00002813\cdot 12{,}24\cdot 10^5$$
$$+ \frac{0{,}25\cdot 0{,}0641\cdot 0{,}36^2}{0{,}00003} = 34{,}43 + 69{,}2 = 103{,}65\,\mathrm{W} \quad (2.20)$$

42. Steifigkeit des hydrostatischen Lagers:

$$K = \frac{dF}{dh} = \frac{F_{\mathrm{T}} - F_{\mathrm{T0}}}{\Delta h} = \frac{4753{,}2 - 2520}{0{,}000003}$$
$$= 744400000\,\mathrm{N\,m^{-1}} = 744{,}4\,\mathrm{N\,\mu m^{-1}} \quad (1.11)$$

2.12.2 Berechnungsbeispiel bei Ölversorgung „Eine Pumpe pro Tasche“

Die Ölversorgung für die Schlitteneinheit 630 × 630 nach Abb. 2.11 soll ausgelegt werden.

Vorgabedaten:

Wirksame Taschenbreite der Tragbahn: $B_{\mathrm{wI}} = 0{,}109$ m
Wirksame Taschenlänge der Tragbahn: $L_{\mathrm{wI}} = 0{,}130$ m
Abströmlänge bei Tragbahn: $l_{\mathrm{I}} = 0{,}015$ m
Wirksame Taschenbreite des Umgriffs: $B_{\mathrm{wII}} = 0{,}077$ m
Wirksame Taschenlänge des Umgriffs: $L_{\mathrm{wII}} = 0{,}130$ m
Abströmlänge bei Umgriff: $l_{\mathrm{II}} = 0{,}013$ m
Wirksame Taschenbreite der Mittenführung: $B_{\mathrm{wIII}} = 0{,}077$ m
Wirksame Taschenlänge der Mittenführung: $L_{\mathrm{wIII}} = 0{,}130$ m
Abströmlänge der Mittenführung: $l_{\mathrm{III}} = 0{,}013$ m
Lagerspalt im Anfangszustand: $h_{0\mathrm{I}} = h_{0\mathrm{II}} = h_{0\mathrm{III}} = h_0 = 0{,}00003$ m
$= 0{,}030 \cdot 10^{-3}$ m
Anzahl der Taschenpaare auf einer Bahn bei Tragbahn und Umgriff: $n = 7$
Anzahl der Taschenpaare bei der Mittenführung: $z_{\mathrm{MF}} = 7$
Höchste Tischgeschwindigkeit: $v = 21{,}6\ \mathrm{m\ min^{-1}} = 0{,}36\ \mathrm{m\ s^{-1}}$
Schlittenmasse: $m_{\mathrm{sch}} = 1846{,}3$ kg
Zusatzmasse auf dem Schlitten: $m_{\mathrm{zus}} = 1750$ kg, Gesamtmasse: $m = 3596{,}3$ kg
Schmieröl: ISO VG 32
Öltemperatur: $\vartheta = 25$ °C
Wie im Berechnungsbeispiel 2.12.1 ergeben sich:
Dynamische Viskosität des Öles bei 25 °C: $\eta = 0{,}0641\mathrm{N\ s\ m^{-2}}$
Kinematische Viskosität bei $\vartheta = 25$ °C: $v_{25} = 73{,}85\ \mathrm{mm^2\ s^{-1}}$
Die Spaltänderung unter Wirkung der Schnittkraft $F_{\mathrm{äuß}}$ wird angenommen:
$\Delta h_{\mathrm{I}} = \Delta h_{\mathrm{II}} = \Delta h = 0{,}000003 = 0{,}003 \cdot 10^{-3}$ m

Gesucht:

- Schnittkraft $F_{\mathrm{äuß}}$
- Volumenstrom im Anfangszustand $Q_{0\mathrm{GES}}$
- Volumenstrom unter Wirkung der Schnittkraft Q_{GES}
- Verlustleistung P_{VER}
- Lagersteifigkeit K

Lösung:

1. Gesamtanzahl der Taschenpaare bei Tragbahn und Umgriff:

$$z = 2n = 2 \cdot 7 = 14 \tag{2.2}$$

2. Gesamtanzahl der hydrostatischen Taschen bei Tragbahn und Umgriff:

$$2z = 2 \cdot 14 = 28 \tag{2.3}$$

3. Gesamtanzahl der hydrostatischen Taschen bei der Mittenführung:

$$2z_{\mathrm{MF}} = 2 \cdot 7 = 14 \tag{2.3}$$

4. Gesamtanzahl der hydrostatischen Taschen bei zentrisch belastetem hydrostatischem Schlitten:

$$2z + 2z_{\mathrm{MF}} = 28 + 14 = 42$$

5. Gewichtskraft des Tisches

$$F_{\mathrm{G}} = mg = 3596{,}3 \cdot 9{,}81 = 35280\,\mathrm{N} \tag{2.1}$$

6. Resultierende Taschenkraft im Anfangszustand:

$$F_{\mathrm{T0}} = \frac{F_{\mathrm{G}}}{z} = \frac{35280}{14} = 2520\,\mathrm{N} \tag{2.8}$$

7. Wirksame Taschenfläche der Tragbahn:

$$A_{\mathrm{wI}} = B_{\mathrm{wI}} L_{\mathrm{wI}} = 0{,}109 \cdot 0{,}130 = 0{,}0142\,\mathrm{m}^2 \tag{1.3}$$

8. Wirksame Taschenfläche des Umgriffs:

$$A_{\mathrm{wII}} = B_{\mathrm{wII}} L_{\mathrm{wII}} = 0{,}077 \cdot 0{,}130 = 0{,}01\ \mathrm{m}^2 \tag{1.3}$$

9. Wirksame Taschenfläche der Mittenführung:

$$A_{\mathrm{wIII}} = B_{\mathrm{wIII}} L_{\mathrm{wIII}} = 0{,}077 \cdot 0{,}130 = 0{,}01\ \mathrm{m}^2 \tag{1.3}$$

10. Flächenverhältnis bei Tragbahn und Umgriff:

$$\varphi = \frac{A_{\mathrm{wII}}}{A_{\mathrm{wI}}} = \frac{0{,}01}{0{,}0142} = 0{,}7 \tag{2.13}$$

11. Flächenverhältnis bei Mittenführung:

$$\varphi = \frac{A_{\mathrm{wIII}}}{A_{\mathrm{wIII}}} = \frac{0{,}01}{0{,}01} = 1 \tag{2.13}$$

12. Taschendruck im Anfangszustand bei Tragbahn und Umgriff:

$$p_{\mathrm{T0}} = \frac{F_{\mathrm{T0}}}{A_{\mathrm{wI}} - A_{\mathrm{wII}}} = \frac{2520}{0{,}0142 - 0{,}01} = 6 \cdot 10^5\,\mathrm{N\,m^{-2}} \tag{2.7}$$

Mit diesem Taschendruck werden auch die 14 hydrostatischen Taschen der Mittenführung vorgespannt.

13. Abströmbreite b bei Tragbahn:

$$b_{\mathrm{I}} = 2B_{\mathrm{wI}} + 2L_{\mathrm{wI}} = 2 \cdot 0,109 + 2 \cdot 0,130 = 0,478 \text{ m} \tag{1.1}$$

14. Strömungsverhältnis bei Tragbahn:

$$\frac{b_{\mathrm{I}}}{l_{\mathrm{I}}} = \frac{0,478}{0,015} = 31,8 \tag{1.2}$$

15. Abströmbreite bei Umgriff:

$$b_{\mathrm{II}} = 2B_{\mathrm{wII}} + 2L_{\mathrm{wII}} = 2 \cdot 0,077 + 2 \cdot 0,130 = 0,414 \text{ m} \tag{1.1}$$

16. Strömungsverhältnis bei Umgriff:

$$\frac{b_{\mathrm{II}}}{l_{\mathrm{II}}} = \frac{0,414}{0,013} = 31,8 \tag{1.2}$$

17. Abströmbreite bei Mittenführung::

$$b_{\mathrm{III}} = 2B_{\mathrm{wIII}} + 2L_{\mathrm{wIII}} = 2 \cdot 0,077 + 2 \cdot 0,130 = 0,414 \text{ m} \tag{1.1}$$

18. Strömungsverhältnis bei Mittenführung:

$$\frac{b_{\mathrm{III}}}{l_{\mathrm{III}}} = \frac{0,414}{0,013} = 31,8 \tag{1.2}$$

19. Die Empfehlung wird erfüllt, dass die Strömungsverhältnisse bei Tragbahn, Umgriff und Mittenführung gleich sind:

$$\frac{b_{\mathrm{I}}}{l_{\mathrm{I}}} = \frac{b_{\mathrm{II}}}{l_{\mathrm{II}}} = \frac{b_{\mathrm{III}}}{\mathrm{I}_{\mathrm{III}}} = \frac{b}{l} = 31,8 \tag{2.15}$$

20. Relative Spaltänderung:

$$\Psi = \frac{\Delta h}{h_0} = \frac{0,003 \cdot 10^{-3}}{0,03 \cdot 10^{-3}} = 0,1 \tag{2.14}$$

21. Taschendruck bei Tragbahn unter Wirkung der Schnittkraft:

$$p_{\mathrm{TI}} = \frac{p_{\mathrm{T0}}}{\left(1 - \dfrac{\Delta h}{h_0}\right)^3} = \frac{6 \cdot 10^5}{(1-0,1)^3} = 8,16 \cdot 10^5 \,\mathrm{N\,m^{-2}} \tag{2.27}$$

22. Taschendruck bei Umgriff unter Wirkung der Schnittkraft:

$$p_{\mathrm{TII}} = \frac{p_{\mathrm{T0}}}{\left(1 + \dfrac{\Delta h}{h_0}\right)^3} = \frac{6 \cdot 10^5}{(1+0,1)^3} = 4,5 \cdot 10^5 \,\mathrm{N\,m^{-2}} \tag{2.28}$$

23. Resultierende Taschenkraft unter Wirkung der Schnittkraft:

$$F_T = p_{TI} A_{wI} - p_{TII} A_{wII} = 8{,}16 \cdot 10^5 \cdot 0{,}0142 - 4{,}5 \cdot 10^5 \cdot 0{,}01 = 7087{,}2\,\mathrm{N} \tag{2.10}$$

24. Schnittkraft:

$$F_{\text{äuß}} = zF_T - F_G = 14 \cdot 7087{,}2 - 35280 = 63940{,}8\ \mathrm{N} \tag{2.9}$$

Bei dieser Berechnung wird die Spaltänderung unter Wirkung der Schnittkraft $F_{\text{äuß}}$ als bekannt in Vorgabedaten angegeben:

$$\Delta h_I = \Delta h_{II} = \Delta h = 0{,}003 \cdot 10^{-3}\,\mathrm{m}.$$

Wenn die Schnittkraft $F_{\text{äuß}}$ als bekannt in Vorgabedaten angegeben wird, dann wird die relative Spaltänderung Ψ angenommen und die Berechnung wiederholt, bis die Gl. (2.27), (2.28), (2.10) und (2.9) erfüllt werden.

25. Volumenstrom durch alle Taschen der Tragbahn und des Umgriffs im Anfangszustand:

$$Q_{0TU} = 2z \frac{p_{T0} h_0^3}{12\eta} \frac{b}{l} = 28 \cdot \frac{6 \cdot 10^5 \cdot (0{,}00003)^3}{12 \cdot 0{,}0641} \cdot 31{,}8$$

$$= 0{,}000018752\ \mathrm{m^3\,s^{-1}} = 1{,}125\ \mathrm{dm^3\,min^{-1}} \tag{2.16}$$

26. Volumenstrom durch alle Taschen der Mittenführung im Anfangszustand:

$$Q_{0MF} = (2z_{MF}) \frac{p_{T0} h_0^3}{12\eta} \frac{b}{l} = 14 \cdot \frac{6 \cdot 10^5 \cdot (0{,}00003)^3}{12 \cdot 0{,}0641} \cdot 31{,}8$$
$$= 0{,}000009376 \cdot \mathrm{m^3\,s^{-1}} = 0{,}56\ \mathrm{dm^3\,min^{-1}} \tag{2.16}$$

27. Lagerspalt bei Tragbahn unter Wirkung der Schnittkraft:

$$h_I = h_0 - \Delta h = 0{,}03 \cdot 10^{-3} - 0{,}003 \cdot 10^{-3} = 0{,}000027\ \mathrm{m} = 0{,}027 \cdot 10^{-3}\ \mathrm{m} \tag{2.11}$$

28. Lagerspalt bei Umgriff unter Wirkung der Schnittkraft:

$$h_{II} = h_0 + \Delta h = 0{,}03 \cdot 10^{-3} + 0{,}003 \cdot 10^{-3} = 0{,}000033\,\mathrm{m} = 0{,}033 \cdot 10^{-3}\,\mathrm{m} \tag{2.12}$$

29. Volumenstrom durch alle Taschen der Tragbahn und des Umgriffs unter Wirkung der Schnittkraft:

$$Q_{TU} = z \frac{1}{12\eta} \frac{b}{l} (p_{TI} h_I^3 + p_{TII} h_{II}^3)$$
$$= 14 \cdot \frac{1}{12 \cdot 0{,}0641} \cdot 31{,}8 (8{,}16 \cdot 10^5 \cdot 0{,}000027^3 + 4{,}5 \cdot 10^5 \cdot 0{,}000033^3)$$
$$= 0{,}00001865\ \mathrm{m^3\,s^{-1}} = 1{,}119\,\mathrm{dm^3\,min^{-1}} \tag{2.17}$$

30. Reibfläche bei Tragbahn:

$$A_{\mathrm{RI}} = (B_{\mathrm{wI}} + l_{\mathrm{I}})l_{\mathrm{I}}2z + (L_{\mathrm{wI}} - l_{\mathrm{I}})l_{\mathrm{I}}2z = (0,109 + 0{,}015) \cdot 0{,}015 \cdot 2 \cdot 14 + (0,130 - 0{,}015) \cdot 0{,}015 \cdot 2 \cdot 14 = 0,1\,\mathrm{m}^2 \quad (2.18)$$

31. Reibfläche bei Umgriff:

$$A_{\mathrm{RII}} = (B_{\mathrm{wII}} + l_{\mathrm{II}})l_{\mathrm{II}}2z + (L_{\mathrm{wII}} - l_{\mathrm{II}})l_{\mathrm{II}}2z = (0{,}077 + 0{,}013) \cdot 0{,}013 \cdot 2 \cdot 14 + (0,130 - 0{,}013) \cdot 0{,}013 \cdot 2 \cdot 14 = 0{,}075\,\mathrm{m}^2 \quad (2.18)$$

32. Reibfläche bei Mittenführung:

$$A_{\mathrm{RIII}} = (B_{\mathrm{wIII}} + l_{\mathrm{III}})l_{\mathrm{III}}2z + (L_{\mathrm{wIII}} - l_{\mathrm{III}})l_{\mathrm{III}}2z = (0{,}077 + 0{,}013) \cdot 0{,}013 \cdot 2 \cdot 14 + (0,130 - 0{,}013) \cdot 0{,}013 \cdot 2 \cdot 14 = 0{,}075\,\mathrm{m}^2 \quad (2.18)$$

33. Gesamtreibfläche:

$$A_{\mathrm{R}} = A_{\mathrm{RI}} + A_{\mathrm{RII}} + A_{\mathrm{RIII}} = 0,1 + 0{,}075 + 0{,}075 = 0{,}25\,\mathrm{m}^2 \quad (2.100)$$

34. Verlustleistung:

$$P_{\mathrm{VER}} = P_{\mathrm{P}} + P_{\mathrm{R}} = Q_{\mathrm{0GES}}\,p_{\mathrm{P}} + \frac{A_{\mathrm{R}}\eta v^2}{h_0} = (0{,}93 + 0{,}468) \cdot 10^{-5} \cdot 6{,}8 \cdot 10^5 + \frac{0{,}25 \cdot 0{,}0641 \cdot 0{,}36^2}{0{,}00003} = 9{,}5 + 69{,}2 = 78{,}7\ \mathrm{W} \quad (2.20)$$

(Da $p_{\mathrm{P}} = p_{\mathrm{T}}$, wird in diese Gleichung eingesetzt: $p_{\mathrm{P}} = p_{\mathrm{TI}} = 6{,}8 \cdot 10^5$)

35. Steifigkeit des hydrostatischen Lagers:

$$K = \frac{dF}{dh} = \frac{F_{\mathrm{T}} - F_{\mathrm{T0}}}{\Delta h} = \frac{7087{,}2 - 2520}{0{,}000003} = 1522400000\ \mathrm{N\,m^{-1}} = 1522{,}4\,\mathrm{N\,\mu m^{-1}} \quad (1.11)$$

2.12.3 *Berechnungsbeispiel bei Ölversorgung „Eine gemeinsame Pumpe und Membrandrosseln“*

Die Ölversorgung für die Schlitteneinheit 630 × 630 nach Abb. 2.11 soll ausgelegt werden.

Vorgabedaten:

Wirksame Taschenbreite der Tragbahn: $B_{\mathrm{wI}} = 0,109$ m
Wirksame Taschenlänge der Tragbahn: $L_{\mathrm{wI}} = 0,130$ m
Abströmlänge bei Tragbahn: $l_{\mathrm{I}} = 0,015$ m
Wirksame Taschenbreite des Umgriffs: $B_{\mathrm{wII}} = 0,077$ m
Wirksame Taschenlänge des Umgriffs: $L_{\mathrm{wII}} = 0,130$ m
Abströmlänge bei Umgriff: $l_{\mathrm{II}} = 0,013$ m
Wirksame Taschenbreite der Mittenführung: $B_{\mathrm{wIII}} = 0,077$ m
Wirksame Taschenlänge der Mittenführung: $L_{\mathrm{wIII}} = 0,130$ m
Abströmlänge der Mittenführung: $l_{\mathrm{III}} = 0,013$ m
Lagerspalt im Anfangszustand: $h_{0\mathrm{I}} = h_{0\mathrm{II}} = h_{0\mathrm{III}} = h_0 = 0,00003\,\mathrm{m}$
$= 0,030 \cdot 10^{-3}\,\mathrm{m}$
Anzahl der Taschenpaare auf einer Bahn bei Tragbahn und Umgriff: $n = 7$
Anzahl der Taschenpaare bei der Mittenführung: $z_{\mathrm{MF}} = 7$
Höchste Tischgeschwindigkeit: $v = 21,6\ \mathrm{m\,min^{-1}} = 0,36\ \mathrm{m\,s^{-1}}$
Schlittenmasse: $m_{\mathrm{sch}} = 1846,3$ kg
Zusatzmasse auf dem Schlitten: $m_{\mathrm{zus}} = 1750$ kg
Gesamtmasse: $m = 3596,3$ kg
Schmieröl: ISO VG 32
Öltemperatur: $\vartheta = 25$ °C
Wie im Berechnungsbeispiel 2.12.1 ergeben sich:
Dynamische Viskosität des Öles bei 25 °C: $\eta = 0,0641\ \mathrm{N\,s\,m^{-2}}$
Kinematische Viskosität bei $\vartheta = 25$ °C: $\upsilon_{25} = 73,85\ \mathrm{mm^2\,s^{-1}}$
Schnittkraft: $F_{\text{äuß}} = 63940,8$ N

Gesucht:

- Volumenstrom im Anfangszustand $Q_{0\mathrm{GES}}$
- Volumenstrom unter Wirkung der Schnittkraft Q_{GES}
- Verlustleistung P_{VER}

Lösung:

1. Gesamtanzahl der Taschenpaare bei Tragbahn und Umgriff:

$$z = 2n = 2 \cdot 7 = 14 \tag{2.2}$$

2. Gesamtanzahl der hydrostatischen Taschen bei Tragbahn und Umgriff:

$$2z = 2 \cdot 14 = 28 \tag{2.3}$$

3. Gesamtanzahl der hydrostatischen Taschen bei Mittenführung:

$$2z_{\mathrm{MF}} = 2 \cdot 7 = 14$$

4. Gesamtanzahl der hydrostatischen Taschen bei zentrisch belastetem hydrostatischem Schlitten:

$$2\mathrm{z} + 2\mathrm{z}_{\mathrm{MF}} = 28 + 14 = 42$$

5. Gewichtskraft des Tisches:

$$F_{\mathrm{G}} = mg = 3596{,}3 \cdot 9{,}81 = 35280\,\mathrm{N} \tag{2.1}$$

6. Resultierende Taschenkraft im Anfangszustand:

$$F_{\mathrm{T0}} = \frac{F_{\mathrm{G}}}{z} = \frac{35280}{14} = 2520\,\mathrm{N} \tag{2.8}$$

7. Wirksame Taschenfläche der Tragbahn:

$$A_{\mathrm{wI}} = B_{\mathrm{wI}} L_{\mathrm{wI}} = 0{,}109 \cdot 0{,}130 = 0{,}0142\,\mathrm{m}^2 \tag{1.3}$$

8. Wirksame Taschenfläche des Umgriffs:

$$A_{\mathrm{wII}} = B_{\mathrm{wII}} L_{\mathrm{wII}} = 0{,}077 \cdot 0{,}130 = 0{,}01\ \mathrm{m}^2 \tag{1.3}$$

9. Wirksame Taschenfläche der Mittenführung:

$$A_{\mathrm{wIII}} = B_{\mathrm{wIII}} L_{\mathrm{wIII}} = 0{,}077 \cdot 0{,}130 = 0{,}01\ \mathrm{m}^2 \tag{1.3}$$

10. Flächenverhältnis bei Tragbahn und Umgriff:

$$\varphi = \frac{A_{\mathrm{wII}}}{A_{\mathrm{wI}}} = \frac{0{,}01}{0{,}0142} = 0{,}7 \tag{2.13}$$

11. Flächenverhältnis bei Mittenführung:

$$\varphi = \frac{A_{\mathrm{wIII}}}{A_{\mathrm{wIII}}} = \frac{0{,}01}{0{,}01} = 1 \tag{2.13}$$

12. Taschendruck im Anfangszustand bei Tragbahn und Umgriff:

$$p_{\mathrm{T0}} = \frac{F_{\mathrm{T0}}}{A_{\mathrm{wI}} - A_{\mathrm{wII}}} = \frac{2520}{0{,}0142 - 0{,}01} = 6 \cdot 10^5\,\mathrm{N\,m^{-2}} \tag{2.7}$$

Mit diesem Taschendruck werden auch die 14 hydrostatischen Taschen der Mittenführung vorgespannt.

13. Abströmbreite b bei Tragbahn:

$$b_{\mathrm{I}} = 2B_{\mathrm{wI}} + 2L_{\mathrm{wI}} = 2 \cdot 0{,}109 + 2 \cdot 0{,}130 = 0{,}478\ \mathrm{m} \tag{1.1}$$

14. Strömungsverhältnis bei Tragbahn:

$$\frac{b_{\mathrm{I}}}{l_{\mathrm{I}}} = \frac{0{,}478}{0{,}015} = 31{,}8 \tag{1.2}$$

15. Abströmbreite bei Umgriff:

$$b_{\mathrm{II}} = 2B_{\mathrm{wII}} + 2L_{\mathrm{wII}} = 2 \cdot 0{,}077 + 2 \cdot 0{,}130 = 0{,}414\ \mathrm{m} \tag{1.1}$$

16. Strömungsverhältnis bei Umgriff:

$$\frac{b_{\mathrm{II}}}{l_{\mathrm{II}}} = \frac{0{,}414}{0{,}013} = 31{,}8 \tag{1.2}$$

17. Abströmbreite bei Mittenführung::

$$b_{\mathrm{III}} = 2B_{\mathrm{wIII}} + 2L_{\mathrm{wIII}} = 2 \cdot 0{,}077 + 2 \cdot 0{,}130 = 0{,}414 \text{ m} \tag{1.1}$$

18. Strömungsverhältnis bei Mittenführung:

$$\frac{b_{\mathrm{III}}}{l_{\mathrm{III}}} = \frac{0{,}414}{0{,}013} = 31{,}8 \tag{1.2}$$

19. Die Empfehlung wird erfüllt, dass die hydrostatischen Taschen so ausgelegt werden sollen, dass die Strömungsverhältnisse bei Tragbahn, Umgriff und Mittenführung gleich sind:

$$\frac{b_{\mathrm{I}}}{l_{\mathrm{I}}} = \frac{b_{\mathrm{II}}}{l_{\mathrm{II}}} = \frac{b_{\mathrm{III}}}{l_{\mathrm{III}}} = \frac{b}{l} = 31{,}8 \tag{2.15}$$

20. Volumenstrom durch alle Taschen der Tragbahn, des Umgriffs und der Mittenführung im Anfangszustand:

$$Q_{0\mathrm{GES}} = (2z + 2z_{\mathrm{MF}}) \frac{p_{\mathrm{T0}} h_0^3}{12\eta} \frac{b}{l} = (28 + 14) \cdot \frac{6 \cdot 10^5 \cdot (0{,}00003)^3}{12 \cdot 0{,}0641} \cdot 31{,}8$$
$$= 0{,}00002811 \text{ m}^3 \text{ s}^{-1} = 1{,}687 \text{ dm}^3 \text{ min}^{-1} \tag{2.98}$$

21. Volumenstrom durch alle Taschen der Tragbahn und des Umgriffs im Anfangszustand:

$$Q_{0\mathrm{TU}} = 2z \frac{p_{\mathrm{T0}} h_0^3}{12} \frac{b}{l} = 28 \cdot \frac{6 \cdot 10^5 \cdot (0{,}00003)^3}{12 \cdot 0{,}0641} \cdot 31{,}8 = 0{,}000018752 \text{ m}^3 \text{ s}^{-1}$$
$$= 1{,}125 \text{ dm}^3 \text{ min}^{-1} \tag{2.16}$$

22. Proportionalitätsfaktor:

$$c = \frac{Q_0}{F_{\mathrm{T0}}} = \frac{0{,}000018752}{2520} = 7{,}43 \cdot 10^{-9} \mathrm{m}^3 \mathrm{s}^{-1} \mathrm{N}^{-1} \tag{2.32}$$

23. Resultierende Taschenkraft:

$$F_{\mathrm{T}} = \frac{F_{\mathrm{G}} + F_{\mathrm{äuß}}}{z} = \frac{35280 + 63940{,}8}{14} = 7087{,}2 \,\mathrm{N} \tag{2.9}$$

24. Volumenstrom durch alle Taschen der Tragbahn und des Umgriffs unter Wirkung der Schnittkraft:

$$Q = F_{\mathrm{T}} c = 7087{,}2 \cdot 7{,}43 \cdot 10^{-9} = 0{,}000052657 \text{ m}^3 \mathrm{s}^{-1} = 3{,}159 \,\mathrm{dm}^3 \text{ min}^{-1} \tag{2.38}$$

25. Taschendruck bei Tragbahn und Umgriff:

$$p_{\mathrm{T}} = \frac{\mathrm{F_T}}{(A_{\mathrm{wI}} - A_{\mathrm{wII}})} = \frac{7087{,}2}{0{,}0142 - 0{,}01} = 16{,}87 \cdot 10^5\,\mathrm{N\,m^{-2}} \qquad (2.34)$$

26. Der Volumenstrom durch alle Taschen der Tragbahn und des Umgriffs unter Wirkung der Schnittkraft kann auch durch folgende Gleichung ermittelt werden:

$$Q_{\mathrm{TU}} = 2z\frac{p_{\mathrm{T}}h_0^3}{12}\frac{b}{l} = 2 \cdot 14 \cdot \frac{16{,}87 \cdot 10^5(0{,}00003)^3}{12 \cdot 0{,}0641} \cdot 31{,}8 = 0{,}0000526\,\mathrm{m^3\,s^{-1}}$$
$$= 3{,}159\,\mathrm{dm^3\,min^{-1}} \qquad (2.16)$$

27. Volumenstrom durch alle Taschen der Mittenführung im Anfangszustand:

$$Q_{\mathrm{MF}} = (2z_{\mathrm{MF}})\frac{p_{\mathrm{T0}}h_0^3}{12\eta}\frac{b}{l} = 2 \cdot 7 \cdot \frac{6 \cdot 10^5 \cdot (0{,}00003)^3}{12 \cdot 0{,}0641} \cdot 31{,}8$$
$$= 0{,}000009376\,\mathrm{m^3 s^{-1}} = 0{,}562\,\mathrm{dm^3\,min^{-1}} \qquad (2.16)$$

28. Reibfläche bei Tragbahn:

$$A_{\mathrm{RI}} = (B_{\mathrm{wI}} + l_{\mathrm{I}})l_{\mathrm{I}}2z + (L_{\mathrm{wI}} - l_{\mathrm{I}})\mathrm{I_I}2zv = (0,\,109 + 0{,}015) \cdot 0{,}015 \cdot 2 \cdot 14$$
$$+ (0{,}130 - 0{,}015) \cdot 0{,}015 \cdot 2 \cdot 14 = 0{,}1\,\mathrm{m^2} \qquad (2.18)$$

29. Reibfläche bei Umgriff:

$$A_{\mathrm{RII}} = (B_{\mathrm{wII}} + l_{\mathrm{II}})l_{\mathrm{II}}2z + (L_{\mathrm{wII}} - l_{\mathrm{II}})l_{\mathrm{II}}2z = (0{,}077 + 0{,}013) \cdot 0{,}013 \cdot 2 \cdot 14$$
$$+ (0{,}130 - 0{,}013) \cdot 0{,}013 \cdot 2 \cdot 14 = 0{,}075\,\mathrm{m^2} \qquad (2.18)$$

30. Reibfläche bei Mittenführung:

$$A_{\mathrm{RIII}} = (B_{\mathrm{wIII}} + l_{\mathrm{III}})l_{\mathrm{III}}2z + (L_{\mathrm{wIII}} - l_{\mathrm{III}})l_{\mathrm{III}}2z$$
$$= (0{,}077 + 0{,}013) \cdot 0{,}013 \cdot 2 \cdot 14 + (0{,}130 - 0{,}013) \cdot 0{,}013 \cdot 2 \cdot 14$$
$$= 0{,}075\,\mathrm{m^2} \qquad (2.18)$$

31. Gesamtreibfläche:

$$A_{\mathrm{R}} = A_{\mathrm{RI}} + A_{\mathrm{RII}} + A_{\mathrm{RIII}} = 0{,}1 + 0{,}075 + 0{,}075 = 0{,}25\,\mathrm{m^2} \qquad (2.100)$$

32. Der Pumpendruck wird so gewählt, dass die Membrandrossel in dem optimalen Druckverhältnis belastet wird:

$$\frac{p_{\mathrm{T}}}{p_{\mathrm{P}}} = 0{,}1 \text{ bis } 0{,}6 \qquad (2.37)$$

Der Pumpendruck wird angenommen:

$$p_{\mathrm{P}} = 42{,}2\,\mathrm{bar}$$

Größtes Druckverhältnis:

$$\frac{p_{\mathrm{T}}}{p_{\mathrm{P}}} = \frac{16,87}{42,2} = 0,4$$

Kleinstes Druckverhältnis:

$$\frac{p_{\mathrm{T0}}}{p_{\mathrm{P}}} = \frac{6}{42,2} = 0,14$$

33. Verlustleistung:

$$\begin{aligned} P_{\mathrm{VER}} &= P_{\mathrm{P}} + P_{\mathrm{R}} = Q_{\mathrm{GES}}\, p_{\mathrm{P}} + \frac{A_{\mathrm{R}}\eta v^2}{h_0} \\ &= 0,00006197 \cdot 42,2 \cdot 10^5 + \frac{0,25 \cdot 0,0641 \cdot 0,36^2}{0,00003} \\ &= 261,5 + 69,2 = 330,7\,\mathrm{W} \end{aligned} \tag{2.20}$$

2.12.4 *Zusammenfassung*

Aus den Berechnungsbeispielen 2.12.1–2.12.3 geht hervor:

- Mit den gleichen Vorgabedaten ergeben sich beim Ölversorgungssystem „Eine Pumpe pro Tasche“ höhere Taschendrücke p_{TI}, höhere Taschenkräfte F_{T}, höhere Schnittkräfte $F_{\mathrm{äuß}}$ und wesentlich höhere Lagersteifigkeiten K als beim Ölversorgungssystem „Eine gemeinsame Pumpe und Kapillardrosseln“.
- Beim Ölversorgungssystem „Eine gemeinsame Pumpe und Membrandrosseln“ werden bei gleicher Schnittkraft wie beim System „Eine Pumpe pro Tasche“ gleiche Taschenkräfte F_{T} und höhere Taschendrücke p_{TI} erreicht. Die Steifigkeit ist nicht messbar, da sie theoretisch unendlich hoch ist.

Diese Ergebnisse dieser Berechnungen sind in Tab. 2.12 übersichtlich aufgestellt.

Der Pumpendruck wird beim Ölversorgungssystem „Eine gemeinsame Pumpe und Kapillardrosseln“ nach dem optimalen Drosselverhältnis $\frac{p_{\mathrm{P}}}{p_{\mathrm{T0}}}$ ermittelt.

Beim Ölversorgungssystem „Eine Pumpe pro Tasche“ ist der Pumpendruck gleich wie der Taschendruck:

$$p_{\mathrm{P}} = p_{\mathrm{T}}$$

Beim Ölversorgungssystem „Eine gemeinsame Pumpe und Membrandrosseln“ wird der Pumpendruck so gewählt, dass die Membrandrossel im optimalen Druckverhältnis belastet wird:

$$\frac{p_{\mathrm{P}}}{p_{\mathrm{T}}} = 0,1 \text{ bis } 0,6$$

Tab. 2.12 Vergleichstabelle zwischen verschiedenen Ölversorgungssystemen

Ölversorgung mit:	$F_{äuß}$ in N	p_{TO} in bar	p_{TI} in bar	p_P in bar	F_T in N	Δh in µm	K in N μm^{-1}
Kapillardrosseln	31264	6	6,9	12,24	4753	3	744
Einer Pumpe pro Tasche	63940	6	8,16	$p_P = p_T$	7087	3	1522
Membrandrosseln	63940	6	16,87	42,2	7.087	0	∞

2.13 Schnelllaufende hydrostatische, axial- und radial gelagerte Spindeln

Bei der Auslegung von schnelllaufenden hydrostatischen, axial- und radial gelagerten Spindeln nach Abb. 2.4 sollen folgende theoretischen Grundlagen berücksichtigt werden.

2.13.1 Theoretische Grundlagen

Mit der Drehzahlerhöhung hydrostatisch axial gelagerter Spindeln steigen gleichzeitig der *hydrodynamische Druck*, die *Fliehkräfte* des ausströmenden Öles und die Verlustleistung an. Der hydrodynamische Taschendruck p_{Tdyn} lässt sich als Funktion der Ölviskosität η, der Gleitgeschwindigkeit v, der Taschenlänge in Umfangsrichtung L_w, des Lagerspaltes h und der Taschentiefe e nach folgender Gleichung bestimmen [4]:

$$p_{Tdyn} = 6\ \eta v L_w \frac{e}{(e+h)^3}$$

Bei schnelllaufenden hydrostatischen axial- und radial gelagerten Spindeln findet bei höheren Drehzahlen die Überlagerung von hydrostatischen und hydrodynamischen Drücken statt. Der Gesamttaschendruck p_{TGES} besteht aus dem hydrostatischem Taschendruck p_T und dem hydrodynamischen Taschendruck p_{Tdyn}:

$$p_{TGES} = p_T + p_{Tdyn}$$

Wenn angenommen wird, dass das Öl in der Form einzelner Kugeln mit dem Durchmesser D = Lagerspalt h, der Masse m, der Umfangsgeschwindigkeit v_u durch Fliehkraft am Radius r ausströmt, können die Fliehkräfte F_Z nach folgender Gleichung ermittelt werden:

$$F_Z = \frac{m v_u{}^2}{r}$$

Nach dieser Gleichung lässt sich errechnen, dass die Fliehkraft beim Drehzahlanstieg von $n = 500$ auf $n = 2000\ \text{min}^{-1}$ einen um den Faktor 16 höheren Wert hat.

Es sollte untersucht werden, wie sich die hydrodynamischen Drücke, die Fliehkräfte und die Verlustleistung auf die Taschendrücke und somit auf die Tragkraft des hydrostatischen Axiallagers auswirken. Die Frage, ob es hier einen kritischen Drehzahlbereich gibt, bei dem durch Einwirken von Fliehkräften des ausströmenden Öles kein hydrostatischer Druck aufgebaut wird, lässt sich auf analytischem Wege nicht erkennen. Aus experimentellen Untersuchungen bei allen drei Ölversorgungssystemen ergab sich [5]:

- Die Taschendrücke nehmen im Bereich niedriger Geschwindigkeiten bei zunehmender Spindeldrehzahl leicht zu und danach, bei weiterer Geschwindigkeitserhöhung, ab. Dies geschieht bei allen Öltemperaturen.
- Die Taschendrücke nehmen bei gleicher Drehzahl beim Temperaturanstieg gab.
- Auch bei sehr hohen Gleitgeschwindigkeiten, die bei Werkzeugmaschinen selten erreicht werden, wie $v = 30\ \mathrm{m\ s}^{-1}$, sank der hydrostatische Druck bei keiner Betriebsbedingung auf Null.
- Die Kühlung des Öles bei schnelllaufenden hydrostatischen axial gelagerten Spindeln ist unerlässlich, da zu der Abnahme der Tragkraft beim Temperaturanstieg, noch die thermischen Dehnungen der Spindel und die thermischen Verformungen der Bauteile hinzukommen, die bei einer Werkzeugmaschine sehr klein gehalten werden müssen.

Der Grund für die Zunahme der Taschendrücke im Bereich niedriger Geschwindigkeiten mit zunehmender Spindeldrehzahl lässt sich durch die Überlagerung hydrostatischer und hydrodynamischer Drücke erklären.

Der Grund für die Abnahme der Taschendrücke bei weiterer Geschwindigkeitserhöhung lässt sich durch die folgenden Einflüsse erklären:

1. Anstieg der Fliehkräfte des ausströmenden Öles
2. Abreißen des Ölfilms bei Ölen höherer Viskosität

Bei den experimentellen Untersuchungen wurde für den Spindeldrehzahlbereich von $n = 500$ ($v = 8\ \mathrm{m\ s}^{-1}$) bis $n = 2200\ \mathrm{min}^{-1}$($v = 33\ \mathrm{m\ s}^{-1}$), je nach den Betriebsbedingungen,eine Abnahme der Tragkraft des Lagers von 10 bis 25% ermittelt [5].

Diese Untersuchungen wurden bei Gleitgeschwindigkeiten bis $33\ \mathrm{m\ s}^{-1}$ und bei Viskosität des Öles bis zu Viskositätsklasse ISO VG 15 ($\nu_{40} = 15\ \mathrm{mm}^2\ \mathrm{s}^{-1}$) durchgeführt.

2.13.2 Berechnungsgrundlagen

Für die wirksame Taschenlänge bei Tragbahn gilt analog der Gl. (1.10):

$$L_{\mathrm{wI}} = \frac{\pi d_{\mathrm{T}} - z l_{\mathrm{T}}}{z} - l_{\mathrm{I}} \tag{2.101}$$

Für die wirksame Taschenlänge beim Umgriff gilt:

$$L_{\mathrm{wII}} = \frac{\pi d_{\mathrm{u}} - z l_{\mathrm{UM}}}{z} - l_{\mathrm{II}} \tag{2.102}$$

Für die wirksame Taschenbreite bei Tragbahn gilt:

$$B_{\mathrm{wI}} = B_{\mathrm{T}} - l_{\mathrm{I}} \tag{2.103}$$

Für die wirksame Taschenbreite beim Umgriff gilt:

$$B_{\mathrm{wII}} = B_{\mathrm{UM}} - l_{\mathrm{II}} \tag{2.104}$$

Für die *Gleitgeschwindigkeit* an der Tragbahn gilt:

$$v_{\mathrm{T}} = \frac{\pi d_{\mathrm{T}} n_{\mathrm{S}}}{60} \tag{2.105}$$

Für die Gleitgeschwindigkeit an dem Umgriff gilt:

$$v_{\mathrm{u}} = \frac{\pi d_{\mathrm{u}} n_{\mathrm{S}}}{60} \tag{2.106}$$

Für die *Spindeldrehzahl* gilt:

$$n_{\mathrm{S}} = \frac{60 v_{\mathrm{u}}}{\pi d_{\mathrm{u}}} \tag{2.107}$$

2.13.3 Berechnungsbeispiel bei Ölversorgung „Eine gemeinsame Pumpe und Kapilladrosseln“

Die schnelllaufende hydrostatische, axial- und radial gelagerte Spindel nach Abb. 2.4 und 1.4 soll ausgelegt werden.

Die Axiallagerung wird im Anfangszustand durch die zentrisch wirkende Gewichtskraft des Drehtisches mit allen auf dem Drehtisch aufgebauten Teilen F_{G} und anschließend durch eine zusätzlich wirkende Schnittkraft $F_{\mathrm{äuß}}$ belastet.

Vorgabedaten:

Mittlerer Lagerdurchmesser bei Tragbahn: $d_{\mathrm{T}} = 0{,}22$ m
Taschenbreite bei Tragbahn: $B_{\mathrm{T}} = 0{,}070$; m
Abströmlänge bei Tragbahn: $l_{\mathrm{I}} = 0{,}0091$ m
Taschenzwischenbreite bei Tragbahn: $l_{\mathrm{T}} = 0{,}1$ m
Mittlerer Lagerdurchmesser bei Umgriff: $d_{\mathrm{u}} = 0{,}26$ m
Taschenbreite bei Umgriff: $B_{\mathrm{UM}} = 0{,}025$ m
Abströmlänge bei Umgriff: $l_{\mathrm{II}} = 0{,}00895$ m
Taschenzwischenbreite bei Umgriff: $l_{\mathrm{UM}} = 0{,}1$ m
Lagerdurchmesser beim Radiallager: $D = 0{,}080$ m
Nutbreite beim Radiallager: $l_1 = 0{,}010$ m
Wirksame Taschenbreite beim Radiallager: $B_{\mathrm{w}} = 0{,}0475$ m
Abströmlänge in Umfangsrichtung beim Radiallager: $l_{\mathrm{u}} = 0{,}00237$ m

Abströmlänge in axialer Richtung beim Radiallager: $l_a = 0{,}00252$ m
Lagerspalt im Anfangszustand beim Axiallager: $h_{0I} = h_{0II} = h_0 = 0{,}00005$ m $= 0{,}050 \cdot 10^{-3}$ m
Gesamtanzahl derTaschenpaare bei Axiallager: $z = 3$
Lagerspalt im Anfangszustand beim Radiallager: $h_0 = 0{,}00005$ m $= 0{,}050 \cdot 10^{-3}$ m
Anzahl der hydrostatischen Taschen der Radiallager in einem Querschnitt: $z_R = 4$
Anzahl der Radiallager: $x = 2$
Tischmasse mit allen auf dem Rundtisch aufgebauten Teilen: $m = 857$ kg
Schmieröl: ISO VG 15
Öltemperatur: $\vartheta = 22$ °C
Gleitgeschwindigkeit am Umgriff: $v_u = 30$ m s^{-1}
Die Spaltänderung unter Wirkung der Schnittkraft $F_{äuß}$ wird angenommen: $\Delta h_I = \Delta h_{II} = \Delta h = 0{,}00001 = 0{,}01 \cdot 10^{-3}$ m

Gesucht:

- Schnittkraft $F_{äuß}$
- Volumenstrom im Anfangszustand Q_{0GES}
- Volumenstrom unter Wirkung der Schnittkraft Q_{GES}
- Verlustleistung P_{VER}
- Lagersteifigkeit K

Lösung:

1. Spindeldrehzahl wird nach der Gleitgeschwindigkeit am Umgriff bestimmt:

$$n_S = \frac{60 v_U}{\pi d_U} = \frac{60 \cdot 30}{\pi \cdot 0{,}26} = 2203{,}6\ \text{min}^{-1} \tag{2.107}$$

2. Gleitgeschwindigkeit an der Tragbahn:

$$v_T = \frac{\pi d_T n_S}{60} = \frac{\pi \cdot 0{,}22 \cdot 2203{,}6}{60} = 25{,}3\,\text{m s}^{-1} \tag{2.106}$$

3. Gesamtanzahl der hydrostatischen Taschen der Axiallager:

$$2z = 2 \cdot 3 = 6 \tag{2.3}$$

4. Gewichtskraft des Drehtisches

$$F_G = mg = 857 \cdot 9{,}81 = 8407\,\text{N} \tag{2.1}$$

5. Resultierende Taschenkraft bei Axiallager im Anfangszustand:

$$F_{T0} = \frac{F_G}{z} = \frac{8407}{3} = 2802{,}3\ \text{N} \tag{2.8}$$

6. Wirksame Taschenbreite bei Tragbahn:

$$B_{\text{w1}} = B_{\text{T}} - l_{\text{I}} = 0{,}070 - 0{,}0091 = 0{,}0609\,\text{m} \tag{2.103}$$

7. Wirksame Taschenlänge bei Tragbahn:

$$L_{\text{w1}} = \frac{\pi \, d_{\text{T}} - z l_{\text{T}}}{z} - l_{\text{I}} = \frac{\pi \cdot 0{,}22 - 3 \cdot 0{,}1}{3} - 0{,}0091 = 0{,}12\,\text{m} \tag{2.101}$$

8. Wirksame Taschenbreite beim Umgriff:

$$B_{\text{wII}} = B_{\text{UM}} - l_{\text{II}} = 0{,}025 - 0{,}00895 = 0{,}01605\,\text{m} \tag{2.104}$$

9. Wirksame Taschenlänge beim Umgriff:

$$L_{\text{wII}} = \frac{\pi d_{\text{U}} - z l_{\text{UM}}}{z} - l_{\text{II}} = \frac{\pi \cdot 0{,}26 - 3 \cdot 0{,}1}{3} - 0{,}00895 = 0{,}163\,\text{m} \tag{2.102}$$

10. Abströmbreite bei Tragbahn:

$$b_{\text{I}} = 2B_{\text{wI}} + 2L_{\text{wI}} = 2 \cdot 0{,}0609 + 2 \cdot 0{,}12 = 0{,}3618\,\text{m} \tag{1.1}$$

11. Strömungsverhältnis bei Tragbahn:

$$\frac{b_{\text{I}}}{l_{\text{I}}} = \frac{0{,}3618}{0{,}0091} = 39{,}8 \tag{1.2}$$

12. Abströmbreite bei Umgriff:

$$b_{\text{II}} = 2B_{\text{wII}} + 2L_{\text{wII}} = 2 \cdot 0{,}01605 + 2 \cdot 0{,}163 = 0{,}3581\,\text{m} \tag{1.1}$$

13. Strömungsverhältnis bei Umgriff:

$$\frac{b_{\text{II}}}{l_{\text{II}}} = \frac{0{,}3581}{0{,}00895} = 40 \tag{1.2}$$

14. Die Empfehlung wird erfüllt, dass die Strömungsverhältnisse bei Tragbahn und Umgriff gleich sind:

$$\frac{b_{\text{I}}}{l_{\text{I}}} = \frac{b_{\text{II}}}{l_{\text{II}}} = \frac{b}{l} = 40 \tag{2.15}$$

15. Wirksame Taschenfläche der Tragbahn:

$$A_{\text{wI}} = B_{\text{wI}} L_{\text{wI}} = 0{,}0609 \cdot 0{,}12 = 0{,}007308\,\text{m}^2 \tag{1.3}$$

16. Wirksame Taschenfläche des Umgriffs:

$$A_{\text{wII}} = B_{\text{wII}} L_{\text{wII}} = 0{,}01605 \cdot 0{,}163 = 0{,}002616\,\text{m}^2 \tag{1.3}$$

17. Flächenverhältnis:

$$\varphi = \frac{A_{\mathrm{wII}}}{A_{\mathrm{wI}}} = \frac{0{,}002616}{0{,}007308} = 0{,}35 \tag{2.13}$$

18. Taschendruck bei den Axiallagern im Anfangszustand:

$$p_{\mathrm{T0}} = \frac{F_{\mathrm{T0}}}{A_{\mathrm{wI}} - A_{\mathrm{wII}}} = \frac{2802{,}3}{0{,}007308 - 0{,}002616} = 597250{,}6 = 5{,}97 \cdot 10^5\ \mathrm{N\,m^{-2}} \tag{2.7}$$

19. Relative Spaltänderung:

$$\Psi = \frac{\Delta h}{h_0} = \frac{0{,}01/10^3}{0{,}05/10^3} = 0{,}2 \tag{2.14}$$

20. Nach Tab. 2.1 wird für $\varphi = 0{,}35$ und $\Psi = \frac{\Delta h}{h_0} = 0{,}2$ ein optimales Drosselverhältnis ermittelt: $\left(\frac{p_{\mathrm{P}}}{p_{\mathrm{T0}}}\right)_{\mathrm{OPT}} = 2{,}23$
21. Pumpendruck:

$$p_{\mathrm{P}} = \left(\frac{p_{\mathrm{P}}}{p_{\mathrm{T0}}}\right)_{\mathrm{OPT}} p_{\mathrm{T0}} = 2{,}23 \cdot 5{,}97 \cdot 10^5 = 13{,}31 \cdot 10^5\ \mathrm{N\,m^{-2}} \tag{2.21}$$

22. Taschendruck bei Tragbahn unter Wirkung der Schnittkraft:

$$p_{\mathrm{TI}} = \frac{p_{\mathrm{P}}}{\left(\frac{p_{\mathrm{P}}}{p_{\mathrm{T0}}} - 1\right)\left(1 - \frac{\Delta h}{h_0}\right)^3 + 1} = \frac{13{,}31 \cdot 10^5}{(2{,}23 - 1)(1 - 0{,}2)^3 + 1}$$
$$= 8{,}166 \cdot 10^5\ \mathrm{N\,m^{-2}} \tag{2.22}$$

23. Taschendruck bei Umgriff unter Wirkung der Schnittkraft:

$$p_{\mathrm{TII}} = \frac{p_{\mathrm{P}}}{\left(\frac{p_{\mathrm{P}}}{p_{\mathrm{T0}}} - 1\right)\left(1 + \frac{\Delta h}{h_0}\right)^3 + 1} = \frac{13{,}31 \cdot 10^5}{(2{,}23 - 1)(1 + 0{,}2)^3 + 1}$$
$$= 4{,}258 \cdot 10^5\ \mathrm{N\,m^{-2}} \tag{2.23}$$

24. Resultierende Taschenkraft bei den Axiallagern unter Wirkung der Schnittkraft:

$$F_{\mathrm{T}} = p_{\mathrm{TI}} A_{\mathrm{wI}} - p_{\mathrm{TII}} A_{\mathrm{wII}} = 8{,}166 \cdot 10^5 \cdot 0{,}007308 - 4{,}258 \cdot 10^5 \cdot 0{,}002616$$
$$= 4853{,}8\ \mathrm{N} \tag{2.10}$$

25. Die resultierende Taschenkraft bei den Axiallagern unter Wirkung der Schnittkraft kann auch nach Tab. 2.1 errechnet werden. Für $\varphi = 0{,}35$ und $\Psi = \frac{\Delta h}{h_0} = 0{,}2$ gilt:

$$\frac{F - F_0}{p_{\mathrm{P}} A_{\mathrm{wI}}} = 0{,}21$$

Aus diesem Ausdruck ergibt sich:

$$F_{\mathrm{T}} = 0{,}21 p_{\mathrm{P}} A_{\mathrm{wI}} + F_0 = 0{,}21 \cdot 13{,}31 \cdot 10^5 \cdot 0{,}007308 + 2802{,}3 = 4844{,}9\,\mathrm{N}$$

Diese Differenz ist durch das Abrunden bei den numerischen Berechnungen und durch das Abrunden der Daten in der Tab. 2.1 entstanden.

26. Schnittkraft:

$$F_{\text{äuß}} = z F_{\mathrm{T}} - F_{\mathrm{G}} = 3 \cdot 4853{,}8 - 8407 = 6154{,}4\ \mathrm{N} \tag{2.9}$$

Bei dieser Berechnung wird die Spaltänderung unter Wirkung der Schnittkraft $F_{\text{äuß}}$ als bekannt in Vorgabedaten angegeben:

$$\Delta h_{\mathrm{I}} = \Delta h_{\mathrm{II}} = \Delta h = 0{,}01 \cdot 10^{-3}\ \mathrm{m}.$$

Wenn die Schnittkraft $F_{\text{äuß}}$ als bekannt in Vorgabedaten angegeben wird, dann werden die Spaltänderungen Ψ angenommen und die Berechnung wiederholt, bis die Gl. (2.22), (2.23), (2.10) und (2.9) erfüllt werden.

27. Nach Tab. 2.6 wird für das Schmieröl ISO VG 15 die kinematische Viskosität bei 20 °C und 40 °C ermittelt:

$$\upsilon_{20} = 34{,}05\,\mathrm{mm}^2\ \mathrm{s}^{-1};\ \upsilon_{40} = 15\ \mathrm{mm}^2\ \mathrm{s}^{-1}$$

28. Kinematische Viskosität bei ϑ = 22 °C:

$$\begin{aligned} \upsilon_{22} &= \upsilon_{20} - (\upsilon_{20} - \upsilon_{40})\frac{(\vartheta - 20)}{20} = 34{,}05 - (34{,}05 - 15)\frac{22 - 20}{20} \\ &= 32{,}145\ \mathrm{mm}^2\ \mathrm{s}^{-1} \end{aligned} \tag{2.24}$$

29. Nach Tab. 2.6 wird für das Schmieröl ISO VG 15 die Dichte bei 15 °C ermittelt:

$$\gamma_{15} = 0{,}867 \cdot 10^{-3}\ \mathrm{kg\ cm}^{-3}$$

30. Dichte bei Öltemperatur ϑ = 22 °C:

$$\begin{aligned} \gamma &= \gamma_{15} - 0{,}0006 \cdot 10^{-3}(\vartheta - 15) = 0{,}867 \cdot 10^{-3} - 0{,}0006 \cdot 10^{-3}(22 - 15) \\ &= 0{,}8669 \cdot 10^{-3}\ \mathrm{kg\,cm}^{-3} \end{aligned} \tag{2.25}$$

31. Dynamische Viskosität des Öles:

$$\eta = \upsilon\gamma = 32{,}145 \cdot 0{,}8669 \cdot 10^{-3} = 0{,}0278\ \mathrm{N\,s\,m}^{-2} \tag{2.26}$$

32. Gesamtvolumenstrom bei den Axiallagern im Anfangszustand:

$$\begin{aligned} Q_{0\mathrm{AX}} &= 2z\frac{p_{\mathrm{T0}} h_0^3}{12\eta}\frac{b}{l} = 2 \cdot 3 \cdot \frac{5{,}97 \cdot 10^5 \cdot (0{,}00005)^3}{12 \cdot 0{,}0278} \cdot 40 = 0{,}000045\ \mathrm{m}^3\ \mathrm{s}^{-1} \\ &= 2{,}7\ \mathrm{dm}^3\ \mathrm{min}^{-1} \end{aligned} \tag{2.16}$$

33. Lagerspalt bei Tragbahn unter Wirkung der Schnittkraft:

$$h_{\mathrm{I}} = h_0 - \Delta h = 0{,}05 \cdot 10^{-3} - 0{,}01 \cdot 10^{-3} = 0{,}00004\,\mathrm{m} = 0{,}040 \cdot 10^{-3}\ \mathrm{m} \tag{2.11}$$

34. Lagerspalt bei Umgriff unter Wirkung der Schnittkraft:

$$h_{\mathrm{II}} = h_0 + \Delta h = 0{,}05 \cdot 10^{-3} + 0{,}01 \cdot 10^{-3} = 0{,}00006\ \mathrm{m} = 0{,}060 \cdot 10^{-3}\ \mathrm{m} \tag{2.12}$$

35. Gesamtvolumenstrom bei den Axiallagern unter Wirkung der Schnittkraft:

$$\begin{aligned} Q_{\mathrm{GES}} &= z\frac{1}{12\eta}\frac{b}{l}(p_{\mathrm{TI}}h_{\mathrm{I}}^3 + p_{\mathrm{TII}}h_{\mathrm{II}}^3) = 3 \cdot \frac{1}{12 \cdot 0{,}0278} \\ &\quad \cdot 40 \cdot (8{,}166 \cdot 10^5 \cdot 0{,}00004^3 \\ &\quad + 4{,}258 \cdot 10^5 \cdot 0{,}00006^3) = 0{,}000051883 \cdot \mathrm{m}^3\mathrm{s}^{-1} \\ &= 3{,}11\ \mathrm{dm}^3\ \mathrm{min}^{-1} \end{aligned} \tag{2.17}$$

36. Reibfläche bei Tragbahn:

$$\begin{aligned} A_{\mathrm{RI}} &= (B_{\mathrm{wI}} + l_{\mathrm{I}})l_{\mathrm{I}}2z + (L_{\mathrm{wI}} - l_{\mathrm{I}})l_{\mathrm{I}}2z = (0{,}0609 + 0{,}0091) \cdot 0{,}0091 \cdot 2 \cdot 3 \\ &\quad + (0{,}12 - 0{,}0091) \cdot 0{,}0091 \cdot 2 \cdot 3 = 0{,}009877\ \mathrm{m}^2 \end{aligned} \tag{2.18}$$

37. Reibfläche bei Umgriff:

$$\begin{aligned} A_{\mathrm{RII}} &= (B_{\mathrm{wII}} + l_{\mathrm{II}})l_{\mathrm{II}}2z + (L_{\mathrm{wII}} - l_{\mathrm{II}})l_{\mathrm{II}}2z \\ &= (0{,}01605 + 0{,}00895) \cdot 0{,}00895 \cdot 2 \cdot 3 + (0{,}163 - 0{,}00895) \\ &\quad \cdot 0{,}00895 \cdot 2 \cdot 3 = 0{,}009615\ \mathrm{m}^2 \end{aligned} \tag{2.18}$$

38. Gesamtreibfläche bei den Axiallagern:

$$A_{\mathrm{R}} = A_{\mathrm{RI}} + A_{\mathrm{RII}} = 0{,}009877 + 0{,}009615 = 0{,}01949\ \mathrm{m}^2 \tag{2.19}$$

39. Verlustleistung bei den Axiallagern:

$$\begin{aligned} P_{\mathrm{VER}} &= P_{\mathrm{P}} + P_{\mathrm{R}} = Q_{0\mathrm{GES}}\,p_{\mathrm{P}} + \frac{A_{\mathrm{RI}}\eta v_{\mathrm{T}}^2}{h_0} + \frac{A_{\mathrm{RII}}\eta v_{\mathrm{u}}^2}{h_0} \\ &= 0{,}000053687 \cdot 13{,}31 \cdot 10^5 + \frac{0{,}009877 \cdot 0{,}0278 \cdot 25,3^2}{0{,}00005} \\ &\quad + \frac{0{,}009615 \cdot 0{,}0278 \cdot 30^2}{0{,}00005} \\ &= 71{,}45 + 3515{,}12 + 4811{,}34 = 8397{,}9\ \mathrm{W} \end{aligned} \tag{2.20}$$

40. Steifigkeit des hydrostatischen Axiallagers:

$$K = \frac{dF}{dh} = \frac{F_{\mathrm{T}} - F_{\mathrm{T0}}}{\Delta h} = \frac{4853{,}8 - 2802{,}3}{0{,}00001} = 205150000\,\mathrm{N\,m^{-1}}$$
$$= 205{,}15\,\mathrm{N\,\mu m^{-1}} \quad (1.11)$$

41. Die Radiallager werden mit folgendem Taschendruck vorgespannt:

$$p_{\mathrm{T0}} = 5{,}97 \cdot 10^5\,\mathrm{N\,m^{-2}}$$

42. Volumenstrom durch alle Taschen bei den Radiallagern im Anfangszustand:

$$Q_{\mathrm{0RAD}} = 2z_{\mathrm{R}} \frac{p_{\mathrm{T0}} h_0^3}{12\eta} \frac{b}{l} = 2 \cdot 4 \cdot \frac{5{,}97 \cdot 10^5 \cdot (0{,}00005)^3}{12 \cdot 0{,}0278} \cdot 40$$
$$= 0{,}0000071582\ \mathrm{m^3\,s^{-1}}$$
$$= 4{,}29\ \mathrm{dm^3\,min^{-1}} \quad (2.16)$$

43. Abströmbreite in Umfangsrichtung beim Radiallager:

$$b_{\mathrm{u}} = 2B_{\mathrm{w}} = 2 \cdot 0{,}0475 = 0{,}095\ \mathrm{m} \quad (1.7)$$

44. Strömungsverhältnis beim Radiallager in Umfangsrichtung:

$$\frac{b_{\mathrm{U}}}{l_{\mathrm{U}}} = \frac{0{,}095}{0{,}00237} = 40 \quad (1.2)$$

45. Wirksame Taschenlänge beim Radiallager:

$$L_{\mathrm{W}} = \frac{\pi D - z_{\mathrm{R}} l_1}{z_{\mathrm{R}}} - l_{\mathrm{u}} = \frac{\pi \cdot 0{,}080 - 4 \cdot 0{,}010}{4} - 0{,}00237 = 0{,}050\,\mathrm{m} \quad (1.9)$$

46. Axiale Abströmbreite beim Radiallager:

$$b_{\mathrm{a}} = 2L_{\mathrm{w}} = 2 \cdot 0{,}050 = 0{,}1\,\mathrm{m} \quad (1.6)$$

47. Strömungsverhältnis beim Radiallager in axialer Richtung:

$$\frac{b_{\mathrm{a}}}{l_{\mathrm{a}}} = \frac{0{,}1}{0{,}00252} = 39{,}7 \quad (1.2)$$

Die Maße des Radiallagers werden so gewählt, dass die Strömungsverhältnisse in axialer und Umfangsrichtung gleich sind:

$$\frac{b_{\mathrm{a}}}{l_{\mathrm{a}}} = \frac{b_{\mathrm{u}}}{l_{\mathrm{u}}} = \frac{b}{l} = 40$$

und sich mit dem Strömungsverhältnis des Axiallagers überdecken.

48. Reibfläche beim Radiallager:

$$\begin{aligned} A_R &= (B_w + l_a) l_u 2 z_R x + (L_w - l_u) l_a 2 z_R \chi \\ &= (0{,}0475 + 0{,}00252) \cdot 0{,}00237 \cdot 2 \cdot 4 \cdot 2 \\ &\quad + (0{,}050 - 0{,}00237) \cdot 0{,}00252 \cdot 2 \cdot 4 \cdot 2 = 0{,}0038\,\mathrm{m}^2 \end{aligned} \tag{2.63}$$

49. Höchste Gleitgeschwindigkeit beim Radiallager:

$$v = \frac{\pi D n}{60} = \frac{\pi \cdot 0{,}080 \cdot 2203{,}6}{60} = 9{,}23\,\mathrm{m\,s^{-1}}$$

50. Verlustleistung beim Radiallager:

$$\begin{aligned} P_{VER} &= P_P + P_R = Q_{0GES}\, p_P + \frac{A_R \eta v^2}{h_0} \\ &= 0{,}0000071582 \cdot 13{,}31 \cdot 10^5 + \frac{0{,}0038 \cdot 0{,}0278 \cdot 9{,}23^2}{0{,}00003} \\ &= 9{,}52 + 299{,}9 = 309{,}42\,\mathrm{W} \end{aligned} \tag{2.20}$$

51. Gesamtverlustleistung bei den Axial- und Radiallagern:

$$P_{VER} = 8397{,}9\ \mathrm{W} + 309{,}42\ \mathrm{W} = 8707{,}3\ \mathrm{W}$$

52. Volumenstrom durch alle Taschen bei den Axial- und Radiallagern im Anfangszustand:

$$Q_{0GES} = 3{,}22 + 4{,}29 = 7{,}51\,\mathrm{dm^3\,min^{-1}}$$

2.13.4 Berechnungsbeispiel bei Ölversorgung „Eine Pumpe pro Tasche“

Vorgabedaten:

Mittlerer Lagerdurchmesser bei Tragbahn: $d_T = 0{,}22$ m
Taschenbreite bei Tragbahn: $B_T = 0{,}070$ m
Abströmlänge bei Tragbahn: $l_I = 0{,}0091$ m
Taschenzwischenbreite bei Tragbahn: $l_T = 0{,}1$ m
Mittlerer Lagerdurchmesser bei Umgriff: $d_U = 0{,}26$ m
Taschenbreite bei Umgriff: $B_{UM} = 0{,}025$ m
Abströmlänge bei Umgriff: $l_{II} = 0{,}00895$ m
Taschenzwischenbreite bei Umgriff: $l_{UM} = 0{,}1$ m
Lagerdurchmesser bei Radiallager: $D = 0{,}080$ m
Nutbreite bei Radiallager: $l_1 = 0{,}010$ m
Wirksame Taschenbreite bei Radiallager: $B_W = 0{,}0475$ m

Abströmlänge in Umfangsrichtung bei Radiallager: $l_U = 0{,}00237$ m
Abströmlänge in axialer bei Radiallager: $l_a = 0{,}00252$ m
Lagerspalt im Anfangszustand bei Axiallager: $h_{0I} = h_{0II} = h_0 = 0{,}00005 \text{ m} = 0{,}050 \cdot 10^{-3}$ m
Gesamtanzahl der Taschenpaare bei Axiallager: $z = 3$
Lagerspalt im Anfangszustand bei Radiallager: $h_0 = 0{,}00005 \text{ m} = 0{,}050 \cdot 10^{-3}$ m
Anzahl der hydrostatischen Taschen der Radiallager in einem Querschnitt: $z_R = 4$
Anzahl der Radiallager: $x = 2$
Pumpendruck bei Radiallagern: $p_P = 13{,}31$ bar
Tischmasse mit allen auf dem Rundtisch aufgebauten Teilen: $m = 857$ kg
Schmieröl: ISO VG 15
Öltemperatur: $\vartheta = 22$ °C
Wie im Berechnungsbeispiel 2.13.3 ergeben sich:
Dynamische Viskosität des Öles bei 22 °C: $\eta = 0{,}0278 \text{ N s m}^{-2}$
Kinematische Viskosität bei $\vartheta = 22$ °C: $\upsilon_{25} = 32{,}145 \text{ mm}^2 \text{ s}^{-1}$
Gleitgeschwindigkeit am Umgriff: $v_U = 30 \text{ m s}^{-1}$
Die Spaltänderung unter Wirkung der Schnittkraft $F_{\text{äuß}}$ wird angenommen:
$\Delta h_I = \Delta h_{II} = \Delta h = 0{,}00001 = 0{,}01 \cdot 10^{-3}$ m

Gesucht:

- Schnittkraft $F_{\text{äuß}}$
- Volumenstrom im Anfangszustand Q_{0GES}
- Volumenstrom unter Wirkung der Schnittkraft Q_{GES}
- Verlustleistung P_{VER}
- Lagersteifigkeit K

Lösung:

1. Die Spindeldrehzahl wird nach der Gleitgeschwindigkeit am Umgriff bestimmt:

$$n_S = \frac{60 v_U}{\pi d_U} = \frac{60 \cdot 30}{\pi \cdot 0{,}26} = 2203{,}6 \,\text{min}^{-1} \tag{2.107}$$

2. Gleitgeschwindigkeit an der Tragbahn:

$$v_T = \frac{\pi d_T n_S}{60} = \frac{\pi \cdot 0{,}22 \cdot 2203{,}6}{60} = 25{,}3 \,\text{m s}^{-1} \tag{2.105}$$

3. Gesamtanzahl der hydrostatischen Taschen der Axiallager:

$$2z = 2 \cdot 3 = 6 \tag{2.3}$$

4. Gewichtskraft des Drehtisches

$$F_G = mg = 857 \cdot 9{,}81 = 8407 \text{ N} \tag{2.1}$$

5. Resultierende Taschenkraft bei Axiallager im Anfangszustand:

$$F_{\mathrm{T0}} = \frac{F_{\mathrm{G}}}{z} = \frac{8407}{3} = 2802{,}3\,\mathrm{N} \tag{2.8}$$

6. Wirksame Taschenbreite bei Tragbahn:

$$B_{\mathrm{w1}} = B_{\mathrm{T}} - l_{\mathrm{I}} = 0{,}070 - 0{,}0091 = 0{,}0609\,\mathrm{m} \tag{2.103}$$

7. Wirksame Taschenlänge bei Tragbahn:

$$L_{\mathrm{w1}} = \frac{\pi d_{\mathrm{T}} - z l_{\mathrm{T}}}{z} - l_{\mathrm{I}} = \frac{\pi \cdot 0{,}22 - 3 \cdot 0{,}1}{3} - 0{,}0091 = 0{,}12\,\mathrm{m} \tag{2.101}$$

8. Wirksame Taschenbreite beim Umgriff:

$$B_{\mathrm{wII}} = B_{\mathrm{UM}} - l_{\mathrm{II}} = 0{,}025 - 0{,}00895 = 0{,}01605\,\mathrm{m} \tag{2.104}$$

9. Wirksame Taschenlänge bei Umgriff:

$$L_{\mathrm{wII}} = \frac{\pi d_{\mathrm{u}} - z l_{\mathrm{UM}}}{z} - l_{\mathrm{II}} = \frac{\pi \cdot 0{,}26 - 3 \cdot 0{,}1}{3} - 0{,}00895 = 0{,}163\,\mathrm{m} \tag{2.102}$$

10. Abströmbreite bei Tragbahn:

$$b_{\mathrm{I}} = 2B_{\mathrm{wI}} + 2L_{\mathrm{wI}} = 2 \cdot 0{,}0609 + 2 \cdot 0{,}12 = 0{,}3618\ \mathrm{m} \tag{1.1}$$

11. Strömungsverhältnis bei Tragbahn:

$$\frac{b_{\mathrm{I}}}{l_{\mathrm{I}}} = \frac{0{,}3618}{0{,}0091} = 39{,}8 \tag{1.2}$$

12. Abströmbreite bei Umgriff:

$$b_{\mathrm{II}} = 2B_{\mathrm{wII}} + 2L_{\mathrm{wII}} = 2 \cdot 0{,}01605 + 2 \cdot 0{,}163 = 0{,}3581\,\mathrm{m} \tag{1.1}$$

13. Strömungsverhältnis bei Umgriff:

$$\frac{b_{\mathrm{II}}}{l_{II}} = \frac{0{,}3581}{0{,}00895} = 40 \tag{1.2}$$

14. Die Empfehlung wird erfüllt, dass die Strömungsverhältnisse bei Tragbahn und Umgriff gleich sind:

$$\frac{b_{\mathrm{I}}}{l_{\mathrm{I}}} = \frac{b_{\mathrm{II}}}{l_{\mathrm{II}}} = \frac{b}{l} = 40 \tag{2.15}$$

15. Wirksame Taschenfläche der Tragbahn:

$$A_{\mathrm{wI}} = B_{\mathrm{wI}} L_{\mathrm{wI}} = 0{,}0609 \cdot 0{,}12 = 0{,}007308\,\mathrm{m}^2 \tag{1.3}$$

16. Wirksame Taschenfläche des Umgriffs:

$$A_{\mathrm{wII}} = B_{\mathrm{wII}} L_{\mathrm{wII}} = 0{,}01605 \cdot 0{,}163 = 0{,}002616\,\mathrm{m}^2 \tag{1.3}$$

17. Flächenverhältnis:

$$\varphi = \frac{A_{\mathrm{wII}}}{A_{\mathrm{wI}}} = \frac{0{,}002616}{0{,}007308} = 0{,}35 \tag{2.13}$$

18. Taschendruck bei den Axiallagern im Anfangszustand:

$$p_{\mathrm{T0}} = \frac{F_{\mathrm{T0}}}{A_{\mathrm{wI}} - A_{\mathrm{wII}}} = \frac{2802{,}3}{0{,}007308 - 0{,}002616} = 597250{,}6 = 5{,}97 \cdot 10^5\ \mathrm{N\,m^{-2}} \tag{2.7}$$

19. Relative Spaltänderung:

$$\Psi = \frac{\Delta h}{h_0} = \frac{0{,}01 \cdot 10^{-3}}{0{,}05 \cdot 10^{-3}} = 0{,}2 \tag{2.14}$$

20. Taschendruck bei Tragbahn unter Wirkung der Schnittkraft:

$$p_{\mathrm{TI}} = \frac{p_{\mathrm{T0}}}{\left(1 - \dfrac{\Delta h}{h_0}\right)^3} = \frac{5{,}97 \cdot 10^5}{(1 - 0{,}2)^3} = 11{,}66 \cdot 10^5\ \mathrm{N\,m^{-2}} \tag{2.27}$$

21. Taschendruck bei Umgriff unter Wirkung der Schnittkraft:

$$p_{\mathrm{TII}} = \frac{p_{\mathrm{T0}}}{\left(1 + \dfrac{\Delta h}{h_0}\right)^3} = \frac{5{,}97 \cdot 10^5}{(1 + 0{,}2)^3} = 3{,}45 \cdot 10^5\,\mathrm{N\,m^{-2}} \tag{2.28}$$

22. Resultierende Taschenkraft bei den Axiallagern unter Wirkung der Schnittkraft:

$$\begin{aligned} F_{\mathrm{T}} &= p_{\mathrm{TI}} A_{\mathrm{wI}} - p_{\mathrm{TII}} A_{\mathrm{wII}} = 11{,}66 \cdot 10^5 \cdot 0{,}007308 - 3{,}45 \cdot 10^5 \cdot 0{,}002616 \\ &= 7618{,}6\ \mathrm{N} \end{aligned} \tag{2.10}$$

23. Schnittkraft:

$$F_{\mathrm{äuß}} = zF_{\mathrm{T}} - F_{\mathrm{G}} = 3 \cdot 7618{,}6 - 8407 = 14448{,}8\ \mathrm{N} \tag{2.9}$$

24. Gesamtvolumenstrom bei den Axiallagern im Anfangszustand:

$$\begin{aligned} Q_{\mathrm{0AX}} &= 2z \frac{p_{\mathrm{T0}} h_0^3}{12\eta} \frac{b}{l} = 2 \cdot 3 \cdot \frac{5{,}97 \cdot 10^5 \cdot (0{,}00005)^3}{12 \cdot 0{,}0278} \cdot 40 = 0{,}000045\ \mathrm{m^3\,s^{-1}} \\ &= 2{,}7\ \mathrm{dm^3\,min^{-1}} \end{aligned} \tag{2.16}$$

25. Lagerspalt bei Tragbahn unter Wirkung der Schnittkraft:

$$h_{\mathrm{I}} = h_0 - \Delta h = 0{,}05 \cdot 10^{-3} - 0{,}01 \cdot 10^{-3} = 0{,}00004 \text{ m} = 0{,}04 \cdot 10^{-3} \text{ m} \tag{2.11}$$

26. Lagerspalt bei Umgriff unter Wirkung der Schnittkraft:

$$h_{\mathrm{II}} = h_0 + \Delta h = 0{,}05 \cdot 10^{-3} + 0{,}01 \cdot 10^{-3} = 0{,}00006 \text{ m} = 0{,}06 \cdot 10^{-3} \text{ m} \tag{2.12}$$

27. Gesamtvolumenstrom bei den Axiallagern unter Wirkung der Schnittkraft:

$$\begin{aligned} Q_{\mathrm{AX}} &= z\frac{1}{12\eta}\frac{b}{l}(p_{\mathrm{TI}}h_{\mathrm{I}}^3 + p_{\mathrm{TII}}h_{\mathrm{II}}^3) = 3 \cdot \frac{1}{12 \cdot 0{,}0278} \cdot 40 \cdot (11{,}66 \cdot 10^5 \cdot 0{,}00004^3 \\ &\quad + 3{,}45 \cdot 10^5 \cdot 0{,}00006^3) = 0{,}00004422 \text{ m}^3 \text{ s}^{-1} = 2{,}65 \text{ dm}^3 \text{ min}^{-1} \end{aligned} \tag{2.17}$$

28. Reibfläche bei Tragbahn:

$$\begin{aligned} A_{\mathrm{RI}} &= (B_{\mathrm{wI}} + l_{\mathrm{I}})l_{\mathrm{I}}2z + (L_{\mathrm{wI}} - l_{\mathrm{I}})l_{\mathrm{I}}2z = (0{,}0609 + 0{,}0091) \cdot 0{,}0091 \cdot 2 \cdot 3 \\ &\quad + (0{,}12 - 0{,}0091) \cdot 0{,}0091 \cdot 2 \cdot 3 = 0{,}009877 \text{ m}^2 \end{aligned} \tag{2.18}$$

29. Reibfläche bei Umgriff:

$$\begin{aligned} A_{\mathrm{RII}} &= (B_{\mathrm{wII}} + l_{\mathrm{II}})l_{\mathrm{II}}2z + (L_{\mathrm{wII}} - l_{\mathrm{II}})l_{\mathrm{II}}2z \\ &= (0{,}01605 + 0{,}00895) \cdot 0{,}00895 \cdot 2 \cdot 3 \\ &\quad + (0{,}163 - 0{,}00895) \cdot 0{,}00895 \cdot 2 \cdot 3 = 0{,}009615 \text{ m}^2 \end{aligned} \tag{2.18}$$

30. Gesamtreibfläche bei den Axiallagern:

$$A_{\mathrm{R}} = A_{\mathrm{RI}} + A_{\mathrm{RII}} = 0{,}009877 + 0{,}009615 = 0{,}01949 \text{ m}^2 \tag{2.19}$$

31. Verlustleistung bei den Axiallagern:

$$\begin{aligned} P_{\mathrm{VER}} &= P_{\mathrm{P}} + P_{\mathrm{R}} = Q_{0\mathrm{GES}}\, p_{\mathrm{P}} + \frac{A_{\mathrm{RI}}\eta {v_{\mathrm{T}}}^2}{h_0} + \frac{A_{\mathrm{RII}}\eta {v_{\mathrm{u}}}^2}{h_0} \\ &= 0{,}000045 \cdot 11{,}66 \cdot 10^5 \cdot 10^5 + \frac{0{,}009877 \cdot 0{,}0278 \cdot 25{,}3^2}{0{,}00005} \\ &\quad + \frac{0{,}009615 \cdot 0{,}0278 \cdot 30^2}{0{,}00005} \\ &= 52{,}47 + 3515{,}12 + 4811{,}34 = 8378{,}93 \text{ W} \end{aligned} \tag{2.20}$$

(da $p_{\mathrm{P}} = p_{\mathrm{T}}$, wurde $p_{\mathrm{TI}} = 11{,}66 \cdot 10^5 \text{ N m}^{-2}$ eingesetzt)

32. Steifigkeit des hydrostatischen Axiallagers:

$$K = \frac{dF}{dh} = \frac{F_{\mathrm{T}} - F_{\mathrm{T0}}}{\Delta h} = \frac{7618{,}6 - 2802{,}3}{0{,}00001} = 481630000\ \mathrm{N\,m^{-1}}$$
$$= 481{,}63\ \mathrm{N\,\mu m^{-1}} \tag{1.11}$$

33. Die Radiallager werden mit folgendem Taschendruck vorgespannt:

$$p_{\mathrm{T0}} = 5{,}97 \cdot 10^5\ \mathrm{N\,m^{-2}}$$

34. Gesamtvolumenstrom bei den Radiallagern im Anfangszustand:

$$Q_{\mathrm{0RAD}} = 2z_{\mathrm{R}} \frac{p_{\mathrm{T0}} h_0^3}{12\eta} \frac{b}{l} = 2 \cdot 4 \cdot \frac{5{,}97 \cdot 10^5 \cdot (0{,}00005)^3}{12 \cdot 0{,}0278} \cdot 40$$
$$= 0{,}00000715\ \mathrm{m^3\,s^{-1}} = 4{,}29\ \mathrm{dm^3\,min^{-1}} \tag{2.16}$$

35. Abströmbreite in Umfangsrichtung bei Radiallager:

$$b_{\mathrm{U}} = 2B_{\mathrm{w}} = 2 \cdot 0{,}0475 = 0{,}095\ \mathrm{m} \tag{1.7}$$

36. Strömungsverhältnis bei Radiallager:

$$\frac{b_{\mathrm{U}}}{l_{\mathrm{U}}} = \frac{0{,}095}{0{,}00237} = 40 \tag{1.2}$$

37. Wirksame Taschenlänge bei Radiallager:

$$L_{\mathrm{W}} = \frac{\pi D - z_{\mathrm{R}} l_1}{z_{\mathrm{R}}} - l_{\mathrm{U}} = \frac{\pi \cdot 0{,}080 - 4 \cdot 0{,}010}{4} - 0{,}00237 = 0{,}050\ \mathrm{m} \tag{1.9}$$

38. Axiale Abströmbreite:

$$b_{\mathrm{a}} = 2L_{\mathrm{W}} = 2 \cdot 0{,}050 = 0{,}1\ \mathrm{m} \tag{1.6}$$

39. Strömungsverhältnis bei Radiallager:

$$\frac{b_{\mathrm{a}}}{l_{\mathrm{a}}} = \frac{0{,}1}{0{,}00252} = 39{,}7 \tag{1.2}$$

Die Maße des Radiallagers werden so gewählt, dass die Strömungsverhältnisse beim Radiallager in axialer und Umfangsrichtung gleich sind:

$$\frac{b_{\mathrm{a}}}{l_{\mathrm{a}}} = \frac{b_{\mathrm{U}}}{l_{\mathrm{U}}} = \frac{b}{l} = 40$$

und sich mit dem Strömungsverhältnis des Axiallagers überdecken

40. Reibfläche bei Radiallager:

$$\begin{aligned} A_R &= (B_w + l_a) l_U 2 z_R x + (L_w - l_U) l_a 2 z_R x \\ &= (0{,}0475 + 0{,}00252) \cdot 0{,}00237 \cdot 2 \cdot 4 \cdot 2 \\ &\quad + (0{,}050 - 0{,}00237) \cdot 0{,}00252 \cdot 2 \cdot 4 \cdot 2 = 0{,}0038\,\mathrm{m}^2 \end{aligned} \tag{2.63}$$

41. Höchste Geschwindigkeit bei Radiallager:

$$v = \frac{\pi D n}{60} = \frac{\pi \cdot 0{,}080 \cdot 2203{,}6}{60} = 9{,}23\ \mathrm{m\ s^{-1}}$$

42. Verlustleistung bei Radiallager:

$$\begin{aligned} P_{VER} &= P_P + P_R = Q_{0GES}\, p_P + \frac{A_R \eta v^2}{h_0} = 0{,}00000594 \cdot 13,31 \cdot 10^5 \\ &\quad + \frac{0{,}0038 \cdot 0{,}0278 \cdot 9,23^2}{0{,}00005} = 7{,}9 + 299{,}9 = 307{,}8\ \mathrm{W} \end{aligned} \tag{2.20}$$

43. Gesamtverlustleistung bei Axial- und Radiallager:

$$P_{VER} = 8378{,}93 + 307,8\ \mathrm{W} = 8686{,}73\ \mathrm{W}$$

44. Gesamtvolumenstrom bei den Axial- und Radiallagern im Anfangszustand:

$$Q_{0GES} = 2{,}7 + 3{,}56 = 6{,}26\,\mathrm{dm}^3\ \mathrm{min}^{-1}$$

2.13.5 Berechnungsbeispiel bei Ölversorgung „Eine gemeinsame Pumpe und Membrandrosseln“

Vorgabedaten:

Mittlerer Lagerdurchmesser bei Tragbahn: $d_T = 0{,}22$ m
Taschenbreite bei Tragbahn: $B_T = 0{,}070$ m
Abströmlänge bei Tragbahn: $l_I = 0{,}0091$ m
Taschenzwischenbreite bei Tragbahn: $l_T = 0,1$ m
Mittlerer Lagerdurchmesser bei Umgriff: $d_U = 0,26$ m
Taschenbreite bei Umgriff: $B_{UM} = 0{,}025$ m
Abströmlänge bei Umgriff: $l_{II} = 0{,}00895$ m
Taschenzwischenbreite bei Umgriff: $l_{UM} = 0,1$ m
Lagerdurchmesser bei Radiallager: $D = 0{,}080$ m
Nutbreite bei Radiallager: $l_1 = 0{,}010$ m
Wirksame Taschenbreite bei Radiallager: $B_W = 0{,}0475$ m
Abströmlänge in Umfangsrichtung bei Radiallager: $l_U = 0{,}00237$ m
Abströmlänge in axialer Richtung bei Radiallager: $l_a = 0{,}00252$ m

Lagerspalt im Anfangszustand bei Axiallager: $h_{0I} = h_{0II} = h_0 = 0{,}00005$ m = $0{,}050 \cdot 10^{-3}$ m
Gesamtanzahl der Taschenpaare bei Axiallager: $z = 3$
Lagerspalt im Anfangszustand bei Radiallager: $h_0 = 0{,}00005$ m $= 0{,}050 \cdot 10^{-3}$ m
Anzahl der hydrostatischen Taschen der Radiallager in einem Querschnitt: $z_R = 4$
Anzahl der Radiallager: $x = 2$
Pumpendruck bei Radiallager: $p_P = 13{,}31$ bar
Tischmasse mit allen auf dem Rundtisch aufgebauten Teilen: $m = 857$ kg
Schmieröl: ISO VG 15
Öltemperatur: $\vartheta = 22$ °C
Wie im Berechnungsbeispiel 2.13.3 ergeben sich:
Dynamische Viskosität des Öles bei 22 °C: $\eta = 0{,}0278$ N s m^{-2}
Kinematische Viskosität bei $\vartheta = 22$ °C: $\upsilon_{25} = 32{,}145$ mm^2 s^{-1}
Gleitgeschwindigkeit am Umgriff: $v_U = 30$ m s^{-1}
Zusätzlich wirkende Schnittkraft: $F_{\text{äuß}} = 14448{,}8$ N

Gesucht:

- Volumenstrom im Anfangszustand Q_{0GES}
- Volumenstrom unter Wirkung der Schnittkraft Q_{GES}
- Verlustleistung P_{VER}

Lösung:

1. Spindeldrehzahl:

$$n_S = \frac{60 v_U}{\pi d_U} = \frac{60 \cdot 30}{\pi \cdot 0{,}26} = 2203{,}6 \text{ min}^{-1} \tag{2.107}$$

2. Gleitgeschwindigkeit an der Tragbahn:

$$v_T = \frac{\pi d_T n_S}{60} = \frac{\pi \cdot 0{,}22 \cdot 2203{,}6}{60} = 25{,}3 \text{ m s}^{-1} \tag{2.105}$$

3. Gesamtanzahl der hydrostatischen Taschen der Axiallager:

$$2z = 2 \cdot 3 = 6 \tag{2.3}$$

4. Gewichtskraft des Drehtisches

$$F_G = mg = 857 \cdot 9{,}81 = 8407 \text{ N} \tag{2.1}$$

5. Resultierende Taschenkraft bei Axiallager im Anfangszustand:

$$F_{T0} = \frac{F_G}{z} = \frac{8407}{3} = 2802{,}3 \text{ N} \tag{2.8}$$

6. Wirksame Taschenbreite bei Tragbahn:

$$B_{w1} = B_T - l_I = 0{,}070 - 0{,}0091 = 0{,}0609 \text{ m} \tag{2.103}$$

7. Wirksame Taschenlänge bei Tragbahn:

$$L_{w1} = \frac{\pi d_T - z l_T}{z} - l_I = \frac{\pi \cdot 0{,}22 - 3 \cdot 0{,}1}{3} - 0{,}0091 = 0{,}12 \text{ m} \tag{2.101}$$

8. Wirksame Taschenbreite bei Umgriff:

$$B_{wII} = B_{UM} - l_{II} = 0{,}025 - 0{,}00895 = 0{,}01605 \text{ m} \tag{2.104}$$

9. Wirksame Taschenlänge bei Umgriff:

$$L_{WII} = \frac{\pi d_U - z l_{UM}}{z} - l_{II} = \frac{\pi \cdot 0{,}26 - 3 \cdot 0{,}1}{3} - 0{,}00895 = 0{,}163 \text{ m} \tag{2.102}$$

10. Abströmbreite bei Tragbahn:

$$b_I = 2B_{wI} + 2L_{wI} = 2 \cdot 0{,}0609 + 2 \cdot 0{,}12 = 0{,}3618 \text{ m} \tag{1.1}$$

11. Strömungsverhältnis bei Tragbahn:

$$\frac{b_I}{l_I} = \frac{0{,}3618}{0{,}0091} = 39{,}8 \tag{1.2}$$

12. Abströmbreite bei Umgriff:

$$b_{II} = 2B_{wII} + 2L_{wII} = 2 \cdot 0{,}01605 + 2 \cdot 0{,}163 = 0{,}3581 \text{ m} \tag{1.1}$$

13. Strömungsverhältnis bei Umgriff:

$$\frac{b_{II}}{l_{II}} = \frac{0{,}3581}{0{,}00895} = 40 \tag{1.2}$$

14. Die Empfehlung wird erfüllt, dass die Strömungsverhältnisse bei Tragbahn und Umgriff gleich sind:

$$\frac{b_I}{l_I} = \frac{b_{II}}{l_{II}} = \frac{b}{l} = 40 \tag{2.15}$$

15. Wirksame Taschenfläche der Tragbahn:

$$A_{wI} = B_{wI} L_{wI} = 0{,}0609 \cdot 0{,}12 = 0{,}007308 \text{ m}^2 \tag{1.3}$$

16. Wirksame Taschenfläche des Umgriffs:

$$A_{wII} = B_{wII} L_{wII} = 0{,}01605 \cdot 0{,}163 = 0{,}002616 \text{ m}^2 \tag{1.3}$$

17. Flächenverhältnis:

$$\varphi = \frac{A_{wII}}{A_{wI}} = \frac{0{,}002616}{0{,}007308} = 0{,}35 \tag{2.13}$$

18. Taschendruck bei den Axiallagern im Anfangszustand:

$$p_{T0} = \frac{F_{T0}}{A_{wI} - A_{wII}} = \frac{2802,3}{0,007308 - 0,002616} = 597250,6 = 5,97 \cdot 10^5 \text{ N m}^{-2} \tag{2.7}$$

19. Volumenstrom durch alle Taschen der Axiallager im Anfangszustand:

$$Q_{0AX} = 2z\frac{p_{T0}h_0^3}{12\eta}\frac{b}{l} = 2 \cdot 3 \cdot \frac{5,97 \cdot 10^5 \cdot (0,00005)^3}{12 \cdot 0,0278} \cdot 40 = 0,000045 \text{ m}^3 \text{ s}^{-1}$$
$$= 2,7 \text{ dm}^3 \text{ min}^{-1} \tag{2.16}$$

20. Resultierende Taschenkraft:

$$F_T = \frac{F_G + F_{\text{äuß}}}{z} = 7618,6 \text{ N} \tag{2.9}$$

21. Proportionalitätsfaktor:

$$c = \frac{Q_0}{F_{T0}} = \frac{0,000053687}{2802,3} = 19,158 \cdot 10^{-9} \text{ m}^3 \text{ s}^{-1} \text{ N}^{-1} \tag{2.32}$$

22. Volumenstrom durch alle Taschen der Axiallager unter Wirkung der Schnittkraft:

$$Q_{AX} = F_T c = 7618,6 \cdot 19,158 \cdot 10^{-9} = 0,0001459 = 8,75 \text{ dm}^3 \text{ min}^{-1} \tag{2.38}$$

23. Taschendruck bei Axiallager:

$$p_T = \frac{F_T}{A_{wI} - A_{wII}} = \frac{7618,6}{0,007308 - 0,002616} = 16,23 \cdot 10^5 \text{ N m}^{-2} \tag{2.34}$$

24. Der Volumenstrom durch alle Taschen der Axiallager unter Wirkung der Schnittkraft kann auch durch folgende Gleichung ermittelt werden:

$$Q_{AX} = 2z\frac{p_T h_0^3}{12\eta}\frac{b}{l} = 2 \cdot 3\frac{16,23 \cdot 10^5 \cdot (0,00005)^3}{12 \cdot 0,0278} \cdot 40 = 0,000145953 \text{ m}^3 \text{ s}^{-1}$$
$$= 8,75 \text{ dm}^3 \text{ min}^{-1} \tag{2.46}$$

25. Reibfläche bei Tragbahn:

$$A_{RI} = (B_{wI} + l_I)l_I 2z + (L_{wI} - l_I)l_I 2z = (0,0609 + 0,0091) \cdot 0,0091 \cdot 2 \cdot 3$$
$$+ (0,12 - 0,0091) \cdot 0,0091 \cdot 2 \cdot 3 = 0,009877 \text{ m}^2 \tag{2.18}$$

26. Reibfläche bei Umgriff:

$$A_{\mathrm{RII}} = (B_{\mathrm{wII}} + l_{\mathrm{II}})l_{\mathrm{II}}2z + (L_{\mathrm{wII}} - l_{\mathrm{II}})l_{\mathrm{II}}2z$$
$$= (0{,}01605 + 0{,}00895) \cdot 0{,}00895 \cdot 2 \cdot 3$$
$$+ (0{,}163 - 0{,}00895) \cdot 0{,}00895 \cdot 2 \cdot 3 = 0{,}009615 \text{ m}^2 \quad (2.18)$$

27. Gesamtreibfläche bei den Axiallagern:

$$A_{\mathrm{R}} = A_{\mathrm{RI}} + A_{\mathrm{RII}} = 0{,}009877 + 0{,}009615 = 0{,}01949 \text{ m}^2 \quad (2.19)$$

28. Der Pumpendruck wird so gewählt, dass die Membrandrossel in dem optimalen Druckverhältnis belastet wird:

$$(p_{\mathrm{T}}/p_{\mathrm{P}})_{\mathrm{OPT}} = 0{,}1 \text{ bis } 0{,}6 \quad (2.37)$$

Der Pumpendruck wird gewählt:

$$p_{\mathrm{P}} = 32{,}46 \cdot 10^5 \text{ N m}^{-2}$$

Größter Taschendruck:

$$p_{\mathrm{TI}} = p_{\mathrm{TII}} = p_{\mathrm{T}} = 16{,}23 \cdot 10^5 \text{ N m}^{-2}$$

Größtes Druckverhältnis:

$$\frac{p_{\mathrm{T}}}{p_{\mathrm{P}}} = \frac{16{,}23}{32{,}46} = 0{,}5$$

Kleinstes Druckverhältnis:

$$\frac{p_{\mathrm{T0}}}{p_{\mathrm{P}}} = \frac{5{,}97 \cdot 10^5}{32{,}46 \cdot 10^5} = 0{,}184$$

29. Verlustleistung bei den Axiallagern:

$$P_{\mathrm{VER}} = P_{\mathrm{p}} + P_{\mathrm{R}} = Q_{\mathrm{0GES}}p_{\mathrm{p}} + \frac{A_{\mathrm{RI}}\eta v_{\mathrm{T}}^2}{h_0} + \frac{A_{\mathrm{RII}}\,\eta v_{\mathrm{u}}^2}{h_0}$$
$$= 0{,}000053687 \cdot 32{,}46 \cdot 10^5 + \frac{0{,}009877 \cdot 0{,}0278 \cdot 25{,}3^2}{0{,}00005}$$
$$+ \frac{0{,}009615 \cdot 0{,}0278 \cdot 30^2}{0{,}00005} = 174{,}26 + 3515{,}1 + 4811{,}34 = 8500{,}7 \text{ W} \quad (2.20)$$

30. Die Radiallager werden mit folgendem Taschendruck vorgespannt:

$$p_{\mathrm{T0}} = 5{,}97 \cdot 10^5 \text{ N m}^{-2}$$

31. Volumenstrom durch alle Taschen bei den Radiallagern im Anfangszustand:

$$Q_{\text{0RAD}} = 2z_{\text{R}} \frac{p_{\text{T0}} h_0^3}{12\eta} \frac{b}{l} = 2 \cdot 4 \cdot \frac{5{,}97 \cdot 10^5 \cdot (0{,}00005)^3}{12 \cdot 0{,}0278} \cdot 40$$
$$= 0{,}0000071582 \text{ m}^3 \text{ s}^{-1} = 4{,}29 \text{ dm}^3 \text{ min}^{-1} \quad (2.16)$$

32. Abströmbreite in Umfangsrichtung bei Radiallager:

$$b_{\text{U}} = 2B_{\text{w}} = 2 \cdot 0{,}0475 = 0{,}095 \text{ m} \quad (1.7)$$

33. Strömungsverhältnis bei Radiallager:

$$\frac{b_{\text{U}}}{l_{\text{U}}} = \frac{0{,}095}{0{,}00237} = 40 \quad (1.2)$$

34. Wirksame Taschenlänge:

$$L_{\text{w}} = \frac{\pi D - z l_1}{z_{\text{R}}} - l_{\text{U}} = \frac{\pi \cdot 0{,}080 - 4 \cdot 0{,}010}{4} - 0{,}00237 = 0{,}050 \text{ m} \quad (1.9)$$

35. Axiale Abströmbriete:

$$b_{\text{a}} = 2L_{\text{w}} = 2 \cdot 0{,}050 = 0{,}1 \text{ m} \quad (1.6)$$

36. Strömungsverhältnis bei Axiallager:

$$\frac{b_{\text{a}}}{l_{\text{a}}} = \frac{0{,}1}{0{,}00252} = 39{,}7 \quad (1.2)$$

Die Maße des Radiallagers werden so gewählt, dass die Strömungsverhältnisse in axialer und Umfangsrichtung gleich sind:

$$\frac{b_{\text{a}}}{l_{\text{a}}} = \frac{b_{\text{U}}}{l_{\text{U}}} = \frac{b}{l} = 40 \quad (1.8)$$

und sich mit dem Strömungsverhältnis des Axiallagers überdecken.

37. Reibfläche bei Radiallager:

$$A_{\text{R}} = (B_{\text{w}} + l_{\text{a}}) l_{\text{U}} 2 z_{\text{R}} x + (L_{\text{w}} - l_{\text{U}}) l_{\text{a}} 2 z_{\text{R}} x$$
$$= (0{,}0475 + 0{,}00252) \cdot 0{,}00237 \cdot 2 \cdot 4 \cdot 2$$
$$+ (0{,}050 - 0{,}00237) \cdot 0{,}00252 \cdot 2 \cdot 4 \cdot 2 = 0{,}0038 \quad (2.63)$$

38. Höchste Gleitgeschwindigkeit bei Radiallager:

$$v = \frac{\pi D n}{60} = \frac{\pi \cdot 0{,}080 \cdot 2203{,}6}{60} = 9{,}23 \text{ m s}^{-1}$$

Tab. 2.13 Vergleichstabelle zwischen verschiedenen Ölversorgungssystemen bei Axiallagern

Ölversorgung mit:	F_G in N	Δh in µm	p_{T0} in bar	p_{TI} in bar	F_T in N	$F_{äuß}$ in N	P_{VER} in W	K in N µm^{-1}
Kapillardrosseln	8.407	10	5,97	8,16	4.853	6.154	8.397	205
Einer Pumpe pro Tasche	8.407	10	5,97	11,6	7.618	14.448	8.388	481
Membrandros-seln	8.407	0	5,97	16,2	7.618	14.448	8.500	∞

39. Verlustleistung bei Radiallager:

$$P_{VER} = P_P + P_R = Q_{0GES} p_P + \frac{A_R \eta v^2}{h_0} = 0{,}0000071582 \cdot 13{,}31 \cdot 10^5$$
$$+ \frac{0{,}0038 \cdot 0{,}0278 \cdot 9{,}23^2}{0{,}00005} = 9{,}52 + 299{,}9 = 309{,}42 \text{ W} \quad (2.20)$$

40. Gesamtverlustleistung:

$$P_{VER} = 8500{,}7 + 309{,}42 \text{ W} = 8810{,}12 \text{ W}$$

41. Volumenstrom durch alle Taschen bei den Axial- und Radiallagern im Anfangszustand:

$$Q_{0GES} = 3{,}22 + 4{,}29 = 7{,}51 \text{ dm}^3 \text{ min}^{-1}$$

2.13.6 Zusammenfassung

In der Tab. 2.13 werden die Berechnungsbeispiele 2.13.1–2.13.3 übersichtlich aufgestellt.

Bei gleichen Vorgabedaten (Maße, Belastung F_G und bei der Annahme gleicher Spaltänderung Δh unter Wirkung der Schnittkraft $F_{äuß}$) werden beim Ölversorgungssystem „Eine Pumpe pro Tasche “höhere Taschendrücke p_{TI}, höhere resultierende Taschenkräfte F_T, eine höhere äußere Kraft $F_{äuß}$ und eine höhere Steifigkeit K als beim Ölversorgungssystem „Eine gemeinsame Pumpe und Kapillardrosseln“ erreicht. Beim Ölversorgungssystem „Eine gemeinsame Pumpe und Membrandrosseln“ werden bei der Annahme gleicher äußerer Kraft $F_{äuß}$wie beim Ölversorgungssystem „Eine Pumpe pro Tasche“ höhere Taschendrücke p_T erreicht.

2.14 Schnelllaufende hydrostatische, zentrisch belasteten, radial gelagerte Spindeln

Die zentrisch belastete hydrostatische Radiallagerung nach Abb. 2.5 und 1.4a wird als schnelllaufende hydrostatische Lagerung einer Schleifmaschine berechnet. Die Radiallagerung wird im Anfangszustand durch die zentrisch wirkende Kraft im Anfangszustand F_G (Abb. 2.5a) und anschließend durch eine zusätzlich wirkende Schnittkraft $F_{äuß}$ (Abb. 2.5b) belastet. In der Mitte zwischen zwei Radiallagern befindet sich die Schleifscheibe. Zu den schon abgeleiteten Gleichungen im Unterkapitel 2.7 kommt in diesem Unterkapitel noch die folgende Gleichung hinzu.

Der Gesamtvolumenstrom unter Wirkung der Schnittkraft ergibt sich bei den schnelllaufenden hydrostatischen zentrisch belasteten radial gelagerten Spindeln beim System „Eine Pumpe pro Tasche“ wie folgt:

$$Q_{\mathrm{GES}} = \frac{xz}{2}(Q_{\mathrm{SI}} + Q_{\mathrm{SII}}) \tag{2.108}$$

2.14.1 Berechnungsbeispiel bei Ölversorgung „Eine gemeinsame Pumpe und Kapilladrosseln“

Vorgabedaten:

Lagerdurchmesser: $D = 0{,}080$ m
Nutbreite: $l_1 = 0{,}010$ m
Wirksame Taschenbreite: $B_{\mathrm{w}} = 0{,}0475$ m
Abströmlänge in Umfangsrichtung: $l_{\mathrm{U}} = 0{,}00237$ m
Abströmlänge in axialer Richtung: $l_{\mathrm{a}} = 0{,}00252$ m
Lagerspalt im Anfangszustand: $h_0 = 0{,}00003 \text{ m} = 0{,}030 \cdot 10^{-3}$ m
Anzahl der hydrostatischen Taschen in einem Querschnitt: $z = 4$
Anzahl der Radiallager: $x = 2$
Schnittgeschwindigkeit am Schleifscheibendurchmesser: $v_{\mathrm{c}} = 80 \text{ m s}^{-1}$
Schleifscheibendurchmesser: $D_{\mathrm{s}} = 0{,}200$ m
Zentrisch wirkende Kraft im Anfangszustand: $F_{\mathrm{G}} = 7725$ N
Schmieröl: ISO VG 15
Öltemperatur: $\vartheta = 22$ °C
Wie im Berechnungsbeispiel 2.13.3 ergeben sich:
Dynamische Viskosität des Öles bei 22 °C: $\eta = 0{,}0278 \text{ N s m}^{-2}$
Kinematische Viskosität bei $\vartheta = 22$ °C: $\nu_{25} = 32{,}145 \text{ mm}^2 \text{ s}^{-1}$
Die Spaltänderung unter Wirkung der Schnittkraft $F_{\text{äuß}}$ wird angenommen:
$\Delta h_{\mathrm{I}} = \Delta h_{\mathrm{II}} = \Delta h = 0{,}000006 = 0{,}006 \cdot 10^{-3}$ m

Gesucht:

- Schnittkraft $F_{\text{äuß}}$
- Volumenstrom im Anfangszustand $Q_{0\mathrm{GES}}$
- Volumenstrom unter Wirkung der Schnittkraft Q_{GES}
- Verlustleistung P_{VER}
- Lagersteifigkeit K

Lösung:

1. Die Spindeldrehzahl wird nach der Schnittgeschwindigkeit bestimmt:

$$n_{\mathrm{S}} = \frac{60 v_{\mathrm{c}}}{\pi D_{\mathrm{s}}} = \frac{60 \cdot 80}{\pi \cdot 0{,}2} = 7639{,}4 \text{ min}^{-1} \tag{2.107}$$

2. Resultierende Taschenkraft, die im Anfangszustand auf ein hydrostatisches Lager wirkt:

$$F_{\mathrm{T0}} = \frac{2F_{\mathrm{G}}}{xz} = \frac{2 \cdot 7725}{2 \cdot 4} = 1931{,}28\ \mathrm{N} \tag{2.54}$$

3. Abströmbreite in Umfangsrichtung:

$$b_{\mathrm{U}} = 2B_{\mathrm{w}} = 2 \cdot 0{,}0475 = 0{,}095\ \mathrm{m} \tag{1.7}$$

4. Strömungsverhältnis in Umfangsrichtung:

$$\frac{b_{\mathrm{U}}}{l_{\mathrm{U}}} = \frac{0{,}095}{0{,}00237} = 40 \tag{1.2}$$

5. Wirksame Taschenlänge:

$$L_{\mathrm{w}} = \frac{\pi D - zl_1}{z} - l_{\mathrm{U}} = \frac{\pi \cdot 0{,}080 - 4 \cdot 0{,}010}{4} - 0{,}00237 = 0{,}050\ \mathrm{m} \tag{1.9}$$

6. Axiale Abströmbreite:

$$b_{\mathrm{a}} = 2L_{\mathrm{w}} = 2 \cdot 0{,}050 = 0{,}1\ \mathrm{m} \tag{1.6}$$

7. Strömungsverhältnis in Axialrichtung:

$$\frac{b_{\mathrm{a}}}{l_{\mathrm{a}}} = \frac{0{,}1}{0{,}00252} = 39{,}7 \approx 40 \tag{1.2}$$

Die Maße des Radiallagers werden so gewählt, dass die Strömungsverhältnisse in axialer und Umfangsrichtung gleich sind:

$$\frac{b_{\mathrm{a}}}{l_{\mathrm{a}}} = \frac{b_{\mathrm{U}}}{l_{\mathrm{U}}} = \frac{b}{l} = 40 \tag{1.8}$$

8. Wirksame Taschenfläche:

$$A_{\mathrm{w}} = B_{\mathrm{w}} L_{\mathrm{w}} = 0{,}0475 \cdot 0{,}050 = 0{,}002375\ \mathrm{m}^2 \tag{1.3}$$

9. Das Taschendruckverhältnis wird angenommen:

$$\zeta = 2 \tag{2.55}$$

10. Taschendruck bei der oberen hydrostatischen Tasche im Anfangszustand:

$$p_{\mathrm{T0II}} = \frac{F_{\mathrm{T0}}}{(\zeta - 1)A_{\mathrm{w}} \cos\alpha} = \frac{1931{,}28}{(2-1) \cdot 0{,}002375 \cdot \cos 45^\circ} = 11{,}5 \cdot 10^5\ \mathrm{N\,m^{-2}} \tag{2.58}$$

11. Taschendruck bei der unteren hydrostatischen Tasche im Anfangszustand:

$$p_{\mathrm{T0I}} = \zeta\, p_{\mathrm{T0II}} = 2 \cdot 12 \cdot 10^5 = 23 \cdot 10^5\ \mathrm{N\,m^{-2}} \tag{2.56}$$

12. Relative Spaltänderung:

$$\Psi = \frac{\Delta h}{h_0} = \frac{0{,}000006}{0{,}00003} = 0{,}2 \qquad (2.14)$$

13. Nach Tab. 2.3 wird für $\varphi = 1$ und $\Psi = \dfrac{\Delta h}{h_0} = 0{,}2$ ein optimales Drosselverhältnis ermittelt: $\left(\frac{p_P}{p_{T0}}\right)_{OPT} = 2{,}06$
14. Pumpendruck:

$$p_P = \left(\frac{p_P}{p_{T0}}\right)_{OPT} p_{T0} = 2{,}06 \cdot 23 \cdot 10^5 = 47{,}38 \cdot 10^5\ \mathrm{N\ m^{-2}} \qquad (2.21)$$

(der größere Taschendruck p_{T0I} wird eingesetzt)
15. Taschendruck bei den unteren hydrostatischen Taschen unter Wirkung der Schnittkraft:

$$p_{TI} = \frac{p_P}{\left(\frac{p_P}{p_{T0}} - 1\right)\left(1 - \frac{\Delta h}{h_0}\right)^3 + 1} = \frac{47{,}38 \cdot 10^5}{(2{,}06 - 1) \cdot (1 - 0{,}2)^3 + 1} = 30{,}71 \cdot 10^5\ \mathrm{N\ m^{-2}} \qquad (2.22)$$

16. Taschendruck bei den oberen hydrostatischen Taschen unter Wirkung der Schnittkraft:

$$p_{TII} = \frac{p_P}{\left(\frac{p_P}{p_{T0}} - 1\right)\left(1 + \frac{\Delta h}{h_0}\right)^3 + 1} = \frac{47{,}38 \cdot 10^5}{(2{,}06 - 1) \cdot (1 + 0{,}2)^3 + 1} = 16{,}73 \cdot 10^5\ \mathrm{N\ m^{-2}} \qquad (2.23)$$

17. Resultierende Taschenkraft unter Wirkung der Schnittkraft:

$$F_T = A_w \cos\alpha (p_{TI} - p_{TII}) = 0{,}002375 \cos 45° \cdot (30{,}71 \cdot 10^5 - 16{,}73 \cdot 10^5) = 2347{,}7\ \mathrm{N} \qquad (2.59)$$

18. Schnittkraft:

$$F_{äuß} = \frac{xzF_T}{2} - F_G = \frac{2 \cdot 4 \cdot 2347{,}7}{2} - 7725 = 1665{,}8\ \mathrm{N} \qquad (2.60)$$

19. Gesamtvolumenstrom im Anfangszustand:

$$Q_{\text{0GES}} = \frac{xzh_0{}^3}{24\eta}\frac{b}{l}(p_{\text{T0I}} + p_{\text{T0II}}) = \frac{2 \cdot 4 \cdot 0{,}00003^3}{24 \cdot 0{,}0278} \cdot 40 \cdot (23 \cdot 10^5 + 11{,}5 \cdot 10^5)$$
$$= 0{,}0000446 \text{ m}^3\text{ s}^{-1} = 2{,}68 \text{ dm}^3 \text{ min}^{-1} \qquad (2.61)$$

20. Lagerspalt der unteren hydrostatischen Tasche unter Wirkung der Schnittkraft:

$$h_{\text{I}} = h_0 - \Delta h = 0{,}00003 - 0{,}000006 = 0{,}000024 \text{ m} = 0{,}024 \cdot 10^{-3} \text{ m} \qquad (2.11)$$

21. Lagerspalt der oberen hydrostatischen Tasche unter Wirkung der Schnittkraft:

$$h_{\text{II}} = h_0 + \Delta h = 0{,}00003 + 0{,}000006 = 0{,}000036 \text{ m} = 0{,}036 \cdot 10^{-3} \text{ m} \qquad (2.12)$$

22. Gesamtvolumenstrom unter Wirkung der Schnittkraft:

$$Q_{\text{GES}} = \frac{xz}{24\eta}\frac{b}{l}(p_{\text{TI}}h_{\text{I}}{}^3 + p_{\text{TII}}h_{\text{II}}{}^3) = \frac{2 \cdot 4}{12 \cdot 0{,}0278} \cdot 40 \cdot (30{,}71 \cdot 10^5 \cdot 0{,}000024^3$$
$$+ 16{,}73 \cdot 10^5 \cdot 0{,}000036^3) = 0{,}0001151 \text{ m}^3\text{ s}^{-1} = 6{,}9 \text{ dm}^3 \text{ min}^{-1} \qquad (2.62)$$

23. Reibfläche:

$$A_{\text{R}} = (B_{\text{w}} + l_{\text{a}})l_{\text{U}}2zx + (L_{\text{w}} - l_{\text{U}})l_{\text{a}}2z$$
$$= (0{,}0475 + 0{,}00252) \cdot 0{,}00237 \cdot 2 \cdot 4 \cdot 2$$
$$+ (0{,}050 - 0{,}00237) \cdot 0{,}00252 \cdot 2 \cdot 4 \cdot 2 = 0{,}0038 \text{ m}^2 \qquad (2.63)$$

24. Höchste Gleitgeschwindigkeit bei Radiallager:

$$v = \frac{\pi D n}{60} = \frac{\pi \cdot 0{,}080 \cdot 7639{,}4}{60} = 31{,}99 \text{ m s}^{-1}$$

25. Verlustleistung bei Radiallager:

$$P_{\text{VER}} = P_{\text{p}} + P_{\text{R}} = Q_{\text{0GES}}p_{\text{p}} + \frac{A_{\text{R}}\eta v^2}{h_0} = 0{,}0000446 \cdot 47{,}38 \cdot 10^5$$
$$+ \frac{0{,}0038 \cdot 0{,}0278 \cdot 31{,}99^2}{0{,}00003} = 211{,}3 + 3603{,}5 = 3814{,}8 \text{ W} \qquad (2.20)$$

26. Steifigkeit des hydrostatischen Axiallagers:

$$K = \frac{dF}{dh} = \frac{F_{\text{T}} - F_{\text{T0}}}{\Delta h} = \frac{2347{,}7 - 1931{,}28}{0{,}000006}$$
$$= 69403333{,}3 \text{ N m}^{-1} = 69{,}4 \text{ N µm}^{-1} \qquad (1.11)$$

2.14.2 Berechnungsbeispiel bei Ölversorgung „Eine Pumpe pro Tasche"

Vorgabedaten:

Lagerdurchmesser: $D = 0{,}080$ m
Nutbreite: $l_1 = 0{,}010$ m
Wirksame Taschenbreite: $B_w = 0{,}0475$ m
Abströmlänge in Umfangsrichtung: $l_U = 0{,}00237$ m
Abströmlänge in axialer Richtung: $l_a = 0{,}00252$ m
Lagerspalt im Anfangszustand: $h_0 = 0{,}00003 \text{ m} = 0{,}030 \cdot 10^{-3}$ m
Anzahl der hydrostatischen Taschen in einem Querschnitt: $z = 4$
Anzahl der Radiallager: $x = 2$
Schnittgeschwindigkeit am Schleifscheibendurchmesser: $v_c = 80 \text{ m s}^{-1}$
Schleifscheibendurchmesser: $D_s = 0{,}200$ m
Zentrisch wirkende Kraft im Anfangszustand: $F_G = 7725$ N
Schmieröl: ISO VG 15
Öltemperatur: $\vartheta = 22$ °C
Wie im Berechnungsbeispiel 2.13.3 ergeben sich:
Dynamische Viskosität des Öles bei 22 °C: $\eta = 0{,}0278 \text{ N s m}^{-2}$
Kinematische Viskosität bei $\vartheta = 22$ °C: $\nu_{25} = 32{,}145 \text{ mm}^2 \text{ s}^{-1}$
Die Spaltänderung unter Wirkung der Schnittkraft $F_{äuß}$ wird angenommen:
$\Delta h_I = \Delta h_{II} = \Delta h = 0{,}000006 = 0{,}006 \cdot 10^{-3}$ m

Gesucht:

- Schnittkraft $F_{äuß}$
- Volumenstrom im Anfangszustand Q_{0GES}
- Volumenstrom unter Wirkung der Schnittkraft Q_{GES}
- Verlustleistung P_{VER}
- Lagersteifigkeit K

Lösung:

1. Die Spindeldrehzahl wird nach der Schnittgeschwindigkeit bestimmt:

$$n_S = \frac{60 v_c}{\pi D_s} = \frac{60 \cdot 80}{\pi \cdot 0{,}2} = 7639{,}4 \text{ min}^{-1} \qquad (2.107)$$

2. Resultierende Taschenkraft, die im Anfangszustand auf ein hydrostatischesLager wirkt:

$$F_{T0} = \frac{2F_G}{xz} = \frac{2 \cdot 7725}{2 \cdot 4} = 1931{,}28 \text{ N} \qquad (2.54)$$

3. Abströmbreite in Umfangsrichtung:

$$b_U = 2B_w = 2 \cdot 0{,}0475 = 0{,}095 \text{ m} \qquad (1.7)$$

4. Strömungsverhältnis in Umfangsrichtung:

$$\frac{b_U}{l_U} = \frac{0{,}095}{0{,}00237} = 40 \tag{1.2}$$

5. Wirksame Taschenlänge:

$$L_w = \frac{\pi D - z l_1}{z} - l_U = \frac{\pi \cdot 0{,}080 - 4 \cdot 0{,}010}{4} - 0{,}00237 = 0{,}050 \text{ m} \tag{1.9}$$

6. Axiale Abströmbreite:

$$b_a = 2L_w = 2 \cdot 0{,}050 = 0{,}1 \text{ m} \tag{1.6}$$

7. Strömungsverhältnis in Axialrichtung

$$\frac{b_a}{l_a} = \frac{0{,}1}{0{,}00252} = 39{,}7 \approx 40 \tag{1.2}$$

Die Maße des Radiallagers werden so gewählt, dass die Strömungsverhältnisse in axialer und Umfangsrichtung gleich sind:

$$\frac{b_a}{l_a} = \frac{b_U}{l_U} = \frac{b}{l} = 40 \tag{1.8}$$

8. Wirksame Taschenfläche:

$$A_w = B_w L_w = 0{,}0475 \cdot 0{,}050 = 0{,}002375 \text{ m}^2 \tag{1.3}$$

9. Das Taschendruckverhältnis wird angenommen:

$$\zeta = 2 \tag{2.55}$$

10. Taschendruck bei der oberen hydrostatischen Tasche im Anfangszustand:

$$p_{\text{T0II}} = \frac{F_{\text{T0}}}{(\zeta - 1) A_w \cos\alpha} = \frac{1931{,}28}{(2-1) \cdot 0{,}002375 \cdot \cos 45°} = 11{,}5 \cdot 10^5 \text{ N m}^{-2} \tag{2.58}$$

11. Taschendruck bei der unteren hydrostatischen Tasche im Anfangszustand:

$$p_{\text{T0I}} = \zeta\, p_{\text{T0II}} = 2 \cdot 12 \cdot 10^5 = 23 \cdot 10^5 \text{ N m}^{-2} \tag{2.56}$$

12. Relative Spaltänderung:

$$\Psi = \frac{\Delta h}{h_0} = \frac{0{,}000006}{0{,}00003} = 0{,}2 \tag{2.14}$$

13. Taschendruck bei den unteren hydrostatischen Taschen unter Wirkung der Schnittkraft:

$$p_{\mathrm{TI}} = \frac{p_{\mathrm{TO}}}{\left(1 - \dfrac{\Delta h}{h_{\mathrm{O}}}\right)^3} = \frac{23 \cdot 10^5}{(1 - 0{,}2)^3} = 44{,}92 \cdot 10^5 \ \mathrm{N\,m^{-2}} \tag{2.27}$$

14. Taschendruck bei den oberen hydrostatischen Taschen unter Wirkung der Schnittkraft:

$$p_{\mathrm{TII}} = \frac{p_{\mathrm{TO}}}{\left(1 + \dfrac{\Delta h}{h_{\mathrm{O}}}\right)^3} = \frac{11{,}5 \cdot 10^5}{(1 + 0{,}2)^3} = 6{,}65 \cdot 10^5 \ \mathrm{N\,m^{-2}} \tag{2.28}$$

15. Resultierende Taschenkraft unter Wirkung der Schnittkraft:

$$F_{\mathrm{T}} = A_{\mathrm{w}} \cos\alpha (p_{\mathrm{TI}} - p_{\mathrm{TII}} = 0{,}002375 \cos 45° \cdot (44{,}92 \cdot 10^5 - 6{,}65 \cdot 10^5)$$
$$= 6426{,}9 \ \mathrm{N} \tag{2.59}$$

16. Schnittkraft:

$$F_{\text{äuß}} = \frac{xzF_{\mathrm{T}}}{2} - F_{\mathrm{G}} = \frac{2 \cdot 4 \cdot 6426{,}9}{2} - 7725 = 17982{,}6 \ \mathrm{N} \tag{2.60}$$

17. Gesamtvolumenstrom im Anfangszustand:

$$Q_{\mathrm{OGES}} = \frac{xzh_{\mathrm{O}}{}^3}{24\eta} \frac{b}{l} (p_{\mathrm{TOI}} + p_{\mathrm{TOII}}) = \frac{2 \cdot 4 \cdot 0{,}00003^3}{24 \cdot 0{,}0278} \cdot 40 \cdot (23 \cdot 10^5 + 11{,}5 \cdot 10^5)$$
$$= 0{,}0000446 \ \mathrm{m^3\,s^{-1}} = 2{,}68 \ \mathrm{dm^3\,min^{-1}} \tag{2.61}$$

18. Lagerspalt der unteren hydrostatischen Tasche unter Wirkung der Schnittkraft:

$$h_{\mathrm{I}} = h_{\mathrm{O}} - \Delta h = 0{,}00003 - 0{,}000006 = 0{,}000024 \ \mathrm{m} = 0{,}024 \cdot 10^{-3} \ \mathrm{m} \tag{2.11}$$

19. Lagerspalt der oberen hydrostatischen Tasche unter Wirkung der Schnittkraft:

$$h_{\mathrm{II}} = h_{\mathrm{O}} + \Delta h = 0{,}00003 + 0{,}000006 = 0{,}000036 \ \mathrm{m} = 0{,}036 \cdot 10^{-3} \ \mathrm{m} \tag{2.12}$$

20. Volumenstrom, der unter Wirkung der Schnittkraft durch eine untere hydrostatische Tasche strömt (durch einen Strang der Mehrkreispumpe):

$$Q_{\mathrm{SI}} = \frac{p_{\mathrm{TI}} h_{\mathrm{I}}{}^3}{12\eta} \frac{b}{l} = \frac{44{,}9 \cdot 10^5 \cdot (0{,}000024)^3}{12 \cdot 0{,}0278} \cdot 40 = 0{,}000007442 \ \mathrm{m^3\,s^{-1}}$$
$$= 0{,}446 \ \mathrm{dm^3\,min^{-1}} \tag{2.30}$$

21. Volumenstrom, der unter Wirkung der Schnittkraft durch eine obere hydrostatische Tasche strömt (durch einen Strang der Mehrkreispumpe):

$$Q_{\mathrm{SII}} = \frac{p_{\mathrm{TII}} h_{\mathrm{II}}{}^3}{12\eta} \frac{b}{l} = \frac{6{,}65 \cdot 10^5 \cdot (0{,}000036)^3}{12 \cdot 0{,}0278} \cdot 40 = 0{,}00000372\ \mathrm{m}^3\ \mathrm{s}^{-1}$$
$$= 0{,}223\ \mathrm{dm}^3\ \mathrm{min}^{-1} \qquad (2.31)$$

22. Gesamtvolumenstrom unter Wirkung der Schnittkraft:

$$Q_{\mathrm{GES}} = \frac{xz}{2}(Q_{\mathrm{SI}} + Q_{\mathrm{SII}}) = \frac{2 \cdot 4}{2} \cdot (0{,}000007442 + 0{,}00000372)$$
$$= 0{,}000044648 = 2{,}67\ \mathrm{dm}^3\ \mathrm{min}^{-1} \qquad (2.108)$$

23. Reibfläche:

$$A_{\mathrm{R}} = (B_{\mathrm{w}} + l_{\mathrm{a}}) l_{\mathrm{U}} 2zx + (L_{\mathrm{w}} - l_{\mathrm{U}}) l_{\mathrm{a}} 2zx$$
$$= (0{,}0475 + 0{,}00252) \cdot 0{,}00237 \cdot 2 \cdot 4 \cdot 2$$
$$+ (0{,}050 - 0{,}00237) \cdot 0{,}00252 \cdot 2 \cdot 4 \cdot 2 = 0{,}0038\ \mathrm{m}^2 \qquad (2.63)$$

24. Höchste Gleitgeschwindigkeit:

$$v = \frac{\pi D n}{60} = \frac{\pi \cdot 0{,}08 \cdot 7639{,}4}{60} = 31{,}99\ \mathrm{m\ s}^{-1}$$

25. Verlustleistung:

$$P_{\mathrm{VER}} = P_{\mathrm{p}} + P_{\mathrm{R}} = Q_{0\mathrm{GES}} p_{\mathrm{p}} + \frac{A_{\mathrm{R}} \eta v^2}{h_0}$$
$$= 0{,}0000446 \cdot 44{,}9 \cdot 10^5 + \frac{0{,}0038 \cdot 0{,}0278 \cdot 31{,}99^2}{0{,}00003}$$
$$= 200{,}25 + 3603{,}5 = 3803{,}7\ \mathrm{W} \qquad (2.20)$$

(Da $p_{\mathrm{P}} = p_{\mathrm{T}}$, wird der größere Taschendruck eingesetzt: $p_{\mathrm{TI}} = 44{,}9 \cdot 10^5\ \mathrm{N\ m}^{-2}$)

26. Steifigkeit des hydrostatischen Lagers:

$$K = \frac{dF}{dh} = \frac{F_{\mathrm{T}} - F_{\mathrm{T0}}}{\Delta h} = \frac{6426{,}9 - 1931{,}28}{0{,}000006} = 749270000\ \mathrm{N\ m}^{-1}$$
$$= 749{,}27\ \mathrm{N}\ \mu\mathrm{m}^{-1} \qquad (1.11)$$

2.14.3 Berechnungsbeispiel bei Ölversorgung „Eine gemeinsame Pumpe und Membrandrosseln“

Vorgabedaten:

Lagerdurchmesser: $D = 0{,}080$ m
Nutbreite: $l_1 = 0{,}010$ m
Wirksame Taschenbreite: $B_\mathrm{w} = 0{,}0475$ m
Abströmlänge in Umfangsrichtung: $l_\mathrm{U} = 0{,}00237$ m
Abströmlänge in axialer Richtung: $l_\mathrm{a} = 0{,}00252$ m
Lagerspalt im Anfangszustand: $h_0 = 0{,}00003 \text{ m} = 0{,}030 \cdot 10^{-3}$ m
Anzahl der hydrostatischen Taschen in einem Querschnitt: $z = 4$
Anzahl der Radiallager: $x = 2$
Schnittgeschwindigkeit: $v_\mathrm{c} = 80 \text{ m s}^{-1}$
Schleifscheibendurchmesser: $D_\mathrm{s} = 0{,}200$ m
Zentrisch wirkende Kraft im Anfangszustand: $F_\mathrm{G} = 7725$ N
Schmieröl: ISO VG 15
Öltemperatur: $\vartheta = 22$ °C
Wie im Berechnungsbeispiel 2.13.3 ergeben sich:
Dynamische Viskosität des Öles bei 22 °C: $\eta = 0{,}0278 \text{ N s m}^{-2}$
Kinematische Viskosität bei $\vartheta = 22$ °C: $\nu_{25} = 32{,}145 \text{ mm}^2 \text{ s}^{-1}$
Schnittkraft: $F_\text{äuß} = 17982{,}6$ N

Gesucht:

- Volumenstrom im Anfangszustand Q_0GES
- Volumenstrom unter Wirkung der Schnittkraft Q_GES
- Verlustleistung P_VER

Lösung:

1. Die Spindeldrehzahl wird nach der Schnittgeschwindigkeit bestimmt:

$$n_\mathrm{s} = \frac{60 v_\mathrm{c}}{\pi D_\mathrm{s}} = \frac{60 \cdot 80}{\pi \cdot 0{,}2} = 7639{,}4 \text{ min}^{-1} \tag{2.107}$$

2. Resultierende Taschenkraft, die im Anfangszustand auf ein hydrostatisches Lager wirkt:

$$F_\mathrm{T0} = \frac{2F_\mathrm{G}}{xz} = \frac{2 \cdot 7725}{2 \cdot 4} = 1931{,}28 \text{ N} \tag{2.54}$$

3. Abströmbreite in Umfangsrichtung:

$$b_\mathrm{U} = 2B_\mathrm{w} = 2 \cdot 0{,}0475 = 0{,}095 \text{ m} \tag{1.7}$$

4. Strömungsverhältnis:

$$\frac{b_\mathrm{U}}{l_\mathrm{U}} = \frac{0{,}095}{0{,}00237} = 40 \tag{1.2}$$

5. Wirksame Taschenlänge:

$$L_\mathrm{w} = \frac{\pi D - z l_1}{z} - l_\mathrm{U} = \frac{\pi \cdot 0{,}080 - 4 \cdot 0{,}010}{4} - 0{,}00237 = 0{,}050 \text{ m} \quad (1.9)$$

6. Abströmbreite in Axialrichtung:

$$b_\mathrm{a} = 2L_\mathrm{w} = 2 \cdot 0{,}050 = 0{,}1 \text{ m} \quad (1.6)$$

7. Strömungsverhältnis

$$\frac{b_\mathrm{a}}{l_\mathrm{a}} = \frac{0{,}1}{0{,}00252} = 39{,}7 \approx 40 \quad (1.2)$$

Die Maße des Radiallagers werden so gewählt, dass die Strömungsverhältnisse in axialer und Umfangsrichtung gleich sind:

$$\frac{b_\mathrm{a}}{l_\mathrm{a}} = \frac{b_\mathrm{U}}{l_\mathrm{U}} = \frac{b}{l} = 40 \quad (1.8)$$

8. Wirksame Taschenfläche:

$$A_\mathrm{w} = B_\mathrm{w} L_\mathrm{w} = 0{,}0475 \cdot 0{,}050 = 0{,}002375 \, \mathrm{m}^2 \quad (1.3)$$

9. Das Taschendruckverhältnis wird angenommen:

$$\zeta = 2 \quad (2.55)$$

10. Taschendruck bei der oberen hydrostatischen Tasche im Anfangszustand:

$$p_\mathrm{T0II} = \frac{F_\mathrm{T0}}{(\zeta - 1) A_\mathrm{w} \cos\alpha} = \frac{1931{,}28}{(2-1) \cdot 0{,}002375 \cdot \cos 45°} = 11{,}5 \cdot 10^5 \text{ N m}^{-2} \quad (2.58)$$

11. Taschendruck bei der unteren hydrostatischen Tasche im Anfangszustand:

$$p_\mathrm{T0I} = \zeta \, p_\mathrm{T0II} = 2 \cdot 12 \cdot 10^5 = 23 \cdot 10^5 \text{ N m}^{-2} \quad (2.56)$$

12. Flächenverhältnis:

$$\varphi = \frac{A_\mathrm{wII}}{A_\mathrm{wI}} = 1 \quad (2.13)$$

13. Resultierende Taschenkraft unter Wirkung der Schnittkraft:

$$F_\mathrm{T} = \frac{(F_\mathrm{G} + F_\mathrm{äuß}) \cdot 2}{xz} = \frac{(7725 + 17982{,}6) \cdot 2}{2 \cdot 4} = 6426{,}9 \text{ N} \quad (2.60)$$

14. Gesamtvolumenstrom im Anfangszustand:

$$Q_{0\mathrm{GES}} = \frac{xzh_0{}^3}{24\eta}\frac{b}{l}(p_{\mathrm{T0I}} + p_{\mathrm{T0II}}) = \frac{2 \cdot 4 \cdot 0{,}00003^3}{24 \cdot 0{,}0278} \cdot 40 \cdot (23 \cdot 10^5 + 11{,}5 \cdot 10^5)$$
$$= 0{,}0000446\,\mathrm{m}^3\,\mathrm{s}^{-1} = 2{,}68\,\mathrm{dm}^3\,\mathrm{min}^{-1} \tag{2.61}$$

15. Proportionalitätsfaktor:

$$c = \frac{Q_0}{F_{\mathrm{T0}}} = \frac{0{,}0000446}{1931{,}28}\,\mathrm{m}^3\,\mathrm{s}^{-1}\,\mathrm{N}^{-1} = 23 \cdot 10^{-9}\,\mathrm{m}^3\,\mathrm{s}^{-1}\,\mathrm{N}^{-1} \tag{2.32}$$

16. Gesamtvolumenstrom unter Wirkung der Schnittkraft:

$$Q = F_{\mathrm{T}}c = 6426{,}9 \cdot 23 \cdot 10^{-9} = 0{,}0001478\,\mathrm{m}^3\,\mathrm{s}^{-1} = 8{,}869\,\mathrm{dm}^3\,\mathrm{min}^{-1} \tag{2.38}$$

17. Taschendruck bei der oberen hydrostatischen Tasche unter Wirkung der Schnittkraft:

$$p_{\mathrm{TII}} = \frac{F_{\mathrm{T}}}{(\zeta - 1)A_{\mathrm{w}}\cos\alpha} = \frac{6426{,}9}{(2-1) \cdot 0{,}002375 \cdot \cos 45°} = 38{,}26 \cdot 10^5\,\mathrm{N\,m}^{-2} \tag{2.66}$$

18. Taschendruck bei der unteren hydrostatischen Tasche unter Wirkung der Schnittkraft:

$$p_{\mathrm{TI}} = \zeta p_{\mathrm{TII}} = 2 \cdot 38{,}26 \cdot 10^5 = 76{,}52 \cdot 10^5\,\mathrm{N\,m}^{-2} \tag{2.67}$$

19. Der Gesamtvolumenstrom unter Wirkung der Schnittkraft kann auch durchfolgende Gleichung ermittelt werden:

$$Q_{\mathrm{GES}} = \frac{xzh_0{}^3}{24\eta}\frac{b}{l}(p_{\mathrm{TI}} + p_{\mathrm{TII}}) = \frac{2 \cdot 4 \cdot (0{,}00003)^3}{24 \cdot 0{,}0278}$$
$$\cdot 40 \cdot (76{,}52 \cdot 10^5 + 38{,}26 \cdot 10^5) = 0{,}000148\,\mathrm{m}^3\,\mathrm{s}^{-1}$$
$$= 8{,}86\,\mathrm{dm}^3\,\mathrm{min}^{-1} \tag{2.68}$$

20. Reibfläche:

$$A_{\mathrm{R}} = (B_{\mathrm{w}} + l_{\mathrm{a}})l_{\mathrm{U}}2zx + (L_{\mathrm{w}} - l_{\mathrm{U}})l_{\mathrm{a}}2zx$$
$$= (0{,}0475 + 0{,}00252) \cdot 0{,}00237 \cdot 2 \cdot 4 \cdot 2$$
$$+ (0{,}050 - 0{,}00237) \cdot 0{,}00252 \cdot 2 \cdot 4 \cdot 2 = 0{,}0038\,\mathrm{m}^2 \tag{2.63}$$

21. Höchste Gleitgeschwindigkeit:

$$v = \frac{\pi D n}{60} = \frac{\pi \cdot 0{,}080 \cdot 7639{,}4}{60} = 31{,}99\,\mathrm{m\,s}^{-1}$$

22. Pumpendruck wird so gewählt, dass die Membrandrossel in dem optimalen Druckverhältnis belastet wird:

$$(p_T/p_P)_{OPT} = 0{,}1 \text{ bis } 0{,}6 \tag{2.37}$$

Der Pumpendruck wird gewählt:

$$p_P = 127{,}5 \cdot 10^5 \text{ N m}^{-2}$$

Größter Taschendruck:

$$p_{TI} = 76{,}5 \cdot 10^5 \text{ N m}^{-2}$$

Größtes Druckverhältnis:

$$\frac{p_T}{p_P} = \frac{76{,}5}{127{,}5} = 0{,}6$$

Kleinstes Druckverhältnis:

$$\frac{p_{TOII}}{p_P} = \frac{11{,}5 \cdot 10^5}{127{,}5 \cdot 10^5} = 0{,}09 \approx 0{,}1$$

23. Verlustleistung:

$$P_{VER} = P_p + P_R = Q_{OGES}\, p_P + \frac{A_R \eta v^2}{h_0} = 0{,}0000446 \cdot 127{,}5 \cdot 10^5$$

$$+ \frac{0{,}0038 \cdot 0{,}0278 \cdot 31{,}99^2}{0{,}00003} = 568{,}6 + 3603{,}5 = 4172{,}1 \text{ W} \tag{2.20}$$

2.14.4 *Zusammenfassung*

Aus den Berechnungsbeispielen 2.14.1–2.14.3 ergibt sich folgendes.

Mit den gleichen Vorgabedaten (Anzahl der hydrostatischen Taschen, Taschenabmessungen, Lagerspalte, Tischmassen) und unter der Annahme der gleichen Spaltänderung unter Wirkung der Schnittkraft ergeben sich bei der Ölversorgung „Eine Pumpe pro Tasche“ in Bezug auf die Ölversorgung „Eine gemeinsame Pumpe und Kapillardrosseln“:

- Höhere Taschendrücke bei den unteren hydrostatischen Taschen p_{TI} unter Wirkung der Schnittkraft
- Höhere resultierende Taschenkraft F_T unter Wirkung der Schnittkraft
- Höhere Schnittkraft $F_{äuß}$
- Wesentlich höhere Steifigkeit des hydrostatischen Lagers K

Bei der Annahme der gleichen Schnittkraft wie bei der Ölversorgung „Eine Pumpe pro Tasche“ ergeben sich bei der Ölversorgung „Eine gemeinsame Pumpe und Membrandrosseln“ die höchsten Taschendrücke bei den unteren hydrostatischen Taschen p_{TI} und die höchsten Pumpendrücke.

Die Ergebnisse dieser Berechnungen sind in Tab. 2.14 aufgestellt.

Tab. 2.14 Vergleichstabelle zwischen verschiedenen Ölversorgungssystemen

Ölversorgung mit:	$\frac{p_{\mathrm{TOII}}}{p_{\mathrm{TOI}}}$	$F_{\text{äuß}}$ in N	p_{TI} in bar	p_{P} in bar	F_{T} in N	Δh in µm	P_{VER} in W	K in $\mathrm{N\,\mu m^{-1}}$
Kapillardrosseln	11,5 / 23	1665	30,7	47,4	2347	6	3814	69,4
Einer Pumpe pro Tasche	11,5 / 23	17982	44,9	$p_{\mathrm{P}} = p_{\mathrm{T}}$	6426	6	3803	940
Membrandrosseln	11,5 / 23	17982	76,5	127	6426	0	4172	∞

2.15 Schnelllaufende hydrostatische, exzentrisch belastete, radial gelagerte Spindeln

Die exzentrisch belastete hydrostatische Radiallagerung nach Abb. 2.6 und 1.4a wird als schnelllaufende hydrostatische Lagerung einer Schleifmaschine berechnet.

Die Radiallagerung wird im Anfangszustand durch die exzentrisch wirkende Kraft im Anfangszustand F_{e} (Abb. 2.6a) und anschließend durch eine zusätzlich wirkende Schnittkraft $F_{\text{äuß}}$(Abb. 2.6b) belastet. Am Umfangder Schleifscheibe greift die Schnittkraft $F_{\text{äuß}}$ ein.

Höhere Taschendrücke werden mit dem Index I bezeichnet.

Bei der Tasche 1 sind die höheren Taschendrücke bei den unteren hydrostatischen Taschen, bei der Tasche 2 sind die höheren Taschendrücke bei den oberen hydrostatischen Taschen.

Der Gesamtvolumenstrom unter Wirkung der Schnittkraft errechnet sich nach folgender Gleichung:

$$Q_{\mathrm{GES}} = \frac{z}{24\eta}\frac{b}{l}(p_{\mathrm{TI1}}{h_{\mathrm{I1}}}^3 + p_{\mathrm{TII1}}{h_{\mathrm{II1}}}^3 + p_{\mathrm{TI2}}{h_{\mathrm{I2}}}^3 + p_{\mathrm{TII2}}{h_{\mathrm{II2}}}^3) \qquad (2.109)$$

2.15.1 Berechnungsbeispiel bei Ölversorgung „Eine gemeinsame Pumpe und Kapillardrosseln"

Vorgabedaten:

Lagerdurchmesser: $D = 0{,}080$ m
Nutbreite: $l_1 = 0{,}010$ m
Wirksame Taschenbreite: $B_{\mathrm{w}} = 0{,}0475$ m
Abströmlänge in Umfangsrichtung: $l_{\mathrm{U}} = 0{,}00237$ m
Abströmlänge in axialer Richtung: $l_{\mathrm{a}} = 0{,}00252$ m
Lagerspalt im Anfangszustand: $h_0 = 0{,}00003\ \mathrm{m} = 0{,}030 \cdot 10^{-3}$ m
Winkel zwischen der hydrostatischen Tasche und der Senkrechtachse: $\alpha = 45°$
Anzahl der hydrostatischen Taschen in einem Querschnitt: $z = 4$
Anzahl der Radiallager: $x = 2$
Höchste Schnittgeschwindigkeit: $v_{\mathrm{c}} = 80\ \mathrm{m\,s^{-1}}$

Schleifscheibendurchmesser: $D_s = 0{,}200$ m
Exzentrisch wirkende Kraft im Anfangszustand: $F_e = 998{,}4$ N
Zusätzlich exzentrisch wirkende Schnittkraft: $F_{\text{äuß}} = 1164{,}8$ N
Maße nach Abb. 2.6:

$a_1 = 0{,}150$ m; $e_1 = 0{,}150$ m; $e_2 = 0{,}180$ m

Schmieröl: ISO VG 15
Öltemperatur: $\vartheta = 22$ °C
Wie im Berechnungsbeispiel 2.13.3 ergeben sich:
Dynamische Viskosität des Öles bei 22 °C: $\eta = 0{,}0278$ N s m^{-2}
Kinematische Viskosität bei $\vartheta = 22$ °C: $\nu_{25} = 32{,}145$ mm^2 s^{-1}

Gesucht:

- Volumenstrom im Anfangszustand Q_{0GES}
- Volumenstrom unter Wirkung der Schnittkraft Q_{GES}
- Verlustleistung P_{VER}
- Spaltänderungen Δh_1 und Δh_2
- Lagersteifigkeit K

Lösung:

1. Die Spindeldrehzahl wird nach der Schnittgeschwindigkeit und dem Schleifscheibendurchmesser bestimmt:

$$n_S = \frac{60 v_c}{\pi D_s} = \frac{60 \cdot 80}{\pi \cdot 0{,}2} = 7639{,}4 \text{ min}^{-1} \tag{2.107}$$

2. Abströmbreite in Umfangsrichtung:

$$b_U = 2B_w = 2 \cdot 0{,}0475 = 0{,}095 \text{ m} \tag{1.7}$$

3. Strömungsverhältnis:

$$\frac{b_U}{l_U} = \frac{0{,}095}{0{,}00237} = 40 \tag{1.2}$$

4. Wirksame Taschenlänge:

$$L_w = \frac{\pi D - z l_1}{z} - l_U = \frac{\pi \cdot 0{,}080 - 4 \cdot 0{,}010}{4} - 0{,}00237 = 0{,}050 \text{ m} \tag{1.9}$$

5. AxialeAbströmbreite:

$$b_a = 2L_w = 2 \cdot 0{,}050 = 0{,}1 \text{ m} \tag{1.6}$$

6. Strömungsverhältnis:

$$\frac{b_a}{l_a} = \frac{0,1}{0,00252} = 39,7 \approx 40 \tag{1.2}$$

Die Maße des Radiallagers wurden so gewählt, dass die Strömungsverhältnisse in axialer und Umfangsrichtung gleich sind:

$$\frac{b_a}{l_a} = \frac{b_U}{l_U} = \frac{b}{l} = 40 \tag{1.8}$$

7. Wirksame Taschenfläche:

$$A_w = B_w L_w = 0,0475 \cdot 0,050 = 0,002375 \text{ m}^2 \tag{1.3}$$

8. Gleichgewichtsgleichung für die Taschenkräfte im Anfangszustand:

$$F_{T01} - F_{T02} = \frac{2F_e}{z} = \frac{2 \cdot 998,4}{4} = 499,2 \tag{2.69}$$

9. Gleichgewichtsgleichung für die Momente im Anfangszustand:

$$F_{T01} a_1 - F_e(e_1 + a_1) = 0$$

$$F_{T01} \cdot 0,150 - 998,4 \cdot (0,150 + 0,150) = 0 \tag{2.70}$$

10. Die Lösung der Gl. (2.69) und (2.70) ergibt:

$$F_{T01} = 1996,7 \text{ N}$$

$$F_{T02} = 1497,5 \text{ N}$$

11. Das Taschendruckverhältnis wird angenommen:

$$\zeta = 2 \tag{2.55}$$

12. Taschendruck bei der oberen hydrostatischen Tasche 1 im Anfangszustand:

$$p_{T0II1} = \frac{F_{T01}}{(\zeta - 1) A_w \cos\alpha} = \frac{1996,7}{(2-1) \cdot 0,002375 \cdot \cos 45°} = 11,89 \cdot 10^5 \text{ N m}^{-2} \tag{2.58}$$

13. Taschendruck bei der unteren hydrostatischen Tasche 1 im Anfangszustand:

$$p_{T0I1} = \zeta p_{T0II1} = 2 \cdot 11,89 \cdot 10^5 = 23,78 \cdot 10^5 \text{ N m}^{-2} \tag{2.56}$$

14. Taschendruck bei der unteren hydrostatischen Tasche 2 im Anfangszustand:

$$p_{T0II2} = \frac{F_{T02}}{(\zeta - 1) A_w \cos\alpha} = \frac{1497,5}{(2-1) \cdot 0,002375 \cdot \cos 45°} = 8,91 \cdot 10^5 \text{ N m}^{-2} \tag{2.58}$$

15. Taschendruck bei der oberen hydrostatischen Tasche 2 im Anfangszustand:

$$p_{\mathrm{TOI2}} = \zeta\, p_{\mathrm{TOII2}} = 2 \cdot 8{,}91 \cdot 10^5 = 17{,}82 \cdot 10^5 \text{ N m}^{-2} \tag{2.56}$$

16. Relative Spaltänderung wird angenommen:

$$\Psi = \frac{\Delta h}{h_0} = 0{,}2 \tag{2.14}$$

17. Flächenverhältnis:

$$\varphi = \frac{A_{\mathrm{wII}}}{A_{\mathrm{wI}}} = 1 \tag{2.13}$$

18. Nach Tab. 2.3 wird für $\varphi = 1$ und $\Psi = \dfrac{\Delta h}{h_0} = 0{,}2$ ein optimales Drosselverhältnis ermittelt: $\left(\dfrac{p_{\mathrm{P}}}{p_{\mathrm{T0}}}\right)_{\mathrm{OPT}} = 2{,}06$
19. Pumpendruck:

$$p_{\mathrm{P}} = \left(\frac{p_{\mathrm{P}}}{p_{\mathrm{T0}}}\right)_{\mathrm{OPT}} p_{\mathrm{T0}} = 2{,}06 \cdot 23{,}78 \cdot 10^5 = 49 \cdot 10^5 \text{ N m}^{-2} \tag{2.21}$$

Es wird p_{TOI1} eingesetzt, da für die Bestimmung des Pumpendruckes der höchste Taschendruck maßgebend ist.
20. Gleichgewichtsgleichung für die Taschenkräfte unter Wirkung der Schnittkraft:

$$F_{\mathrm{T1}} - F_{\mathrm{T2}} = \frac{2(F_{\mathrm{e}} + F_{\mathrm{äuß}})}{z} = \frac{2 \cdot (998{,}4 + 1164{,}8)}{4} = 1081{,}6 \tag{2.71}$$

21. Gleichgewichtsgleichung für die Momente unter Wirkung der Schnittkraft:

$$F_{\mathrm{T1}} a_1 - F_{\mathrm{c}}(e_1 + a_1) - F_{\mathrm{äuß}}(e_2 + a_1) = 0$$
$$F_{\mathrm{T1}} \cdot 0{,}150 - 998{,}4(0{,}150 + 0{,}150) - 1164{,}8 \cdot (0{,}180 + 0{,}150) = 0 \tag{2.72}$$

22. Die Lösung der Gl. (2.71) und (2.72) ergibt:

$$F_{\mathrm{T1}} = 4559{,}36 \text{ N}$$
$$F_{\mathrm{T2}} = 3477{,}76 \text{ N}$$

23. Taschendruck bei der unteren hydrostatische Tasche 1 unter Wirkung der Schnittkraft:

$$p_{\mathrm{TI1}} = \frac{p_{\mathrm{P}}}{\left(\dfrac{p_{\mathrm{P}}}{p_{\mathrm{TOI1}}} - 1\right)\left(1 - \dfrac{\Delta h_1}{h_0}\right)^3 + 1}$$
$$= \frac{49 \cdot 10^5}{\left(\dfrac{49 \cdot 10^5}{23{,}78 \cdot 10^5} - 1\right)\left(1 - \dfrac{\Delta h_1}{0{,}030 \cdot 10^{-3}}\right)^3 + 1} \tag{2.22}$$

24. Taschendruck bei der oberen hydrostatischen Tasche 1 unter Wirkung der Schnittkraft:

$$p_{\mathrm{TII1}} = \frac{p_\mathrm{P}}{\left(\frac{p_\mathrm{P}}{p_{\mathrm{TOII1}}} - 1\right)\left(1 + \frac{\Delta h_1}{h_0}\right)^3 + 1} = \frac{49 \cdot 10^5}{\left(\frac{49 \cdot 10^5}{11{,}89 \cdot 10^5} - 1\right)\left(1 + \frac{\Delta h_1}{0{,}030 \cdot 10^{-3}}\right)^3 + 1} \tag{2.23}$$

25. Resultierende Taschenkraft der Tasche 1 unter Wirkung der Schnittkraft:

$$F_{\mathrm{T1}} = A_\mathrm{w} \cos\alpha (p_{\mathrm{TI1}} - p_{\mathrm{TII1}})$$
$$4559{,}36 = 0{,}002375 \cdot \cos 45° \cdot (p_{\mathrm{TI1}} - p_{\mathrm{TII1}}) \tag{2.59}$$

26. Die Lösung der Gl. (2.22), (2.23) und (2.59) ergibt:

$$p_{\mathrm{TI1}} = 33{,}85 \cdot 10^5 \text{ N m}^{-2}$$
$$p_{\mathrm{TII1}} = 6{,}9 \cdot 10^5 \text{ N m}^{-2}$$
$$\Delta h_1 = 0{,}0075 \cdot 10^{-3} \text{ m} = 0{,}0000075 \text{ m}$$

27. Taschendruck bei der oberen hydrostatischen Tasche 2 unter Wirkung der Schnittkraft:

$$p_{\mathrm{TI2}} = \frac{p_\mathrm{P}}{\left(\frac{p_\mathrm{P}}{p_{\mathrm{TOi2}}} - 1\right)\left(1 - \frac{\Delta h_2}{h_0}\right)^3 + 1} = \frac{49 \cdot 10^5}{\left(\frac{49 \cdot 10^5}{17{,}82 \cdot 10^5} - 1\right)\left(1 - \frac{\Delta h_2}{0{,}030 \cdot 10^{-3}}\right)^3 + 1} \tag{2.22}$$

28. Taschendruck bei der unteren hydrostatischen Tasche 2 unter Wirkung der Schnittkraft:

$$p_{\mathrm{TII2}} = \frac{p_\mathrm{P}}{\left(\frac{p_\mathrm{P}}{p_{\mathrm{TOII2}}} - 1\right)\left(1 + \frac{\Delta h_2}{h_0}\right)^3 + 1} = \frac{49 \cdot 10^5}{\left(\frac{49 \cdot 10^5}{8{,}91 \cdot 10^5} - 1\right)\left(1 + \frac{\Delta h_2}{0{,}030 \cdot 10^{-3}}\right)^3 + 1} \tag{2.23}$$

29. Resultierende Taschenkraft der Tasche 2 unter Wirkung der Schnittkraft:

$$F_{\mathrm{T2}} = A_{\mathrm{w}} \cos\alpha (p_{\mathrm{TI2}} - p_{\mathrm{TII2}})$$
$$3477{,}76 = 0{,}002375 \cdot \cos 45^\circ \cdot (p_{\mathrm{TI2}} - p_{\mathrm{TII2}}) \tag{2.59}$$

30. Die Lösung der Gl. (2.22), (2.23) und (2.59) ergibt:

$$p_{\mathrm{TI2}} = 23{,}6 \cdot 10^5 \mathrm{~N~m^{-2}}$$
$$p_{\mathrm{TII2}} = 6{,}24 \cdot 10^5 \mathrm{~N~m^{-2}}$$
$$\Delta h_2 = 0{,}0045 \cdot 10^{-3} \mathrm{~m} = 0{,}0000045 \mathrm{~m}$$

31. Neigungswinkel der Spindel unter Wirkung der Schnittkraft:

$$\alpha = \arctan \frac{(\Delta h_1 + \Delta h_2)}{a_1} = \arctan \cdot \frac{(0{,}0000075 + 0{,}0000045)}{0{,}150} = 0{,}0045^\circ \tag{2.74}$$

32. Gesamtvolumenstrom im Anfangszustand

$$\begin{aligned} Q_{\mathrm{0GES}} &= \frac{z h_0{}^3}{24\eta} \frac{b}{l} (p_{\mathrm{T0I1}} + p_{\mathrm{T0II1}} + p_{\mathrm{T0I2}} + p_{\mathrm{T0II2}}) \\ &= \frac{4 \cdot (0{,}00003)^3}{24 \cdot 0{,}0278} \cdot 40 \cdot (23{,}78 \cdot 10^5 + 11{,}89 \cdot 10^5 + 17{,}82 \cdot 10^5 + 8{,}91 \cdot 10^5) \\ &= 0{,}0000404 \mathrm{~m^3~s^{-1}} = 2{,}42 \mathrm{~dm^3~min^{-1}} \end{aligned} \tag{2.73}$$

33. Lagerspalt bei der unteren hydrostatischen Tasche 1 unter Wirkung der Schnittkraft:

$$h_1 = h_0 - \Delta h_1 = 0{,}00003 - 0{,}0000075 = 0{,}0000225 \mathrm{~m} = 0{,}0225 \cdot 10^{-3} \mathrm{~m} \tag{2.11}$$

34. Lagerspalt bei der oberen hydrostatischen Tasche 1 unter Wirkung der Schnittkraft:

$$h_{\mathrm{II1}} = h_0 + \Delta h_1 = 0{,}00003 + 0{,}0000075 = 0{,}0000375 \mathrm{~m} = 0{,}0375 \cdot 10^{-3} \mathrm{~m} \tag{2.12}$$

35. Lagerspalt bei der oberen hydrostatischen Tasche 2 unter Wirkung der Schnittkraft:

$$h_{\mathrm{I2}} = h_0 - \Delta h_2 = 0{,}00003 - 0{,}0000045 = 0{,}0000255 \mathrm{~m} = 0{,}0255 \cdot 10^{-3} \mathrm{~m} \tag{2.11}$$

36. Lagerspalt bei der unteren hydrostatischen Tasche 2 unter Wirkung der Schnittkraft:

$$h_{\mathrm{II2}} = h_0 + \Delta h_2 = 0{,}00003 + 0{,}0000045 = 0{,}0000345 \mathrm{~m} = 0{,}0345 \cdot 10^{-3} \mathrm{~m} \tag{2.12}$$

37. Gesamtvolumenstrom unter Wirkung der Schnittkraft:

$$Q_{\text{GES}} = \frac{z}{24\eta}\frac{b}{l}(p_{\text{TI1}}h_{\text{I1}}{}^3 + p_{\text{TII1}}h_{\text{II1}}{}^3 + p_{\text{TI2}}h_{\text{I2}}{}^3 + p_{\text{TII2}}h_{\text{II2}}{}^3)$$

$$= \frac{4}{24 \cdot 0{,}0278} \cdot 40 \begin{pmatrix} 33{,}85 \cdot 10^5 \cdot 0{,}0000225^3 + 6{,}9 \cdot 10^5 \cdot 0{,}0000375^3 \\ + 23{,}6 \cdot 10^5 \cdot 0{,}0000255^3 + 6{,}24 \cdot 10^5 \cdot 0{,}0000345^3 \end{pmatrix}$$

$$= 0{,}00003324 \text{ m}^3 \text{ s}^{-1} = 1{,}99 \text{ dm}^3 \text{ min}^{-1} \tag{2.109}$$

38. Reibfläche:

$$A_{\text{R}} = (B_{\text{w}} + l_{\text{a}})l_{\text{U}}2zx + (L_{\text{w}} - l_{\text{U}})l_{\text{a}}2zx$$

$$= (0{,}0475 + 0{,}00252) \cdot 0{,}00237 \cdot 2 \cdot 4 \cdot 2$$

$$+ (0{,}050 - 0{,}00237) \cdot 0{,}00252 \cdot 2 \cdot 4 \cdot 2 = 0{,}0038 \text{ m}^2 \tag{2.63}$$

39. Höchste Gleitgeschwindigkeit:

$$v = \frac{\pi Dn}{60} = \frac{\pi \cdot 0{,}080 \cdot 7639{,}4}{60} = 31{,}99 \text{ m s}^{-1}$$

40. Verlustleistung:

$$P_{\text{VER}} = P_{\text{p}} + P_{\text{R}} = Q_{0\text{GES}}p_{\text{p}} + \frac{A_{\text{R}}\eta v^2}{h_0} = 0{,}0000404 \cdot 49 \cdot 10^5$$

$$+ \frac{0{,}0038 \cdot 0{,}0278 \cdot 31{,}99^2}{0{,}00003} = 197{,}9 + 3603{,}5 = 3801{,}4 \text{ W} \tag{2.20}$$

41. Steifigkeit des hydrostatischen Lagers der Tasche 1:

$$K_1 = \frac{F_{\text{T1}} - F_{\text{T01}}}{\Delta h_1} = \frac{4559{,}3 - 1996{,}7}{0{,}0000075} = 341680000 \text{ N m}^{-1} = 341{,}6 \text{ N µm}^{-1} \tag{1.11}$$

42. Steifigkeit des hydrostatischen Lagers der Tasche 2:

$$K_2 = \frac{F_{\text{T2}} - F_{\text{T02}}}{\Delta h_2} = \frac{3477{,}7 - 1497{,}5}{0{,}0000045} = 440044444{,}4 \text{ N m}^{-1} = 440 \text{ N µm}^{-1} \tag{1.11}$$

43. Mittlere Steifigkeit des hydrostatischen Lagers:

$$K_{\text{mittl}} = \frac{K_1 + K_2}{2} = \frac{341{,}6 + 440}{2} = 390{,}8 \text{ N µm}^{-1}$$

44. Mittlere Spaltänderung unter Wirkung der Schnittkraft:

$$\Delta h_{\text{mittl}} = \frac{\Delta h_1 + \Delta h_2}{2} = \frac{0{,}0000075 + 0{,}0000045}{2} = 0{,}000006 \text{ m}$$

45. Mittlere relative Spaltänderung:

$$\Psi_{\text{mittl}} = \frac{\Delta h_{\text{mittl}}}{h_0} = \frac{0{,}000006}{0{,}00003} = 0{,}2$$

2.15.2 Berechnungsbeispiel bei Ölversorgung „Eine Pumpe pro Tasche"

Vorgabedaten:

Lagerdurchmesser: $D = 0{,}080$ m
Nutbreite: $l_1 = 0{,}010$ m
Wirksame Taschenbreite: $B_w = 0{,}0475$ m
Abströmlänge in Umfangsrichtung: $l_U = 0{,}00237$ m
Abströmlänge in axialer Richtung: $l_a = 0{,}00252$ m
Lagerspalte im Anfangszustand: $h_0 = 0{,}00003 \text{ m} = 0{,}030 \cdot 10^{-3}$ m
Winkel zwischen der hydrostatischen Tasche und der Senkrechtachse: $\alpha = 45°$
Anzahl der hydrostatischen Taschen in einem Querschnitt: $z = 4$
Anzahl der Radiallager: $x = 2$
Höchste Schnittgeschwindigkeit: $v_c = 80 \text{ m s}^{-1}$
Schleifscheibendurchmesser: $D_s = 0{,}200$ m
Exzentrisch wirkende Kraft Im Anfangszustand: $F_e = 998{,}4$ N
Zusätzlich exzentrisch wirkende Schnittkraft: $F_{\text{äuß}} = 1164{,}8$ N
Maße nach Abb. 2.6:
$a_1 = 0{,}150 \text{ m}; \quad e_1 = 0{,}150 \text{ m}; \quad e_2 = 0{,}180$ m
Schmieröl: ISO VG 15
Öltemperatur: $\vartheta = 22$ °C
Wie im Berechnungsbeispiel 2.13.3 ergeben sich:
Dynamische Viskosität des Öles bei 22 °C: $\eta = 0{,}0278 \text{ N s m}^{-2}$
Kinematische Viskosität bei $\vartheta = 22$ °C: $\nu_{25} = 32{,}145 \text{ mm}^2 \text{ s}^{-1}$

Gesucht:

- Volumenstrom im Anfangszustand $Q_{0\text{GES}}$
- Volumenstrom unter Wirkung der Schnittkraft Q_{GES}
- Verlustleistung P_{VER}
- Spaltänderungen Δh_1 und Δh_2
- Lagersteifigkeit K

Lösung:

1. Spindeldrehzahl:

$$n_s = \frac{60 v_c}{\pi D_s} = \frac{60 \cdot 80}{\pi \cdot 0{,}2} = 7639{,}4 \text{ min}^{-1} \tag{2.107}$$

2. Abströmbreite in Umfangsrichtung:

$$b_U = 2B_w = 2 \cdot 0{,}0475 = 0{,}095 \text{ m} \tag{1.7}$$

3. Strömungsverhältnis:

$$\frac{b_U}{l_U} = \frac{0{,}095}{0{,}00237} = 40 \tag{1.2}$$

4. Wirksame Taschenlänge:

$$L_w = \frac{\pi D - z l_1}{z} - l_u = \frac{\pi \cdot 0{,}080 - 4 \cdot 0{,}010}{4} - 0{,}00237 = 0{,}050 \text{ m} \tag{1.9}$$

5. Axiale Abströmbreite:

$$b_a = 2L_w = 2 \cdot 0{,}050 = 0{,}1 \text{ m} \tag{1.6}$$

6. Strömungsverhältnis:

$$\frac{b_a}{l_a} = \frac{0{,}1}{0{,}00252} = 39{,}7 \approx 40 \tag{1.2}$$

Die Maße des Radiallagers werden so gewählt, dass die Strömungsverhältnisse in axialer und Umfangsrichtung gleich sind:

$$\frac{b_a}{l_a} = \frac{b_U}{l_U} = \frac{b}{l} = 40 \tag{1.8}$$

7. Wirksame Taschenfläche:

$$A_W = B_W L_W = 0{,}0475 \cdot 0{,}050 = 0{,}002375 \text{ m}^2 \tag{1.3}$$

8. Gleichgewichtsgleichung für die Taschenkräfte im Anfangszustand:

$$F_{T01} - F_{T02} = \frac{2F_e}{z} = \frac{2 \cdot 998{,}4}{4} = 499{,}2 \tag{2.69}$$

9. Gleichgewichtsgleichung für die Momente im Anfangszustand:

$$F_{T01} a_1 - F_e(e_1 + a_1) = 0$$
$$F_{T01} \cdot 0{,}150 - 1500 \cdot (0{,}150 + 0{,}150) = 0 \tag{2.70}$$

10. Die Lösung der Gl. (2.69) und (2.70) ergibt:

$$F_{T01} = 1996{,}7 \text{ N}$$
$$F_{T02} = 1497{,}5 \text{ N}$$

11. Das Taschendruckverhältnis wird angenommen:

$$\zeta = 2 \tag{2.55}$$

12. Taschendruck bei der oberen hydrostatischen Tasche 1 im Anfangszustand:

$$p_{\mathrm{TOII1}} = \frac{F_{\mathrm{T01}}}{(\zeta - 1)A_{\mathrm{W}} \cos\alpha} = \frac{1996{,}7}{(2-1) \cdot 0{,}002375 \cdot \cos\ 45°} = 11{,}89 \cdot 10^5\ \mathrm{N\,m^{-2}} \tag{2.58}$$

13. Taschendruck bei der unteren hydrostatischen Tasche 1 im Anfangszustand:

$$p_{\mathrm{TOI1}} = \zeta p_{\mathrm{TOII1}} = 2 \cdot 11{,}89 \cdot 10^5 = 23{,}78 \cdot 10^5\ \mathrm{N\,m^{-2}} \tag{2.56}$$

14. Taschendruck bei der unteren hydrostatischen Tasche 2 im Anfangszustand:

$$p_{\mathrm{TOII2}} = \frac{F_{\mathrm{T02}}}{(\zeta - 1)A_{\mathrm{W}} \cos\alpha} = \frac{1497{,}5}{(2-1) \cdot 0{,}002375 \cdot \cos 45°} = 8{,}91 \cdot 10^5\ \mathrm{N\,m^{-2}} \tag{2.58}$$

15. Taschendruck bei der oberen hydrostatischen Tasche 2 im Anfangszustand:

$$p_{\mathrm{TOI2}} = \zeta p_{\mathrm{TOII2}} = 2 \cdot 8{,}91 \cdot 10^5 = 17{,}82 \cdot 10^5\ \mathrm{N\,m^{-2}} \tag{2.56}$$

16. Relative Spaltänderung wird angenommen:

$$\Psi = \frac{\Delta h}{h_0} = 0{,}2 \tag{2.14}$$

17. Flächenverhältnis:

$$\varphi = \frac{A_{\mathrm{WII}}}{A_{\mathrm{WI}}} = 1 \tag{2.13}$$

18. Gleichgewichtsgleichung für die Taschenkräfte unter Wirkung der Schnittkraft:

$$F_{\mathrm{T1}} - F_{\mathrm{T2}} = \frac{2(F_{\mathrm{e}} + F_{\mathrm{äuß}})}{z} = \frac{2 \cdot (998{,}4 + 1164{,}8)}{4} = 1081{,}6 \tag{2.71}$$

19. Gleichgewichtsgleichung für die Momente unter Wirkung der Schnittkraft:

$$F_{\mathrm{T1}} a_1 - F_{\mathrm{e}}(e_1 + a_1) - F_{\mathrm{äuß}}(e_2 + a_1) = 0$$

$$F_{\mathrm{T1}} \cdot 0{,}150 - 998{,}4 \cdot (0,\ 150 + 0{,}150) - 1164{,}8 \cdot (0{,}180 + 0{,}150) = 0 \tag{2.72}$$

20. Die Lösung der Gl. (2.71) und (2.72) ergibt:

$$F_{\mathrm{T1}} = 4559{,}36\ \mathrm{N}$$

$$F_{\mathrm{T2}} = 3477{,}76\ \mathrm{N}$$

21. Taschendruck bei der unteren hydrostatischen Tasche 1 unter Wirkung der Schnittkraft:

$$p_{\mathrm{TI1}} = \frac{p_{\mathrm{TOI1}}}{\left(1 - \dfrac{\Delta h_1}{h_0}\right)^3} = \frac{23{,}78 \cdot 10^5}{\left(1 - \dfrac{\Delta h_1}{0{,}00003}\right)^3} \tag{2.27}$$

22. Taschendruck bei der oberen hydrostatischen Tasche 1 unter Wirkung der Schnittkraft:

$$p_{\mathrm{TII1}} = \frac{p_{\mathrm{TOII1}}}{\left(1 + \frac{\Delta h_1}{h_0}\right)^3} = \frac{11{,}89 \cdot 10^5}{\left(1 + \frac{\Delta h_1}{0{,}00003}\right)^3} \tag{2.28}$$

23. Resultierende Taschenkraft der Tasche 1 unter Wirkung der Schnittkraft:

$$F_{\mathrm{T1}} = A_{\mathrm{W}} \cos\alpha (p_{\mathrm{TI1}} - p_{\mathrm{TII1}})$$

$$4559{,}36 = 0{,}002375 \cdot \cos 45^\circ \cdot (p_{\mathrm{TI1}} - p_{\mathrm{TII1}}) \tag{2.59}$$

24. Die Lösung der Gl. (2.27), (2.28) und (2.59) ergibt:

$$p_{\mathrm{TI1}} = 35{,}6 \cdot 10^5 \ \mathrm{N\,m^{-2}}$$

$$p_{\mathrm{TII1}} = 8{,}3 \cdot 10^5 \ \mathrm{N\,m^{-2}}$$

$$\Delta h_1 = 0{,}0000038 \ \mathrm{m}$$

25. Taschendruck bei der oberen hydrostatischen Tasche 2 unter Wirkung der Schnittkraft:

$$p_{\mathrm{TI2}} = \frac{p_{\mathrm{TOI2}}}{\left(1 - \frac{\Delta h_2}{h_0}\right)^3} = \frac{17{,}82 \cdot 10^5}{\left(1 - \frac{\Delta h_2}{0{,}00003}\right)^3} \tag{2.27}$$

26. Taschendruck bei der unteren hydrostatischen Tasche 2 unter Wirkung der Schnittkraft:

$$p_{\mathrm{TII2}} = \frac{p_{\mathrm{OII2}}}{\left(1 + \frac{\Delta h_2}{h_0}\right)^3} = \frac{8{,}91 \cdot 10^5}{\left(1 + \frac{\Delta h_2}{0{,}00003}\right)^3} \tag{2.28}$$

27. Resultierende Taschenkraft der Tasche 2 unter Wirkung der Schnittkraft:

$$F_{\mathrm{T2}} = A_{\mathrm{W}} \cos\alpha (p_{\mathrm{TI2}} - p_{\mathrm{TII2}})$$

$$3477{,}76 = 0{,}002375 \cdot \cos 45^\circ \cdot (p_{\mathrm{TI2}} - p_{\mathrm{TII2}}) \tag{2.59}$$

28. Die Lösung der Gl. (2.27), (2.28) und (2.59) ergibt:

$$p_{\mathrm{TI2}} = 27 \cdot 10^5 \ \mathrm{N\,m^{-2}}$$

$$p_{\mathrm{TII2}} = 6{,}1 \cdot 10^5 \ \mathrm{N\,m^{-2}}$$

$$\Delta h_2 = 0{,}0000039 \ \mathrm{m}$$

29. Neigungswinkel der Spindel unter Wirkung der Schnittkraft:

$$\alpha = \arctan\frac{(\Delta h_1 + \Delta h_2)}{a_1} = \arctan\cdot\frac{(0{,}0000038 + 0{,}0000039)}{0{,}150} = 0{,}0029^\circ \tag{2.74}$$

30. Gesamtvolumenstrom im Anfangszustand:

$$\begin{aligned} Q_{\mathrm{OGES}} &= \frac{zh_0^3\,b}{24\eta\;l}(p_{\mathrm{TOI1}} + p_{\mathrm{TOII1}} + p_{\mathrm{TOI2}} + p_{\mathrm{TOII2}}) \\ &= \frac{4\cdot(0{,}00003)^3}{24\cdot 0{,}0278}\cdot 40\cdot(23{,}78\cdot 10^5 + 11{,}89\cdot 10^5 + 17{,}82\cdot 10^5 \\ &\quad + 8{,}91\cdot 10^5) = 0{,}0000404\ \mathrm{m^3\,s^{-1}} = 2{,}42\ \mathrm{dm^3\,min^{-1}} \end{aligned} \tag{2.73}$$

31. Lagerspalt bei der unteren hydrostatischen Tasche 1 unter Wirkung der Schnittkraft:

$$h_{\mathrm{I1}} = h_0 - \Delta h_1 = 0{,}00003 - 0{,}0000038 = 0{,}0000262\ \mathrm{m} \tag{2.11}$$

32. Lagerspalt bei der oberen hydrostatischen Tasche 1 unter Wirkung der Schnittkraft:

$$h_{\mathrm{II1}} = h_0 + \Delta h_1 = 0{,}00003 + 0{,}0000038 = 0{,}0000338\ \mathrm{m} \tag{2.12}$$

33. Lagerspalt bei der oberen hydrostatischen Tasche 2 unter Wirkung der Schnittkraft:

$$h_{\mathrm{I2}} = h_0 - \Delta h_2 = 0{,}00003 - 0{,}0000039 = 0{,}0000261\ \mathrm{m} \tag{2.11}$$

34. Lagerspalt bei der unteren hydrostatischen Tasche 2 unter Wirkung der Schnittkraft:

$$h_{\mathrm{II2}} = h_0 - \Delta h_2 = 0{,}00003 + 0{,}0000039 = 0{,}0000339\ \mathrm{m} \tag{2.12}$$

35. Gesamtvolumenstrom unter Wirkung der Schnittkraft:

$$\begin{aligned} Q_{\mathrm{GES}} &= \frac{z}{24\eta}\frac{b}{l}\left(p_{\mathrm{TI1}}{h_{\mathrm{I1}}}^3 + p_{\mathrm{TII1}}{h_{\mathrm{II1}}}^3 + p_{\mathrm{TI2}}{h_{\mathrm{I2}}}^3 + p_{\mathrm{TII2}}{h_{\mathrm{II2}}}^3\right) \\ &= \frac{4}{24\cdot 0{,}0278}\cdot 40\cdot(35{,}6\cdot 10^5\cdot 0{,}0000262^3 + 8{,}3\cdot 10^5\cdot 0{,}0000338^3 \\ &\quad + 27\cdot 10^5\cdot 0{,}0000261^3 + 6{,}1\cdot 10^5\cdot 0{,}0000339^3) \\ &= 0{,}000040231\mathrm{m^3s^{-1}} = 2{,}41\mathrm{dm^3min^{-1}} \end{aligned} \tag{2.109}$$

36. Volumenstrom, der unter Wirkung der Schnittkraft durch die unteren hydrostatischen Tasche 1 strömt (durch einen Strang der Mehrkreispumpe):

$$Q_{\mathrm{SI1}} = \frac{p_{\mathrm{TI1}} h_{\mathrm{I1}}^3}{12\eta} \frac{b}{l} = \frac{35{,}6 \cdot 10^5 \cdot (0{,}0000262)^3}{12 \cdot 0{,}0278} \cdot 40 = 0{,}00000767\ \mathrm{m}^3\ \mathrm{s}^{-1}$$
$$= 0{,}45\ \mathrm{dm}^3\ \mathrm{min}^{-1} \qquad (2.30)$$

37. Volumenstrom, der unter Wirkung der Schnittkraft durch die obere hydrostatische Tasche 1 strömt (durch einen Strang der Mehrkreispumpe):

$$Q_{\mathrm{SII1}} = \frac{p_{\mathrm{TII1}} h_{\mathrm{II1}}^3}{12\eta} \frac{b}{l} = \frac{8{,}3 \cdot 10^5 \cdot (0{,}0000338)^3}{12 \cdot 0{,}0278} \cdot 40 = 0{,}00000384\ \mathrm{m}^3\ \mathrm{s}$$
$$= 0{,}23\ \mathrm{dm}^3\ \mathrm{min}^{-1} \qquad (2.31)$$

38. Volumenstrom, der unter Wirkung der Schnittkraft durch die untere hydrostatische Tasche 2 strömt (durch einen Strang der Mehrkreispumpe):

$$Q_{\mathrm{SII2}} = \frac{p_{\mathrm{TII2}} h_{\mathrm{II2}}^3}{12\eta} \frac{b}{l} = \frac{6{,}1 \cdot 10^5 \cdot (0{,}0000339)^3}{12 \cdot 0{,}0278} \cdot 40 = 0{,}00000284\ \mathrm{m}^3\ \mathrm{s}$$
$$= 0{,}17\ \mathrm{dm}^3\ \mathrm{min}^{-1} \qquad (2.31)$$

39. Volumenstrom, der unter Wirkung der Schnittkraft durch die obere hydrostatische Tasche 2 strömt (durch einen Strang der Mehrkreispumpe):

$$Q_{\mathrm{SI2}} = \frac{p_{\mathrm{TI2}} h_{\mathrm{I2}}^3}{12\eta} \frac{b}{l} = \frac{27 \cdot 10^5 \cdot (0{,}0000261)^3}{12 \cdot 0{,}0278} \cdot 40 = 0{,}00000575\ \mathrm{m}^3\ \mathrm{s}$$
$$= 0{,}34\ \mathrm{dm}^3\ \mathrm{min}^{-1} \qquad (2.30)$$

40. Reibfläche:

$$\begin{aligned} A_{\mathrm{R}} &= (B_{\mathrm{W}} + l_{\mathrm{a}})\, l_{\mathrm{u}} 2zx + (L_{\mathrm{W}} - l_{\mathrm{u}})\, l_{\mathrm{a}} 2zx \\ &= (0{,}0475 + 0{,}00252) \cdot 0{,}00237 \cdot 2 \cdot 4 \cdot 2 \\ &\quad + (0{,}050 - 0{,}00237) \cdot 0{,}00252 \cdot 2 \cdot 4 \cdot 2 = 0{,}0038\ \mathrm{m}^2 \end{aligned} \qquad (2.63)$$

41. Höchste Gleitgeschwindigkeit:

$$v = \frac{\pi D n}{60} = \frac{\pi \cdot 0{,}080 \cdot 7639{,}4}{60} = 31{,}99\ \mathrm{m\ s}^{-1}$$

42. Verlustleistung:

$$P_{\mathrm{VER}} = P_{\mathrm{p}} + P_{\mathrm{R}} = Q_{\mathrm{OGES}} p_{\mathrm{P}} + \frac{A_{\mathrm{R}} \eta v^2}{h_0} = 0{,}0000404 \cdot 35{,}6 \cdot 10^5$$
$$+ \frac{0{,}0038 \cdot 0{,}0278 \cdot 31{,}99^2}{0{,}00003} = 143{,}8 + 3603{,}5 = 3747{,}3\ \mathrm{W} \qquad (2.20)$$

(Der größere Taschendruck wird eingesetzt: $p_{\mathrm{TI1}} = 35{,}6 \cdot 10^5\ \mathrm{N\ m^{-2}}$)

43. Steifigkeit des hydrostatischen Lagers der Tasche 1:

$$K_1 = \frac{F_{\mathrm{T1}} - F_{\mathrm{T01}}}{\Delta h_1} = \frac{4559{,}3 - 1996{,}7}{0{,}0000038} = 674368421\ \mathrm{N\ m^{-1}} = 674{,}3\ \mathrm{N\ \mu m^{-1}} \tag{1.11}$$

44. Steifigkeit des hydrostatischen Lagers der Tasche 2:

$$K_2 = \frac{F_{\mathrm{T2}} - F_{\mathrm{T02}}}{\Delta h_2} = \frac{3477{,}7 - 1497{,}5}{0{,}0000039}$$
$$= 50774358{,}9\ \ \mathrm{N\ m^{-1}} = 507{,}7\ \mathrm{N\ \mu m^{-1}} \tag{1.11}$$

45. Mittlere Steifigkeit des hydrostatischen Lagers:

$$K_{\mathrm{mittl}} = \frac{K_1 + K_2}{2} = \frac{674{,}3 + 507{,}7}{2} = 591\ \mathrm{N\ \mu m^{-1}}$$

46. Mittlere Spaltänderung unter Wirkung der Schnittkraft:

$$\Delta h_{\mathrm{mittl}} = \frac{\Delta h_1 + \Delta h_2}{2} = \frac{0{,}0000038 + 0{,}0000039}{2} = 0{,}00000385\ \mathrm{m}$$

47. Mittlere relative Spaltänderung:

$$\Psi_{\mathrm{mittl}} = \frac{\Delta h_{\mathrm{mittl}}}{h_0} = \frac{0{,}00000385}{0{,}00003} = 0{,}12$$

2.15.3 Berechnungsbeispiel bei Ölversorgung „Eine gemeinsame Pumpe und Membrandrosseln"

Vorgabedaten:

Lagerdurchmesser: $D = 0{,}080$ m
Nutbreite: $l_1 = 0{,}010$ m
Wirksame Taschenbreite: $B_{\mathrm{w}} = 0{,}0475$ m
Abströmlänge in Umfangsrichtung: $l_{\mathrm{U}} = 0{,}00237$ m
Abströmlänge in axialer Richtung: $l_{\mathrm{a}} = 0{,}00252$ m
Lagerspalte im Anfangszustand: $h_0 = 0{,}00003\ \mathrm{m} = 0{,}030 \cdot 10^{-3}$ m
Winkel zwischen der hydrostatischen Tasche und der Senkrechtachse: $\alpha = 45\ ^\circ$
Anzahl der hydrostatischen Taschen in einem Querschnitt: $z = 4$
Anzahl der Radiallager: $x = 2$
Höchste Schnittgeschwindigkeit: $v_{\mathrm{c}} = 80\ \mathrm{m\ s^{-1}}$
Schleifscheibendurchmesser: $D_{\mathrm{s}} = 0{,}200$ m
Exzentrisch wirkende Kraft im Anfangszustand: $F_{\mathrm{e}} = 998{,}4$ N
Zusätzlich exzentrisch wirkende Schnittkraft: $F_{\mathrm{äuß}} = 1164{,}8$ N

Maße nach Abb. 2.6:
$a_1 = 0,150$ m; $e_1 = 0,150$ m; $e_2 = 0,180$ m
Schmieröl: ISO VG 15
Öltemperatur: $\vartheta = 22$ °C
Wie im Berechnungsbeispiel 2.13.3 ergeben sich:
Dynamische Viskosität des Öles bei 22 °C: $\eta = 0{,}0278$ N s m^{-2}
Kinematische Viskosität bei $\vartheta = 22$ °C: $v_{25} = 32,145$ mm^2 s^{-1}

Gesucht:

- Volumenstrom im Anfangszustand $Q_{0\text{GES}}$
- Volumenstrom unter Wirkung der Schnittkraft Q_{GES}
- Verlustleistung P_{VER}

Lösung:

1. Spindeldrehzahl:

$$n_{\text{S}} = \frac{60 v_{\text{c}}}{\pi D_{\text{s}}} = \frac{60 \cdot 80}{\pi \cdot 0,2} = 7639{,}4 \text{ min}^{-1} \tag{2.107}$$

2. Abströmbreite in Umfangsrichtung:

$$b_{\text{U}} = 2B_{\text{W}} = 2 \cdot 0{,}0475 = 0{,}095 \text{ m} \tag{1.7}$$

3. Strömungsverhältnis:

$$\frac{b_{\text{U}}}{l_{\text{U}}} = \frac{0{,}095}{0{,}00237} = 40 \tag{1.2}$$

4. Wirksame Taschenlänge:

$$L_{\text{W}} = \frac{\pi D - z l_1}{z} - l_{\text{u}} = \frac{\pi \cdot 0{,}080 - 4 \cdot 0{,}010}{4} - 0{,}00237 = 0{,}050 \text{ m} \tag{1.9}$$

5. Axiale Abströmbreite:

$$b_{\text{a}} = 2L_{\text{W}} = 2 \cdot 0{,}050 = 0,1 \text{ m} \tag{1.6}$$

6. Strömungsverhältnis

$$\frac{b_{\text{a}}}{l_{\text{a}}} = \frac{0,1}{0{,}00252} = 39{,}7 \approx 40 \tag{1.2}$$

Die Maße des Radiallagers werden so gewählt, dass die Strömungsverhältnisse in axialer und Umfangsrichtung gleich sind:

$$\frac{b_a}{l_a} = \frac{b_U}{l_U} = \frac{b}{l} = 40 \tag{1.8}$$

7. Wirksame Taschenfläche:

$$A_W = B_W L_W = 0{,}0475 \cdot 0{,}050 = 0{,}002375 \text{ m}^2 \tag{1.3}$$

8. Gleichgewichtsgleichung für die Taschenkräfte im Anfangszustand:

$$F_{T01} - F_{T02} = \frac{2F_e}{z} = \frac{2 \cdot 998{,}4}{4} = 499{,}2 \tag{2.69}$$

9. Gleichgewichtsgleichung für die Momente im Anfangszustand:

$$\begin{aligned} &F_{T01} a_1 - F_e(e_1 + a_1) = 0 \\ &F_{T01} \cdot 0{,}150 - 1500 \cdot (0{,}150 + 0{,}150) = 0 \end{aligned} \tag{2.70}$$

10. Aus den Gl. (2.69) und (2.70) ergibt sich:

$$\begin{aligned} F_{T01} &= 1996{,}7 \text{ N} \\ F_{T02} &= 1497{,}5 \text{ N} \end{aligned}$$

11. Das Taschendruckverhältnis wird angenommen:

$$\zeta = 2 \tag{2.55}$$

12. Taschendruck bei der oberen hydrostatischen Tasche 1 im Anfangszustand:

$$\begin{aligned} p_{T0II1} &= \frac{F_{T01}}{(\zeta - 1) A_W \cos\alpha} = \frac{1996{,}7}{(2-1) \cdot 0{,}002375 \cdot \cos 45°} \\ &= 11{,}89 \cdot 10^5 \text{ N m}^{-2} \end{aligned} \tag{2.58}$$

13. Taschendruck bei der unteren hydrostatischen Tasche 1 im Anfangszustand:

$$p_{T0I1} = \zeta p_{T0II1} = 2 \cdot 11{,}89 \cdot 10^5 = 23{,}78 \cdot 10^5 \text{ N m}^{-2} \tag{2.56}$$

14. Taschendruck bei der unteren hydrostatischen Tasche 2 im Anfangszustand:

$$\begin{aligned} p_{T0II2} &= \frac{F_{T02}}{(\zeta - 1) A_W \cos\alpha} = \frac{1497{,}5}{(2-1) \cdot 0{,}002375 \cdot \cos 45°} \\ &= 8{,}91 \cdot 10^5 \text{ N m}^{-2} \end{aligned} \tag{2.58}$$

15. Taschendruck bei der oberen hydrostatischen Tasche 2 im Anfangszustand:

$$p_{T0I2} = \zeta p_{T0II2} = 2 \cdot 8{,}91 \cdot 10^5 = 17{,}82 \cdot 10^5 \text{ N m}^{-2} \tag{2.56}$$

16. Flächenverhältnis:

$$\varphi = \frac{A_{\mathrm{WII}}}{A_{WI}} = 1 \tag{2.13}$$

17. Gleichgewichtsgleichung für die Taschenkräfte unter Wirkung der Schnittkraft:

$$F_{\mathrm{T1}} - F_{\mathrm{T2}} = \frac{2(F_{\mathrm{e}} + F_{\mathrm{äuß}})}{z} = \frac{2 \cdot (998{,}4 + 1164{,}8)}{4} = 1081{,}6 \tag{2.71}$$

18. Gleichgewichtsgleichung für die Momente unter Wirkung der Schnittkraft:

$$\begin{aligned} &F_{\mathrm{T1}} a_1 - F_{\mathrm{e}}(e_1 + a_1) - F_{\mathrm{äuß}}(e_2 + a_1) = 0 \\ &F_{\mathrm{T1}} \cdot 0{,}150 - 998{,}4 \cdot (0{,}150 + 0{,}150) - 1164{,}8 \cdot (0{,}180 + 0{,}150) = 0 \end{aligned} \tag{2.72}$$

19. Die Lösung der Gl. (2.71) und (2.72) ergibt:

$$F_{\mathrm{T1}} = 4559{,}36\ \mathrm{N}$$

$$F_{\mathrm{T2}} = 3477{,}76\ \mathrm{N}$$

20. Taschendruck bei der oberen hydrostatischen Tasche 1 unter Wirkung der Schnittkraft:

$$p_{\mathrm{TII1}} = \frac{F_{\mathrm{T1}}}{(\zeta - 1) A_{\mathrm{W}} \cos\alpha} = \frac{4559{,}36}{(2-1) \cdot 0{,}002375 \cdot \cos 45^\circ} = 27{,}14 \cdot 10^5\ \mathrm{N\,m^{-2}} \tag{2.66}$$

21. Taschendruck bei der unteren hydrostatischen Tasche 1 unter Wirkung der Schnittkraft:

$$p_{\mathrm{TI1}} = \zeta p_{\mathrm{TII1}} = 2 \cdot 27{,}14 \cdot 10^5 = 54{,}28 \cdot 10^5\ \mathrm{N\,m^{-2}} \tag{2.67}$$

22. Taschendruck bei der unteren hydrostatischen Tasche 2 unter Wirkung der Schnittkraft:

$$p_{\mathrm{TII2}} = \frac{F_{\mathrm{T2}}}{(\zeta - 1) A_{\mathrm{W}} \cos\alpha} = \frac{3477{,}76}{(2-1) \cdot 0{,}002375 \cdot \cos 45^\circ} = 20{,}7 \cdot 10^5\ \mathrm{N\,m^{-2}} \tag{2.66}$$

23. Taschendruck bei der oberen hydrostatischen Tasche 2 im Anfangszustand:

$$p_{\mathrm{TI2}} = \zeta p_{\mathrm{TII2}} = 2 \cdot 20{,}7 \cdot 10^5 = 41{,}4 \cdot 10^5\ \mathrm{N\,m^{-2}} \tag{2.67}$$

24. Gesamtvolumenstrom im Anfangszustand:

$$\begin{aligned} Q_{\mathrm{OGES}} &= \frac{z h_0^3}{24\eta} \frac{b}{l} (p_{\mathrm{TOI1}} + p_{\mathrm{TOII1}} + p_{\mathrm{TOI2}} + p_{\mathrm{TOII2}}) = \frac{4 \cdot (0{,}00003)^3}{24 \cdot 0{,}0278} \\ &\quad \cdot 40 \cdot (23{,}78 \cdot 10^5 + 11{,}89 \cdot 10^5 + 17{,}82 \cdot 10^5 + 8{,}91 \cdot 10^5) \\ &= 0{,}0000404\ \mathrm{m^3\,s^{-1}} = 2{,}42\ \mathrm{dm^3\,min^{-1}} \end{aligned} \tag{2.73}$$

25. Volumenstrom, der durch die zwei unteren hydrostatischen Taschen 1 im Anfangszustand strömt:

$$Q_{\mathrm{OI1}} = \frac{2h_0^3\,b}{12\eta\,l}p_{\mathrm{TOI1}} = \frac{2\cdot(0{,}00003)^3}{12\cdot 0{,}0278}\cdot 40\cdot 23{,}78\cdot 10^5 = 0{,}000015397\ \mathrm{m^3\,s^{-1}}$$
$$= 0{,}9238\ \mathrm{dm^3\,min^{-1}} \tag{2.76}$$

26. Proportionalitätsfaktor:

$$c_{\mathrm{I1}} = \frac{Q_{01}}{F_{\mathrm{T01}}} = \frac{0{,}000015397}{1996{,}7} = 7{,}711\cdot 10^{-9}\,\mathrm{m^3\,s^{-1}\,N^{-1}} \tag{2.32}$$

27. Volumenstrom, der durch die zwei oberen hydrostatischen Taschen 1 im Anfangszustand strömt:

$$Q_{\mathrm{OII1}} = \frac{2h_0^3\,b}{12\eta\,l}p_{\mathrm{TOII1}} = \frac{2\cdot(0{,}00003)^3}{12\cdot 0{,}0278}\cdot 40\cdot 11{,}89\cdot 10^5$$
$$= 0{,}000007698\ \mathrm{m^3\,s^{-1}} = 0{,}462\ \mathrm{dm^3\,min^{-1}} \tag{2.75}$$

28. Proportionalitätsfaktor:

$$c_{\mathrm{II1}} = \frac{Q_{\mathrm{OII1}}}{F_{\mathrm{T01}}} = \frac{0{,}000007698}{1996{,}7} = 3{,}855\cdot 10^{-9}\ \mathrm{m^3\,s^{-1}\,N^{-1}} \tag{2.32}$$

29. Volumenstrom, der durch die zwei unteren hydrostatischen Taschen 2 im Anfangszustand strömt:

$$Q_{\mathrm{OII2}} = \frac{2h_0^3\,b}{12\eta\,l}p_{\mathrm{TOII2}} = \frac{2\cdot(0{,}00003)^3}{12\cdot 0{,}0278}\cdot 40\cdot 8{,}91\cdot 10^5 = 0{,}000005769\ \mathrm{m^3\,s^{-1}}$$
$$= 0{,}346\ \mathrm{dm^3\,min^{-1}} \tag{2.75}$$

30. Proportionalitätsfaktor:

$$c_{\mathrm{II2}} = \frac{Q_{\mathrm{OII2}}}{F_{\mathrm{T02}}} = \frac{0{,}000005769}{1497{,}5} = 3{,}852\cdot 10^{-9}\ \mathrm{m^3\,s^{-1}\,N^{-1}} \tag{2.32}$$

31. Volumenstrom, der durch die zwei oberen hydrostatischen Taschen 2 im Anfangszustand strömt:

$$Q_{\mathrm{OI2}} = \frac{2h_0^3\,b}{12\eta\,l}p_{\mathrm{TOI2}} = \frac{2\cdot(0{,}00003)^3}{12\cdot 0{,}0278}40\cdot 17{,}82\cdot 10^5 = 0{,}000011538\ \mathrm{m^3\,s^{-1}}$$
$$= 0{,}69\ \mathrm{dm^3\,min^{-1}} \tag{2.76}$$

32. Proportionalitätsfaktor:

$$c_{\mathrm{I2}} = \frac{Q_{\mathrm{OI2}}}{F_{\mathrm{T02}}} = \frac{0{,}000011538}{1497{,}5} = 7{,}7\cdot 10^{-9}\ \mathrm{m^3\,s^{-1}\,N^{-1}} \tag{2.32}$$

33. Volumenstrom, der durch die zwei unteren hydrostatischen Taschen 1 unter Wirkung der Schnittkraft strömt:

$$\begin{aligned} Q_{\mathrm{I1}} &= F_{\mathrm{T1}} c_{\mathrm{I1}} = 4559{,}36 \cdot 7{,}711 \cdot 10^{-9} = 0{,}000035157\ \mathrm{m^3\ s^{-1}} \\ &= 2{,}1\ \mathrm{dm^3\ min^{-1}} \end{aligned} \tag{2.38}$$

34. Volumenstrom, der durch die zwei oberen hydrostatischen Taschen 1 unter Wirkung der Schnittkraft strömt:

$$\begin{aligned} Q_{\mathrm{II1}} &= F_{\mathrm{T1}} c_{\mathrm{II1}} = 4559{,}36 \cdot 3{,}855 \cdot 10^{-9} = 0{,}000017576\ \mathrm{m^3\ s^{-1}} \\ &= 1{,}05\ \mathrm{dm^3\ min^{-1}} \end{aligned} \tag{2.38}$$

35. Volumenstrom, der durch die zwei unteren hydrostatischen Taschen 2 unter Wirkung der Schnittkraft strömt:

$$\begin{aligned} Q_{\mathrm{II2}} &= F_{\mathrm{T2}} c_{\mathrm{II2}} = 3477{,}76 \cdot 3{,}852 \cdot 10^{-9} = 0{,}000013396\ \mathrm{m^3\ s^{-1}} \\ &= 0{,}8\ \mathrm{dm^3\ min^{-1}} \end{aligned} \tag{2.38}$$

36. Volumenstrom, der durch die zwei oberen hydrostatischen Taschen 2 unter Wirkung der Schnittkraft strömt:

$$\begin{aligned} Q_{\mathrm{I2}} &= F_{\mathrm{T2}} c_{\mathrm{I2}} = 3477{,}76 \cdot 7{,}7 \cdot 10^{-9} = 0{,}000026778\ \mathrm{m^3\ s^{-1}} \\ &= 1{,}6\ \mathrm{dm^3\ min^{-1}} \end{aligned} \tag{2.38}$$

37. Volumenstrom durch alle Taschen unter Wirkung der Schnittkraft:

$$\begin{aligned} Q_{\mathrm{GES}} &= Q_{\mathrm{I1}} + Q_{\mathrm{II1}} + Q_{\mathrm{I2}} + Q_{\mathrm{II2}} = 2{,}1 + 1{,}05 + 1{,}6 + 0{,}8 \\ &= 5{,}55\ \mathrm{dm^3\ min^{-1}} \end{aligned} \tag{2.77}$$

38. Der Volumenstrom durch alle Taschen unter Wirkung der Schnittkraft kann auch durch folgende Gleichung errechnet werden:

$$\begin{aligned} Q_{\mathrm{GES}} &= \frac{z h_0^3}{24\eta} \frac{b}{l} \left(p_{\mathrm{TI1}} + p_{\mathrm{TII1}} + p_{\mathrm{TI2}} + p_{\mathrm{TII2}}\right) = \frac{4 \cdot (0{,}030 \cdot 10^{-3})^3}{24 \cdot 0{,}0278} \\ &\quad \cdot 40\,(54{,}28 \cdot 10^5 + 27{,}14 \cdot 10^5 + 41{,}4 \cdot 10^5 + 20{,}7 \cdot 10^5) \\ &= 0{,}0000929\ \mathrm{m^3\ s^{-1}} = 5{,}57\ \mathrm{dm^3\ min^{-1}} \end{aligned} \tag{2.78}$$

39. Der Pumpendruck wird so gewählt, dass die Membrandrossel in optimalem Druckverhältnis belastet wird:

$$(p_{\mathrm{T}}/p_{\mathrm{P}})_{\mathrm{OPT}} = 0{,}1 \text{ bis } 0{,}6 \tag{2.37}$$

Der Pumpendruck wird gewählt:

$$p_{\mathrm{P}} = 90{,}46 \cdot 10^5\ \mathrm{N\ m^{-2}}$$

Größter Taschendruck:

$$p_{\mathrm{TI1}} = 54{,}28 \cdot 10^5 \ \mathrm{N\,m^{-2}}$$

Größtes Druckverhältnis:

$$\frac{p_{\mathrm{T}}}{p_{\mathrm{P}}} = \frac{54{,}28}{90{,}46} = 0{,}6$$

Kleinstes Druckverhältnis:

$$\frac{p_{\mathrm{TOII2}}}{p_{\mathrm{P}}} = \frac{8{,}91 \cdot 10^5}{90{,}46 \cdot 10^5} = 0{,}099 \approx 0{,}1$$

40. Reibfläche:

$$\begin{aligned} A_{\mathrm{R}} &= (B_{\mathrm{W}} + l_{\mathrm{a}})l_{\mathrm{u}}2zx + (L_{\mathrm{W}} - l_{\mathrm{u}})l_{\mathrm{a}}2zx \\ &= (0{,}0475 + 0{,}00252) \cdot 0{,}00237 \cdot 2 \cdot 4 \cdot 2 \\ &\quad + (0{,}050 - 0{,}00237) \cdot 0{,}00252 \cdot 2 \cdot 4 \cdot 2 = 0{,}0038\ \mathrm{m}^2 \end{aligned} \quad (2.63)$$

41. Höchste Gleitgeschwindigkeit:

$$v = \frac{\pi D n}{60} = \frac{\pi \cdot 0{,}080 \cdot 7639{,}4}{60} = 31{,}99\ \mathrm{m\,s^{-1}}$$

42. Verlustleistung:

$$\begin{aligned} P_{\mathrm{VER}} &= P_{\mathrm{P}} + P_{\mathrm{R}} = Q_{\mathrm{0GES}}\, p_{\mathrm{P}} + \frac{A_{\mathrm{R}} \eta v^2}{h_0} = 0{,}0000404 \cdot 90{,}46 \cdot 10^5 \\ &\quad + \frac{0{,}0038 \cdot 0{,}0278 \cdot 31{,}99^2}{0{,}030 \cdot 10^{-3}} = 365{,}4 + 3603{,}5 = 3968{,}9\ \mathrm{W} \end{aligned} \quad (2.20)$$

2.15.4 Zusammenfassung

Aus den Berechnungsbeispielen 2.15.1, 2.15.2 und 2.15.3 geht folgendes hervor.

Mit den gleichen Vorgabedaten ergeben sich bei der Ölversorgung „Eine Pumpe pro Tasche“ kleinere Spaltänderungen und somit eine höhere Steifigkeit des hydrostatischen Lagers K als beim System „Eine gemeinsame Pumpe und Kapillardrosseln“.

Beim Ölversorgungssystem „Eine gemeinsame Pumpe und Membrandrosseln“ werden die höchsten Taschendrücke unter Wirkung der Schnittkraft und der höchste Pumpendruck erzielt.

Aus Abb. 2.6 wird deutlich, dass bei der unteren Tasche 1 (p_{TOI1}) höhere Taschendrücke aufgebaut werden als bei der oberen hydrostatischen Tasche 1 (p_{TOII1}). Bei der Tasche 2 werden im Gegensatz dazu höhere Taschendrücke bei der oberen hydrostatischen Tasche (p_{TOI2}) aufgebaut.

Die Ergebnisse aus diesen drei Berechnungsbeispielen sind in Tab. 2.15 dargestellt.

Tab. 2.15 Vergleichstabelle zwischen verschiedenen Ölversorgungssystemen

Ölversorgung mit	$p_{\mathrm{TOI1}}/p_{\mathrm{TOII1}}$ in bar	$F_{\mathrm{T1}}/F_{\mathrm{T2}}$ in N	Δh_1 in µm	p_{P} in bar	p_{TI1} in bar	p_{TII1} in bar	P_{VER} W	K_1 in N µm^{-1}
Kapillardrosseln	23/11,8	4459/3477	7,5	49	33,8	6,9	3801	341
Einer Pumpe pro Tasche	23/11,8	4459/3477	3,8	$p_{\mathrm{P}} = p_{\mathrm{T}}$	35,6	8,3	3747	674
Membrandrosseln	23/11,8	4459/3477	0	90,4	54,2	27,1	3968	∞

2.16 Schnelllaufende hydrostatische, beidseitig exzentrisch belastete, radial gelagerte Spindeln

In Abb. 2.12 ist eine beidseitig exzentrisch belastete, hydrostatisch gelagerte Spindel mit zwei Radiallagern dargestellt.

Höhere Taschendrücke werden mit dem Index I bezeichnet.

Bei der Tasche 1 sind die höheren Taschendrücke bei den unteren hydrostatischen Taschen, bei der Tasche 2 hängt von der exzentrisch wirkenden Kraft F_{a} ab, ob höhere Taschendrücke bei den oberen oder bei den unteren hydrostatischen Tasche aufgebaut werden.

Die Spindel wird von der Bearbeitungsseite durch die exzentrisch wirkende Kraft F_{e} belastet, von der Antriebsseite wird die Spindel durch die exzentrisch wirkende Kraft F_{a} belastet.

Die Berechnung wird mit Hilfe der Abb. 1.4 a und 2.12 durchgeführt. Auf jede hydrostatische Tasche wirkt die Kraft $p_{\mathrm{T}} A_{\mathrm{W}}$ (Gl. 1.4).

Die wirksamen Taschenflächen bei den unteren und oberen hydrostatischen Taschen sind bei den Radiallagern gleich:

$$A_{\mathrm{wI}} = A_{\mathrm{wII}} = A_{\mathrm{w}} = B_{\mathrm{w}} L_{\mathrm{w}} \tag{2.57}$$

Auf jede hydrostatische Tasche mit Bez. 1 wirken im Anfangszustand die Taschendrücke p_{TOI1} und p_{TOII1} und die Taschenkräfte $p_{\mathrm{TOI1}} A_{\mathrm{W}}$ und $p_{\mathrm{TOII1}} A_{\mathrm{W}}$.

Auf jede hydrostatische Tasche mit Bez. 2 wirken im Anfangszustand die Taschendrücke p_{TOI2} und p_{TOII2} und die Taschenkräfte $p_{\mathrm{TOI2}} A_{\mathrm{w}}$ und $p_{\mathrm{TOII2}} A_{\mathrm{w}}$.

Die Komponenten der Taschenkräfte $p_{\mathrm{TOI1}} A_{\mathrm{W}}$, $p_{\mathrm{TOII1}} A_{\mathrm{W}}$, $p_{\mathrm{TOI2}} A_{\mathrm{W}}$ und $p_{\mathrm{TOII2}} A_{\mathrm{W}}$ in Richtung der exzentrisch wirkenden Kräfte F_{e} und F_{a} werden nach dem Winkel α bestimmt:

$$p_{\mathrm{TOI1}} A_{\mathrm{w}} \cos\alpha \quad \text{und} \quad p_{\mathrm{TOII1}} A_{\mathrm{w}} \cos\alpha$$
$$p_{\mathrm{TOI2}} A_{\mathrm{w}} \cos\alpha \quad \text{und} \quad p_{\mathrm{TOII2}} A_{\mathrm{w}} \cos\alpha$$

Die resultierende Komponente der Taschenkraft, die im Anfangszustand auf ein hydrostatisches Lagerpaar mit Bezeichnung 1 wirkt, lautet:

$$F_{\mathrm{TO1}} = p_{\mathrm{TOI1}} A_{\mathrm{w}} \cos\alpha - p_{\mathrm{TOII1}} A_{\mathrm{w}} \cos\alpha$$

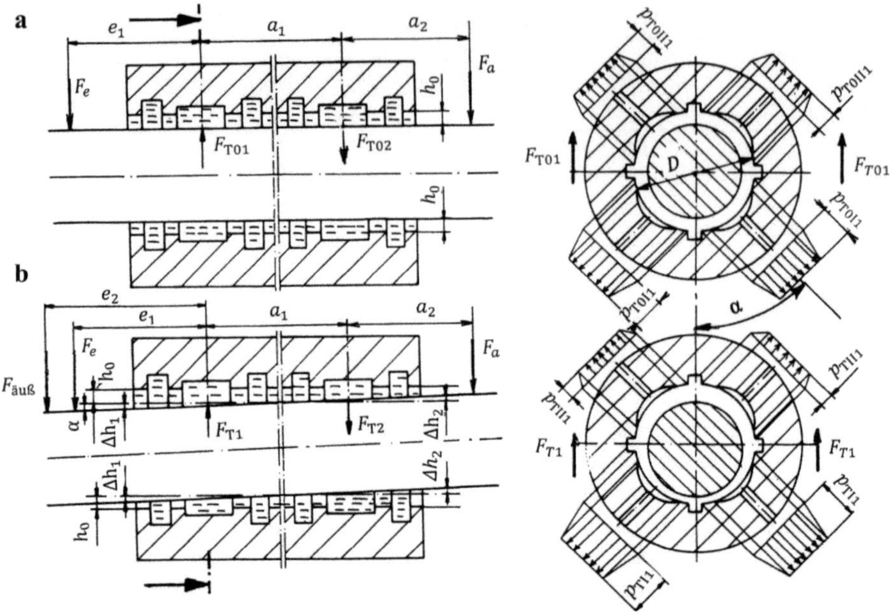

Abb. 2.12 Beidseitig exzentrisch belastete, hydrostatisch gelagerte Spindel mit zwei Radiallagern. (**a**) Im Anfangszustand wird die Spindel durch die exzentrisch wirkenden Kräfte F_e und F_a belastet; (**b**) Die Spindel wird zusätzlich durch die exzentrisch wirkende Schnittkraft $F_{äuß}$ belastet. Rechte Abbildungen: Querschnitt durch die Taschen mit Bezeichnung 1. F_{T01} und F_{T02} sind die resultierenden Taschenkräfte, die im Anfangszustand auf die hydrostatischen Taschen 1 und 2 wirken. F_{T1} und F_{T2} sind die resultierenden Taschenkräfte, die unter Wirkung der Schnittkraft auf die hydrostatischen Taschen 1 und 2 wirken

Die resultierende Komponente der Taschenkraft, die im Anfangszustand auf ein hydrostatisches Lager mit Bezeichnung 2 wirkt, lautet:

$$F_{T02} = p_{T0I2} A_w \cos\alpha - p_{T0II2} A_w \cos\alpha$$

Die Kapillardrosseln werden im Anfangszustand so eingestellt (oder die Mehrkreispumpen beim System „Eine Pumpe pro Tasche" so gewählt), dass folgende Taschendruckverhältnisse ζ erreicht werden:

$$\zeta = \frac{p_{T0I}}{p_{T0II}} = 1{,}5\ldots2\ldots2{,}5 \tag{2.55}$$

und dass die Lagerspalte bei den unteren und oberen hydrostatischen Taschen gleich sind:

$$h_{0I} = h_{0II} = h_0 \tag{2.6}$$

Es gilt für jedes Lager:

$$\zeta = \frac{p_{T0I1}}{p_{T0II1}} = 1{,}5\ldots2\ldots2{,}5 \text{ und } \zeta = \frac{p_{T0I2}}{p_{T0II2}} = 1{,}5\ldots2\ldots2{,}5$$

Aus dieser Gleichung wird der Taschendruck bei der unteren hydrostatischen Tasche 1 im Anfangszustand abgeleitet:

$$p_{\mathrm{TOI1}} = \zeta p_{\mathrm{TOII1}} \tag{2.56}$$

Für den Taschendruck bei der oberen hydrostatische Tasche 2 im Anfangszustand gilt:

$$p_{\mathrm{TOI2}} = \zeta p_{\mathrm{TOII2}} \tag{2.56}$$

Die resultierende Komponente der Taschenkraft, die im Anfangszustand auf ein hydrostatisches Lagerpaar mit Bezeichnung 1 wirkt, kann unter Einsatz von Gl. (2.56) abgeleitet werden zu:

$$\begin{aligned} F_{\mathrm{T01}} &= A_{\mathrm{w}} \cos\alpha (p_{\mathrm{TOI1}} - p_{\mathrm{TOII1}}) = A_{\mathrm{w}} \cos\alpha (\zeta p_{\mathrm{TOII1}} - p_{\mathrm{TOII1}}) \\ &= A_{\mathrm{W}} \cos\alpha p_{\mathrm{TOII1}} (\zeta - 1) \end{aligned}$$

Die resultierende Komponente der Taschenkraft, die im Anfangszustand auf ein hydrostatisches Lager mit Bezeichnung 2 wirkt, kann unter Einsatz von Gl. (2.56) abgeleitet werden zu:

$$\begin{aligned} F_{\mathrm{T02}} &= A_{\mathrm{W}} \cos\alpha (p_{\mathrm{TOI2}} - p_{\mathrm{TOII2}}) \\ &= A_{\mathrm{W}} \cos\alpha (\zeta p_{\mathrm{TOII2}} - p_{\mathrm{TOII2}}) = A_{\mathrm{W}} \cos\alpha p_{\mathrm{TOII2}} (\zeta - 1) \end{aligned}$$

Aus diesen Gleichungen ergibt sich der Taschendruck bei der oberen hydrostatischen Tasche 1 im Anfangszustand:

$$p_{\mathrm{TOII1}} = \frac{F_{\mathrm{T01}}}{(\zeta - 1) A_{\mathrm{w}} \cos\alpha} \tag{2.58}$$

und der Taschendruck bei der unteren hydrostatischen Tasche 2 im Anfangszustand:

$$p_{\mathrm{TOII2}} = \frac{F_{\mathrm{T02}}}{(\zeta - 1) A_{\mathrm{w}} \cos\alpha} \tag{2.58}$$

Wenn die Anzahl der hydrostatischen Taschen in einem Querschnitt mit z bezeichnet wird, bekommt man als Gleichgewichtsgleichung für Taschenkräfte im Anfangszustand:

$$(F_{\mathrm{T01}} - F_{\mathrm{T02}}) \frac{z}{2} = F_{\mathrm{e}} + F_{\mathrm{a}}$$

Aus dieser Gleichung ergibt sich:

$$F_{\mathrm{T01}} - F_{\mathrm{T02}} = \frac{2(F_{\mathrm{e}} + F_{\mathrm{a}})}{z} \tag{2.110}$$

Die Gleichgewichtsgleichung für Momente im Anfangszustand lautet:

$$F_{\mathrm{T01}} a_1 - F_{\mathrm{e}}(e_1 + a_1) + F_{\mathrm{a}} a_2 = 0 \tag{2.111}$$

Aus den Gl. (2.111) und (2.112) können die resultierenden Taschenkräfte F_{T01} und F_{T02} ermittelt werden.

Die resultierende Komponente der Taschenkraft unter Wirkung der Schnittkraft $F_{\text{äuß}}$, die auf ein hydrostatisches Lager mit Bezeichnung 1 wirkt, lautet:

$$F_{\mathrm{T1}} = p_{\mathrm{TI1}} A_{\mathrm{w}} \cos\alpha - p_{\mathrm{TII1}} A_{\mathrm{w}} \cos\alpha = A_{\mathrm{w}} \cos\alpha (p_{\mathrm{TI1}} - p_{\mathrm{TII1}}) \tag{2.59}$$

Der Taschendruck bei der unteren hydrostatischen Tasche 1 unter Wirkung der Schnittkraft beim Ölversorgungssystem „Eine gemeinsame Pumpe und Kapillardrosseln" beträgt:

$$p_{\mathrm{TI1}} = \frac{p_{\mathrm{P}}}{\left(\frac{p_{\mathrm{P}}}{p_{\mathrm{TOI1}}} - 1\right)\left(1 - \frac{\Delta h_1}{h_0}\right)^3 + 1} \tag{2.22}$$

Für den Taschendruck bei der oberen hydrostatischen Tasche 1 unter Wirkung der Schnittkraft beim Ölversorgungssystem „Eine gemeinsame Pumpe und Kapillardrosseln" gilt:

$$p_{\mathrm{TII1}} = \frac{p_{\mathrm{P}}}{\left(\frac{p_{\mathrm{P}}}{p_{\mathrm{TOII1}}} - 1\right)\left(1 + \frac{\Delta h_1}{h_0}\right)^3 + 1} \tag{2.23}$$

Aus Gl. (2.59), (2.22) und (2.23) können p_{TI1}, p_{TII1} und Δh_1 errechnet werden. Die resultierende Komponente der Taschenkraft unter Wirkung der Schnittkraft auf ein hydrostatisches Lager mit Bezeichnung 2 lautet:

$$F_{\mathrm{T2}} = p_{\mathrm{TI2}} A_{\mathrm{w}} \cos\alpha - p_{\mathrm{TII2}} A_{\mathrm{w}} \cos\alpha = A_{\mathrm{w}} \cos\alpha (p_{\mathrm{TI2}} - p_{\mathrm{TII2}}) \tag{2.59}$$

Der Taschendruck bei der unteren hydrostatischen Tasche 2 unter Wirkung der Schnittkraft beim Ölversorgungssystem „Eine gemeinsame Pumpe und Kapillardrosseln" lautet:

$$p_{\mathrm{TI2}} = \frac{p_{\mathrm{P}}}{\left(\frac{p_{\mathrm{P}}}{p_{\mathrm{TOI2}}} - 1\right)\left(1 - \frac{\Delta h_2}{h_0}\right)^3 + 1} \tag{2.22}$$

Der Taschendruck bei der oberen hydrostatischen Tasche 2 unter Wirkung der Schnittkraft beim Ölversorgungssystem „Eine gemeinsame Pumpe und Kapillardrosseln" lautet:

$$p_{\mathrm{TII2}} = \frac{p_{\mathrm{P}}}{\left(\frac{p_{\mathrm{P}}}{p_{\mathrm{TOII2}}} - 1\right)\left(1 + \frac{\Delta h_2}{h_0}\right)^3 + 1} \tag{2.23}$$

Aus Gl. (2.59), (2.22) und (2.23) können p_{TI2} p_{TII2} und $\Delta\ h_2$ errechnet werden.

Für den Taschendruck bei der unteren hydrostatischen Tasche 1 unter Wirkung der Schnittkraft beim Ölversorgungssystem „Eine Pumpe pro Tasche“ gilt:

$$p_{\text{TI1}} = \frac{p_{\text{TOI1}}}{\left(1 - \dfrac{\Delta h_1}{h_0}\right)^3} \tag{2.27}$$

Für den Taschendruck bei der oberen hydrostatischen Tasche 1 unter Wirkung der Schnittkraft beim Ölversorgungssystem „Eine Pumpe pro Tasche“ gilt:

$$p_{\text{TII1}} = \frac{p_{\text{TOII1}}}{\left(1 + \dfrac{\Delta h_1}{h_0}\right)^3} \tag{2.28}$$

Aus Gl. (2.59), (2.27) und (2.28) können p_{TI1} p_{TII1} und Δh_2 errechnet werden.

Für den Taschendruck bei der unteren hydrostatischen Tasche 2 unter Wirkung der Schnittkraft beim Ölversorgungssystem „Eine Pumpe pro Tasche“ gilt:

$$p_{\text{TI2}} = \frac{p_{\text{TOI2}}}{\left(1 - \dfrac{\Delta h_2}{h_0}\right)^3} \tag{2.27}$$

Für den Taschendruck bei der oberen hydrostatischen Tasche 2 unter Wirkung der Schnittkraft beim Ölversorgungssystem „Eine Pumpe pro Tasche“ gilt:

$$p_{\text{TII2}} = \frac{p_{\text{TOII2}}}{\left(1 + \dfrac{\Delta h_2}{h_0}\right)^3} \tag{2.28}$$

Aus Gl. (2.59), (2.27) und (2.28) können p_{TI2} p_{TII2} und Δh_2 errechnet werden.

Die Gleichgewichtsgleichung für die Taschenkräfte unter Wirkung der Schnittkraft lautet:

$$(F_{\text{T1}} - F_{\text{T2}})\frac{z}{2} = F_{\text{e}} + F_{\text{a}} + F_{\text{äuß}}$$

Aus dieser Gleichung ergibt sich:

$$F_{\text{T1}} - F_{\text{T2}} = \frac{2(F_{\text{e}} + F_{\text{a}} + F_{\text{äuß}})}{z} \tag{2.112}$$

Die Gleichgewichtsgleichung für die Momente unter Wirkung der Schnittkraft lautet:

$$F_{\text{T1}}a_1 - F_{\text{e}}(e_1 + a_1) - F_{\text{äuß}}(e_2 + a_1) + F_{\text{a}}a_2 = 0 \tag{2.113}$$

Aus den Gl. (2.113) und (2.114) können die resultierenden Taschenkräfte F_{T1} und F_{T2} ermittelt werden.

Für den Gesamtvolumenstrom im Anfangszustand gilt:

$$Q_{\text{0GES}} = \frac{zh_0^3}{24\eta}\frac{b}{l}(p_{\text{TOI1}} + p_{\text{TOII1}} + p_{\text{TOI2}} + p_{\text{TOII2}}) \tag{2.73}$$

Für die Reibfläche gilt:

$$A_R = (B_W + l_a)l_u 2zx + (L_w - l_u)l_a 2zx \tag{2.63}$$

Die höchste Gleitgeschwindigkeit wird in de Abhängigkeit von Lagerdurchmesser und Drehzahl ermittelt:

$$v = \frac{\pi D n}{60}$$

Für die Verlustleistung gilt:

$$P_{VER} = P_P + P_R = Q_{0GES} p_P + \frac{A_R \eta v^2}{h_0} \tag{2.20}$$

Die Steifigkeit des hydrostatischen Lagers der Tasche 1 beträgt:

$$K_1 = \frac{F_{T1} - F_{T01}}{\Delta h_1} \tag{1.11}$$

Die Steifigkeit des hydrostatischen Lagers der Tasche 2 beträgt:

$$K_2 = \frac{F_{T2} - F_{T02}}{\Delta h_2} \tag{1.11}$$

2.16.1 Berechnungsbeispiel bei Ölversorgung „Eine gemeinsame Pumpe und Kapillardrosseln“

Vorgabedaten:

Lagerdurchmesser: $D = 0{,}080$ m
Nutbreite: $l_1 = 0{,}010$ m
Wirksame Taschenbreite: $B_w = 0{,}0475$ m
Abströmlänge in Umfangsrichtung: $l_U = 0{,}00237$ m
Abströmlänge in axialer Richtung: $l_a = 0{,}00252$ m
Lagerspalte im Anfangszustand: $h_0 = 0{,}00003 \text{ m} = 0{,}030 \cdot 10^{-3}$ m
Winkel zwischen der hydrostatischen Tasche und der Senkrechtachse: $\alpha = 45°$
Anzahl der hydrostatischen Taschen in einem Querschnitt: $z = 4$
Anzahl der Radiallager: $x = 2$
Höchste Schnittgeschwindigkeit: $v_c = 80 \text{ m s}^{-1}$
Schleifscheibendurchmesser: $D_s = 0{,}200$ m
Exzentrisch wirkende Kraft im Anfangszustand: $F_e = 1220$ N
Exzentrisch wirkende Kraft im Anfangszustand: $F_a = 850$ N
Zusätzlich exzentrisch wirkende Schnittkraft: $F_{äuß} = 1035$ N

Maße nach Abb. 2.12:
$a_1 = 0,150$ m; $e_1 = 0,150$ m; $e_2 = 0,180$ m; $a_2 = 0,130$ m
Schmieröl: ISO VG 15
Öltemperatur: $\vartheta = 22$ °C
Wie im Berechnungsbeispiel 2.13.3 ergeben sich:
Dynamische Viskosität des Öles bei 22 °C: $\eta = 0{,}0278$ N s m^{-2}
Kinematische Viskosität bei $\vartheta = 22$ °C :$v_{25} = 32,145$ mm^2 s^{-1}

Gesucht:

- Volumenstrom im Anfangszustand $Q_{0\mathrm{GES}}$
- Volumenstrom unter Wirkung der Schnittkraft Q_{GES}
- Verlustleistung P_{VER}
- Spaltänderungen Δh_1 und Δh_2
- Lagersteifigkeit K

Lösung:

1. Spindeldrehzahl:

$$n_s = \frac{60 v_c}{\pi D_s} = \frac{60 \cdot 80}{\pi \cdot 0{,}2} = 7639{,}4 \text{ min}^{-1} \tag{2.107}$$

2. Abströmbreite in Umfangsrichtung:

$$b_U = 2B_w = 2 \cdot 0{,}0475 = 0{,}095 \text{ m} \tag{1.7}$$

3. Strömungsverhältnis:

$$\frac{b_U}{l_U} = \frac{0{,}095}{0{,}00237} = 40 \tag{1.2}$$

4. Wirksame Taschenlänge:

$$L_w = \frac{\pi D - z l_1}{z} - l_u = \frac{\pi \cdot 0{,}080 - 4 \cdot 0{,}010}{4} - 0{,}00237 = 0{,}050 \text{ m} \tag{1.9}$$

5. Abströmbreite in Axialrichtung:

$$b_a = 2L_w = 2 \cdot 0{,}050 = 0{,}1 \text{ m} \tag{1.6}$$

6. Strömungsverhältnis

$$\frac{b_a}{l_a} = \frac{0{,}1}{0{,}00252} = 39{,}7 \approx 40$$

Die Maße des Radiallagers werden so gewählt, dass die Strömungsverhältnisse in axialer und Umfangsrichtung gleich sind:

$$\frac{b_a}{l_a} = \frac{b_U}{l_U} = \frac{b}{l} = 40 \tag{1.8}$$

7. Wirksame Taschenfläche:

$$A_w = B_w L_w = 0{,}0475 \cdot 0{,}050 = 0{,}2375 \text{ m}^2 \tag{1.3}$$

8. Gleichgewichtsgleichung für die Taschenkräfte im Anfangszustand:

$$F_{T01} - F_{T02} = \frac{2(F_e + F_a)}{z} = \frac{2 \cdot (1220 + 850)}{4} = 1035 \tag{2.110}$$

9. Gleichgewichtsgleichung für die Momente im Anfangszustand:

$$F_{T01} a_1 - F_e(e_1 + a_1) + F_a a_2 = 0$$
$$F_{T01} \cdot 0{,}150 - 1220(0{,}150 + 0{,}150) + 850 \cdot 0{,}130 = 0 \tag{2.111}$$

10. Die Lösung der Gl. (2.111) und (2.112) ergibt:

$$F_{T01} = 1703{,}3 \text{ N}$$
$$F_{T02} = 668{,}3 \text{ N}$$

11. Das Taschendruckverhältnis wird angenommen:

$$\zeta = 2 \tag{2.55}$$

12. Taschendruck bei der oberen hydrostatischen Tasche 1 im Anfangszustand:

$$p_{T0II1} = \frac{F_{T01}}{(\zeta - 1) A_w \cos\alpha} = \frac{1703{,}3}{(2-1) \cdot 0{,}002375 \cdot \cos 45°} = 10{,}14 \cdot 10^5 \text{ N m}^{-2} \tag{2.58}$$

13. Taschendruck bei der unteren hydrostatischen Tasche 1 im Anfangszustand:

$$p_{T0I1} = \zeta p_{T0II1} = 2 \cdot 10{,}14 \cdot 10^5 = 20{,}28 \cdot 10^5 \text{ N m}^{-2} \tag{2.56}$$

14. Taschendruck bei der unteren hydrostatischen Tasche 2 im Anfangszustand:

$$p_{T0II2} = \frac{F_{T02}}{(\zeta - 1) A_w \cos\alpha} = \frac{668{,}3}{(2-1) \cdot 0{,}002375 \cdot \cos 45°} = 3{,}97 \cdot 10^5 \text{ N m}^{-2} \tag{2.58}$$

15. Taschendruck bei der oberen hydrostatischen Tasche 2 im Anfangszustand:

$$p_{T0I2} = \zeta p_{T0II2} = 2 \cdot 3{,}97 \cdot 10^5 = 7{,}94 \cdot 10^5 \text{ N m}^{-2} \tag{2.56}$$

16. Die relative Spaltänderung wird angenommen:

$$\Psi = \frac{\Delta h}{h_0} = 0{,}2 \tag{2.14}$$

17. Flächenverhältnis:

$$\varphi = \frac{A_{\mathrm{wII}}}{A_{\mathrm{wI}}} = 1 \tag{2.13}$$

18. Nach Tab. 2.3 wird für $\varphi = 1$ und $\Psi = \frac{\Delta h}{h_0} = 0{,}2$ ein optimales Drosselverhältnis ermittelt:

$$\left(\frac{p_\mathrm{P}}{p_\mathrm{T0}}\right)_\mathrm{OPT} = 2{,}06$$

19. Pumpendruck:

$$p_\mathrm{P} = \left(\frac{p_\mathrm{P}}{p_\mathrm{T0}}\right)_\mathrm{OPT} p_\mathrm{T0} = 2{,}06 \cdot 20{,}28 \cdot 10^5 = 41{,}7 \cdot 10^5\ \mathrm{N\,m^{-2}} \tag{2.21}$$

Es wird p_T0I1 eingesetzt, da für die Bestimmung des Pumpendruckes der höchste Taschendruck maßgebend ist.

20. Gleichgewichtsgleichung für die Taschenkräfte unter Wirkung der Schnittkraft:

$$F_\mathrm{T1} - F_\mathrm{T2} = \frac{2(F_\mathrm{e} + F_\mathrm{a} + F_\mathrm{äuß})}{z} = \frac{2 \cdot (1220 + 850 + 1035)}{4} = 1552{,}6 \tag{2.112}$$

21. Gleichgewichtsgleichung für die Momente unter Wirkung der Schnittkraft:

$$F_\mathrm{T1} a_1 - F_\mathrm{e}(e_1 + a_1) - F_\mathrm{äuß}(e_2 + a_1) + F_\mathrm{a} a_2 = 0$$

$$F_\mathrm{T1} \cdot 0{,}150 - 1220 \cdot (0{,}150 + 0{,}150) - 1035(0{,}180 + 0{,}150) + 850 \cdot 0{,}130 = 0 \tag{2.113}$$

22. Die Lösung der Gl. (2.113) und (2.114) ergibt:

$$F_\mathrm{T1} = 3981\ \mathrm{N}$$
$$F_\mathrm{T2} = 2428{,}4\ \mathrm{N}$$

23. Taschendruck bei der unteren hydrostatische Tasche 1 unter Wirkung der Schnittkraft:

$$p_\mathrm{TI1} = \frac{p_\mathrm{P}}{\left(\frac{p_\mathrm{P}}{p_\mathrm{T0I1}} - 1\right)\left(1 - \frac{\Delta h_1}{h_0}\right)^3 + 1}$$

$$p_\mathrm{TI1} = \frac{41{,}7 \cdot 10^5}{\left(\frac{41{,}7 \cdot 10^5}{20{,}28 \cdot 10^5} - 1\right) \cdot \left(1 - \frac{\Delta h_1}{0{,}030 \cdot 10^{-3}}\right)^3 + 1} \tag{2.22}$$

24. Taschendruck bei der oberen hydrostatischen Tasche 1 unter Wirkung der Schnittkraft:

$$p_{\mathrm{TII1}} = \frac{p_\mathrm{P}}{\left(\dfrac{p_\mathrm{P}}{p_{\mathrm{TOII1}}} - 1\right)\left(1 + \dfrac{\Delta h_1}{h_0}\right)^3 + 1}$$

$$= \frac{41{,}7 \cdot 10^5}{\left(\dfrac{41{,}7 \cdot 10^5}{10{,}14 \cdot 10^5} - 1\right) \cdot \left(1 + \dfrac{\Delta h_1}{0{,}030 \cdot 10^{-3}}\right)^3 + 1} \tag{2.23}$$

25. Resultierende Taschenkraft der Tasche 1 unter Wirkung der Schnittkraft:

$$F_{\mathrm{T1}} = A_\mathrm{w} \cos\alpha (p_{\mathrm{TI1}} - p_{\mathrm{TII1}})$$

$$3981 = 0{,}002375 \cdot \cos 45° \cdot (p_{\mathrm{TI1}} - p_{\mathrm{TII1}}) \tag{2.59}$$

26. Die Lösung der Gl. (2.22), (2.23) und (2.59) ergibt:

$$p_{\mathrm{TI1}} = 29{,}4 \cdot 10^5 \text{ N m}^{-2}$$

$$p_{\mathrm{TII1}} = 5{,}69 \cdot 10^5 \text{ N m}^{-2}$$

$$\Delta h_1 = 0{,}0080 \cdot 10^{-3} \text{ m} = 0{,}0000080 \text{ m}$$

27. Taschendruck bei der oberen hydrostatischen Tasche 2 unter Wirkung der Schnittkraft:

$$p_{\mathrm{TI2}} = \frac{p_\mathrm{P}}{\left(\dfrac{p_\mathrm{P}}{p_{\mathrm{TOI2}}} - 1\right)\left(1 - \dfrac{\Delta h_2}{h_0}\right)^3 + 1}$$

$$= \frac{41{,}7 \cdot 10^5}{\left(\dfrac{41{,}7 \cdot 10^5}{7{,}94 \cdot 10^5} - 1\right) \cdot \left(1 - \dfrac{\Delta h_2}{0{,}030 \cdot 10^{-3}}\right)^3 + 1} \tag{2.22}$$

28. Taschendruck bei der unteren hydrostatischen Tasche 2 unter Wirkung der Schnittkraft:

$$p_{\mathrm{TII2}} = \frac{p_\mathrm{P}}{\left(\dfrac{p_\mathrm{P}}{p_{\mathrm{TOII2}}} - 1\right)\left(1 + \dfrac{\Delta h_2}{h_0}\right)^3 + 1}$$

$$= \frac{41{,}7 \cdot 10^5}{\left(\dfrac{41{,}7 \cdot 10^5}{3{,}97 \cdot 10^5} - 1\right) \cdot \left(1 + \dfrac{\Delta h_2}{0{,}030 \cdot 10^{-3}}\right) + 1} \tag{2.23}$$

29. Resultierende Taschenkraft der Tasche 2 unter Wirkung der Schnittkraft:

$$F_{\mathrm{T2}} = A_\mathrm{w} \cos\alpha (p_{\mathrm{TI2}} - p_{\mathrm{TII2}})$$

$$2428{,}4 = 0{,}002375 \cos 45° (p_{\mathrm{TI2}} - p_{\mathrm{TII2}}) \tag{2.59}$$

30. Die Lösung der Gl. (2.22), (2.23) und (2.59) ergibt:

$$p_{\mathrm{TI2}} = 16{,}2 \cdot 10^5\ \mathrm{N\,m^{-2}}$$
$$p_{\mathrm{TII2}} = 1{,}97 \cdot 10^5\ \mathrm{N\,m^{-2}}$$
$$\Delta h_2 = 0{,}0085 \cdot 10^{-3}\ \mathrm{m} = 0{,}0000085\ \mathrm{m}$$

31. Neigungswinkel der Spindel unter Wirkung der Schnittkraft:

$$\alpha = \arctan \frac{(\Delta h_1 + \Delta h_2)}{a_1} = \arctan \cdot \frac{(0{,}0000080 + 0{,}0000085)}{0{,}150} = 0{,}0063^\circ \quad (2.74)$$

32. Gesamtvolumenstrom im Anfangszustand:

$$Q_{\mathrm{0GES}} = \frac{z h_0^3}{24\eta} \frac{b}{l} (p_{\mathrm{T0I1}} + p_{\mathrm{T0II1}} + p_{\mathrm{T0I2}} + p_{\mathrm{T0II2}})$$
$$= \frac{4 \cdot (0{,}00003)^3}{24 \cdot 0{,}0278} \cdot 40 \cdot (20{,}28 \cdot 10^5 + 10{,}14 \cdot 10^5$$
$$+ 7{,}94 \cdot 10^5 + 3{,}97 \cdot 10^5)$$
$$= 0{,}0000274\ \mathrm{m^3\,s^{-1}} = 1{,}64\ \mathrm{dm^3\,min^{-1}} \quad (2.73)$$

33. Lagerspalt bei der unteren hydrostatischen Tasche 1 unter Wirkung der Schnittkraft:

$$h_{\mathrm{I1}} = h_0 - \Delta h_1 = 0{,}00003 - 0{,}0000080 = 0{,}000022\ \mathrm{m} = 0{,}022 \cdot 10^{-3}\ \mathrm{m} \quad (2.11)$$

34. Lagerspalt bei der oberen hydrostatischen Tasche 1 unter Wirkung der Schnittkraft:

$$h_{\mathrm{II1}} = h_0 + \Delta h_1 = 0{,}00003 + 0{,}0000080 = 0{,}000038\ \mathrm{m} = 0{,}038 \cdot 10^{-3}\ \mathrm{m} \quad (2.12)$$

35. Lagerspalt bei der unteren hydrostatischen Tasche 2 unter Wirkung der Schnittkraft:

$$h_{\mathrm{I2}} = h_0 - \Delta h_2 = 0{,}00003 - 0{,}0000085 = 0{,}0000215\ \mathrm{m} = 0{,}0215 \cdot 10^{-3}\ \mathrm{m} \quad (2.11)$$

36. Lagerspalt bei der oberen hydrostatischen Tasche 1 unter Wirkung der Schnittkraft:

$$h_{\mathrm{II2}} = h_0 + \Delta h_2 = 0{,}00003 + 0{,}0000085 = 0{,}0000385\ \mathrm{m} = 0{,}0385 \cdot 10^{-3}\ \mathrm{m} \quad (2.12)$$

37. Gesamtvolumenstrom unter Wirkung der Schnittkraft:

$$Q_{\mathrm{GES}} = \frac{z}{24\eta}\frac{b}{l}\left(p_{\mathrm{TI1}}h_{\mathrm{I1}}^3 + p_{\mathrm{TII1}}h_{\mathrm{II1}}^3 + p_{\mathrm{TI2}}h_{\mathrm{I2}}^3 + p_{\mathrm{TII2}}h_{\mathrm{II2}}^3\right) \quad (2.109)$$

$$= \frac{4}{24 \cdot 0{,}0278} \cdot 40 \cdot (29{,}4 \cdot 10^5 \cdot 0{,}000022^3 + 5{,}69 \cdot 10^5 \cdot 0{,}000038^3$$

$$+ 16{,}2 \cdot 10^5 \cdot 0{,}0000215^3 + 1{,}97 \cdot 10^5 \cdot 0{,}0000385^3)$$

$$= 0{,}00002134\ \mathrm{m^3\ s^{-1}} = 1{,}28\ \mathrm{dm^3\ min^{-1}}$$

38. Reibfläche:

$$A_{\mathrm{R}} = (B_{\mathrm{w}} + l_{\mathrm{a}})l_{\mathrm{u}}2zx + (L_{\mathrm{w}} - l_{\mathrm{u}})l_{\mathrm{a}}2zx$$

$$= (0{,}0475 + 0{,}00252) \cdot 0{,}00237 \cdot 2 \cdot 4 \cdot 2$$

$$+ (0{,}050 - 0{,}00237) \cdot 0{,}00252 \cdot 2 \cdot 4 \cdot 2 = 0{,}0038\ \mathrm{m^2} \quad (2.63)$$

39. Höchste Gleitgeschwindigkeit:

$$v = \frac{\pi D n}{60} = \frac{\pi \cdot 0{,}080 \cdot 7639{,}4}{60} = 31{,}99\ \mathrm{m\ s^{-1}}$$

40. Verlustleistung:

$$P_{\mathrm{VER}} = P_{\mathrm{P}} + P_{\mathrm{R}} = Q_{\mathrm{0GES}}\,p_{\mathrm{P}} + \frac{A_{\mathrm{R}}\eta v^2}{h_0} = 0{,}0000274 \cdot 41{,}7 \cdot 10^5$$

$$+ \frac{0{,}0038 \cdot 0{,}0278 \cdot 31{,}99^2}{0{,}00003} = 114{,}2 + 3603{,}5 = 3717{,}7\ \mathrm{W} \quad (2.20)$$

41. Steifigkeit des hydrostatischen Lagers der Tasche 1:

$$K_1 = \frac{F_{\mathrm{T1}} - F_{\mathrm{T01}}}{\Delta h_1} = \frac{3981 - 1703}{0{,}0000080} = 284750000\ \mathrm{N\ m^{-1}} = 284{,}7\ \mathrm{N\ \mu m^{-1}} \quad (1.11)$$

42. Steifigkeit des hydrostatischen Lagers der Tasche 2:

$$K_2 = \frac{F_{\mathrm{T2}} - F_{\mathrm{T02}}}{\Delta h_2} = \frac{2428{,}4 - 668{,}3}{0{,}0000085} = 2070705882\ \mathrm{N\ m^{-1}} = 207\ \mathrm{N\ \mu m^{-1}} \quad (1.11)$$

43. Mittlere Steifigkeit des hydrostatischen Lagers:

$$K_{\mathrm{mittl}} = \frac{K_1 + K_2}{2} = \frac{284{,}7 + 207}{2} = 245{,}8\ \mathrm{N\ \mu m^{-1}}$$

44. Mittlere Spaltänderung unter Wirkung der Schnittkraft:

$$\Delta h_{\mathrm{mittl}} = \frac{\Delta h_1 + \Delta h_2}{2} = \frac{0{,}0000080 + 0{,}0000085}{2} = 0{,}00000825\ \mathrm{m}$$

45. Mittlere relative Spaltänderung:

$$\Psi_{\mathrm{mittl}} = \frac{\Delta h_{\mathrm{mittl}}}{h_0} = \frac{0{,}00000825}{0{,}00003} = 0{,}275$$

2.16.2 Berechnungsbeispiel bei Ölversorgung „Eine Pumpe pro Tasche“

Vorgabedaten:

Lagerdurchmesser: $D = 0{,}080$ m
Nutbreite: $l_1 = 0{,}010$ m
Wirksame Taschenbreite: $B_\mathrm{w} = 0{,}0475$ m
Abströmlänge in Umfangsrichtung: $l_\mathrm{U} = 0{,}00237$ m
Abströmlänge in axialer Richtung: $l_\mathrm{a} = 0{,}00252$ m
Lagerspalte im Anfangszustand: $h_0 = 0{,}00003 \text{ m} = 0{,}030 \cdot 10^{-3}$ m
Winkel zwischen der hydrostatischen Tasche und der Senkrechtachse: $\alpha = 45\,°$
Anzahl der hydrostatischen Taschen in einem Querschnitt: $z = 4$
Anzahl der Radiallager: $x = 2$
Höchste Schnittgeschwindigkeit: $v_\mathrm{c} = 80 \text{ m s}^{-1}$
Schleifscheibendurchmesser: $D_\mathrm{s} = 0{,}200$ m
Exzentrisch wirkende Kraft im Anfangszustand: $F_\mathrm{e} = 1220$ N
Exzentrisch wirkende Kraft im Anfangszustand: $F_\mathrm{a} = 850$ N
Zusätzliche exzentrisch wirkende Schnittkraft: $F_\text{äuß} = 1035$ N
Maße nach Abb. 2.12:
$a_1 = 0,150$ m; $e_1 = 0,150$ m; $e_2 = 0,180$ m; $a_2 = 0,130$ m
Schmieröl: ISO VG 15
Öltemperatur: $\vartheta = 22$ °C
Wie im Berechnungsbeispiel 2.13.3 ergeben sich:
Dynamische Viskosität des Öles bei 22 °C: $\eta = 0{,}0278 \text{ N s m}^{-2}$
Kinematische Viskosität bei $\vartheta = 22$ °C: $v_{25} = 32,145 \text{ mm}^2 \text{ s}^{-1}$

Gesucht:

- Volumenstrom im Anfangszustand $Q_{0\mathrm{GES}}$
- Volumenstrom unter Wirkung der Schnittkraft Q_GES
- Verlustleistung P_VER
- Spaltänderungen Δh_1 und Δh_2
- Lagersteifigkeit K

Lösung:

1. Spindeldrehzahl:

$$n_\mathrm{S} = \frac{60 v_\mathrm{c}}{\pi D_\mathrm{s}} = \frac{60 \cdot 80}{\pi \cdot 0{,}2} = 7639{,}4 \text{ min}^{-1} \tag{2.107}$$

2. Abströmbreite in Umfangsrichtung:

$$b_\mathrm{U} = 2B_\mathrm{w} = 2 \cdot 0{,}0475 = 0{,}095 \text{ m} \tag{1.7}$$

3. Strömungsverhältnis:

$$\frac{b_U}{l_U} = \frac{0{,}095}{0{,}00237} = 40 \quad (1.2)$$

4. Wirksame Taschenlänge:

$$L_W = \frac{\pi D - z l_1}{z} - l_u = \frac{\pi \cdot 0{,}080 - 4 \cdot 0{,}010}{4} - 0{,}00237 = 0{,}050 \text{ m} \quad (1.9)$$

5. Abströmbreite in Axialrichtung:

$$b_a = 2L_w = 2 \cdot 0{,}050 = 0{,}1 \text{ m} \quad (1.6)$$

6. Strömungsverhältnis:

$$\frac{b_a}{l_a} = \frac{0{,}1}{0{,}00252} = 39{,}7 \approx 40 \quad (1.2)$$

Die Maße des Radiallagers werden so gewählt, dass die Strömungsverhältnisse in axialer und Umfangsrichtung gleich sind:

$$\frac{b_a}{l_a} = \frac{b_U}{l_U} = \frac{b}{l} = 40 \quad (1.8)$$

7. Wirksame Taschenfläche:

$$A_w = B_w L_w = 0{,}0475 \cdot 0{,}050 = 0{,}002375 \text{ m}^2 \quad (1.3)$$

8. Gleichgewichtsgleichung für die Taschenkräfte im Anfangszustand:

$$F_{T01} - F_{T02} = \frac{2(F_e + F_a)}{z} = \frac{2 \cdot (1220 + 850)}{4} = 1035 \quad (2.110)$$

9. Gleichgewichtsgleichung für die Momente im Anfangszustand:

$$F_{T01} a_1 - F_e(e_1 + a_1) + F_a a_2 = 0$$
$$F_{T01} \cdot 0{,}150 - 1220 \cdot (0{,}150 + 0{,}150) + 850 \cdot 0{,}130 = 0 \quad (2.111)$$

10. Die Lösung der Gl. (2.111) und (2.112) ergibt:

$$F_{T01} = 1703{,}3 \text{ N}, \; F_{T02} = 668{,}3 \text{ N}$$

11. Das Taschendruckverhältnis wird angenommen:

$$\zeta = 2 \quad (2.55)$$

12. Taschendruck bei der oberen hydrostatischen Tasche 1 im Anfangszustand:

$$p_{T0II1} = \frac{F_{T01}}{(\zeta - 1) A_w \cos\alpha} = \frac{1703{,}3}{(2-1) \cdot 0{,}002375 \cdot \cos 45°} = 10{,}14 \cdot 10^5 \text{ N m}^{-2} \quad (2.58)$$

13. Taschendruck bei der unteren hydrostatischen Tasche 1 im Anfangszustand:

$$p_{\mathrm{TOI1}} = \zeta p_{\mathrm{TOII1}} = 2 \cdot 10{,}14 \cdot 10^5 = 20{,}28 \cdot 10^5 \text{ N m}^{-2} \quad (2.56)$$

14. Der Taschendruck bei der unteren hydrostatischen Tasche 2 im Anfangszustand:

$$p_{\mathrm{TOII2}} = \frac{F_{\mathrm{T02}}}{(\zeta - 1) A_{\mathrm{w}} \cos\alpha} = \frac{668{,}3}{(2-1) \cdot 0{,}002375 \cdot \cos 45^\circ} = 3{,}97 \cdot 10^5 \text{ N m}^{-2} \quad (2.58)$$

15. Taschendruck bei der oberen hydrostatischen Tasche 2 im Anfangszustand:

$$p_{\mathrm{TOI2}} = \zeta p_{\mathrm{TOII2}} = 2 \cdot 3{,}97 \cdot 10^5 = 7{,}94 \cdot 10^5 \text{ N m}^{-2} \quad (2.56)$$

16. Die relative Spaltänderung wird angenommen:

$$\Psi = \frac{\Delta h}{h_0} = 0{,}2 \quad (2.14)$$

17. Flächenverhältnis:

$$\varphi = \frac{A_{\mathrm{wII}}}{A_{\mathrm{wI}}} = 1 \quad (2.13)$$

18. Gleichgewichtsgleichung für die Taschenkräfte unter Wirkung der Schnittkraft:

$$F_{\mathrm{T1}} - F_{\mathrm{T2}} = \frac{2(F_{\mathrm{e}} + F_{\mathrm{a}} + F_{\mathrm{\ddot{a}u\text{ß}}})}{z} = \frac{2 \cdot (1220 + 850 + 1035)}{4} = 1552{,}6 \quad (2.112)$$

19. Gleichgewichtsgleichung für die Momente unter Wirkung der Schnittkraft:

$$F_{\mathrm{T1}} a_1 - F_{\mathrm{e}}(e_1 + a_1) - F_{\mathrm{\ddot{a}u\text{ß}}}(e_2 + a_1) + F_{\mathrm{a}} a_2 = 0$$
$$F_{\mathrm{T1}} \cdot 0{,}150 - 1220 \cdot (0{,}150 + 0{,}150) - 1035 \cdot (0{,}180 + 0{,}150) + 850 \cdot 0{,}130 = 0 \quad (2.113)$$

20. Die Lösung der Gl. (2.113) und (2.114) ergibt:

$$F_{\mathrm{T1}} = 3981 \text{ N}$$
$$F_{\mathrm{T2}} = 2428{,}4 \text{ N}$$

21. Taschendruck bei der unteren hydrostatischen Tasche 1 unter Wirkung der Schnittkraft

$$p_{\mathrm{TI1}} = \frac{p_{\mathrm{TOI1}}}{\left(1 - \frac{\Delta h_1}{h_0}\right)^3} = \frac{20{,}28 \cdot 10^5}{\left(1 - \frac{\Delta h_1}{0{,}030 \cdot 10^{-3}}\right)^3} \quad (2.27)$$

22. Taschendruck bei der oberen hydrostatischen Tasche 1 unter Wirkung der Schnittkraft:

$$p_{\text{TII1}} = \frac{p_{\text{TOII1}}}{\left(1 + \dfrac{\Delta h_1}{h_0}\right)^3} = \frac{10{,}14 \cdot 10^5}{\left(1 + \dfrac{\Delta h_1}{0{,}030 \cdot 10^{-3}}\right)^3} \tag{2.28}$$

23. Resultierende Taschenkraft der Tasche 1 unter Wirkung der Schnittkraft:

$$\begin{aligned} F_{\text{T1}} &= A_{\text{w}} \cos\alpha (p_{\text{TI1}} - p_{\text{TII1}}) \\ 3981 &= 0{,}002375 \cdot \cos 45° \cdot (p_{\text{TI1}} - p_{\text{TII1}}) \end{aligned} \tag{2.59}$$

24. Die Lösung der Gl. (2.27), (2.28) und (2.59) ergibt:

$$\begin{aligned} p_{\text{TI1}} &= 31{,}1 \cdot 10^5\ \text{N m}^{-2} \\ p_{\text{TII1}} &= 6{,}9 \cdot 10^5\ \text{N m}^{-2} \\ \Delta h_1 &= 0{,}0039 \cdot 10^{-3}\ \text{m} = 0{,}0000039\ \text{m} \end{aligned}$$

25. Taschendruck bei der oberen hydrostatischen Tasche 2 unter Wirkung der Schnittkraft:

$$p_{\text{TI2}} = \frac{p_{\text{TOI2}}}{\left(1 - \dfrac{\Delta h_2}{h_0}\right)^3} = \frac{7{,}94 \cdot 10^5}{\left(1 - \dfrac{\Delta h_2}{0{,}030 \cdot 10^{-3}}\right)^3} \tag{2.27}$$

26. Taschendruck bei der unteren hydrostatischen Tasche 2 unter Wirkung der Schnittkraft:

$$p_{\text{TII2}} = \frac{p_{\text{TOII2}}}{\left(1 + \dfrac{\Delta h_2}{h_0}\right)^3} = \frac{3{,}97 \cdot 10^5}{\left(1 + \dfrac{\Delta h_2}{0{,}030 \cdot 10^{-3}}\right)^3} \tag{2.28}$$

27. Resultierende Taschenkraft der Tasche 2 unter Wirkung der Schnittkraft:

$$\begin{aligned} F_{\text{T2}} &= A_{\text{w}} \cos\alpha (p_{\text{TI2}} - p_{\text{TII2}}) \\ 2428{,}4 &= 0{,}002375 \cdot \cos 45° \cdot (p_{\text{TI2}} - p_{\text{TII2}}) \end{aligned} \tag{2.59}$$

28. Die Lösung der Gl. (2.27), (2.28) und (2.59) ergibt:

$$\begin{aligned} p_{\text{TI2}} &= 16{,}5 \cdot 10^5\ \text{N m}^{-2} \\ p_{\text{TII2}} &= 2{,}2 \cdot 10^5\ \text{N m}^{-2} \\ \Delta h_2 &= 0{,}0065 \cdot 10^{-3}\ \text{m} = 0{,}0000065\ \text{m} \end{aligned}$$

29. Neigungswinkel der Spindel unter Wirkung der Schnittkraft:

$$\alpha = \arctan \frac{(\Delta h_1 + \Delta h_2)}{a_1} = \arctan \frac{(0{,}0000039 + 0{,}0000065)}{0{,}150} = 0{,}0039° \tag{2.74}$$

30. Gesamtvolumenstrom im Anfangszustand

$$Q_{\mathrm{OGES}} = \frac{zh_0^3}{24\eta}\frac{b}{l}(p_{\mathrm{TOI1}} + p_{\mathrm{TOII1}} + p_{\mathrm{TOI2}} + p_{\mathrm{TOII2}})$$
$$= \frac{4 \cdot (0{,}00003)^3}{24 \cdot 0{,}0278} \cdot 40 \cdot (20{,}28 \cdot 10^5 + 10{,}14 \cdot 10^5 + 7{,}94 \cdot 10^5 + 3{,}97 \cdot 10^5)$$
$$= 0{,}0000274\ \mathrm{m^3\ s^{-1}} = 1{,}64\ \mathrm{dm^3\ min^{-1}} \tag{2.73}$$

31. Lagerspalt bei der unteren hydrostatischen Tasche 1 unter Wirkung der Schnittkraft:

$$h_{\mathrm{I1}} = h_0 - \Delta h_1 = 0{,}00003 - 0{,}0000039 = 0{,}000026\ \mathrm{m} = 0{,}026 \cdot 10^{-3}\ \mathrm{m} \tag{2.11}$$

32. Lagerspalt bei der oberen hydrostatischen Tasche 1 unter Wirkung der Schnittkraft:

$$h_{\mathrm{II1}} = h_0 + \Delta h_1 = 0{,}00003 + 0{,}0000039 = 0{,}000034\ \mathrm{m} = 0{,}034 \cdot 10^{-3}\ \mathrm{m} \tag{2.12}$$

33. Lagerspalt bei der oberen hydrostatischen Tasche 2 unter Wirkung der Schnittkraft:

$$h_{\mathrm{I2}} = h_0 - \Delta h_2 = 0{,}00003 - 0{,}0000065 = 0{,}0000235\ \mathrm{m} = 0{,}0235 \cdot 10^{-3}\ \mathrm{m} \tag{2.11}$$

34. Lagerspalt bei der unteren hydrostatischen Tasche 2 unter Wirkung der Schnittkraft:

$$h_{\mathrm{II2}} = h_0 + \Delta h_2 = 0{,}00003 + 0{,}0000065 = 0{,}0000365\ \mathrm{m} = 0{,}0365 \cdot 10^{-3}\ \mathrm{m} \tag{2.12}$$

35. Gesamtvolumenstrom unter Wirkung der Schnittkraft:

$$Q_{\mathrm{GES}} = \frac{z}{24\eta}\frac{b}{l}(p_{\mathrm{TI1}}h_{\mathrm{I1}}^3 + p_{\mathrm{TII1}}h_{\mathrm{II1}}^3 + p_{\mathrm{TI2}}h_{\mathrm{I2}}^3 + p_{\mathrm{TII2}}h_{\mathrm{II2}}^3)$$
$$= \frac{4}{24 \cdot 0{,}0278} \cdot 40 \cdot (31{,}1 \cdot 10^5 \cdot 0{,}000026^3 + 6{,}9 \cdot 10^5 \cdot 0{,}000034^3$$
$$+ 16{,}5 \cdot 10^5 \cdot 0{,}0000235^3 + 2{,}2 \cdot 10^5 \cdot 0{,}0000365^3)$$
$$= 0{,}000027\ \mathrm{m^3\ s^{-1}} = 1{,}62\ \mathrm{dm^3\ min^{-1}} \tag{2.109}$$

36. Volumenstrom, der unter Wirkung der Schnittkraft durch die untere hydrostatische Tasche 1 strömt (durch einen Strang der Mehrkreispumpe):

$$Q_{\mathrm{SI1}} = \frac{p_{\mathrm{TI1}} h_{\mathrm{I1}}^3}{12\eta} \frac{b}{l} = \frac{31{,}1 \cdot 10^5 \cdot (0{,}000026)^3}{12 \cdot 0{,}0278} \cdot 40 = 0{,}0000065 \text{ m}^3 \text{ s}^{-1}$$
$$= 0{,}39 \text{ dm}^3 \text{ min}^{-1} \tag{2.30}$$

37. Volumenstrom, der unter Wirkung der Schnittkraft durch die obere hydrostatische Tasche 1 strömt (durch einen Strang der Mehrkreispumpe):

$$Q_{\mathrm{SII1}} = \frac{p_{\mathrm{TII1}} h_{\mathrm{II1}}^3}{12\eta} \frac{b}{l} = \frac{6{,}9 \cdot 10^5 \cdot (0{,}000034)^3}{12 \cdot 0{,}0278} \cdot 40 = 0{,}00000325 \text{ m}^3 \text{ s}$$
$$= 0{,}19 \text{ dm}^3 \text{ min}^{-1} \tag{2.31}$$

38. Volumenstrom, der unter Wirkung der Schnittkraft durch die untere hydrostatische Tasche 2 strömt (durch einen Strang der Mehrkreispumpe):

$$Q_{\mathrm{SII2}} = \frac{p_{\mathrm{TII2}} h_{\mathrm{II2}}^3}{12\eta} \frac{b}{l} = \frac{2{,}2 \cdot 10^5 \cdot (0{,}0000365)^3}{12 \cdot 0{,}0278} \cdot 40 = 0{,}00000128 \text{ m}^3 \text{ s}$$
$$= 0{,}07 \text{ dm}^3 \text{ min}^{-1} \tag{2.31}$$

39. Volumenstrom, der unter Wirkung der Schnittkraft durch die obere hydrostatische Tasche 2 strömt (durch einen Strang der Mehrkreispumpe):

$$Q_{\mathrm{SI2}} = \frac{p_{\mathrm{TI2}} h_{\mathrm{I2}}^3}{12\eta} \frac{b}{l} = \frac{16{,}5 \cdot 10^5 \cdot (0{,}0000235)^3}{12 \cdot 0{,}0278} \cdot 40 = 0{,}00000256 \text{ m}^3 \text{ s}$$
$$= 0{,}15 \text{ dm}^3 \text{ min}^{-1} \tag{2.30}$$

40. Reibfläche:

$$A_{\mathrm{R}} = (B_{\mathrm{w}} + l_{\mathrm{a}}) l_{\mathrm{u}} 2zx + (L_{\mathrm{w}} - l_{\mathrm{u}}) l_{\mathrm{a}} 2z$$
$$= (0{,}0475 + 0{,}00252 \cdot 0{,}00237 \cdot 2 \cdot 4 \cdot 2$$
$$+ (0{,}050 - 0{,}00237) \cdot 0{,}00252 \cdot 2 \cdot 4 \cdot 2 = 0{,}0038 \text{ m}^2 \tag{2.63}$$

41. Höchste Gleitgeschwindigkeit:

$$v = \frac{\pi D n}{60} = \frac{\pi \cdot 0{,}080 \cdot 7639{,}4}{60} = 31{,}99 \text{ m s}^{-1}$$

42. Verlustleistung:

$$P_{\mathrm{VER}} = P_{\mathrm{P}} + P_{\mathrm{R}} = Q_{0\mathrm{GES}} p_{\mathrm{P}} + \frac{A_{\mathrm{R}} \eta v^2}{h_0} = 0{,}0000274 \cdot 31{,}1 \cdot 10^5$$
$$+ \frac{0{,}0038 \cdot 0{,}0278 \cdot 31{,}99^2}{0{,}00003} = 85{,}2 + 3603{,}5 = 3688{,}7 \text{ W} \tag{2.20}$$

Da $p_P = p_T$, wird der größte Taschendruck eingesetzt: $p_{TI1} = 31,1 \cdot 10^5$ N m^{-2}

43. Steifigkeit des hydrostatischen Lagers der Tasche 1:

$$K_1 = \frac{F_{T1} - F_{T01}}{\Delta h_1} = \frac{3981 - 1703}{0,0000039} = 584102564\,\text{N m}^{-1} = 584,1\ \text{N}\ \mu\text{m}^{-1} \tag{1.11}$$

44. Steifigkeit des hydrostatischen Lagers der Tasche 2:

$$K_2 = \frac{F_{T2} - F_{T02}}{\Delta h_2} = \frac{2428,4 - 668,3}{0,0000065} = 270784615\ \text{N}\ \mu\text{m}^{-1} = 270,7\ \text{N}\ \mu\text{m}^{-1} \tag{1.11}$$

45. Mittlere Steifigkeit des hydrostatischen Lagers:

$$K_{\text{mittl}} = \frac{K_1 + K_2}{2} = \frac{584,1 + 270,7}{2} = 427,4\ \text{N}\ \mu\text{m}^{-1}$$

46. Mittlere Spaltänderung unter Wirkung der Schnittkraft:

$$\Delta h_{\text{mittl}} = \frac{\Delta h_1 + \Delta h_2}{2} = \frac{0,0000039 + 0,0000065}{2} = 0,0000052\ \text{m}$$

47. Mittlere relative Spaltänderung:

$$\Psi_{\text{mittl}} = \frac{\Delta h_{\text{mittl}}}{h_0} = \frac{0,0000052}{0,00003} = 0,17$$

2.16.3 Berechnungsbeispiel bei Ölversorgung „Eine gemeinsame Pumpe und Membrandrosseln“

Vorgabedaten:

Lagerdurchmesser: $D = 0{,}080$ m
Nutbreite: $l_1 = 0{,}010$m
Wirksame Taschenbreite: $B_w = 0{,}0475$ m
Abströmlänge in Umfangsrichtung: $l_U = 0{,}00237$ m
Abströmlänge in axialer Richtung: $l_a = 0{,}00252$ m
Lagerspalte im Anfangszustand: $h_0 = 0{,}00003$ m $=0{,}030 \cdot 10^{-3}$ m
Winkel zwischen der hydrostatischen Tasche und der Senkrechtachse: $\alpha = 45\,°$
Anzahl der hydrostatischen Taschen in einem Querschnitt: $z = 4$
Anzahl der Radiallager: $x = 2$
Höchste Schnittgeschwindigkeit: $v_c = 80$ m s^{-1}
Schleifscheibendurchmesser: $D_s = 0{,}200$ m
Exzentrisch wirkende Kraft im Anfangszustand: $F_e = 1220$ N
Exzentrisch wirkende Kraft im Anfangszustand: $F_a = 450$ N
Zusätzlich exzentrisch wirkende Schnittkraft: $F_{\text{äuß}} = 1035$ N

Maße nach Abb. 2.12:
$a_1 = 0,150$ m; $e_1 = 0,150$ m; $e_2 = 0,180$ m; $a_2 = 0,130$ m
Schmieröl: ISO VG 15
Öltemperatur: $\vartheta = 22$ °C
Wie im Berechnungsbeispiel 2.13.3 ergeben sich:
Dynamische Viskosität des Öles bei 22 °C: $\eta = 0,0278$ N s m^{-2}
Kinematische Viskosität bei $\vartheta = 22$ °C: $v_{25} = 32,145$ mm^2 s^{-1}

Gesucht:

- Volumenstrom im Anfangszustand $Q_{0\text{GES}}$
- Volumenstrom unter Wirkung der Schnittkraft Q_{GES}
- Verlustleistung P_{VER}

Lösung:

1. Spindeldrehzahl:

$$n_{\text{S}} = \frac{60 v_{\text{c}}}{\pi D_{\text{s}}} = \frac{60 \cdot 80}{\pi \cdot 0,2} = 7639,4 \text{ min}^{-1} \quad (2.107)$$

2. Abströmbreite in Umfangsrichtung:

$$b_{\text{U}} = 2 B_{\text{w}} = 2 \cdot 0,0475 = 0,095 \text{ m} \quad (1.7)$$

3. Strömungsverhältnis:

$$\frac{b_{\text{U}}}{l_{\text{U}}} = \frac{0,095}{0,00237} = 40 \quad (1.2)$$

4. Wirksame Taschenlänge:

$$L_{\text{w}} = \frac{\pi D - z l_1}{z} - l_{\text{U}} = \frac{\pi \cdot 0,080 - 4 \cdot 0,010}{4} - 0,00237 = 0,050 \text{ m} \quad (1.9)$$

5. Abströmbreite in Axialrichtung:

$$b_{\text{a}} = 2 L_{\text{w}} = 2 \cdot 0,050 = 0,1 \text{ m} \quad (1.6)$$

6. Strömungsverhältnis

$$\frac{b_{\text{a}}}{l_{\text{a}}} = \frac{0,1}{0,00252} = 39,7 \approx 40$$

Die Maße des Radiallagers werden so gewählt, dass die Strömungsverhältnisse in axialer und Umfangsrichtung gleich sind:

$$\frac{b_a}{l_a} = \frac{b_U}{l_U} = \frac{b}{l} = 40 \tag{1.8}$$

7. Wirksame Taschenfläche:

$$A_w = B_w L_w = 0{,}0475 \cdot 0{,}050 = 0{,}002375\ \text{m}^2 \tag{1.3}$$

8. Gleichgewichtsgleichung für die Taschenkräfte im Anfangszustand:

$$F_{T01} - F_{T02} = \frac{2(F_e + F_a)}{z} = \frac{2 \cdot (1220 + 450)}{4} = 835 \tag{2.110}$$

9. Gleichgewichtsgleichung für die Momente im Anfangszustand:

$$F_{T01} a_1 - F_e(e_1 + a_1) + F_a a_2 = 0$$
$$F_{T01} \cdot 0{,}150 - 1220 \cdot (0{,}150 + 0{,}150) + 450 \cdot 0{,}130 = 0 \tag{2.111}$$

Die Lösung der Gl. (2.111) und (2.112) ergibt:

$$F_{T01} = 2050\ \text{N}$$
$$F_{T02} = 1215\ \text{N}$$

10. Das Taschendruckverhältnis wird angenommen:

$$\zeta = 2 \tag{2.55}$$

11. Taschendruck bei der oberen hydrostatischen Tasche 1 im Anfangszustand:

$$p_{T0II1} = \frac{F_{T01}}{(\zeta - 1) A_w \cos\alpha} = \frac{2050}{(2-1) \cdot 0{,}002375 \cdot \cos 45°} = 12{,}2 \cdot 10^5\ \text{N m}^{-2} \tag{2.58}$$

12. Taschendruck bei der unteren hydrostatischen Tasche 1 im Anfangszustand:

$$p_{T0I1} = \zeta p_{T0II1} = 2 \cdot 12{,}2 \cdot 10^5 = 24{,}4 \cdot 10^5\ \text{N m}^{-2} \tag{2.56}$$

13. Taschendruck bei der unteren hydrostatischen Tasche 2 im Anfangszustand:

$$p_{T0II2} = \frac{F_{T02}}{(\zeta - 1) A_w \cos\alpha} = \frac{1215}{(2-1) \cdot 0{,}002375 \cdot \cos 45°} = 7{,}23 \cdot 10^5\ \text{N m}^{-2} \tag{2.58}$$

14. Der Taschendruck bei der oberen hydrostatischen Tasche 2 im Anfangszustand:

$$p_{T0I2} = \zeta\, p_{T0II2} = 2 \cdot 7{,}23 \cdot 10^5 = 14{,}46 \cdot 10^5\ \text{N m}^{-2} \tag{2.56}$$

15. Gleichgewichtsgleichung für die Taschenkräfte unter Wirkung der Schnittkraft:

$$F_{T1} - F_{T2} = \frac{2(F_e + F_a + F_{äuß})}{z} = \frac{2 \cdot (1220 + 450 + 1035)}{4} = 1352{,}5 \tag{2.112}$$

16. Gleichgewichtsgleichung für die Momente unter Wirkung der Schnittkraft:

$$F_{T1}a_1 - F_e\,(e_1 + a_1) - F_{äuß}\,(e_2 + a_1) + F_a a_2 = 0$$
$$F_{T1} \cdot 0{,}150 - 1220 \cdot (0{,}150 + 0{,}150) - 1035 \cdot (0{,}180 + 0{,}150) + 450 \cdot 0{,}130 = 0 \tag{2.113}$$

17. Die Lösung der Gl. (2.113) und (2.114) ergibt:

$$F_{T1} = 4326{,}6\ \mathrm{N}$$
$$F_{T2} = 2974{,}1\ \mathrm{N}$$

18. Taschendruck bei der oberen hydrostatischen Tasche 1 unter Wirkung der Schnittkraft:

$$p_{TII1} = \frac{F_{T1}}{(\zeta - 1)A_w \cos\alpha} = \frac{4326{,}6}{(2-1) \cdot 0{,}002375 \cdot \cos 45°} = 25{,}76 \cdot 10^5\ \mathrm{N\,m^{-2}} \tag{2.66}$$

19. Taschendruck bei der unteren hydrostatischen Tasche 1 unter Wirkung der Schnittkraft:

$$p_{TI1} = \zeta\, p_{TII1} = 2 \cdot 25{,}76 \cdot 10^5 = 51{,}52 \cdot 10^5\ \mathrm{N\,m^{-2}} \tag{2.67}$$

20. Taschendruck bei der unteren hydrostatischen Tasche 2 unter Wirkung der Schnittkraft:

$$p_{TII2} = \frac{F_{T2}}{(\zeta - 1)A_w \cos\alpha} = \frac{2974{,}1}{(2-1) \cdot 0{,}002375 \cdot \cos 45°} = 17{,}7 \cdot 10^5\ \mathrm{N\,m^{-2}} \tag{2.66}$$

21. Taschendruck bei der oberen hydrostatischen Tasche 2 im Anfangszustand:

$$p_{TI2} = \zeta p_{TII2} = 2 \cdot 17{,}7 \cdot 10^5 = 35{,}4 \cdot 10^5\ \mathrm{N\,m^{-2}} \tag{2.67}$$

22. Gesamtvolumenstrom im Anfangszustand:

$$\begin{aligned} Q_{0GES} &= \frac{z h_0^3}{24\eta}\frac{b}{l}(p_{TOI1} + p_{TOII1} + p_{TOI2} + p_{TOII2}) \\ &= \frac{4 \cdot (0{,}00003)^3}{24 \cdot 0{,}0278} \cdot 40 \cdot (24{,}4 \cdot 10^5 + 12{,}2 \cdot 10^5 + 14{,}46 \cdot 10^5 + 7{,}23 \cdot 10^5) \\ &= 0{,}0000377\ \mathrm{m^3\,s^{-1}} = 2{,}26\ \mathrm{dm^3\,min^{-1}} \end{aligned} \tag{2.73}$$

23. Volumenstrom, der durch die zwei unteren hydrostatischen Taschen 1 im Anfangszustand strömt:

$$Q_{0I1} = \frac{2h_0^3\, b}{12\eta\; l} p_{T0I1} = \frac{2 \cdot (0{,}00003)^3}{12 \cdot 0{,}0278} \cdot 40 \cdot 24{,}4 \cdot 10^5 = 0{,}00001579 \text{ m}^3 \text{ s}^{-1}$$
$$= 0{,}94 \text{ dm}^3 \text{ min}^{-1} \tag{2.76}$$

24. Proportionalitätsfaktor:

$$c_{I1} = \frac{Q_{01}}{F_{T01}} = \frac{0{,}00001579}{2050} = 7{,}703 \cdot 10^{-9} \text{ m}^3 \text{ s}^{-1} \text{ N}^{-1} \tag{2.32}$$

25. Volumenstrom, der durch zwei oberen hydrostatischen Taschen 1 im Anfangszustand strömt:

$$Q_{0II1} = \frac{2h_0^3\, b}{12\eta\; l} p_{T0II1} = \frac{2 \cdot (0{,}00003)^3}{12 \cdot 0{,}0278} \cdot 40 \cdot 12{,}2 \cdot 10^5 = 0{,}000007898 \text{ m}^3 \text{ s}^{-1}$$
$$= 0{,}47 \text{ dm}^3 \text{ min}^{-1} \tag{2.76}$$

26. Proportionalitätsfaktor:

$$c_{II1} = \frac{Q_{0II1}}{F_{T01}} = \frac{0{,}000007898}{2050} = 3{,}852 \cdot 10^{-9} \text{ m}^3 \text{ s}^{-1} \text{ N}^{-1} \tag{2.32}$$

27. Volumenstrom, der durch die zwei unteren hydrostatischen Taschen 2 im Anfangszustand strömt:

$$Q_{0II2} = \frac{2h_0^3\, b}{12\eta\; l} p_{T0II2} = \frac{2 \cdot (0{,}00003)^3}{12 \cdot 0{,}0278} \cdot 40 \cdot 7{,}23 \cdot 10^5 = 0{,}00000468 \text{ m}^3 \text{ s}^{-1}$$
$$= 0{,}28 \text{ dm}^3 \text{ min}^{-1} \tag{2.75}$$

28. Proportionalitätsfaktor:

$$c_{II2} = \frac{Q_{0II2}}{F_{T02}} = \frac{0{,}00000468}{1215} = 3{,}851 \cdot 10^{-9} \text{ m}^3 \text{ s}^{-1} \text{ N}^{-1} \tag{2.32}$$

29. Volumenstrom, der durch die zwei oberen hydrostatischen Taschen 2 im Anfangszustand strömt:

$$Q_{0I2} = \frac{2h_0^3\, b}{12\eta\; l} p_{T0I2} = \frac{2 \cdot (0{,}00003)^3}{12 \cdot 0{,}0278} \cdot 40 \cdot 14{,}46 \cdot 10^5 = 0{,}000009362 \text{ m}^3 \text{ s}^{-1}$$
$$= 0{,}56 \text{ dm}^3 \text{ min}^{-1} \tag{2.76}$$

30. Proportionalitätsfaktor:

$$c_{I2} = \frac{Q_{0I2}}{F_{T02}} = \frac{0{,}000009362}{1215} = 7{,}705 \cdot 10^{-9} \text{ m}^3 \text{ s}^{-1} \text{ N}^{-1} \tag{2.32}$$

31. Volumenstrom, der durch die zwei unteren hydrostatischen Taschen 1 unter Wirkung der Schnittkraft strömt:

$$Q_{\text{I1}} = F_{\text{T1}} c_{\text{I1}} = 4326{,}6 \cdot 7{,}703 \cdot 10^{-9} = 0{,}000033327 = 1{,}99 \text{ dm}^3 \text{ min}^{-1} \tag{2.38}$$

32. Volumenstrom, der durch die zwei oberen hydrostatischen Taschen 1 unter Wirkung der Schnittkraft strömt:

$$Q_{\text{II1}} = F_{\text{T1}} c_{\text{II1}} = 4326{,}6 \cdot 3{,}852 \cdot 10^{-9} = 0{,}0000166 \text{ m}^3 \text{ s}^{-1} = 0{,}999 \text{ dm}^3 \text{ min}^{-1}$$

33. Volumenstrom, der durch die zwei unteren hydrostatischen Taschen 2 unter Wirkung der Schnittkraft strömt:

$$\begin{aligned} Q_{\text{II2}} &= F_{\text{T2}} c_{\text{II2}} = 2974{,}1 \cdot 3{,}851 \cdot 10^{-9} = 0{,}00001145 \text{ m}^3 \text{ s}^{-1} \\ &= 0{,}687 \text{ dm}^3 \text{ min}^{-1} \end{aligned} \tag{2.38}$$

34. Volumenstrom, der durch die zwei oberen hydrostatischen Taschen 2 unter Wirkung der Schnittkraft fließt:

$$Q_{\text{I2}} = F_{\text{T2}} c_{\text{I2}} = 2974{,}1 \cdot 7{,}705 \cdot 10^{-9} = 0{,}0000229 \text{ m}^3 \text{ s}^{-1} = 1{,}37 \text{ dm}^3 \text{ min}^{-1} \tag{2.38}$$

35. Gesamtvolumenstrom unter Wirkung der Schnittkraft:

$$\begin{aligned} Q_{\text{GES}} &= Q_{\text{I1}} + Q_{\text{II1}} + Q_{\text{I2}} + Q_{\text{II2}} = 1{,}99 + 0{,}999 + 1{,}37 + 0{,}687 \\ &= 5{,}046 \text{ dm}^3 \text{ min}^{-1} \end{aligned} \tag{2.77}$$

Der Gesamtvolumenstrom unter Wirkung der Schnittkraft kann auch durch folgende Gleichung errechnet werden:

$$\begin{aligned} Q_{\text{GES}} &= \frac{z h_0^3}{24\eta} \frac{b}{l} (p_{\text{TI1}} + p_{\text{TII1}} + p_{\text{TI2}} + p_{\text{TII2}}) \\ &= \frac{4 \cdot (0{,}030 \cdot 10^{-3})^3}{24 \cdot 0{,}0278} \cdot 40 \cdot (51{,}52 \cdot 10^5 + 25{,}76 \cdot 10^5 \\ &\quad + 35{,}4 \cdot 10^5 + 17{,}7 \cdot 10^5) \\ &= 0{,}00000841 \text{ m}^3 \text{ s}^{-1} = 5{,}05 \text{ dm}^3 \text{ min}^{-1} \end{aligned} \tag{2.78}$$

36. Der Pumpendruck wird so gewählt, dass die Membrandrossel in optimalem Druckverhältnis benutzt wird:

$$(p_{\text{T}}/p_{\text{P}})_{\text{OPT}} = 0{,}1 \text{ bis } 0{,}6 \tag{2.37}$$

Gewählt wird das größte Druckverhältnis:

$$\frac{p_{\text{T}}}{p_{\text{P}}} = 0{,}6$$

Größter Taschendruck:

$$p_{\mathrm{TI1}} = 51{,}52 \cdot 10^5 \ \mathrm{N\,m^{-2}}$$

Pumpendruck:

$$p_{\mathrm{P}} = \frac{p_{\mathrm{TI1}}}{0{,}6} = \frac{51{,}52 \cdot 10^5}{0{,}6} = 85{,}8 \cdot 10^5 \ \mathrm{N\,m^{-2}}$$

Kleinstes Druckverhältnis:

$$\frac{p_{\mathrm{TOII2}}}{p_{\mathrm{P}}} = \frac{7{,}23 \cdot 10^5}{85{,}8 \cdot 10^5} = 0{,}09 \approx 0{,}1$$

37. Verlustleistung:

$$\begin{aligned} P_{\mathrm{VER}} &= P_{\mathrm{P}} + P_{\mathrm{R}} = Q_{\mathrm{OGES}}\, p_{\mathrm{P}} + \frac{A_{\mathrm{R}} \eta v^2}{h_0} \\ &= 0{,}0000841 \cdot 85{,}8 \cdot 10^5 + \frac{0{,}0038 \cdot 0{,}0278 \cdot 31{,}99^2}{0{,}00003} \\ &= 721{,}57 + 3603{,}5 = 4325 \ \mathrm{W} \end{aligned} \tag{2.20}$$

2.16.4 *Zusammenfassung*

Aus den Berechnungsbeispielen 2.16.1, 2.16.2 und 2.16.3 geht folgendes hervor:

Mit den gleichen Vorgabedaten (Anzahl der hydrostatischen Taschen, Taschenabmessungen, Lagerspalte, exzentrisch wirkende Kraft im Anfangszustand, zusätzlich exzentrisch wirkende Schnittkraft) und unter der Annahme der gleichen Spaltänderung unter Wirkung der Schnittkraft ergibt sich bei der Ölversorgung „Eine Pumpe pro Tasche" eine höhere Steifigkeit des hydrostatischen Lagers K als beim System „Eine gemeinsame Pumpe und Kapillardrosseln". Beim System „Eine gemeinsame Pumpe und Membrandrosseln" beträgt das kleinste Druckverhältnis $\frac{p_{\mathrm{TOII2}}}{p_{\mathrm{P}}} = 0{,}09$, d. h. etwas kleiner als das minimal zulässige Druckverhältnis 0,1.

Aus Abb. 2.12 wird deutlich, dass bei der unteren Tasche 1 (p_{TOI1}) höhere Taschendrücke aufgebaut werden als bei der oberen hydrostatischen Tasche 1 (p_{TOII1}).

In Abb. 2.12 wird dargestellt, dass die Taschenkraft F_{T02} nach unten wirkt, was bedeutet, dass der Taschendruck bei der oberen hydrostatischen Tasche 2 im Anfangszustand größer ist als der Taschendruck bei der unteren hydrostatischen Tasche 2. Dies gilt bei kleineren exzentrisch wirkenden Kräften im Anfangszustand F_{a}.

Ab einem bestimmten Wert der Kraft F_{a} wird der Ausdruck $F_{\mathrm{T01}} - F_{\mathrm{T02}}$ der Gleichgewichtsgleichung für die Taschenkräfte (2.110) negativ, was bedeutet, dass die Taschenkraft F_{T02} nach oben wirkt und dass der Taschendruck bei der unteren Tasche 2 größer ist als bei der oberen hydrostatischen Tasche 2. In diesem Bereich der Vorgabedaten kann der Taschendruck bei der unteren Tasche 2 (p_{TOII2}) so gering werden, dass das Druckverhältnis $\frac{p_{\mathrm{TOII2}}}{p_{\mathrm{P}}}$ kleiner als 0,1 wird.

Tab. 2.16 Vergleichstabelle zwischen verschiedenen Ölversorgungssystemen

Ölversorgung mit:	$F_e/F_{äuß}$	p_P in bar	p_{TOI1}/p_{TOII1} in bar	F_{T1}/F_{T2} in N	$\Delta h_1/\Delta h_2$ in µm	p_{TI1}/p_{TII1} in bar	P_{VER} W	K_1 in N µm^{-1}
Kapillardrosseln	1220/1035	41,7	20,2/10,1	3981/2428	8/8,5	29,4/5,7	3718	285
Einer Pumpe pro Tasche	1220/1035	$p_P = p_T$	20,2/10,1	3981/2428	3,9/6,5	31,2/6,9	3689	584
Membrandrosseln	1220/1035	86	24,4/12,2	4326/2974	0	51,5/25,7	4325	∞

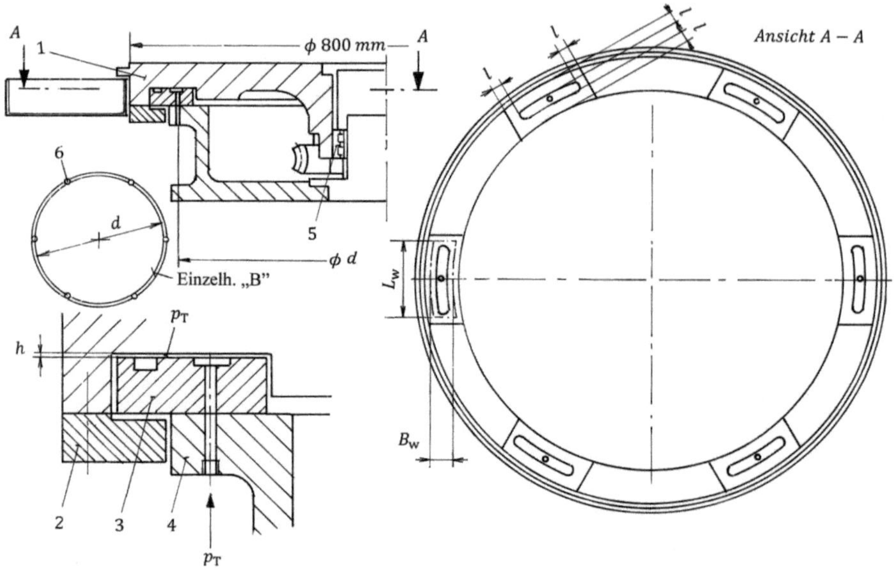

Abb. 2.13 Rundschalttisch: *1* Rundschalttisch, *2* Umgriffsleiste, *3* Führungsleiste, *4* Gehäuse, *5* Wälzlager, *6* Einschraubverschraubungen

An diesem Anwendungsfall wird die Anwendungsgrenze für die Ölversorgung „Eine gemeinsame Pumpe und Membrandrosseln" deutlich. Das Problem kann gelöst werden, wenn die exzentrisch wirkende Kraft im Anfangszustand F_a verringert wird. Die Verringerung der Kraft F_a ist praktisch nicht immer möglich, so dass in solchen Fällen das System „Eine Pumpe pro Tasche" gewählt werden sollte. Die Ergebnisse aus diesen drei Berechnungsbeispielen sind in Tab. 2.16 dargestellt.

2.17 Hydrostatische Schmierung der Axiallager der Tragbahn eines Rundschalttisches

Abbildung 2.13 zeigt einen Rundschalttisch, der die Taktbewegungen 6 × 60° ausführt.

Der Rundschalttisch 1 schwenkt mit der Umgriffsleiste 2 von einem festen Anschlag zu dem anderen um 60°. Nach jeder Taktbewegung wird die *hydrostatische Schmierung* ausgeschaltet, die Klemmung des Rundschalttisches wird eingeschaltet (nicht dargestellt). Der Rundschalttisch bleibt am Anschlag so lange stehen, bis vorgesehene Bearbeitungen auf dem Rundschalttisch fertig sind.

Nach der Beendigung von vorgesehenen Bearbeitungen werden die Schwenkbewegung und die hydrostatische Schmierung eingeschaltet, damit die Tragbahn des Rundschalttisches während der Taktbewegung hydrostatisch geschmiert wird.

Bei den alten mechanischen Ausführungen wird der Rundschalttisch mechanisch abgehoben, in oberer Lage schwenkt der Tisch mit der Umgriffsleiste um 60°, anschließend wird der Rundschalttisch in die untere Lage gesenkt. Die Bewegungen nach oben und nach unten werden durch elektrische Signale kontrolliert.

Bei den Rundschalttischen mit der hydrostatischen Schmierung entfallen das Abheben und das Absenken des Rundschalttisches, das Takten des Rundschalttisches wird somit viel schneller. Die Rundschalttische mit hydrostatischer Schmierung haben die alten mechanischen Rundschalttische vollständig ersetzt.

Die Führungsleiste 3 mit den eingearbeiteten hydrostatischen Taschen der Tragbahn (Ansicht *A–A*) ist auf dem Gehäuse 4 befestigt. Die Wälzlager 5 übernehmen die Radiallagerung des Rundschalttisches. Der Umgriff des Rundschalttisches wird nicht geschmiert, da der Spalt zwischen der Führungsleiste und dem Umgriff größer ist als der Lagerspalt der Tragbahn, so dass keine Gleitbewegung zwischen der Führungsleiste und dem Umgriff stattfindet.

Die Taschenkräfte zF_{T} übernehmen die Gewichtskraft des Rundschalttisches mit den aufgebauten Vorrichtungen F_{G}:

$$zF_{\mathrm{T}} = F_{\mathrm{G}}$$

Die Taschenkraft, die auf ein hydrostatisches Lager wirkt, ergibt sich zu:

$$F_{\mathrm{T}} = \frac{F_{\mathrm{G}}}{z} \qquad (2.114)$$

Die Taschenkraft wird aus dem Taschendruck nach folgender Gleichung berechnet:

$$F_{\mathrm{T}} = p_{\mathrm{T}} A_{\mathrm{w}} \qquad (1.4)$$

Die Gewichtskraft des Rundschalttisches mit den aufgebauten Vorrichtungen beträgt:

$$F_{\mathrm{G}} = mg \qquad (2.1)$$

Nach Gl. (2.114) wird F_{T} bestimmt, anschließend wird nach Gl. (1.4) der Taschendruck p_{T} errechnet.

Der Gesamtvolumenstrom errechnet sich nach folgender Gleichung:

$$Q_{\mathrm{GES}} = z \frac{p_{\mathrm{T}} h^3}{12\eta} \frac{b}{l} \qquad (2.115)$$

2.17.1 Berechnungsbespiel mit hydrostatischer Schmierung

Vorgabedaten:

Durchmesser des Rundschalttisches: $D = 0{,}8$ m
Schwenken bzw. Takten des Tisches: $6 \times 60°$
Wirksame Taschenbreite: $B_w = 0{,}035$ m
Wirksame Taschenlänge: $L_w = 0{,}115$ m
Abströmlänge: $l = 0{,}015$ m
Lagerspalt: $h = 0{,}00002$ m $= 0{,}02$ mm $= 20\,\mu$ m
Rundschalttischdrehzahl beim Schwenken um 60°: $n = 5\,\text{min}^{-1}$
Masse des Rundschalttisches mit den aufgebauten Vorrichtungen: $m = 400$ kg
Anzahl der hydrostatischen Taschen: $z = 6$
Schmieröl: ISO VG 46, Öltemperatur: $\vartheta = 25$ °C
Wie im Berechnungsbeispiel 2.4.1 ergeben sich:
Dynamische Viskosität des Öles bei 25 °C: $\eta = 0{,}0992\,\text{N s m}^{-2}$
Kinematische Viskosität bei $\vartheta = 25$ °C: $\upsilon_{25} = 113{,}875\ \text{mm}^2\ \text{s}^{-1}$

Lösung:

1. Gewichtskraft des Rundschalttisches mit den aufgebauten Vorrichtungen:

$$F_G = mg = 400 \cdot 9{,}81 = 3924\ \text{N} \tag{2.1}$$

2. Taschenkraft:

$$F_T = \frac{F_G}{z} = \frac{3924}{6} = 654\ \text{N} \tag{2.114}$$

3. Wirksame Taschenfläche:

$$A_w = B_w L_w = 0{,}035 \cdot 0{,}115 = 0{,}004025\ \text{m}^2 \tag{1.3}$$

4. Abströmbreite:

$$b = 2B_w + 2L_w = 2 \cdot 0{,}035 + 2 \cdot 0{,}115 = 0{,}3\ \text{m} \tag{1.1}$$

5. Strömungsverhältnis:

$$\frac{b}{l} = \frac{0{,}3}{0{,}015} = 20 \tag{1.2}$$

6. Taschendruck:

$$p_T = \frac{F_T}{A_w} = \frac{654}{0{,}004025} = 162484{,}4 = 1{,}62 \cdot 10^5\ \text{N m}^{-2} \tag{1.4}$$

7. Volumenstrom durch alle Taschen:

$$Q_{\mathrm{GES}} = z \frac{p_{\mathrm{T}} h^3}{12\eta} \frac{b}{l} = 6 \cdot \frac{1{,}62 \cdot 10^5 \cdot 0{,}00002^3}{12 \cdot 0{,}0992} \cdot 20 = 0{,}000000013 \text{ m}^3 \text{ s}^{-1}$$
$$= 0{,}0078 \text{ dm}^3 \text{ min}^{-1} \qquad (2.115)$$

Mit der hydrostatischen Schmierung der Axiallager der Tragbahn wird erreicht, dass der Rundschalttisch mit den aufgebauten Vorrichtungen beim Schwenken auf einem Ölfilm „schwimmt".

Da es keine zusätzlich wirkenden Kräfte gibt, werden keine Ölversorgungssysteme mit Kapillardrosseln, Membrandrosseln und mit Mehrkreispumpen vorgesehen.

Es wird ein Zahnradpumpenaggregat mit Volumenstrom $Q_{\mathrm{P}} = 0{,}5 \text{ dm}^3 \text{ min}^{-1}$, mit Gegendruck von 27 bar, sowie ein Behälter mit dem Volumen $V = 6 \text{ dm}^3$ vorgesehen. Von der Pumpe wird das Öl direkt zu den hydrostatischen Taschen geleitet (Anschluss p_{T})

Zum Schmieren von sechs Stellen der Axiallager wird ein Rohr auf Durchmesser d gebogen, an sechs Stellen werden Einschraubverschraubungen 6 eingebaut (s. Einzelheit „B" in Abb. 2.13).

Der Hydraulikplan für die hydrostatische Schmierung der Axiallager der Tragbahn des Rundschalttisches ist in Abb. 2.14 dargestellt.

Das Ölbehälter, die Zahnradpumpe mit dem Motor, der Filter und das Druckbegrenzungsventil können zusammen als Zahnradpumpenaggregate von Fa. SKF (Willy Vogel AG) Berlin u. a. geliefert werden.

2.18 Zentrisch belastete hydrostatische Flachführung ohne Umgriff

In der Abb. 2.15 ist eine zentrisch belastete hydrostatische Flachführung ohne Umgriff dargestellt. Die Führung wird durch folgende Führungsbahnen geführt:

1. Zwei Führungsbahnen der Tragbahn
2. Zwei Führungsbahnen der Mittenführung

Die Ölversorgungssysteme können so ausgelegt und eingestellt werden, dass im Anfangszustand (Abb. 2.15a) die Taschendrücke und die Lagerspalte bei Tragbahn und bei Mittenführung gleich sind:

$$p_{\mathrm{T0I}} = p_{\mathrm{T0III}} = p_{\mathrm{T0}} \qquad (2.5)$$

$$h_{\mathrm{0I}} = h_{\mathrm{0III}} = h_{\mathrm{0}} \qquad (2.6)$$

Die Mittenführung ist im Anfangszustand (Abb. 2.15a) und bei der Einwirkung der Schnittkraft $F_{\text{äuß}}$ (Abb. 2.15b) unbelastet.

Damit eine Vorspannung der Mittenführung bei der Bewegung des Schlittens gewährleistet wird, werden beide Seiten der Mittenführung durch die Taschendrücke p_{T0} beaufschlagt.

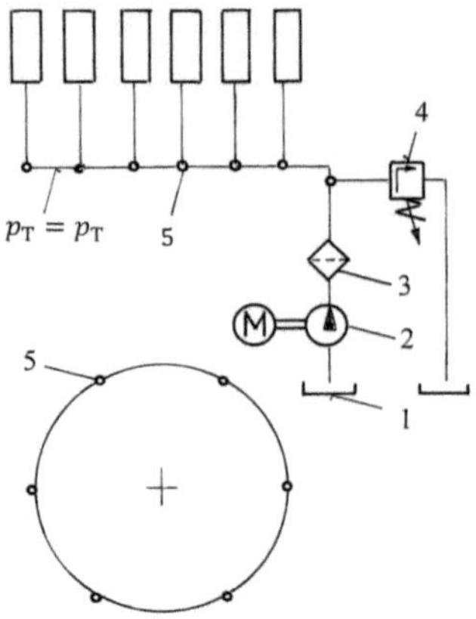

Abb. 2.14 Hydraulikplan für die hydrostatische Schmierung der Axiallager der Tragbahn des Rundschalttisches

Lfd. Nr.	Benennung
1	Ölbehälter: $V = 6\ \mathrm{dm}^3$, Öl: *ISO VG* 46 $\nu_{25} = 113{,}875\ \mathrm{mm^2 s^{-1}}$
2	Zahnradpumpe $Q_P = 0{,}5\ \mathrm{dm^3 min^{-1}}$ Gegendruck 27 bar
3	Filter 40 µm
4	Druckbegrenzungsventil 12 bis 60 bar
5	6 Einschraubverschraubungen

Die Lagerspalte bei Mittenführung h_0 sind von beiden Seiten gleich.

Die zentrisch wirkende Kraft F_G ist die Gewichtskraft des Tisches mit allen auf dem Tisch eingebauten Teilen, wie z. B. mit den Vorrichtungen. Sie wird nach der Masse m und der Erdbeschleunigung g ermittelt:

$$F_G = mg \tag{2.1}$$

Die Gesamtanzahl der hydrostatischen Taschen der Tragbahn in Längsrichtung z wird nach der Gesamtanzahl der Taschen auf einer Führungsbahn in Längsrichtung n bestimmt:

$$z = 2n \tag{2.2}$$

Auf jede hydrostatische Tasche wirkt im Anfangszustand folgende Kraft:

$$F_{T0} = p_{T0} A_w$$

Der Taschendruck im Anfangszustand p_{T0} ergibt sich zu:

$$p_{T0} = \frac{F_{T0}}{A_w} \tag{2.116}$$

Auf jede hydrostatische Tasche wirkt unter Einwirkung der Schnittkraft die folgende Kraft:

$$F_T = p_T A_w \tag{1.4}$$

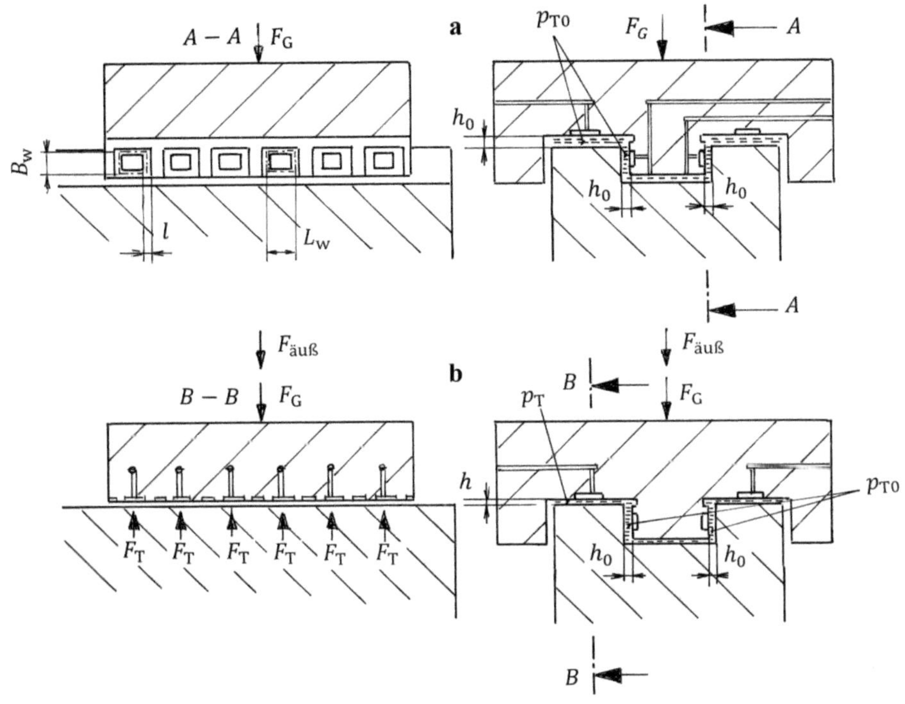

Abb. 2.15 Zentrisch belastete hydrostatische Flachführungen ohne Umgriff. (**a**) Die Führung wird im Anfangszustand durch eine in Längs- und Querrichtung zentrisch wirkende Kraft F_G belastet; (**b**) Die Führung wird zusätzlich durch eine in Längs- und Querrichtung zentrisch wirkende Schnittkraft $F_{äuß}$ belastet. Indizes: I: Tragbahn, III: Mittenführung

Im Anfangszustand übernimmt jede hydrostatische Tasche folgende Kraft:

$$F_{T0} = \frac{F_G}{z} \tag{2.8}$$

Nach der konstruktiven Auslegung des Tisches und der hydrostatischen Taschen werden nach Gl. (2.8) die Taschenkraft F_{T0} und anschließend nach Gl. (2.116) der Taschendruck im Anfangszustand p_{T0} errechnet.

Wenn der Tisch durch eine zusätzlich wirkende Schnittkraft $F_{äuß}$ belastet wird (Abb. 2.15b), verändern sich die Taschendrücke, die Lagerspalte und die Taschenkräfte bei Tragbahn:

Die Taschendrücke haben sich von p_{T0} auf p_T verändert,
die Lagerspalte haben sich von h_0 auf $h = h_0 - \Delta h$ verändert,
die Taschenkräfte haben sich von F_{T0} auf F_T verändert.

Die Taschendrücke p_T, die unter Wirkung der Schnittkraft in den Tragbahntaschen aufgebaut werden, sind von dem Ölversorgungssystem abhängig, und werden nach der vorgegebenen Lagerspaltänderung Δh ermittelt.

Beim Ölversorgungssystem „Eine gemeinsame Pumpe und Kapillardrosseln“ gilt:

$$p_T = \frac{p_P}{\left(\frac{p_P}{p_{T0}} - 1\right)\left(1 - \frac{\Delta h}{h_0}\right)^3 + 1} \tag{2.22}$$

Beim Ölversorgungssystem „Eine Pumpe pro Tasche“ gilt:

$$p_T = \frac{p_{T0}}{\left(1 - \frac{\Delta h}{h_0}\right)^3} \tag{2.27}$$

Die Taschenkraft F_T wird nach Gl. (1.4) bestimmt, die Schnittkraft $F_{äuß}$ errechnet sich nach folgender Gleichung:

$$F_{äuß} = zF_T - F_G \tag{2.9}$$

Der Lagerspalt unter Wirkung der Schnittkraft hat sich von h_0 auf h verändert:

$$h = h_0 - \Delta h \tag{2.11}$$

Die relative Spaltänderung Ψ wird als Quotient von Lagerspaltänderung Δh und von Lagerspalt im Anfangszustand h_0 bezeichnet:

$$\Psi = \frac{\Delta h}{h_0} \tag{2.14}$$

Der Volumenstrom durch alle Taschen der Tragbahn im Anfangszustand lautet:

$$Q_{0GES} = z\frac{p_{T0}h_0^3}{12\eta}\frac{b}{l} \tag{2.117}$$

Der Volumenstrom durch alle Taschen der Tragbahn unter Wirkung der Schnittkraft lautet:

$$Q_{GES} = z\frac{p_T h^3}{12\eta}\frac{b}{l} \tag{2.115}$$

Für die Reibfläche der Tragbahn A_R gilt:

$$A_{RI} = (B_{wI} + l_I)l_I 2z + (L_{wI} - l_I)l_I 2z \tag{2.18}$$

Für die Reibfläche der Mittenführung A_R gilt:

$$A_{RIII} = (B_{wIII} + l_{III})l_{III} 2z + (L_{wIII} - l_{III})l_{III} 2z \tag{2.18}$$

Die Gesamtreibfläche A_R ergibt sich aus der Reibfläche bei Tragbahn A_{RI} und der Reibfläche bei Mittenführung A_{RIII}:

$$A_R = A_{RI} + A_{RII} \tag{2.19}$$

Die Verlustleistung P_{VER}, nach welcher die Kühlölaggregate ausgelegt werden, errechnet sich als Summe von Pumpenleistung P_P und Reibleistung P_R:

$$P_{VER} = P_P + P_R = Q_{0GES}\,p_P + \frac{A_R \eta v^2}{h_0} \tag{2.20}$$

2.18.1 Berechnungsbeispiel bei Ölversorgung „Eine gemeinsame Pumpe und Kapillardrosseln"

Die zentrisch belastete hydrostatische Flachführung ohne Umgriff nach Abb. 2.15 wird mit der Ölversorgung „Eine gemeinsame Pumpe und Kapillardrosseln" ausgelegt:

Vorgabedaten:

Wirksame Taschenbreite der Tragbahn: $B_{\mathrm{wI}} = 0{,}109$ m
Wirksame Taschenlänge der Tragbahn: $L_{\mathrm{wI}} = 0{,}130$ m
Abströmlänge bei Tragbahn: $l_{\mathrm{I}} = 0{,}015$ m
Wirksame Taschenbreite der Mittenführung: $B_{\mathrm{wIII}} = 0{,}077$ m
Wirksame Taschenlänge der Mittenführung: $L_{\mathrm{wIII}} = 0{,}130$ m
Abströmlänge der Mittenführung: $l_{\mathrm{III}} = 0{,}013$ m
Lagerspalt im Anfangszustand: $h_{0\mathrm{I}} = h_{0\mathrm{II}} = h_{0\mathrm{III}} = h_0 = 0{,}00003 \text{ m} = 0{,}030 \cdot 10^{-3}$ m
Anzahl der Taschen auf einer Bahn bei Tragbahn: $n = 6$
Anzahl der Taschenpaare bei der Mittenführung: $z_{\mathrm{MF}} = 6$
Höchste Tischgeschwindigkeit: $v = 21{,}6 \text{ m min}^{-1} = 0{,}36 \text{ m s}^{-1}$
Schlittenmasse: $m_{\mathrm{sch}} = 5000$ kg
Zusatzmasse auf dem Schlitten: $m_{\mathrm{zus}} = 4605{,}6$ kg
Gesamtmasse: $m = 9605{,}6$ kg
Schmieröl: ISO VG 32
Öltemperatur: $\vartheta = 25$ °C
Wie im Berechnungsbeispiel 2.12.1 ergeben sich:
Dynamische Viskosität des Öles bei 25 °C: $\eta = 0{,}0641 \text{ N s m}^{-2}$
Kinematische Viskosität bei $\vartheta = 25$ °C: $v_{25} = 73{,}85 \text{ mm}^2 \text{ s}^{-1}$
Die Spaltänderung bei Tragbahn unter Wirkung der Schnittkraft $F_{\text{äuß}}$ wird angenommen angenommen: $\Delta h_{\mathrm{I}} = \Delta h_{\mathrm{II}} = \Delta h = 0{,}000003 = 0{,}003 \cdot 10^{-3}$ m

Gesucht:

- Schnittkraft $F_{\text{äuß}}$
- Volumenstrom im Anfangszustand $Q_{0\mathrm{GES}}$
- Volumenstrom unter Wirkung der Schnittkraft Q_{GES}
- Verlustleistung P_{VER}
- Lagersteifigkeit K

Lösung:

1. Gesamtanzahl der hydrostatischen Taschen bei Tragbahn in Längsrichtung

$$z = 2n = 2 \cdot 6 = 12 \tag{2.2}$$

2. Gesamtanzahl der hydrostatischen Taschen bei der Mittenführung:

$$2z_{\mathrm{MF}} = 2 \cdot 6 = 12$$

3. Gesamtanzahl der hydrostatischen Taschen:

$$z + 2z_{\text{MF}} = 12 + 12 = 24$$

4. Gewichtskraft des Tisches

$$F_{\text{G}} = mg = 9605{,}6 \cdot 9{,}81 = 94231{,}2\,\text{N} \tag{2.1}$$

5. Resultierende Taschenkraft bei Tragbahn im Anfangszustand:

$$F_{\text{T0}} = \frac{F_{\text{G}}}{z} = \frac{94231{,}2}{12} = 7852{,}6\ \text{N} \tag{2.8}$$

6. Wirksame Taschenfläche der Tragbahn:

$$A_{\text{wI}} = B_{\text{wI}} L_{\text{wI}} = 0{,}109 \cdot 0{,}130 = 0{,}0142\ \text{m}^2 \tag{1.3}$$

7. Wirksame Taschenfläche der Mittenführung:

$$A_{\text{wIII}} = B_{\text{wIII}} L_{\text{wIII}} = 0{,}077 \cdot 0{,}130 = 0{,}01\ \text{m}^2 \tag{1.3}$$

8. Flächenverhältnis bei Tragbahn:

$$\varphi = \frac{A_{\text{wII}}}{A_{\text{wI}}} = \frac{0}{0{,}01} = 0 \tag{2.13}$$

9. Flächenverhältnis bei Mittenführung:

$$\varphi = \frac{A_{\text{wIII}}}{A_{\text{wIII}}} = \frac{0{,}01}{0{,}01} = 1 \tag{2.13}$$

10. Taschendruck bei Tragbahn im Anfangszustand:

$$p_{\text{T0}} = \frac{F_{\text{T0}}}{A_{\text{w}}} = \frac{7852{,}6}{0{,}0142} = 5{,}53 \cdot 10^5\ \text{N m}^{-2} \tag{2.116}$$

Mit diesem Taschendruck werden auch 12 hydrostatische Taschen der Mittenführung beaufschlagt.

11. Abströmbreite b bei Tragbahn:

$$b_{\text{I}} = 2B_{\text{wI}} + 2L_{\text{wI}} = 2 \cdot 0{,}109 + 2 \cdot 0{,}130 = 0{,}478\ \text{m} \tag{1.1}$$

12. Strömungsverhältnis bei Tragbahn:

$$\frac{b_{\text{I}}}{l_{\text{I}}} = \frac{0{,}478}{0{,}015} = 31{,}8 \tag{1.2}$$

13. Abströmbreite bei Mittenführung:

$$b_{\text{III}} = 2B_{\text{wIII}} + 2L_{\text{wIII}} = 2 \cdot 0{,}077 + 2 \cdot 0{,}130 = 0{,}414\ \text{m} \tag{1.1}$$

14. Strömungsverhältnis bei Mittenführung:

$$\frac{b_{\mathrm{III}}}{l_{\mathrm{III}}} = \frac{0{,}414}{0{,}013} = 31{,}8 \tag{1.2}$$

15. Die Empfehlung wird erfüllt, dass die Strömungsverhältnisse bei Tragbahn und Mittenführung gleich sind:

$$\frac{b_{\mathrm{I}}}{l_{\mathrm{I}}} = \frac{b_{\mathrm{III}}}{l_{\mathrm{III}}} = \frac{b}{l} = 31{,}8 \tag{2.15}$$

16. Relative Spaltänderung:

$$\Psi = \frac{\Delta h}{h_0} = \frac{0{,}003 \cdot 10^{-3}}{0{,}03 \cdot 10^{-3}} = 0{,}1 \tag{2.14}$$

17. Nach Tab. 2.1 wird für $\varphi = 0$ und $\Psi = 0{,}1$ ein optimales Drosselverhältnis ermittelt: $(\frac{p_{\mathrm{P}}}{p_{\mathrm{T0}}})_{\mathrm{OPT}} = 2{,}17$
18. Pumpendruck:

$$p_{\mathrm{P}} = \left(\frac{p_{\mathrm{P}}}{p_{\mathrm{T0}}}\right)_{\mathrm{OPT}} p_{\mathrm{TO}} = 2{,}17 \cdot 5{,}53 \cdot 10^5 = 12 \cdot 10^5\ \mathrm{N\,m^{-2}} \tag{2.21}$$

19. Taschendruck bei Tragbahn unter Wirkung der Schnittkraft:

$$\begin{aligned} p_{\mathrm{TI}} &= \frac{p_{\mathrm{P}}}{\left(\frac{p_{\mathrm{P}}}{p_{\mathrm{TO}}} - 1\right)\left(1 - \frac{\Delta h}{h_0}\right)^3 + 1} \\ &= \frac{12 \cdot 10^5}{(2{,}17 - 1) \cdot (1 - 0{,}1)^3 + 1} = 6{,}47 \cdot 10^5\ \mathrm{N\,m^{-2}} \end{aligned} \tag{2.22}$$

20. Taschenkraft bei Tragbahn unter Wirkung der Schnittkraft:

$$F_{\mathrm{T}} = p_{\mathrm{TI}} A_{\mathrm{wI}} = 6{,}47 \cdot 10^5 \cdot 0{,}0142 = 9187{,}4\,\mathrm{N} \tag{1.4}$$

21. Schnittkraft:

$$F_{\text{äuß}} = z F_{\mathrm{T}} - F_{\mathrm{G}} = 12 \cdot 9187{,}4 - 94231{,}2 = 16017{,}6\,\mathrm{N} \tag{2.9}$$

22. Volumenstrom durch alle Taschen der Tragbahn im Anfangszustand:

$$\begin{aligned} Q_{0\mathrm{GES}} &= z \frac{p_{\mathrm{TO}} h_0^3}{12\eta} \frac{b}{l} = 12 \cdot \frac{5{,}53 \cdot 10^5 \cdot (0{,}00003)^3}{12 \cdot 0{,}0641} \cdot 31{,}8 \\ &= 0{,}000007405\ \mathrm{m^3\,s^{-1}} = 0{,}444\ \mathrm{dm^3\,min^{-1}} \end{aligned} \tag{2.117}$$

23. Volumenstrom durch alle Taschen der Mittenführung:

$$Q_{0\mathrm{GES}} = 2z_{\mathrm{MF}} \frac{p_{\mathrm{T0}} h_0^3}{12\eta} \frac{b}{l} = 2 \cdot 6 \cdot \frac{5{,}53 \cdot 10^5 \cdot (0{,}00003)^3}{12 \cdot 0{,}0641} \cdot 31{,}8$$
$$= 0{,}000007405 \text{ m}^3 \text{ s}^{-1} = 0{,}444 \text{ dm}^3 \text{ min}^{-1} \quad (2.16)$$

24. Volumenstrom durch alle Taschen der Tragbahn und der Mittenführung im Anfangszustand:

$$Q_{0\mathrm{GES}} = 0{,}000007405 + 0{,}000007405 = 0{,}00001481 \text{ m}^3 \text{ s}^{-1}$$
$$= 0{,}888 \text{ dm}^3 \text{ min}^{-1}$$

25. Lagerspalt bei Tragbahn unter Wirkung der Schnittkraft:

$$h_1 = h_0 - \Delta h = 0{,}03 \cdot 10^{-3} - 0{,}003 \cdot 10^{-3} = 0{,}000027 \text{ m} = 0{,}027 \cdot 10^{-3} \text{ m} \quad (2.11)$$

26. Volumenstrom durch alle Taschen der Tragbahn unter Wirkung der Schnittkraft:

$$Q_{\mathrm{GES}} = z \frac{p_{\mathrm{T}} h^3}{12\eta} \frac{b}{l} = 12 \cdot \frac{6{,}47 \cdot 10^5 \cdot (0{,}000027)^3}{12 \cdot 0{,}0641} \cdot 31{,}8 = 0{,}000006317 \text{ m}^3 \text{ s}^{-1}$$
$$= 0{,}37 \text{ dm}^3 \text{ min}^{-1} \quad (2.115)$$

27. Volumenstrom durch alle Taschen der Tragbahn und der Mittenführung unter Wirkung der Schnittkraft:

$$Q_{\mathrm{GES}} = 0{,}000007405 + 0{,}000006317 = 0{,}0000137 \text{ m}^3 \text{ s}^{-1} = 0{,}82 \text{ dm}^3 \text{ min}^{-1}$$

28. Reibfläche bei Tragbahn:

$$A_{\mathrm{RI}} = (B_{\mathrm{wI}} + l_{\mathrm{I}}) l_{\mathrm{I}} 2z + (L_{\mathrm{wI}} - l_{\mathrm{I}}) l_{\mathrm{I}} 2z = (0{,}109 + 0{,}015) \cdot 0{,}015 \cdot 2 \cdot 14$$
$$+ (0{,}130 - 0{,}015) \cdot 0{,}015 \cdot 2 \cdot 14 = 0{,}1 \text{ m}^2 \quad (2.18)$$

29. Reibfläche bei Mittenführung:

$$A_{\mathrm{RIII}} = (B_{\mathrm{wIII}} + l_{\mathrm{III}}) l_{\mathrm{III}} 2z + (L_{\mathrm{wIII}} - l_{\mathrm{III}}) l_{\mathrm{III}} 2z$$
$$= (0{,}077 + 0{,}013) \cdot 0{,}013 \cdot 2 \cdot 14 + (0{,}130 - 0{,}013) \cdot 0{,}013 \cdot 2 \cdot 14$$
$$= 0{,}075 \text{ m}^2 \quad (2.18)$$

30. Gesamtreibfläche:

$$A_{\mathrm{R}} = A_{\mathrm{RI}} + A_{\mathrm{RIII}} = 0{,}1 + 0{,}075 = 0{,}175 \text{ m}^2 \quad (2.19)$$

31. Verlustleistung:

$$P_{\mathrm{VER}} = p_{\mathrm{P}} + P_{\mathrm{R}} = Q_{\mathrm{0GES}} p_{\mathrm{P}} + \frac{A_{\mathrm{R}} \eta v^2}{h_0} = 0{,}00001481 \cdot 12 \cdot 10^5$$

$$+ \frac{0{,}175 \cdot 0{,}0641 \cdot 0{,}36^2}{0{,}00003} = 17{,}77 + 48{,}4 = 66{,}17 \text{ W} \qquad (2.20)$$

32. Steifigkeit des hydrostatischen Lagers:

$$K = \frac{dF}{dh} = \frac{F_{\mathrm{T}} - F_{\mathrm{T0}}}{\Delta h} = \frac{9187{,}4 - 7852{,}6}{0{,}000003}$$

$$= 444933333 \text{ N m}^{-1} = 444{,}9 \text{ N } \mu\text{m}^{-1} \qquad (1.11)$$

2.18.2 Berechnungsbeispiel bei Ölversorgung „Eine Pumpe pro Tasche"

Die zentrisch belastete hydrostatische Führung ohne Umgriff nach Abb. 2.15 wird mit der Ölversorgung „Eine Pumpe pro Tasche" ausgelegt:

Vorgabedaten:

Wirksame Taschenbreite der Tragbahn: $B_{\mathrm{wI}} = 0{,}109$ m
Wirksame Taschenlänge der Tragbahn: $L_{\mathrm{wI}} = 0{,}130$ m
Abströmlänge bei Tragbahn: $l_{\mathrm{I}} = 0{,}015$ m
Wirksame Taschenbreite der Mittenführung: $B_{\mathrm{wIII}} = 0{,}077$ m
Wirksame Taschenlänge der Mittenführung: $L_{\mathrm{wIII}} = 0{,}130$ m
Abströmlänge der Mittenführung: $l_{\mathrm{III}} = 0{,}013$ m
Lagerspalt im Anfangszustand: $h_{\mathrm{0I}} = h_{\mathrm{0II}} = h_{\mathrm{0III}} = h_0 = 0{,}00003 \text{ m} = 0{,}030 \cdot 10^{-3}$ m
Anzahl der Taschenpaare auf einer Bahn bei Tragbahn: $n = 6$
Anzahl der Taschenpaare bei der Mittenführung: $z_{\mathrm{MF}} = 6$
Höchste Tischgeschwindigkeit: $v = 21{,}6 \text{ m min}^{-1} = 0{,}36 \text{ m s}^{-1}$
Schlittenmasse: $m_{\mathrm{sch}} = 5000$ kg
Zusatzmasse auf dem Schlitten: $m_{\mathrm{zus}} = 4605{,}6$ kg
Gesamtmasse: $m = 9605{,}6$ kg
Schmieröl: ISO VG 32
Öltemperatur: $\vartheta = 25\,°\mathrm{C}$
Wie im Berechnungsbeispiel 2.12.1 ergeben sich:
Dynamische Viskosität des Öles bei 25 °C: $\eta = 0{,}0641 \text{ N s m}^{-2}$
Kinematische Viskosität bei $\vartheta = 25$ °C: $v_{25} = 73{,}85 \text{ mm}^2 \text{ s}^{-1}$
Die Spaltänderung bei Tragbahn unter Wirkung der Schnittkraft $F_{\mathrm{äuß}}$ wird angenommen: $\Delta h_1 = \Delta h = 0{,}000003 = 0{,}003 \cdot 10^{-3}$ m

Gesucht:

- Schnittkraft $F_{\text{äuß}}$
- Volumenstrom im Anfangszustand $Q_{0\text{GES}}$
- Volumenstrom unter Wirkung der Schnittkraft Q_{GES}
- Verlustleistung P_{VER}
- Lagersteifigkeit K

Lösung:

1. Gesamtanzahl der hydrostatischen Taschen bei Tragbahn in Längsrichtung

$$z = 2n = 2 \cdot 6 = 12 \tag{2.2}$$

2. Gesamtanzahl der hydrostatischen Taschen bei der Mittenführung:

$$2z_{\text{MF}} = 2 \cdot 6 = 12$$

3. Gesamtanzahl der hydrostatischen Taschen:

$$z + 2z_{\text{MF}} = 12 + 12 = 24$$

4. Gewichtskraft des Tisches

$$F_{\text{G}} = mg = 9605{,}6 \cdot 9{,}81 = 94231{,}2\,\text{N} \tag{2.1}$$

5. Resultierende Taschenkraft bei Tragbahn im Anfangszustand:

$$F_{\text{T0}} = \frac{F_{\text{G}}}{z} = \frac{94231{,}2}{12} = 7852{,}6\ \text{N} \tag{2.8}$$

6. Wirksame Taschenfläche der Tragbahn:

$$A_{\text{wI}} = B_{\text{wI}} L_{\text{wI}} = 0{,}109 \cdot 0{,}130 = 0{,}0142\ \text{m}^2 \tag{1.3}$$

7. Wirksame Taschenfläche der Mittenführung:

$$A_{\text{wIII}} = B_{\text{wIII}} L_{\text{wIII}} = 0{,}077 \cdot 0{,}130 = 0{,}01\ \text{m}^2 \tag{1.3}$$

8. Flächenverhältnis bei Tragbahn:

$$\varphi = \frac{A_{\text{wII}}}{A_{\text{wI}}} = \frac{0}{0{,}01} = 0 \tag{2.13}$$

9. Flächenverhältnis bei Mittenführung:

$$\varphi = \frac{A_{\text{wIII}}}{A_{\text{wIII}}} = \frac{0{,}01}{0{,}01} = 1 \tag{2.13}$$

10. Taschendruck im Anfangszustand bei Tragbahn:

$$p_{\text{T0}} = \frac{F_{\text{T0}}}{A_{\text{w}}} = \frac{7852{,}6}{0{,}0142} = 5{,}53 \cdot 10^5\ \text{N m}^{-2} \tag{2.116}$$

Mit diesem Taschendruck werden auch die 12 hydrostatischen Taschen der Mittenführung beaufschlagt.

11. Abströmbreite b bei Tragbahn:

$$b_{\mathrm{I}} = 2B_{\mathrm{wI}} + 2L_{\mathrm{wI}} = 2 \cdot 0{,}109 + 2 \cdot 0{,}130 = 0{,}478 \text{ m} \tag{1.1}$$

12. Strömungsverhältnis bei Tragbahn:

$$\frac{b_{\mathrm{I}}}{l_{\mathrm{I}}} = \frac{0{,}478}{0{,}015} = 31{,}8 \tag{1.2}$$

13. Abströmbreite bei Mittenführung:

$$b_{\mathrm{III}} = 2B_{\mathrm{wIII}} + 2L_{\mathrm{wIII}} = 2 \cdot 0{,}077 + 2 \cdot 0{,}130 = 0{,}414 \text{ m} \tag{1.1}$$

14. Strömungsverhältnis bei Mittenführung:

$$\frac{b_{\mathrm{III}}}{l_{\mathrm{III}}} = \frac{0{,}414}{0{,}013} = 31{,}8 \tag{1.2}$$

15. Die Empfehlung wird erfüllt, dass die hydrostatischen Taschen so ausgelegt werden sollen, dass die Strömungsverhältnisse bei Tragbahn und Mittenführung gleich sind:

$$\frac{b_{\mathrm{I}}}{l_{\mathrm{I}}} = \frac{b_{\mathrm{III}}}{l_{\mathrm{III}}} = \frac{b}{l} = 31{,}8 \tag{2.15}$$

16. Relative Spaltänderung:

$$\Psi = \frac{\Delta h}{h_0} = \frac{0{,}003 \cdot 10^{-3}}{0{,}03 \cdot 10^{-3}} = 0{,}1 \tag{2.14}$$

17. Taschendruck bei Tragbahn unter Wirkung der Schnittkraft:

$$p_{\mathrm{TI}} = \frac{p_{\mathrm{T0}}}{\left(1 - \dfrac{\Delta h}{h_0}\right)^3} = \frac{2{,}48 \cdot 10^5}{(1 - 0{,}1)^3} = 7{,}58 \cdot 10^5 \text{ N m}^{-2} \tag{2.27}$$

18. Taschenkraft unter Wirkung der Schnittkraft:

$$F_{\mathrm{T}} = p_{\mathrm{TI}} A_{\mathrm{wI}} = 7{,}58 \cdot 10^5 \cdot 0{,}0142 = 10763{,}6 \text{ N} \tag{1.4}$$

19. Schnittkraft:

$$F_{\text{äuß}} = zF_{\mathrm{T}} - F_{\mathrm{G}} = 12 \cdot 10.763{,}6 - 94.231{,}2 = 34932 \text{ N} \tag{2.9}$$

20. Volumenstrom durch alle Taschen der Tragbahn im Anfangszustand:

$$Q_{\mathrm{0GES}} = z \frac{p_{\mathrm{T0}} h_0^3}{12\eta} \frac{b}{l} = 12 \cdot \frac{5{,}53 \cdot 10^5 \cdot (0{,}00003)^3}{12 \cdot 0{,}0641} \cdot 31{,}8$$
$$= 0{,}000007405 \text{ m}^3 \text{ s}^{-1} = 0{,}444 \text{ dm}^3 \text{ min}^{-1} \tag{2.117}$$

21. Volumenstrom durch alle Taschen der Mittenführung im Anfangszustand:

$$Q_{0\text{GES}} = 2z_{\text{MF}}\frac{p_{\text{T0}}h_0^3}{12\eta}\frac{b}{l} = 2\cdot 6\cdot \frac{5{,}53\cdot 10^5\cdot (0{,}00003)^3}{12\cdot 0{,}0641}\cdot 31,8$$
$$= 0{,}000007405\ \text{m}^3\text{s}^{-1} = 0{,}444\ \text{dm}^3\,\text{min}^{-1} \qquad (2.16)$$

22. Volumenstrom durch alle Taschen der Tragbahn und der Mittenführung im Anfangszustand:

$$Q_{0\text{GES}} = 0{,}000007405 + 0{,}000007405 = 0{,}00001481\,\text{m}^3\,\text{s}^{-1}$$
$$= 0{,}888\ \text{dm}^3\ \text{min}^{-1}$$

23. Lagerspalt bei Tragbahn unter Wirkung der Schnittkraft:

$$h_{\text{I}} = h_0 - \Delta h = 0{,}03\cdot 10^{-3} - 0{,}003\cdot 10^{-3}$$
$$= 0{,}000027\ \text{m} = 0{,}027\cdot 10^{-3}\ \text{m} \qquad (2.11)$$

24. Volumenstrom durch alle Taschen der Tragbahn unter Wirkung der Schnittkraft:

$$Q_{\text{GES}} = z\frac{p_{\text{T}}h^3}{12\eta}\frac{b}{l} = 12\cdot \frac{7{,}58\cdot 10^5\cdot (0{,}000027)^3}{12\cdot 0{,}0641}\cdot 31{,}8$$
$$= 0{,}0000074\,\text{m}^3\,\text{s}^{-1} = 0{,}44\,\text{dm}^3\,\text{min}^{-1} \qquad (2.115)$$

25. Volumenstrom durch alle Taschen der Tragbahn und der Mittenführung unter Wirkung der Schnittkraft:

$$Q_{\text{GES}} = 0{,}000007405 + 0{,}0000074 = 0{,}0000148\,\text{m}^3\,\text{s}^{-1} = 0{,}88\,\text{dm}^3\,\text{min}^{-1}$$

26. Reibfläche bei Tragbahn:

$$A_{\text{RI}} = (B_{\text{wI}} + l_{\text{I}})\,l_{\text{I}}2z + (L_{\text{wI}} - l_{\text{I}})\,l_{\text{I}}2z = (0,\,109 + 0{,}015)\cdot 0{,}015\cdot 2\cdot 14$$
$$+ (0,\,130 - 0{,}015)\cdot 0{,}015\cdot 2\cdot 14 = 0{,}1\,\text{m}^2 \qquad (2.18)$$

27. Reibfläche bei Mittenführung:

$$A_{\text{RIII}} = (B_{\text{wIII}} + l_{\text{III}})\,l_{\text{III}}2z + (L_{\text{wIII}} - l_{\text{III}})\,l_{\text{III}}2z$$
$$= (0{,}077 + 0{,}013)\cdot 0{,}013\cdot 2\cdot 14 + (0{,}130 - 0{,}013)\,0{,}013\cdot 2\cdot 14$$
$$= 0{,}075\,\text{m}^2 \qquad (2.18)$$

28. Gesamtreibfläche:

$$A_{\text{R}} = A_{\text{RI}} + A_{\text{RIII}} = 0{,}1 + 0{,}075 = 0{,}175\,\text{m}^2 \qquad (2.19)$$

29. Verlustleistung:

$$P_{\mathrm{VER}} = P_{\mathrm{p}} + P_{\mathrm{R}} = Q_{0\mathrm{GES}} p_{\mathrm{p}} + \frac{A_{\mathrm{R}} \eta v^2}{h_0} = 0{,}00001481 \cdot 7{,}58 \cdot 10^5$$

$$+ \frac{0{,}175 \cdot 0{,}0641 \cdot 0{,}36^2}{0{,}00003} = 11{,}22 + 48{,}4 = 59{,}6\,\mathrm{W}$$

(Da $p_{\mathrm{P}} = p_{\mathrm{T}}$, Wird in Gleichung eingesetzt: $p_{\mathrm{P}} = 7{,}58 \cdot 10^5$)

30. Steifigkeit des hydrostatischen Lagers:

$$K = \frac{dF}{dh} = \frac{F_{\mathrm{T}} - F_0}{\Delta h} = \frac{10763{,}6 - 7852{,}6}{0{,}000003}$$

$$= 970333333\,\mathrm{N\,m^{-1}} = 970{,}3\,\mathrm{N\,\mu m^{-1}} \tag{1.11}$$

2.18.3 Berechnungsbeispiel bei Ölversorgung „Eine gemeinsame Pumpe und Membrandrosseln“

Die zentrisch belastete hydrostatische Führung ohne Umgriff nach Abb. 2.15 wird mit der Ölversorgung „Eine gemeinsame und Membrandrosseln“ ausgelegt.

Vorgabedaten:

Wirksame Taschenbreite der Tragbahn: $B_{\mathrm{wI}} = 0{,}109$ m
Wirksame Taschenlänge der Tragbahn: $L_{\mathrm{wI}} = 0{,}130$ m
Abströmlänge bei Tragbahn: $l_{\mathrm{I}} = 0{,}015$ m
Wirksame Taschenbreite der Mittenführung: $B_{\mathrm{wIII}} = 0{,}077$ m
Wirksame Taschenlänge der Mittenführung: $L_{\mathrm{wIII}} = 0{,}130$ m
Abströmlänge der Mittenführung: $l_{\mathrm{III}} = 0{,}013$ m
Lagerspalt im Anfangszustand: $h_{0\mathrm{I}} = h_{0\mathrm{II}} = h_{0\mathrm{III}} = h_0 = 0{,}00003$ m $= 0{,}030 \cdot 10^{-3}$ m
Anzahl der Taschenpaare auf einer Bahn bei Tragbahn: $n = 6$
Anzahl der Taschenpaare bei der Mittenführung: $z_{\mathrm{MF}} = 6$
Höchste Tischgeschwindigkeit: $v = 21{,}6$ m min^{-1} $= 0{,}36$ m s^{-1}
Schlittenmasse: $m_{\mathrm{sch}} = 5000$ kg
Zusatzmasse auf dem Schlitten: $m_{\mathrm{zus}} = 4605{,}6$ kg
Gesamtmasse: $m = 9605{,}6$ kg
Schnittkraft: $F_{\mathrm{äuß}} = 34932$ N
Schmieröl: ISO VG 32
Öltemperatur: $\vartheta = 25$ °C
Wie im Berechnungsbeispiel 2.12.1 ergeben sich:
Dynamische Viskosität des Öles bei 25 °C: $\eta = 0{,}0641$ N s m^{-2}
Kinematische Viskosität bei $\vartheta = 25$ °C: $\nu_{25} = 73{,}85$ mm^2 s^{-1}

Gesucht:

- Volumenstrom im Anfangszustand Q_{0GES}
- Volumenstrom unter Wirkung der Schnittkraft Q_{GES}
- Verlustleistung P_{VER}

Lösung:

1. Gesamtanzahl der hydrostatischen Taschen bei Tragbahn in Längsrichtung

$$z = 2n = 2 \cdot 6 = 12 \tag{2.2}$$

2. Gesamtanzahl der hydrostatischen Taschen bei der Mittenführung:

$$2z_{MF} = 2 \cdot 6 = 12$$

3. Gesamtanzahl der hydrostatischen Taschen:

$$z + 2z_{MF} = 12 + 12 = 24$$

4. Gewichtskraft des Tisches

$$F_G = mg = 9605{,}6 \cdot 9{,}81 = 94231{,}2 \text{ N} \tag{2.1}$$

5. Resultierende Taschenkraft bei Tragbahn im Anfangszustand:

$$F_{T0} = \frac{F_G}{z} = \frac{94231{,}2}{12} = 7852{,}6 \text{ N} \tag{2.8}$$

6. Wirksame Taschenfläche der Tragbahn:

$$A_{wI} = B_{wI} L_{wI} = 0{,}109 \cdot 0{,}130 = 0{,}0142 \,\text{m}^2 \tag{1.3}$$

7. Wirksame Taschenfläche der Mittenführung:

$$A_{wIII} = B_{wIII} L_{wIII} = 0{,}077 \cdot 0{,}130 = 0{,}01 \,\text{m}^2 \tag{1.3}$$

8. Flächenverhältnis bei Tragbahn:

$$\varphi = \frac{A_{wII}}{A_{wI}} = \frac{0}{0{,}01} = 0 \tag{2.13}$$

9. Flächenverhältnis bei Mittenführung:

$$\varphi = \frac{A_{wIII}}{A_{wIII}} = \frac{0{,}01}{0{,}01} = 1 \tag{2.13}$$

10. Taschendruck im Anfangszustand bei Tragbahn:

$$p_{T0} = \frac{F_{T0}}{A_w} = \frac{7852{,}6}{0{,}0142} = 5{,}53 \cdot 10^5 \text{ N m}^{-2} \tag{2.116}$$

Mit diesem Taschendruck werden auch die 12 hydrostatischen Taschen der Mittenführung vorgespannt.

11. Abströmbreite b bei Tragbahn:

$$b_{\mathrm{I}} = 2B_{\mathrm{wI}} + 2L_{\mathrm{wI}} = 2 \cdot 0{,}109 + 2 \cdot 0{,}130 = 0{,}478 \text{ m} \tag{1.1}$$

12. Strömungsverhältnis bei Tragbahn:

$$\frac{b_{\mathrm{I}}}{l_{\mathrm{I}}} = \frac{0{,}478}{0{,}015} = 31{,}8 \tag{1.2}$$

13. Abströmbreite bei Mittenführung:

$$b_{\mathrm{III}} = 2B_{\mathrm{wIII}} + 2L_{\mathrm{wIII}} = 2 \cdot 0{,}077 + 2 \cdot 0{,}130 = 0{,}414 \text{ m} \tag{1.1}$$

14. Strömungsverhältnis bei Mittenführung:

$$\frac{b_{\mathrm{III}}}{l_{\mathrm{III}}} = \frac{0{,}414}{0{,}013} = 31{,}8 \tag{1.2}$$

15. Die Empfehlung wird erfüllt, dass die Strömungsverhältnisse bei Tragbahn und Mittenführung gleich sind:

$$\frac{b_{\mathrm{I}}}{l_{\mathrm{I}}} = \frac{b_{\mathrm{III}}}{l_{\mathrm{III}}} = \frac{b}{l} = 31{,}8 \tag{2.15}$$

16. Volumenstrom durch alle Taschen der Tragbahn im Anfangszustand:

$$\begin{aligned} Q_{0\mathrm{GES}} &= z\frac{p_{\mathrm{T0}}h_0^3}{12\eta}\frac{b}{l} = 12 \cdot \frac{5{,}53 \cdot 10^5 \cdot (0{,}00003)^3}{12 \cdot 0{,}0641} \cdot 31{,}8 \\ &= 0{,}000007405 \text{ m}^3 \text{ s}^{-1} = 0{,}444 \text{ dm}^3 \text{ min}^{-1} \end{aligned} \tag{2.117}$$

17. Proportionalitätsfaktor:

$$c = \frac{Q_0}{F_{\mathrm{T0}}} = \frac{0{,}000007405}{7852{,}6} = 9{,}429 \cdot 10^{-10} \text{ m}^3 \text{ s}^{-1} \text{ N}^{-1} \tag{2.32}$$

18. Resultierende Taschenkraft:

$$F_{\mathrm{T}} = \frac{F_{\mathrm{G}} + F_{\text{äuß}}}{z} = \frac{94.231{,}2 + 34.932}{12} = 10763{,}6 \text{ N} \tag{2.9}$$

19. Volumenstrom durch alle Taschen der Tragbahn unter Wirkung der Schnittkraft:

$$\begin{aligned} Q &= F_{\mathrm{T}}c = 10763{,}6 \cdot 9{,}429 \cdot 10^{-10} = 0{,}000010148 \text{ m}^3 \text{ s}^{-1} \\ &= 0{,}608 \text{ dm}^3 \text{ min}^{-1} \end{aligned} \tag{2.38}$$

20. Taschendruck bei Tragbahn:

$$p_{\mathrm{TI}} = \frac{F_{\mathrm{T}}}{A_{\mathrm{w1}}} = \frac{10763{,}6}{0{,}0142} = 7{,}58 \cdot 10^5 \text{ N m}^{-2} \tag{1.4}$$

21. Der Volumenstrom durch alle Taschen der Tragbahn unter Wirkung der Schnittkraft kann auch durch folgende Gleichung berechnet werden:

$$Q_{\text{GES}} = z\frac{p_{\text{T}}h^3}{12\eta}\frac{b}{l} = 12 \cdot \frac{3{,}4 \cdot 10^5 \cdot (0{,}00003)^3}{12 \cdot 0{,}0641} \cdot 31{,}8 = 0{,}00001015\,\text{m}^3\text{s}^{-1}$$
$$= 0{,}608\,\text{dm}^3\,\text{min}^{-1} \qquad (2.115)$$

22. Volumenstrom durch alle Taschen der Mittenführung:

$$Q_{0\text{MF}} = 2z_{\text{MF}}\frac{p_{\text{T0}}h_0^3}{12\eta}\frac{b}{l} = 2 \cdot 6 \cdot \frac{5{,}53 \cdot 10^5 \cdot (0{,}00003)^3}{12 \cdot 0{,}0641} \cdot 31{,}8$$
$$= 0{,}000007405\,\text{m}^3\text{s}^{-1} = 0{,}444\,\text{dm}^3\,\text{min}^{-1} \qquad (2.16)$$

23. Volumenstrom durch alle Taschen der Tragbahn und der Mittenführung im Anfangszustand:

$$Q_{0\text{GES}} = 0{,}000007405 + 0{,}000007405 = 0{,}00001481\,\text{m}^3\text{s}^{-1}$$
$$= 0{,}88\,\text{dm}^3\,\text{min}^{-1}$$

24. Volumenstrom durch alle Taschen der Tragbahn und der Mittenführung unter Wirkung der Schnittkraft:

$$Q_{\text{GES}} = 0{,}000010148 + 0{,}000007405 = 0{,}00001755\ \text{m}^3\ \text{s}^{-1}$$
$$= 1{,}05\ \text{dm}^3\ \text{min}^{-1}$$

25. Reibfläche bei Tragbahn:

$$A_{\text{RI}} = (B_{\text{wI}} + l_{\text{I}})\,l_{\text{I}}2z + (L_{\text{wI}} - l_{\text{I}})\,l_{\text{I}}2z = (0{,}109 + 0{,}015) \cdot 0{,}015 \cdot 2 \cdot 14$$
$$+ (0{,}130 - 0{,}015) \cdot 0{,}015 \cdot 2 \cdot 14 = 0{,}1\ \text{m}^2 \qquad (2.18)$$

26. Reibfläche bei Mittenführung:

$$A_{\text{RIII}} = (B_{\text{wIII}} + l_{\text{III}})l_{\text{III}}2z + (L_{\text{wIII}} - l_{\text{III}})l_{\text{III}}2z$$
$$= (0{,}077 + 0{,}013) \cdot 0{,}013 \cdot 2 \cdot 14 + (0{,}130 - 0{,}013) \cdot 0{,}013 \cdot 2 \cdot 14$$
$$= 0{,}075\ \text{m}^2 \qquad (2.18)$$

27. Gesamtreibfläche:

$$A_{\text{R}} = A_{\text{RI}} + A_{\text{RIII}} = 0{,}1 + 0{,}075 = 0{,}175\ \text{m}^2 \qquad (2.19)$$

28. Verlustleistung:

$$P_{\text{VER}} = P_{\text{p}} + P_{\text{R}} = Q_{0\text{GES}} p_{\text{p}} + \frac{A_{\text{R}} \eta v^2}{h_0}$$

$$= 0{,}00001755 \cdot 20 \cdot 10^5 + \frac{0{,}175 \cdot 0{,}0641 \cdot 0{,}36^2}{0{,}00003}$$

$$= 35{,}1 + 48{,}4 = 83{,}5\ \text{W} \tag{2.20}$$

29. Der Pumpendruck wird so gewählt, dass die Membrandrossel in optimalem Druckverhältnis belastet wird:

$$\frac{p_{\text{T}}}{p_{\text{P}}} = 0{,}1 \text{ bis } 0{,}6 \tag{2.37}$$

Der Pumpendruck Wird angenommen:

$$p_{\text{P}} = 20\ \text{bar}$$

Größtes Druckverhältnis:

$$\frac{p_{\text{T}}}{p_{\text{P}}} = \frac{7{,}58}{20} = 0{,}379$$

Kleinstes Druckverhältnis:

$$\frac{p_{\text{T0}}}{p_{\text{P}}} = \frac{5{,}53}{20} = 0{,}276$$

2.18.4 Zusammenfassung

Aus den Berechnungsbeispielen 2.18.1–2.18.3 ergibt sich:

- Mit den gleichen Vorgabedaten ergeben sich beim Ölversorgungssystem „Eine Pumpe pro Tasche“ höhere Taschendrücke p_{TI}, höhere Taschenkräfte F_{T}, höhere Schnittkräfte $F_{\text{äuß}}$ und eine wesentlich höhere Lagersteifigkeit K als beim System mit „Eine gemeinsame Pumpe und Kapillardrosseln“.
- Mit den gleichen Vorgabedaten ergibt sich bei den hydrostatischen Führungen mit Umgriff (Kap. 2.12) eine höhere Steifigkeit als bei den hydrostatischen Führungen ohne Umgriff (Kap. 2.18).
- Die hydrostatische Führung ohne Umgriff sollte deshalb nur bei schweren Tischen und geringen Lastmomenten verwendet werden.
- Beim Ölversorgungssystem „Eine gemeinsame Pumpe und Membrandrosseln“ werden bei gleicher Schnittkraft wie beim System „Eine Pumpe pro Tasche“ gleiche Taschenkräfte F_{T} und gleiche Taschendrücke p_{TI} erreicht.

Die Ergebnisse dieser Berechnungen sind in Tab. 2.17 übersichtlich aufgestellt.

Tab. 2.17 Vergleichstabelle zwischen verschiedenen Ölversorgungssystemen

Ölversorgung mit:	$F_{äuß}$ in N	P_{T0} in bar	P_{TI} in bar	P_p in bar	F_T in N	Δh in µm	K in N µm^{-1}
Kapillardrosseln	16017	5,5	6,47	12	9187	3	444,9
Einer Pumpe pro Tasche	34932	5,5	7,58	$p_P = p_T$	10763	3	970,3
Membrandrosseln	34932	5,5	7,58	20	10763	0	∞

2.19 Zentrisch belastete hydrostatische offene V-Flachführung

Abbildung 2.16 zeigt eine in Längs- und Querrichtung zentrisch belastete hydrostatische offene V-Flachführung, die aus einer V- und einer Flachführung besteht.

Diese Führung wird als offene Führung bezeichnet, da sie ohne Umgriff ausgestattet ist. Die Aufgabe, den Tisch in der Bewegungsachse zu führen, übernimmt die V-Führungsbahn, eine Mittenführung ist deshalb nicht erforderlich.

Die zentrisch wirkende Kraft F_G ist die Gewichtskraft des Tisches mit allen auf dem Tisch eingebauten Teilen, wie z.B. mit den Vorrichtungen. Sie wird aus der Masse m und der Erdbeschleunigung g ermittelt:

$$F_G = mg \tag{2.1}$$

Die Anzahl der hydrostatischen Taschen wird sowohl bei einer Flachführung als auch bei einer V-Führungsbahn im Folgenden mit z bezeichnet.

Die Gesamtanzahl der hydrostatischen Taschen der V-Führung beträgt dann: $2z$

Die Gesamtanzahl der hydrostatischen Taschen der V-Flachführung beträgt: $3z$

Damit die Gleichgewichtsgleichung in Querrichtung erfüllt wird, müssen die Taschenkräfte der Flachbahn F_{T0} den beiden Taschenkräfte F_{T0V} der V-Bahn entsprechen:

$$F_{T0} = 2F_{T0V} \tag{2.118}$$

Die Taschenkraft der Flachbahn in senkrechter Richtung (Richtung der Kraft F_G) im Anfangszustand lautet:

$$F_{T0} = p_{T0}A_W \tag{2.116}$$

Die Komponente der Taschenkraft der V-Bahn im Anfangszustand in senkrechter Richtung (Richtung der Kraft F_G) beträgt:

$$F_{T0V} = p_{T0V}A_{wV}\cos\gamma$$

Mit Einsatz von Gl. (2.118) in obere Gleichung bekommt man:

$$p_{T0}A_w = 2p_{T0V}A_{wV}\cos\gamma$$

Diese Gleichung kann bei gleichen oder verschiedenen Taschendrücken im Anfangszustand der Flachbahn und der V-Bahn erfüllt werden.

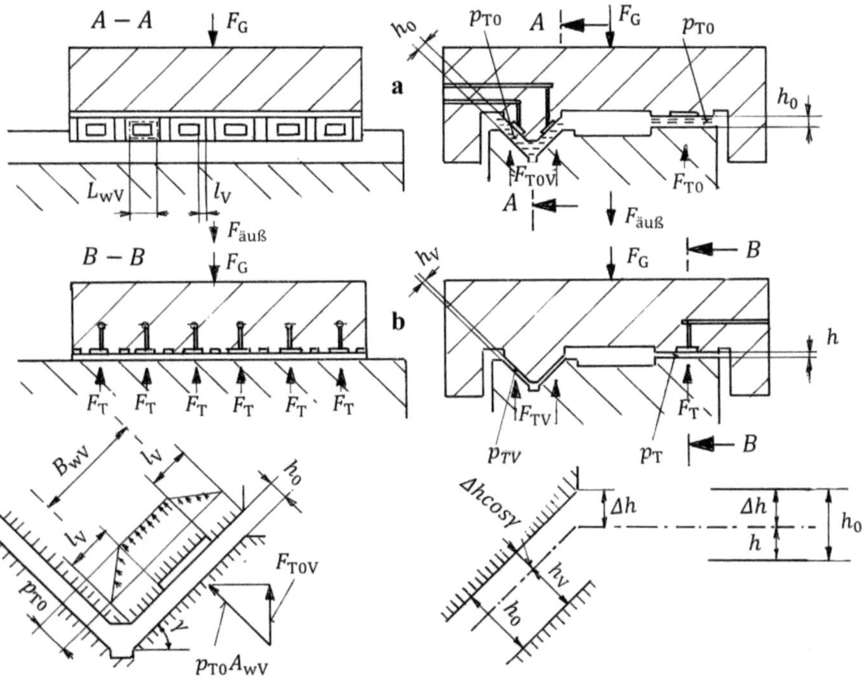

Abb. 2.16 Zentrisch belastete hydrostatische offene V-Flachführung. (**a**) Die Führung wird im Anfangszustand durch eine in Längs- und Querrichtung zentrisch wirkende Kraft F_G belastet; (**b**) Die Führung wird zusätzlich durch eine in Längs- und Querrichtung zentrisch wirkende Schnittkraft $F_{äuß}$ belastet. Index 0: Anfangszustand; Index V: V-Bahn; h_0 Lagerspalt im Anfangszustand; h Lagerspalt bei der Flachbahn unter Wirkung der Schnittkraft; h_v Lagerspalt bei der V-Bahn unter Wirkung der Schnittkraft; p_{T0} Taschendruck im Anfangszustand; p_T Taschendruck bei der Flachbahn unter Wirkung der Schnittkraft; p_{TV} Taschendruck bei der V-Bahn unter Wirkung der Schnittkraft

Die Ölversorgungssysteme können so ausgelegt und eingestellt werden, dass im Anfangszustand die Taschendrücke und die Lagerspalte bei Flachführung und bei V-Führung gleich sind:

$$p_{T0} = p_{T0V} \tag{2.5}$$

$$h_0 = h_{0V} \tag{2.6}$$

In diesem Falle gilt:

$$F_{T0V} = p_{T0} A_{wV} \cos\gamma \tag{2.119}$$

Die Gleichgewichtsgleichung kann mit Einsatz von Gl. (2.5) abgeleitet werden zu:

$$p_{T0} A_w = 2 p_{T0} A_{wV} \cos\gamma$$

Aus dieser Gleichung erhält man:

$$A_{\mathrm{wV}} = \frac{A_{\mathrm{w}}}{2\cos\gamma} \tag{2.120}$$

Die Gleichgewichtsgleichung der Taschenkräfte im Anfangszustand lautet:

$$F_{\mathrm{G}} - zF_{\mathrm{T0}} - 2zF_{\mathrm{T0V}} = 0$$

Durch Einsetzen von Gl. (2.116) und (2.119) ergibt sich:

$$F_{\mathrm{G}} - zp_{\mathrm{T0}}A_{\mathrm{w}} - 2zp_{\mathrm{T0}}A_{\mathrm{wV}}\cos\gamma = 0$$

Aus dieser Gleichung bekommt man den Taschendruck im Anfangszustand:

$$p_{\mathrm{T0}} = \frac{F_{\mathrm{G}}}{z(A_{\mathrm{w}} + 2A_{\mathrm{wV}}\cos\gamma)} \tag{2.121}$$

Wenn der Tisch zusätzlich durch eine Schnittkraft $F_{\text{äuß}}$ belastet wird (Abb. 2.16b), verändern sich die Taschendrücke, die Lagerspalte und die Taschenkräfte bei V-Führung und bei Flachführung:

Die Taschendrücke bei Flachführung haben sich von p_{T0} auf p_{T} verändert,
die Taschendrücke bei V-Führung haben sich von p_{T0} auf p_{TV} verändert,
die Lagerspalte bei Flachführung haben sich von h_0 auf $h = h_0 - \Delta h$ verändert,
die Lagerspalte bei V-Führung haben sich von h_0 auf $h_{\mathrm{V}} = h - \Delta h \cos\gamma$ verändert (s. Abb. 2.16 unten),
die Taschenkräfte bei Flachführung haben sich von F_0 auf F_{T} verändert,
die Taschenkräfte bei V-Führung haben sich von $F_{0\mathrm{V}}$ auf F_{TV} verändert.

Für die Lagerspalte bei V-Führung gilt:

$$h_{\mathrm{V}} = h_0 - \Delta h\cos\gamma \tag{2.122}$$

Die Taschendrücke p_{T}, die unter Wirkung der Schnittkraft in den hydrostatischen Taschen bei Flachführung aufgebaut werden, sind von dem Ölversorgungssystem abhängig und werden nach der vorgegebenen Lagerspaltänderung Δh ermittelt.

Für die Flachführung bei der Ölversorgung „Eine gemeinsame Pumpe und Kapillardrosseln" gilt:

$$p_{\mathrm{T}} = \frac{p_{\mathrm{P}}}{\left(\frac{p_{\mathrm{P}}}{p_{\mathrm{T0}}} - 1\right)\left(1 - \frac{\Delta h}{h_0}\right)^3 + 1} \tag{2.22}$$

Für die Flachführung beim System „Eine Pumpe pro Tasche" gilt:

$$p_{\mathrm{T}} = \frac{p_{\mathrm{T0}}}{\left(1 - \frac{\Delta h}{h_0}\right)^3} \tag{2.27}$$

Für die V-Führung bei der Ölversorgung „Eine gemeinsame Pumpe und Kapillardrosseln“ gilt:

$$p_{\mathrm{TV}} = \frac{p_{\mathrm{P}}}{\left(\dfrac{p_{\mathrm{P}}}{p_{\mathrm{T0}}} - 1\right)\left(1 - \dfrac{\Delta h \cos\gamma}{h_0}\right)^3 + 1} \tag{2.123}$$

Für die V-Führung beim System „Eine Pumpe pro Tasche“ gilt:

$$p_{\mathrm{TV}} = \frac{p_{\mathrm{T0}}}{\left(1 - \dfrac{\Delta h \cos\gamma}{h_0}\right)^3} \tag{2.124}$$

Die Taschenkraft der Flachbahn unter Wirkung der Schnittkraft in Richtung der Kraft F_{G} beträgt:

$$F_{\mathrm{T}} = p_{\mathrm{T}} A_{\mathrm{w}} \tag{1.4}$$

Die Komponente der Taschenkraft der V-Bahn unter Wirkung der Schnittkraft in Richtung der Kraft F_{G} lautet:

$$F_{\mathrm{TV}} = p_{\mathrm{TV}} A_{\mathrm{wV}} \cos\gamma \tag{2.125}$$

Die Gleichgewichtsgleichung der Taschenkräfte unter Wirkung der Schnittkraft lautet:

$$F_{\mathrm{G}} + F_{\mathrm{äuß}} - zF_{\mathrm{T}} - 2zF_{\mathrm{TV}} = 0$$

Durch Einsetzen von Gl. (1.4) und (2.125) bekommt man:

$$F_{\mathrm{G}} + F_{\mathrm{äuß}} - zp_{\mathrm{T}} A_{\mathrm{w}} - 2zp_{\mathrm{TV}} A_{\mathrm{wV}} \cos\gamma = 0$$

Aus dieser Gleichung erhält man die Schnittkraft:

$$F_{\mathrm{äuß}} = zp_{\mathrm{T}} A_{\mathrm{w}} + 2zp_{\mathrm{TV}} A_{\mathrm{wV}} \cos\gamma - F_{\mathrm{G}} \tag{2.126}$$

Beim Ölversorgungssystem „Eine gemeinsame Pumpe und Membrandrosseln“ gelten die folgenden Gleichungen.

Damit die Gleichgewichtsgleichung in Querrichtung erfüllt wird, müssen die Taschenkräfte der Flachbahn F_{T} gleich sein wie beide Taschenkräfte der V-Bahn F_{TV}:

$$F_{\mathrm{T}} = 2F_{\mathrm{TV}} \tag{2.127}$$

Die Gleichgewichtsgleichung wird durch Einsetzen von Gl. (2.127) abgeleitet zu:

$$F_{\mathrm{G}} + F_{\mathrm{äuß}} - zF_{\mathrm{T}} - 2z\frac{F_{\mathrm{T}}}{2} = 0$$

Für die Taschenkraft bei den Membrandrosseln gilt:

$$F_\mathrm{T} = \frac{F_\mathrm{G} + F_\mathrm{äuß}}{2z} \tag{2.128}$$

Der Volumenstrom durch alle Taschen der Flachführung im Anfangszustand beträgt:

$$Q_\mathrm{0GES} = z\frac{p_\mathrm{T0}{h_0}^3}{12\eta}\frac{b}{l} \tag{2.117}$$

Der Volumenstrom durch alle Taschen der Flachführung unter Wirkung der Schnittkraft beträgt:

$$Q_\mathrm{GES} = z\frac{p_\mathrm{T}h^3}{12\eta}\frac{b}{l} \tag{2.115}$$

Der Volumenstrom durch alle Taschen der V-Führung im Anfangszustand lautet:

$$Q_\mathrm{0GES} = 2z\frac{p_\mathrm{T0}h_0^3}{12\eta}\frac{b}{l} \tag{2.16}$$

Der Volumenstrom durch alle Taschen der V-Führung unter Wirkung der Schnittkraft beträgt:

$$Q_\mathrm{GES} = 2z\frac{p_\mathrm{TV}{h_\mathrm{V}}^3}{12\eta}\frac{b}{l} \tag{2.119}$$

Für die Reibfläche der Flachführung gilt:

$$A_\mathrm{R} = (B_\mathrm{w} + l)\,l2z + (L_\mathrm{w} - l)\,l2z \tag{2.18}$$

Für die Reibfläche einer V-Bahn gilt:

$$A_\mathrm{RV} = (B_\mathrm{wV} + l_\mathrm{V})\,l_\mathrm{V}2z + (L_\mathrm{wV} - l_\mathrm{V})\,l_\mathrm{V}2z \tag{2.18}$$

Für die Gesamtreibfläche gilt:

$$A_\mathrm{R} = A_\mathrm{RI} + 2A_\mathrm{RV} \tag{2.130}$$

Die Verlustleistung P_VER errechnet sich als Summe von Pumpenleistung P_P und Reibleistung P_R:

$$P_\mathrm{VER} = P_\mathrm{p} + P_\mathrm{R} = Q_\mathrm{0GES}\,p_\mathrm{p} + \frac{A_\mathrm{R}\eta v^2}{h_0} \tag{2.20}$$

2.19.1 Berechnungsbeispiel bei Ölversorgung „Eine gemeinsame Pumpe und Kapillardrosseln“

Die zentrisch belastete hydrostatische offene V-Flachführung nach Abb. 2.16 wird mit der Ölversorgung „Eine gemeinsame Pumpe und Kapillardrosseln“ nach folgenden Vorgabedaten ausgelegt:

Vorgabedaten:

Wirksame Taschenbreite der Flachbahn: $B_w = 0{,}109$ m
Wirksame Taschenlänge der Flachbahn: $L_w = 0{,}130$ m
Abströmlänge bei Flachbahn: $l = 0{,}015$ m
Wirksame Taschenlänge der V-Führung: $L_{wV} = 0{,}130$ m
Abströmlänge der V-Führung: $l_V = 0{,}013$ m
Lagerspalt im Anfangszustand: $h_0 = h_{0V} = 0,00003$ m $= 0{,}030 \cdot 10^{-3}$ m
Anzahl der Taschen auf der Flachführung $z = 6$
Anzahl der hydrostatischen Taschen einer V-Führungsbahn: $z = 6$
Höchste Tischgeschwindigkeit: $v = 21{,}6$ m min^{-1} $= 0{,}36$ m s^{-1}
Schlittenmasse: $m_{sch} = 5000$ kg
Zusatzmasse auf dem Schlitten: $m_{zus} = 4984{,}7$ kg
Gesamtmasse: $m = 9984{,}7$ kg
Schmieröl: ISO VG 32
Öltemperatur: $\vartheta = 25$ °C
Wie im Berechnungsbeispiel 2.12.1 ergeben sich:
Dynamische Viskosität des Öles bei 25 °C: $\eta = 0{,}0641$N s m^{-2}
Kinematische Viskosität bei $\vartheta = 25$ °C: $\nu_{25} = 73{,}85$ mm^2 s^{-1}
Die Spaltänderung bei Flachführung unter Wirkung der Schnittkraft $F_{äuß}$ wird angenommen: $\Delta h = 0{,}000003 = 0{,}003 \cdot 10^{-3}$ m
Winkel der V-Führung: $\gamma = 45$ °

Gesucht:

- Wirksame Taschenbreite einer V-Bahn: B_{wV}
- Schnittkraft $F_{äuß}$
- Volumenstrom im Anfangszustand Q_{0GES}
- Volumenstrom unter Wirkung der Schnittkraft Q_{GES}
- Verlustleistung P_{VER}
- Lagersteifigkeit K

Lösung:

1. Gesamtanzahl der hydrostatischen Taschen:

$$3z = 3 \cdot 6 = 18$$

2. Gewichtskraft des Tisches

$$F_G = mg = 9984{,}7 \cdot 9{,}81 = 97950\,\text{N} \tag{2.1}$$

3. Wirksame Taschenfläche der Flachbahn:

$$A_w = B_w L_w = 0,109 \cdot 0,130 = 0{,}0142\ \text{m}^2 \tag{1.3}$$

4. Wirksame Taschenfläche einer V-Bahn:

$$A_{\mathrm{wV}} = \frac{A_{\mathrm{w}}}{2\cos\gamma} = \frac{0{,}0142}{2\cos 45^\circ} = 0{,}01\ \mathrm{m}^2 \tag{2.120}$$

5. Wirksame Taschenbreite einer V-Bahn:

$$B_{\mathrm{wV}} = \frac{A_{\mathrm{wV}}}{L_{\mathrm{wV}}} = \frac{0{,}01}{0{,}130} = 0{,}077\ \mathrm{m} \tag{1.3}$$

6. Taschendruck im Anfangszustand:

$$\begin{aligned} p_{\mathrm{T0}} &= \frac{F_{\mathrm{G}}}{z(A_{\mathrm{w}} + 2A_{\mathrm{wV}}\cos\gamma)} \\ &= \frac{97950}{6\cdot(0{,}0142 + 2\cdot 0{,}01\cdot\cos 45^\circ)} = 5{,}76\cdot 10^5 \mathrm{N\ m^{-2}} \end{aligned} \tag{2.121}$$

7. Flächenverhältnis bei Flachführung:

$$\varphi = \frac{A_{\mathrm{wII}}}{A_{\mathrm{wI}}} = \frac{0}{0{,}01} = 0 \tag{2.13}$$

8. Flächenverhältnis bei V-Führung:

$$\varphi = \frac{A_{\mathrm{wV}}}{A_{\mathrm{wV}}} = \frac{0{,}01}{0{,}01} = 1 \tag{2.13}$$

9. Abströmbreite b bei Flachbahn:

$$b = 2B_{\mathrm{w}} + 2L_{\mathrm{w}} = 2\cdot 0{,}109 + 2\cdot 0{,}130 = 0{,}478\ \mathrm{m} \tag{1.1}$$

10. Strömungsverhältnis bei Flachbahn:

$$\frac{b}{l} = \frac{0{,}478}{0{,}015} = 31{,}8 \tag{1.2}$$

11. Abströmbreite bei V-Führung:

$$b_{\mathrm{V}} = 2B_{\mathrm{wV}} + 2L_{\mathrm{wV}} = 2\cdot 0{,}077 + 2\cdot 0{,}130 = 0{,}414\ \mathrm{m} \tag{1.1}$$

12. Strömungsverhältnis bei V-Führung:

$$\frac{b_{\mathrm{V}}}{l_{\mathrm{V}}} = \frac{0{,}414}{0{,}013} = 31{,}8 \tag{1.2}$$

13. Die Empfehlung wird erfüllt, dass die Strömungsverhältnisse bei Flachführung und V-Führung gleich sind:

$$\frac{b}{l} = \frac{b_{\mathrm{V}}}{l_{\mathrm{V}}} = 31{,}8 \tag{2.15}$$

14. Relative Spaltänderung:

$$\Psi = \frac{\Delta h}{h_0} = \frac{0{,}003 \cdot 10^{-3}}{0{,}03 \cdot 10^{-3}} = 0{,}1 \tag{2.14}$$

15. Nach Tab. 2.1 wird für $\varphi = 0$ und $\Psi = 0{,}1$ ein optimales Drosselverhältnis ermittelt:

$$\left(\frac{p_\mathrm{P}}{p_\mathrm{T0}}\right)_\mathrm{OPT} = 2{,}17$$

16. Pumpendruck:

$$p_\mathrm{P} = \left(\frac{p_\mathrm{p}}{p_\mathrm{T0}}\right)_\mathrm{OPT} p_\mathrm{T0} = 2{,}17 \cdot 5{,}76 \cdot 10^5 = 12{,}5 \cdot 10^5\ \mathrm{N\,m^{-2}} \tag{2.21}$$

17. Taschendruck bei Flachbahn unter Wirkung der Schnittkraft:

$$p_\mathrm{T} = \frac{p_\mathrm{P}}{\left(\frac{p_\mathrm{P}}{p_\mathrm{T0}} - 1\right)\left(1 - \frac{\Delta h}{h_0}\right)^3 + 1}$$

$$= \frac{12{,}5 \cdot 10^5}{(2{,}17 - 1) \cdot (1 - 0{,}1)^3 + 1} = 6{,}73 \cdot 10^5\ \mathrm{N\,m^{-2}} \tag{2.22}$$

18. Taschendruck bei V-Bahn unter Wirkung der Schnittkraft:

$$p_\mathrm{TV} = \frac{p_\mathrm{P}}{\left(\frac{p_\mathrm{P}}{p_\mathrm{T0}} - 1\right)\left(1 - \frac{\Delta h \cos\gamma}{h_0}\right)^3 + 1} = \frac{12{,}5 \cdot 10^5}{(2{,}17 - 1) \cdot (1 - 0{,}1 \cdot \cos 45°)^3 + 1}$$

$$= 6{,}43 \cdot 10^5\ \mathrm{N\,m^{-2}} \tag{2.123}$$

19. Schnittkraft:

$$F_\text{äuß} = z p_\mathrm{T} A_\mathrm{w} + 2 z p_\mathrm{TV} A_\mathrm{wV} \cos\gamma - F_\mathrm{G} = 6 \cdot 6{,}73 \cdot 10^5 \cdot 0{,}0142$$
$$+ 2 \cdot 6 \cdot 6{,}43 \cdot 10^5 \cdot 0{,}01 \cdot \cos 45° - 97950 = 13949{,}5\,\mathrm{N} \tag{2.126}$$

20. Gesamtvolumenstrom der Flachführung im Anfangszustand:

$$Q_\mathrm{0GES} = z \frac{p_\mathrm{T0} {h_0}^3}{12\eta} \frac{b}{l} = 6 \cdot \frac{5{,}76 \cdot 10^5 \cdot (0{,}00003)^3}{12 \cdot 0{,}0641} \cdot 31{,}8 = 0{,}00000385\,\mathrm{m^3 s^{-1}}$$
$$= 0{,}231\,\mathrm{dm^3\,min^{-1}} \tag{2.117}$$

21. Lagerspalt bei Flachbahn unter Wirkung der Schnittkraft:

$$h_\mathrm{I} = h_0 - \Delta h = 0{,}030 \cdot 10^{-3} - 0{,}0030 \cdot 10^{-3} = 0{,}000027\ \mathrm{m} = 0{,}027 \cdot 10^{-3}\ \mathrm{m} \tag{2.11}$$

22. Lagerspalt bei V-Bahn unter Wirkung der Schnittkraft:

$$h_V = h_0 - \Delta h \cos\gamma = 0{,}030 \cdot 10^{-3} - 0{,}0030 \cdot 10^{-3} \cdot \cos 45^\circ$$
$$= 0{,}0000278 \text{ m} = 0{,}0278 \cdot 10^{-3} \text{ m} \quad (2.122)$$

23. Gesamtvolumenstrom der Flachführung unter Wirkung der Schnittkraft:

$$Q_{GES} = z\frac{p_T h^3}{12\eta}\frac{b}{l} = 6 \cdot \frac{6{,}73 \cdot 10^5 \cdot (0{,}000027)^3}{12 \cdot 0{,}0641} \cdot 31{,}8 = 0{,}00000328 \text{ m}^3 \text{ s}^{-1}$$
$$= 0{,}197 \text{ dm}^3 \text{ min}^{-1} \quad (2.115)$$

24. Gesamtvolumenstrom der V-Führung im Anfangszustand:

$$Q_{0GES} = 2z\frac{p_{T0} h_0^3}{12\eta}\frac{b}{l} = 2 \cdot 6 \cdot \frac{5{,}76 \cdot 10^5 \cdot (0{,}00003)^3}{12 \cdot 0{,}0641} \cdot 31{,}8$$
$$= 0{,}000007713 \text{ m}^3 \text{ s}^{-1} = 0{,}462 \text{ dm}^3 \text{ min}^{-1} \quad (2.16)$$

25. Gesamtvolumenstrom der V-Führung unter Wirkung der Schnittkraft:

$$Q_{GES} = 2z\frac{p_{TV} h_V^3}{12\eta}\frac{b}{l} = 2 \cdot 6 \cdot \frac{6{,}43 \cdot 10^5 \cdot (0{,}0000278)^3}{12 \cdot 0{,}0641} \cdot 31{,}8$$
$$= 0{,}00000685 \text{ m}^3 \text{ s}^{-1} = 0{,}411 \text{ dm}^3 \text{ min}^{-1} \quad (2.129)$$

26. Gesamtvolumenstrom der V-Flachführung im Anfangszustand:

$$Q_{0GES} = 0{,}00000385 + 0{,}000007713 = 0{,}00001156 \text{ m}^3\text{s}^{-1} = 0{,}69 \text{ dm}^3 \text{ min}^{-1}$$

27. Reibfläche bei Flachbahn:

$$A_{RI} = (B_{wI} + l_I)\, l_I 2z + (L_{wI} - l_I)\, l_I 2z = (0{,}109 + 0{,}015) \cdot 0{,}015 \cdot 2 \cdot 6$$
$$+ (0{,}130 - 0{,}015) \cdot 0{,}015 \cdot 2 \cdot 6 = 0{,}043 \text{ m}^2 \quad (2.18)$$

28. Reibfläche einer V-Bahn:

$$A_{RV} = (B_{wV} + l_V)\, l_V 2z + (L_{wV} - l_V)\, l_V 2z$$
$$= (0{,}077 + 0{,}013) \cdot 0{,}013 \cdot 2 \cdot 6 + (0{,}130 - 0{,}013) \cdot 0{,}013 \cdot 2 \cdot 6$$
$$= 0{,}032 \text{ m}^2 \quad (2.18)$$

29. Gesamtreibfläche:

$$A_R = A_{RI} + 2A_{RV} = 0{,}043 + 2 \cdot 0{,}032 = 0{,}107 \text{ m}^2 \quad (2.130)$$

30. Verlustleistung:

$$P_{\mathrm{VER}} = P_{\mathrm{P}} + P_{\mathrm{R}} = Q_{0\mathrm{GES}} p_{\mathrm{P}} + \frac{A_{\mathrm{R}} \eta v^2}{h_0} = 0{,}00001156 \cdot 12{,}5 \cdot 10^5$$

$$+ \frac{0{,}107 \cdot 0{,}0641 \cdot 0{,}36^2}{0{,}00003} = 14{,}45 + 29{,}6 = 44{,}07\,\mathrm{W} \qquad (2.20)$$

31. Taschenkraft der Flachbahn unter Wirkung der Schnittkraft:

$$F_{\mathrm{T}} = p_{\mathrm{T}} A_{\mathrm{w}} = 6{,}73 \cdot 10^5 \cdot 0{,}0142 = 9556{,}6\ \mathrm{N} \qquad (1.4)$$

32. Taschenkraft der Flachbahn im Anfangszustand:

$$F_{\mathrm{T0}} = p_{\mathrm{T0}} A_{\mathrm{w}} = 5{,}76 \cdot 10^5 \cdot 0{,}0142 = 8179{,}2\,\mathrm{N} \qquad (2.116)$$

33. Steifigkeit des hydrostatischen Lagers:

$$K = \frac{dF}{dh} = \frac{F_{\mathrm{T}} - F_{\mathrm{T0}}}{\Delta h} = \frac{9556{,}6 - 8179{,}2}{0{,}000003}$$

$$= 459100000\ \mathrm{N\ m^{-1}} = 459{,}1\ \mathrm{N\ \mu m^{-1}} \qquad (1.11)$$

2.19.2 Berechnungsbeispiel bei Ölversorgung „Eine Pumpe pro Tasche“

Die zentrisch belastete hydrostatische offene V-Flachführung nach Abb. 2.16 soll mit der Ölversorgung „Eine Pumpe pro Tasche“ ausgelegt werden.

Vorgabedaten:

Wirksame Taschenbreite der Flachbahn: $B_{\mathrm{w}} = 0{,}109$ m
Wirksame Taschenlänge der Flachbahn: $L_{\mathrm{w}} = 0{,}130$ m
Abströmlänge bei Flachbahn: $l = 0{,}015$ m
Wirksame Taschenlänge der V-Führung: $L_{\mathrm{wV}} = 0{,}130$ m
Abströmlänge der V-Führung: $l_{\mathrm{V}} = 0{,}013$ m
Lagerspalt im Anfangszustand: $h_{0\mathrm{I}} = h_{0\mathrm{V}} = h_0 = 0{,}00003\mathrm{m} = 0{,}030 \cdot 10^{-3}$ m
Anzahl der Taschen auf der Flachbahn: $z = 6$
Anzahl der hydrostatischen Taschen einer V-Führungsbahn: $z = 6$
Höchste Tischgeschwindigkeit: $v = 21{,}6\ \mathrm{m\ min^{-1}} = 0{,}36\ \mathrm{m\ s^{-1}}$
Schlittenmasse: $m_{\mathrm{sch}} = 5000$ kg
Zusatzmasse auf dem Schlitten: $m_{\mathrm{zus}} = 4984{,}7$ kg
Gesamtmasse: $m = 9984{,}7$ kg
Schmieröl: ISO VG 32
Öltemperatur: $\vartheta = 25$ °C
Wie im Berechnungsbeispiel 2.12.1 ergeben sich:

Dynamische Viskosität des Öles bei 25 °C: $\eta = 0{,}0641$ N s m^{-2}
Kinematische Viskosität bei $\vartheta = 25$ °C: $\upsilon_{25} = 73{,}85$ mm^2 s^{-1}
Die Spaltänderung bei Flachführung unter Wirkung der Schnittkraft $F_{\text{äuß}}$ wird angenommen: $\Delta h = 0{,}000003 = 0{,}003 \cdot 10^{-3}$ m
Winkel der V-Führung: $\gamma = 45°$

Gesucht:

- Wirksame Taschenbreite einer V-Bahn: B_{wV}
- Schnittkraft $F_{\text{äuß}}$
- Volumenstrom im Anfangszustand Q_{0GES}
- Volumenstrom unter Wirkung der Schnittkraft Q_{GES}
- Verlustleistung P_{VER}
- Lagersteifigkeit K

Lösung:

1. Gesamtanzahl der hydrostatischen Taschen:

$$3z = 3 \cdot 6 = 18$$

2. Gewichtskraft des Tisches

$$F_{\text{G}} = mg = 9984{,}7 \cdot 9{,}81 = 97950\,\text{N} \tag{2.1}$$

3. Wirksame Taschenfläche der Flachbahn:

$$A_{\text{w}} = B_{\text{w}} L_{\text{w}} = 0{,}109 \cdot 0{,}130 = 0{,}0142 \text{ m}^2 \tag{1.3}$$

4. Wirksame Taschenfläche einer V-Bahn:

$$A_{\text{wV}} = \frac{A_{\text{w}}}{2\cos\gamma} = \frac{0{,}0142}{2c\cos 45°} = 0{,}01 \text{ m}^2 \tag{2.120}$$

5. Wirksame Taschenbreite einer V-Bahn:

$$B_{\text{wV}} = \frac{A_{\text{wV}}}{L_{\text{wV}}} = \frac{0{,}01}{0{,}130} = 0{,}77 \text{ m} \tag{1.3}$$

6. Taschendruck im Anfangszustand:

$$\begin{aligned} p_{\text{T0}} &= \frac{F_{\text{G}}}{z(A_{\text{w}} + 2A_{\text{wV}}\cos\gamma)} \\ &= \frac{97950}{6 \cdot (0{,}0142 + 2 \cdot 0{,}01 \cdot \cos 45°)} = 5{,}76 \cdot 10^5 \text{ N m}^{-2} \end{aligned} \tag{2.121}$$

7. Flächenverhältnis bei Flachbahn:

$$\varphi = \frac{A_{\mathrm{wII}}}{A_{\mathrm{wI}}} = \frac{0}{0{,}01} = 0 \qquad (2.13)$$

8. Flächenverhältnis bei V-Führung:

$$\varphi = \frac{A_{\mathrm{wV}}}{A_{\mathrm{wV}}} = \frac{0{,}01}{0{,}01} = 1 \qquad (2.13)$$

9. Abströmbreite b bei Flachbahn:

$$b = 2B_{\mathrm{w}} + 2L_{\mathrm{w}} = 2 \cdot 0{,}109 + 2 \cdot 0{,}130 = 0{,}478 \text{ m} \qquad (1.1)$$

10. Strömungsverhältnis bei Flachbahn:

$$\frac{b}{l} = \frac{0{,}478}{0{,}015} = 31{,}8 \qquad (1.2)$$

11. Abströmbreite bei V-Führung:

$$b_{\mathrm{V}} = 2B_{\mathrm{wV}} + 2L_{\mathrm{wV}} = 2 \cdot 0{,}077 + 2 \cdot 0{,}130 = 0{,}414 \text{ m} \qquad (1.1)$$

12. Strömungsverhältnis bei V-Führung:

$$\frac{b_{\mathrm{V}}}{l_{\mathrm{V}}} = \frac{0{,}414}{0{,}013} = 31{,}8 \qquad (1.2)$$

13. Die Empfehlung wird erfüllt, dass die Strömungsverhältnisse bei Flachführung und V-Führung gleich sind:

$$\frac{b}{l} = \frac{b_{\mathrm{V}}}{l_{\mathrm{V}}} = 31{,}8 \qquad (2.15)$$

14. Relative Spaltänderung:

$$\Psi = \frac{\Delta h}{h_0} = \frac{0{,}003 \cdot 10^{-3}}{0{,}03 \cdot 10^{-3}} = 0{,}1 \qquad (2.14)$$

15. Taschendruck bei Flachbahn unter Wirkung der Schnittkraft:

$$p_{\mathrm{T}} = \frac{p_{\mathrm{T0}}}{\left(1 - \dfrac{\Delta h}{h_0}\right)^3} = \frac{5{,}76 \cdot 10^5}{(1 - 0{,}1)^3} = 7{,}9 \cdot 10^5 \text{ N m}^{-2} \qquad (2.27)$$

16. Taschendruck bei V-Bahn unter Wirkung der Schnittkraft:

$$p_{\mathrm{TV}} = \frac{p_{\mathrm{T0}}}{\left(1 - \dfrac{\Delta h \cos\gamma}{h_0}\right)^3} = \frac{5{,}76 \cdot 10^5}{(1 - 0{,}1 \cdot \cos 45°)^3} = 7{,}17 \cdot 10^5 \text{ N m}^{-2}$$

(2.124)

17. Schnittkraft:

$$F_{\text{äuß}} = zp_{\text{T}}A_{\text{w}} + 2zp_{\text{TV}}A_{\text{wV}}\cos\gamma - F_{\text{G}} = 6 \cdot 7{,}9 \cdot 10^5 \cdot 0{,}0142 + 2 \cdot 6 \cdot 7{,}17 \cdot 10^5 \cdot 0{,}01 \cdot \cos 45° - 97950 = 30197{,}4\,\text{N} \quad (2.126)$$

18. Gesamtvolumenstrom der Flachführung im Anfangszustand:

$$Q_{0\text{F}} = z\frac{p_{\text{T0}}h_0^3}{12\eta}\frac{b}{l} = 6 \cdot \frac{5{,}76 \cdot 10^5 \cdot (0{,}00003)^3}{12 \cdot 0{,}0641} \cdot 31{,}8 = 0{,}00000385\ \text{m}^3\ \text{s}^{-1} = 0{,}231\ \text{dm}^3\ \text{min}^{-1} \quad (2.117)$$

19. Lagerspalt bei Flachbahn unter Wirkung der Schnittkraft:

$$h = h_0 - \Delta h = 0{,}03 \cdot 10^{-3} - 0{,}003 \cdot 10^{-3} = 0{,}000027\ \text{m} = 0{,}027 \cdot 10^{-3}\ \text{m} \quad (2.11)$$

20. Lagerspalt bei V-Bahn unter Wirkung der Schnittkraft:

$$h_{\text{V}} = h_0 - \Delta h\cos\gamma = 0{,}03 \cdot 10^{-3} - 0{,}003 \cdot 10^{-3} \cdot \cos 45° = 0{,}0000278\ \text{m} = 0{,}0278 \cdot 10^{-3}\ \text{m} \quad (2.122)$$

21. Gesamtvolumenstrom der Flachführung unter Wirkung der Schnittkraft:

$$Q_{\text{F}} = z\frac{p_{\text{T}}h^3}{12\eta}\frac{b}{l} = 6 \cdot \frac{7{,}9 \cdot 10^5 \cdot (0{,}000027)^3}{12 \cdot 0{,}0641} \cdot 31{,}8 = 0{,}000003857\ \text{m}^3\ \text{s}^{-1} = 0{,}231\ \text{dm}^3\ \text{min}^{-1} \quad (2.115)$$

22. Gesamtvolumenstrom der V-Führung im Anfangszustand:

$$Q_{0\text{V}} = 2z\frac{p_{\text{T0}}h_0^3}{12\eta}\frac{b}{l} = 2 \cdot 6 \cdot \frac{5{,}76 \cdot 10^5 \cdot (0{,}00003)^3}{12 \cdot 0{,}0641} \cdot 31{,}8 = 0{,}0000077\ \text{m}^3\ \text{s}^{-1} = 0{,}462\ \text{dm}^3\ \text{min}^{-1} \quad (2.16)$$

23. Gesamtvolumenstrom der V-Führung unter Wirkung der Schnittkraft:

$$Q_{\text{V}} = 2z\frac{p_{\text{TV}}h_{\text{V}}^3}{12\eta}\frac{b}{l} = 2 \cdot 6 \cdot \frac{7{,}17 \cdot 10^5 \cdot (0{,}0000278)^3}{12 \cdot 0{,}0641} \cdot 31{,}8 = 0{,}000007641\ \text{m}^3\ \text{s}^{-1} = 0{,}458\ \text{dm}^3\ \text{min}^{-1} \quad (2.129)$$

24. Gesamtvolumenstrom der V-Flachführung im Anfangszustand:

$$Q_{0\text{GES}} = 0{,}00000385 + 0{,}0000077 = 0{,}00001155\ \text{m}^3\ \text{s}^{-1} = 0{,}693\ \text{dm}^3\ \text{min}^{-1}$$

25. Gesamtvolumenstrom der V-Flachführung unter Wirkung der Schnittkraft:

$$Q_{\mathrm{GES}} = 0{,}00000385 + 0{,}0000077 = 0{,}00001155\ \mathrm{m}^3\ \mathrm{s}^{-1} = 0{,}693\ \mathrm{dm}^3\ \mathrm{min}^{-1}$$

26. Reibfläche bei Flachbahn:

$$\begin{aligned} A_{\mathrm{RI}} &= (B_{\mathrm{wI}} + l_{\mathrm{I}})l_{\mathrm{I}}2z + (L_{\mathrm{wI}} - l_{\mathrm{I}})l_{\mathrm{I}}2z = (0{,}109 + 0{,}015)0{,}015 \cdot 2 \cdot 6 \\ &+ (0{,}130 - 0{,}015) \cdot 0{,}015 \cdot 2 \cdot 6 = 0{,}043\ \mathrm{m}^2 \end{aligned} \tag{2.18}$$

27. Reibfläche einer V-Bahn:

$$\begin{aligned} A_{\mathrm{RV}} &= (B_{\mathrm{wV}} + l_{\mathrm{V}})l_{\mathrm{V}}2z + (L_{\mathrm{wV}} - l_{\mathrm{V}})l_{\mathrm{V}}2z \\ &= (0{,}077 + 0{,}013) \cdot 0{,}013 \cdot 2 \cdot 6 + (0{,}130 - 0{,}013) \cdot 0{,}013 \cdot 2 \cdot 6 \\ &= 0{,}032\ \mathrm{m}^2 \end{aligned} \tag{2.18}$$

28. Gesamtreibfläche:

$$A_{\mathrm{R}} = A_{\mathrm{RI}} + 2A_{\mathrm{RV}} = 0{,}043 + 2 \cdot 0{,}032 = 0{,}107\ \mathrm{m}^2 \tag{2.130}$$

29. Verlustleistung:

$$\begin{aligned} P_{\mathrm{VER}} &= P_{\mathrm{P}} + P_{\mathrm{R}} = Q_{0\mathrm{GES}}\, p_{\mathrm{P}} + \frac{A_{\mathrm{R}}\eta v^2}{h_0} \\ &= 0{,}00001155 \cdot 5{,}76 \cdot 10^5 + \frac{0{,}107 \cdot 0{,}0641 \cdot 0{,}36^2}{0{,}00003} = 6{,}6 + 29{,}6 \\ &= 36{,}2\ \mathrm{W} (\text{es wird eingesetzt}: p_{\mathrm{P}} = p_{\mathrm{T0}} = 5{,}76 \cdot 10^5\ \mathrm{N\ m}^{-2}) \end{aligned} \tag{2.20}$$

30. Taschenkraft der Flachbahn unter Wirkung der Schnittkraft:

$$F_{\mathrm{T}} = p_{\mathrm{T}} A_{\mathrm{w}} = 7{,}9 \cdot 10^5 \cdot 0{,}0142 = 11218\,\mathrm{N} \tag{1.4}$$

31. Taschenkraft der Flachbahn im Anfangszustand:

$$F_{\mathrm{T0}} = p_{\mathrm{T0}} A_{\mathrm{w}} = 5{,}76 \cdot 10^5 \cdot 0{,}0142 = 8179{,}2\,\mathrm{N} \tag{2.116}$$

32. Steifigkeit des hydrostatischen Lagers:

$$\begin{aligned} K &= \frac{dF}{dh} = \frac{F_{\mathrm{T}} - F_{\mathrm{T0}}}{\Delta h} = \frac{11218 - 8179{,}2}{0{,}000003} \\ &= 1012933333\ \mathrm{N\ m}^{-1} = 1012{,}9\ \mathrm{N}\ \mu\mathrm{m}^{-1} \end{aligned} \tag{1.11}$$

2.19.3 Berechnungsbeispiel bei Ölversorgung „Eine gemeinsame Pumpe und Membrandrosseln“

Die zentrisch belastete hydrostatische offene V-Flachführung nach Abb. 2.16 soll mit der Ölversorgung „Eine gemeinsame Pumpe und Membrandrosseln“ ausgelegt werden.

Vorgabedaten:

Wirksame Taschenbreite der Flachbahn: $B_w = 0{,}109$ m
Wirksame Taschenlänge der Flachbahn: $L_w = 0{,}130$ m
Abströmlänge bei Flachbahn: $l = 0{,}015$ m
Wirksame Taschenlänge der V-Führung: $L_{wV} = 0{,}130$ m
Abströmlänge der V-Führung: $l_V = 0{,}013$ m
Lagerspalt im Anfangszustand: $h_{0I} = h_{0V} = h_0 = 0{,}00003 \text{ m} = 0{,}030 \cdot 10^{-3}$ m
Anzahl der Taschen auf der Flachbahn: $z = 6$
Anzahl der hydrostatischen Taschen einer V-Führungsbahn: $z = 6$
Höchste Tischgeschwindigkeit: $v = 21{,}6 \text{ m min}^{-1} = 0{,}36 \text{ ms}^{-1}$
Schlittenmasse: $m_{\text{sch}} = 5000$ kg
Zusatzmasse auf dem Schlitten: $m_{\text{zus}} = 4984{,}7$ kg
Gesamtmasse: $m = 9984{,}7$ kg
Schnittkraft: $F_{\text{äuß}} = 30197{,}4$ N
Schmieröl: ISO VG 32
Öltemperatur: $\vartheta = 25$ °C
Wie im Berechnungsbeispiel 2.12.1 ergeben sich:
Dynamische Viskosität des Öles bei 25 °C: $\eta = 0{,}0641 \text{ N s m}^{-2}$
Kinematische Viskosität bei $\vartheta = 25$ °C: $v_{25} = 73{,}85 \text{ mm}^2 \text{ s}^{-1}$
Winkel der V-Führung: $\gamma = 45°$

Gesucht:

- Wirksame Taschenbreite einer V-Bahn: B_{wV}
- Volumenstrom im Anfangszustand Q_{0GES}
- Volumenstrom unter Wirkung der Schnittkraft Q_{GES}
- Verlustleistung P_{VER}

Lösung:

1. Gesamtanzahl der hydrostatischen Taschen:

$$3z = 3 \cdot 6 = 18$$

2. Gewichtskraft des Tisches

$$F_G = mg = 9984{,}7 \cdot 9{,}81 = 97950 \text{ N} \tag{2.1}$$

3. Wirksame Taschenfläche der Flachführung:

$$A_W = B_W L_W = 0{,}109 \cdot 0{,}130 = 0{,}0142 \text{ m}^2 \tag{1.3}$$

4. Wirksame Taschenfläche einer V-Bahn:

$$A_{wV} = \frac{A_W}{2\cos\gamma} = \frac{0{,}0142}{2 \cdot \cos 45°} = 0{,}01 \text{ m}^2 \tag{2.120}$$

5. Wirksame Taschenbreite einer V-Bahn:

$$B_{\mathrm{wV}} = \frac{A_{\mathrm{wV}}}{L_{\mathrm{wV}}} = \frac{0{,}01}{0{,}130} = 0{,}077 \text{ m} \tag{1.3}$$

6. Taschendruck im Anfangszustand:

$$p_{\mathrm{T0}} = \frac{F_{\mathrm{G}}}{z(A_{\mathrm{W}} + 2A_{\mathrm{wV}} \cos\gamma)} = \frac{97950}{6 \cdot (0{,}0142 + 2 \cdot 0{,}01 \cos 45°)}$$
$$= 5{,}76 \cdot 10^5 \text{ N m}^{-2} \tag{2.121}$$

7. Flächenverhältnis bei Flachführung:

$$\varphi = \frac{A_{\mathrm{wII}}}{A_{\mathrm{wI}}} = \frac{0}{0{,}01} = 0 \tag{2.13}$$

8. Flächenverhältnis bei V-Führung:

$$\varphi = \frac{A_{\mathrm{wV}}}{A_{\mathrm{wV}}} = \frac{0{,}01}{0{,}01} = 1 \tag{2.13}$$

9. Abströmbreite b bei Flachführung:

$$b = 2B_{\mathrm{w}} + 2L_{\mathrm{w}} = 2 \cdot 0{,}109 + 2 \cdot 0{,}130 = 0{,}478 \text{ m} \tag{1.1}$$

10. Strömungsverhältnis bei Flachführung:

$$\frac{b}{l} = \frac{0{,}478}{0{,}015} = 31{,}8 \tag{1.2}$$

11. Abströmbreite bei V-Führung::

$$b_{\mathrm{V}} = 2B_{\mathrm{wV}} + 2L_{\mathrm{wV}} = 2 \cdot 0{,}077 + 2 \cdot 0{,}130 = 0{,}414 \text{ m} \tag{1.1}$$

12. Strömungsverhältnis bei V-Führung:

$$\frac{b_{\mathrm{V}}}{l_{\mathrm{V}}} = \frac{0{,}414}{0{,}013} = 31{,}8 \tag{1.2}$$

13. Die Empfehlung wird erfüllt, dass die Strömungsverhältnisse bei Flachführung und V-Führung gleich sind:

$$\frac{b}{l} = \frac{b_{\mathrm{V}}}{l_{\mathrm{V}}} = 31{,}8 \tag{2.15}$$

14. Gesamtvolumenstrom der Flachführung im Anfangszustand:

$$Q_{\mathrm{0GES}} = z\frac{p_{\mathrm{T0}} h_0^3}{12\eta}\frac{b}{l} = 6 \cdot \frac{5{,}76 \cdot 10^5 \cdot (0{,}00003)^3}{12 \cdot 0{,}0641} \cdot 31{,}8 = 0{,}00000385 \text{ m}^3 \text{ s}^{-1}$$
$$= 0{,}231 \text{ dm}^3 \text{ min}^{-1} \tag{2.117}$$

15. Taschenkraft der Flachbahn im Anfangszustand:

$$F_{\mathrm{T0}} = p_{\mathrm{T0}} A_{\mathrm{w}} = 5{,}76 \cdot 10^5 \cdot 0{,}0142 = 8179{,}2\ \mathrm{N} \tag{2.116}$$

16. Proportionalitätsfaktor:

$$c = \frac{Q_0}{F_{\mathrm{T0}}} = \frac{0{,}00000385}{8179{,}2} = 4{,}707 \cdot 10^{-10}\ \mathrm{m^3\ s^{-1}\ N^{-1}} \tag{2.32}$$

17. Taschenkraft der Flachbahn unter Wirkung der Schnittkraft:

$$F_{\mathrm{T}} = \frac{F_{\mathrm{G}} + F_{\mathrm{äuß}}}{2z} = \frac{97950 + 30197{,}4}{2 \cdot 6} = 10678{,}9\,\mathrm{N} \tag{2.128}$$

18. Taschendruck unter Wirkung der Schnittkraft:

$$p_{\mathrm{T}} = \frac{F_{\mathrm{T}}}{A_{\mathrm{w}}} = \frac{10678{,}9}{0{,}0142} = 7{,}5 \cdot 10^5\ \mathrm{N\ m^{-2}} \tag{1.4}$$

19. Gesamtvolumenstrom der Flachführung unter Wirkung der Schnittkraft:

$$\begin{aligned} Q &= F_{\mathrm{T}} c = 10678{,}9 \cdot 4{,}707 \cdot 10^{-10} = 0{,}000005026\ \mathrm{m^3\ s^{-1}} \\ &= 0{,}30\ \mathrm{dm^3\ min^{-1}} \end{aligned} \tag{2.38}$$

20. Der Gesamtvolumenstrom der Flachführung unter Wirkung der Schnittkraft kann auch durch folgende Gleichung ermittelt werden:

$$\begin{aligned} Q_{\mathrm{GES}} &= z \frac{p_{\mathrm{T}} h^3}{12\eta} \frac{b}{l} = 6 \cdot \frac{7{,}5 \cdot 10^5 \cdot (0{,}00003)^3}{12 \cdot 0{,}0641} \cdot 31{,}8 = 0{,}000005026\ \mathrm{m^3\ s^{-1}} \\ &= 0{,}30\ \mathrm{dm^3\ min^{-1}} \end{aligned} \tag{2.115}$$

21. Gesamtvolumenstrom der V-Führung im Anfangszustand:

$$\begin{aligned} Q_{\mathrm{0GES}} &= 2z \frac{p_{\mathrm{T0}} h_0^3}{12\eta} \frac{b}{l} = 2 \cdot 6 \cdot \frac{5{,}76 \cdot 10^5 \cdot (0{,}00003)^3}{12 \cdot 0{,}0641} \cdot 31{,}8 \\ &= 0{,}0000077\ \mathrm{m^3\ s^{-1}} \quad = 0{,}462\ \mathrm{dm^3\ min^{-1}} \end{aligned} \tag{2.16}$$

22. Taschenkraft bei V-Führung im Anfangszustand:

$$F_{\mathrm{T0V}} = \frac{F_{\mathrm{T0}}}{2} = \frac{8179{,}2}{2} = 4089{,}6\ \mathrm{N} \tag{2.118}$$

23. Proportionalitätsfaktor:

$$c_{\mathrm{V}} = \frac{Q_0}{F_{\mathrm{T0}}} = \frac{0{,}0000077}{4089{,}6} = 18{,}82 \cdot 10^{-10}\ \mathrm{m^3\ s^{-1}\ N^{-1}} \tag{2.32}$$

24. Taschenkraft bei V-Führung unter Wirkung der Schnittkraft:

$$F_{\mathrm{TV}} = \frac{F_{\mathrm{T}}}{2} = \frac{10678{,}9}{2} = 5339{,}4\ \mathrm{N} \tag{2.127}$$

25. Taschendruck bei V-Führung unter Wirkung der Schnittkraft:

$$p_{\mathrm{TV}} = \frac{F_{\mathrm{TV}}}{A_{\mathrm{wV}} \cos\gamma} = \frac{5339{,}4}{0{,}01 \cos 45^\circ} = 7{,}5 \cdot 10^5\ \mathrm{N\,m^{-2}} \tag{1.125}$$

26. Gesamtvolumenstrom der V-Führung unter Wirkung der Schnittkraft:

$$\begin{aligned} Q_{\mathrm{TV}} &= F_{\mathrm{TV}} \cdot c_{\mathrm{V}} = 5339{,}4 \cdot 18{,}82 \cdot 10^{-10} = 0{,}000010048\ \mathrm{m^3\,s^{-1}} \\ &= 0{,}6\ \mathrm{dm^3\,min^{-1}} \end{aligned} \tag{2.38}$$

27. Der Gesamtvolumenstrom der V-Führung unter Wirkung der Schnittkraft kann auch nach folgender Gleichung berechnet werden:

$$\begin{aligned} Q_{\mathrm{GES}} &= 2z \frac{p_{\mathrm{TV}} h_{\mathrm{V}}^3}{12\eta} \frac{b}{l} = 2 \cdot 6 \cdot \frac{7{,}5 \cdot 10^5 \cdot (0{,}00003)^3}{12 \cdot 0{,}0641} \cdot 31{,}8 \\ &= 0{,}000010048\ \mathrm{m^3\,s^{-1}} = 0{,}6\ \mathrm{dm^3\,min^{-1}} \end{aligned} \tag{2.129}$$

28. Gesamtvolumenstrom der V-Flachführung im Anfangszustand:

$$\begin{aligned} Q_{0\mathrm{GES}} &= 0{,}00000385 + 0{,}0000077 = 0{,}00001155\ \mathrm{m^3\,s^{-1}} \\ &= 0{,}69\ \mathrm{dm^3\,min^{-1}} \end{aligned}$$

29. Reibfläche bei Flachführung:

$$\begin{aligned} A_{\mathrm{RI}} &= (B_{\mathrm{wI}} + l_{\mathrm{I}}) l_{\mathrm{I}} 2z + (L_{\mathrm{wI}} - l_{\mathrm{I}}) l_{\mathrm{I}} 2z = (0{,}109 + 0{,}015) 0{,}015 \cdot 2 \cdot 6 \\ &\quad + (0{,}130 - 0{,}015) \cdot 0{,}015 \cdot 2 \cdot 6 = 0{,}043\ \mathrm{m^2} \end{aligned} \tag{2.18}$$

30. Reibfläche einer V-Bahn:

$$\begin{aligned} A_{\mathrm{RV}} &= (B_{\mathrm{wV}} + l_{\mathrm{V}}) l_{\mathrm{V}} 2z + (L_{\mathrm{wV}} - l_{\mathrm{V}}) l_{\mathrm{V}} 2z \\ &= (0{,}077 + 0{,}013) \cdot 0{,}013 \cdot 2 \cdot 6 + (0{,}130 - 0{,}013) 0{,}013 \cdot 2 \cdot 6 = 0{,}032\ \mathrm{m^2} \end{aligned} \tag{2.18}$$

31. Gesamtreibfläche:

$$A_{\mathrm{R}} = A_{\mathrm{RI}} + 2A_{\mathrm{RV}} = 0{,}043 + 2 \cdot 0{,}032 = 0{,}107\ \mathrm{m^2} \tag{2.130}$$

32. Verlustleistung:

$$P_{VER} = P_P + P_R = Q_{0GES} p_P + \frac{A_R \eta v^2}{h_0}$$
$$= 0{,}00001155 \cdot 25 \cdot 10^5 + \frac{0{,}107 \cdot 0{,}0641 \cdot 0{,}36^2}{0{,}00003} = 28{,}8 + 29{,}6 = 58{,}4\ \text{W} \tag{2.20}$$

33. Der Pumpendruck wird so gewählt, dass die Membrandrossel in optimalem Druckverhältnis belastet wird:

$$\frac{p_T}{p_P} = 0{,}1 \text{ bis } 0{,}6 \tag{2.37}$$

Der Pumpendruck wird angenommen:

$$p_P = 25 \text{ bar}$$

Größtes Druckverhältnis:

$$\frac{p_T}{p_P} = \frac{7{,}5}{25} = 0{,}3$$

Kleinstes Druckverhältnis:

$$\frac{p_{T0}}{p_P} = \frac{5{,}76}{25} = 0{,}23$$

2.19.4 Zusammenfassung

Aus den Berechnungsbeispielen 2.19.1–2.19.3 geht folgendes hervor.

Mit den gleichen Vorgabedaten ergeben sich beim Ölversorgungssystem „Eine Pumpe pro Tasche" höhere Taschendrücke p_T, höhere Taschenkräfte F_T, wesentlich höhere Schnittkräfte $F_{äuß}$ und eine wesentlich höhere Lagersteifigkeit K als beim Ölversorgungssystem „Eine gemeinsame Pumpe und Kapillardrosseln".

Beim System „Eine gemeinsame Pumpe und Membrandrosseln" wird der höchste Pumpendruck erreicht.

Mit den gleichen Vorgabedaten ergibt sich bei den hydrostatischen Führungen mit Umgriff (Kap. 2.20) eine größere Steifigkeit als bei den hydrostatischen Führungen ohne Umgriff (Kap. 2.19). Hydrostatische Führungen ohne Umgriff sollten deshalb nur bei schweren Tischen und geringen Lastmomenten verwendet werden.

Diese Ergebnisse sind in Tab. 2.18 übersichtlich aufgestellt.

Tab. 2.18 Vergleichstabelle zwischen verschiedenen Ölversorgungssystemen

Ölversorgung mit:	$F_{äuß}$ in N	p_{T0} in bar	p_T in bar	p_{TV} in bar	p_P in bar	F_T in N	Δh in µm	K in N µm^{-1}
Kapillardrosseln	13949	5,7	6,7	6,4	12,5	9556	3	459
Einer Pumpe pro Tasche	30197	5,7	7,9	7,2	p_P = p_T	11218	3	1031
Membrandrosseln	30197	5,7	7,5	7,5	25	10679	0	∞

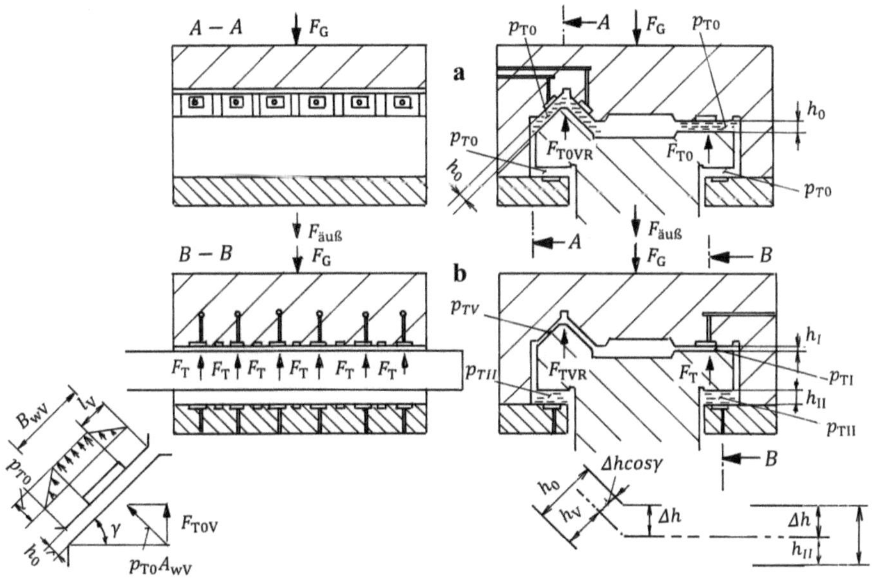

Abb. 2.17 Zentrisch belastete hydrostatische geschlossene V-Flachführung. (**a**) Die Führung wird im Anfangszustand durch eine in Längs- und Querrichtung zentrisch wirkende Kraft F_G belastet (**b**) Die Führung wird zusätzlich durch eine in Längs- und Querrichtung zentrisch wirkende Schnittkraft $F_{äuß}$ belastet

2.20 Zentrisch belastete hydrostatische geschlossene V-Flachführung

Abbildung 2.17 zeigt eine zentrisch belastete hydrostatische geschlossene V-Flachführung.

Die Führung hat folgende Führungsbahnen:

1. Eine Tragbahn mit Bezeichnung I
2. Zwei Führungsbahnen des Umgriffs mit Bezeichnung II
3. Eine V-Führungsbahn mit Bezeichnung V

Auf jede hydrostatische Tasche wirkt die Kraft $p_T A_w$ (Gl. 1.4).

Auf jede hydrostatische Tasche der Tragbahn wirkt im Anfangszustand der Taschendruck p_{T0I} und die Taschenkraft $P_{T0I}\ A_{wI}$.

Auf jede hydrostatische Tasche des Umgriffs wirkt im Anfangszustand der Taschendruck p_{T0II} und die Taschenkraft $p_{\mathrm{T0II}} A_{\mathrm{wII}}$.

Die resultierende Taschenkraft F_{T0}, die im Anfangszustand auf ein hydrostatisches Lagerpaar der Tragbahn und des Umgriffs wirkt:

$$F_{\mathrm{T0}} = p_{\mathrm{T0I}} A_{\mathrm{wI}} - p_{\mathrm{T0II}} A_{\mathrm{wII}} \tag{2.4}$$

Auf jede hydrostatische Tasche einer V-Bahn wirkt im Anfangszustand der Taschendruck p_{T0V} und die Taschenkraft $p_{\mathrm{T0V}} A_{\mathrm{wV}}$.

Die Komponente der Taschenkraft einer V-Bahn im Anfangszustand in senkrechter Richtung (Richtung der Kraft F_{G}) beträgt:

$$F_{\mathrm{T0V}} = p_{\mathrm{T0V}} A_{\mathrm{wV}} \cos \gamma$$

Die resultierende Taschenkraft F_{0VR}, die im Anfangszustand auf ein hydrostatisches Lagerpaar der V-Bahn und des Umgriffs wirkt ergibt sich nach Abb. 2.17:

$$F_{\mathrm{T0VR}} = 2 p_{\mathrm{T0V}} A_{\mathrm{wV}} \cos \gamma - p_{\mathrm{T0II}} A_{\mathrm{wII}}$$

Die Ölversorgungssysteme sollen so ausgelegt und eingestellt werden, dass im Anfangszustand (Abb. 2.17a) die Taschendrücke und die Lagerspalte bei Tragbahn, bei Umgriff und bei V-Bahn gleich sind:

$$p_{\mathrm{T0I}} = p_{\mathrm{T0II}} = p_{\mathrm{T0V}} = p_{\mathrm{T0}} \tag{2.5}$$

$$h_{0\mathrm{I}} = h_{0\mathrm{II}} = h_{0\mathrm{V}} = h_0 \tag{2.6}$$

Beim Einsetzen von Gl. (2.5) in Gl. (2.4) ergibt sich die resultierende Taschenkraft F_{T0}, die im Anfangszustand auf ein hydrostatisches Lagerpaar der Tragbahn und des Umgriffs wirkt:

$$F_{\mathrm{T0}} = p_{\mathrm{T0}} (A_{\mathrm{wI}} - A_{\mathrm{wII}})$$

Die resultierende Taschenkraft F_{T0VR}, die auf ein hydrostatisches Lagerpaar der V-Bahn und des Umgriffs wirkt, ergibt sich beim Einsetzen von Gl. (2.5) zu:

$$F_{\mathrm{T0VR}} = 2 p_{\mathrm{T0}} A_{\mathrm{wV}} \cos \gamma - p_{\mathrm{T0}} A_{\mathrm{wII}} = p_{\mathrm{T0}} (2 A_{\mathrm{wV}} \cos \gamma - A_{\mathrm{WII}})$$

Damit die Gleichgewichtsgleichung in Querrichtung erfüllt wird, müssen die resultierenden Taschenkräfte der Tragbahnführung F_{T0} gleich groß sein wie die resultierenden Taschenkräfte der V-Führung F_{T0VR}:

$$F_{\mathrm{T0}} = F_{\mathrm{T0VR}}$$

Beim Einsetzen der oberen Gleichungen ergibt sich:

$$p_{\mathrm{T0}} (A_{\mathrm{wI}} - A_{\mathrm{wII}}) = 2 p_{\mathrm{T0}} A_{\mathrm{wV}} \cos \gamma - p_{\mathrm{T0}} A_{\mathrm{wII}}$$

Aus dieser Gleichung bekommt man die wirksame Taschenfläche einer V-Bahn:

$$A_{\mathrm{wV}} = \frac{A_{\mathrm{w}}}{2\cos\gamma} \tag{2.120}$$

Die Anzahl der hydrostatischen Taschenpaare der Tragbahn und des Umgriffs wird mit z bezeichnet.

Die Anzahl der hydrostatischen Taschenpaare der V-Führung und des Umgriffs wird ebenfalls mit z bezeichnet.
Die Anzahl der hydrostatischen Taschen der Tragbahn und des Umgriffs ist: $2z$
Die Anzahl der hydrostatischen Taschen der V-Führung und des Umgriffs ist: $3z$
Die Gesamtanzahl der hydrostatischen Taschen der geschlossenen V-Flachführung ist: $5z$
Die Gleichgewichtsgleichung der Taschenkräfte im Anfangszustand lautet:

$$F_{\mathrm{G}} - zF_{\mathrm{T0}} - zF_{\mathrm{T0VR}} = 0$$

Beim Einsetzen der Gleichungen für F_{T0} und F_{T0VR} bekommt man:

$$F_{\mathrm{G}} - zp_{\mathrm{T0}}(A_{\mathrm{wI}} - A_{\mathrm{wII}}) - z(2p_{\mathrm{T0}}A_{\mathrm{wV}}\cos\gamma - p_{\mathrm{T0}}A_{\mathrm{wII}}) = 0$$

Aus dieser Gleichung erhält man den Taschendruck im Anfangszustand:

$$p_{\mathrm{T0}} = \frac{F_{\mathrm{G}}}{z(A_{\mathrm{wI}} - 2A_{\mathrm{wII}} + 2A_{\mathrm{wV}}\cos\gamma)} \tag{2.131}$$

Die Gewichtskraft des Tisches mit Vorrichtungen beträgt:

$$F_{\mathrm{G}} = mg \tag{2.1}$$

Wenn der Tisch durch eine Schnittkraft $F_{\text{äuß}}$ zusätzlich belastet wird (Abb. 2.17b), verändern sich die Taschendrücke, die Lagerspalte und die Taschenkräfte bei V-Bahnen, bei Tragbahn und bei Umgriff:

Die Taschendrücke bei Tragbahn haben sich von p_{T0} auf p_{TI} verändert,
die Taschendrücke bei Umgriff haben sich von p_{T0} auf p_{TII} verändert,
die Taschendrücke bei V-Führung haben sich von p_{T0} auf p_{TV} verändert,
die Lagerspalte bei Tragbahn haben sich von h_0 auf $h_{\mathrm{I}} = h_0 - \Delta h$ verändert,
die Lagerspalte bei Umgriff haben sich von h_0 auf $h_{\mathrm{II}} = h_0 + \Delta h$ verändert,
die Lagerspalte bei V-Führung haben sich von h_0 auf $h_{\mathrm{V}} = h_0 - \Delta h\cos\gamma$ verändert (s. Abb. 2.17 unten)
die Taschenkräfte bei Tragbahn und Umgriff haben sich von F_{T0} auf F_{T} verändert,
die Taschenkräfte bei V-Führung und Umgriff haben sich von F_{T0V} auf F_{TV} verändert.

Die Taschendrücke, die unter Wirkung der Schnittkraft bei Tragbahn p_{TI} und bei Umgriff p_{TII} aufgebaut werden, werden beim Ölversorgungssystem „Eine gemeinsame Pumpe und Kapillardrosseln" nach folgenden Gleichungen bestimmt:

$$p_{\mathrm{TI}} = \frac{p_{\mathrm{P}}}{\left(\frac{p_{\mathrm{P}}}{p_{\mathrm{T0}}} - 1\right)\left(1 - \frac{\Delta h}{h_0}\right)^3 + 1} \tag{2.22}$$

$$p_{\mathrm{TII}} = \frac{p_{\mathrm{P}}}{\left(\frac{p_{\mathrm{P}}}{p_{\mathrm{T0}}} - 1\right)\left(1 + \frac{\Delta h}{h_0}\right)^3 + 1} \tag{2.23}$$

Die Taschendrücke, die unter Wirkung der Schnittkraft bei Tragbahn p_{TI} und bei Umgriff p_{TII} aufgebaut werden, werden beim Ölversorgungssystem „Eine Pumpe pro Tasche" nach folgenden Gleichungen bestimmt:

$$p_{\mathrm{TI}} = \frac{p_{\mathrm{T0}}}{\left(1 - \frac{\Delta h}{h_0}\right)^3} \tag{2.27}$$

$$p_{\mathrm{TII}} = \frac{p_{\mathrm{T0}}}{\left(1 + \frac{\Delta h}{h_0}\right)^3} \tag{2.28}$$

Für die V-Führung bei der Ölversorgung „Eine gemeinsame Pumpe und Kapillardrosseln" gilt:

$$p_{\mathrm{TV}} = \frac{p_{\mathrm{P}}}{\left(\frac{p_{\mathrm{P}}}{p_{\mathrm{T0}}} - 1\right)\left(1 - \frac{\Delta h \cos\gamma}{h_0}\right)^3 + 1} \tag{2.123}$$

Für den Umgriff unterhalb der V-Führung gilt:

$$p_{\mathrm{TII}} = \frac{p_{\mathrm{P}}}{\left(\frac{p_{\mathrm{P}}}{p_{\mathrm{T0}}} - 1\right)\left(1 + \frac{\Delta h}{h_0}\right)^3 + 1} \tag{2.23}$$

Für die V-Führung beim System „Eine Pumpe pro Tasche" gilt:

$$p_{\mathrm{TV}} = \frac{p_{\mathrm{T0}}}{\left(1 - \frac{\Delta h \cos\gamma}{h_0}\right)^3} \tag{2.124}$$

Für den Umgriff unterhalb der V-Führung gilt:

$$p_{\mathrm{TII}} = \frac{p_{\mathrm{T0}}}{\left(1 + \frac{\Delta h}{h_0}\right)^3} \tag{2.28}$$

Die resultierende Taschenkraft F_{T}, die auf ein hydrostatisches Lagerpaar (Tragbahn und Umgriff) unter Wirkung der Schnittkraft wirkt, lautet:

$$F_{\mathrm{T}} = p_{\mathrm{TI}} A_{\mathrm{wI}} - p_{\mathrm{TII}} A_{\mathrm{wII}} \tag{2.10}$$

Die Komponente der Taschenkraft der V-Bahn unter Wirkung der Schnittkraft in Richtung der Kraft F_{G} beträgt:

$$F_{\mathrm{TV}} = p_{\mathrm{TV}} A_{\mathrm{wV}} \cos\gamma \tag{2.125}$$

Auf zwei Führungsbahnen wirkt die Kraft:

$$2F_{\mathrm{TV}} = 2p_{\mathrm{TV}}A_{\mathrm{wV}}\cos\gamma$$

Die resultierende Taschenkraft F_{TVR}, die unter Wirkung der Schnittkraft auf ein hydrostatisches Lagerpaar der V-Führungsbahnen und des Umgriffs wirkt, beträgt:

$$F_{\mathrm{TVR}} = 2p_{\mathrm{TV}}A_{\mathrm{wV}}\cos\gamma - p_{\mathrm{TII}}A_{\mathrm{wII}}$$

Die Gleichgewichtsgleichung der Taschenkräfte unter Einwirkung der Schnittkraft lautet:

$$F_{\mathrm{G}} + F_{\mathrm{äuß}} - zF_{\mathrm{T}} - zF_{\mathrm{TVR}} = 0$$

Beim Einsetzen der Gleichungen für F_{T} und F_{TVR} bekommt man:

$$F_{\mathrm{G}} + F_{\mathrm{äuß}} - z(p_{\mathrm{TI}}A_{\mathrm{wI}} - p_{\mathrm{TII}}A_{\mathrm{wII}}) - z(2p_{\mathrm{TV}}A_{\mathrm{wV}}\cos\gamma - p_{\mathrm{TII}}A_{\mathrm{wII}}) = 0$$

Aus dieser Gleichung ergibt sich die Schnittkraft:

$$F_{\mathrm{äuß}} = z(p_{\mathrm{TI}}A_{\mathrm{wI}} - 2p_{\mathrm{TII}}A_{\mathrm{wII}} + 2p_{\mathrm{TV}}A_{\mathrm{wV}}\cos\gamma) - F_{\mathrm{G}} \tag{2.132}$$

Beim Ölversorgungssystem „Eine gemeinsame Pumpe und Membrandrosseln“ gilt:

Damit die Gleichgewichtsgleichung in Querrichtung erfüllt wird, müssen die Taschenkräfte der Tragbahn F_{T} gleich sein wie die Taschenkräfte F_{TVR} der V-Bahn:

$$F_{\mathrm{T}} = F_{\mathrm{TVR}} \tag{2.133}$$

Beim Einsetzen von (2.133) in die Gleichgewichtsgleichung der Taschenkräfte unter Einwirkung der Schnittkraft bekommt man:

$$F_{\mathrm{G}} + F_{\mathrm{äuß}} - \mathrm{z}F_{\mathrm{T}} - \mathrm{z}F_{\mathrm{T}} = 0$$

Aus dieser Gleichung ergibt sich die Taschenkraft:

$$F_{\mathrm{T}} = \frac{F_{\mathrm{G}} + F_{\mathrm{äuß}}}{2\mathrm{z}} \tag{2.128}$$

Der Volumenstrom durch alle Taschen der Tragbahn und des Umgriffs im Anfangszustand beträgt:

$$Q_{0\mathrm{GES}} = 2z\frac{p_{\mathrm{T0}}h_0^3}{12\eta}\frac{b}{l} \tag{2.16}$$

Der Volumenstrom durch alle Taschen der Tragbahn und des Umgriffs unter Wirkung der Schnittkraft beträgt:

$$Q_{\mathrm{GES}} = z\frac{1}{12\eta}\frac{b}{l}(p_{\mathrm{TI}}h_{\mathrm{I}}^3 + p_{\mathrm{TII}}h_{\mathrm{II}}^3) \tag{2.17}$$

Der Gesamtvolumenstrom durch alle Taschen der V-Bahnen und des Umgriffs im Anfangszustand beträgt:

$$Q_{0\mathrm{GES}} = 3z \frac{p_{\mathrm{T0}} h_0^3}{12\eta} \frac{b}{l} \tag{2.134}$$

Der Gesamtvolumenstrom durch alle Taschen der V-Bahnen und des Umgriffs unter Wirkung der Schnittkraft lautet:

$$Q_{\mathrm{GES}} = z \frac{1}{12\eta} \frac{b}{l} (2 p_{\mathrm{TV}} h_{\mathrm{V}}^3 + p_{\mathrm{TII}} h_{\mathrm{II}}^3) \tag{2.135}$$

Für die Reibfläche bei Tragbahn gilt:

$$A_{\mathrm{RI}} = (B_{\mathrm{wI}} + l_{\mathrm{I}}) l_{\mathrm{I}} 2z + (L_{\mathrm{wI}} - l_{\mathrm{I}}) l_{\mathrm{I}} 2z \tag{2.18}$$

Für die Reibfläche bei Umgriff gilt:

$$A_{\mathrm{RII}} = (B_{\mathrm{wII}} + l_{\mathrm{II}}) l_{\mathrm{II}} 2z + (L_{\mathrm{wII}} - l_{\mathrm{II}}) l_{\mathrm{II}} 2z \tag{2.18}$$

Für die Reibfläche einer V-Bahn gilt:

$$A_{\mathrm{RV}} = (B_{\mathrm{wV}} + l_{\mathrm{V}}) l_{\mathrm{V}} 2z + (L_{\mathrm{wV}} - l_{\mathrm{V}}) l_{\mathrm{V}} 2z \tag{2.18}$$

Die Gesamtreibfläche ergibt sich zu:

$$A_{\mathrm{R}} = A_{\mathrm{RI}} + 2A_{\mathrm{RII}} + 2A_{\mathrm{RV}} \tag{2.136}$$

Die Verlustleistung P_{VER} errechnet sich als Summe aus Pumpenleistung P_{P} und Reib-leistung P_{R}:

$$P_{\mathrm{VER}} = P_{\mathrm{P}} + P_{\mathrm{R}} = Q_{0\mathrm{GES}} p_{\mathrm{P}} + \frac{A_{\mathrm{R}} \eta v^2}{h_0} \tag{2.20}$$

Der Lagerspalt bei Tragbahn hat sich unter Wirkung der Schnittkraft von h_0 auf h_{I} verändert:

$$h_{\mathrm{I}} = h_0 - \Delta h \tag{2.11}$$

Der Lagerspalt bei Umgriff hat sich unter Wirkung der Schnittkraft von h_0 auf h_{II} verändert:

$$h_{\mathrm{II}} = h_0 + \Delta h \tag{2.12}$$

Der Lagerspalt bei V-Führung beträgt:

$$h_{\mathrm{V}} = h_0 - \Delta h \cos \gamma \tag{2.122}$$

Die hydrostatischen Taschen sollen so ausgelegt werden, dass die Strömungsverhältnisse bei Tragbahn und Umgriff gleich sind:

$$\frac{b_{\mathrm{I}}}{l_{\mathrm{I}}} = \frac{b_{\mathrm{II}}}{l_{\mathrm{II}}} = \frac{b}{l} \tag{2.15}$$

Die Taschendrücke bei Tragbahn und bei Umgriff sind bei der Ölversorgung mit Membrandrosseln gleich:

$$p_{\mathrm{TI}} = p_{\mathrm{TII}} = p_{\mathrm{T}} \tag{2.33}$$

Beim Einsetzen von Gl. (2.33) in Gl. (2.10) bekommt man:

$$F_{\mathrm{T}} = p_{\mathrm{T}}(A_{\mathrm{wI}} - A_{\mathrm{wII}}) \tag{2.34}$$

2.20.1 Berechnungsbeispiel bei Ölversorgung „Eine gemeinsame Pumpe und Kapillardrosseln“

Die zentrisch belastete hydrostatische geschlossene V-Flachführung nach Abb. 2.17 wird mit der Ölversorgung „Eine gemeinsame Pumpe und Kapillardrosseln“ ausgelegt.

Vorgabedaten:

Wirksame Taschenbreite der Tragbahn: $B_{\mathrm{wI}} = 0{,}0545$ m
Wirksame Taschenlänge der Tragbahn: $L_{\mathrm{wI}} = 0{,}130$ m
Abströmlänge bei Tragbahn: $l_{\mathrm{I}} = 0{,}015$ m
Wirksame Taschenbreite des Umgriffs: $B_{\mathrm{wII}} = 0{,}023$ m
Wirksame Taschenlänge des Umgriffs: $L_{\mathrm{wII}} = 0{,}130$ m
Abströmlänge bei Umgriff: $l_{\mathrm{II}} = 0{,}012$ m
Wirksame Taschenlänge der V-Führung: $L_{\mathrm{wV}} = 0{,}130$ m
Abströmlänge der V-Führung: $l_{\mathrm{V}} = 0{,}013$ m
Lagerspalt im Anfangszustand: $h_{0\mathrm{I}} = h_{0\mathrm{II}} = h_{0\mathrm{V}} = h_0 = 0{,}00003\ \mathrm{m} = 0{,}030 \cdot 10^{-3}\ \mathrm{m}$
Anzahl der Taschenpaare bei Tragbahn und Umgriff: $z = 6$
Anzahl der Taschenpaare der V-Bahn und des Umgriffs: $z = 6$
Höchste Tischgeschwindigkeit: $v = 21{,}6\ \mathrm{m\ min^{-1}} = 0{,}36\ \mathrm{m\ s^{-1}}$
Schlittenmasse: $m_{\mathrm{sch}} = 5000$ kg
Zusatzmasse auf dem Schlitten: $m_{\mathrm{zus}} = 4984{,}7$ kg
Gesamtmasse: $m = 9984{,}7$ kg
Schmieröl: ISO VG 32
Öltemperatur: $\vartheta = 25$ °C
Wie im Berechnungsbeispiel 2.12.1 ergeben sich:
Dynamische Viskosität des Öles bei 25 °C: $\eta = 0{,}0641\ \mathrm{N\ s\ m^{-2}}$

Kinematische Viskosität bei $\vartheta = 25\ ^\circ\mathrm{C}$: $\upsilon_{25} = 73{,}85\ \mathrm{mm^2s^{-1}}$
Die Spaltänderung unter Wirkung der Schnittkraft $F_{\text{äuß}}$ wird angenommen:
$\Delta h_{\mathrm{I}} = \Delta h_{\mathrm{II}} = \Delta h = 0{,}000003 = 0{,}003 \cdot 10^{-3}\mathrm{m}$
Winkel der V-Führung: $\gamma = 45\ ^\circ$

Gesucht:

- Schnittkraft $F_{\text{äuß}}$
- Volumenstrom im Anfangszustand $Q_{0\mathrm{GES}}$
- Volumenstrom unter Wirkung der Schnittkraft Q_{GES}
- Verlustleistung p_{VER} und Lagersteifigkeit K

Lösung:

1. Gewichtskraft des Tisches

$$F_{\mathrm{G}} = mg = 9984{,}7 \cdot 9{,}81 = 97950\,\mathrm{N} \tag{2.1}$$

2. Wirksame Taschenfläche der Tragbahn:

$$A_{\mathrm{wI}} = B_{\mathrm{wI}} L_{\mathrm{wI}} = 0{,}0545 \cdot 0{,}130 = 0{,}007085\ \mathrm{m}^2 \tag{1.3}$$

3. Wirksame Taschenfläche des Umgriffs:

$$A_{\mathrm{wII}} = B_{\mathrm{wII}} L_{\mathrm{wII}} = 0{,}023 \cdot 0{,}130 = 0{,}003\ \mathrm{m}^2 \tag{1.3}$$

4. Wirksame Taschenfläche einer V-Bahn:

$$A_{\mathrm{wV}} = \frac{A_{\mathrm{w1}}}{2\cos\gamma} = \frac{0{,}007085}{2\cos 45^\circ} = 0{,}005\ \mathrm{m}^2 \tag{2.120}$$

5. Wirksame Taschenbreite einer V-Bahn:

$$B_{\mathrm{wV}} = \frac{A_{\mathrm{wV}}}{L_{\mathrm{wV}}} = \frac{0{,}005}{0{,}130} = 0{,}0385\ \mathrm{m} \tag{1.3}$$

6. Wirksame Taschenfläche einer V-Bahn:

$$A_{\mathrm{wV}} = B_{\mathrm{wV}} L_{\mathrm{wV}} = 0{,}0385 \cdot 0{,}130 = 0{,}005\ \mathrm{m}^2 \tag{1.3}$$

7. Abströmbreite bei Tragbahn:

$$b_{\mathrm{I}} = 2B_{\mathrm{wI}} + 2L_{\mathrm{wI}} = 2 \cdot 0{,}0545 + 2 \cdot 0{,}130 = 0{,}369\ \mathrm{m} \tag{1.1}$$

8. Abströmbreite bei Umgriff:

$$b_{\mathrm{II}} = 2B_{\mathrm{wII}} + 2L_{\mathrm{wII}} = 2 \cdot 0{,}023 + 2 \cdot 0{,}130 = 0{,}306\ \mathrm{m} \tag{1.1}$$

9. Abströmbreite bei V-Führung:

$$b_V = 2B_{wV} + 2L_{wV} = 2 \cdot 0{,}0385 + 2 \cdot 0{,}130 = 0{,}337 \text{ m} \tag{1.1}$$

10. Taschendruck im Anfangszustand:

$$\begin{aligned} p_{T0} &= \frac{F_G}{z(A_{wI} - 2A_{wII} + 2A_{wV} \cos \gamma)} \\ &= \frac{97950}{6 \cdot (0{,}007085 - 2 \cdot 0{,}003 + 2 \cdot 0{,}005 \cdot \cos 45°)} = 20 \cdot 10^5 \text{ N m}^{-2} \end{aligned} \tag{2.131}$$

11. Strömungsverhältnis bei Tragbahn:

$$\frac{b_I}{l_I} = \frac{0{,}369}{0{,}015} = 24{,}6 \tag{1.2}$$

12. Strömungsverhältnis bei Umgriff:

$$\frac{b_{II}}{l_{II}} = \frac{0{,}306}{0{,}012} = 24{,}6 \tag{1.2}$$

13. Strömungsverhältnis bei V-Führung:

$$\frac{b_V}{l_V} = \frac{0{,}337}{0{,}013} = 24{,}6 \tag{1.2}$$

14. Flächenverhältnis bei Tragbahn und Umgriff:

$$\varphi = \frac{A_{wII}}{A_{wI}} = \frac{0{,}003}{0{,}007085} = 0{,}4 \tag{2.13}$$

15. Relative Spaltänderung:

$$\Psi = \frac{\Delta h}{h_0} = \frac{0{,}003 \cdot 10^{-3}}{0{,}03 \cdot 10^{-3}} = 0{,}1 \tag{2.14}$$

16. Nach Tab. 2.2 wird für $\varphi = 0{,}4$ und $\Psi = 0{,}1$ ein optimales Drosselverhältnis ermittelt: $(\frac{p_P}{p_{T0}})_{OPT} = 2{,}08$
17. Pumpendruck:

$$p_P = \left(\frac{p_P}{p_{T0}}\right)_{OPT} p_{T0} = 2{,}08 \cdot 20 \cdot 10^5 = 40{,}8 \cdot 10^5 \text{ N m}^{-2} \tag{2.21}$$

18. Taschendruck bei Tragbahn unter Wirkung der Schnittkraft:

$$p_{\mathrm{TI}} = \frac{p_{\mathrm{P}}}{\left(\frac{p_{\mathrm{P}}}{p_{\mathrm{T0}}} - 1\right)\left(1 - \frac{\Delta h}{h_0}\right)^3 + 1}$$
$$= \frac{40{,}8 \cdot 10^5}{(2{,}04 - 1) \cdot (1 - 0{,}1)^3 + 1} = 23{,}2 \cdot 10^5 \text{ N m}^{-2} \qquad (2.22)$$

19. Taschendruck bei Umgriff unter Wirkung der Schnittkraft:

$$p_{\mathrm{TII}} = \frac{p_{\mathrm{P}}}{\left(\frac{p_{\mathrm{P}}}{p_{\mathrm{T0}}} - 1\right)\left(1 + \frac{\Delta h}{h_0}\right)^3 + 1}$$
$$= \frac{40{,}8 \cdot 10^5}{(2{,}04 - 1) \cdot (1 + 0{,}1)^3 + 1} = 17{,}1 \cdot 10^5 \text{ N m}^{-2} \qquad (2.23)$$

20. Taschendruck bei V-Führung unter Wirkung der Schnittkraft:

$$p_{\mathrm{TV}} = \frac{p_{\mathrm{P}}}{\left(\frac{p_{\mathrm{P}}}{p_{\mathrm{T0}}} - 1\right)\left(1 - \frac{\Delta h \cos\gamma}{h_0}\right)^3 + 1}$$
$$= \frac{40{,}8 \cdot 10^5}{(2{,}04 - 1) \cdot (1 - 0{,}1 \cdot \cos 45°)^3 + 1} = 22{,}2 \cdot 10^5 \text{ N m}^{-2} \qquad (2.123)$$

21. Schnittkraft:

$$F_{\text{äuß}} = z(p_{\mathrm{TI}} A_{\mathrm{wI}} - 2 p_{\mathrm{TII}} A_{\mathrm{wII}} + 2 p_{\mathrm{TV}} A_{\mathrm{wV}} \cos\gamma) - F_{\mathrm{G}}$$
$$= 6 \cdot (23{,}2 \cdot 10^5 \cdot 0{,}007085 - 2 \cdot 17{,}1 \cdot 10^5 \cdot 0{,}003$$
$$+ 2 \cdot 22{,}2 \cdot 10^5 \cdot 0{,}005 \cdot \cos 45°) - 97950 = 33299{,}4 \text{ N} \qquad (2.132)$$

22. Volumenstrom durch alle Taschen der Tragbahn und des Umgriffs im Anfangszustand:

$$Q_{\mathrm{0I,II}} = 2z \frac{p_{\mathrm{T0}} h_0^3}{12\eta} \frac{b}{l} = 2 \cdot 6 \cdot \frac{20 \cdot 10^5 \cdot (0{,}00003)^3}{12 \cdot 0{,}0641} \cdot 24{,}6$$
$$= 0{,}0000207 \text{ m}^3 \text{ s}^{-1} = 1{,}2 \text{ dm}^3 \text{ min}^{-1} \qquad (2.16)$$

23. Volumenstrom durch alle Taschen der V-Bahnen und des Umgriffs im Anfangszustand:

$$Q_{\mathrm{0V,II}} = 3z \frac{p_{\mathrm{T0}} h_0^3}{12\eta} \frac{b}{l} = 3 \cdot 6 \cdot \frac{20 \cdot 10^5 \cdot (0{,}00003)^3}{12 \cdot 0{,}0641} \cdot 24{,}6$$
$$= 0{,}000031 \text{ m}^3 \text{ s}^{-1} = 1{,}8 \text{ dm}^3 \text{ min}^{-1} \qquad (2.134)$$

24. Gesamtvolumenstrom durch alle Taschen der geschlossenen V-Flachführung im Anfangszustand:

$$Q_{0\mathrm{GES}} = Q_{0\mathrm{I,II}} + Q_{0\mathrm{V,II}} = 0{,}0000207 + 0{,}000031 = 0{,}0000517\ \mathrm{m}^3\ \mathrm{s}^{-1}$$
$$= 1{,}2 + 1{,}8 = 3\ \mathrm{dm}^3\ \mathrm{min}^{-1}$$

25. Lagerspalt bei Tragbahn unter Wirkung der Schnittkraft:

$$h_\mathrm{I} = h_0 - \Delta h = 0{,}030 \cdot 10^{-3} - 0{,}0030 \cdot 10^{-3}$$
$$= 0{,}000027\ \mathrm{m} = 0{,}027 \cdot 10^{-3}\ \mathrm{m} \quad (2.11)$$

26. Lagerspalt bei Umgriff unter Wirkung der Schnittkraft:

$$h_\mathrm{II} = h_0 + \Delta h = 0{,}030 \cdot 10^{-3} + 0{,}0030 \cdot 10^{-3}$$
$$= 0{,}000033\ \mathrm{m} = 0{,}033 \cdot 10^{-3}\ \mathrm{m} \quad (2.12)$$

27. Reibfläche bei Tragbahn:

$$A_\mathrm{RI} = (B_\mathrm{wI} + l_\mathrm{I})l_\mathrm{I}2z + (L_\mathrm{wI} - l_\mathrm{I})l_\mathrm{I}2z = (0{,}0545 + 0{,}015) \cdot 0{,}015 \cdot 2 \cdot 6$$
$$+ (0{,}130 - 0{,}015) \cdot 0{,}015 \cdot 2 \cdot 6 = 0{,}033\ \mathrm{m}^2 \quad (2.18)$$

28. Reibfläche bei Umgriff:

$$A_\mathrm{RII} = (B_\mathrm{wII} + l_\mathrm{II})l_\mathrm{II}2z + (L_\mathrm{wII} - l_\mathrm{II})l_\mathrm{II}2z = (0{,}023 + 0{,}012)0{,}012 \cdot 2 \cdot 6$$
$$+ (0{,}130 - 0{,}012)0{,}012 \cdot 2 \cdot 6 = 0{,}022\ \mathrm{m}^2 \quad (2.18)$$

29. Reibfläche einer V-Bahn:

$$A_\mathrm{RV} = (B_\mathrm{wV} + l_\mathrm{V})l_\mathrm{V}2z + (L_\mathrm{wV} - l_\mathrm{V})l_\mathrm{V}2z = (0{,}0385 + 0{,}013) \cdot 0{,}013 \cdot 2 \cdot 6$$
$$+ (0{,}130 - 0{,}013) \cdot 0{,}013 \cdot 2 \cdot 6 = 0{,}026\ \mathrm{m}^2 \quad (2.18)$$

30. Gesamtreibfläche:

$$A_\mathrm{R} = A_\mathrm{RI} + 2A_\mathrm{RII} + 2A_\mathrm{RV} = 0{,}033 + 2 \cdot 0{,}022 + 2 \cdot 0{,}026 = 0{,}129\ \mathrm{m}^2 \quad (2.136)$$

31. Verlustleistung:

$$P_\mathrm{VER} = P_\mathrm{P} + P_\mathrm{R} = Q_{0\mathrm{GES}}\, p_\mathrm{P} + \frac{A_\mathrm{R}\eta v^2}{h_0}$$
$$= 0{,}0000517 \cdot 40{,}8 \cdot 10^5 + \frac{0{,}129 \cdot 0{,}0641 \cdot 0{,}36^2}{0{,}00003}$$
$$= 210{,}9 + 35{,}7 = 246{,}6\ \mathrm{W} \quad (2.20)$$

32. Taschenkraft im Anfangszustand:

$$F_{T0} = p_{T0}(A_{wI} - A_{wII}) = 20 \cdot 10^5(0{,}007085 - 0{,}003) = 8170\ \mathrm{N} \qquad (2.7)$$

33. Taschenkraft unter Wirkung der Schnittkraft:

$$\begin{aligned} F_T &= p_{TI}A_{wI} - p_{TII}A_{wII} = 23{,}2 \cdot 10^5 \cdot 0{,}007085 - 17{,}1 \cdot 10^5 \cdot 0{,}003 \\ &= 11307{,}2\ \mathrm{N} \end{aligned} \qquad (2.10)$$

34. Steifigkeit des hydrostatischen Lagers:

$$\begin{aligned} K &= \frac{dF}{dh} = \frac{F_T - F_{T0}}{\Delta h} \\ &= \frac{11307{,}2 - 8170}{0{,}000003} = 1045733333\ \mathrm{N\,m^{-1}} = 1045{,}7\ \mathrm{N\,\mu m^{-1}} \end{aligned} \qquad (1.11)$$

2.20.2 *Berechnungsbeispiel bei Ölversorgung „Eine Pumpe pro Tasche“*

Die zentrisch belastete hydrostatische geschlossene V-Flachführung nach Abb. 2.17 wird mit der Ölversorgung „Eine Pumpe pro Tasche“ ausgelegt

Vorgabedaten:

Wirksame Taschenbreite der Tragbahn: $B_{wI} = 0{,}0545$ m
Wirksame Taschenlänge der Tragbahn: $L_{wI} = 0{,}130$ m
Abströmlänge bei Tragbahn: $l_I = 0{,}015$ m
Wirksame Taschenbreite des Umgriffs: $B_{wII} = 0{,}023$ m
Wirksame Taschenlänge des Umgriffs: $L_{wII} = 0{,}130$ m
Abströmlänge bei Umgriff: $l_{II} = 0{,}012$ m
Wirksame Taschenlänge der V-Führung: $L_{wV} = 0{,}130$ m
Abströmlänge der V-Führung: $l_V = 0{,}013$ m
Lagerspalt im Anfangszustand: $h_{0I} = h_{0II} = h_{0V} = h_0 = 0{,}00003$ m
$= 0{,}030 \cdot 10^{-3}$ m
Anzahl der Taschenpaare bei Tragbahn und Umgriff: $z = 6$
Anzahl der Taschenpaare der V-Bahn und des Umgriffs: $z = 6$
Höchste Tischgeschwindigkeit: $v = 21{,}6\ \mathrm{m\,min^{-1}} = 0{,}36\ \mathrm{m\,s^{-1}}$
Schlittenmasse: $m_{sch} = 5000$ kg
Zusatzmasse auf dem Schlitten: $m_{zus} = 4984{,}7$ kg
Gesamtmasse: $m = 9984{,}7$ kg
Schmieröl: ISO VG 32
Öltemperatur: $\vartheta = 25$ °C
Wie im Berechnungsbeispiel 2.12.1 ergeben sich:
Dynamische Viskosität des Öles bei 25 °C: $\eta = 0{,}0641\ \mathrm{N\,s\,m^{-2}}$

Kinematische Viskosität bei $\vartheta = 25\,°\mathrm{C}$: $\upsilon_{25} = 73{,}85\ \mathrm{mm^2 s^{-1}}$
Die Spaltänderung unter Wirkung der Schnittkraft $F_{\text{äuß}}$ wird angenommen:
$\Delta h_\mathrm{I} = \Delta h_\mathrm{II} = \Delta h = 0{,}000003 = 0{,}003 \cdot 10^{-3}\mathrm{m}$
Winkel der V-Führung: $\gamma = 45°$

Gesucht:

- Schnittkraft $F_{\text{äuß}}$
- Volumenstrom im Anfangszustand $Q_{0\mathrm{GES}}$
- Volumenstrom unter Wirkung der Schnittkraft Q_GES
- Verlustleistung p_VER
- Lagersteifigkeit K

Lösung:

1. Gewichtskraft des Tisches

$$F_\mathrm{G} = mg = 9984{,}7 \cdot 9{,}81 = 97950\ \mathrm{N} \qquad (2.1)$$

2. Wirksame Taschenfläche der Tragbahn:

$$A_\mathrm{wI} = B_\mathrm{wI} L_\mathrm{wI} = 0{,}0545 \cdot 0{,}130 = 0{,}007085\ \mathrm{m^2} \qquad (1.3)$$

3. Wirksame Taschenfläche des Umgriffs:

$$A_\mathrm{wII} = B_\mathrm{wII} L_\mathrm{wII} = 0{,}023 \cdot 0{,}130 = 0{,}003\ \mathrm{m^2} \qquad (1.3)$$

4. Wirksame Taschenfläche einer V-Bahn:

$$A_\mathrm{wV} = \frac{A_\mathrm{w1}}{2\cos\gamma} = \frac{0{,}007085}{2\cos 45°} = 0{,}005\ \mathrm{m^2} \qquad (2.120)$$

5. Wirksame Taschenbreite einer V-Bahn:

$$B_\mathrm{wV} = \frac{A_\mathrm{wV}}{L_\mathrm{wV}} = \frac{0{,}005}{0{,}1304} = 0{,}0385\ \mathrm{m} \qquad (1.3)$$

6. Wirksame Taschenfläche einer V-Bahn:

$$A_\mathrm{wV} = B_\mathrm{wV} L_\mathrm{wV} = 0{,}0385 \cdot 0{,}130 = 0{,}005\ \mathrm{m^2} \qquad (1.3)$$

7. Abströmbreite b bei Tragbahn:

$$b_\mathrm{I} = 2B_\mathrm{wI} + 2L_\mathrm{wI} = 2 \cdot 0{,}0545 + 2 \cdot 0{,}130 = 0{,}369\ \mathrm{m} \qquad (1.1)$$

8. Abströmbreite bei Umgriff:

$$b_\mathrm{II} = 2B_\mathrm{wII} + 2L_\mathrm{wII} = 2 \cdot 0{,}023 + 2 \cdot 0{,}130 = 0{,}306\ \mathrm{m} \qquad (1.1)$$

9. Abströmbreite bei V-Führung:

$$b_V = 2B_{wV} + 2L_{wV} = 2 \cdot 0{,}0385 + 2 \cdot 0{,}130 = 0{,}337 \text{ m} \tag{1.1}$$

10. Taschendruck im Anfangszustand:

$$\begin{aligned} p_{T0} &= \frac{F_G}{z(A_{wI} - 2A_{wII} + 2A_{wV}\cos\gamma)} \\ &= \frac{97950}{6 \cdot (0{,}007085 - 2 \cdot 0{,}003 + 2 \cdot 0{,}005 \cos 45°)} \\ &= 20 \cdot 10^5 \text{ N m}^{-2} \end{aligned} \tag{2.131}$$

11. Strömungsverhältnis bei Tragbahn:

$$\frac{b_I}{l_I} = \frac{0{,}369}{0{,}015} = 24{,}6 \tag{1.2}$$

12. Strömungsverhältnis bei Umgriff:

$$\frac{b_{II}}{l_{II}} = \frac{0{,}306}{0{,}012} = 24{,}6 \tag{1.2}$$

13. Strömungsverhältnis bei V-Führung:

$$\frac{b_V}{l_V} = \frac{0{,}337}{0{,}013} = 24{,}6 \tag{1.2}$$

14. Flächenverhältnis bei Tragbahn und Umgriff:

$$\varphi = \frac{A_{wII}}{A_{wI}} = \frac{0{,}005}{0{,}007085} = 0{,}7 \tag{2.13}$$

15. Relative Spaltänderung:

$$\Psi = \frac{\Delta h}{h_0} = \frac{0{,}003 \cdot 10^{-3}}{0{,}03 \cdot 10^{-3}} = 0{,}1 \tag{2.14}$$

16. Taschendruck bei Tragbahn unter Wirkung der Schnittkraft:

$$p_{TI} = \frac{p_{T0}}{\left(1 - \dfrac{\Delta h}{h_0}\right)^3} = \frac{20 \cdot 10^5}{(1 - 0{,}1)^3} = 27{,}4 \cdot 10^5 \text{ N m}^2 \tag{2.27}$$

17. Taschendruck bei Umgriff unter Wirkung der Schnittkraft:

$$p_{TII} = \frac{p_{T0}}{\left(1 + \dfrac{\Delta h}{h_0}\right)^3} = \frac{20 \cdot 10^5}{(1 + 0{,}1)^3} = 15 \cdot 10^5 \text{ N m}^{-2} \tag{2.28}$$

18. Taschendruck bei V-Führung unter Wirkung der Schnittkraft

$$p_{\text{TV}} = \frac{p_{\text{T0}}}{\left(1 - \frac{\Delta h \cos\gamma}{h_0}\right)^3} = \frac{20 \cdot 10^5}{(1 - 0{,}1 \cdot \cos 45°)^3} = 24{,}9 \cdot 10^5 \text{ N m}^{-2} \tag{2.124}$$

19. Schnittkraft:

$$\begin{aligned} F_{\text{äuß}} &= z(p_{\text{TI}} A_{\text{wI}} - 2 p_{\text{TII}} A_{\text{wII}} + 2 p_{\text{TV}} A_{\text{wV}} \cos\gamma) - F_{\text{G}} \\ &= 6 \cdot (27{,}4 \cdot 10^5 \cdot 0{,}007085 - 2 \cdot 15 \cdot 10^5 \cdot 0{,}003 \\ &\quad + 2 \cdot 24{,}9 \cdot 10^5 \cdot 0{,}005 \cdot \cos 45°) - 97950 = 124169{,}1 \text{ N} \end{aligned} \tag{2.132}$$

20. Volumenstrom durch alle Taschen der Tragbahn und des Umgriffs im Anfangszustand:

$$\begin{aligned} Q_{0\text{I,II}} &= 2z \frac{p_{\text{T0}} h_0^3}{12\eta} \frac{b}{l} = 2 \cdot 6 \cdot \frac{20 \cdot 10^5 \cdot (0{,}00003)^3}{12 \cdot 0{,}641} \cdot 24{,}6 = 0{,}0000207 \text{ m}^3 \text{ s}^{-1} \\ &= 1{,}2 \text{ dm}^3 \text{ min}^{-1} \end{aligned} \tag{2.16}$$

21. Volumenstrom durch alle Taschen der V-Bahnen und des Umgriffs im Anfangszustand:4

$$\begin{aligned} Q_{0\text{V,II}} = 3z \frac{p_{\text{T0}} h_0^3}{12\eta} \frac{b}{l} &= 3 \cdot 6 \cdot \frac{20 \cdot 10^5 \cdot (0{,}00003)^3}{12 \cdot 0{,}0641} \cdot 24{,}6 = 0{,}000031 \text{ m}^3 \text{ s}^{-1} \\ &= 1{,}8 \text{ dm}^3 \text{ min}^{-1} \end{aligned} \tag{2.134}$$

22. Volumenstrom durch alle Taschen der geschlossenen V-Flachführung im Anfangszustand:

$$\begin{aligned} Q_{0\text{GES}} &= Q_{0\text{I,II}} + Q_{0\text{V,II}} = 0{,}0000207 + 0{,}000031 = 0{,}0000517 \text{ m}^3 \text{ s}^{-1} \\ &= 1{,}2 + 1{,}8 = 3 \text{ dm}^3 \text{ min}^{-1} \end{aligned}$$

23. Lagerspalt bei Tragbahn unter Wirkung der Schnittkraft:

$$h_{\text{I}} = h_0 - \Delta h = 0{,}03 \cdot 10^{-3} - 0{,}003 \cdot 10^{-3} = 0{,}000027 \text{ m} = 0{,}027 \cdot 10^{-3} \text{ m} \tag{2.11}$$

24. Lagerspalt bei Umgriff unter Wirkung der zusätzlichen Schnittkraft:

$$h_{\text{II}} = h_0 + \Delta h = 0{,}03 \cdot 10^{-3} + 0{,}003 \cdot 10^{-3} = 0{,}000033 \text{ m} = 0{,}033 \cdot 10^{-3} \text{ m} \tag{2.12}$$

25. Reibfläche bei Tragbahn:

$$A_{\mathrm{RI}} = (B_{\mathrm{wI}} + l_{\mathrm{I}})l_{\mathrm{I}}2z + (L_{\mathrm{wI}} - l_{\mathrm{I}})l_{\mathrm{I}}2z = (0{,}0545 + 0{,}015) \cdot 0{,}015 \cdot 2 \cdot 6$$
$$+ (0{,}130 - 0{,}015) \cdot 0{,}015 \cdot 2 \cdot 6 = 0{,}033\ \mathrm{m}^2 \qquad (2.18)$$

26. Reibfläche bei Umgriff:

$$A_{\mathrm{RII}} = (B_{\mathrm{wII}} + l_{\mathrm{II}})l_{\mathrm{II}}2z + (L_{\mathrm{wII}} - l_{\mathrm{II}})l_{\mathrm{II}}2z = (0{,}023 + 0{,}012) \cdot 0{,}012 \cdot 2 \cdot 6$$
$$+ (0{,}130 - 0{,}012) \cdot 0{,}012 \cdot 2 \cdot 6 = 0{,}022\ \mathrm{m}^2 \qquad (2.18)$$

27. Reibfläche einer V-Bahn:

$$A_{\mathrm{RV}} = (B_{\mathrm{wV}} + l_{\mathrm{V}})l_{\mathrm{V}}2z + (L_{\mathrm{wV}} - l_{\mathrm{V}})l_{\mathrm{V}}2z = (0{,}0385 + 0{,}013) \cdot 0{,}013 \cdot 2 \cdot 6$$
$$+ (0{,}130 - 0{,}013) \cdot 0{,}013 \cdot 2 \cdot 6 = 0{,}026\ \mathrm{m}^2 \qquad (2.18)$$

28. Gesamtreibfläche:

$$A_{\mathrm{R}} = A_{\mathrm{RI}} + 2A_{\mathrm{RII}} + 2A_{\mathrm{RV}} = 0{,}033 + 2 \cdot 0{,}022 + 2 \cdot 0{,}026 = 0{,}129\ \mathrm{m}^2 \qquad (2.136)$$

29. Verlustleistung:

$$P_{\mathrm{VER}} = P_{\mathrm{P}} + P_{\mathrm{R}} = Q_{0\mathrm{GES}}\,p_{\mathrm{P}} + \frac{A_{\mathrm{R}}\eta v^2}{h_0}$$
$$= 0{,}0000517 \cdot 20 \cdot 10^5 + \frac{0{,}129 \cdot 0{,}0641 \cdot 0{,}36^2}{0{,}00003}$$
$$= 103{,}4 + 35{,}7 = 139{,}1\ \mathrm{W} \qquad (2.20)$$

Da $p_{\mathrm{P}} = p_{\mathrm{T}}$, wird p_{T0} eingesetzt.

30. Taschenkraft im Anfangszustand:

$$F_{\mathrm{T0}} = p_{\mathrm{T0}}(A_{\mathrm{wI}} - A_{\mathrm{wII}}) = 20 \cdot 10^5(0{,}007085 - 0{,}003) = 8170\,\mathrm{N} \qquad (2.7)$$

31. Taschenkraft unter Wirkung der Schnittkraft:

$$F_{\mathrm{T}} = p_{\mathrm{TI}}A_{\mathrm{wI}} - p_{\mathrm{TII}}A_{\mathrm{wII}} = 27{,}4 \cdot 10^5 \cdot 0{,}007085 - 15 \cdot 10^5 \cdot 0{,}003$$
$$= 14912{,}9\,\mathrm{N} \qquad (2.10)$$

32. Steifigkeit des hydrostatischen Lagers:

$$K = \frac{dF}{dh} = \frac{F_{\mathrm{T}} - F_{\mathrm{T0}}}{\Delta h} = \frac{14912{,}9 - 8170}{0{,}000003} = 2247633333\ \mathrm{N\,m^{-1}}$$
$$= 2247{,}6\,\mathrm{N\,\mu m^{-1}} \qquad (1.11)$$

2.20.3 Berechnungsbeispiel bei Ölversorgung „Eine gemeinsame Pumpe und Membrandrosseln"

Die zentrisch belastete hydrostatische geschlossene V-Flachführung nach Abb. 2.17 wird mit der Ölversorgung „Eine gemeinsame Pumpe und Membrandrosseln" ausgelegt.

Vorgabedaten:

Wirksame Taschenbreite der Tragbahn: $B_{\mathrm{wI}} = 0{,}0545$ m
Wirksame Taschenlänge der Tragbahn: $L_{\mathrm{wI}} = 0{,}130$ m
Abströmlänge bei Tragbahn: $l_{\mathrm{I}} = 0{,}015$ m
Wirksame Taschenbreite des Umgriffs: $B_{\mathrm{wII}} = 0{,}023$ m
Wirksame Taschenlänge des Umgriffs: $L_{\mathrm{wII}} = 0{,}130$ m
Abströmlänge bei Umgriff: $l_{\mathrm{II}} = 0{,}012$ m
Wirksame Taschenlänge der V-Führung: $L_{\mathrm{wV}} = 0{,}130$ m
Abströmlänge der V-Führung: $l_{\mathrm{V}} = 0{,}013$ m
Lagerspalt im Anfangszustand: $h_{0\mathrm{I}} = h_{0\mathrm{II}} = h_{0\mathrm{V}} = h_0 = 0{,}00003 \text{ m} = 0{,}030 \cdot 10^{-3} \text{ m}$
Anzahl der Taschenpaare bei Tragbahn und Umgriff: $z = 6$
Anzahl der Taschenpaare der V-Bahn und des Umgriffs: $z = 6$
Höchste Tischgeschwindigkeit: $v = 21{,}6 \text{ m min}^{-1} = 0{,}36 \text{ ms}^{-1}$
Schlittenmasse: $m_{\mathrm{sch}} = 5000$ kg
Zusatzmasse auf dem Schlitten: $m_{\mathrm{zus}} = 4984{,}7$ kg
Gesamtmasse: $m = 9984{,}7$ kg
Schmieröl: ISO VG 32
Öltemperatur: $\vartheta = 25$ °C
Wie im Berechnungsbeispiel 2.12.1 ergeben sich:
Dynamische Viskosität des Öles bei 25°C: $\eta = 0{,}0641 \text{ N s m}^{-2}$
Kinematische Viskosität bei $\vartheta = 25$ °C: $v_{25} = 73{,}85 \text{ mm}^2\text{s}^{-1}$
Winkel der V-Führung: $\gamma = 45°$
Schnittkraft: $F_{\mathrm{äuß}} = 124169{,}1$ N

Gesucht:

- Volumenstrom im Anfangszustand $Q_{0\mathrm{GES}}$
- Volumenstrom unter Wirkung der Schnittkraft Q_{GES}
- Verlustleistung p_{VER}

Lösung:

1. Gewichtskraft des Tisches:

$$F_{\mathrm{G}} = mg = 9984{,}7 \cdot 9{,}81 = 97950\,\mathrm{N} \tag{2.1}$$

2. Wirksame Taschenfläche der Tragbahn:

$$A_{\mathrm{wI}} = B_{\mathrm{wI}} L_{\mathrm{wI}} = 0{,}0545 \cdot 0{,}130 = 0{,}007085 \text{ m}^2 \tag{1.3}$$

3. Wirksame Taschenfläche des Umgriffs:

$$A_{\mathrm{wII}} = B_{\mathrm{wII}} L_{\mathrm{wII}} = 0{,}023 \cdot 0{,}130 = 0{,}003 \text{ m}^2 \tag{1.3}$$

4. Wirksame Taschenfläche einer V-Bahn:

$$A_{\mathrm{wV}} = \frac{A_{\mathrm{w1}}}{2\cos\gamma} = \frac{0{,}007085}{2 \cdot \cos 45^\circ} = 0{,}005 \text{ m}^2 \tag{2.120}$$

5. Wirksame Taschenbreite einer V-Bahn:

$$B_{\mathrm{wV}} = \frac{A_{\mathrm{wV}}}{L_{\mathrm{wV}}} = \frac{0{,}005}{0{,}130} = 0{,}0385 \text{ m} \tag{1.3}$$

6. Wirksame Taschenfläche einer V-Bahn:

$$A_{\mathrm{wV}} = B_{\mathrm{wV}} L_{\mathrm{wV}} = 0{,}0385 \cdot 0{,}130 = 0{,}005 \text{ m}^2 \tag{1.3}$$

7. Abströmbreite b bei Tragbahn:

$$b_{\mathrm{I}} = 2B_{\mathrm{wI}} + 2L_{\mathrm{wI}} = 2 \cdot 0{,}0545 + 2 \cdot 0{,}130 = 0{,}369 \text{ m} \tag{1.1}$$

8. Abströmbreite bei Umgriff:

$$b_{\mathrm{II}} = 2B_{\mathrm{wII}} + 2L_{\mathrm{wII}} = 2 \cdot 0{,}023 + 2 \cdot 0{,}130 = 0{,}306 \text{ m} \tag{1.1}$$

9. Abströmbreite bei V-Führung:

$$b_{\mathrm{V}} = 2B_{\mathrm{wV}} + 2L_{\mathrm{wV}} = 2 \cdot 0{,}0385 + 2 \cdot 0{,}130 = 0{,}337 \text{ m} \tag{1.1}$$

10. Taschendruck im Anfangszustand:

$$\begin{aligned} p_{\mathrm{T0}} &= \frac{F_{\mathrm{G}}}{z(A_{\mathrm{wI}} - 2A_{\mathrm{wII}} + 2A_{\mathrm{wV}}\cos\gamma)} \\ &= \frac{97950}{6 \cdot (0{,}007085 - 2 \cdot 0{,}003 + 2 \cdot 0{,}005 \cdot \cos 45^\circ)} = 20 \cdot 10^5 \text{ N m}^{-2} \end{aligned} \tag{2.131}$$

11. Strömungsverhältnis bei Tragbahn:

$$\frac{b_{\mathrm{I}}}{l_{\mathrm{I}}} = \frac{0{,}369}{0{,}015} = 24{,}6 \tag{1.2}$$

12. Strömungsverhältnis bei Umgriff:

$$\frac{b_{\mathrm{II}}}{l_{\mathrm{II}}} = \frac{0{,}306}{0{,}012} = 24{,}6 \tag{1.2}$$

13. Strömungsverhältnis bei V-Führung:

$$\frac{b_{\mathrm{V}}}{l_{\mathrm{V}}} = \frac{0{,}337}{0{,}013} = 24{,}6 \tag{1.2}$$

14. Flächenverhältnis bei Tragbahn und Umgriff:

$$\varphi = \frac{A_{\mathrm{wII}}}{A_{\mathrm{wI}}} = \frac{0{,}005}{0{,}007085} = 0{,}7 \tag{2.13}$$

15. Volumenstrom durch alle Taschen der Tragbahn und des Umgriffs im Anfangszustand:

$$Q_{\mathrm{0I,II}} = 2z\frac{p_{\mathrm{T0}}h_0^3}{12\eta}\frac{b}{l} = 2 \cdot 6 \cdot \frac{20 \cdot 10^5 \cdot (0{,}00003)^3}{12 \cdot 0{,}0641} \cdot 24{,}6 = 0{,}0000207\ \mathrm{m}^3\ \mathrm{s}^{-1}$$
$$= 1{,}2\ \mathrm{dm}^3\ \mathrm{min}^{-1} \tag{2.16}$$

16. Taschenkraft bei Tragbahn und Umgriff im Anfangszustand:

$$F_{\mathrm{T0}} = p_{\mathrm{T0}}(A_{\mathrm{wI}} - A_{\mathrm{wII}}) = 20 \cdot 10^5 \cdot (0{,}007085 - 0{,}003) = 8170\,\mathrm{N} \tag{2.7}$$

17. Proportionalitätsfaktor:

$$c = \frac{Q_{\mathrm{0I,II}}}{F_{\mathrm{T0}}} = \frac{0{,}0000207}{8170} = 25{,}3 \cdot 10^{-10}\ \mathrm{m}^3\ \mathrm{s}^{-1}\ \mathrm{N}^{-1} \tag{2.32}$$

18. Taschenkraft unter Wirkung der Schnittkraft:

$$F_{\mathrm{T}} = \frac{F_{\mathrm{G}} + F_{\mathrm{äuß}}}{2z} = \frac{97950 + 124169{,}1}{2 \cdot 6} = 18509{,}9\ \mathrm{N} \tag{2.128}$$

19. Taschendruck unter Wirkung der Schnittkraft:

$$p_{\mathrm{T}} = \frac{F_{\mathrm{T}}}{A_{\mathrm{wI}} - A_{\mathrm{wII}}} = \frac{18509{,}9}{0{,}007085 - 0{,}003} = 45{,}3 \cdot 10^5\ \mathrm{N\ m}^{-2} \tag{2.34}$$

20. Volumenstrom durch alle Taschen der Tragbahn und des Umgriffs unter Wirkung der Schnittkraft:

$$Q = F_{\mathrm{T}}c = 18509{,}9 \cdot 25{,}3 \cdot 10^{-10} = 0{,}00004683\ \mathrm{m}^3\ \mathrm{s}^{-1} = 2{,}8\ \mathrm{dm}^3\ \mathrm{min}^{-1} \tag{2.38}$$

21. Der Volumenstrom durch alle Taschen der Tragbahn und des Umgriffs unter Wirkung der Schnittkraft kann auch durch folgende Gleichung berechnet werden:

$$Q_{\mathrm{GES}} = 2z\frac{p_{\mathrm{T}}h_0^3}{12\eta}\frac{b}{l} = 2 \cdot 6 \cdot \frac{45{,}3 \cdot 10^5 \cdot (0{,}00003)^3}{12 \cdot 0{,}0641} \cdot 24{,}6$$
$$= 0{,}00004683\ \mathrm{m}^3\ \mathrm{s}^{-1} = 2{,}8\ \mathrm{dm}^3\ \mathrm{min}^{-1} \tag{2.36}$$

22. Volumenstrom durch alle Taschen der V-Führung und des Umgriffs im Anfangszustand:

$$Q_{\mathrm{0V,II}} = 3z\frac{p_{\mathrm{T0}}h_0^3}{12\eta}\frac{b}{l} = 3 \cdot 6 \cdot \frac{20 \cdot 10^5 \cdot (0{,}00003)^3}{12 \cdot 0{,}0641} \cdot 24{,}6 = 0{,}000031\ \mathrm{m}^3\ \mathrm{s}^{-1}$$
$$= 1{,}8\ \mathrm{dm}^3\ \mathrm{min}^{-1} \tag{2.134}$$

23. Gesamtvolumenstrom der zentrisch belasteten geschlossenen hydrostatischen V-Flachführung im Anfangszustand:

$$Q_{0\mathrm{V,I,II}} = 0{,}0000207 + 0{,}000031 = 0{,}0000517\ \mathrm{m^3\ s^{-1}} = 3{,}1\ \mathrm{dm^3\ min^{-1}}$$

24. Taschenkraft im Anfangszustand bei V-Führung und Umgriff:

$$F_{\mathrm{T0VR}} = F_{\mathrm{T0}} = 8170\ \mathrm{N}$$

25. Proportionalitätsfaktor:

$$c = \frac{Q_{0\mathrm{V,II}}}{F_{\mathrm{T0}}} = \frac{0{,}000031}{8170} = 37{,}9 \cdot 10^{-10}\mathrm{m^3\ s^{-1}\ N^{-1}} \tag{2.32}$$

26. Taschenkraft unter Wirkung der Schnittkraft:

$$F_{\mathrm{TVR}} = F_{\mathrm{T}} = 18509{,}9\ \mathrm{N} \tag{2.133}$$

27. Volumenstrom durch alle Taschen bei V-Führung und Umgriff unter Wirkung der Schnittkraft:

$$Q = F_{\mathrm{T}}c = 18509{,}9 \cdot 37{,}9 \cdot 10^{-10} = 0{,}0000701\ \mathrm{m^3\ s^{-1}} = 4{,}2\ \mathrm{dm^3\ min^{-1}} \tag{2.38}$$

28. Reibfläche bei Tragbahn:

$$A_{\mathrm{RI}} = (B_{\mathrm{wI}} + l_{\mathrm{I}})l_{\mathrm{I}}2z + (L_{\mathrm{wI}} - l_{\mathrm{I}})l_{\mathrm{I}}2z = (0{,}0545 + 0{,}015) \cdot 0{,}015 \cdot 2 \cdot 6 + (0{,}130 - 0{,}015) \cdot 0{,}015 \cdot 2 \cdot 6 = 0{,}033\ \mathrm{m^2} \tag{2.18}$$

29. Reibfläche bei Umgriff:

$$A_{\mathrm{RII}} = (B_{\mathrm{wII}} + l_{\mathrm{II}})l_{\mathrm{II}}2z + (L_{\mathrm{wII}} - l_{\mathrm{II}})l_{\mathrm{II}}2z = (0{,}023 + 0{,}012) \cdot 0{,}012 \cdot 2 \cdot 6 + (0{,}130 - 0{,}012) \cdot 0{,}012 \cdot 2 \cdot 6 = 0{,}022\ \mathrm{m^2} \tag{2.18}$$

30. Reibfläche einer V-Bahn:

$$A_{\mathrm{RV}} = (B_{\mathrm{wV}} + l_{\mathrm{V}})l_{\mathrm{V}}2z + (L_{\mathrm{wV}} - l_{\mathrm{V}})l_{\mathrm{V}}2z = (0{,}0385 + 0{,}013) \cdot 0{,}013 \cdot 2 \cdot 6 + (0{,}130 - 0{,}013) \cdot 0{,}013 \cdot 2 \cdot 6 = 0{,}026\ \mathrm{m^2} \tag{2.18}$$

31. Gesamtreibfläche:

$$A_{\mathrm{R}} = A_{\mathrm{RI}} + 2A_{\mathrm{RII}} + 2A_{\mathrm{RV}} = 0{,}033 + 2 \cdot 0{,}022 + 2 \cdot 0{,}026 = 0{,}129\ \mathrm{m^2} \tag{2.136}$$

32. Der Pumpendruck wird so gewählt, dass die Membrandrossel in optimalem Druckverhältnis belastet wird:

$$\frac{p_T}{p_P} = 0{,}1 \text{ bis } 0{,}6 \qquad (2.37)$$

33. Der Pumpendruck wird angenommen:

$$p_P = 75{,}5 \text{ bar}$$

Größtes Druckverhältnis:

$$\frac{p_T}{p_P} = \frac{45{,}3}{75{,}5} = 0{,}6$$

Kleinstes Druckverhältnis:

$$\frac{p_{T0}}{p_P} = \frac{20}{75{,}5} = 0{,}26$$

34. Verlustleistung:

$$\begin{aligned} P_{VER} &= P_P + P_R = Q_{0GES} p_P + \frac{A_R \eta v^2}{h_0} \\ &= 0{,}0000517 \cdot 75{,}5 \cdot 10^5 + \frac{0{,}129 \cdot 0{,}0641 \cdot 0{,}36^2}{0{,}00003} \\ &= 390{,}3 + 35{,}7 = 426 \text{ W} \qquad (2.20) \end{aligned}$$

2.20.4 *Zusammenfassung*

Aus den Berechnungsbeispielen 2.20.1, 2.20.1 und 2.20.3 geht folgendes hervor.

Mit den gleichen Vorgabedaten ergeben sich beim Ölversorgungssystem „Eine Pumpe pro Tasche“ höhere Taschendrücke p_{TI}, höhere Taschenkräfte F_T, wesentlich höhere Schnittkräfte $F_{äuß}$ und eine wesentlich höhere Lagersteifigkeiten K als beim Ölversorgunssystem „Eine gemeinsame Pumpe und Kapillardrosseln“.

Beim Ölversorgunssystem „Eine gemeinsame Pumpe und Membrandrosseln“ wird die gleiche Schnittkraft wie beim Ölversorgungssystem „Eine Pumpe pro Tasche“ angenommen. Es werden die höchsten Taschendrücke p_{TI}, p_{TII}, p_{TV} und der höchste Pumpendruck von allen drei Ölversorgungssystemen erreicht.

Die Ergebnisse dieser Berechnungen sind in Tab. 2.19 übersichtlich aufgestellt.

2.21 Zentrisch belastete hydrostatische geschlossene Dachführungen

Abbildung 2.18 zeigt eine zentrisch belastete hydrostatische geschlossene Dachführung, die durch folgende Führungsbahnen geführt wird:

Tab. 2.19 Vergleichstabelle zwischen verschiedenen Ölversorgungssystemen

Ölversorgung mit:	$F_{äuß}$ in N	p_{TO} in bar	p_{TI} in bar	p_{TII} in bar	p_{TV} in bar	p_P in bar	F_T in N	Δh in µm	K in N µm^{-1}
Kapillardrosseln	33299	20	23,2	17,1	22,2	40,8	11307	3	1045
Einer Pumpe pro Tasche	124169	20	27,4	15	24,9	$p_P = p_T$	14912	3	2247
Membrandrosseln	124169	20	45,3	45,3	45,3	75,5	18509	0	∞

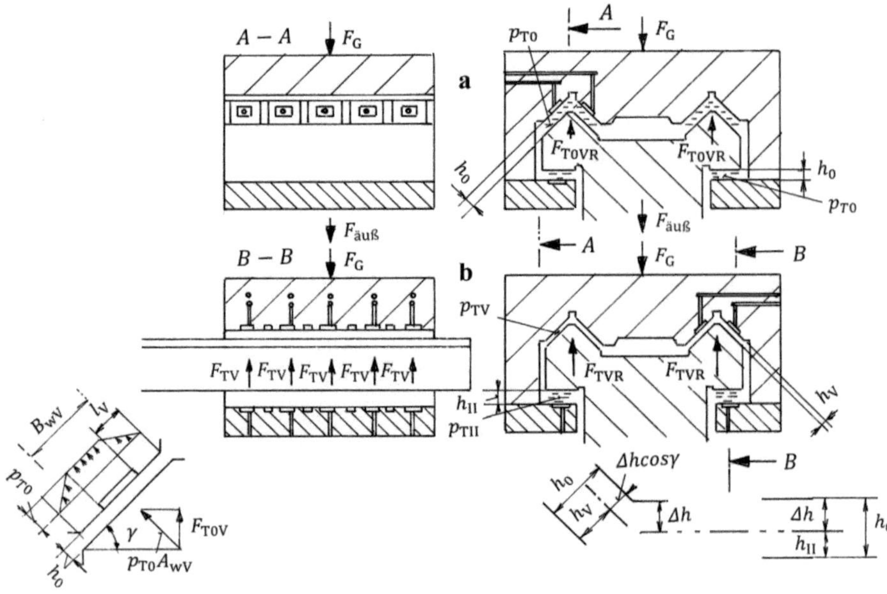

Abb. 2.18 Zentrisch belastete hydrostatische geschlossene Dachführung, **a** Die Führung wird im Anfangszustand durch eine in Längs- und Querrichtung zentrisch wirkende Kraft F_G belastet, **b** Die Führung wird zusätzlich durch eine in Längs- und Querrichtung zentrisch wirkende Schnittkraft $F_{äuß}$ belastet

1. Zwei V-Führungsbahnen mit Bezeichnung V
2. Zwei Führungsbahnen des Umgriffs mit Bezeichnung II

Auf jede hydrostatische Tasche des Umgriffs wirken im Anfangszustand der Taschendruck p_{TOII} und die Taschenkraft $p_{TOII} A_{wII}$.

Auf jede hydrostatische Tasche einer V-Bahn wirkt im Anfangszustand der Taschendruck p_{TOV} und die Taschenkraft $p_{TOV}\, A_{wV}$.

Die Komponente der Taschenkraft einer V-Bahn im Anfangszustand in senkrechter Richtung (Richtung der Kraft F_G) beträgt:

$$F_{TOV} = p_{TOV} A_{wV} \cos\gamma$$

Die Anzahl der hydrostatischen Taschenpaare einer V-Führung und der Umgriffe wird mit z bezeichnet.

Die Anzahl der hydrostatischen Taschenpaare beider V-Führungen und der Umgriffe beträgt dann: $2z$.

Die Gleichgewichtsgleichung der Taschenkräfte im Anfangszustand lautet:

$$F_G - 2zF_{T0VR} = 0$$

Aus dieser Gleichung ergibt sich die resultierende Taschenkraft:

$$F_{T0VR} = \frac{F_G}{2z} \quad (2.137)$$

Die resultierende Taschenkraft F_{T0VR}, die im Anfangszustand auf ein hydrostatisches Lagerpaar der V-Bahn und des Umgriffs wirkt, lautet:

$$F_{T0VR} = 2p_{T0V}A_{wV}\cos\gamma - p_{T0II}A_{wII}$$

Die Ölversorgungssysteme können so ausgelegt und eingestellt werden, dass im Anfangszustand (Abb. 2.18a) die Taschendrücke und die Lagerspalte bei V-Bahnen und bei Umgriff gleich sind:

$$p_{T0II} = p_{T0V} = p_{T0} \quad (2.5)$$

$$h_{0II} = h_{0V} = h_0 \quad (2.6)$$

Beim Einsetzen von Gl. (2.5) in die Gleichung für die resultierende Taschenkraft bekommt man:

$$F_{T0VR} = p_{T0}(2A_{wV}\cos\gamma - A_{wII})$$

Aus dieser Gleichung bekommt man den Taschendruck im Anfangszustand:

$$p_{T0} = \frac{F_{T0VR}}{(2A_{wV}\cos\gamma - A_{wII})} \quad (2.138)$$

Die Gewichtskraft des Tisches mit Vorrichtungen beträgt:

$$F_G = mg \quad (2.1)$$

Wenn der Tisch zusätzlich durch die Schnittkraft $F_{\text{äuß}}$ belastet wird (Abb. 2.18b), verändern sich die Taschendrücke, die Lagerspalte und die Taschenkräfte bei V-Bahnen und bei Umgriff:

die Taschendrücke bei Umgriff haben sich von p_{T0} auf p_{TII} verändert,
die Taschendrücke bei V-Führung haben sich von p_{T0} auf p_{TV} verändert,
die Lagerspalte bei Umgriff haben sich von h_0 auf $h_{II} = h_0 + \Delta h$ verändert,
die Lagerspalte bei V-Führung haben sich von h_0 auf $h_V = h_0 - \Delta h\cos\gamma$ verändert (s. Abb. 2.18 unten),
die Taschenkräfte bei V-Führung und Umgriff haben sich von F_{T0V} auf F_{TV} verändert.

Die Taschendrücke, die unter Wirkung der Schnittkraft beim Umgriff aufgebaut werden, werden beim Ölversorgungssystem „Eine gemeinsame Pumpe und Kapillardrosseln“ nach folgender Gleichung bestimmt:

$$p_{\mathrm{TII}} = \frac{p_{\mathrm{P}}}{\left(\frac{p_{\mathrm{P}}}{p_{\mathrm{T0}}} - 1\right)\left(1 + \frac{\Delta h}{h_0}\right)^3 + 1} \tag{2.23}$$

Die Taschendrücke, die unter Wirkung der Schnittkraft beim Umgriff aufgebaut werden, werden beim Ölversorgungssystem „Eine Pumpe pro Tasche“ nach folgender Gleichung bestimmt:

$$P_{\mathrm{TII}} = \frac{p_{\mathrm{T0}}}{\left(1 + \frac{\Delta h}{h_0}\right)^3} \tag{2.28}$$

Für die V-Führung gilt bei der Ölversorgung „Eine gemeinsame Pumpe und Kapillardrosseln“ folgende Gleichung:

$$p_{\mathrm{TV}} = \frac{p_{\mathrm{P}}}{\left(\frac{p_{\mathrm{P}}}{p_{\mathrm{T0}}} - 1\right)\left(1 - \frac{\Delta h \cos\gamma}{h_0}\right)^3 + 1} \tag{2.123}$$

Für die V-Führung gilt beim Ölversorgungssystem „Eine Pumpe pro Tasche“:

$$p_{\mathrm{TV}} = \frac{p_{\mathrm{T0}}}{\left(1 - \frac{\Delta h \cos\gamma}{h_0}\right)^3} \tag{2.124}$$

Die resultierende Taschenkraft F_{TVR}, die unter Wirkung der Schnittkraft auf ein hydrostatisches Lagerpaar der V-Bahnen und des Umgriffs wirkt, lautet:

$$F_{\mathrm{TVR}} = 2p_{\mathrm{TV}}A_{\mathrm{wV}}\cos\gamma - p_{\mathrm{TII}}A_{\mathrm{wII}} \tag{2.139}$$

Die Gleichgewichtsgleichung der Taschenkräfte unter Wirkung der Schnittkraft lautet:

$$F_{\mathrm{G}} + F_{\mathrm{äuß}} - 2zF_{\mathrm{TVR}} = 0$$

Aus dieser Gleichung ergibt sich die Schnittkraft:

$$F_{\mathrm{äuß}} = 2zF_{\mathrm{TVR}} - F_{\mathrm{G}} \tag{2.140}$$

Die Taschendrücke bei V-Bahn und bei Umgriff sind bei der Ölversorgung „Eine gemeinsame Pumpe und Membrandrosseln“ gleich:

$$p_{\mathrm{TV}} = p_{\mathrm{TII}} = p_{\mathrm{T}} \tag{2.141}$$

Beim Einsetzen von Gl. (2.141) in Gl. (2.139) bekommt man:

$$F_{\mathrm{TVR}} = p_{\mathrm{T}}(2A_{\mathrm{wV}} \cos\gamma - A_{\mathrm{wII}})$$

Aus dieser Gleichung ergibt sich der Taschendruck p_{T}:

$$p_{\mathrm{T}} = \frac{F_{\mathrm{TVR}}}{(2A_{\mathrm{wV}} \cos\gamma - A_{\mathrm{wII}})} \tag{2.142}$$

Der Volumenstrom durch alle Taschen der zentrisch belasteten hydrostatischen geschlossenen Dachführung im Anfangszustand beträgt:

$$Q_0 = 6z \frac{p_{\mathrm{T0}} h_0^3}{12\eta} \frac{b}{l} \tag{2.143}$$

Der Volumenstrom durch alle Taschen der zentrisch belasteten hydrostatischen geschlossenen Dachführung unter Wirkung der Schnittkraft beträgt:

$$Q_{\mathrm{GES}} = 2z \frac{p_{\mathrm{T}}}{12\eta} \frac{b}{l} \left(2h_{\mathrm{V}}^3 + h_{\mathrm{II}}^3\right) \tag{2.144}$$

Für die Reibfläche bei Umgriff gilt:

$$A_{\mathrm{RII}} = (B_{\mathrm{wII}} + l_{\mathrm{II}}) l_{\mathrm{II}} 2z + (L_{\mathrm{wII}} - l_{\mathrm{II}}) l_{\mathrm{II}} 2z \tag{2.18}$$

Für die Reibfläche einer V-Bahn gilt:

$$A_{\mathrm{RV}} = (B_{\mathrm{wV}} + l_{\mathrm{V}}) l_{\mathrm{V}} 2z + (L_{\mathrm{wV}} - l_{\mathrm{V}}) l_{\mathrm{V}} 2z \tag{2.18}$$

Für die Gesamtreibfläche gilt:

$$A_{\mathrm{R}} = 2A_{\mathrm{RII}} + 4A_{\mathrm{RV}} \tag{2.145}$$

Die Verlustleistung P_{VER} errechnet sich als Summe aus Pumpenleistung P_{P} und Reibleistung P_{R}:

$$P_{\mathrm{VER}} = P_{\mathrm{P}} + P_{\mathrm{R}} = Q_{\mathrm{0GES}} p_{\mathrm{P}} + \frac{A_{\mathrm{R}} \eta v^2}{h_0} \tag{2.20}$$

Der Lagerspalt bei Umgriff unter Wirkung der Schnittkraft $F_{\mathrm{äuß}}$ hat sich von h_0 auf h_{II} verändert:

$$h_{\mathrm{II}} = h_0 + \Delta h \tag{2.12}$$

Der Lagerspalt bei V-Führung beträgt:

$$h_{\mathrm{V}} = h_0 - \Delta h \cos\gamma \tag{2.122}$$

Die hydrostatischen Taschen sollen so ausgelegt werden, dass die Strömungsverhältnisse bei V-Führung und Umgriff gleich sind:

$$\frac{b_{\mathrm{V}}}{l_{\mathrm{V}}} = \frac{b_{\mathrm{II}}}{l_{\mathrm{II}}} = \frac{b}{l} \tag{2.15}$$

2.21.1 Berechnungsbeispiel bei Ölversorgung „Eine gemeinsame Pumpe und Kapillardrosseln“

Die zentrisch belastete hydrostatische geschlossene Dachführung nach Abb. 2.18 wird mit der Ölversorgung „Eine gemeinsame Pumpe und Kapillardrosseln“ ausgelegt.

Vorgabedaten:

Wirksame Taschenbreite des Umgriffs: $B_{\mathrm{wII}} = 0{,}023$ m
Wirksame Taschenlänge des Umgriffs: $L_{\mathrm{wII}} = 0{,}130$ m
Abströmlänge bei Umgriff: $l_{\mathrm{II}} = 0{,}012$ m
Wirksame Taschenbreite der V-Führung: $B_{\mathrm{wV}} = 0{,}0545$ m
Wirksame Taschenlänge der V-Führung: $L_{\mathrm{wV}} = 0{,}130$ m
Abströmlänge der V-Führung: $l_{\mathrm{V}} = 0{,}015$ m
Lagerspalt im Anfangszustand: $h_{0\mathrm{II}} = h_{0\mathrm{V}} = h_0 = 0{,}00003 \text{ m} = 0{,}030 \cdot 10^{-3}$ m
Anzahl der hydrostatischen Taschenpaare beider V-Führungen und der Umgriffe: $2z = 10$
Gesamtanzahl der Taschen: $6z = 6 \cdot 5 = 30$
Höchste Tischgeschwindigkeit: $v = 21{,}6 \text{ m min}^{-1} = 0{,}36 \text{ m s}^{-1}$
Schlittenmasse: $m_{\mathrm{sch}} = 5000$ kg
Zusatzmasse auf dem Schlitten: $m_{\mathrm{zus}} = 4984{,}7$ kg
Gesamtmasse: $m = 9984{,}7$ kg
Schmieröl: ISO VG 46
Öltemperatur: $\vartheta = 25$ °C
Wie im Berechnungsbeispiel 2.4.1 ergeben sich:
Dynamische Viskosität des Öles bei 25°C: $\eta = 0{,}0992 \text{ N s m}^{-2}$
Kinematische Viskosität bei $\vartheta = 25$ °C: $v_{25} = 113{,}875 \text{ mm}^2 \text{ s}^{-1}$
Die Spaltänderung unter Wirkung der Schnittkraft $F_{\mathrm{äuß}}$ wird angenommen: $\Delta h = 0{,}000003 = 0{,}003 \cdot 10^{-3}\mathrm{m}$
Winkel der V-Führung: $\gamma = 45$ °

Gesucht:

- Schnittkraft $F_{\mathrm{äuß}}$
- Volumenstrom im Anfangszustand $Q_{0\mathrm{GES}}$
- Volumenstrom unter Wirkung der Schnittkraft Q_{GES}
- Verlustleistung P_{VER}
- Lagersteifigkeit K

Lösung:

1. Gewichtskraft des Tisches

$$F_{\mathrm{G}} = mg = 9984{,}7 \cdot 9{,}81 = 97950 \text{ N} \tag{2.1}$$

2. Wirksame Taschenfläche des Umgriffs:

$$A_{\mathrm{wII}} = B_{\mathrm{wII}} L_{\mathrm{wII}} = 0{,}023 \cdot 0{,}130 = 0{,}003 \text{ m}^2 \tag{1.3}$$

3. Wirksame Taschenfläche einer V-Bahn:

$$A_{\mathrm{wV}} = B_{\mathrm{wV}} L_{\mathrm{wV}} = 0{,}0545 \cdot 0{,}130 = 0{,}00708 \text{ m}^2 \tag{1.3}$$

4. Abströmbreite bei Umgriff:

$$b_{\mathrm{II}} = 2B_{\mathrm{wII}} + 2L_{\mathrm{wII}} = 2 \cdot 0{,}023 + 2 \cdot 0{,}130 = 0{,}306 \text{ m} \tag{1.1}$$

5. Abströmbreite bei V-Führung:

$$b_{\mathrm{V}} = 2B_{\mathrm{wV}} + 2L_{\mathrm{wV}} = 2 \cdot 0{,}0545 + 2 \cdot 0{,}130 = 0{,}369 \text{ m} \tag{1.1}$$

6. Resultierende Taschenkraft im Anfangszustand:

$$F_{\mathrm{T0VR}} = \frac{F_{\mathrm{G}}}{2z} = \frac{97950}{2 \cdot 5} = 9795 \text{ N} \tag{2.137}$$

7. Taschendruck im Anfangszustand:

$$\begin{aligned} p_{\mathrm{T0}} &= \frac{F_{\mathrm{T0VR}}}{(2A_{\mathrm{wV}} \cos \gamma - A_{\mathrm{wII}})} \\ &= \frac{9795}{(2 \cdot 0{,}00708 \cos 45^\circ - 0{,}003)} = 13{,}96 \cdot 10^5 \text{ N m}^{-2} \end{aligned} \tag{2.138}$$

8. Strömungsverhältnis bei Umgriff:

$$\frac{b_{\mathrm{II}}}{l_{\mathrm{II}}} = \frac{0{,}306}{0{,}012} = 24{,}6 \tag{1.2}$$

9. Strömungsverhältnis bei V-Führung:

$$\frac{b_{\mathrm{V}}}{l_{\mathrm{V}}} = \frac{0{,}369}{0{,}015} = 24{,}6 \tag{1.2}$$

10. Relative Spaltänderung:

$$\Psi = \frac{\Delta h}{h_0} = \frac{0{,}003 \cdot 10^{-3}}{0{,}03 \cdot 10^{-3}} = 0{,}1 \tag{2.14}$$

11. Flächenverhältnis bei V-Führung und Umgriff:

$$\varphi = \frac{A_{\mathrm{wII}}}{2A_{\mathrm{wV}}} = \frac{0{,}003}{2 \cdot 0{,}00708} = 0{,}2 \tag{2.13}$$

12. Nach Tab. 2.1 wird für $\varphi = 0{,}2$ und $\Psi = 0{,}1$ ein optimales Drosselverhältnis ermittelt: $(\frac{p_{\mathrm{P}}}{p_{\mathrm{T0}}})_{\mathrm{OPT}} = 2{,}12$

13. Pumpendruck:

$$p_P = \left(\frac{p_P}{p_{T0}}\right)_{OPT} p_{T0} = 2{,}12 \cdot 13{,}96 \cdot 10^5 = 29{,}5 \cdot 10^5 \text{ N m}^{-2} \tag{2.21}$$

14. Taschendruck bei Umgriff unter Wirkung der Schnittkraft:

$$p_{TII} = \frac{p_P}{\left(\frac{p_P}{p_{T0}} - 1\right)\left(1 + \frac{\Delta h}{h_0}\right)^3 + 1} = \frac{29{,}5 \cdot 10^5}{(2{,}12 - 1) \cdot (1 + 0{,}1)^3 + 1} = 11{,}84 \cdot 10^5 \text{ N m}^{-2} \tag{2.23}$$

15. Taschendruck bei V-Führung unter Wirkung der Schnittkraft

$$p_{TV} = \frac{p_P}{\left(\frac{p_P}{p_{T0}} - 1\right)\left(1 - \frac{\Delta h \cos\gamma}{h_0}\right)^3 + 1} = \frac{29{,}5 \cdot 10^5}{(2{,}12 - 1) \cdot (1 - 0{,}1 \cdot \cos 45°)^3 + 1} = 14{,}45 \cdot 10^5 \text{ N m}^{-2} \tag{2.123}$$

16. Resultierende Taschenkraft F_{TVR}, die unter Wirkung der Schnittkraft auf ein hydrostatisches Lagerpaar der V-Bahnen und der Umgriffe wirkt:

$$F_{TVR} = 2p_{TV}A_{wV}\cos\gamma - p_{TII}A_{wII} = 2 \cdot 14{,}45 \cdot 10^5 \cdot 0{,}00708 \cdot \cos 45° - 11{,}84 \cdot 10^5 \cdot 0{,}003 = 10916{,}2 \text{ N} \tag{2.139}$$

17. Schnittkraft:

$$F_{\text{äuß}} = 2zF_{TVR} - F_G = 2 \cdot 5 \cdot 10916{,}2 - 97950 = 11212 \text{ N} \tag{2.140}$$

18. Volumenstrom durch alle Taschen der Dachführungen und der Umgriffe im Anfangszustand:

$$Q_0 = 6z\frac{p_{T0}h_0^3}{12\eta}\frac{b}{l} = 6 \cdot 5\frac{13{,}96 \cdot 10^5 \cdot (0{,}00003)^3}{12 \cdot 0{,}0996} \cdot 24{,}6 = 0{,}0000233 \text{ m}^3\text{ s}^{-1} = 1{,}4 \text{ dm}^3\text{ min}^{-1} \tag{2.143}$$

19. Lagerspalt bei Umgriff unter Wirkung der Schnittkraft:

$$h_{II} = h_0 + \Delta h = 0{,}03 \cdot 10^{-3} + 0{,}003 \cdot 10^{-3} = 0{,}000033 \text{ m} = 0{,}033 \cdot 10^{-3} \text{ m} \tag{2.12}$$

20. Lagerspalt bei V-Führung unter Wirkung der Schnittkraft:

$$h_V = h_0 - \Delta h\cos\gamma = 0{,}03 \cdot 10^{-3} - 0{,}003 \cdot 10^{-3}\cos 45° = 0{,}0000278 \text{ m} \tag{2.122}$$

21. Reibfläche bei Umgriff:

$$A_{\mathrm{RII}} = (B_{\mathrm{wII}} + l_{\mathrm{II}})l_{\mathrm{II}}2z + (L_{\mathrm{wII}} - l_{\mathrm{II}})l_{\mathrm{II}}2z = (0{,}023 + 0{,}012) \cdot 0{,}012 \cdot 2 \cdot 5 + (0{,}130 - 0{,}012) \cdot 0{,}012 \cdot 2 \cdot 5 = 0{,}018\ \mathrm{m}^2 \quad (2.18)$$

22. Reibfläche einer V-Bahn:

$$A_{\mathrm{RV}} = (B_{\mathrm{wV}} + l_{\mathrm{V}})l_{\mathrm{V}}2z + (L_{\mathrm{wV}} - l_{\mathrm{V}})l_{\mathrm{V}}2z = (0{,}0545 + 0{,}015) \cdot 0{,}015 \cdot 2 \cdot 5 + (0{,}130 - 0{,}015) \cdot 0{,}015 \cdot 2 \cdot 5 = 0{,}027\ \mathrm{m}^2 \quad (2.18)$$

23. Gesamtreibfläche:

$$A_{\mathrm{R}} = 2A_{\mathrm{RII}} + 4A_{\mathrm{RV}} = 2 \cdot 0{,}018 + 4 \cdot 0{,}027 = 0{,}144\ \mathrm{m}^2 \quad (2.145)$$

24. Verlustleistung:

$$P_{\mathrm{VER}} = P_{\mathrm{P}} + P_{\mathrm{R}} = Q_{0\mathrm{GES}}p_{\mathrm{P}} + \frac{A_{\mathrm{R}}\eta v^2}{h_0} = 0{,}0000233 \cdot 29{,}5 \cdot 10^5 + \frac{0{,}144 \cdot 0{,}0996 \cdot 0{,}36^2}{0{,}00003} = 68{,}7 + 61{,}9 = 130{,}6\ \mathrm{W} \quad (2.20)$$

25. Resultierende Taschenkraft F_{TVR}, die unter Wirkung der Schnittkraft auf ein hydrostatisches Lagerpaar der V-Bahnen und der Umgriffe wirkt:

$$F_{\mathrm{TVR}} = 2p_{\mathrm{TV}}A_{\mathrm{wV}}\cos\gamma - p_{\mathrm{TII}}A_{\mathrm{wII}} = 2 \cdot 14{,}45 \cdot 10^5 \cdot 0{,}00708 \cdot \cos 45^\circ - 11{,}84 \cdot 10^5 \cdot 0{,}003 = 10916{,}2\ \mathrm{N} \quad (2.139)$$

26. Steifigkeit des hydrostatischen Lagers:

$$K = \frac{\mathrm{d}F}{\mathrm{d}h} = \frac{F_{\mathrm{TVR}} - F_{\mathrm{T0VR}}}{\Delta h} = \frac{10916{,}2 - 9795}{0{,}000003} = 373733333\ \mathrm{N\,m}^{-1} = 373{,}7\ \mathrm{N\,\mu m}^{-1} \quad (1.11)$$

2.21.2 Berechnungsbeispiel bei Ölversorgung „Eine Pumpe pro Tasche“

Die zentrisch belastete hydrostatische geschlossene Dachführung nach Abb. 2.18 wird mit der Ölversorgung „Eine Pumpe pro Tasche“ ausgelegt:

Vorgabedaten:

Wirksame Taschenbreite des Umgriffs: $B_{\text{wII}} = 0{,}023$ m
Wirksame Taschenlänge des Umgriffs: $L_{\text{wII}} = 0{,}130$ m
Abströmlänge bei Umgriff: $l_{\text{II}} = 0{,}012$ m
Wirksame Taschenbreite der V-Führung: $B_{\text{wV}} = 0{,}0545$ m
Wirksame Taschenlänge der V-Führung: $L_{\text{wV}} = 0{,}130$ m
Abströmlänge der V-Führung: $l_{\text{V}} = 0{,}015$ m
Lagerspalt im Anfangszustand: $h_{0\text{II}} = h_{0\text{V}} = h_0 = 0{,}00003\ \text{m} = 0{,}030 \cdot 10^{-3}$ m
Anzahl der hydrostatischen Taschenpaare beider V-Führungen und der Umgriffe: $2z = 10$
Gesamtanzahl der Taschen: $6z = 6 \cdot 5 = 30$
Höchste Tischgeschwindigkeit: $v = 21{,}6\ \text{m min}^{-1} = 0{,}36\ \text{m s}^{-1}$
Schlittenmasse: $m_{\text{sch}} = 5000$ kg
Zusatzmasse auf dem Schlitten: $m_{\text{zus}} = 4984{,}7$ kg
Gesamtmasse: $m = 9984{,}7$ kg
Schmieröl: ISO VG 46
Öltemperatur: $\vartheta = 25$ °C
Wie im Berechnungsbeispiel 2.4.1 ergeben sich:
Dynamische Viskosität des Öles bei 25 °C: $\eta = 0{,}0992\ \text{N s m}^{-2}$
Kinematische Viskosität bei $\vartheta = 25$ °C: $v_{25} = 113{,}875\ \text{mm}^2\,\text{s}^{-1}$
Die Spaltänderung unter Wirkung der Schnittkraft $F_{\text{äuß}}$ wird angenommen: $\Delta h = 0{,}000003 = 0{,}003 \cdot 10^{-3}$ m
Winkel der V-Führung: $\gamma = 45°$

Gesucht:

- Schnittkraft $F_{\text{äuß}}$
- Volumenstrom im Anfangszustand $Q_{0\text{GES}}$
- Volumenstrom unter Wirkung der Schnittkraft Q_{GES}
- Verlustleistung P_{VER}
- Lagersteifigkeit K

Lösung:

1. Gewichtskraft des Tisches:

$$F_{\text{G}} = mg = 9984{,}7 \cdot 9{,}81 = 97950\ \text{N} \tag{2.1}$$

2. Wirksame Taschenfläche des Umgriffs:

$$A_{\text{wII}} = B_{\text{wII}} L_{\text{wII}} = 0{,}023 \cdot 0{,}130 = 0{,}003\ \text{m}^2 \tag{1.3}$$

3. Wirksame Taschenfläche einer V-Bahn:

$$A_{\text{wV}} = B_{\text{wV}} L_{\text{wV}} = 0{,}0545 \cdot 0{,}130 = 0{,}00708\ \text{m}^2 \tag{1.3}$$

4. Abströmbreite bei Umgriff:

$$b_{II} = 2B_{wII} + 2L_{wII} = 2 \cdot 0{,}023 + 2 \cdot 0{,}130 = 0{,}306 \text{ m} \qquad (1.1)$$

5. Abströmbreite bei V-Führung:

$$b_V = 2B_{wV} + 2L_{wV} = 2 \cdot 0{,}0545 + 2 \cdot 0{,}130 = 0{,}369 \text{ m} \qquad (1.1)$$

6. Resultierende Taschenkraft im Anfangszustand:

$$F_{T0VR} = \frac{F_G}{2z} = \frac{97950}{2 \cdot 5} = 9795 \text{ N} \qquad (2.137)$$

7. Taschendruck im Anfangszustand:

$$p_{T0} = \frac{F_{T0VR}}{(2A_{wV} \cos\gamma - A_{wII})} = \frac{9795}{(2 \cdot 0{,}00708 \cdot \cos 45° - 0{,}003)} = 13{,}96 \cdot 10^5 \text{ N m}^{-2} \qquad (2.138)$$

8. Strömungsverhältnis bei Umgriff:

$$\frac{b_{II}}{l_{II}} = \frac{0{,}306}{0{,}012} = 24{,}6 \qquad (1.2)$$

9. Strömungsverhältnis bei V-Führung:

$$\frac{b_V}{l_V} = \frac{0{,}369}{0{,}015} = 24{,}6 \qquad (1.2)$$

10. Relative Spaltänderung:

$$\Psi = \frac{\Delta h}{h_0} = \frac{0{,}003 \cdot 10^{-3}}{0{,}03 \cdot 10^{-3}} = 0{,}1 \qquad (2.14)$$

11. Flächenverhältnis bei V-Führung und Umgriff:

$$\varphi = \frac{A_{wII}}{2A_{wV}} = \frac{0{,}003}{2 \cdot 0{,}00708} = 0{,}2 \qquad (2.13)$$

12. Taschendruck bei Umgriff unter Wirkung der Schnittkraft:

$$p_{TII} = \frac{p_{T0}}{\left(1 + \frac{\Delta h}{h_0}\right)^3} = \frac{13{,}96 \cdot 10^5}{(1 + 0{,}1)^3} = 10{,}48 \cdot 10^5 \text{ N m}^{-2} \qquad (2.28)$$

13. Taschendruck bei V-Führung unter Wirkung der Schnittkraft

$$p_{TV} = \frac{p_{T0}}{\left(1 - \frac{\Delta h \cos\gamma}{h_0}\right)^3} = \frac{13{,}96 \cdot 10^5}{(1 - 0{,}1 \cdot \cos 45°)^3} = 17{,}39 \cdot 10^5 \text{ N m}^{-2} \qquad (2.124)$$

14. Resultierende Taschenkraft F_{TVR}, die unter Wirkung der Schnittkraft auf ein hydrostatisches Lagerpaar der V-Bahnen und der Umgriffe wirkt:

$$F_{\mathrm{TVR}} = 2p_{\mathrm{TV}}A_{\mathrm{wV}}\cos\gamma - p_{\mathrm{TII}}A_{\mathrm{wII}} = 2\cdot 17{,}39\cdot 10^5\cdot 0{,}00708\cdot\cos 45^\circ - 10{,}48\cdot 10^5\cdot 0{,}003 = 14267{,}96\ \mathrm{N} \quad (2.139)$$

15. Schnittkraft:

$$F_{\mathrm{äuß}} = 2zF_{\mathrm{TVR}} - F_{\mathrm{G}} = 2\cdot 5\cdot 14267{,}96 - 97950 = 44729{,}6\ \mathrm{N} \quad (2.140)$$

16. Volumenstrom durch alle Taschen der geschlossenen Dachführung im Anfangszustand:

$$Q_0 = 6z\frac{p_{\mathrm{T0}}h_0^3}{12\eta}\frac{b}{l} = 6\cdot 5\cdot\frac{13{,}96\cdot 10^5\cdot(0{,}00003)^3}{12\cdot 0{,}0996}\cdot 24{,}6 = 0{,}0000233\ \mathrm{m^3\,s^{-1}} = 1{,}4\ \mathrm{dm^3\,min^{-1}} \quad (2.143)$$

17. Lagerspalt bei Umgriff unter Wirkung der Schnittkraft:

$$h_{\mathrm{II}} = h_0 + \Delta h = 0{,}03\cdot 10^{-3} + 0{,}003\cdot 10^{-3} = 0{,}000033\ \mathrm{m} = 0{,}033\cdot 10^{-3}\ \mathrm{m} \quad (2.12)$$

18. Lagerspalt bei V-Führung unter Wirkung der Schnittkraft:

$$h_{\mathrm{V}} = h_0 - \Delta h\cos\gamma = 0{,}03\cdot 10^{-3} + 0{,}003\cdot 10^{-3}\cos\ 45^\circ = 0{,}0000278\ \mathrm{m} \quad (2.122)$$

19. Reibfläche bei Umgriff:

$$A_{\mathrm{RII}} = (B_{\mathrm{wII}} + l_{\mathrm{II}})l_{\mathrm{II}}2z + (L_{\mathrm{wII}} - l_{\mathrm{II}})l_{\mathrm{II}}2z = (0{,}023 + 0{,}012)\cdot 0{,}012\cdot 2\cdot 5 + (0{,}130 - 0{,}012)\cdot 0{,}012\cdot 2\cdot 5 = 0{,}018\ \mathrm{m^2} \quad (2.18)$$

20. Reibfläche einer V-Bahn:

$$A_{\mathrm{RV}} = (B_{\mathrm{wV}} + l_{\mathrm{V}})l_{\mathrm{V}}2z + (L_{\mathrm{wV}} - l_{\mathrm{V}})l_{\mathrm{V}}2z = (0{,}0545 + 0{,}015)\cdot 0{,}015\cdot 2\cdot 5 + (0{,}130 - 0{,}015)\cdot 0{,}015\cdot 2\cdot 5 = 0{,}027\ \mathrm{m^2} \quad (2.18)$$

21. Gesamtreibfläche:

$$A_{\mathrm{R}} = 2A_{\mathrm{RII}} + 4A_{\mathrm{RV}} = 2\cdot 0{,}018 + 4\cdot 0{,}027 = 0{,}144\ \mathrm{m^2} \quad (2.145)$$

22. Verlustleistung:

$$P_{\mathrm{VER}} = P_{\mathrm{P}} + P_{\mathrm{R}} = Q_{\mathrm{0GES}}p_{\mathrm{P}} + \frac{A_{\mathrm{R}}\eta v^2}{h_0} = 0{,}0000233\cdot 13{,}96\cdot 10^5 + \frac{0{,}144\cdot 0{,}0996\cdot 0{,}36^2}{0{,}00003} = 32{,}5 + 61{,}9 = 94{,}7\ \mathrm{W} \quad (2.20)$$

(Da $p_{\mathrm{P}} = p_{\mathrm{T}}$, wird $p_{\mathrm{T0}} = p_{\mathrm{T}}$ eingesetzt)

23. Steifigkeit des hydrostatischen Lagers:

$$K = \frac{dF}{dh} = \frac{F_{\mathrm{TVR}} - F_{\mathrm{OVR}}}{\Delta h} = \frac{14267{,}9 - 9789{,}6}{0{,}000003} = 1492766667 \text{ N m}^{-1}$$
$$= 1492{,}7 \text{ N } \mu\text{m}^{-1} \quad (1.11)$$

2.21.3 Berechnungsbeispiel bei Ölversorgung „Eine gemeinsame Pumpe und Membrandrosseln"

Eine zentrisch belastete hydrostatische geschlossene Dachführung nach Abb. 2.18 wird mit der Ölversorgung „Eine gemeinsame Pumpe und Membrandrosseln" ausgelegt.

Vorgabedaten:

Wirksame Taschenbreite des Umgriffs: $B_{\mathrm{wII}} = 0{,}023$ m
Wirksame Taschenlänge des Umgriffs: $L_{\mathrm{wII}} = 0{,}130$ m
Abströmlänge bei Umgriff: $l_{\mathrm{II}} = 0{,}012$ m1
Wirksame Taschenbreite der V-Führung: $B_{\mathrm{wV}} = 0{,}0545$ m
Wirksame Taschenlänge der V-Führung: $\mathrm{L_{wV}} = 0{,}130$ m
Abströmlänge der V-Führung: $l_{\mathrm{V}} = 0{,}015$ m
Lagerspalt im Anfangszustand: $h_{0\mathrm{II}} = h_{0\mathrm{V}} = h_0 = 0{,}00003 \text{ m} = 0{,}030 \cdot 10^{-3}$ m
Anzahl der hydrostatischen Taschenpaare beider V-Führungen und der Umgriffe: $2z = 10$
Gesamtanzahl der Taschen: $6z = 6 \cdot 5 = 30$
Höchste Tischgeschwindigkeit: $v = 21{,}6 \text{ m min}^{-1} = 0{,}36 \text{ ms}^{-1}$
Schlittenmasse: $m_{\mathrm{sch}} = 5000$ kg
Zusatzmasse auf dem Schlitten: $m_{\mathrm{zus}} = 4984{,}7$ kg
Gesamtmasse: $m = 9984{,}7$ kg
Schnittkraft: $F_{\mathrm{äuß}} = 44729{,}6$ N
Schmieröl: ISO VG 46
Öltemperatur: $\vartheta = 25$ °C
Wie im Berechnungsbeispiel 2.4.1 ergeben sich:
Dynamische Viskosität des Öles bei 25 °C: $\eta = 0{,}0992 \text{ N s m}^{-2}$
Kinematische Viskosität bei $\vartheta = 25$ °C: $v_{25} = 113{,}875 \text{ mm}^2 s^{-1}$
Winkel der V-Führung: $\gamma = 45°$

Gesucht:

- Volumenstrom im Anfangszustand $Q_{0\mathrm{GES}}$
- Volumenstrom unter Wirkung der Schnittkraft Q_{GES}
- Verlustleistung p_{VER}

Lösung:

1. Gewichtskraft des Tisches:

$$F_G = mg = 9984{,}7 \cdot 9{,}81 = 97950\ \mathrm{N} \qquad (2.1)$$

2. Wirksame Taschenfläche des Umgriffs:

$$A_{wII} = B_{wII} L_{wII} = 0{,}023 \cdot 0{,}130 = 0{,}003\ \mathrm{m}^2 \qquad (1.3)$$

3. Wirksame Taschenfläche einer V-Bahn:

$$A_{wV} = B_{wV} L_{wV} = 0{,}0545 \cdot 0{,}130 = 0{,}00708\ \mathrm{m}^2 \qquad (1.3)$$

4. Abströmbreite bei Umgriff:

$$b_{II} = 2B_{wII} + 2L_{wII} = 2 \cdot 0{,}023 + 2 \cdot 0{,}130 = 0{,}306\ \mathrm{m} \qquad (1.1)$$

5. Abströmbreite bei V-Führung:

$$b_V = 2B_{wV} + 2L_{wV} = 2 \cdot 0{,}0545 + 2 \cdot 0{,}130 = 0{,}369\ \mathrm{m} \qquad (1.1)$$

6. Resultierende Taschenkraft im Anfangszustand:

$$F_{T0VR} = \frac{F_G}{2z} = \frac{97950}{2 \cdot 5} = 9795\ \mathrm{N} \qquad (2.137)$$

7. Taschendruck im Anfangszustand:

$$p_{T0} = \frac{F_{T0VR}}{(2A_{wV} \cos\gamma - A_{wII})} = \frac{9795}{(2 \cdot 0{,}00708 \cdot \cos 45^\circ - 0{,}003)} = 13{,}96 \cdot 10^5\ \mathrm{N\,m^{-2}} \qquad (2.138)$$

8. Strömungsverhältnis bei Umgriff:

$$\frac{b_{II}}{l_{II}} = \frac{0{,}306}{0{,}012} = 24{,}6 \qquad (1.2)$$

9. Strömungsverhältnis bei V-Führung:

$$\frac{b_V}{l_V} = \frac{0{,}369}{0{,}015} = 24{,}6 \qquad (1.2)$$

10. Flächenverhältnis bei V-Führung und Umgriff:

$$\varphi = \frac{A_{wII}}{2A_{wV}} = \frac{0{,}003}{2 \cdot 0{,}00708} = 0{,}2 \qquad (2.13)$$

11. Volumenstrom durch alle Taschen der zentrisch belasteten hydrostatischen geschlossenen Dachführung im Anfangszustand:

$$Q_{0\text{GES}} = 6z\frac{p_{\text{T}0}h_0^3}{12\eta}\frac{b}{l} = 6 \cdot 5 \cdot \frac{13{,}96 \cdot 10^5 \cdot (0{,}00003)^3}{12 \cdot 0{,}0992} \cdot 24{,}6 = 0{,}0000233 \text{ m}^3 \text{ s}^{-1}$$
$$= 1{,}4 \text{ dm}^3 \text{ min}^{-1} \quad (2.143)$$

12. Proportionalitätsfaktor:

$$c = \frac{Q_{0\text{GES}}}{F_{\text{T}0}} = \frac{0{,}0000233}{9795} = 23{,}78 \cdot 10^{-10}\text{m}^3 \text{ s}^{-1} \text{ N}^{-1} \quad (2.32)$$

13. Resultierende Taschenkraft unter Wirkung der Schnittkraft:

$$F_{\text{TVR}} = \frac{F_{\text{äuß}} + F_{\text{G}}}{2z} = \frac{44729{,}6 + 97950}{2 \cdot 5} = 14267{,}9 \text{ N} \quad (2.140)$$

14. Volumenstrom durch alle Taschen der hydrostatischen geschlossenen Dachführung unter Wirkung der Schnittkraft:

$$Q = F_{\text{T}}c = 14267{,}9 \cdot 23{,}78 \cdot 10^{-10} = 0{,}000033929 \text{ m}^3 \text{ s}^{-1} = 2{,}03 \text{ dm}^3 \text{ min}^{-1} \quad (2.38)$$

15. Taschendruck unter Wirkung der Schnittkraft:

$$p_{\text{T}} = \frac{F_{\text{TVR}}}{(2A_{\text{wV}} \cos\gamma - A_{\text{wII}})} = \frac{14267{,}9}{2 \cdot 0{,}00708 \cdot \cos 45° - 0{,}003} = 20{,}34 \cdot 10^5 \text{ N m}^{-2} \quad (2.142)$$

16. Reibfläche bei Umgriff:

$$A_{\text{RII}} = (B_{\text{wII}} + l_{\text{II}})l_{\text{II}}2z + (L_{\text{wII}} - l_{\text{II}})l_{\text{II}}2z = (0{,}023 + 0{,}012) \cdot 0{,}012 \cdot 2 \cdot 5$$
$$+ (0{,}130 - 0{,}012) \cdot 0{,}012 \cdot 2 \cdot 5 = 0{,}018 \text{ m}^2 \quad (2.18)$$

17. Reibfläche einer V-Bahn:

$$A_{\text{RV}} = (B_{\text{wV}} + l_{\text{V}})l_{\text{V}}2z + (L_{\text{wV}} - l_{\text{V}})l_{\text{V}}2z = (0{,}0545 + 0{,}015) \cdot 0{,}015 \cdot 2 \cdot 5$$
$$+ (0{,}130 - 0{,}015) \cdot 0{,}015 \cdot 2 \cdot 5 = 0{,}027 \text{ m}^2 \quad (2.18)$$

18. Gesamtreibfläche:

$$A_{\text{R}} = 2A_{\text{RII}} + 4A_{\text{RV}} = 2 \cdot 0{,}018 + 4 \cdot 0{,}027 = 0{,}144 \text{ m}^2 \quad (2.145)$$

19. Der Pumpendruck wird so gewählt, dass die Membrandrossel im optimalen Druckverhältnis belastet wird:

$$\frac{p_{\text{T}}}{p_{\text{P}}} = 0{,}1 \text{ bis } 0{,}6 \quad (2.37)$$

Tab. 2.20 Vergleichstabelle zwischen verschiedenen Ölversorgungssystemen

Ölversorgung mit:	$F_{äuß}$ in N	p_{T0} in bar	p_{TV} in bar	p_{TII} in bar	F_{0VR} in N	p_P in bar	Δh in µm	K in N µm^{-1}
Kapillardrosseln	11212	13,9	14,4	11,8	9795	29,5	3	373
Einer Pumpe pro Tasche	44729	13,9	17,3	10,4	9795	$p_T = p_P$	3	1492
Membrandrosseln	44729	13,9	20,3	20,3	9795	49,5	0	∞

Der Pumpendruck wird angenommen:

$$p_P = 49{,}5 \text{ bar}$$

Maximales Druckverhältnis:

$$\frac{p_T}{p_P} = \frac{20{,}3}{49{,}5} = 0{,}41$$

Minimales Druckverhältnis:

$$\frac{p_{T0}}{p_P} = \frac{13{,}96}{49{,}5} = 0{,}28$$

20. Verlustleistung:

$$P_{VER} = P_P + P_R = Q_{0GES}\, p_P + \frac{A_R \eta v^2}{h_0}$$
$$= 0{,}0000233 \cdot 49{,}5 \cdot 10^5 + \frac{0{,}144 \cdot 0{,}0996 \cdot 0{,}36^2}{0{,}00003} = 115 + 61{,}9 = 176{,}9 \text{ W} \tag{2.20}$$

2.21.4 *Zusammenfassung*

Aus den Berechnungsbeispielen 2.21.1, 2.21.1 und 2.21.3 geht folgendes hervor:

Mit den gleichen Vorgabedaten ergeben sich beim Ölversorgungssystem „Eine Pumpe pro Tasche“ höhere Taschendrücke p_{TV}, höhere Taschenkräfte F_{TVR} und wesentlich höhere Schnittkräfte $F_{äuß}$ und Lagersteifigkeiten K als beim Ölversorgungssystem „Eine gemeinsame Pumpe und Kapillardrsseln“.

Mit dem Ölversorgungssystem „Eine gemeinsame Pumpe und Membrandrosseln“ werden die höchsten Taschendrücke und die höchsten Pumpendrücke von allen Ölversorgungssystemen erreicht.

Die Ergebnisse dieser Berechnungen sind in Tab. 2.20 aufgestellt.

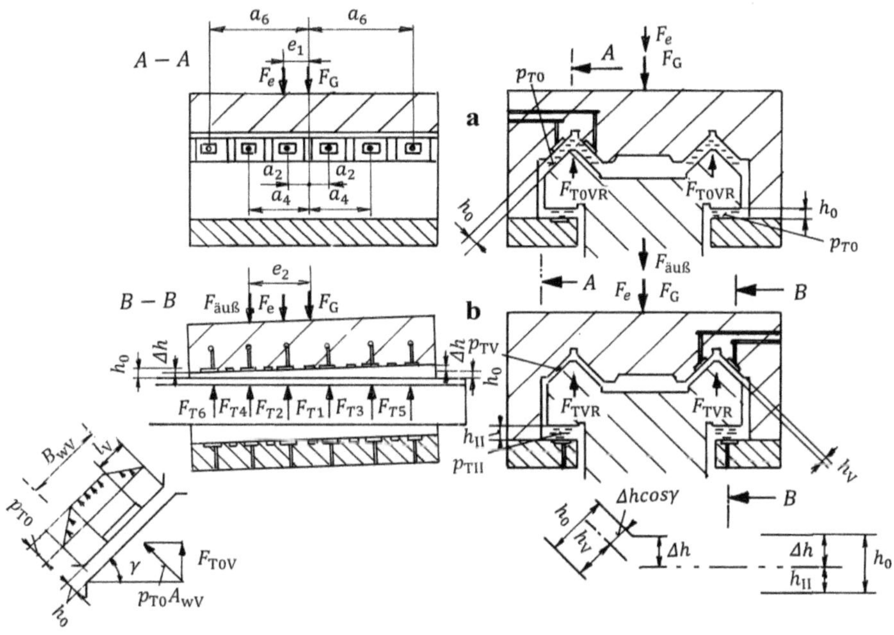

Abb. 2.19 Exzentrisch belastete hydrostatische geschlossene Dachführung. (**a**) Die Führung wird im Anfangszustand durch die in Längs- und Querrichtung zentrisch wirkende Kraft F_G und durch die in Längsrichtung exzentrisch und in Querrichtung zentrisch wirkende Kraft F_e belastet. (**b**) Die Führung wird zusätzlich durch die in Längsrichtung exzentrisch und in Querrichtung zentrisch wirkende Schnittkraft $F_{äuß}$ belastet. F_{TOVR} Resultierende Taschenkraft, die im Anfangszustand auf ein hydrostatisches Lager wirkt; F_{TVR} Resultierende Taschenkraft, die unter Wirkung der exzentrisch wirkenden Schnittkraft auf ein hydrostatisches Lager wirkt

2.22 Exzentrisch belastete hydrostatische geschlossene Dachführung

Abbildung 2.19 zeigt eine exzentrisch belastete hydrostatische geschlossene Dachführung mit z Taschenpaaren auf einer Führungsbahn in Längsrichtung.

Die Führung wird im Anfangszustand durch die in Längs- und Querrichtung zentrisch wirkende Schnittkraft F_G und durch die in Längsrichtung exzentrisch und in Querrichtung zentrisch wirkende Schnittkraft $F_{äuß}$ (Abb. 2.19a) belastet.

Die Führung wird zusätzlich durch die in Längsrichtung exzentrisch und in Querrichtung zentrisch wirkende Schnittkraft $F_{äuß}$ (Abb. 2.19b) Schnittkraft belastet.

Die Anzahl der hydrostatischen Taschenpaare auf einer Führungsbahn wird mit z bezeichnet.

Die Anzahl der hydrostatischen Taschenpaare beider Führungsbahnen ist: $2z$.

Es wird vorausgesetzt, dass im Anfangszustand (Abb. 2.19a) die Taschendrücke und die Lagerspalte bei V-Führung und bei Umgriff gleich sind:

$$p_{TOV} = p_{TOII} = p_{TO} \tag{2.5}$$

$$h_{OV} = h_{OII} = h_O \tag{2.6}$$

Die Taschendrücke der V-Bahn und des Umgriffs sind für alle Taschen von 1 bis n gleich:

$$p_{\mathrm{TOV1}} = p_{\mathrm{TOII1}} = p_{\mathrm{TO1}} \text{ und } p_{\mathrm{TOVn}} = p_{\mathrm{TOIIn}} = p_{\mathrm{TOn}} \tag{2.39}$$

Die Taschendrücke einzelner Taschen untereinander sind verschieden, damit die exzentrisch wirkende Kraft im Anfangszustand F_{e} aufgenommen werden kann:

$$p_{\mathrm{TO1}} \neq p_{\mathrm{TO2}} \neq p_{\mathrm{TOn}} \tag{2.40}$$

Für jede hydrostatische Tasche wird der Taschendruck im Anfangszustand nach folgender Gleichung berechnet:

$$p_{\mathrm{TO}} = \frac{F_{\mathrm{TOVR}}}{(2A_{\mathrm{wV}} \cos\gamma - A_{\mathrm{wII}})} \tag{2.138}$$

Für die Tasche 1 gilt:

$$p_{\mathrm{TO1}} = \frac{F_{\mathrm{TOVR1}}}{(2A_{\mathrm{wV}} \cos\gamma - A_{\mathrm{wII}})}$$

und für die Tasche n:

$$p_{\mathrm{TOn}} = \frac{F_{\mathrm{TOVRn}}}{(2A_{\mathrm{wV}} \cos\gamma - A_{\mathrm{wII}})}$$

Die Berechnung der exzentrisch belasteten hydrostatischen geschlossenen Dachführung wird mit Hilfe von Abb. 2.20 durchgeführt.

Die Taschenkräfte im Anfangszustand F_{TOVR1} bis F_{TOVRN} (Abb. 2.20a) übernehmen die Gewichtskraft des Tisches F_{G} und die exzentrisch wirkende Kraft F_{e}. Die Gleichgewichtsgleichung für die Kräfte im Anfangszustand lautet:

$$(F_{\mathrm{TOVR1}} + F_{\mathrm{TOVR2}} + F_{\mathrm{TVR03}} + \cdots + F_{\mathrm{TOVRn}})2 = F_{\mathrm{G}} + F_{\mathrm{e}}$$

Die Taschenkräfte im Anfangszustand können durch eine mittlere resultierende Taschenkraft auf eine Führungsbahn im Anfangszustand F_{TOVRM} ersetzt werden:

$$F_{\mathrm{TOVRM}} = \frac{F_{\mathrm{TOVR1}} + F_{\mathrm{TOVR2}} + F_{\mathrm{TOVR3}} + \cdots + F_{\mathrm{TOVRn}}}{z}$$

Durch diese zwei Gleichungen ergibt sich die mittlere resultierende Taschenkraft:

$$F_{\mathrm{TOVRM}} = \frac{F_{\mathrm{G}} + F_{\mathrm{e}}}{2z} \tag{2.146}$$

Die Gleichgewichtsgleichung für die Taschenkräfte im Anfangszustand lautet:

$$F_{\mathrm{TOVR1}} + F_{\mathrm{TOVR2}} + F_{\mathrm{TOVR3}} + \cdots + F_{\mathrm{TOVRn}} = F_{\mathrm{TOVRM}} z \tag{2.147}$$

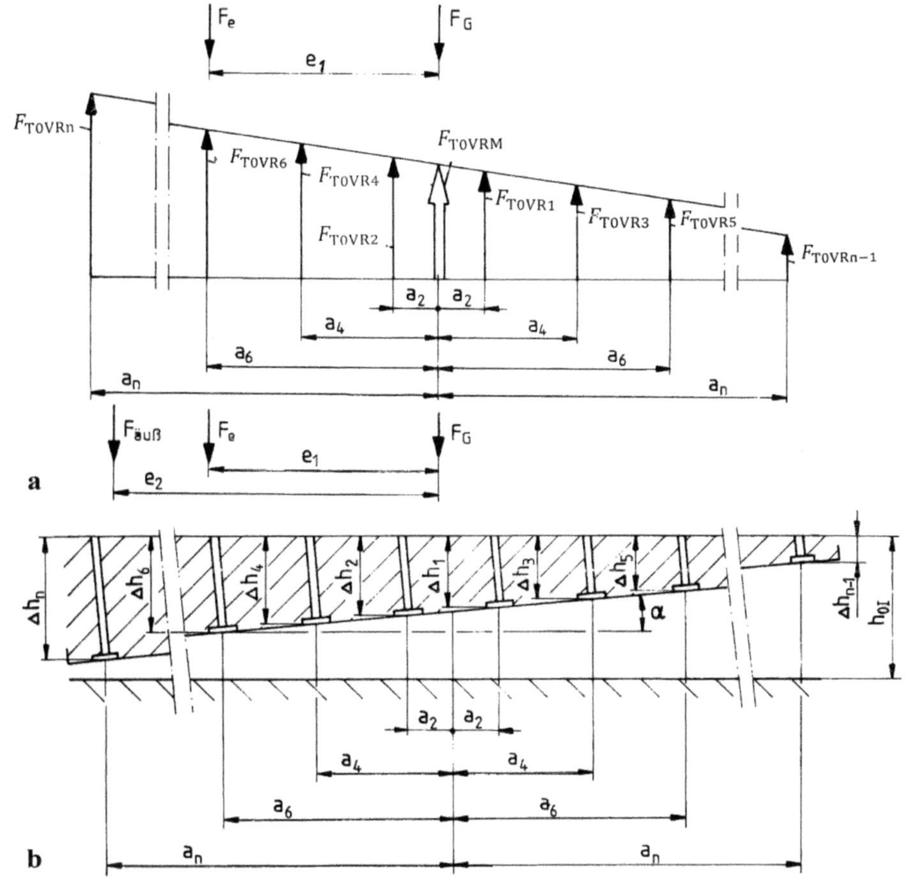

Abb. 2.20 Schematische Darstellung der Taschenkräfte und der Spaltänderungen. (**a**) Taschenkräfte im Anfangszustand; (**b**) Spaltänderungen unter Wirkung der **e**xzentrischen Schnittkraft

Die Gleichgewichtsgleichung für die Momente im Anfangszustand lautet:

$$(F_{\mathrm{TOVRn}} - F_{\mathrm{TOVRn-1}})a_{\mathrm{n}} + \cdots (F_{\mathrm{TOVR6}} - F_{\mathrm{TOVR5}})a_6 + (F_{\mathrm{TOVR4}} - F_{\mathrm{TOVR3}})a_4$$
$$+ (F_{\mathrm{TOVR2}} - F_{\mathrm{TOVR1}})a_2 = \frac{F_{\mathrm{e}}e_1}{2} \qquad (2.148)$$

Die Berechnung der exzentrisch belasteten hydrostatischen geschlossenen Dachführung beginnt mit der Bestimmung der mittleren resultierenden Taschenkraft im Anfangszustand F_{TOVRM} nach Gl. (2.146). Anschließend werden die Gleichgewichtsgleichungen für die Taschenkräfte (2.147) und für die Momente (2.148) aufgestellt. Die Lösung dieser Gleichungen wird wie folgt durchgeführt.

1. Die errechnete mittlere resultierende Taschenkraft im Anfangszustand F_{T0VRM} wird in einem bestimmten Maßstab in der Mitte der Führungsbahn in Abb. 2.20 eingetragen
2. Eine beliebige Taschenkraft, z. B. F_{T0VR6}, wird angenommen und in Abb. 2.20 maßstäblich eingetragen. Alle anderen Taschenkräfte liegen auf der Geraden, die diese zwei Taschenkräfte verbindet
3. Anschließend wird rechnerisch überprüft, ob die Gleichgewichtsgleichungen (2.147) und (2.148) erfüllt werden. Ist dies nicht der Fall, müssen die Rechnungsschritte 2 und 3 wiederholt werden, bis beide Gleichungen erfüllt werden

Nach der Bestimmung die Taschendrücke im Anfangszustand für alle Taschen nach Gl. (2.138) wird der mittlere Taschendruck errechnet:

$$p_{\mathrm{T0VRM}} = \frac{p_{\mathrm{T0VR1}} + p_{\mathrm{T0VR2}} + \cdots + p_{\mathrm{T0VRn}}}{z} \tag{2.149}$$

Der mittlere Taschendruck im Anfangszustand kann auch nach Gl. (2.138) bestimmt werden:

$$p_{\mathrm{T0VRM}} = \frac{F_{\mathrm{T0VRM}}}{2A_{\mathrm{wV}}\cos\gamma - A_{\mathrm{wII}}} \tag{2.138}$$

Der Volumenstrom durch alle Taschen im Anfangszustand errechnet sich nach dem mittleren Taschendruck:

$$Q_{\mathrm{0GES}} = 6z\frac{p_{\mathrm{T0VRM}}h_0^3}{12\eta}\frac{b}{l} \tag{2.143}$$

Die Gleichgewichtsgleichung für die Taschenkräfte unter Wirkung der Schnittkraft (Abb. 2.19b) lautet:

$$F_{\mathrm{TVR1}} + F_{\mathrm{TVR2}} + F_{\mathrm{TVR3}} + \cdots + F_{\mathrm{TVRn}} = \frac{F_{\mathrm{G}} + F_{\mathrm{e}} + F_{\mathrm{äuß}}}{2} \tag{2.150}$$

Die Gleichgewichtsgleichung für die Momente unter Wirkung der Schnittkraft $F_{\mathrm{äuß}}$ (Abb. 2.20b) lautet:

$$\begin{aligned}(F_{\mathrm{TVRn}} - F_{\mathrm{TVRn-1}})a_{\mathrm{n}} + \cdots + (F_{\mathrm{TVR6}} - F_{\mathrm{TVR5}})a_6 + (F_{\mathrm{TVR4}} - F_{\mathrm{TVR3}})a_4 \\ +(F_{\mathrm{TVR2}} - F_{\mathrm{TVR1}})a_2 = \frac{F_{\mathrm{e}}e_1 + F_{\mathrm{äuß}}e_2}{2}\end{aligned} \tag{2.151}$$

Anschließend werden die Taschendrücke bei Tragbahn und Umgriff unter Wirkung der Schnittkraft bei der Ölversorgung „Eine gemeinsame Pumpe und Kapillardrosseln“ aufgestellt:

$$\begin{aligned}p_{\mathrm{TV1}} &= \frac{p_{\mathrm{P}}}{\left(\frac{p_{\mathrm{P}}}{p_{\mathrm{T01}}} - 1\right)\left(1 - \frac{\Delta h_1}{h_0}\cos\gamma\right)^3 + 1}; \\ p_{\mathrm{TVn}} &= \frac{p_{\mathrm{P}}}{\left(\frac{p_{\mathrm{P}}}{p_{\mathrm{T0n}}} - 1\right)\left(1 - \frac{\Delta h_{\mathrm{n}}}{h_0}\cos\gamma\right)^3 + 1}\end{aligned} \tag{2.123}$$

$$p_{\mathrm{TII1}} = \frac{p_{\mathrm{P}}}{\left(\frac{p_{\mathrm{P}}}{p_{\mathrm{T01}}} - 1\right)\left(1 + \frac{\Delta h_1}{h_0}\right)^3 + 1};$$

$$p_{\mathrm{TIIn}} = \frac{p_{\mathrm{P}}}{\left(\frac{p_{\mathrm{P}}}{p_{\mathrm{T0n}}} - 1\right)\left(1 + \frac{\Delta h_{\mathrm{n}}}{h_0}\right)^3 + 1}; \tag{2.23}$$

Die Taschendrücke bei Tragbahn und Umgriff unter Wirkung der Schnittkraft bei der Ölversorgung durch „Eine Pumpe pro Tasche" betragen:

$$p_{\mathrm{TV1}} = \frac{p_{\mathrm{T01}}}{\left(1 - \frac{\Delta h_1}{h_0}\cos\gamma\right)^3}; \; p_{\mathrm{TVn}} = \frac{p_{\mathrm{T0n}}}{\left(1 - \frac{\Delta h_{\mathrm{n}}}{h_0}\cos\gamma\right)^3} \tag{2.124}$$

$$p_{\mathrm{TII1}} = \frac{p_{\mathrm{T01}}}{\left(1 + \dfrac{\Delta h_1}{h_0}\right)^3}; \; p_{\mathrm{TIIn}} = \frac{p_{\mathrm{T0n}}}{\left(1 + \dfrac{\Delta h_{\mathrm{n}}}{h_0}\right)^3} \tag{2.28}$$

Die resultierenden Taschenkräfte unter Wirkung der Schnittkraft werden für alle hydrostatische Taschen nach Gl. (2.139) bestimmt:

$$F_{\mathrm{TVR1}} = 2 p_{\mathrm{TV1}} A_{\mathrm{wV}} \cos\gamma - p_{\mathrm{TII1}} A_{\mathrm{wII}}$$

$$F_{\mathrm{TVRn}} = 2 p_{\mathrm{TVn}} A_{\mathrm{wV}} \cos\gamma - p_{\mathrm{TIIn}} A_{\mathrm{wII}} \tag{2.139}$$

Nach Abb. 2.20b werden die Gleichungen für den Neigungswinkel des Tisches $\tan\alpha$ aufgestellt:

$$\tan\alpha = \frac{\Delta h_{\mathrm{n}} - \Delta h_{\mathrm{n-1}}}{2a_{\mathrm{n}}} = \frac{\Delta h_6 - \Delta h_5}{2a_6}$$

$$\tan\alpha = \frac{\Delta h_{\mathrm{n}} - \Delta h_{\mathrm{n-1}}}{2a_{\mathrm{n}}} = \frac{\Delta h_4 - \Delta h_5}{a_6 + a_4}$$

$$\tan\alpha = \frac{\Delta h_{\mathrm{n}} - \Delta h_{\mathrm{n-1}}}{2a_{\mathrm{n}}} = \frac{\Delta h_2 - \Delta h_5}{a_6 + a_2}$$

$$\tan\alpha = \frac{\Delta h_{\mathrm{n}} - \Delta h_{\mathrm{n-1}}}{2a_{\mathrm{n}}} = \frac{\Delta h_1 - \Delta h_5}{a_6 - a_2}$$

$$\tan\alpha = \frac{\Delta h_{\mathrm{n}} - \Delta h_{\mathrm{n-1}}}{2a_{\mathrm{n}}} = \frac{\Delta h_3 - \Delta h_5}{a_6 - a_4} \tag{2.49}$$

Aus den Gleichgewichtsgleichungen für die Taschenkräfte unter Wirkung der Schnittkraft (2.150), den Gleichgewichtsgleichung für die Momente (2.151), den Gleichungen für die Taschendrücke bei V-Führung und Umgriff (2.123), (2.23) bei der Ölversorgung „Eine gemeinsame Pumpe und Kapillardrosseln" und (2.124), (2.28) bei der Ölversorgung durch „Eine Pumpe pro Tasche"), den Gleichungen für die resultierenden Taschenkräfte (2.139) sowie Gleichungen für den Neigungswinkel

(2.49) sollen numerisch folgende Unbekannte gelöst werden:

$$F_{\mathrm{TVR1}}, F_{\mathrm{TVR2}}, \ldots, F_{\mathrm{TVRn}}$$

$$p_{\mathrm{TV1}}, p_{\mathrm{TV2}}, \ldots, p_{\mathrm{TVn}}$$

$$p_{\mathrm{TII1}}, p_{\mathrm{TII2}}, \ldots, p_{\mathrm{TIIn}}$$

$$\Delta h_1, \Delta h_2, \ldots, \Delta h_{\mathrm{n}}$$

Es entsteht ein nichtlineares Gleichungssystem mit 4z Gleichungen und 4z Unbekannten, das mit dem Einsatz von Rechnerprogrammen bzw. den dazu entwickelten Algorithmen numerisch schnell und effizient gelöst werden kann.

Bei der Lösung ohne Rechnerprogramme müssen die Spaltänderungen angenommen und die Berechnung wiederholt werden, bis alle Gleichungen erfüllt werden.

Bei einer Führung mit 6 Taschenpaaren auf einer Führungsbahn ($z = 6$) gibt es insgesamt 12 Taschenpaare ($2z = 12$) und 24 hydrostatische Taschen ($4z = 24$). Für die Lösung ist es notwendig, 24 Gleichungen nach folgenden 24 Unbekannten aufzulösen:

$$6F_{\mathrm{TVRi}}, \quad 6p_{\mathrm{TVi}}, \quad 6p_{\mathrm{TIIi}}, \quad 6\Delta h_{\mathrm{i}}$$

Für die Steifigkeit des hydrostatischen Lagers gilt:

$$K = \frac{dF}{dh} = \frac{F_{\mathrm{TVRn}} - F_{\mathrm{T0VRn}}}{\Delta h_{\mathrm{n}}} \tag{1.11}$$

Der Neigungswinkel des Tisches wird nach Abb. 2.20 bestimmt:

$$\alpha = \arctan \frac{\Delta h_{\mathrm{n}} - \Delta h_{\mathrm{n-1}}}{2a_{\mathrm{n}}} \tag{2.50}$$

Bei der Ölversorgung „Eine gemeinsame Pumpe und Membrandrosseln" wird die mittlere resultierende Taschenkraft auf eine Führungsbahn unter Wirkung der Schnittkraft nach folgender Gleichung ermittelt:

$$F_{\mathrm{TVRM}} = \frac{F_{\mathrm{G}} + F_{\mathrm{e}} + F_{\mathrm{äuß}}}{2z} \tag{2.152}$$

Die errechnete mittlere resultierende Taschenkraft F_{TVRM} wird in einem bestimmten Maßstab in der Mitte der Führungsbahn eingetragen. Eine beliebige Taschenkraft, z. B. F_{TVR6}, wird angenommen und in Abb. 2.20 maßstäblich eingetragen. Alle anderen Taschenkräfte liegen auf der Geraden, die diese zwei Taschenkräfte verbindet.

Anschließend wird überprüft, ob die Gl. (2.150) und (2.151) erfüllt werden:

$$F_{\mathrm{TVR1}} + F_{\mathrm{TVR2}} + F_{\mathrm{TVR3}} + \cdots + F_{\mathrm{TVRn}} = \frac{F_{\mathrm{G}} + F_{\mathrm{e}} + F_{\mathrm{äuß}}}{2} = F_{\mathrm{TVRM}} z \quad (2.150)$$

$$\begin{aligned}&(F_{\mathrm{TVRn}} - F_{\mathrm{TVRn-1}})a_{\mathrm{n}} + \cdots + (F_{\mathrm{TVR6}} - F_{\mathrm{TVR5}})a_6 + (F_{\mathrm{TVR4}} - F_{\mathrm{TVR3}})a_4\\ &+ (F_{\mathrm{TVR2}} - F_{\mathrm{TVR1}})a_2 = \frac{F_{\mathrm{e}} e_1 + F_{\mathrm{äuß}} e_2}{2}\end{aligned} \quad (2.151)$$

Bei den Membrandrosseln gelten folgende Gleichungen:

Für den mittleren Taschendruck unter Wirkung der Schnittkraft gilt:

$$p_{\mathrm{TVRM}} = \frac{p_{\mathrm{T1}} + p_{\mathrm{T2}} + \cdots + p_{Tn}}{z} \quad (2.153)$$

Der Volumenstrom durch alle Taschen unter Wirkung der Schnittkraft beträgt:

$$Q_{\mathrm{GES}} = 6z \frac{p_{\mathrm{TVRM}} h_0^3}{12\eta} \frac{b}{l} \quad (2.154)$$

2.22.1 *Berechnungsbeispiel bei Ölversorgung „Eine gemeinsame Pumpe und Kapillardroseln"*

Vorgabedaten:

Wirksame Taschenbreite der V-Bahn: $B_{\mathrm{wV}} = 0{,}1188$ m
Wirksame Taschenlänge der V-Bahn: $L_{\mathrm{wV}} = 0{,}100$ m
Wirksame Taschenbreite des Umgriffs: $B_{\mathrm{wII}} = 0{,}095$ m
Wirksame Taschenlänge des Umgriffs: $L_{\mathrm{wII}} = 0{,}100$ m
Lagerspalt im Anfangszustand: $h_{0\mathrm{I}} = h_{0\mathrm{II}} = h_0 = 0{,}000032\,\mathrm{m} = 0{,}032 \cdot 10^{-3}$ m
Anzahl der Taschenpaare auf einer Bahn: $z = 6$
Gesamtanzahl der Taschenpaare: $2z = 12$
Höchste Tischgeschwindigkeit: $v = 0{,}34$ m s^{-1}
Tischmasse: $m = 5500\,\mathrm{kg}$
Schmieröl: ISO VG 46
Öltemperatur: $\vartheta = 25$ °C
Wie im Berechnungsbeispiel 2.4.1 ergeben sich:
Dynamische Viskosität des Öles bei 25 °C: $\eta = 0{,}0992$ N s m^{-2}
Kinematische Viskosität bei $\vartheta = 25$ °C: $\upsilon_{25} = 113{,}875$ mm^2 s^{-1}
Strömungsverhältnis: $\frac{b_{\mathrm{I}}}{l_{\mathrm{I}}} = \frac{b_{\mathrm{II}}}{l_{\mathrm{II}}} = \frac{b}{l} = 40$
Exzentrisch wirkende Anfangskraft: $F_{\mathrm{e}} = 22000$ N
Zusätzlich exzentrisch wirkende Schnittkraft: $F_{\mathrm{äuß}} = 30000\,\mathrm{N}$
Maße nach Abb. 2.20:
$a_2 = 0{,}075$ m; $a_4 = 0{,}225$ m; $a_6 = 0{,}375$ m; $e_1 = 0{,}250$ m; $e_2 = 0{,}350$ m
Winkel der V-Führung: $\gamma = 45°$

Gesucht:

- Taschenkräfte F_{TVR}
- Taschendrücke bei V-Bahn p_{TV}
- Taschendrücke bei Umgriff p_{TII}
- Spaltänderungen Δh
- Gesamtvolumenstrom aller Taschen im Anfangszustand Q_{0GES}
- Verlustleistung P_{VER}
- Neigungswinkel des Tisches α
- Lagersteifigkeit K

Lösung:

1. Gewichtskraft des Tisches:

$$F_{\mathrm{G}} = mg = 5500 \cdot 9{,}81 = 53955\ \mathrm{N} \tag{2.1}$$

2. Mittlere resultierende Taschenkraft auf eine Führungsbahn im Anfangszustand:

$$F_{\mathrm{TOVRM}} = \frac{F_{\mathrm{G}} + F_{\mathrm{e}}}{2z} = \frac{53955 + 22000}{12} = 6329{,}5\ \mathrm{N} \tag{2.146}$$

3. Gleichgewichtsgleichung für Taschenkräfte im Anfangszustand:

$$\begin{aligned} &F_{\mathrm{TOVR1}} + F_{\mathrm{TOVR2}} + F_{\mathrm{TOVR3}} + \cdots + F_{\mathrm{TOVRn}} = F_{\mathrm{TOVRM}} z \\ &= 6329{,}5 \cdot 6 = 37977\ \mathrm{N} \end{aligned} \tag{2.147}$$

4. Gleichgewichtsgleichung für Momente im Anfangszustand:

$$(F_{\mathrm{TOVR6}} - F_{\mathrm{TOVR5}})a_6 + (F_{\mathrm{TOVR4}} - F_{\mathrm{TOVR3}})a_4 + (F_{\mathrm{TOVR2}} - F_{\mathrm{TOVR1}})a_2 = \frac{F_{\mathrm{e}} e_1}{2}$$

$$\begin{aligned} &(F_{\mathrm{TOVR6}} - F_{\mathrm{TOVR5}}) \cdot 0{,}375 + (F_{\mathrm{TOVR4}} - F_{\mathrm{TOVR3}}) \cdot 0{,}225 \\ &\quad + (F_{\mathrm{TOVR2}} - F_{\mathrm{TOVR1}}) \cdot 0{,}075 = \frac{22000 \cdot 0{,}250}{2} = 2750 \end{aligned} \tag{2.148}$$

Die Lösung der Gl. (2.147) und (2.148) wird in der oben beschrieben Weise durchgeführt, die Ergebnisse lauten:

$F_{\mathrm{TOVR1}} = 5807$ N; $F_{\mathrm{TOVR2}} = 6853$ N; $F_{\mathrm{TOVR3}} = 4761$ N; $F_{\mathrm{TOVR4}} = 7898$ N; $F_{\mathrm{TOVR5}} = 3715$ N; $F_{\mathrm{TOVR6}} = 8944$ N

5. Wirksame Taschenfläche einer V-Bahn:

$$A_{\mathrm{wV}} = B_{\mathrm{wV}} L_{\mathrm{wV}} = 0{,}1188 \cdot 0{,}100 = 0{,}01188\ \mathrm{m}^2 \tag{1.3}$$

6. Wirksame Taschenfläche des Umgriffs:

$$A_{\mathrm{wII}} = B_{\mathrm{wII}} L_{\mathrm{wII}} = 0{,}095 \cdot 0{,}100 = 0{,}0095\ \mathrm{m}^2 \tag{1.3}$$

7. Taschendruck der Taschen 1 und 2 im Anfangszustand:

$$p_{\mathrm{T01}} = \frac{F_{\mathrm{T0VR1}}}{(2A_{\mathrm{wV}}\cos - A_{\mathrm{wII}})} = \frac{5807}{2\cdot 0{,}01188\cdot\cos 45^\circ - 0{,}0095}$$
$$= 7{,}95\cdot 10^5\ \mathrm{N\,m^{-2}}$$

$$p_{\mathrm{T02}} = \frac{F_{\mathrm{T0VR2}}}{(2A_{\mathrm{wV}}\cos\gamma - A_{\mathrm{wII}})} = \frac{6853}{2\cdot 0{,}01188\cdot\cos 45^\circ - 0{,}0095}$$
$$= 9{,}38\cdot 10^5\ \mathrm{N\,m^{-2}} \qquad (2.138)$$

Auf diese Weise werden die Taschendrücke aller Taschen ermittelt:

$$p_{\mathrm{T03}} = 6{,}52\cdot 10^5\ \mathrm{N\,m^{-2}};\quad p_{\mathrm{T04}} = 10{,}82\cdot 10^5\ \mathrm{N\,m^{-2}}$$
$$p_{\mathrm{T05}} = 5{,}09\cdot 10^5\ \mathrm{N\,m^{-2}};\quad p_{\mathrm{T06}} = 12{,}25\cdot 10^5\ \mathrm{N\,m^{-2}}$$

8. Flächenverhältnis:

$$\varphi = \frac{A_{\mathrm{wII}}}{2A_{\mathrm{wV}}} = \frac{0{,}0095}{2\cdot 0{,}01188} = 0{,}4 \qquad (2.13)$$

9. Die relative Spaltänderung wird angenommen:

$$\Psi = \frac{\Delta h}{h_0} = 0{,}08 \qquad (2.14)$$

10. Nach Tab. 2.2 wird für $\varphi = 0{,}4$ und $\frac{\Delta h}{h_0} = 0{,}08$ ein optimales Drosselverhältnis ermittelt: $\left(\frac{p_{\mathrm{P}}}{p_{\mathrm{T0}}}\right)_{\mathrm{OPT}} = 2{,}06$
11. Mittlerer Taschendruck im Anfangszustand:

$$p_{\mathrm{T0VRM}} = \frac{p_{\mathrm{T0VR1}} + p_{\mathrm{T0VR2}} + \cdots + p_{\mathrm{T0VRn}}}{z}$$
$$= \frac{(7{,}95 + 9{,}38 + 6{,}52 + 10{,}82 + 5{,}09 + 12{,}25)\cdot 10^5}{6}$$
$$= 8{,}67\cdot 10^5\ \mathrm{N\,m^{-2}} \qquad (2.149)$$

12. Pumpendruck:

$$p_{\mathrm{P}} = \left(\frac{p_{\mathrm{P}}}{p_{\mathrm{T0}}}\right)_{\mathrm{OPT}} p_{\mathrm{T0M}} = 2{,}06\cdot 8{,}67\cdot 10^5\ \mathrm{N\,m^{-2}} = 17{,}68\cdot 10^5\ \mathrm{N\,m^{-2}} \qquad (2.21)$$

13. Gleichgewichtsgleichung für die Taschenkräfte unter Wirkung der Schnittkraft $F_{\text{äuß}}$:

$$F_{\mathrm{TVR1}} + F_{\mathrm{TVR2}} + F_{\mathrm{TVR3}} + \cdots + F_{\mathrm{TVRn}}$$
$$= \frac{F_{\mathrm{G}} + F_{\mathrm{e}} + F_{\text{äuß}}}{2} = \frac{53955 + 22000 + 30000}{2} = 52977{,}5\ \mathrm{N} \qquad (2.150)$$

14. Gleichgewichtsgleichung für die Momente unter Wirkung der Schnittkraft:

$$(F_{\mathrm{TVR6}} - F_{\mathrm{TVR5}})a_6 + (F_{\mathrm{TVR4}} - F_{\mathrm{TVR3}})a_4 + (F_{\mathrm{TVR2}} - F_{\mathrm{TVR1}})a_2 = \frac{F_{\mathrm{e}}e_1 + F_{\mathrm{äuß}}e_2}{2}$$

$$(F_{\mathrm{TVR6}} - F_{\mathrm{TVR5}}) \cdot 0{,}375 + (F_{\mathrm{TVR4}} - F_{\mathrm{TVR3}}) \cdot 0{,}225 + (F_{\mathrm{TVR2}} - F_{\mathrm{TVR1}}) \cdot 0{,}075 = \frac{22000 \cdot 0{,}250 + 30000 \cdot 0{,}350}{2} = 8000\ \mathrm{N\,m} \tag{2.151}$$

15. Taschendruck der Tasche 1 unter Wirkung der Schnittkraft bei V-Bahn:

$$p_{\mathrm{TV1}} = \frac{p_{\mathrm{P}}}{\left(\frac{p_{\mathrm{P}}}{p_{\mathrm{T01}}} - 1\right)\left(1 - \frac{\Delta h_1}{h_0}\cos\gamma\right)^3 + 1} = \frac{17{,}68 \cdot 10^5}{\left(\frac{17{,}68}{7{,}95} - 1\right) \cdot \left(1 - \frac{\Delta h_1}{0{,}032 \cdot 10^{-3}}\cos 45°\right)^3 + 1} \tag{2.123}$$

Auf diese Art werden die Taschendrücke aller Taschen ermittelt:

$$p_{\mathrm{TV6}} = \frac{p_{\mathrm{P}}}{\left(\frac{p_{\mathrm{P}}}{p_{\mathrm{T06}}} - 1\right)\left(1 - \frac{\Delta h_6}{h_0}\cos\gamma\right)^3 + 1} = \frac{17{,}68 \cdot 10^5}{\left(\frac{17{,}68}{12{,}25} - 1\right) \cdot \left(1 - \frac{\Delta h_6}{0{,}032 \cdot 10^{-3}}\cos 45°\right)^3 + 1}$$

16. Taschendruck der Tasche 1 bei Umgriff unter Wirkung der Schnittkraft:

$$p_{\mathrm{PTI1}} = \frac{p_{\mathrm{P}}}{\left(\frac{p_{\mathrm{P}}}{p_{\mathrm{T01}}} - 1\right)\left(1 + \frac{\Delta h_1}{h_0}\right)^3 + 1} = \frac{17{,}68 \cdot 10^5}{\left(\frac{17{,}68}{7{,}95} - 1\right) \cdot \left(1 + \frac{\Delta h_1}{0{,}032 \cdot 10^{-3}}\right)^3 + 1} \tag{2.23}$$

Auf diese Art werden die Taschendrücke aller Taschen ermittelt:

$$p_{\mathrm{TII6}} = \frac{p_{\mathrm{P}}}{\left(\frac{p_{\mathrm{P}}}{p_{\mathrm{T06}}} - 1\right)\left(1 + \frac{\Delta h_6}{h_0}\right)^3 + 1} = \frac{17{,}68 \cdot 10^5}{\left(\frac{17{,}68}{12{,}25} - 1\right) \cdot \left(1 + \frac{\Delta h_6}{0{,}032 \cdot 10^{-3}}\right)^3 + 1}$$

17. Resultierende Taschenkraft der Tasche 1 unter Wirkung der Schnittkraft:

$$F_{\mathrm{TVR1}} = 2p_{\mathrm{TV1}}A_{\mathrm{wV}} - p_{\mathrm{TII1}}A_{\mathrm{wII}} = 2p_{\mathrm{TV1}} \cdot 0{,}01188 - p_{\mathrm{TII1}} \cdot 0{,}0095$$
$$F_{\mathrm{TVR6}} = 2p_{\mathrm{TV6}}A_{\mathrm{wV}} - p_{\mathrm{TII6}}A_{\mathrm{wII}} = 2p_{\mathrm{TV6}} \cdot 0{,}01188 - p_{\mathrm{TII6}} \cdot 0{,}0095 \tag{2.139}$$

Auf diese Art werden die Taschenkräfte aller Taschen ermittelt.

18. Gleichung für den Neigungswinkel des Tisches $\tan\alpha$:

$$\tan\alpha = \frac{\Delta h_6 - \Delta h_5}{2a_6} = \frac{\Delta h_4 - \Delta h_5}{a_6 + a_4}; \quad \frac{\Delta h_6 - \Delta h_5}{2 \cdot 0375} = \frac{\Delta h_4 - \Delta h_5}{0{,}375 + 0{,}225}$$
$$\tan\alpha = \frac{\Delta h_6 - \Delta h_5}{2a_6} = \frac{\Delta h_2 - \Delta h_5}{a_6 + a_2}; \quad \frac{\Delta h_6 - \Delta h_5}{2 \cdot 0{,}375} = \frac{\Delta h_2 - \Delta h_5}{0{,}375 + 0{,}075} \tag{2.49}$$

19. Aus den Gleichgewichtsgleichungen für die Taschenkräfte (2.150), den Gleichgewichtsgleichungen für die Momente (2.151), den Gleichungen für die Taschendrücke bei V-Bahn (2.123), den Gleichungen für die Taschendrücke bei Umgriff (2.23), den Gleichungen für die resultierenden Taschenkräfte (1.139) und den Gleichung für den Neigungswinkel des Tisches (2.49) ergeben sich folgende 24 Lösungen:

$$F_{\mathrm{TVR1}} = 7379\,\mathrm{N}; \quad F_{\mathrm{TVR2}} = 10810\,\mathrm{N}; \quad F_{\mathrm{TVR3}} = 3993\,\mathrm{N};$$
$$F_{\mathrm{TVR4}} = 13770\,\mathrm{N}; \quad F_{\mathrm{TVR5}} = 1111\,\mathrm{N}; \quad F_{\mathrm{TVR6}} = 15839\,\mathrm{N};$$

$$p_{\mathrm{TV1}} = 8{,}56 \cdot 10^5\ \mathrm{N\,m^{-2}}; \quad p_{\mathrm{TV2}} = 10{,}94 \cdot 10^5\ \mathrm{N\,m^{-2}};$$
$$p_{\mathrm{TV3}} = 6{,}23 \cdot 10^5\ \mathrm{N\,m^{-2}}; \quad p_{\mathrm{TVR4}} = 13{,}09 \cdot 10^5\ \mathrm{N\,m^{-2}};$$
$$p_{\mathrm{TV5}} = 4{,}18 \cdot 10^5\ \mathrm{N\,m^{-2}}; \quad p_{\mathrm{TV6}} = 14{,}81 \cdot 10^5\ \mathrm{N\,m^{-2}};$$

$$p_{\mathrm{TII1}} = 7{,}38 \cdot 10^5\ \mathrm{N\,m^{-2}}; \quad p_{\mathrm{TII2}} = 7{,}96 \cdot 10^5\ \mathrm{N\,m^{-2}};$$
$$p_{\mathrm{II3}} = 6{,}82 \cdot 10^5\ \mathrm{N\,m^{-2}}; \quad p_{\mathrm{TII4}} = 8{,}65 \cdot 10^5\ \mathrm{N\,m^{-2}};$$
$$p_{\mathrm{TII5}} = 6{,}22 \cdot 10^5\ \mathrm{N\,m^{-2}}; \quad p_{\mathrm{TII6}} = 9{,}51 \cdot 10^5\ \mathrm{N\,m^{-2}};$$

$$\Delta h_1 = 0{,}00147 \cdot 10^{-3}\,\mathrm{m}; \quad \Delta h_2 = 0{,}00371 \cdot 10^{-3}\,\mathrm{m};$$
$$\Delta h_3 = -0{,}00077 \cdot 10^{-3}\,\mathrm{m}; \quad \Delta h_4 = 0{,}00595 \cdot 10^{-3}\,\mathrm{m};$$
$$\Delta h_5 = -0{,}00301 \cdot 10^{-3}\,\mathrm{m}; \quad \Delta h_6 = 0{,}00819 \cdot 10^{-3}\,\mathrm{m}$$

20. Neigungswinkel des Tisches:

$$\alpha = \arctan\frac{\Delta h_6 - \Delta h_5}{2a_6} = \frac{0{,}00819 \cdot 10^{-3} + 0{,}00301 \cdot 10^{-3}}{2 \cdot 0{,}375} = 0{,}0009^\circ \tag{2.50}$$

21. Der Volumenstrom durch alle Taschen im Anfangszustand wird nach dem mittleren Taschendruck im Anfangszustand p_{T0M} ermittelt:

$$Q_{\mathrm{0GES}} = 6z\frac{p_{\mathrm{T0VRM}} h_0^3}{12\eta}\frac{b}{l} = 6 \cdot 6 \cdot \frac{8{,}67 \cdot 10^5 \cdot 0{,}000032^3}{12 \cdot 0{,}0992} \cdot 40$$
$$= 0{,}0000284\ \mathrm{m^3\,s^{-1}} = 1{,}69\ \mathrm{dm^3\,min^{-1}} \tag{2.143}$$

22. Lagerspalt der Taschen 1 bis 6 bei V-Bahn unter Wirkung der Schnittkraft:

$$h_{V1} = h_0 - \Delta h_1 \cos\gamma = 0{,}032 \cdot 10^{-3} - 0{,}00147 \cdot 10^{-3} \cdot \cos 45^\circ$$

$$= 0{,}0309 \cdot 10^{-3}\ \text{m}$$

$$h_{V2} = h_0 - \Delta h_2 \cos\gamma = 0{,}032 \cdot 10^{-3} - 0{,}00371 \cdot 10^{-3} \cdot \cos 45^\circ$$

$$= 0{,}029 \cdot 10^{-3}\ \text{m}$$

$$h_{V3} = h_0 - \Delta h_3 \cos\gamma = 0{,}032 \cdot 10^{-3} + 0{,}00077 \cdot 10^{-3} \cdot \cos 45^\circ$$

$$= 0{,}032 \cdot 10^{-3}\ \text{m}$$

$$h_{V4} = h_0 - \Delta h_4 \cos\gamma = 0{,}032 \cdot 10^{-3} - 0{,}00595 \cdot 10^{-3} \cdot \cos 45^\circ$$

$$= 0{,}027 \cdot 10^{-3}\ \text{m}$$

$$h_{V5} = h_0 - \Delta h_5 \cos\gamma = 0{,}032x10^{-3} + 0{,}00301x10^{-3} \cdot \cos 45^\circ$$

$$= 0{,}035 \cdot 10^{-3}\ \text{m}$$

$$h_{V6} = h_0 - \Delta h_6 \cos\gamma = 0{,}032x10^{-3} - 0{,}00819x10^{-3} \cdot \cos 45^\circ$$

$$= 0{,}026 \cdot 10^{-3}\ \text{m} \qquad (2.122)$$

Lagerspalt bei Umgriff unter Wirkung der zusätzlichen Schnittkraft

$$\begin{aligned}
h_{II1} &= h_0 + \Delta h_1 = 0{,}032 \cdot 10^{-3} + 0{,}00147 \cdot 10^{-3} = 0{,}03347 \cdot 10^{-3}\ \text{m}\\
h_{II2} &= h_0 + \Delta h_2 = 0{,}032 \cdot 10^{-3} + 0{,}00371 \cdot 10^{-3} = 0{,}0357 \cdot 10^{-3}\ \text{m}\\
h_{II3} &= h_0 + \Delta h_3 = 0{,}032 \cdot 10^{-3} + 0{,}00077 \cdot 10^{-3} = 0{,}0312 \cdot 10^{-3}\ \text{m}\\
h_{II4} &= h_0 + \Delta h_4 = 0{,}032 \cdot 10^{-3} + 0{,}00595 \cdot 10^{-3} = 0{,}0379 \cdot 10^{-3}\ \text{m}\\
h_{II5} &= h_0 + \Delta h_5 = 0{,}032 \cdot 10^{-3} + 0{,}00301 \cdot 10^{-3} = 0{,}0289 \cdot 10^{-3}\ \text{m}\\
h_{II6} &= h_0 + \Delta h_6 = 0{,}032 \cdot 10^{-3} + 0{,}00819 \cdot 10^{-3} = 0{,}040 \cdot 10^{-3}\ \text{m}
\end{aligned} \qquad (2.12)$$

23. Abströmbreite bei V-Bahn:

$$b_V = 2B_{wV} + 2L_{wV} = 2 \cdot 0{,}1188 + 2 \cdot 0{,}100 = 0{,}43\ \text{m} \qquad (1.1)$$

24. Abströmbreite bei Umgriff:

$$b_{II} = 2B_{wII} + 2L_{wII} = 2 \cdot 0{,}095 + 2 \cdot 0{,}100 = 0{,}39\ \text{m} \qquad (1.1)$$

25. Nach dem Strömungsverhältnis

$$\frac{b_V}{l_V} = \frac{b_{II}}{l_{II}} = \frac{b}{l} = 40 \qquad (1.2)$$

wird die Abströmlänge bestimmt.
Abströmlänge bei V-Bahn:

$$l_V = \frac{b_V}{b/l} = \frac{0{,}43}{40} = 0{,}0107\ \text{m} \qquad (2.15)$$

Abströmlänge bei Umgriff:

$$l_{II} = \frac{b_{II}}{b/l} = \frac{0{,}39}{40} = 0{,}0098\ \text{m} \qquad (2.15)$$

26. Reibfläche bei V-Bahn:

$$A_{\mathrm{RV}} = (B_{\mathrm{wV}} + l_{\mathrm{V}})l_{\mathrm{V}}2z + (L_{\mathrm{wV}} - l_{\mathrm{V}})l_{\mathrm{V}}2z = (0{,}1188 + 0{,}0107)0{,}0107 \cdot 2 \cdot 6$$
$$+ (0{,}100 - 0{,}0107)0{,}0107 \cdot 2 \cdot 6 = 0{,}02809\ \mathrm{m}^2 \qquad (2.18)$$

27. Reibfläche bei Umgriff:

$$A_{\mathrm{RII}} = (B_{\mathrm{wII}} + l_{\mathrm{II}})l_{\mathrm{II}}2z + (L_{\mathrm{wII}} - l_{\mathrm{II}})l_{\mathrm{II}}2z = (0{,}095 + 0{,}0098)0{,}0098 \cdot 2 \cdot 6$$
$$+ (0{,}100 - 0{,}0098)0{,}0098 \cdot 2 \cdot 6 = 0{,}0229\ \mathrm{m}^2 \qquad (2.18)$$

28. Gesamtreibfläche:

$$A_{\mathrm{R}} = 2A_{\mathrm{RII}} + 4A_{\mathrm{RV}} = 2 \cdot 0{,}0229 + 4 \cdot 0{,}02809 = 0{,}158\ \mathrm{m}^2 \qquad (2.145)$$

29. Verlustleistung:

$$P_{\mathrm{VER}} = P_{\mathrm{P}} + P_{\mathrm{R}} = Q_{0\mathrm{GES}}\,p_{\mathrm{P}} + \frac{A_{\mathrm{R}}\eta v^2}{h_0} = 0{,}0000284 \cdot 17{,}68 \cdot 10^5$$
$$+ \frac{0{,}158 \cdot 0{,}0992 \cdot 0{,}34^2}{0{,}000032} = 50{,}2 + 56{,}5 = 106{,}7\ \mathrm{W} \qquad (2.20)$$

30. Steifigkeit der letzten hydrostatischen Tasche:

$$K_6 = \frac{dF}{dh} = \frac{F_{\mathrm{TVR6}} - F_{\mathrm{T0VR6}}}{\Delta h_6}$$
$$= \frac{15839 - 8944}{0{,}00819 \cdot 10^{-3}} = 841880341{,}9\ \mathrm{N\,m^{-1}} = 841{,}8\ \mathrm{N\,\mu m^{-1}} \qquad (1.11)$$

Steifigkeit der ersten hydrostatischen Tasche:

$$K_1 = \frac{dF}{dh} = \frac{F_{\mathrm{TVR1}} - F_{\mathrm{T0VR1}}}{\Delta h_1}$$
$$= \frac{7379 - 5807}{0{,}00147 \cdot 10^{-3}} = 1069387755\ \mathrm{N\,m^{-1}} = 1069{,}3\ \mathrm{N\,\mu m^{-1}}$$

Mittlere Lagersteifigkeit:

$$K_{\mathrm{mittl}} = \frac{K_1 + K_6}{2} = \frac{1069387 + 841880}{2} = 955{,}633\ \mathrm{N\,\mu m^{-1}}$$

2.22.2 *Berechnungsbeispiel bei Ölversorgung „Eine Pumpe pro Tasche"*

Vorgabedaten:

Wirksame Taschenbreite der V-Bahn: $B_{\mathrm{wV}} = 0{,}113$ m

Wirksame Taschenlänge der V-Bahn: $L_{wV} = 0{,}100$ m
Wirksame Taschenbreite des Umgriffs: $B_{wII} = 0{,}096$ m
Wirksame Taschenlänge des Umgriffs: $L_{wII} = 0{,}100$ m
Lagerspalt im Anfangszustand: $h_{0I} = h_{0II} = h_0 = 0{,}000032\,\text{m} = 0{,}032 \cdot 10^{-3}$ m
Anzahl der Taschenpaare auf einer Bahn: $z = 6$
Gesamtanzahl der Taschenpaare: $2z = 12$
Höchste Tischgeschwindigkeit: $v = 0{,}34$ m $^{-1}$
Tischmasse: $m = 5000\,\text{kg}$
Schmieröl: ISO VG 46
Öltemperatur: $\vartheta = 25$ °C
Wie im Berechnungsbeispiel 2.4.1 ergeben sich:
Dynamische Viskosität des Öles bei 25 °C: $\eta = 0{,}0992$ N s m^{-2}
Kinematische Viskosität bei $\vartheta = 25$ °C: $v_{25} = 113{,}875$ mm^2 s^{-1}
Strömungsverhältnis: $\dfrac{b_I}{l_I} = \dfrac{b_{II}}{l_{II}} = \dfrac{b}{l} = 40$
Exzentrisch wirkende Anfangskraft: $F_e = 20000$ N
Zusätzlich exzentrisch wirkende Schnittkraft: $F_{\text{äuß}} = 30000$ N
Maße nach Abb. 2.1:
$a_2 = 0{,}075$ m; $a_4 = 0{,}225$ m; $a_6 = 0{,}375$ m; $e_1 = 0{,}250$ m; $e_2 = 0{,}350$ m

Gesucht:

- Taschenkräfte F_{TVR}
- Taschendrücke bei V-Bahn p_{TV}
- Taschendrücke bei Umgriff p_{TII}
- Spaltänderungen Δh
- Gesamtvolumenstrom aller Taschen im Anfangszustand Q_{0GES}
- Verlustleistung P_{VER}
- Neigungswinkel des Tisches α
- Lagersteifigkeit K

Lösung:

1. Gewichtskraft des Tisches:

$$F_G = mg = 5000 \cdot 9{,}81 = 49050 \text{ N} \tag{2.1}$$

2. Mittlere resultierende Taschenkraft auf eine Führungsbahn im Anfangszustand:

$$F_{T0VRM} = \frac{F_G + F_e}{2z} = \frac{49050 + 20000}{12} = 5754{,}16 \text{ N} \tag{2.146}$$

3. Gleichgewichtsgleichung für Taschenkräfte im Anfangszustand:

$$\begin{aligned} F_{T0VR1} + F_{T0VR2} + F_{T0VR3} + F_{T0VR4} + F_{T0VR5} + F_{T0VR6} &= F_{T0VRM} z \\ &= 5754{,}16 \cdot 6 = 34525 \text{ N} \end{aligned} \tag{2.147}$$

4. Gleichgewichtsgleichung für Momente im Anfangszustand:

$$(F_{\text{T0VR6}} - F_{\text{T0VR5}})a_6 + (F_{\text{T0VR4}} - F_{\text{T0VR3}})a_4 + (F_{\text{T0VR2}} - F_{\text{T0VR1}})a_2 = \frac{F_e e_1}{2}$$

$$(F_{\text{T06}} - F_{\text{T05}}) \cdot 375 + (F_{\text{T04}} - F_{\text{T03}}) \cdot 0{,}225 + (F_{\text{T02}} - F_{\text{T01}}) \cdot 0{,}075$$
$$= \frac{200000 \cdot 250}{2} = 2500 \qquad (2.148)$$

Die Lösung der Gl. (2.147) und (2.148) ergibt:

$F_{\text{T0VR1}} = 5279$ N; $F_{\text{T0VR2}} = 6230$ N; $F_{\text{T0VR3}} = 4328$ N; $F_{\text{T0VR4}} = 7180$ N; $F_{\text{T0VR5}} = 3377$ N; $F_{\text{T0VR6}} = 8131$ N

5. Wirksame Taschenfläche einer V-Bahn:

$$A_{\text{wV}} = B_{\text{wV}} L_{\text{wV}} = 0{,}113 \cdot 0{,}100 = 0{,}0113 \text{ m}^2 \qquad (1.3)$$

6. Wirksame Taschenfläche des Umgriffs:

$$A_{\text{wII}} = B_{\text{wII}} L_{\text{wII}} = 0{,}096 \cdot 0{,}100 = 0{,}0096 \text{ m}^2 \qquad (1.3)$$

7. Taschendruck der Taschen 1 und 2 im Anfangszustand:

$$p_{\text{T01}} = \frac{F_{\text{T0VR1}}}{(2A_{\text{wV}} \cos\gamma - A_{\text{wII}})} = \frac{5279}{2 \cdot 0{,}0113 \cdot \cos 45^\circ - 0{,}0096}$$
$$= 8{,}25 \cdot 10^5 \text{ N m}^{-2}$$
$$p_{\text{T02}} = \frac{F_{\text{T0VR2}}}{(2A_{\text{wV}} \cos\gamma - A_{\text{wII}})} = \frac{6230}{2 \cdot 0{,}0113 \cdot \cos 45^\circ - 0{,}0096}$$
$$= 9{,}73 \cdot 10^5 \text{ N m}^{-2} \qquad (2.138)$$

Auf diese Weise werden die Taschendrücke aller Taschen ermittelt:

$$p_{\text{T03}} = 6{,}76 \cdot 10^5 \text{ N m}^{-2}; \qquad p_{\text{T04}} = 11{,}22 \cdot 10^5 \text{ N m}^{-2}$$
$$p_{\text{T05}} = 5{,}28 \cdot 10^5 \text{ N m}^{-2}; \qquad p_{\text{T06}} = 12{,}71 \cdot 10^5 \text{ N m}^{-2}$$

8. Flächenverhältnis:

$$\varphi = \frac{A_{\text{wII}}}{2A_{\text{wV}}} = \frac{0{,}0096}{2 \cdot 0{,}0113} = 0{,}4 \qquad (2.13)$$

9. Mittlerer Taschendruck im Anfangszustand:

$$p_{\text{T0VRM}} = \frac{p_{\text{T0VR1}} + p_{\text{T0VR2}} + \cdots + p_{\text{T0VRn}}}{z}$$
$$= \frac{(8{,}25 + 9{,}73 + 6{,}76 + 11{,}22 + 5{,}28 + 12{,}71) \cdot 10^5}{6}$$

$$= 8{,}99 \cdot 10^5\ \mathrm{N\,m^{-2}} \tag{2.149}$$

10. Gleichgewichtsgleichung für Taschenkräfte unter Wirkung der Schnittkraft:

$$F_{\mathrm{TVR1}} + F_{\mathrm{TVR2}} + F_{\mathrm{TVR3}} + \ldots + F_{\mathrm{TVR}n} = \frac{F_{\mathrm{G}} + F_{\mathrm{e}} + F_{\mathrm{äuß}}}{2}$$
$$= \frac{49050 + 20000 + 30000}{2} = 49525\ \mathrm{N} \tag{2.150}$$

11. Gleichgewichtsgleichung für Momente unter Wirkung der Schnittkraft:

$$(F_{\mathrm{TVR6}} - F_{\mathrm{TVR5}})\,a_6 + (F_{\mathrm{TVR4}} - F_{\mathrm{TVR3}})\,a_4 + (F_{\mathrm{TVR2}} - F_{\mathrm{TVR1}})\,a_2$$
$$= \frac{F_{\mathrm{e}}e_1 + F_{\mathrm{äuß}}e_2}{2} = \frac{20000 \cdot 0{,}250 + 30000 \cdot 0{,}350}{2} = 7750\ \mathrm{N\,m} \tag{2.151}$$

12. Taschendruck der Tasche 1 unter Wirkung der Schnittkraft bei V-Bahn:

$$p_{\mathrm{TV1}} = \frac{p_{\mathrm{T01}}}{\left(1 - \frac{\Delta h_1}{h_0}\cos\gamma\right)^3} = \frac{8{,}25 \cdot 10^5}{\left(1 - \frac{\Delta h_1}{0{,}032\cdot 10^{-3}} \cdot \cos 45°\right)^3} \tag{2.124}$$

Auf diese Art werden die Taschendrücke aller Taschen ermittelt.

13. Taschendruck der Tasche 1 unter Wirkung der Schnittkraft bei Umgriff:

$$p_{\mathrm{TII1}} = \frac{p_{\mathrm{T01}}}{\left(1 + \frac{\Delta h_1}{h_0}\right)^3} = \frac{8{,}25 \cdot 10^5}{\left(1 + \frac{\Delta h_1}{0{,}032\cdot 10^{-3}}\right)^3} \tag{2.28}$$

Auf diese Art werden die Taschendrücke aller Taschen ermittelt.

14. Resultierende Taschenkraft der Tasche 1 unter Wirkung der Schnittkraft

$$F_{\mathrm{TVR1}} = 2p_{\mathrm{TV1}}A_{\mathrm{wV}} - p_{\mathrm{TII1}}A_{\mathrm{wII}} = 2p_{\mathrm{TV1}} \cdot 0{,}0113 - p_{\mathrm{TII1}} \cdot 0{,}0096$$
$$F_{\mathrm{TVR6}} = 2p_{\mathrm{TV6}}A_{\mathrm{wV}} - p_{\mathrm{TII6}}A_{\mathrm{wII}} = 2p_{\mathrm{TV6}} \cdot 0{,}0113 - p_{\mathrm{TII6}} \cdot 0{,}0096 \tag{2.139}$$

Auf diese Art werden die Taschenkräfte aller Taschen ermittelt.

15. Neigungswinkel des Tisches:

$$\tan\alpha = \frac{\Delta h_6 - \Delta h_5}{2a_6} = \frac{\Delta h_4 - \Delta h_5}{a_6 + a_4};\quad \frac{\Delta h_6 - \Delta h_5}{2 \cdot 0{,}375} = \frac{\Delta h_4 - \Delta h_5}{0{,}375 + 0{,}225}$$
$$\tan\alpha = \frac{\Delta h_6 - \Delta h_5}{2a_6} = \frac{\Delta h_2 - \Delta h_5}{a_6 + a_2};\quad \frac{\Delta h_6 - \Delta h_5}{2 \cdot 0{,}375} = \frac{\Delta h_2 - \Delta h_5}{0{,}375 + 0{,}075}$$
$$\tan\alpha = \frac{\Delta h_6 - \Delta h_5}{2a_6} = \frac{\Delta h_1 - \Delta h_5}{a_6 - a_2};\quad \frac{\Delta h_6 - \Delta h_5}{2 \cdot 0{,}375} = \frac{\Delta h_1 - \Delta h_5}{0{,}375 - 0{,}075}$$
$$\tan\alpha = \frac{\Delta h_6 - \Delta h_5}{2a_6} = \frac{\Delta h_3 - \Delta h_5}{a_6 - a_4};\quad \frac{\Delta h_6 - \Delta h_5}{2 \cdot 0{,}375} = \frac{\Delta h_3 - \Delta h_5}{0{,}375 - 0{,}225} \tag{2.49}$$

16. Aus den Gleichgewichtsgleichungen für die Taschenkräfte (2.150), den Gleichgewichtsgleichungen für die Momente (2.151), den Gleichungen für die Taschendrücke bei V-Bahn (2.124), den Gleichungen für die Taschendrücke bei Umgriff (2.28), den Gleichungen für die resultierenden Taschenkräfte (2.139) und den Gleichungen für den Neigungswinkel des Tisches (2.49) ergeben sich folgende 24 Lösungen:

$$F_{\mathrm{TVR1}} = 5967\mathrm{N}; \quad F_{\mathrm{TVR2}} = 8866\mathrm{N}; \quad F_{\mathrm{TVR3}} = 3660\mathrm{N};$$
$$F_{\mathrm{TVR4}} = 12406\,\mathrm{n}; \quad F_{\mathrm{TVR5}} = 1912\,\mathrm{n}; \quad F_{\mathrm{TVR6}} = 16648\,\mathrm{n};$$

$$p_{\mathrm{TV1}} = 8{,}52 \cdot 10^5\,\mathrm{N\,m^{-2}}; \quad p_{\mathrm{TV2}} = 10{,}82 \cdot 10^5\,\mathrm{N\,m^{-2}};$$
$$p_{\mathrm{TV3}} = 6{,}51 \cdot 10^5\,\mathrm{N\,m^{-2}}; \quad p_{\mathrm{TV4}} = 13{,}43 \cdot 10^5\,\mathrm{N\,m^{-2}};$$
$$p_{\mathrm{TV5}} = 4{,}74 \cdot 10^5\,\mathrm{N\,m^{-2}}; \quad p_{\mathrm{TV6}} = 16{,}42 \cdot 10^5\,\mathrm{N\,m^{-2}};$$

$$p_{\mathrm{TII1}} = 7{,}99 \cdot 10^5\,\mathrm{N\,m^{-2}}; \quad p_{\mathrm{TII2}} = 8{,}79 \cdot 10^5\,\mathrm{N\,m^{-2}};$$
$$p_{\mathrm{TII3}} = 7{,}03 \cdot 10^5\,\mathrm{N\,m^{-2}}; \quad p_{\mathrm{TII4}} = 9{,}47 \cdot 10^5\,\mathrm{N\,m^{-2}};$$
$$p_{\mathrm{TII5}} = 5{,}9 \cdot 10^5\,\mathrm{N\,m^{-2}}; \quad p_{\mathrm{TII6}} = 10{,}03 \cdot 10^5\,\mathrm{N\,m^{-2}};$$

$$\Delta h_1 = 0{,}000324 \cdot 10^{-3}\,\mathrm{m}; \quad \Delta h_2 = 0{,}00103 \cdot 10^{-3}\,\mathrm{m};$$
$$\Delta h_3 = -0{,}000388 \cdot 10^{-3}\,\mathrm{m}; \quad \Delta h_4 = 0{,}00174 \cdot 10^{-3}\,\mathrm{m};$$
$$\Delta h_5 = -0{,}0011 \cdot 10^{-3}\,\mathrm{m}; \quad \Delta h_6 = 0{,}00246 \cdot 10^{-3}\,\mathrm{m}$$

17. Neigungswinkel des Tisches:

$$\alpha = \arctan \frac{\Delta h_6 - \Delta h_5}{2a_{\mathrm{n}}} = \arctan \frac{0{,}00246 \cdot 10^{-3} + 0{,}0011 \cdot 10^{-3}}{2 \cdot 0{,}375} = 0{,}0003^\circ \tag{2.50}$$

18. Volumenstrom durch alle Taschen im Anfangszustand:

$$Q_{\mathrm{0GES}} = 6z \frac{p_{\mathrm{T0VRM}} h_0^3}{12\eta} \frac{b}{l} = 6 \cdot 6 \frac{8{,}99 \cdot 10^5 \cdot 0{,}000032^3}{12 \cdot 0{,}0992} \cdot 40$$
$$= 0{,}0000293\,\mathrm{m^3\,s^{-1}} = 1{,}76\,\mathrm{dm^3\,min^{-1}} \tag{2.143}$$

19. Abströmbreite bei V-Bahn:

$$b_{\mathrm{V}} = 2B_{\mathrm{wV}} + 2L_{\mathrm{wV}} = 2 \cdot 0{,}113 + 2 \cdot 0{,}100 = 0{,}426\ \mathrm{m} \tag{1.1}$$

20. Abströmbreite bei Umgriff:

$$b_{\mathrm{II}} = 2B_{\mathrm{wII}} + 2L_{\mathrm{wII}} = 2 \cdot 0{,}096 + 2 \cdot 0{,}100 = 0{,}392\ \mathrm{m} \tag{1.1}$$

21. Nach dem Strömungsverhältnis

$$\frac{b_V}{l_V} = \frac{b_{II}}{l_{II}} = \frac{b}{l} = 40$$

werden die Abströmlängen bestimmt:
Abströmlänge bei V-Bahn:

$$l_V = \frac{b_V}{b/l} = \frac{0{,}426}{40} = 0{,}0106 \text{ m} \tag{2.15}$$

22. Abströmlänge bei Umgriff:

$$l_{II} = \frac{b_{II}}{b/l} = \frac{0{,}392}{40} = 0{,}0098 \text{ m} \tag{2.15}$$

23. Reibfläche bei V-Bahn:

$$A_{RV} = (B_{wV} + l_V)l_V 2z + (L_{wV} - l_V)l_V 2z = (0{,}113 + 0{,}0106) \cdot 0{,}0106 \cdot 2 \cdot 6$$
$$+ (0{,}100 - 0{,}0106) \cdot 0{,}0106 \cdot 2 \cdot 6 = 0{,}02709 \text{ m}^2 \tag{2.18}$$

24. Reibfläche bei Umgriff:

$$A_{RII} = (B_{wII} + l_{II})l_{II} 2z + (L_{wII} - l_{II})l_{II} 2z = (0{,}096 + 0{,}0098) \cdot 0{,}0098 \cdot 2 \cdot 6$$
$$+ (0{,}100 - 0{,}0098) \cdot 0{,}0098 \cdot 2 \cdot 6 = 0{,}0230 \text{ m}^2 \tag{2.18}$$

25. Gesamtreibfläche:

$$A_R = 2A_{RII} + 4A_{RV} = 2 \cdot 0{,}0230 + 4 \cdot 0{,}02709 = 0{,}15 \text{ m}^2 \tag{2.145}$$

26. Da der Pumpendruck gleich groß ist wie der Taschendruck, wird in die Gleichung für die Pumpenleistung der mittlere Taschendruck im Anfangszustand eingesetzt:

$$p_P = p_{TOVRM} = 8{,}99 \cdot 10^5 \text{ N m}^{-2}$$

27.

$$P_{VER} = P_P + P_R = Q_{OGES}\, p_P + \frac{A_R \eta v^2}{h_0} = 0{,}0000293 \cdot 8{,}99 \cdot 10^5$$
$$+ \frac{0{,}15 \cdot 0{,}0992 \cdot 0{,}34^2}{0{,}000032} = 26{,}3 + 57{,}3 = 83{,}6 \text{ W} \tag{2.20}$$

28. Steifigkeit der letzten hydrostatischen Tasche:

$$K_6 = \frac{dF}{dh} = \frac{F_{TVR6} - F_{TOVR6}}{\Delta h_6} = \frac{16648 - 8131}{0{,}00246 \cdot 10^{-3}}$$
$$= 3462195122 \text{ N m}^{-1} = 3462{,}2 \text{ N µm}^{-1} \tag{1.11}$$

Steifigkeit der ersten hydrostatischen Tasche:

$$K_1 = \frac{dF}{dh} = \frac{F_{TVR1} - F_{TOVR1}}{\Delta h} = \frac{5967 - 5279}{0{,}000324 \cdot 10^{-3}}$$
$$= 2123456790 \text{ N m}^{-1} = 2123{,}4 \text{ N µm}^{-1} \tag{1.11}$$

Mittlere Lagersteifigkeit:

$$K_{mittl} = \frac{K_1 + K_6}{2} = \frac{2123456 + 3462195}{2} = 2792{,}8 \text{ N µm}^{-1}$$

2.22.3 Berechnungsbeispiel bei Ölversorgung „Eine gemeinsame Pumpe und Membrandrosseln"

Vorgabedaten:

Wirksame Taschenbreite der V-Bahn: Bwv = 0,113 m
Wirksame Taschenlänge der V-Bahn: $L_{\mathrm{wV}} = 0{,}100$ m
Wirksame Taschenbreite des Umgriffs: $B_{\mathrm{wII}} = 0{,}096$ m
Wirksame Taschenlänge des Umgriffs: $L_{\mathrm{wII}} = 0{,}100$ m
Lagerspalt im Anfangszustand: $h_{0\mathrm{I}} = h_{0\mathrm{II}} = h_0 = 0{,}000032\,\mathrm{m} = 0{,}032 \cdot 10^{-3}$ m
Anzahl der Taschenpaare auf einer Bahn: $z = 6$
Gesamtanzahl der Taschenpaare: $2z = 12$
Höchste Tischgeschwindigkeit: $v = 0{,}34\ \mathrm{m\,s^{-1}}$
Tischmasse: m = 5000 kg
Schmieröl: ISO VG 46
Öltemperatur: $\vartheta = 25\,°\mathrm{C}$
Wie im Berechnungsbeispiel 2.4.1 ergeben sich:
Dynamische Viskosität des Öles bei 25 °C: $\eta = 0{,}0992\ \mathrm{N\,s\,m^{-2}}$
Kinematische Viskosität bei $\vartheta = 25\,°\mathrm{C}$: $v_{25} = 113{,}875\ \mathrm{mm^2\,s^{-1}}$
Strömungsverhältnis: $\dfrac{b_{\mathrm{I}}}{l_{\mathrm{I}}} = \dfrac{b_{\mathrm{II}}}{l_{\mathrm{II}}} = \dfrac{b}{l} = 40$
Exzentrisch wirkende Anfangskraft: $F_{\mathrm{e}} = 20000$ N
Zusätzlich exzentrisch wirkende Schnittkraft: $F_{\mathrm{äuß}} = 30000\,\mathrm{N}$
Maße nach Abb. 2.20:
$a_2 = 0{,}075$ m; $a_4 = 0{,}225$ m; $a_6 = 0{,}375$ m; $e_1 = 0{,}250$ m; $e_2 = 0{,}350$ m

Gesucht:

- Taschenkräfte F_{TVR}
- Taschendrücke bei V-Bahn p_{TV}
- Taschendrücke bei Umgriff p_{TII}
- Gesamtvolumenstrom aller Taschen im Anfangszustand $Q_{0\mathrm{GES}}$
- Gesamtvolumenstrom aller Taschen unter Wirkung der Schnittkraft
- Verlustleistung P_{VER}

Lösung:

1. Gewichtskraft des Tisches:

$$F_{\mathrm{G}} = mg = 5000 \cdot 9{,}81 = 49050\,\mathrm{N} \tag{2.1}$$

2. Mittlere resultierende Taschenkraft auf eine Führungsbahn im Anfangszustand:

$$F_{\mathrm{T0VRM}} = \frac{F_{\mathrm{G}} + F_{\mathrm{e}}}{2z} = \frac{49050 + 20000}{12} = 5754{,}16\ \mathrm{N} \tag{2.146}$$

Die errechnete mittlere resultierende Taschenkraft im Anfangszustand F_{T0M} wird in einem bestimmten Maßstab in der Mitte der Führungsbahn eingetragen.

Eine beliebige Taschenkraft, z. B. F_{TOVR6}, wird angenommen und in Abb. 2.20 maßstäblich eingetragen. Alle anderen Taschenkräfte liegen auf der Geraden, die diese zwei Taschenkräfte verbindet.
Anschließend wird rechnerisch überprüft, ob die Gleichgewichtsgleichungen (2.147) und (2.148) erfüllt werden. Ist dies nicht der Fall, müssen Rechnungsschritte 2 und 3 wiederholt werden, bis beide Gleichungen erfüllt werden.

3. Gleichgewichtsgleichung für Taschenkräfte im Anfangszustand:

$$F_{\mathrm{TOVR1}} + F_{\mathrm{TOVR2}} + F_{\mathrm{TOVR3}} + F_{\mathrm{TOVR4}} + F_{\mathrm{TOVR5}} + F_{\mathrm{TOVR6}} = F_{\mathrm{TOVRM}} z$$
$$= 5754{,}16 \cdot 6 = 34525\ \mathrm{N} \tag{2.147}$$

4. Gleichgewichtsgleichung für die Momente im Anfangszustand:

$$(F_{\mathrm{TOVR6}} - F_{\mathrm{TOVR5}})a_6 + (F_{\mathrm{TOVR4}} - F_{\mathrm{TOVR3}})a_4 + (F_{\mathrm{TOVR2}} - F_{\mathrm{TOVR1}})a_2 = \frac{F_e e_1}{2}$$

$$(F_{\mathrm{TOVR6}} - F_{\mathrm{TOVR5}}) \cdot 0{,}375 + (F_{\mathrm{TOVR4}} - F_{\mathrm{TOVR3}}) \cdot 0{,}225$$
$$+ (F_{\mathrm{TOVR2}} - F_{\mathrm{TOVR1}}) \cdot 0{,}075 = \frac{20000 \cdot 0{,}250}{2} = 2500 \tag{2.148}$$

Die Lösung der Gl. (2.147) und (2.148) ergibt:

$$F_{\mathrm{TOVR1}} = 5279\ \mathrm{N}; \quad F_{\mathrm{TOVR2}} = 6230\ \mathrm{N}; \quad F_{\mathrm{TOVR3}} = 4328\ \mathrm{N};$$
$$F_{\mathrm{TOVR4}} = 7180\ \mathrm{N}; \quad F_{\mathrm{TOVR5}} = 3377\ \mathrm{N}; \quad F_{\mathrm{TOVR6}} = 8131\ \mathrm{N}$$

5. Wirksame Taschenfläche einer V-Bahn:

$$A_{\mathrm{wV}} = B_{\mathrm{wV}} L_{\mathrm{wV}} = 0{,}113 \cdot 0{,}100 = 0{,}0113\ \mathrm{m}^2 \tag{1.3}$$

6. Wirksame Taschenfläche des Umgriffs:

$$A_{\mathrm{wII}} = B_{\mathrm{wII}} L_{\mathrm{wII}} = 0{,}096 \cdot 0{,}100 = 0{,}0096\ \mathrm{m}^2 \tag{1.3}$$

7. Es gilt für alle Taschen von 1 bis n:

$$p_{\mathrm{TOV1}} = p_{\mathrm{TOII1}} = p_{\mathrm{TO1}} \text{ und } p_{\mathrm{TOVn}} = p_{\mathrm{TOIIn}} = p_{\mathrm{TOn}} \tag{2.39}$$

8. Taschendruck der Taschen 1 und 2 im Anfangszustand:

$$p_{\mathrm{TO1}} = \frac{F_{\mathrm{TOVR1}}}{2A_{\mathrm{wV}} \cos\gamma - A_{\mathrm{wII}}} = \frac{5279}{2 \cdot 0{,}0113 \cos 45° - 0{,}0096}$$
$$= 8{,}25 \cdot 10^5\ \mathrm{N\,m^{-2}}$$

$$p_{\mathrm{TO2}} = \frac{F_{\mathrm{OVR2}}}{2A_{\mathrm{wV}} \cos\gamma - A_{\mathrm{wII}}} = \frac{6230}{2 \cdot 0{,}0113 \cos 45° - 0{,}0096}$$
$$= 9{,}73 \cdot 10^5\ \mathrm{N\,m^{-2}} \tag{2.138}$$

Auf diese Art werden die Taschendrücke aller Taschen ermittelt:

$$p_{T03} = 6{,}76 \cdot 10^5\ \mathrm{N\,m^{-2}}; \quad p_{T04} = 11{,}22 \cdot 10^5\ \mathrm{N\,m^{-2}}$$
$$p_{T05} = 5{,}28 \cdot 10^5\ \mathrm{N\,m^{-2}}; \quad p_{T06} = 12{,}71 \cdot 10^5\ \mathrm{N\,m^{-2}}$$

9. Flächenverhältnis:

$$\varphi = \frac{A_{wII}}{2A_{wV}} = \frac{0{,}0096}{2 \cdot 0{,}0113} = 0{,}4 \tag{2.13}$$

10. Mittlerer Taschendruck im Anfangszustand:

$$\begin{aligned} p_{TOVRM} &= \frac{p_{TOVR1} + p_{TOVR2} + \cdots + p_{TOVRn}}{z} \\ &= \frac{(8{,}25 + 9{,}73 + 6{,}76 + 11{,}22 + 5{,}28 + 12{,}71) \cdot 10^5}{6} \\ &= 8{,}99 \cdot 10^5\ \mathrm{N\,m^{-2}} \end{aligned} \tag{2.149}$$

11. Mittlere resultierende Taschenkraft auf eine Führungsbahn unter Wirkung der Schnittkraft:

$$F_{TVRM} = \frac{F_G + F_e + F_{äuß}}{2z} = \frac{49050 + 20000 + 30000}{12} = 8254{,}16\,\mathrm{N} \tag{2.152}$$

12. Die errechnete mittlere resultierende Taschenkraft F_{TVRM} wird in einem bestimmten Maßstab in der Mitte der Führungsbahn eingetragen.
Eine beliebige Taschenkraft, z. B. F_{TVR6}, wird angenommen und in Abb. 2.20 maßstäblich eingetragen. Alle anderen Taschenkräfte liegen auf der Geraden, die diese zwei Taschenkräfte verbindet.
Angenommen: $F_{TVR6} = 15500$ N
Die wirkenden Kräfte auf der F_{TVR6} und F_{TVRM} verbindenden Geraden werden proportional ermittelt:

$$F_{TVR1} = 6700\,\mathrm{N}; \quad F_{TVR2} = 9550\,\mathrm{N}; \quad F_{TVR3} = 3850\,\mathrm{N};$$
$$F_{TVR4} = 12700\,\mathrm{N}; \quad F_{TVR5} = 1050\,\mathrm{N};$$

Anschließend wird überprüft, ob die Gl. (2.150) und (2.151) erfüllt werden.

13. Gleichgewichtsgleichung für Taschenkräfte unter Wirkung der Schnittkraft:

$$F_{TVR1} + F_{TVR2} + F_{TVR3} + \cdots + F_{TVRn} = \frac{F_G + F_e + F_{äuß}}{2}$$
$$= \frac{49050 + 20000 + 30000}{2} = 49525\,\mathrm{N} = F_{TVRM} z$$
$$6700 + 9550 + 3850 + 12700 + 1050 + 15500 = 49350\ \mathrm{N} \approx 49525\ \mathrm{N} \tag{2.150}$$

14. Gleichgewichtsgleichung für Momente unter Wirkung der Schnittkraft:

$$(F_{\mathrm{TVRn}} - F_{\mathrm{TVRn-1}})a_{\mathrm{n}} + \cdots + (F_{\mathrm{TVR6}} - F_{\mathrm{TVR5}})a_6 + (F_{\mathrm{TVR4}} - F_{\mathrm{TVR3}})a_4$$
$$+ (F_{\mathrm{TVR2}} - F_{\mathrm{TVR1}})a_2 = \frac{F_{\mathrm{e}}e_1 + F_{\text{äuß}}e_2}{2}$$
$$(F_{\mathrm{TVR6}} - F_{\mathrm{TVR5}}) \cdot 0{,}375 + (F_{\mathrm{TVR4}} - F_{\mathrm{TVR3}}) \cdot 0{,}225 + (F_{\mathrm{TVR2}} - F_{\mathrm{TVR1}}) \cdot 0{,}075$$
$$= \frac{20000 \cdot 0{,}250 + 30000 \cdot 0{,}350}{2} = 7750\,\mathrm{N\,m}$$
$$(15500 - 1050) \cdot 0{,}375 + (12700 - 3850) \cdot 0{,}225 + (9550 - 6700) \cdot 0{,}075$$
$$= 7722 \approx 7750 \qquad (2.151)$$

Die Gl. (2.150) und (2.151) werden erfüllt.

15. Volumenstrom durch Tasche 1 im Anfangszustand:

$$Q_{01} = \frac{h_0^3}{12\eta}\frac{b}{l}p_{\mathrm{T01}} = \frac{0{,}000032^3}{12 \cdot 0{,}0992} \cdot 40 \cdot 8{,}25 \cdot 10^5$$
$$= 0{,}000000748\ \mathrm{m^3\,s^{-1}} = 0{,}044\ \mathrm{dm^3\,min^{-1}} \qquad (1.5)$$

16. Proportionalitätsfaktor:

$$c_{\mathrm{I}} = \frac{Q_{01}}{F_{\mathrm{T0VR1}}} = \frac{0{,}000000748}{5279} = 1{,}41 \cdot 10^{-10}\,\mathrm{m^3\,s^{-1}\,N^{-1}} \qquad (2.32)$$

17. Volumenstrom durch Tasche 2 im Anfangszustand:

$$Q_{02} = \frac{h_0^3}{12\eta}\frac{b}{l}p_{\mathrm{T02}} = \frac{0{,}000032^3}{12 \cdot 0{,}0992} \cdot 40 \cdot 9{,}73 \cdot 10^5 = 0{,}000000882\ \mathrm{m^3\,s^{-1}}$$
$$= 0{,}035\ \mathrm{dm^3\,min^{-1}} \qquad (1.5)$$

18. Proportionalitätsfaktor:

$$c_2 = \frac{Q_{02}}{F_{\mathrm{T0VR2}}} = \frac{0{,}000000882}{6230} = 1{,}41 \cdot 10^{-10}\,\mathrm{m^3\,s^{-1}\,N^{-1}} \qquad (2.32)$$

19. Volumenstrom durch Tasche 3 im Anfangszustand:

$$Q_{03} = \frac{h_0^3}{12\eta}\frac{b}{l}p_{\mathrm{T03}} = \frac{0{,}000032^3}{12 \cdot 0{,}0992} \cdot 40 \cdot 6{,}76 \cdot 10^5 = 0{,}000000613\ \mathrm{m^3\,s^{-1}}$$
$$= 0{,}036\ \mathrm{dm^3\,min^{-1}} \qquad (1.5)$$

20. Proportionalitätsfaktor:

$$c_3 = \frac{Q_{03}}{F_{\mathrm{T0VR3}}} = \frac{0{,}000000613}{4328} = 1{,}41 \cdot 10^{-10}\,\mathrm{m^3\,s^{-1}\,N^{-1}} \qquad (2.32)$$

21. Volumenstrom durch Tasche 4 im Anfangszustand:

$$Q_{04} = \frac{h_0^3}{12\eta}\frac{b}{l}p_{\mathrm{T04}} = \frac{0{,}000032^3}{12 \cdot 0{,}0992} \cdot 40 \cdot 11{,}22 \cdot 10^5 = 0{,}000001017\ \mathrm{m^3\ s^{-1}}$$

$$= 0{,}06\ \mathrm{dm^3\ min^{-1}} \qquad (1.5)$$

22. Proportionalitätsfaktor:

$$c_4 = \frac{Q_{03}}{F_{\mathrm{T0VR4}}} = \frac{0{,}000001017}{7180} = 1{,}41 \cdot 10^{-10}\mathrm{m^3\ s^{-1}}N^{-1} \qquad (2.32)$$

23. Volumenstrom durch Tasche 5 im Anfangszustand:

$$Q_{05} = \frac{h_0^3}{12\eta}\frac{b}{l}p_{\mathrm{T05}} = \frac{0{,}000032^3}{12 \cdot 0{,}0992} \cdot 40 \cdot 5{,}28 \cdot 10^5 = 0{,}000000479\ \mathrm{m^3\ s^{-1}}$$

$$= 0{,}028\ \mathrm{dm^3\ min^{-1}} \qquad (1.5)$$

24. Proportionalitätsfaktor:

$$c_5 = \frac{Q_{05}}{F_{\mathrm{T0VR5}}} = \frac{0{,}000000479}{3377} = 1{,}41 \cdot 10^{-10}\ \mathrm{m^3\ s^{-1}\ N^{-1}} \qquad (2.32)$$

25. Volumenstrom durch Tasche 6 im Anfangszustand:

$$Q_{06} = \frac{h_0^3}{12\eta}\frac{b}{l}p_{\mathrm{T06}} = \frac{0{,}000032^3}{12 \cdot 0{,}0992} \cdot 40 \cdot 12{,}71 \cdot 10^5 = 0{,}000001153\ \mathrm{m^3\ s^{-1}}$$

$$= 0{,}028\ \mathrm{dm^3\ min^{-1}} \qquad (1.5)$$

26. Proportionalitätsfaktor:

$$c_6 = \frac{Q_{06}}{F_{\mathrm{T0VR6}}} = \frac{0{,}000001153}{8131} = 1{,}41 \cdot 10^{-10}\ \mathrm{m^3\ s^{-1}\ N^{-1}} \qquad (2.32)$$

27. Durch Tasche 6 strömt unter Wirkung der Schnittkraft:

$$Q_6 = F_{\mathrm{TVR6}}c_6 = 15500 \cdot 1{,}41 \cdot 10^{-10} = 0{,}000002185\ \mathrm{m^3\ s^{-1}}$$

$$= 0{,}13\ \mathrm{dm^3\ min^{-1}} \qquad (2.38)$$

28. Taschendruck bei Tasche 6 unter Wirkung der Schnittkraft:

$$p_{\mathrm{T6}} = \frac{Q_6 12\eta}{h_0^3}\frac{l}{b} = \frac{0{,}000002185 \cdot 12 \cdot 0{,}0992}{0{,}000032^3} \cdot \frac{1}{40} = 24{,}08 \cdot 10^5\ \mathrm{N\ m^{-2}} \qquad (1.5)$$

29. Durch Tasche 5 strömt unter Wirkung der Schnittkraft:

$$Q_5 = F_{\mathrm{TVR5}}c_5 = 1050 \cdot 1{,}41 \cdot 10^{-10} = 0{,}000000148\ \mathrm{m^3\ s^{-1}}$$

$$= 0{,}0088\ \mathrm{dm^3\ min^{-1}} \qquad (2.38)$$

30. Taschendruck der Tasche 5 unter Wirkung der Schnittkraft:

$$p_{T5} = \frac{Q_5 12\eta}{h_0^3}\frac{l}{b} = \frac{0{,}000000148 \cdot 12 \cdot 0{,}0992}{0{,}000032^3} \cdot \frac{1}{40} = 1{,}63 \cdot 10^5 \text{ N m}^{-2} \quad (1.5)$$

31. Durch Tasche 4 strömt unter Wirkung der Schnittkraft:

$$Q_4 = F_{TVR4}c_4 = 12700 \cdot 1{,}41 \cdot 10^{-10} = 0{,}00000179 \text{ m}^3 \text{ s}^{-1}$$
$$= 0{,}107 \text{ dm}^3 \text{ min}^{-1} \quad (2.38)$$

32. Taschendruck der Tasche 4 unter Wirkung der Schnittkraft:

$$p_{T4} = \frac{Q_4 12\eta}{h_0^3}\frac{l}{b} = \frac{0{,}00000179 \cdot 12 \cdot 0{,}0992}{0{,}000032^3} \cdot \frac{1}{40} = 19{,}73 \cdot 10^5 \text{ N m}^{-2} \quad (1.5)$$

33. Durch Tasche 3 strömt unter Wirkung der Schnittkraft:

$$Q_3 = F_{TVR3}c_3 = 3850 \cdot 1{,}41 \cdot 10^{-10} = 0{,}000000542 \text{ m}^3 \text{ s}^{-1}$$
$$= 0{,}032 \text{ dm}^3 \text{ min}^{-1} \quad (2.38)$$

34. Taschendruck der Tasche 3 unter Wirkung der Schnittkraft:

$$p_{T3} = \frac{Q_3 12\eta}{h_0^3}\frac{l}{b} = \frac{0{,}000000542 \cdot 12 \cdot 0{,}0992}{0{,}000032^3} \cdot \frac{1}{40} = 5{,}97 \cdot 10^5 \text{ N m}^{-2} \quad (1.5)$$

35. Durch Tasche 2 strömt unter Wirkung der Schnittkraft:

$$Q_2 = F_{TVR2}c_2 = 9550 \cdot 1{,}41 \cdot 10^{-10}$$
$$= 0{,}000001346 \text{ m}^3 \text{ s}^{-1} = 0{,}08 \text{ dm}^3 \text{ min}^{-1}$$

36. Taschendruck der Tasche 2 unter Wirkung der Schnittkraft:

$$p_{T2} = \frac{Q_2 12\eta}{h_0^3}\frac{l}{b} = \frac{0{,}000001346 \cdot 12 \cdot 0{,}0992}{0{,}000032^3} \cdot \frac{1}{40} = 14{,}8 \cdot 10^5 \text{ N m}^{-2} \quad (1.5)$$

37. Durch die Tasche 1 strömt unter Wirkung der Schnittkraft:

$$Q_1 = F_{TVR1}c_1 = 6700 \cdot 1{,}41 \cdot 10^{-10} = 0{,}000000944 \text{ m}^3 \text{ s}^{-1}$$
$$= 0{,}056 \text{ dm}^3 \text{ min}^{-1} \quad (2.38)$$

38. Taschendruck der Tasche 1 unter Wirkung der Schnittkraft:

$$p_{T1} = \frac{Q_1 12\eta}{h_0^3}\frac{l}{b} = \frac{0{,}000000944 \cdot 12 \cdot 0{,}0992}{0{,}000032^3} \cdot \frac{1}{40} = 10{,}4 \cdot 10^5 \text{ N m}^{-2} \quad (1.5)$$

39. Kontrolle:

$$p_{\mathrm{T1}} = \frac{F_{\mathrm{TVR1}}}{(2A_{\mathrm{wV}}\cos\alpha - A_{\mathrm{wII}})} = \frac{6700}{2\cdot 0{,}0113\cdot\cos 45^\circ - 0{,}0096} = 10{,}5\cdot 10^5\ \mathrm{N\,m^{-2}}$$

$$10{,}5\cdot 10^5 \approx 10{,}4\cdot 10^5 \qquad (2.142)$$

$$p_{\mathrm{T2}} = \frac{F_{\mathrm{TVR2}}}{(2A_{\mathrm{wV}}\cos\alpha - A_{\mathrm{wII}})} = \frac{9550}{2\cdot 0{,}0113\cdot\cos 45^\circ - 0{,}0096} = 14{,}9\cdot 10^5\ \mathrm{N\,m^{-2}}$$

$$14{,}9\cdot 10^5 \approx 14{,}8\cdot 10^5 \qquad (2.142)$$

$$p_{\mathrm{T3}} = \frac{F_{\mathrm{TVR3}}}{(2A_{\mathrm{wV}}\cos\alpha - A_{\mathrm{wII}})} = \frac{9550}{2\cdot 0{,}0113\cdot\cos 45^\circ - 0{,}0096} = 6{,}0\cdot 10^5\ \mathrm{N\,m^{-2}}$$

$$6{,}0\cdot 10^5 \approx 5{,}97\cdot 10^5 \qquad (2.142)$$

$$p_{\mathrm{T4}} = \frac{F_{\mathrm{TVR4}}}{(2A_{\mathrm{wV}}\cos\alpha - A_{\mathrm{wII}})} = \frac{12700}{2\cdot 0{,}0113\cdot\cos 45^\circ - 0{,}0096} = 19{,}9\cdot 10^5\ \mathrm{N\,m^{-2}}$$

$$19{,}9\cdot 10^5 \approx 19{,}7\cdot 10^5 \qquad (2.142)$$

$$p_{\mathrm{T5}} = \frac{F_{\mathrm{TVR5}}}{(2A_{\mathrm{wV}}\cos\alpha - A_{\mathrm{wII}})} = \frac{1050}{2\cdot 0{,}0113\cdot\cos 45^\circ - 0{,}0096} = 1{,}64\cdot 10^5\ \mathrm{N\,m^{-2}}$$

$$1{,}64\cdot 10^5 \approx 1{,}63\cdot 10^5 \qquad (2.142)$$

$$p_{\mathrm{T6}} = \frac{F_{\mathrm{TVR6}}}{(2A_{\mathrm{wV}}\cos\alpha - A_{\mathrm{wII}})} = \frac{15500}{2\cdot 0{,}0113\cdot\cos 45^\circ - 0{,}0096} = 24{,}2\cdot 10^5\ \mathrm{N\,m^{-2}}$$

$$24{,}2\cdot 10^5 \approx 24{,}1\cdot 10^5 \qquad (2.142)$$

40. Volumenstrom durch alle Taschen im Anfangszustand:

$$\begin{aligned} Q_{\mathrm{0GES}} &= 6z\frac{p_{\mathrm{T0VRM}}h_0^3}{12\eta}\frac{b}{l} = 6\cdot 6\cdot\frac{8{,}99\cdot 10^5\cdot 0{,}000032^3}{12\cdot 0{,}0992}\cdot 40 \\ &= 0{,}0000293\ \mathrm{m^3\,s^{-1}} = 1{,}76\ \mathrm{dm^3\,min^{-1}} \qquad (2.143) \end{aligned}$$

41. Mittlerer Taschendruck unter Wirkung der Schnittkraft:

$$\begin{aligned} p_{\mathrm{TVRM}} &= \frac{p_{\mathrm{T1}} + p_{\mathrm{T2}} + \cdots + p_{\mathrm{Tn}}}{z} \\ &= \frac{(10{,}4 + 14{,}8 + 5{,}97 + 19{,}73 + 1{,}63 + 24{,}08)\cdot 10^5}{6} \\ &= 12{,}76\cdot 10^5\ \mathrm{N\,m^{-2}} \qquad (2.153) \end{aligned}$$

42. Volumenstrom durch alle Taschen unter Wirkung der Schnittkraft:

$$Q_{\text{GES}} = 6z \frac{p_{\text{TVRM}} h_0^3}{12\eta} \frac{b}{l} = 6 \cdot 6 \cdot \frac{12{,}76 \cdot 10^5 \cdot 0{,}000032^3}{12 \cdot 0{,}0992} \cdot 40$$
$$= 0{,}00004167 \text{ m}^3 \text{ s}^{-1} = 2{,}5 \text{ dm}^3 \text{ min}^{-1} \quad (2.154)$$

43. Abströmbreite bei V-Bahn:

$$b_{\text{V}} = 2B_{\text{wV}} + 2L_{\text{wV}} = 2 \cdot 0{,}113 + 2 \cdot 0{,}100 = 0{,}426 \text{ m} \quad (1.1)$$

44. Abströmbreite bei Umgriff:

$$b_{\text{II}} = 2B_{\text{wII}} + 2L_{\text{wII}} = 2 \cdot 0{,}096 + 2 \cdot 0{,}100 = 0{,}392 \text{ m} \quad (1.1)$$

45. Nach dem Strömungsverhältnis

$$\frac{b_{\text{V}}}{l_{\text{V}}} = \frac{b_{\text{II}}}{l_{\text{II}}} = \frac{b}{l} = 40$$

werden die Abströmlängen bestimmt:
Abströmlänge bei V-Bahn:

$$l_{\text{V}} = \frac{b_{\text{V}}}{b/l} = \frac{0{,}426}{40} = 0{,}0106 \text{ m} \quad (2.15)$$

Abströmlänge bei Umgriff:

$$l_{\text{II}} = \frac{b_{\text{II}}}{b/l} = \frac{0{,}39}{40} = 0{,}0098 \text{ m} \quad (2.15)$$

46. Reibfläche bei V-Bahn:

$$A_{\text{RV}} = (B_{\text{wV}} + l_{\text{V}}) l_{\text{V}} 2z + (L_{\text{wV}} - l_{\text{V}}) l_{\text{V}} 2z = (0{,}113 + 0{,}0106) \cdot 0{,}0106 \cdot 2 \cdot 6$$
$$+ (0{,}100 - 0{,}0106) \cdot 0{,}0106 \cdot 2 \cdot 6 = 0{,}02709 \text{ m}^2 \quad (2.18)$$

47. Reibfläche bei Umgriff:

$$A_{\text{RII}} = (B_{\text{wII}} + l_{\text{II}}) l_{\text{II}} 2z + (L_{\text{wII}} - l_{\text{II}}) l_{\text{II}} 2z = (0{,}096 + 0{,}0098) \cdot 0{,}0098 \cdot 2 \cdot 6$$
$$+ (0{,}100 - 0{,}0098) \cdot 0{,}0098 \cdot 2 \cdot 6 = 0{,}0230 \text{ m}^2 \quad (2.18)$$

48. Gesamtreibfläche:

$$A_{\text{R}} = 2A_{\text{RII}} + 4A_{\text{RV}} = 2 \cdot 0{,}0230 + 4 \cdot 0{,}02709 = 0{,}15 \text{ m}^2 \quad (2.145)$$

49. Der Pumpendruck wird so gewählt, dass die Membrandrossel in optimalem Druckverhältnis belastet wird:

$$(p_{\text{T}}/p_{\text{P}})_{\text{OPT}} = 0{,}1 \text{ bis } 0{,}6 \quad (2.37)$$

Tab. 2.21 Vergleichstabelle zwischen verschiedenen Ölversorgungssystemen

Ölversorgung mit:	$F_{\text{äuß}}$ in N	p_P in bar	F_{T6} in N	p_{TI6} in bar	p_{TI5} in bar	Δh_6 in µm	α in Grad	K_6 in N µm^{-1}
Kapillardrosseln	30000	17,7	15839	14,8	4,2	8,2	0,0009	842
Einer Pumpe pro Tasche	30000	$p_P = p_T$	16648	16,4	4,7	2,4	0,0003	3462
Membrandrosseln	30000	40	15500	24	1,6	0	0	∞

Angenommen wird: $p_p = 40 \cdot 10^5\,\text{N}\,\text{m}^{-2}$
Größtes Druckverhältnis:

$$\frac{p_{T6}}{p_P} = \frac{24{,}08 \cdot 10^5}{40 \cdot 10^5} = 0{,}6$$

Kleinstes Druckverhältnis:

$$\frac{p_{T5}}{p_P} = \frac{1{,}64 \cdot 10^5}{40 \cdot 10^5} = 0{,}04$$

Da die Membrandrosseln nicht im empfohlenen Druckverhältnis arbeiten kann, ist diese exzentrisch belastete hydrostatische geschlossene Dachführung für die Ölversorgung durch die Membrandrosseln nicht geeignet.
Das Problem kann gelöst werden, indem 30 hydrostatische Taschen der V-Führungen und des Umgriffes mit Bezeichnung 6, 4 2, 1 und 3 mit den Membrandrosseln und 6 hydrostatische Taschen der V-Führungen und des Umgriffes mit Bezeichnung 5 an Mehrkreispumpen angeschlossen werden.

50. Neues kleinstes Druckverhältnis:

$$\frac{p_{T3}}{p_P} = \frac{6 \cdot 10^5}{40 \cdot 10^5} = 0{,}15$$

Volumenstrom pro Strang:

$$Q_S = \frac{Q_{GES}}{6z} = \frac{2{,}5}{36} = 0{,}069\ \text{dm}^3\ \text{min}^{-1}$$

51. Verlustleistung:

$$P_{VER} = P_P + P_R = Q_{0GES}\, p_P + \frac{A_R \eta v^2}{h_0} = 0{,}0000293 \cdot 40 \cdot 10^5 + \frac{0{,}15 \cdot 0{,}0992 \cdot 0{,}34^2}{0{,}000032} = 117{,}2 + 57{,}3 = 174{,}5\ \text{W} \qquad (2.20)$$

2.22.4 *Zusammenfassung*

Bei allen drei Ölversorgungen wird die exzentrische Schnittkraft $F_{\text{äuß}}$ als bekannt angegeben, die Taschenkräfte F_T, Taschendrücke bei V-Bahn p_{TV}, Taschendrücke bei Umgriff p_{TII}, Spaltänderungen Δh, der Volumenstrom aller Taschen im Anfangszustand Q_{0GES}, die Verlustleistung p_{VER}, der Neigungswinkel des Tisches α und die Lagersteifigkeit K werden rechnerisch ermittelt.

Aus den Berechnungsbeispielen 2.22.1–2.22.3 ergibt sich folgendes.

Bei gleichen Vorgabedaten ergibt sich beim System „Eine Pumpe pro Tasche" eine vierfach so große Lagersteifigkeit wie beim Ölversorgungssystem „Eine gemeinsame Pumpe und Kapillardrosseln". Der Neigungswinkel des Tisches beim Ölversorgungssystem „Eine gemeinsame Pumpe und Kapillardrosseln" ist dreimal so groß wie beim System „Eine Pumpe pro Tasche". Das Ölversorgungssystem „Eine gemeinsame Pumpe und Kapillardrosseln" wird deshalb für exzentrisch belastete Führungen nicht empfohlen.

Bei dem Ölversorgungssystem „Eine gemeinsame Pumpe und Membrandrosseln sind die Taschendrücke bei V-Bahn und Umgriff gleich. Mit diesem Ölversorgungssystem werden die höchsten Taschendrücke und die höchsten Pumpendrücke erreicht".

Diese Ergebnisse dieser Berechnungen sind in Tab. 2.21 übersichtlich aufgestellt.

Kapitel 3
Auslegung von Hydraulikplänen

In diesem Kapitel werden für alle in Kap. 2 behandelten hydrostatischen Führungen und Lager die Hydraulikpläne für die Ölversorgungssysteme mit Kapillardrosseln, Membrandrosseln und Mehrkreispumpen behandelt. Für die Auslegung sind keine Prospektunterlagen von Hydraulikfirmen erforderlich, da alle erforderlichen technischen Unterlagen über Pumpen, Ölbehälter, Druckbegrenzungsventile, Filter, Ölkühler, Kühlerpumpen, Kapillardrosseln, Mehrkreispumpen, Membrandrosseln und Schmierstoffe enthalten sind.

3.1 Ölversorgungsaggregat

In Abb. 3.1 ist ein *Ölversorgungsaggregat* schematisch dargestellt.

Das Öl wird aus dem Ölbehälter 1 mit der Zahnradpumpe 4 durch die Grobfilter 8 und Feinstfilter 9 zu den Drosseln oder Mehrkreispumpen gefördert. Der Pumpendruck p_P wird mit Hilfe des Druckbegrenzungsventils 5 eingestellt und mit Hilfe des Ölmanometers 7 kontrolliert.

Das *Manometerschutzventil* 6 sorgt dafür, dass das *Manometer* nur beim Druckmessen belastet wird. Jedes Ölversorgungsaggregat benötigt noch den Einfüll- und Rücklaufstutzen 2 und den Schwimmerschalter 3.

Von dem Feinstfilter strömt das Drucköl durch die Ölzulaufleitung 10 zu den Drosseln oder Mehrkreispumpen. Von den hydrostatischen Führungen und Lagern strömt das Öl durch die Ölrücklaufleitung 11 zu dem Ölbehälter zurück.

Die Temperatur des Rücklauföles ϑ_1 wird in der Ölrücklaufleitung 11, die Temperatur des Zulauföles ϑ_2 wird in der Zulaufleitung von der Zahnradpumpe zu den Filtern mit dem digitalen Thermometer gemessen.

Der *Ölbehälter* wird durch das Behältervolumen V in dm^3 gekennzeichnet. Für die hydrostatischen Führungen und Lager werden Ölbehälter mit folgenden Behältervolumen vorgesehen:

$$V = 50, 100, 200, 300 \text{ und } 400 \text{ dm}^3.$$

B. Perović, *Hydrostatische Führungen und Lager*,
DOI 10.1007/978-3-642-20298-8_3, © Springer-Verlag Berlin Heidelberg 2012

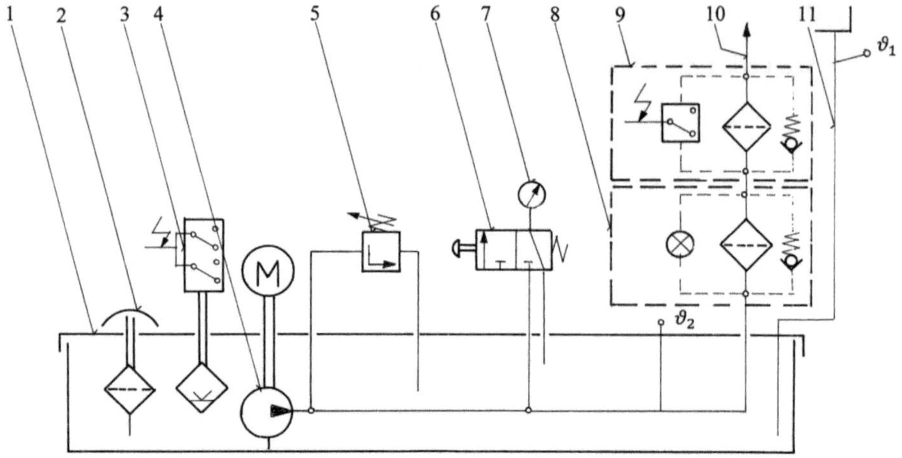

Abb. 3.1 Schematische Darstellung des Ölversorgungsaggregates. *1* Ölbehälter, *2* Einfüll- und Rücklaufstutzen, *3* Schwimmerschalter, *4* Zahnradpumpe, *5* Druckbegrenzungsventil, *6* Manometerschutzventil, *7* Ölmanometer, *8* Filtereinheit für grobe Filterung, *9* Filtereinheit für feine Filterung, *10* Ölzulauf zu den Drosseln oder Mehrkreispumpen, *11* Ölrücklauf. ϑ_1 Temperatur in der Rücklaufleitung. ϑ_2 Temperatur in der Zulaufleitung von der Zahnradpumpe zu den Filtern

In Abb. 3.2 ist ein *Ölbehälter* dargestellt, in Tab. 3.1 sind die Maße der Ölbehälter von Fa. SKF (Willy Vogel AG) aufgestellt.

Das Behältervolumen wird in Abhängigkeit vom Pumpenvolumenstrom Q_P so bestimmt, dass die gewählte Zahnradpumpe wenigstens vier Minuten braucht, bis das Behältervolumen „leer gepumpt" ist.

Die Maße des Ölbehälters *b, d, h* müssen so groß sein, dass alle im Ölversorgungsaggregat (Abb. 3.1) aufgestellten Geräte und die für die Ölversorgungssysteme charakteristischen Geräte wie Mehrkreispumpen und Druckstufenventile eingebaut werden können.

Wenn das Öl nicht gekühlt wird, werden etwas größere Behältervolumen gewählt, damit die Öltemperatur niedrig gehalten wird. Bei Verlustleistungen P_{VER} über 1000 W muss das Öl durch einen Ölkühler gekühlt werden.

Für die meisten hydrostatischen Führungen und Lager für Werkzeugmaschinen werden Ölbehälter mit dem Volumen $V = 100\,\mathrm{dm}^3$ vorgesehen. Ausnahmen sind vorgespannte hydrostatische Mittenführungen, hydrostatische Gewindetriebe, zentrisch belastete hydrostatische Radiallagerungen und kombinierte Radial- und Axiallager bei der Ölversorgung „Eine gemeinsame Pumpe und Kapillardrosseln", bei welchen die Ölbehälter mit dem Volumen $V = 50\,\mathrm{dm}^3$ eingebaut werden können. Kleinere Ölbehälter werden gewählt, wenn die Kapillardrosseln nicht auf dem Ölbehälter, sondern direkt an den Führungen, wie z. B. bei dem hydrostatischen Gewindetrieb, eingebaut werden.

Da die Mehrkreispumpen wegen Schwingungen nicht direkt an dem hydrostatisch geführten Tisch, sondern an dem Ölversorgungsaggregat angebracht werden, benötigt man bei der Ölversorgung „Eine Pumpe pro Tasche" etwas größere Behältervolumen als bei den Ölversorgungen mit Kapillar- und Membrandrosseln. Es

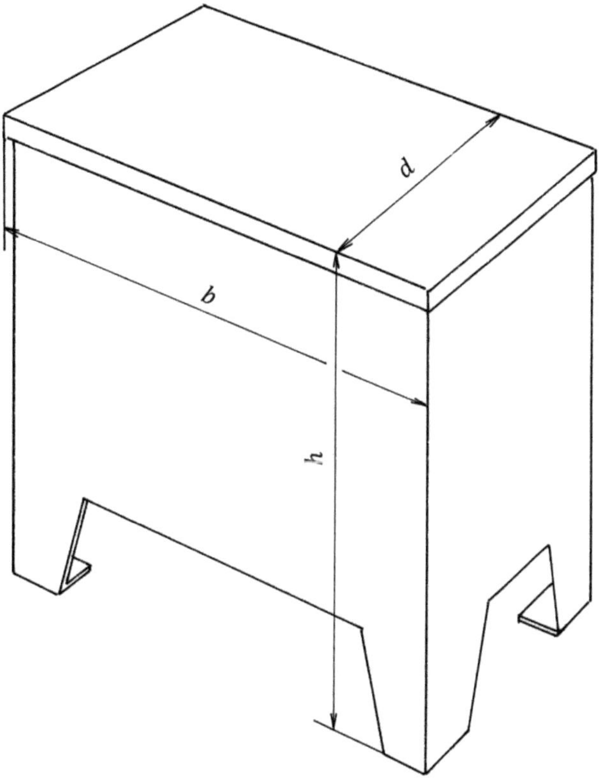

Abb. 3.2 Außenansicht des Ölbehälters

Tab. 3.1 Maße der Ölbehälter der Fa. Willy Vogel AG

Behältervolumen V in dm^3	Breite b in mm	Tiefe d in mm	Höhe h in mm
50	570	350	480
100	710	500	510
200	880	590	650
400	995	711	850

Tab. 3.2 Förderströme und maximale Gegendrücke von Zahnradpumpenaggregaten der Fa. SKF (Willy Vogel AG)

Förderstrom in $dm^3\ min^{-1}$	0,85	1,7	2,5	2,5	5,25	5,25	9	9	12,5	12,5	19
Max. Gegendruck in bar	30	30	20	50	20	50	20	50	20	50	20

werden meistens Behältervolumen von $V = 100\ dm^3$ bis $200\ dm^3$ vorgesehen, wobei die größeren Behältervolumen ($V = 200\ dm^3$) bei Ölkühlung eingebaut werden.

Der Pumpenvolumenstrom muss größer sein als die berechneten Gesamtvolumenströme im Anfangszustand und unter Wirkung der Schnittkraft. Die Förderströme und die maximalen Gegendrücke von Zahnradpumpenaggregaten der Fa. SKF (Willy Vogel AG) sind in Tab. 3.2 aufgestellt.

Auf Anfrage können die Pumpen mit Förderströmen bis 100 $dm^3\ min^{-1}$ mit maximalem Gegendruck bis 100 bar (und mehr) von den Firmen SKF (Willy Vogel AG), Hydac (s. Firmenverzeichnis) u. a. bezogen werden.

Die Zahnradpumpen als Kühlpumpen können für beliebige Volumenströme bis 100 $dm^3\ min^{-1}$ (und mehr) von den Firmen Schimpke Haan und Deltatherm u. a. (s. Firmenverzeichnis) bezogen werden.

Die *Druckbegrenzungsventile* werden durch den Druckeinstellbereich in bar gekennzeichnet. Übliche Druckeinstallbereiche sind 12 bis 60 bar, 15 bis 80 bar und nach Wunsch 15 bis 100 bar bis 24 bis 160 bar (und mehr). Sie können für die Ölviskosität 20 bis 1000 $mm^2\ s^{-1}$ von den Firmen SKF (Willy Vogel AG), Hydac (s. Firmenverzeichnis) u. a. bezogen werden.

Die *Ölmanometer* werden für Öldrücke von 0 bis 100 bar ausgelegt.

Die *Druckfilter* werden durch die Filterfeinheit in µm gekennzeichnet. Sie werden so ausgelegt, dass die Filterfeinheit des Feinstfilters feiner oder gleich ist als der kleinste Lagerspalt h_I. Das Öl wird zuerst durch den Grobfilter und anschließend durch den Feinstfilter gefiltert. Die Filter werden für die Filterfeinheiten von 3 bis 60 µm ausgelegt. Übliche Filterfeinheiten sind Grobfilter: 60 µm, Mittelfilter: 40 µm, Feinstfilter: 30, 20, 25 µm.

3.2 Rückkühlaggregat

In Abb. 3.3 ist ein Rückkühlaggregat mit Sammelbehälter schematisch dargestellt.

Von den hydrostatischen Führungen und Lagern strömt das Öl durch die Ölrücklaufleitung 1 zu dem Sammelbehälter 2. Die Saugpumpe 3 saugt das Öl aus dem Sammelbehälter und fördert weiter durch den Filter 4, das Magnetventil 5 zu dem Ölkühler 6 und anschließend zum Ölbehälter des Ölversorgungsaggregates 7. Die Temperatur des Rücklauföles ϑ_1 wird mit einem digitalen Thermometer gemessen.

Die Ölrücklaufleitung darf nicht direkt mit der Saugpumpe, sondern über den Sammelbehälter verbunden werden, damit die Saugpumpe keine Luft einsaugt. Bei der zweiten Ausführungsvariante, die häufiger angewandt wird, fließt das Öl frei aus der Ölrinne zu dem Ölversorgungsaggregat und wird von einer am Behälter eingebauter Zahnradpumpe zum Kühler gefördert (Abb. 3.4).

Der Volumenstrom der Kühlerpumpe wird in Abhängigkeit von der Verlustleistung, der Ölviskosität und der Temperaturdifferenz zwischen Rücklauföl und Zulauföl empirisch bestimmt.

Es ist bei der Auslegung des Rückkühlaggregates empfehlenswert, den Förderstrom der Kühlerpumpe nach Rücksprache mit dem Kühlerhersteller (Fa. Schimpke, Fa. Deltatherm u. a.) zu bestimmen.

Die Kühlleistung des Kühlers in kcal/h oder in Watt wird hauptsächlich nach der Verlustleisung P_{VER} bestimmt. Eine genaue mathematische Bestimmung der Kühlleistung ist nicht möglich, da in der Gleichung für P_{VER} nur die Pumpenleistung P_P und die Reibleistung in den hydrostatischen Taschen P_R berücksichtigt werden.

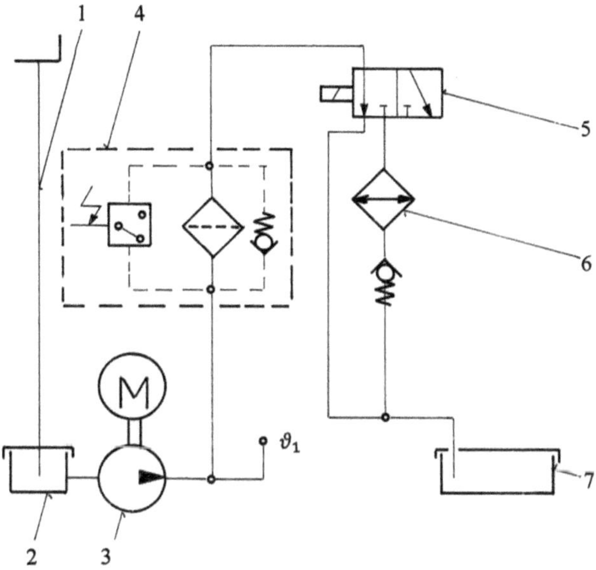

Abb. 3.3 Schematische Darstellung des Rückkühlaggregates mit Sammelbehälter. *1* Ölrücklaufleitung, *2* Sammelbehälter, *3* Saugpumpe, *4* Filtereinheit, *5* Magnetventil, *6* Kompessorkühler, *7* Ölbehälter des Ölversorgungsaggregates. ϑ_1 Temperatur im Rücklauföl mit digitalem Thermometer

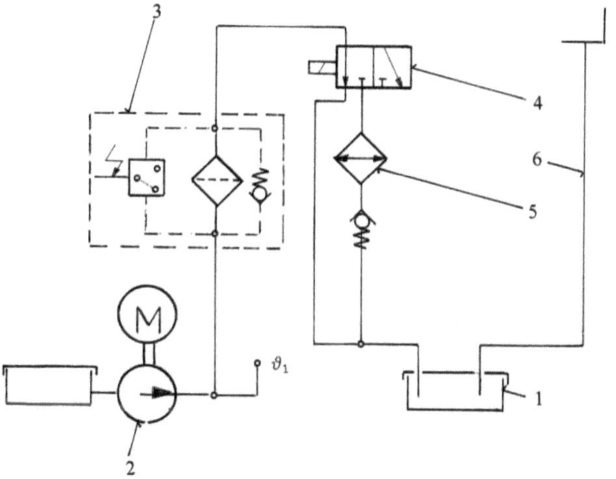

Abb. 3.4 Schematische Darstellung eines Rückkühlaggregates ohne Sammelbehälter. *1* Ölbehälter, *2* Kühlerpumpe, *3* Filtereinheit, *4* Magnetventil, *5* Kompressorkühler, *6* Ölrücklaufleitung. ϑ_1 Temperatur im Rücklauföl mit digitalem Thermometer

Berücksichtigt werden nicht folgende Verlustleistungen und Wärmeabgaben: die Verlustleistung am Druckbegrenzungsventil, die Wärmeabgabe von der hydrostatischen Führung durch die Wärmekonvektion und Wärmestrahlung an die Umgebung, die Wärmeabgabe vom Ölbehälter durch die Wärmekonvektion und Wärmestrahlung an die Umgebung, sowie die Wärmeströme durch das Strömen des Rücklauföls von der hydrostatischen Führung zum Ölbehälter und durch das Strömen des Zulauföls vom Ölbehälter zu der Pumpe.

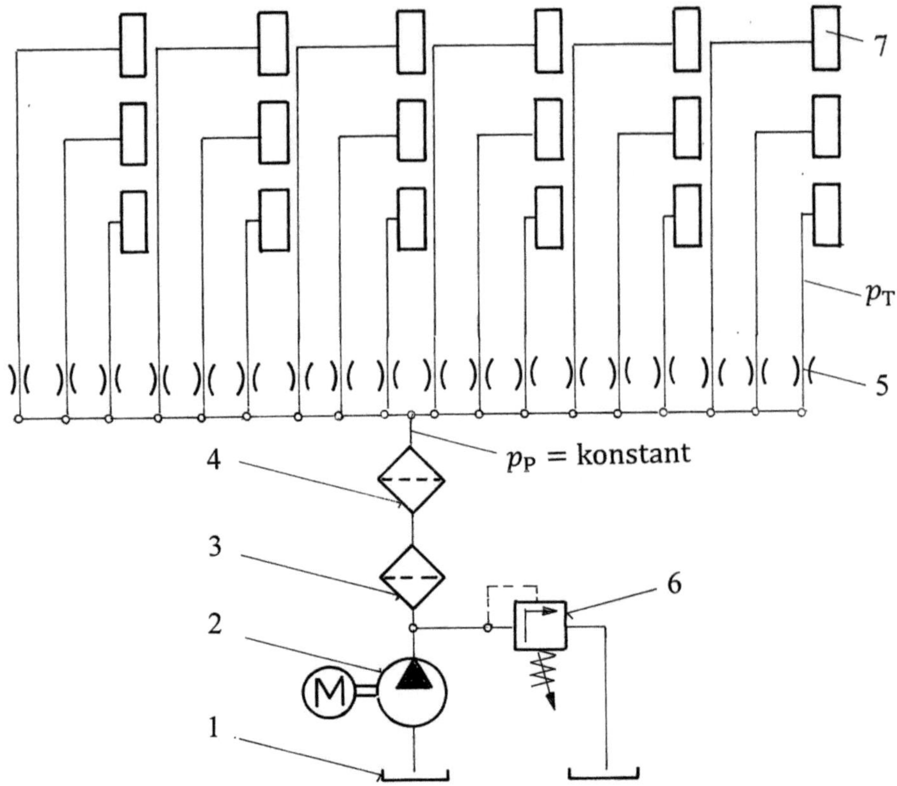

Abb. 3.5 Hydraulikplan für das Ölversorgungssystem „Eine gemeinsame Pumpe und Kapillardrosseln". *1* Ölbehälter, *2* Zahnradpumpe, *3* Grobfilter, *4* Feinstfilter, *5* Kapillardrosseln, *6* Druckbegrenzungsventil, *7* hydrostatische Tasche

Bei Standardmaschinen kann beim Prototyp die Kühlleistung durch den Einbau verschiedener Kühler und die Messung der Öltemperaturen im Rücklauföl ϑ_1 und in der Zulaufleitung ϑ_2 praktisch bestimmt werden.

Normalerweise wird die Kühlleistung nach der Verlustleistung P_{VER} bestimmt.

Die Rückkühlaggregate können nach Kundenwunsch für jede Kühlleistung von 1 bis 1000 kW von Firmen Schimpke, Haan und Deltatherm u. a. (s. Firmenverzeichnis) bezogen werden.

3.3 Ölversorgungssystem „Eine gemeinsame Pumpe und Kapillardrosseln"

In Abb. 3.5 ist der Hydraulikplan für das Ölversorgungssystem „Eine gemeinsame Pumpe und Kapillardrosseln" vereinfacht dargestellt.

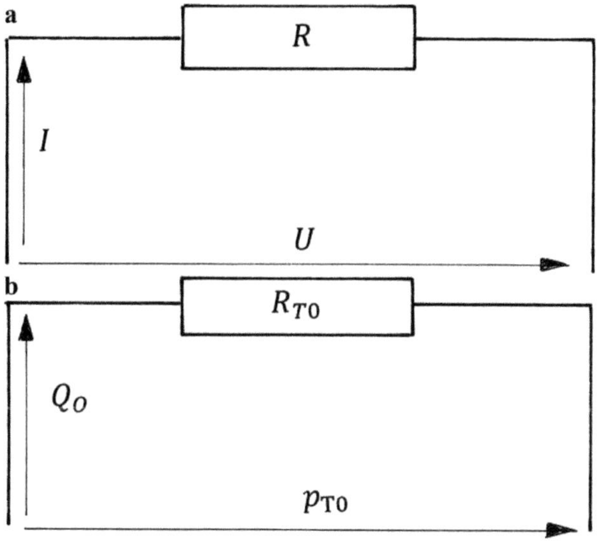

Abb. 3.6 Elektrisches und analog hydraulisches Schaltbild, **a** Elektrisches Schaltbild, **b** Hydraulisches Schaltbild

Das Öl wird aus dem Ölbehälter 1 mit der Zahnradpumpe 2 mit dem Pumpendruck p_p durch den Grobfilter 3 und Feinstfilter 4 zu den Kapillardrosseln 5 gefördert. Der Pumpendruck p_p wird mit Hilfe des Druckbegrenzungsventils 6 eingestellt. Von den Kapillardrosseln strömt das Öl mit dem Taschendruck p_T zu den hydrostatischen Taschen 7.

Für den hydraulischen Widerstand gibt es eine interessante Analogie zum elektrischen Widerstand (siehe Abb. 3.6).

Nach dem Ohmschen Gesetzt kann der elektrische Widerstand R als Quotient aus der Spannung U und dem elektrischen Strom I ausgedrückt werden: $R = (U/I)$. Beim Strömen des Öles durch eine hydrostatische Tasche gibt es im Lagerspalt einen hydraulischen Taschenwiderstand R_T0, der, analog zum Ohmschen Gesetz, als Quotient des Taschendruckes p_T0 und des Volumenstromes Q_0 ausgedrückt werden kann:

$$R_\mathrm{T0} = \frac{p_\mathrm{T0}}{Q_0}$$

Wenn in die obere Gleichung der Volumenstrom Q_0 nach der Hagen-Poiseuilleschen Gl. (1.5) eingesetzt wird, ergibt sich:

$$R_\mathrm{T0} = \frac{12\eta l}{h_0^3 b} \tag{3.1}$$

Entsprechend gilt für den Widerstand einer Kapillare der Länge l_K und Innenradius r_K:

$$R_\mathrm{K} = \frac{8\eta l_\mathrm{K}}{\pi r_\mathrm{K}^4} \tag{3.2}$$

Das Drosselverhältnis wird als Quotient des Widerstandes einer Kapillare R_K und des Taschenwiderstandes R_{T0} definiert:

$$\xi = \frac{R_K}{R_{T0}}.$$

Das Drosselverhältnis kann auch abhängig von $\frac{p_P}{p_{T0}}$ nach folgender Gleichung ausgedrückt werden:

$$\xi = \frac{p_P}{p_{T0}} - 1 \qquad (1.12)$$

Beim Einsetzen von (1.12) in die Gleichung für das Drosselverhältnis $\frac{R_K}{R_{T0}}$ bekommt man

$$\xi = \frac{p_P}{p_{T0}} - 1 = \frac{R_K}{R_{T0}}$$

Wenn in die obere Gleichung R_{T0} und R_K nach Gl. (3.1) und (3.2) eingesetzt werden, ergibt sich:

$$\frac{p_P}{p_{T0}} - 1 = \frac{h_0^3 l_K}{1{,}5\pi r_K^4} \frac{b}{l}$$

Aus dieser Gleichung bekommt man die Länge einer Kapillare:

$$l_K = \frac{1{,}5\pi r_K^4 \left(\frac{p_P}{p_{T0}} - 1\right)}{h_0^3} \frac{l}{b} \qquad (3.3)$$

Nach Gl. (3.3) kann bei einer Führung mit bekannten Vorgabedaten: der Lagerspalt h_0, das Druckverhältnis p_P/p_{T0} und das Strömungsverhältnis b/l, die Kapillarlänge l_K errechnet werden, wenn der Innenradius der Kapillare r_K bekannt ist bzw. angenommen wird.

Die Kapillare sind Rohre kleinen Durchmessers, die bei der Auslegung nach Gl. (3.3) auf die gewünschte Länge geschnitten werden. Sie können von der Fa. Rohre Ketterer u. a. (s. Firmenverzeichnis) bezogen werden.

In Abb. 3.7 werden die Kapillardrosseln in einen Gehäuse eingebaut und mit Hilfe eines Druckmessstellenwählers eingestellt.

Dieses Gerät, bezeichnet als DRK2, wird *Drosselkontrolleinheit* genannt. Sie wurde von der Fa. Ardie Werke-Nürnberg entwickelt und gebaut und später von der Fa. FAG Kugelfischer übernommen. Diese Drosselkontrolleinheit kann nach dargestelltem Hydraulikplan problemlos im eigenen Betrieb nachgebaut werden.

Die Taschendrücke aller Taschen p_T und der Pumpendruck p_P werden durch das Drehen des Wahlknopfes 2 einzeln von einem am Gehäuse des Druckmessstellenwählers eingebauten Manometer 3 angezeigt. Somit werden alle hydrostatischen Taschen mit nur einem Manometer überwacht. In einer zusätzlichen Stellung ist der Manometer drucklos, damit die Messgenauigkeit über längere Zeit erhalten bleibt.

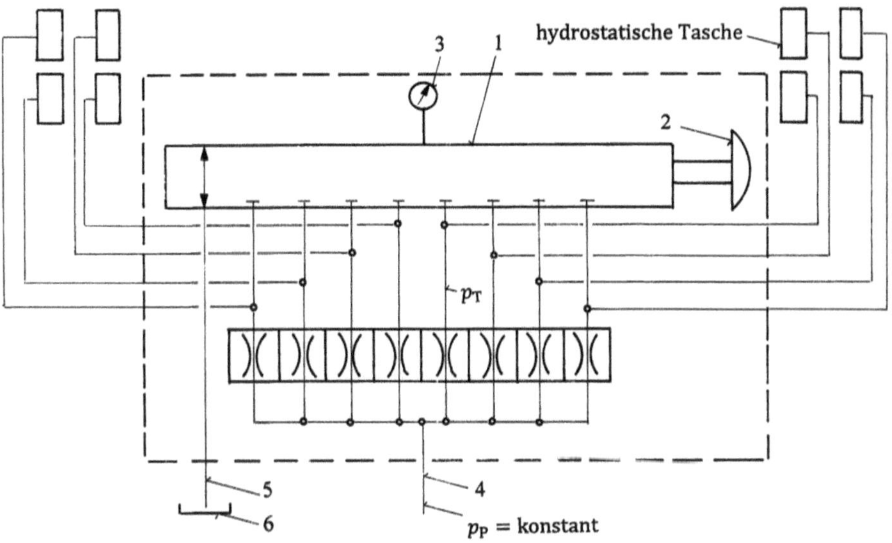

Abb. 3.7 Drosselkontrolleinheit. *1* Druckmessstellenwähler, *2* Wahlknopf, *3* Manometer, *4* Zulaufleitung, *5* Leckölleitung, *6* Ölbehälter

Die Kapillardrosseln lassen sich durch Öffnungen in der oberen Frontplatte der Drosselkontrolleinheit einzeln einstellen, bis der gewünschte Taschendruck erreicht wird. Die Zulaufleitung 4 wird mit dem Ölversorgungsaggregat angeschlossen. Die Leitung 5 bringt das Lecköl aus der Drosselkontroleinheit zum Ölbehälter 6 des Ölversorgungsaggregats zurück.

Bei diesem Ölversorgungssystem ist es möglich, durch Einstellung der Kapillardrosseln den gewünschten Taschendruck zu erreichen. Die Steifigkeit des hydrostatischen Lagers K ist in Bezug auf die anderen Ölversorgungssysteme gering, da beim Kraftanstieg der Lagerspalt und der Volumenstrom gleichzeitig abnehmen (s. Abb. 1.5a).

Das Ölversorgungssystem „Eine gemeinsame Pumpe und Kapillardrosseln“ wird an Werkzeugmaschinen mit zentrischer Belastung bevorzugt angewandt, da die einfache Einstellung der Kapillardrosseln eine sehr gute Anpassung an das hydrostatische Lager ermöglicht und mit diesem System niedrige Herstellungskosten erreicht werden können.

3.3.1 Auslegungsbeispiel: Zentrisch belastete hydrostatische Führung mit Umgriff

Für die in Abschn. 2.4.1 behandelte zentrisch belastete hydrostatische Führung mit Umgriff nach Abb. 2.1 wird eine Ölversorgung mit dem Ölversorgungssystem „Eine gemeinsame Pumpe und Kapillardrosseln“ ausgelegt.

Vorgabedaten:

Lagerspalt im Anfangszustand: $h_0 = 0{,}030 \cdot 10^{-3}$ m $= 0{,}030$ mm $= 30$ µm
Kleinster Lagerspalt: $h_\text{I} = 0{,}027 \cdot 10^{-3}$ m $= 0{,}027$ mm $= 27$ µm
Gesamtanzahl der Taschenpaare: z = 12
Gesamtanzahl der hydrostatischen Taschen: 2z = 24 Taschen, davon 12 Taschen der Tragbahn und 12 Taschen des Umgriffs
Taschendruck im Anfangszustand: $p_\text{T0I} = p_\text{T0II} = p_\text{T0} = 5{,}85 \cdot 10^5$ N m^{-2}
Pumpendruck: $p_\text{p} = 12 \cdot 10^5$ N m^{-2}
Höchster Taschendruck: $p_\text{TI} = 6{,}79 \cdot 10^5$ N m^{-2}
Schmieröl: ISO VG 46 mit kinematischer Viskosität $\upsilon_{25} = 113{,}8$ mm^2 s^{-1}
Volumenstrom durch alle Taschen im Anfangszustand: $Q_\text{0GES} = 0{,}78$ dm^3 min^{-1}
Volumenstrom durch alle Taschen unter Wirkung der Schnittkraft:
$Q_\text{GES} = 0{,}75$ dm^3 min^{-1}
Verlustleistung: $P_\text{VER} = 81{,}65$ W
Strömungsverhältnis: $\frac{b}{l} = 40$
Optimales Drosselverhältnis $\left(\frac{p_\text{P}}{p_\text{T0}}\right)_\text{OPT} = 2{,}05$
Der Innenradius der Kapillare wird angenommen: $r_\text{K} = 0{,}5$ mm

Lösung:

1. Kapillarlänge:

$$l_\text{K} = \frac{1{,}5\pi r_\text{K}^4 \left(\frac{p_\text{P}}{p_\text{T0}} - 1\right)}{h_0^3} \frac{l}{b} = \frac{1{,}5 \cdot \pi \cdot 0{,}5^4 \cdot (2{,}05 - 1)}{0{,}03^3} \frac{1}{40} = 272{,}7 \text{ mm} \quad (3.3)$$

   Für 24 hydrostatische Taschen werden 24 Kapillarrohre, Innendurchmesser $D_\text{K} = 2r_\text{K} = 2 \cdot 0{,}5 = 1$ mm, Länge $l_\text{K} = 272{,}7$ mm, oder 3 Drosselkontrolleinheiten nach Abb. 3.7 eingebaut.
2. Der Volumenstrom der Zahnradpumpe muss größer sein als die berechneten Gesamtvolumenströme im Anfangszustand und unter Wirkung der Schnittkraft. Gewählt wird: $Q_\text{P} = 1{,}7$ dm^3 min^{-1} mit maximalem Gegendruck von 30 bar
   Der Gegendruck der Pumpe ist höher als der höchste Taschendruck:
   30 bar $\geqq$ 6,41 bar
3. Bei der Verlustleistung von $P_\text{VER} = 81{,}65$ W ist keine Ölkühlung notwendig.
4. Das Behältervolumen wird gewählt:

$$V = 100 \text{ dm}^3$$

5. Es wird ein Druckbegrenzungsventil für den Einstellbereich 12 bis 60 bar gewählt.
6. Es wird ein Ölmanometer für Öldrücke von 0 bis 100 bar gewählt.
7. Die Filterfeinheit des Feinstfilters soll feiner als der kleinste Lagerspalt (27 µm) sein, gewählt wird die Feinheit 25 µm
8. Die Feinheit des Grobfilters wird gewählt: 60 µm

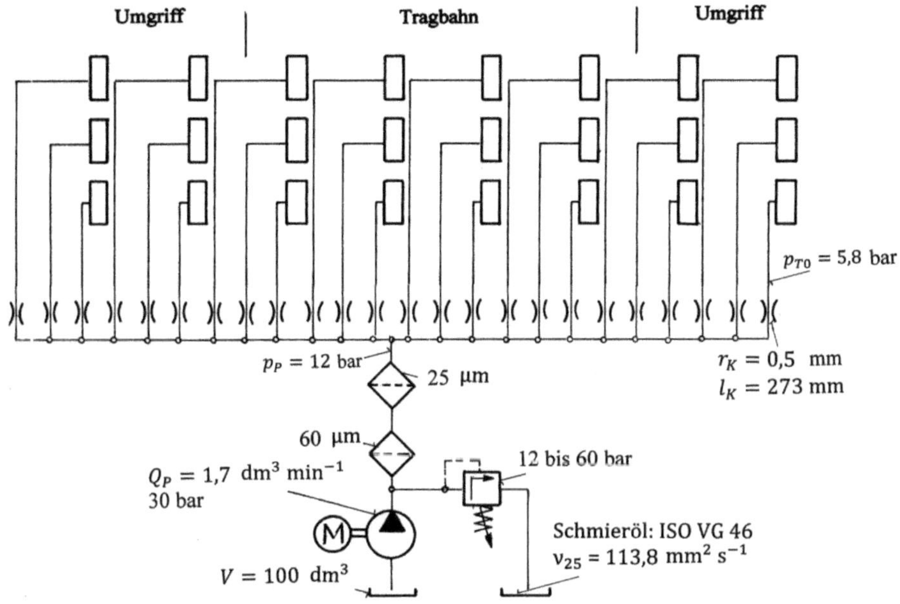

Abb. 3.8 Hydraulikplan für die zentrisch belasteten hydrostatischen Führung mit Umgriff mit Ölversorgung durch 24 einzelnen Kapillardrosseln

Der Hydraulikplan für die zentrisch belastete hydrostatische Führung mit Umgriff durch 24 einzelne Kapillardrosseln ist in Abb. 3.8 dargestellt.

Abbildung 3.9 zeigt den Hydraulikplan für die zentrisch belastete hydrostatische Führung mit Umgriff durch drei Drosselkontrolleinheiten mit je acht Drosseln.

Diese Hydraulikpläne unterscheiden sich nur dadurch, dass statt 24 einzelnen Kapillardrosseln (Abb. 3.8) drei Drosselkontrolleinheiten mit je acht Drosseln (Abb. 3.9) vorgesehen werden.

3.3.2 Auslegungsbeispiel: Kombinierte Radial- und Axiallager

Für die in Abschn. 2.6.1 behandelten kombinierten Radial- und Axiallager nach Abb. 2.4 wird eine Ölversorgung mit dem Ölversorgungssystem „Eine gemeinsame Pumpe und Kapillardrosseln“ ausgelegt.

Vorgabedaten:

Lagerspalt im Anfangszustand: $h_{0\mathrm{I}} = h_{0\mathrm{II}} = h_0 = 0{,}00004\ \mathrm{m} = 0{,}04 \cdot 10^{-3}\ \mathrm{m}$
Anzahl der Taschenpaare bei Axiallager: $z = 4$
Gesamtanzahl der Axiallager: 8
Anzahl der hydrostatischen Taschen der Radiallager in einem Querschnitt: $z = 4$
Anzahl der Radiallager: $x = 2$

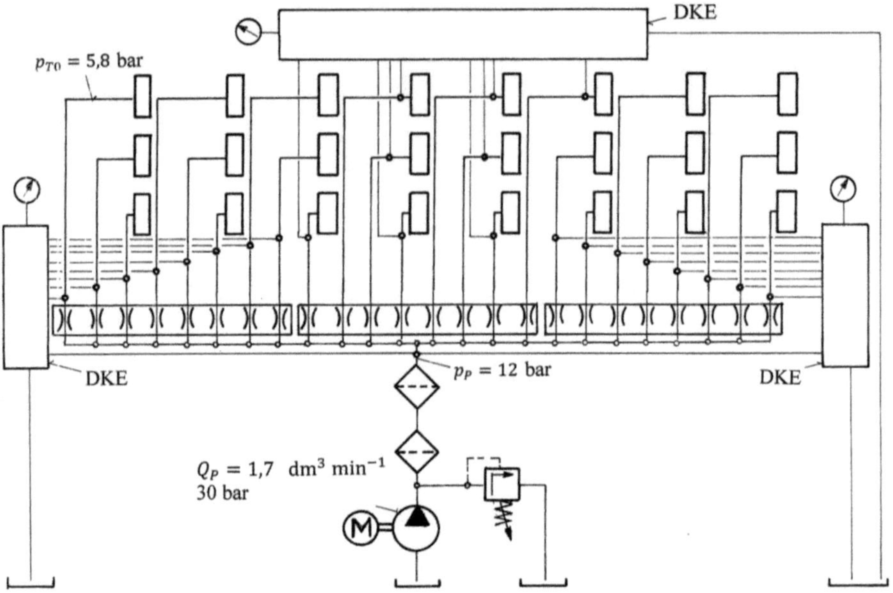

Abb. 3.9 Hydraulikplan für zentrisch belastete hydrostatische Führung mit Umgriff mit Ölversorgung durch drei Drosselkontrolleinheiten mit je acht Drosseln DKE Drosselkontrolleinheit

Gesamtanzahl der Radiallager: 8
Schmieröl: ISO VG 46
Kinematische Viskosität bei $\vartheta = 25\ °\text{C}$: $\upsilon_{25} = 113{,}875\ 46\ \text{mm}^2\ \text{s}^{-1}$
Taschendruck bei den Axial-und Radiallagern im Anfangszustand:
$p_{\text{T0}} = 7{,}37 \cdot 10^5\ \text{N m}^{-2} = 7{,}3\ \text{bar}$
Höchster Taschendruck: $p_{\text{TI}} = 8{,}24$ bar
Pumpendruck: $p_{\text{P}} = 14{,}89 \cdot 10^5\ \text{N m}^{-2} = 14{,}8$ bar
Verlustleistung bei den Axiallagern: $P_{\text{VER}} = 42{,}8$ W
Strömungsverhältnisse:

$$\frac{b_{\text{I}}}{l_{\text{I}}} = \frac{b_{\text{II}}}{l_{\text{II}}} = \frac{b}{l} = 13$$

Optimales Drosselverhältnis: $(\frac{p_P}{p_{T0}})_{\text{OPT}} = 2{,}02$
Kleinster Lagerspalt: $h_{\text{I}} = 37\ \mu\text{m}$
Volumenstrom durch alle Taschen bei den Axiallagern im Anfangszustand: $Q_{\text{0GES}} = 0{,}247\ \text{dm}^3\ \text{min}^{-1}$
Volumenstrom durch alle Taschen bei den Radiallagern im Anfangszustand: $Q_{\text{0GES}} = 0{,}247\ \text{dm}^3\ \text{min}^{-1}$
Volumenstrom durch alle Taschen bei den Axial- und Radiallagern im Anfangszustand: $Q_{\text{0GES}} = 0{,}247 + 0{,}247 = 0{,}494\ \text{dm}^3\ \text{min}^{-1}$
Der Innenradius der Kapillare wird angenommen: $r_{\text{K}} = 0{,}4$ mm

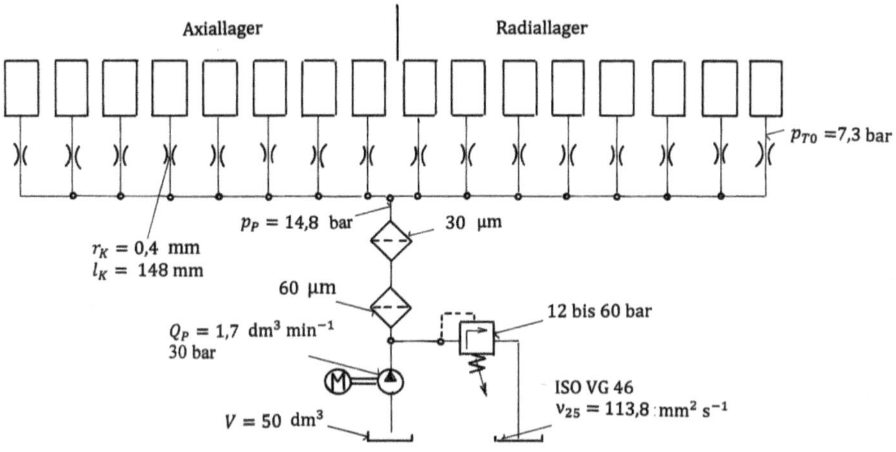

Abb. 3.10 Hydraulikplan für kombinierte Radial- und Axiallager mit Kapillardrosseln

Lösung:

1. Kapillarlänge:

$$l_K = \frac{1{,}5\pi r_K^4 \left(\frac{p_P}{p_{T0}} - 1\right)}{h_0^3} \frac{l}{b} = \frac{1{,}5 \cdot \pi \cdot 0{,}4^4 \cdot (2{,}02 - 1)}{0{,}04^3} \cdot \frac{1}{13} = 147{,}8 \text{ mm} \tag{3.3}$$

2. Für acht hydrostatische Taschen der Axiallager und acht hydrostatische Taschen der Radiallager werden 16 Kapillarrohre mit dem Innendurchmesser

   $D_K = 2r_K = 2 \cdot 0{,}4 = 0{,}8$ mm und der Länge $1_K = 147{,}8$ mm vorgesehen.

3. Der Volumenstrom der Zahnradpumpe für die Ölversorgung von 16 hydrostatischen Taschen muss größer sein als die berechneten Gesamtvolumenströme im Anfangszustand und unter Wirkung der Schnittkraft.
   Gewählt wird: $Q_P = 1{,}7$ dm^3 min^{-1} mit maximalem Gegendruck von 30 bar.
4. Für die Verlustleistung $P_{VER} = 42{,}8$ W ist keine Ölkühlung notwendig.
5. Das Behältervolumen wird gewählt:

$$V = 50 \text{ dm}^3$$

6. Es wird ein Druckbegrenzungsventil für den Einstellbereich 12 bis 60 bar gewählt.
7. Es wird ein Ölmanometer für Öldrücke von 0 bis 100 bar gewählt
8. Die Filterfeinheit des Feinstfilters soll feiner oder gleich als der kleinste Lagerspalt (37 µm) sein, gewählt wird die Feinheit 30 µm.
9. Die Feinheit des Grobfilters wird gewählt: 60 µm.

Der Hydraulikplan für die Ölversorgung von 16 hydrostatischen Taschen der kombinierten Radial- und Axiallager durch Kapillardrosseln ist in Abb. 3.10 dargestellt.

3.3.3 Auslegungsbeispiel: Zentrisch belastete hydrostatische Radiallagerung

Für die in Abschn. 2.7.1 behandelte zentrisch belastete hydrostatische Radiallagerung nach Abb. 2.5 wird eine Ölversorgung mit dem Ölversorgungssystem „Eine gemeinsame Pumpe und Kapillardrosseln" ausgelegt.

Vorgabedaten:

Lagerspalt im Anfangszustand: $h_0 = 0{,}020 \cdot 10^{-3}$ m = 0,020 mm = 20 µm
Kleinster Lagerspalt $h_\mathrm{I} = 0{,}016 \cdot 10^{-3}$ m = 0,016 mm = 16 µm
Anzahl der hydrostatischen Taschen in einem Querschnitt: $z = 4$
Anzahl der Radiallager: $x = 2$
Gesamtanzahl der hydrostatischen Taschen: $2 \cdot 4 = 8$ Taschen, davon vier obere Taschen mit Bezeichnung II und vier untere Taschen mit Bezeichnung I
Taschendruck bei den oberen hydrostatischen Taschen im Anfangszustand:
$p_\mathrm{T0II} = 9{,}065 \cdot 10^5\ \mathrm{N\,m^{-2}}$
Taschendruck bei den unteren hydrostatischen Taschen im Anfangszustand:
$p_\mathrm{T0I} = 18{,}13 \cdot 10^5\ \mathrm{N\,m^{-2}}$
Höchster Taschendruck: $p_\mathrm{TI} = 24{,}46 \cdot 10^5\ \mathrm{N\,m^{-2}}$
Pumpendruck: $p_\mathrm{P} = 37{,}34 \cdot 10^5\ \mathrm{N\,m^{-2}}$
Schmieröl: ISO VG 10 mit der kinematischen Viskosität $\upsilon_{25} = 17{,}95\ \mathrm{mm^2\,s^{-1}}$
Volumenstrom durch alle Taschen im Anfangszustand:
$Q_\mathrm{0GES} = 1{,}11\ \mathrm{dm^3\,min^{-1}}$
Volumenstrom durch alle Taschen unter der Wirkung der Schnittkraft:
$Q_\mathrm{GES} = 1{,}44\ \mathrm{dm^3\,min^{-1}}$
Verlustleistung: $P_\mathrm{VER} = P_\mathrm{P} + P_\mathrm{R} = 608$ W
Strömungsverhältnis: $\frac{b}{l} = 40$
Optimales Drosselverhältnis: $\left(\frac{p_\mathrm{P}}{p_\mathrm{T0}}\right)_\mathrm{OPT} = 2{,}06$
Der Innenradius der Kapillare wird angenommen: $r_\mathrm{K} = 0{,}4$ mm

Lösung:

1. Kapillarlänge:

$$l_\mathrm{K} = \frac{1{,}5\pi r_\mathrm{K}^4 \left(\frac{p_\mathrm{P}}{p_\mathrm{T0}} - 1\right)}{h_0^3} \frac{l}{b} = \frac{1{,}5 \cdot \pi \cdot 0{,}4^4 \cdot (2{,}06 - 1)}{0{,}02^3} \cdot \frac{1}{40} = 399{,}6\ \mathrm{mm}$$

   Für die Ölversorgung von acht hydrostatischen Taschen der zentrisch belasteten hydrostatischen Radiallagerung werden acht Kapillarrohre mit Innendurchmesser $D_\mathrm{K} = 2r_\mathrm{K} = 2 \cdot 0{,}4 = 0{,}8$ mm, Länge $l_\mathrm{K} = 399{,}6$ mm, oder eine Drosselkontrolleinheit nach Abb. 3.7 vorgesehen.
2. Der Volumenstrom der Zahnradpumpe muss größer sein als die berechneten Gesamtvolumenströme im Anfangszustand und unter Wirkung der Schnittkraft. Gewählt wird: $Q_\mathrm{P} = 2{,}5\ \mathrm{dm^3\,min^{-1}}$ mit maximalem Gegendruck von 50 bar.

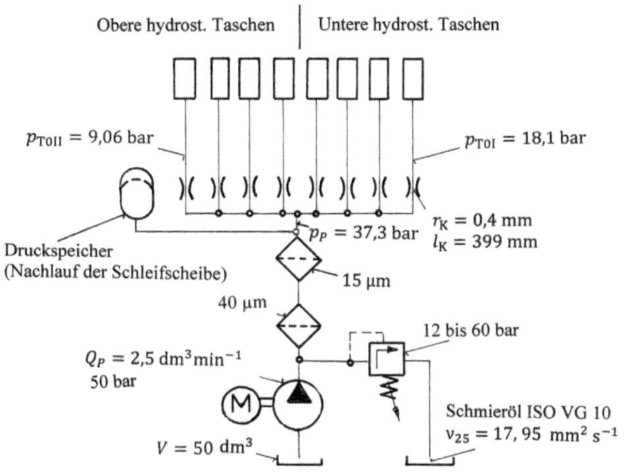

Abb. 3.11 Hydraulikplan für die zentrisch belastete hydrostatische Radiallagerung

3. Bei der Verlustleistung von $P_{\text{VER}} = 608$ W wird keine Ölkühlung vorgesehen Das Behältervolumen wird gewählt: $V = 50\ \text{dm}^3$
4. Ein Druckbegrenzungsventil für den Einstellbereich 12 bis 60 bar wird gewählt.
5. Wenn eine Radiallagerung für die Lagerung der Schleifscheibe vorgesehen ist, wird ein Druckspeicher für den Nachlauf der Schleifscheibe eingebaut.
6. Die Filterfeinheit des Feinstfilters soll feiner als der kleinste Lagerspalt (16 µm) sein, gewählt wird die Feinheit 15 µm.
7. Die Feinheit des Grobfilters wird gewählt: 40 µm.

Der Hydraulikplan für die Ölversorgung der zentrisch belasteten hydrostatischen Radiallagerung durch Kapillardrosseln ist in Abb. 3.11 dargestellt.

Die Geräte in den Hydraulikplänen werden entweder wie in den Abb. 3.8 bis 3.11 bezeichnet, oder sie werden positioniert und in einer auf der Zeichnung befindliche Stückliste mit ihren charakteristischen Merkmalen bezeichnet, siehe Abb. 3.15.

3.3.4 Auslegungsbeispiel: Hydrostatischer Gewindetrieb

Für den in Abschn. 2.9.1 behandelten hydrostatischen Gewindetrieb nach Abb. 2.8 wird eine Ölversorgung mit dem Ölversorgungssystem „Eine gemeinsame Pumpe und Kapillardrosseln“ ausgelegt.

Vorgabedaten:

Lagerspalte im Anfangszustand: $h_0 = 0{,}030 \cdot 10^{-3}$ m
Schmieröl: ISO VG 10
Gesamtanzahl der hydrostatischen Taschen: 80, davon 40 mit Bez. I und 40 mit Bez. II

Taschendruck bei der hydrostatischen Tasche mit Bez. I im Anfangszustand:
$p_{\mathrm{T0I}} = 23{,}94 \cdot 10^5\ \mathrm{N\,m^{-2}}$
Taschendruck bei der hydrostatischen Tasche mit Bez. II im Anfangszustand:
$p_{\mathrm{T0II}} = 11{,}97 \cdot 10^5\ \mathrm{N\,m^{-2}}$
Höchster Taschendruck $p_{\mathrm{TI}} = 26{,}4 \cdot 10^5\ \mathrm{N\,m^{-2}}$
Pumpendruck:
$p_{\mathrm{P}} = 47{,}88 \cdot 10^5\ \mathrm{N\,m^{-2}}$
Optimales Drosselverhältnis: $(\frac{p_{\mathrm{P}}}{p_{\mathrm{T0}}})_{\mathrm{OPT}} = 2$
Strömungsverhältnis:
$$\frac{b}{l} = \frac{135{,}48}{3} = 45{,}16$$
Volumenstrom durch alle Taschen im Anfangszustand: $Q_{\mathrm{0GES}} = 1{,}242\ \mathrm{dm^3\,min^{-1}}$
Verlustleistung: $P_{VER} = 300{,}89$ W
Der Innenradius der Kapillare wird angenommen: $r_{\mathrm{K}} = 0{,}3$ mm

Lösung:

1. Kapillarlänge:

$$l_{\mathrm{K}} = \frac{1{,}5\pi r_{\mathrm{K}}^4 \left(\frac{p_{\mathrm{P}}}{p_{\mathrm{T0}}} - 1\right)}{h_0^3} \frac{l}{b} = \frac{1{,}5 \cdot \pi \cdot 0{,}3^4 \cdot (2-1)}{0{,}03^3} \cdot \frac{1}{45{,}16} = 31{,}3 \text{ mm} \tag{3.3}$$

   Für die Ölversorgung von 80 hydrostatischen Taschen werden 80 Kapillarrohre, Innendurchmesser: $D_{\mathrm{K}} = 2r_{\mathrm{K}} = 2 \cdot 0{,}3 = 0{,}6$ mm, Länge: $l_{\mathrm{K}} = 31{,}3$ mm vorgesehen.
2. Der Volumenstrom der Zahnradpumpe muss größer sein als der berechnete Gesamtvolumenstrom im Anfangszustand, gewählt wird: $Q_{\mathrm{P}} = 2{,}5\ \mathrm{dm^3\,min^{-1}}$ mit maximalem Gegendruck von 50 bar.
3. Für die Verlustleistung von $P_{\mathrm{VER}} = 300{,}8$ W wird keine Ölkühlung vorgesehen.
4. Das Behältervolumen wird gewählt: $V = 50\ \mathrm{dm^3}$.
5. Ein Druckbegrenzungsventil für den Einstellbereich 12 bis 60 bar wird vorgesehen.
6. Ein Ölmanometer für Öldrücke von 0 bis 100 bar wird gewählt.
7. Die Filterfeinheit des Feinstfilters soll feiner als der kleinste Lagerspalt (30 µm) sein, gewählt wird die Feinheit 25 µm.
8. Die Feinheit des Grobfilters wird gewählt: 60 µm.

Der Hydraulikplan für den hydrostatischen Gewindetrieb durch die Ölversorgung mit 80 einzelnen Kapillardrosseln ist in Abb. 3.12 dargestellt.

Charakteristisch für den hydrostatischen Gewindetrieb ist:

- Der Anfangszustand wird so bestimmt, dass beim Einwirken der Vorschubkraft $\mathrm{F_f}$ und der Reibungskraft $\mathrm{F_\mu}$ die Lagerspalte von beiden Flankenseiten gleich sind: $h_{0\mathrm{I}} = h_{0\mathrm{II}} = h_0$
- Das Ölversorgungssystem „Eine gemeinsame Pumpe und Kapillardrosseln" wird bevorzugt angewandt, da nur die Kapillare in die Gewindemutter, die keine drehende Bewegung ausführt, eingebaut werden können.

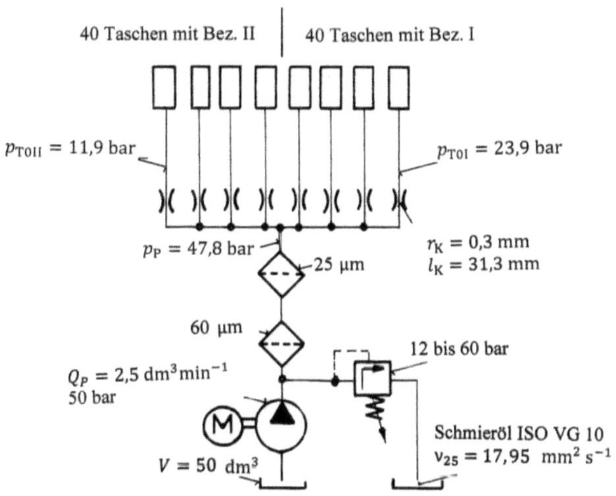

Abb. 3.12 Hydraulikplan für den hydrostatischen Gewindetrieb

3.3.5 Auslegungsbeispiel: Vorgespannte hydrostatische Mittenführung

Für die in Abschn. 2.10.1 behandelte vorgespannte hydrostatische Mittenführung nach Abb. 2.9 wird die Ölversorgung „Eine gemeinsame Pumpe und Kapillardrosseln" ausgelegt.

Vorgabedaten:

Gesamtanzahl der Taschenpaare: $z = 6$
Lagerspalt im Anfangszustand: $h_{0\mathrm{I}} = h_{0\mathrm{II}} = h_0 = 0{,}00003\ \mathrm{m} = 0{,}03 \cdot 10^{-3}\ \mathrm{m}$
Taschendruck im Anfangszustand: $p_{\mathrm{T0}} = 6 \cdot 10^5\ \mathrm{N\,m^{-2}}$
Pumpendruck: $p_{\mathrm{P}} = 12 \cdot 10^5\ \mathrm{N\,m^{-2}} = 12\ \mathrm{bar}$
Gesamtvolumenstrom im Anfangszustand: $Q_{0\mathrm{GES}} = 0{,}39\ \mathrm{dm^3\,min^{-1}}$
Optimales Drosselverhältnis: $\left(\frac{p_{\mathrm{P}}}{p_{\mathrm{T0}}}\right)_{\mathrm{OPT}} = 2$
Strömungsverhältnis: $\frac{b}{l} = 40$
Verlustleistung: $P_{\mathrm{VER}} = 19{,}82\ \mathrm{W}$
Schmieröl: ISO VG 46 mit der kinematischen Viskosität
$\nu_{25} = 113{,}87546\ \mathrm{mm^2\,s^{-1}}$
Der Innenradius der Kapillare wird angenommen: $r_{\mathrm{K}} = 0{,}4\ \mathrm{mm}$

Lösung:

1. Kapillarlänge:

$$l_{\mathrm{K}} = \frac{1{,}5\pi r_{\mathrm{K}}^4 \left(\frac{p_{\mathrm{P}}}{p_{\mathrm{T0}}} - 1\right)}{h_0^3} \frac{l}{b} = \frac{1{,}5 \cdot \pi \cdot 0{,}4^4 \cdot (2-1)}{0{,}03^3} \cdot \frac{1}{40} = 116{,}6\ \mathrm{mm} \quad (3.3)$$

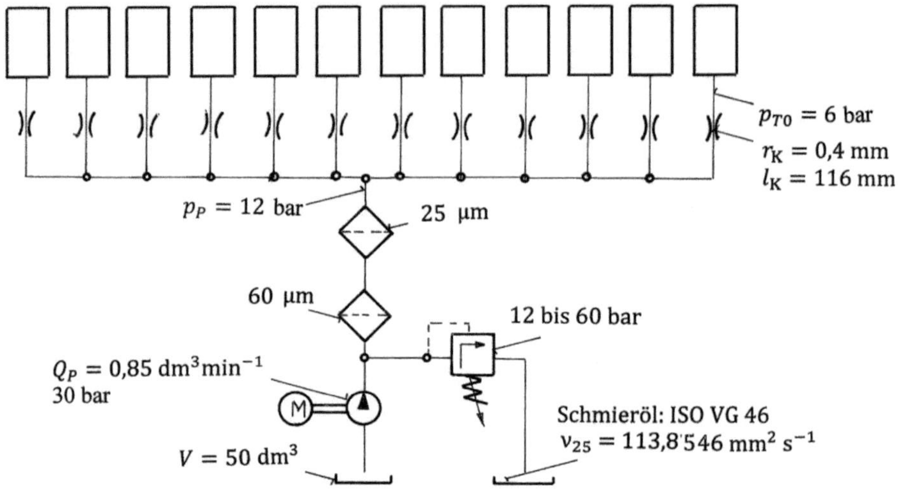

Abb. 3.13 Hydraulikplan für die vorgespannte hydrostatische Mittenführung

Für die Ölversorgung von zwölf hydrostatischen Taschen werden zwölf Kapillarrohre mit Innendurchmesser: $D_K = 2r_K = 2 \cdot 0{,}4 = 0{,}8$ m und Länge $l_K = 116{,}6$ mm vorgesehen.

2. Der Volumenstrom der Zahnradpumpe für die Ölversorgung von zwölf hydrostatischen Taschen der Mittenführung muss größer sein als der berechnete Gesamtvolumenstrom im Anfangszustand.

   Gewählt wird: $Q_P = 0{,}85\ \mathrm{dm^3\ min^{-1}}$ mit maximalem Gegendruck von 30 bar.

3. Für die Verlustleistung: $P_{VER} = 19{,}82$ W ist keine Ölkühlung notwendig.
4. Das Behältervolumen wird gewählt: $V = 50\ \mathrm{dm^3}$.
5. Es wird ein Druckbegrenzungsventil für den Einstellbereich 12 bis 60 bar gewählt.
6. Es wird ein Ölmanometer für Öldrücke von 0 bis 100 bar gewählt.
7. Die Filterfeinheit des Feinstfilters soll feiner oder gleich als der kleinste Lagerspalt (30 µm) sein, gewählt wird die Feinheit 25 µm.
8. Die Feinheit des Grobfilters wird gewählt: 60 µm.
9. Der Hydraulikplan für die vorgespannte hydrostatische Mittenführung durch Kapillardrosseln ist in Abb. 3.13 dargestellt.

3.3.6 Auslegungsbeispiel: Vorgespannte, zentrisch belastete hydrostatische Mittenführung

Für die in Abschn. 2.11.1 behandelte vorgespannte, zentrisch belastete hydrostatische Mittenführung nach Abb. 2.10 wird die Ölversorgung „Eine gemeinsame Pumpe und Kapillardrosseln“ ausgelegt.

Vorgabedaten:

Gesamtanzahl der Taschenpaare $z = 6$
Lagerspalt im Anfangszustand: $h_{0\mathrm{I}} = h_{0\mathrm{II}} = h_0 = 0{,}00003\ \mathrm{m} = 0{,}03 \cdot 10^{-3}\ \mathrm{m}$
Taschendruck im Anfangszustand: $p_{\mathrm{T0}} = 6 \cdot 10^5\ \mathrm{N\,m^{-2}}$
Höchster Taschendruck: $p_{\mathrm{TI}} = 6{,}93 \cdot 10^5\ \mathrm{N\,m^{-2}}$
Pumpendruck: $p_{\mathrm{P}} = 12 \cdot 10^5\ \mathrm{N\,m^{-2}} = 12\ \mathrm{bar}$
Gesamtvolumenstrom im Anfangszustand: $Q_{0\mathrm{GES}} = 0{,}39\ \mathrm{dm^3\,min^{-1}}$
Optimales Drosselverhältnis: $\left(\frac{p_{\mathrm{P}}}{p_{\mathrm{T0}}}\right)_{\mathrm{OPT}} = 2$
Strömungsverhältnis: $\frac{b}{l} = 40$
Verlustleistung: $P_{\mathrm{VER}} = 19{,}82\ W$
Schmieröl: ISO VG 46 mit der kinematischen Viskosität
$\upsilon_{25} = 113{,}87546\ \mathrm{mm^2\,s^{-1}}$
Der Innenradius der Kapillare wird angenommen: $r_{\mathrm{K}} = 0{,}4\ \mathrm{mm}$
Kleister Lagerspalt: $h_{\mathrm{I}} = 27\ \mu\mathrm{m}$

Lösung:

1. Kapillarlänge:

$$l_{\mathrm{K}} = \frac{1{,}5\pi r_{\mathrm{K}}^4 \left(\frac{p_{\mathrm{P}}}{p_{\mathrm{T0}}} - 1\right)}{h_0^3} \frac{l}{b} = \frac{1{,}5 \cdot \pi \cdot 0{,}4^4 \cdot (2-1)}{0{,}03^3} \cdot \frac{1}{40} = 116{,}6\ \mathrm{mm} \qquad (3.3)$$

   Für die Ölversorgung von zwölf hydrostatischen Taschen werden zwölf Kapillarrohre mit Innendurchmesser: $D_{\mathrm{K}} = 2r_{\mathrm{K}} = 2 \cdot 0{,}4 = 0{,}8\ \mathrm{m}$ und Länge: $l_{\mathrm{K}} = 116{,}6\ \mathrm{mm}$ vorgesehen.
2. Der Volumenstrom der Zahnradpumpe für die Ölversorgung von zwölf hydrostatischen Taschen der Mittenführung muss größer sein als der berechnete Gesamtvolumenstrom im Anfangszustand.
   Gewählt wird: $Q_{\mathrm{P}} = 0{,}85\ \mathrm{dm^3\,min^{-1}}$ mit maximalem Gegendruck von 30 bar.
3. Für die Verlustleistung: $P_{\mathrm{VER}} = 19{,}82\ \mathrm{W}$ ist keine Ölkühlung notwendig.
4. Das Behältervolumen wird gewählt: $V = 50\ \mathrm{dm^3}$.
5. Es wird ein Druckbegrenzungsventil für den Einstellbereich 12 bis 60 bar gewählt.
6. Es wird ein Ölmanometer für Öldrücke von 0 bis 100 bar gewählt.
7. Die Filterfeinheit des Feinstfilters soll feiner als der kleinste Lagerspalt (27 µm) sein, gewählt wird die Feinheit 25 µm.
8. Die Feinheit des Grobfilters wird gewählt: 60 µm.

Der Hydraulikplan der vorgespannten, zentrisch belasteten Mittenführung durch Kapillardrosseln ist gleich wie der Hydraulikplan der vorgespannten hydrostatischen Mittenführung (Abb. 3.13).

3.3.7 *Auslegungsbeispiel: Zentrisch belasteter hydrostatischer Schlitten*

Für den im Berechnungsbeispiel 2.12.1 behandelten zentrisch belasteten hydrostatischen Schlitten nach Abb. 2.11 wird die Ölversorgung „Eine gemeinsame Pumpe und Kapillardrosseln“ ausgelegt.

Vorgabedaten:

Gesamtanzahl der hydrostatischen Taschen bei Tragbahn und Umgriff: 28
Gesamtanzahl der hydrostatischen Taschen bei der Mittenführung: 14
Gesamtanzahl der hydrostatischen Taschen (Tragbahn, Umgriff und Mittenführung): 42
Lagerspalt im Anfangszustand: $h_{0\mathrm{I}} = h_{0\mathrm{II}} = h_{0\mathrm{III}} = h_0 = 0{,}00003$ m $= 0{,}030 \cdot 10^{-3}$ m
Kleinster Lagerspalt: $h_\mathrm{I} = 0{,}000027$ m $= 0{,}027 \cdot 10^{-3}$ m
Taschendruck im Anfangszustand: $p_{\mathrm{T0}} = 6 \cdot 10^5$ N m^{-2}
Höchster Taschendruck: $p_{\mathrm{TI}} = 6{,}96 \cdot 10^5$ N m^{-2}
Pumpendruck: $p_\mathrm{P} = 12{,}24 \cdot 10^5$ N m^{-2} $= 12{,}24$ bar
Volumenstrom im Anfangszustand: $Q_{0\mathrm{GES}} = 1{,}68$ dm^3 min^{-1}
Volumenstrom durch alle Taschen der Tragbahn, des Umgriffs und der Mittenführung unter Wirkung der Schnittkraft: $Q_\mathrm{GES} = 1{,}65$ dm^3 min^{-1}
Verlustleistung: $P_\mathrm{VER} = 103{,}65$ W
Optimales Drosselverhältnis: $\left(\frac{p_\mathrm{P}}{p_{\mathrm{T0}}}\right)_\mathrm{OPT} = 2{,}04$
Strömungsverhältnis: $\frac{b}{l} = 31{,}8$
Schmieröl: ISO VG 32 mit der kinematischen Viskosität von $\nu_{25} = 73{,}85$ mm^2 s^{-1}
Der Innenradius der Kapillare wird angenommen: $r_\mathrm{K} = 0{,}4$ mm

Lösung:

1. Kapillarlänge:

$$l_\mathrm{K} = \frac{1{,}5\pi r_\mathrm{K}^4 \left(\frac{p_\mathrm{P}}{p_{\mathrm{T0}}} - 1\right)}{h_0^3}\frac{l}{b} = \frac{1{,}5 \cdot \pi \cdot 0{,}4^4 \cdot (2{,}04 - 1)}{0{,}03^3} \cdot \frac{1}{31{,}8} = 146{,}1 \text{ mm} \tag{3.3}$$

   Für die Ölversorgung von 42 hydrostatischen Taschen werden 12 Kapillar-Rohre mit Innendurchmesser: $D_\mathrm{K} = 2r_\mathrm{K} = 2 \cdot 0{,}4 = 0{,}8$ mm und Länge: $l_\mathrm{K} = 146{,}1$ mm vorgesehen.

2. Der Volumenstrom der Zahnradpumpe für die Ölversorgung von 42 hydrostatischen Taschen des hydrostatisch geführten Schlittens muss größer sein als die berechneten Gesamtvolumenströme im Anfangszustand und unter Wirkung der Schnittkraft.
   Gewählt wird: $Q_\mathrm{P} = 2{,}5$ dm^3 min^{-1} mit maximalem Gegendruck von 50 bar.

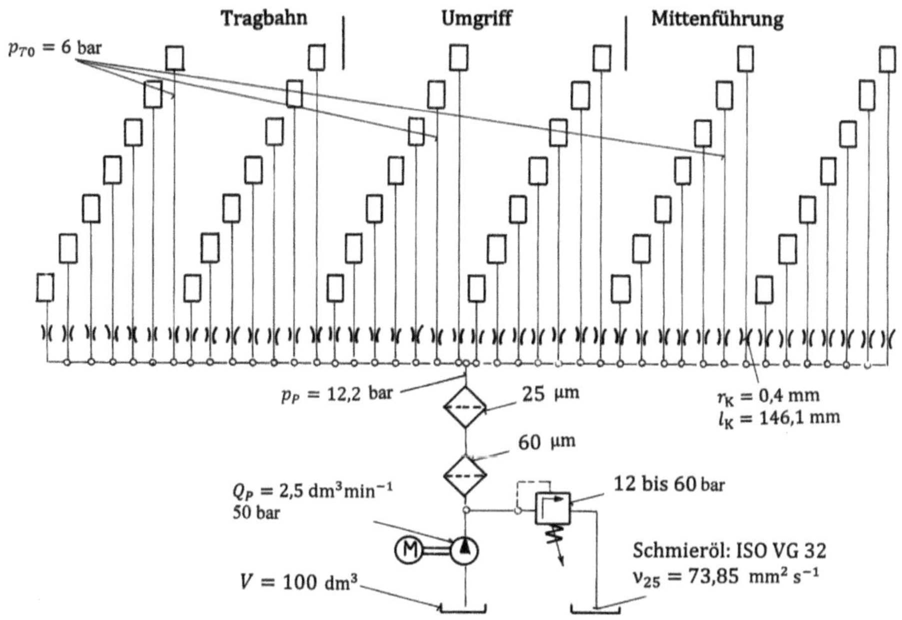

Abb. 3.14 Hydraulikplan für den zentrisch belasteten hydrostatischen Schlitten

3. Für die Verlustleistung $P_{\text{VER}} = 103{,}65$ W ist keine Ölkühlung notwendig.
4. Das Behältervolumen wird gewählt: $V = 100\ \text{dm}^3$.
5. Es wird ein Druckbegrenzungsventil für den Einstellbereich 12 bis 60 bar gewählt.
6. Es wird ein Ölmanometer für Öldrücke von 0 bis 100 bar gewählt.
7. Die Filterfeinheit des Feinstfilters soll feiner als der kleinste Lagerspalt (27 µm) sein, gewählt wird die Feinheit 25 µm.
8. Die Feinheit des Grobfilters wird gewählt: 60 µm

Der Hydraulikplan für den zentrisch belasteten hydrostatischen Schlitten ist in Abb. 3.14 dargestellt.

3.3.8 Auslegungsbeispiel: Schnelllaufende, hydrostatische axial- und radial gelagerte Spindeln

Für die in Abschn. 2.13.3 behandelte schnelllaufende hydrostatische, axial- und radial gelagerte Spindel nach Abb. 2.4 und 1.4 wird eine Ölversorgung mit dem Ölversorgungssystem „Eine gemeinsame Pumpe und Kapillardrosseln“ ausgelegt.

Vorgabedaten:

Lagerspalt im Anfangszustand: $h_{0\text{I}} = h_{0\text{II}} = h_0 = 0{,}00005\ \text{m} = 0{,}050 \cdot 10^{-3}\ \text{m}$
Anzahl der Taschenpaare bei Axiallager: $z = 3$

Gesamtanzahl der Axiallager: 6
Anzahl der hydrostatischen Taschen der Radiallager in einem Querschnitt: $z = 4$
Anzahl der Radiallager: $x = 2$
Gesamtanzahl der Radiallager: 8
Schmieröl: ISO VG 15
Kinematische Viskosität bei $\vartheta = 22\ °\text{C} : \upsilon_{22} = 32{,}145\ \text{mm}^2\ \text{s}^{-1}$
Taschendruck bei den Axial-und Radiallagern im Anfangszustand:
$p_{T0} = 5{,}97 \cdot 10^5\ \text{N m}^{-2} = 5{,}9\ \text{bar}$
Höchster Taschendruck: $p_{\text{TI}} = 8{,}16 \cdot 10^5\ \text{N m}^{-2}$
Pumpendruck: $p_{\text{P}} = 13{,}31 \cdot 10^5\ \text{N m}^{-2} = 13{,}3\ \text{bar}$
Gesamtverlustleistung: $P_{\text{VER}} = 8707{,}3\ \text{W}$
Volumenstrom durch alle Taschen bei den Axiallagern im Anfangszustand:
$Q_{0\text{AX}} = 2{,}7\ \text{dm}^3\ \text{min}^{-1}$
Volumenstrom durch alle Taschen bei den Radiallagern im Anfangszustand:
$Q_{0\text{RAD}} = 4{,}29\ \text{dm}^3\ \text{min}^{-1}$
Volumenstrom durch alle Taschen bei den Axial- und Radiallagern im Anfangszustand: $Q_{0\text{GES}} = 6{,}99\ \text{dm}^3\ \text{min}^{-1}$
Strömungsverhältnisse: $\frac{b_{\text{I}}}{l_{\text{I}}} = \frac{b_{\text{II}}}{l_{\text{II}}} = \frac{b}{l} = 40$
Optimales Drosselverhältnis: $(\frac{p_{\text{P}}}{p_{\text{T0}}})_{\text{OPT}} = 2{,}23$
Kleinster Lagerspalt: $h_{\text{I}} = 40\ \mu\text{m}$
Der Innenradius der Kapillare wird angenommen: $r_{\text{K}} = 0{,}5\ \text{mm}$

Lösung:

1. Kapillarlänge:

$$l_{\text{K}} = \frac{1{,}5\pi r_{\text{K}}^4 \left(\frac{p_{\text{P}}}{p_{\text{T0}}} - 1\right)}{h_0^3} \frac{l}{b} = \frac{1{,}5 \cdot \pi \cdot 0{,}5^4 \cdot (2{,}23 - 1)}{0{,}05^3} \cdot \frac{1}{40} = 72{,}4\ \text{mm} \tag{3.1}$$

2. Für die Ölversorgung von sechs hydrostatischen Taschen der Axiallager und acht hydrostatischen Taschen der Radiallager werden 14 Kapillarrohre, Innendurchmesser: $D_{\text{K}} = 2r_{\text{K}} = 2 \cdot 0{,}5 = 1\ \text{mm}$, Länge: $l_{\text{K}} = 72{,}4\ \text{mm}$, vorgesehen.
3. Der Volumenstrom der Zahnradpumpe muss größer sein als die berechneten Gesamtvolumenströme im Anfangszustand und unter Wirkung der Schnittkraft. Gewählt wird: $Q_{\text{P}} = 12{,}5\ \text{dm}^3\ \text{min}^{-1}$ mit maximalem Gegendruck von 50 bar.
4. Für die Verlustleistung $P_{\text{VER}} = 8707{,}3\ \text{W}$ wird eine Ölkühlung mit der Kühlleistung $P_{\text{K}} = 7000\ \text{W}$ gewählt.
   Von den hydrostatischen Lagern strömt das Öl durch die Ölrücklaufleitung 7 zu dem Ölbehälter frei ab. Die am Ölbehälter eingebaute Zahnradpumpe 8 fördert das Öl durch den Filter 9 zu dem Kühler 10 und weiter zum Ölbehälter des Ölversorgungsaggregates 1. Die Temperatur des Rücklauföles ϑ_1 wird mit einem digitalen Thermometer gemessen.
5. Das Behältervolumen wird nach der Kühlerpumpe gewählt: $V = 200\ \text{dm}^3$.

6. Die Kühlerpumpe wird nach der Verlustleistung, der Ölviskosität und der notwendigen Differenz zwischen Öltemperaturen in der Rücklaufleitung ϑ_1 und in der Zulaufleitung ϑ_2 bestimmt, gewählt wird: $Q_K = 50\ \text{dm}^3\ \text{min}^{-1}$.
7. Zwischen der Kühlerpumpe und dem Kühler wird ein Filter der Feinheit 40 µm eingebaut.
8. Es wird ein Druckbegrenzungsventil für den Einstellbereich 12 bis 60 bar gewählt.
9. Es wird ein Ölmanometer für Öldrücke von 0 bis 100 bar gewählt.
10. Die Filterfeinheit des Feinstfilters soll feiner oder gleich als der kleinste Lagerspalt (40 µm) sein, gewählt wird die Feinheit 30 µm.
11. Die Feinheit des Grobfilters wird gewählt: 60 µm.

Der Hydraulikplan für die schnelllaufende hydrostatische, axial- und radial gelagerte Spindel durch Kapillardrosseln ist in Abb. 3.15 dargestellt.

3.3.9 *Auslegungsbeispiel: Schnelllaufende hydrostatische, zentrisch belastete, radial gelagerte Spindeln*

Für die in Abschn. 2.14.1 behandelte schnelllaufende hydrostatische, zentrisch belastete, radial gelagerte Spindel nach Abb. 2.5 und Abb. 1.4a wird eine Ölversorgung mit dem Ölversorgungssystem „Eine gemeinsame Pumpe und Kapillardrosseln“ ausgelegt.

Vorgabedaten:

Lagerspalt im Anfangszustand: $h_0 = 0{,}030 \cdot 10^{-3}\ \text{m} = 0{,}030\ \text{mm} = 30\ \mu\text{m}$
Kleinster Lagerspalt $h_I = 0{,}024 \cdot 10^{-3}\ \text{m} = 0{,}024\ \text{mm} = 24\ \mu\text{m}$
Anzahl der hydrostatischen Taschen in einem Querschnitt: $z = 4$
Anzahl der Radiallager: $x = 2$
Gesamtanzahl der hydrostatischen Taschen: $2 \cdot 4 = 8$ Taschen, davon vier obere Taschen mit Bezeichnung II und vier untere Taschen mit Bezeichnung I
Taschendruck bei den oberen hydrostatischen Taschen im Anfangszustand: $p_{T0II} = 11{,}5 \cdot 10^5\ \text{N m}^{-2}$
Taschendruck bei den unteren hydrostatischen Taschen im Anfangszustand: $p_{T0I} = 23 \cdot 10^5\ \text{N m}^{-2}$
Höchster Taschendruck: $p_{TI} = 30{,}71 \cdot 10^5\ \text{N m}^{-2}$
Pumpendruck: $p_P = 47{,}3 \cdot 10^5\ \text{N m}^{-2}$
Schmieröl: ISO VG 15 mit der kinematischen Viskosität $\nu_{22} = 32{,}145\ \text{mm}^2\ \text{s}^{-1}$
Volumenstrom durch alle Taschen im Anfangszustand: $Q_{0GES} = 2{,}68\ \text{dm}^3\ \text{min}^{-1}$
Volumenstrom durch alle Taschen unter der Wirkung der Schnittkraft: $Q_{GES} = 6{,}9\ \text{dm}^3\ \text{min}^{-1}$
Verlustleistung: $P_{VER} = 3814\ \text{W}$
Strömungsverhältnis: $\frac{b}{l} = 40$

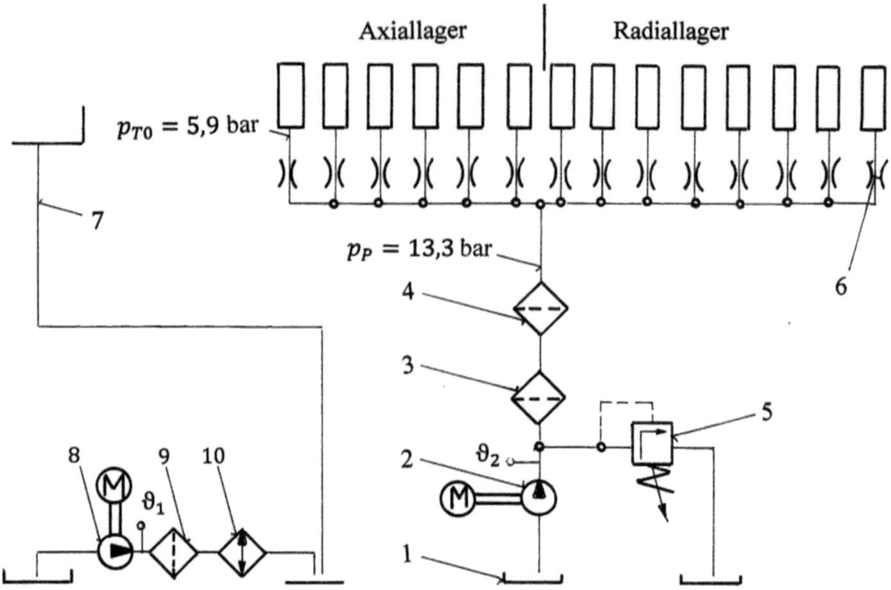

Lfd. Nr.	Benennung
1	Ölbehälter: $V = 200\,\mathrm{dm}^3$, Öl: ISO VG 15, $\nu_{22} = 32{,}145\ \mathrm{mm}^2\mathrm{s}^{-1}$
2	Zahnradpumpe $Q_P = 12{,}5\ \mathrm{dm}^3\mathrm{min}^{-1}$, Gegendruck 50 bar
3	Grobfilter 60 µm
4	Feinstfilter 30 µm
5	Druckbegrenzungsventil 12 bis 60 bar
6	14 Kapillardrosseln $r_K = 0{,}5$ mm, $l_K = 72{,}4$ mm
7	Ölrücklaufleitung
8	Kühlerpumpe $Q_K = 50\ \mathrm{dm}^3\mathrm{min}^{-1}$
9	Filter 40 µm
10	Rückkühlaggregat $P_K = 7000$ W

Abb. 3.15 Hydraulikplan für die schnelllaufende hydrostatische, axial und radial gelagerte Spindel

Optimales Drosselverhältnis: $(\frac{p_P}{p_{T0}})_{OPT} = 2{,}06$
Der Innenradius der Kapillare wird angenommen: $r_K = 0{,}4$ mm

Lösung:

1. Kapillarlänge:

$$l_K = \frac{1{,}5\pi r_K^4\left(\frac{p_P}{p_{T0}} - 1\right)}{h_0^3}\frac{l}{b} = \frac{1{,}5 \cdot \pi \cdot 0{,}4^4 \cdot (2{,}06 - 1)}{0{,}03^3} \cdot \frac{1}{40} = 118{,}4\ \mathrm{mm} \tag{3.3}$$

Für die Ölversorgung von acht hydrostatischen Taschen der schnelllaufenden hydrostatischen, zentrisch belasteten radial gelagerten Spindeln werden acht Kapillarrohre, Innendurchmesser: $D_K = 2r_K = 2 \cdot 0{,}4 = 0{,}8$ mm, Länge: $l_K =$ 118,4 mm vorgesehen.

2. Der Volumenstrom der Zahnradpumpe muss größer sein als die berechneten Gesamtvolumenströme im Anfangszustand und unter Wirkung der Schnittkraft, gewählt wird: $Q_P = 9$ dm^3 min^{-1} mit maximalem Gegendruck von 50 bar.
3. Für die Verlustleistung von $P_{VER} = 3814$ W wird eine Ölkühlung mit der Kühlleistung $P_K = 3000$ W vorgesehen.
4. Von den hydrostatischen Lagern strömt das Öl durch die Ölrücklaufleitung 7 zu dem Ölbehälter frei ab. Die am Ölbehälter eingebaute Zahnradpumpe 8 fördert das Öl durch den Filter 9 zu dem Kühler 10 und weiter zum Ölbehälter des Ölversorgungsaggregates 1. Das Behältervolumen wird gewählt: $V = 100$ dm^3.
5. Das Behältervolumen wird gewählt: $V = 100$ dm^3
6. Für die Kühlerpumpe gilt: $Q_K = 21$ dm^3 min^{-1}.
7. Zwischen der Kühlerpumpe und dem Kühler wird ein Filter 40 μm eingebaut.
8. Es wird ein Druckbegrenzungsventil für den Einstellbereich 12 bis 60 bar gewählt.
9. Wenn eine Radiallagerung für die Lagerung der Schleifscheibe vorgesehen ist, wird ein Druckspeicher für den Nachlauf der Schleifscheibe eingebaut (s. Abb. 3.11).
10. Die Filterfeinheit des Feinstfilters soll feiner oder gleich als der kleinste Lagerspalt (24 μm) sein, gewählt wird die Feinheit 20 μm.
11. Die Feinheit des Grobfilters wird gewählt: 40 μm.
12. Ein Druckbegrenzungsventil für den Einstellbereich 12 bis 60 bar wird gewählt.

Der Hydraulikplan für die schnelllaufende hydrostatische, zentrisch belastete, radial gelagerte Spindel ist in Abb. 3.16 dargestellt.

3.3.10 Auslegungsbeispiel: Schnelllaufende hydrostatische, exzentrisch belastete, radial gelagerte Spindeln

Für die in Abschn. 2.15.1 behandelte schnelllaufende hydrostatische, exzentrisch belastete, radial gelagerte Spindel nach Abb. 2.6 und 1.4a wird eine Ölversorgung mit dem Ölversorgungssystem „Eine gemeinsame Pumpe und Kapillardrosseln“ ausgelegt.

Vorgabedaten:

Lagerspalt im Anfangszustand: $h_0 = 0{,}030 \cdot 10^{-3}$ m $= 0{,}030$ mm $= 30$ μm
Kleinster Lagerspalt $h_{11} = 0{,}0000225$ m $= 0{,}0225$ mm $= 22{,}5$ μm
Anzahl der hydrostatischen Taschen in einem Querschnitt: $z = 4$
Anzahl der Radiallager: $x = 2$

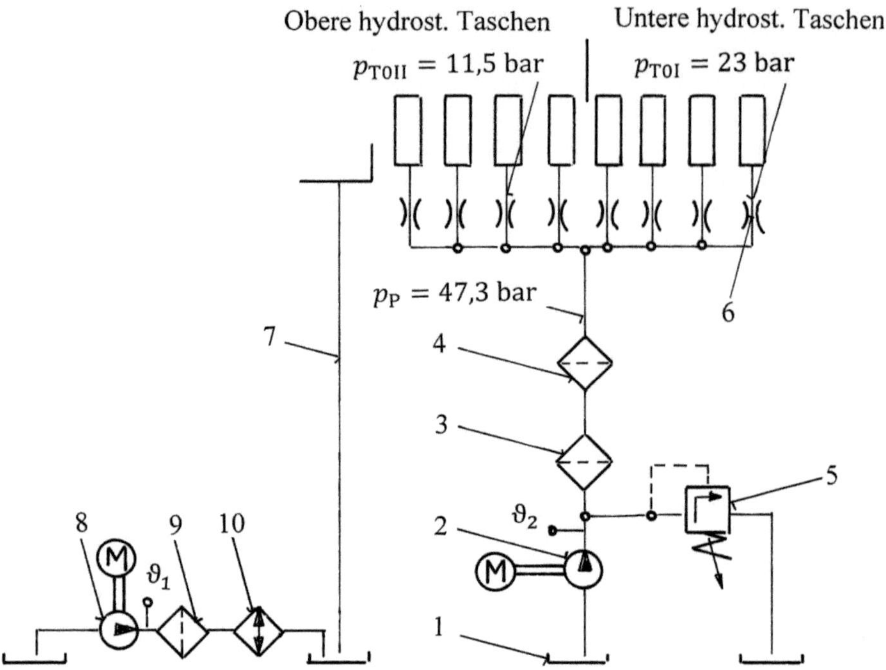

Lfd. Nr.	Benennung
1	Ölbehälter: $V = 100\ \mathrm{dm}^3$, Öl: ISO VG 15, $\nu_{22} = 32{,}145\ \mathrm{mm}^2\mathrm{s}^{-1}$
2	Zahnradpumpe $Q_P = 9\ \mathrm{dm}^3\mathrm{min}^{-1}$, Gegendruck 50 bar
3	Grobfilter 60 µm
4	Feinstfilter 20 µm
5	Druckbegrenzungsventil 12 bis 60 bar
6	8 Kapillardrosseln $r_K = 0{,}4$ mm, $l_K = 118{,}4$ mm
7	Ölrücklaufleitung
8	Kühlerpumpe $Q_K = 21\ \mathrm{dm}^3\mathrm{min}^{-1}$
9	Filter 40 µm
10	Rückkühlaggregat $P_K = 3000$ W

Abb. 3.16 Hydraulikplan für die schnelllaufende hydrostatische, zentrisch belastete, radial gelagerte Spindel

Gesamtanzahl der hydrostatischen Taschen: $2 \cdot 4 = 8$ Taschen, davon 4 obere Taschen mit Bezeichnung II und 4 untere Taschen mit Bezeichnung I

Taschendruck bei den oberen hydrostatischen Taschen 1 im Anfangszustand:
$p_{\mathrm{TOII1}} = 11{,}89 \cdot 10^5\ \mathrm{N\,m^{-2}}$

Taschendruck bei den unteren hydrostatischen Taschen 1 im Anfangszustand:
$p_{\mathrm{TOI1}} = 23{,}78 \cdot 10^5\ \mathrm{N\,m^{-2}}$

Taschendruck bei den unteren hydrostatischen Taschen 2 im Anfangszustand:
$p_{T0II2} = 8{,}91 \cdot 10^5\ \mathrm{N\ m^{-2}}$
Taschendruck bei den oberen hydrostatischen Taschen 2 im Anfangszustand:
$p_{T0I2} = 17{,}82 \cdot 10^5\ \mathrm{N\ m^{-2}}$
Höchster Taschendruck: $p_{TI1} = 33{,}85 \cdot 10^5\ \mathrm{N\ m^{-2}}$
Pumpendruck: $p_P = 49 \cdot 10^5\ \mathrm{N\ m^{-2}}$
Schmieröl: ISO VG 15 mit der kinematischen Viskosität $\nu_{22} = 32{,}145\ \mathrm{mm^2\ s^{-1}}$
Volumenstrom durch alle Taschen im Anfangszustand:

$$Q_{0\mathrm{GES}} = 2{,}42\ \mathrm{dm^3\ min^{-1}}$$

Volumenstrom durch alle Taschen unter der Wirkung der Schnittkraft:

$$Q_{\mathrm{GES}} = 1{,}99\ \mathrm{dm^3\ min^{-1}}$$

Verlustleistung: $P_{\mathrm{VER}} = 3801{,}4\ \mathrm{W}$
Strömungsverhältnis: $\frac{b}{l} = 40$
Kleinster Lagerspalt: $h_{I1} = 22{,}5\ \mu\mathrm{m}$
Optimales Drosselverhältnis: $\left(\frac{p_P}{p_{T0}}\right)_{\mathrm{OPT}} = 2{,}06$
Der Innenradius der Kapillare wird angenommen: $r_K = 0{,}4\ \mathrm{mm}$

Lösung:

1. Kapillarlänge:

$$l_K = \frac{1{,}5\pi r_K^4 \left(\frac{p_P}{p_{T0}} - 1\right)}{h_0^3}\frac{l}{b} = \frac{1{,}5 \cdot \pi \cdot 0{,}4^4 \cdot (2{,}06 - 1)}{0{,}03^3} \cdot \frac{1}{40} = 118{,}4\ \mathrm{mm} \tag{3.3}$$

   Für die Ölversorgung von acht hydrostatischen Taschen werden acht Kapillarrohre mit Innendurchmesser $D_K = 2r_K = 2 \cdot 0{,}4 = 0{,}8$ mm und Länge $l_K = 118{,}4$ mm vorgesehen.
2. Der Volumenstrom der Zahnradpumpe muss größer sein als die berechneten Gesamtvolumenströme im Anfangszustand und unter der Wirkung der Schnittkraft, gewählt wird: $Q_P = 5{,}25\ \mathrm{dm^3\ min^{-1}}$ mit maximalem Gegendruck von 50 bar.
3. Bei der Verlustleistung von $P_{\mathrm{VER}} = 3801{,}4$ W wird eine Ölkühlung mit der Kühlleistung $P_K = 3000$ W vorgesehen.
4. Das Behältervolumen wird gewählt: $V = 100\ \mathrm{dm^3}$.
5. Die Kühlerpumpe wird nach der Verlustleistung, der Ölviskosität und der notwendigen Differenz zwischen den Öltemperaturen in der Rücklaufleitung ϑ_1 und in der Zulaufleitung ϑ_2 bestimmt: $Q_K = 21\ \mathrm{dm^3\ min^{-1}}$.
6. Zwischen der Kühlerpumpe und dem Kühler wird ein Filter mit der Feinheit 40 µm eingebaut.
7. Es wird ein Druckbegrenzungsventil für den Einstellbereich 12 bis 60 bar gewählt.

8. Die Filterfeinheit des Feinstfilters soll feiner oder gleich als der kleinste Lagerspalt (22,5 μm) sein, gewählt wird die Feinheit 20 μm.
9. Die Feinheit des Grobfilters wird gewählt: 60 μm.
10. Ein Druckbegrenzungsventil für den Einstellbereich 12 bis 60 bar wird gewählt.
11. Wenn eine Radiallagerung für die Lagerung der Schleifscheibe vorgesehen ist, wird ein *Druckspeicher* für den Nachlauf der Schleifscheibe eingebaut (s. Abb. 3.11).

Der Hydraulikplan für die schnelllaufende hydrostatische, exzentrisch belastete, radial gelagerte Spindel ist in Abb. 3.17 dargestellt.

3.3.11 Auslegungsbeispiel: Schnelllaufende hydrostatische, beidseitig exzentrisch belastete, radial gelagerte Spindeln

Für die in Abschn. 2.16.1 behandelte schnelllaufende hydrostatische, beidseitig exzentrisch belastete, radial gelagerte Spindel nach Abb. 2.12 wird eine Ölversorgung mit dem Ölversorgungssystem „Eine gemeinsame Pumpe und Kapillardrosseln" ausgelegt.

Vorgabedaten:

Lagerspalt im Anfangszustand: $h_0 = 0{,}030 \cdot 10^{-3}$ m $= 0{,}030$ mm $= 30$ μm
Kleinster Lagerspalt $h_{I2} = 0{,}0000215$ m $= 0{,}0215$ mm $= 21{,}5$ μm
Anzahl der hydrostatischen Taschen in einem Querschnitt: $z = 4$
Anzahl der Radiallager: $x = 2$
Gesamtanzahl der hydrostatischen Taschen: $2 \cdot 4 = 8$ Taschen, davon vier obere Taschen mit Bezeichnung II und vier untere Taschen mit Bezeichnung I
Taschendruck bei den oberen hydrostatischen Taschen 1 im Anfangszustand:
$p_{\text{T0II1}} = 10{,}14 \cdot 10^5$ N m^{-2}
Taschendruck bei den unteren hydrostatischen Taschen 1 im Anfangszustand:
$p_{\text{T0I1}} = 20{,}28 \cdot 10^5$ N m^{-2}
Taschendruck bei den unteren hydrostatischen Taschen 2 im Anfangszustand:
$p_{\text{T0II2}} = 3{,}97 \cdot 10^5$ N m^{-2}
Taschendruck bei den oberen hydrostatischen Taschen 2 im Anfangszustand:
$p_{\text{T0I2}} = 7{,}94 \cdot 10^5$ N m^{-2}
Höchster Taschendruck: $p_{\text{TI1}} = 29{,}4 \cdot$ N m^{-2}
Pumpendruck: $p_{\text{P}} = 41{,}7 \cdot 10^5$ N m^{-2}
Schmieröl: ISO VG 15 mit der kinematischen Viskosität $\nu_{22} = 32{,}145$ mm^2 s^{-1}
Volumenstrom durch alle Taschen im Anfangszustand:
$Q_{\text{0GES}} = 1{,}64$ dm^3 min^{-1}
Volumenstrom durch alle Taschen unter Wirkung der Schnittkraft:
$Q_{\text{GES}} = 1{,}28$ dm^3 min^{-1}
Verlustleistung: $P_{\text{VER}} = 3717{,}7$ W
Strömungsverhältnis: $\frac{b}{l} = 40$
Optimales Drosselverhältnis $\left(\frac{p_{\text{P}}}{p_{\text{T0}}}\right)_{\text{OPT}} = 2{,}06$
Der Innenradius der Kapillare wird angenommen: $r_{\text{K}} = 0{,}4$ mm

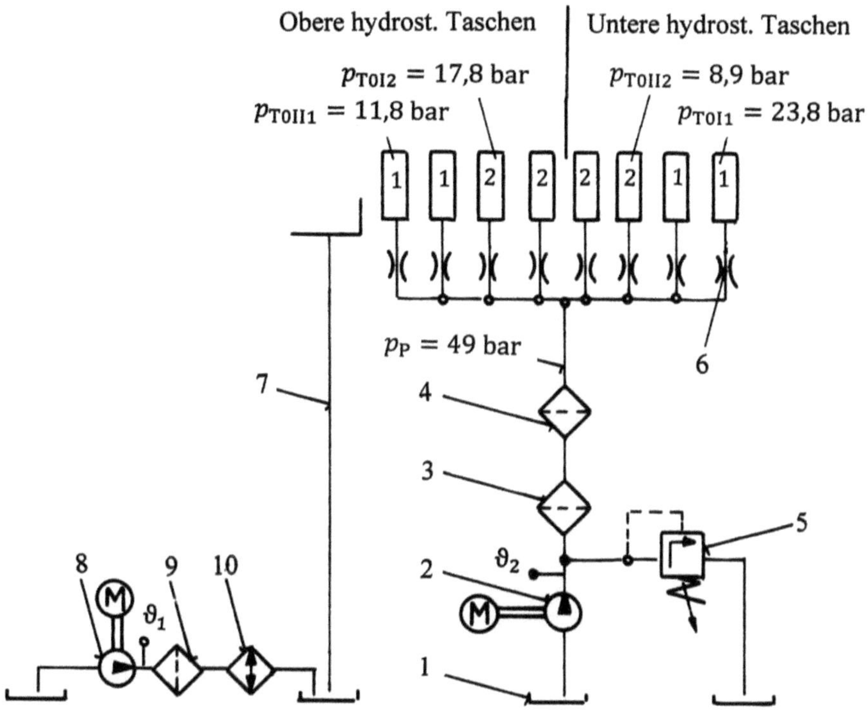

Lfd. Nr.	Benennung
1	Ölbehälter: $V = 100\,\text{dm}^3$, $Öl$: ISO VG 15, $\nu_{22} = 32{,}145\,\text{mm}^2\text{s}^{-1}$
2	Zahnradpumpe $Q_P = 5{,}25\,\text{dm}^3\text{min}^{-1}$, Gegendruck 50 bar
3	Grobfilter 60 µm
4	Feinstfilter 20 µm
5	Druckbegrenzungsventil 12 bis 60 bar
6	8 Kapillardrosseln $r_{\text{K}} = 0{,}4$ mm, $l_{\text{K}} = 118{,}4$ mm
7	Ölrücklaufleitung
8	Kühlerpumpe $Q_K = 21\,\text{dm}^3\text{min}^{-1}$
9	Filter 40 µm
10	Rückkühlaggregat $P_K = 3000$ W

Abb. 3.17 Hydraulikplan für eine schnelllaufende hydrostatische, exzentrisch belastete, radial gelagerte Spindel

Lösung:

1. Kapillarlänge:

$$l_{\text{K}} = \frac{1{,}5\pi r_{\text{K}}^4 \left(\frac{p_{\text{P}}}{p_{\text{T0}}} - 1\right)}{h_0^3} \frac{l}{b} = \frac{1{,}5 \cdot \pi \cdot 0{,}4^4 \cdot (2{,}06 - 1)}{0{,}03^3} \cdot \frac{1}{40} = 118{,}4\,\text{mm} \tag{3.3}$$

Für die Ölversorgung von acht hydrostatischen Taschen werden acht Kapillarrohre, Innendurchmesser: $D_K = 2r_K = 2 \cdot 0{,}4 = 0{,}8$ mm, Länge: $l_K = 118{,}4$ mm vorgesehen.

2. Der Volumenstrom der Zahnradpumpe muss größer sein als die berechneten Gesamtvolumenströme im Anfangszustand und unter Wirkung der Schnittkraft, gewählt wird: $Q_P = 2{,}5$ dm^3 min^{-1} mit maximalem Gegendruck von 50 bar.
3. Bei der Verlustleistung von $P_{VER} = 3717{,}7$ W wird eine Ölkühlung mit der Kühlleistung $P_K = 3000$ W vorgesehen.
4. Von den hydrostatischen Lagern strömt das Öl durch die Ölrücklaufleitung 7 zum Ölbehälter frei ab. Die am Ölbehälter eingebaute Zahnradpumpe 8 fördert das Öl durch den Filter 9 zu dem Kühler 10 und weiter zum Ölbehälter des Ölversorgungsaggregates 1. Die Temperatur des Rücklauföles ϑ_1 wird mit digitalem Thermometer gemessen.
5. Das Behältervolumen wird gewählt: $V = 100$ dm^3.
6. Die Kühlerpumpe wird nach der Verlustleistung, der Ölviskosität und der notwendigen Differenz zwischen den Öltemperaturen in der Rücklaufleitung ϑ_1 und in der Zulaufleitung ϑ_2 bestimmt: $Q_K = 21$ dm^3 min^{-1}.
7. Zwischen der Kühlerpumpe und dem Kühler wird ein Filter mit der Feinheit 40 μm eingebaut.
8. Es wird ein Druckbegrenzungsventil für den Einstellbereich 12 bis 60 bar gewählt.
9. Wenn eine Radiallagerung für die Lagerung der Schleifscheibe vorgesehen ist, wird ein Druckspeicher für den Nachlauf der Schleifscheibe eingebaut (s. Abb. 3.11).
10. Die Filterfeinheit des Feinstfilters soll feiner oder gleich als der kleinste Lagerspalt (21,5 μm) sein, gewählt wird die Feinheit 20 μm.
11. Die Feinheit des Grobfilters wird gewählt: 60 μm.
12. Ein Druckbegrenzungsventil für den Einstellbereich 12 bis 60 bar wird gewählt.

Der Hydraulikplan für die schnelllaufende hydrostatische, beidseitig exzentrisch belastete, radial gelagerte Spindel ist in Abb. 3.18 dargestellt.

3.3.12 Auslegungsbeispiel: Zentrisch belastete hydrostatische Flachführung ohne Umgriff

Für die im Berechnungseispiel 2.18.1 behandelte zentrisch belastete hydrostatische Flachführung ohne Umgriff nach Abb. 2.15 wird eine Ölversorgung mit Kapillardrosseln ausgelegt.

Vorgabedaten:

Gesamtanzahl der hydrostatischen Taschen bei Tragbahn: 12
Gesamtanzahl der hydrostatischen Taschen bei der Mittenführung: 12
Gesamtanzahl der hydrostatischen Taschen (Tragbahn und Mittenführung): 24

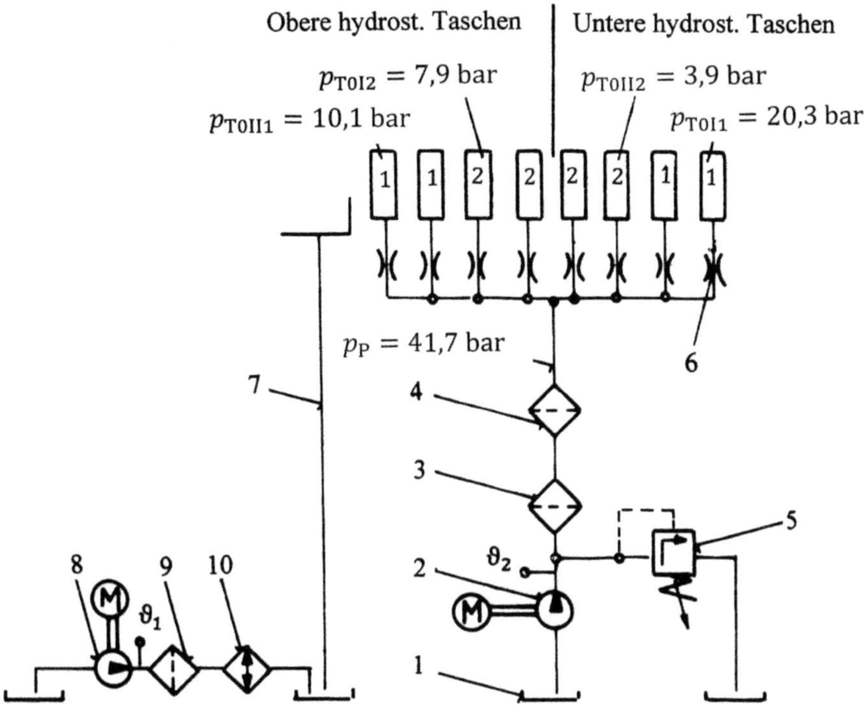

Lfd. Nr.	Benennung
1	Ölbehälter: $V = 100\ \text{dm}^3$, Öl: ISO VG 15, $\nu_{22} = 32{,}145\ \text{mm}^2\text{s}^{-1}$
2	Zahnradpumpe $Q_P = 2{,}5\ \text{dm}^3\text{min}^{-1}$, Gegendruck 50 bar
3	Grobfilter 60 µm
4	Feinstfilter 20 µm
5	Druckbegrenzungsventil 12 bis 60 bar
6	8 Kapillardrosseln $r_K = 0{,}4$ mm, $l_K = 118{,}4$ mm
7	Ölrücklaufleitung
8	Kühlerpumpe $Q_K = 21\ \text{dm}^3\text{min}^{-1}$
9	Filter 40 µm
10	Rückkühlaggregat $P_K = 3000$ W

Abb. 3.18 Hydraulikplan für schnelllaufende hydrostatische, beidseitig exzentrisch belastete, radial gelagerte Spindel

Lagerspalt im Anfangszustand: $h_{0\mathrm{I}} = h_{0\mathrm{III}} = h_0 = 0{,}00003\ \mathrm{m} = 0{,}030 \cdot 10^{-3}\ \mathrm{m}$
Kleinster Lagerspalt: $h_\mathrm{I} = 0{,}000027\ \mathrm{m} = 0{,}027 \cdot 10^{-3}\ \mathrm{m}$
Taschendruck im Anfangszustand: $p_{\mathrm{T0}} = 5{,}5 \cdot 10^5\ \mathrm{N\ m^{-2}}$
Höchster Taschendruck: $p_{\mathrm{TI}} = 6{,}47 \cdot 10^5\ \mathrm{N\ m^{-2}}$
Pumpendruck: $p_\mathrm{P} = 12 \cdot 10^5\ \mathrm{N\ m^{-2}} = 12\ \mathrm{bar}$
Volumenstrom durch alle Taschen der Tragbahn und der Mittenführung im Anfangszustand: $Q_{0\mathrm{GES}} = 0{,}00001481\ \mathrm{m^3\ s^{-1}} = 0{,}888\ \mathrm{dm^3\ min^{-1}}$
Volumenstrom durch alle Taschen der Tragbahn und der Mittenführung unter Wirkung der Schnittkraft: $Q_\mathrm{GES} = 0{,}0000137\ \mathrm{m^3\ s^{-1}} = 0{,}82\ \mathrm{dm^3\ min^{-1}}$
Optimales Drosselverhältnis: $\left(\frac{p_\mathrm{P}}{p_{\mathrm{T0}}}\right)_\mathrm{OPT} = 2{,}17$
Strömungsverhältnis: $\frac{b}{l} = 31{,}8$
Verlustleistung: $P_\mathrm{VER} = 66{,}17\ \mathrm{W}$
Schmieröl: ISO VG 32 mit der kinematischen Viskosität $\upsilon_{25} = 73{,}85\ \mathrm{mm^2\ s^{-1}}$
Der Innenradius der Kapillare wird angenommen: $r_\mathrm{K} = 0{,}4\ \mathrm{mm}$

Lösung:

1. Kapillarlänge:

$$l_\mathrm{K} = \frac{1{,}5\pi r_\mathrm{K}^4 \left(\frac{p_\mathrm{P}}{p_{\mathrm{T0}}} - 1\right)}{h_0^3} \frac{l}{b} = \frac{1{,}5 \cdot \pi \cdot 0{,}4^4 \cdot (2{,}17 - 1)}{0{,}03^3} \cdot \frac{1}{31{,}8} = 164{,}3\ \mathrm{mm} \tag{3.3}$$

   Für die Ölversorgung von 24 hydrostatischen Taschen werden 24 Kapillarrohre, Innendurchmesser: $D_\mathrm{K} = 2r_\mathrm{K} = 2 \cdot 0{,}4 = 0{,}8\ \mathrm{mm}$, Länge: $l_\mathrm{K} = 164{,}3\ \mathrm{mm}$ vorgesehen.
2. Der Volumenstrom der Zahnradpumpe für die Ölversorgung von 24 hydrostatischen Taschen der hydrostatischen Flachführung ohne Umgriff muss größer sein als die berechneten Gesamtvolumenströme im Anfangszustand und unter Wirkung der Schnittkraft.
   Gewählt wird: $Q_\mathrm{P} = 1{,}7\ \mathrm{dm^3\ min^{-1}}$ mit maximalem Gegendruck von 30 bar.
3. Für die Verlustleistung: $P_\mathrm{VER} = 66{,}17\ \mathrm{W}$ ist keine Ölkühlung notwendig.
4. Das Behältervolumen wird gewählt: $V = 100\ \mathrm{dm^3}$.
5. Es wird ein Druckbegrenzungsventil für den Einstellbereich 12 bis 60 bar gewählt.
6. Es wird ein Ölmanometer für Öldrücke von 0 bis 100 bar gewählt.
7. Die Filterfeinheit des Feinstfilters soll feiner als der kleinste Lagerspalt (27 μm) sein, gewählt wird die Feinheit 25 μm.
8. Die Feinheit des Grobfilters wird gewählt: 60 μm.

Der Hydraulikplan für die zentrisch belastete hydrostatische Flachführung ohne Umgriff ist in Abb. 3.19 dargestellt.

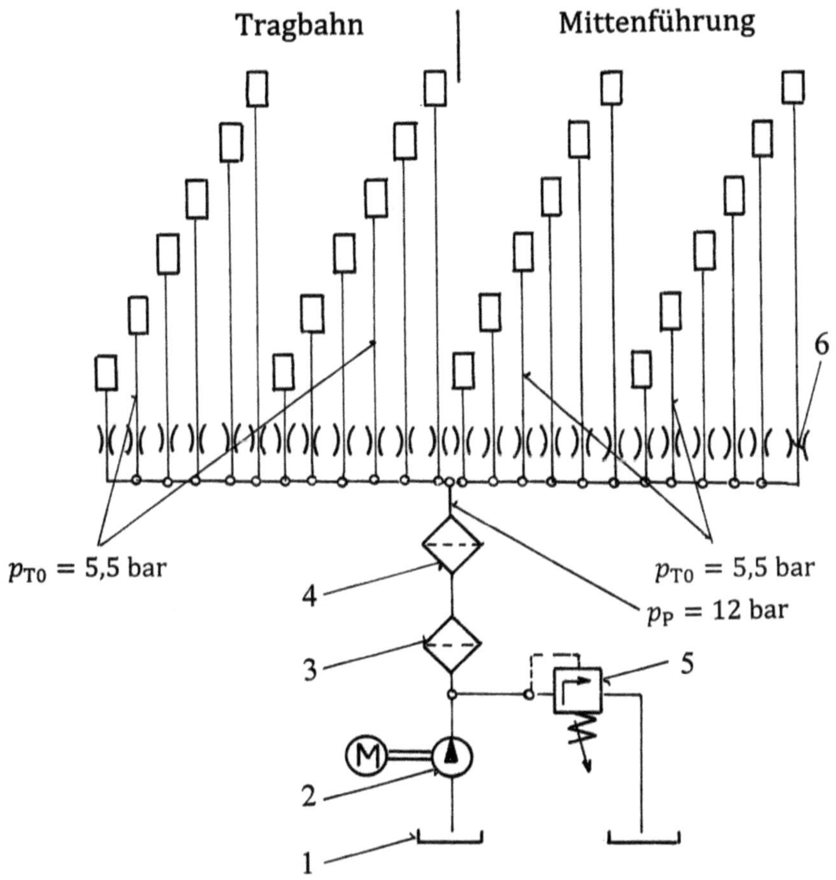

Lfd. Nr.	Benennung
1	Ölbehälter: $V = 100\ \mathrm{dm}^3$, Öl: ISO VG 32, $\nu_{25} = 73{,}85\ \mathrm{mm}^2\mathrm{s}^{-1}$
2	Zahnradpumpe $Q_P = 1{,}7\ \mathrm{dm}^3\mathrm{min}^{-1}$, Gegendruck 30 bar
3	Grobfilter 60 μm
4	Feinstfilter 25 μm
5	Druckbegrenzungsventil 12 bis 60 bar
6	24 Kapillardrosseln $r_K = 0{,}4$ mm, $l_K = 164{,}3$ mm

Abb. 3.19 Hydraulikplan für die zentrisch belastete hydrostatische Flachführung ohne Umgriff

3.3.13 Auslegungsbeispiel: Zentrisch belastete hydrostatische offene V-Flachführung

Für die im Berechnungseispiel 2.19.1 behandelte zentrisch belastete hydrostatische offene V-Flachführung nach Abb. 2.16 wird eine Ölversorgung mit Kapillardrosseln ausgelegt.

Vorgabedaten:

Gesamtanzahl der hydrostatischen Taschen bei Flachbahn: 6
Anzahl der hydrostatischen Taschen einer V-Führungsbahn: $z = 6$
Gesamtanzahl der hydrostatischen Taschen: 18
Lagerspalt im Anfangszustand: $h_0 = h_{0V} = 0{,}00003 \text{ m} = 0{,}030 \cdot 10^{-3} \text{ m}$
Kleinster Lagerspalt: $h_I = 0{,}000027 \text{ m} = 0{,}027 \cdot 10^{-3} \text{ m}$
Taschendruck im Anfangszustand: $p_{T0} = 5{,}76 \cdot 10^5 \text{ N m}^{-2}$
Höchster Taschendruck: $p_T = 6{,}73 \cdot 10^5 \text{ N m}^{-2}$
Pumpendruck: $p_P = 12{,}5 \cdot 10^5 \text{ N m}^{-2} = 12{,}5 \text{ bar}$
Volumenstrom durch alle Taschen der Flachführung im Anfangszustand:
$Q_{0GES} = 0{,}00000385 \text{ m}^3 \text{ s}^{-1} = 0{,}231 \text{ dm}^3 \text{ min}^{-1}$
Volumenstrom durch alle Taschen der V-Führung im Anfangszustand:
$Q_{0GES} = 0{,}000007713 \text{ m}^3 \text{ s}^{-1} = 0{,}462 \text{ dm}^3 \text{ min}^{-1}$
Volumenstrom durch alle Taschen der offenen V-Flachführung im Anfangszustand:
$Q_{0GES} = 0{,}00001156 \text{ m}^3 \text{ s}^{-1} = 0{,}69 \text{ dm}^3 \text{ min}^{-1}$
Optimales Drosselverhältnis: $\left(\frac{p_P}{p_{T0}}\right)_{OPT} = 2{,}17$
Strömungsverhältnis: $\frac{b}{l} = 31{,}8$
Verlustleistung: $P_{VER} = 44{,}07 \text{ W}$
Schmieröl: ISO VG 32 mit der kinematischen Viskosität $\upsilon_{25} = 73{,}85 \text{ mm}^2 \text{ s}^{-1}$
Der Innenradius der Kapillare wird angenommen: $r_K = 0{,}4 \text{ mm}$

Lösung:

1. Kapillarlänge:

$$l_K = \frac{1{,}5\pi r_K^4 \left(\frac{p_P}{p_{T0}} - 1\right)}{h_0^3} \frac{l}{b} = \frac{1{,}5 \cdot \pi \cdot 0{,}4^4 \cdot (2{,}17 - 1)}{0{,}03^3} \cdot \frac{1}{31{,}8} = 164{,}3 \text{ mm} \tag{3.3}$$

   Für die Ölversorgung von 18 hydrostatischen Taschen werden 18 Kapillarrohre, Innendurchmesser: $D_K = 2r_K = 2 \cdot 0{,}4 = 0{,}8$ mm, Länge: $l_K = 164{,}3$ mm vorgesehen.

2. Der Volumenstrom der Zahnradpumpe für die Ölversorgung von 18 hydrostatischen Taschen der hydrostatischen offenen V-Flachführung muss größer sein als die berechneten Gesamtvolumenströme im Anfangszustand und unter Wirkung der Schnittkraft.

Gewählt wird: $Q_P = 1{,}7\ \text{dm}^3\ \text{min}^{-1}$ mit maximalem Gegendruck von 30 bar.

3. Für die Verlustleistung $P_{VER} = 44{,}07$ W ist keine Ölkühlung notwendig.
4. Das Behältervolumen wird gewählt: $V = 100\ \text{dm}^3$.
5. Es wird ein Druckbegrenzungsventil für den Einstellbereich 12 bis 60 bar gewählt.
6. Es wird ein Ölmanometer für Öldrücke von 0 bis 100 bar gewählt.
7. Die Filterfeinheit des Feinstfilters soll feiner als der kleinste Lagerspalt (27 µm) sein, gewählt wird die Feinheit 25 µm.
8. Die Feinheit des Grobfilters wird gewählt: 60 µm.

Der Hydraulikplan für die zentrisch belastete hydrostatische offene V-Flachführung ist in Abb. 3.20 dargestellt.

3.3.14 Auslegungsbeispiel: Zentrisch belastete hydrostatische geschlossene V-Flachführung

Für die im Berechnungseispiel 2.20.1 nach Abb. 2.17 behandelte zentrisch belastete hydrostatische geschlossene V-Flachführung wird eine Ölversorgung mit Kapillardrosseln ausgelegt.

Bekannte Vorgabedaten:

Anzahl der Taschenpaare bei Tragbahn und Umgriff: $z = 6$
Anzahl der Taschenpaare der V-Bahn und des Umgriffs: $z = 6$
Gesamtanzahl der hydrostatischen Taschen: 30
Lagerspalt im Anfangszustand: $h_0 = h_{0V} = 0{,}00003\ \text{m} = 0{,}030 \cdot 10^{-3}\ \text{m}$
Kleinster Lagerspalt: $h_I = 0{,}000027\ \text{m} = 0{,}027 \cdot 10^{-3}\ \text{m}$
Taschendruck im Anfangszustand: $p_{T0} = 20 \cdot 10^5\ \text{N m}^{-2}$
Höchster Taschendruck: $p_{TI} = 23{,}2 \cdot 10^5\ \text{N m}^{-2}$
Pumpendruck: $p_P = 40{,}8 \cdot 10^5\ \text{N m}^{-2} = 40{,}8$ bar
Volumenstrom durch alle Taschen der Tragbahn und des Umgriffs im Anfangszustand: $Q_{0I,II} = 1{,}2\ \text{dm}^3\ \text{min}^{-1}$
Volumenstrom durch alle Taschen der V-Bahnen und des Umgriffs im Anfangszustand: $Q_{0VII} = 1{,}8\ \text{dm}^3\ \text{min}^{-1}$
Volumenstrom durch alle Taschen der geschlossenen V-Flachführung im Anfangszustand: $Q_{0GES} = 3\ \text{dm}^3\ \text{min}^{-1}$
Optimales Drosselverhältnis: $\left(\frac{p_P}{p_{T0}}\right)_{OPT} = 2{,}08$
Strömungsverhältnis: $\frac{b}{l} = 24{,}6$
Verlustleistung: $P_{VER} = 246{,}6$ W
Schmieröl: ISO VG 32 mit der kinematischen Viskosität $\upsilon_{25} = 73{,}85\ \text{mm}^2\ \text{s}^{-1}$
Der Innenradius der Kapillare wird angenommen: $r_K = 0{,}4$ mm

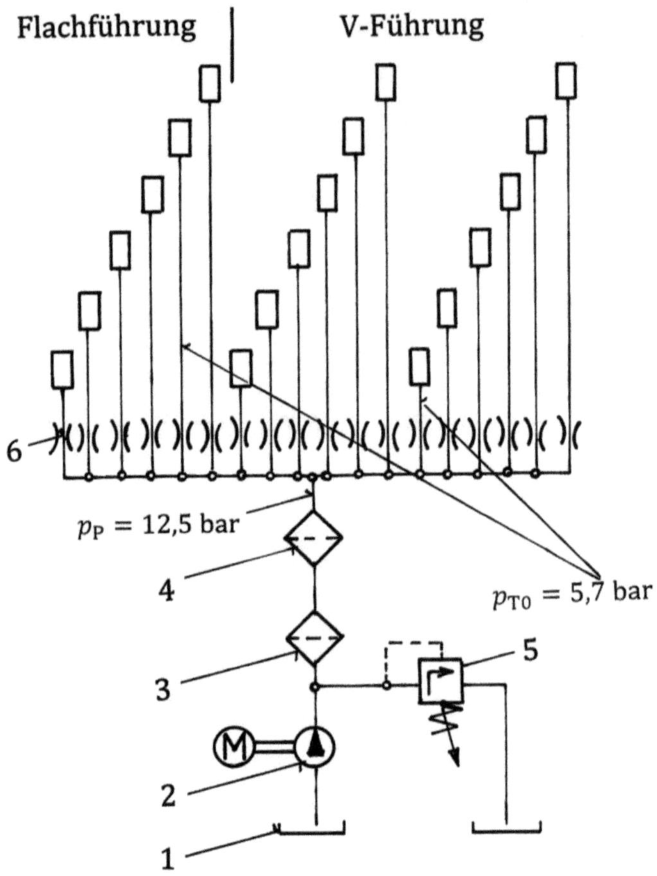

Lfd. Nr.	Benennung
1	Ölbehälter: $V = 100\ \text{dm}^3$, Öl: ISO VG 32, $\nu_{25} = 73{,}85\ \text{mm}^2\text{s}^{-1}$
2	Zahnradpumpe $Q_P = 1{,}7\ \text{dm}^3\text{min}^{-1}$, Gegendruck 30 bar
3	Grobfilter 60 µm
4	Feinstfilter 25 µm
5	Druckbegrenzungsventil 12 bis 60 bar
6	18 Kapillardrosseln $r_K = 0{,}4$ mm, $l_K = 164{,}3$ mm

Abb. 3.20 Hydraulikplan für die zentrisch belastete hydrostatische offene V-Flachführung

Lösung:

1. Kapillarlänge:

$$l_K = \frac{1{,}5\pi r_K^4 \left(\frac{p_P}{p_{T0}} - 1\right)}{h_0^3} \frac{l}{b} = \frac{1{,}5 \cdot \pi \cdot 0{,}4^4 \cdot (2{,}08 - 1)}{0{,}03^3} \cdot \frac{1}{24{,}6} = 196{,}2\ \text{mm} \tag{3.3}$$

Für die Ölversorgung von 30 hydrostatischen Taschen werden 30 Kapillarrohre, Innendurchmesser: $D_K = 2r_K = 2 \cdot 0{,}4 = 0{,}8$ mm, Länge: $l_K = 196{,}2$ mm vorgesehen.

2. Der Volumenstrom der Zahnradpumpe für die Ölversorgung von 30 hydrostatischen Taschen der hydrostatischen geschlossenen V-Flachführung muss größer sein als der berechnete Gesamtvolumenstrom im Anfangszustand, gewählt wird: $Q_P = 5{,}25$ dm^3 min^{-1} mit maximalem Gegendruck von 50 bar.
3. Für die Verlustleistung: $P_{VER} = 246{,}6$ W ist keine Ölkühlung notwendig.
4. Das Behältervolumen wird gewählt: $V = 100$ dm^3.
5. Es wird ein Druckbegrenzungsventil für den Einstellbereich 12 bis 60 bar gewählt.
6. Es wird ein Ölmanometer für Öldrücke von 0 bis 100 bar gewählt.
7. Die Filterfeinheit des Feinstfilters soll feiner als der kleinste Lagerspalt (27 µm) sein, gewählt wird die Feinheit 25 µm.
8. Die Feinheit des Grobfilters wird gewählt: 60 µm.

Der Hydraulikplan für die zentrisch belastete hydrostatische geschlossene V-Flachführung ist in Abb. 3.21 dargestellt.

3.3.15 Auslegungsbeispiel: Zentrisch belastete hydrostatische geschlossene Dachführung

Für die im Berechnungseispiel 2.21.1 behandelte zentrisch belastete hydrostatische geschlossene Dachführung nach Abb. 2.18 wird eine Ölversorgung mit Kapillardrosseln ausgelegt.

Bekannte Vorgabedaten:

Anzahl der Taschenpaare der V-Bahn und des Umgriffs: $z = 5$
Gesamtanzahl der Taschen: $6z = 6 \cdot 5 = 30$
Lagerspalt im Anfangszustand: $h_{0II} = h_{0V} = h_0 = 0{,}00003$ m $= 0{,}030 \cdot 10^{-3}$ m
Kleinster Lagerspalt: $h_V = 0{,}000027$ m $= 0{,}027 \cdot 10^{-3}$ m
Taschendruck im Anfangszustand: $p_{T0} = 13{,}96 \cdot 10^5$ N m^{-2}
Höchster Taschendruck: $p_{TV} = 14{,}45 \cdot 10^5$ N m^{-2}
Pumpendruck: $p_P = 29{,}5 \cdot 10^5$ N m^{-2} = 29,5 bar
Volumenstrom durch alle Taschen der Dachführungen und der Umgriffe im Anfangszustand: $Q_{0GES} = 1{,}4$ dm^3 min^{-1}
Optimales Drosselverhältnis: $\left(\frac{p_P}{p_{T0}}\right)_{OPT} = 2{,}12$
Strömungsverhältnis: $\frac{b}{l} = 24{,}6$
Verlustleistung: $P_{VER} = 130{,}6$ W
Schmieröl: ISO VG 46 mit der kinematischen Viskosität $\upsilon_{25} = 113{,}8$ mm^2 s^{-1}
Der Innenradius der Kapillare wird angenommen: $r_K = 0{,}4$ mm

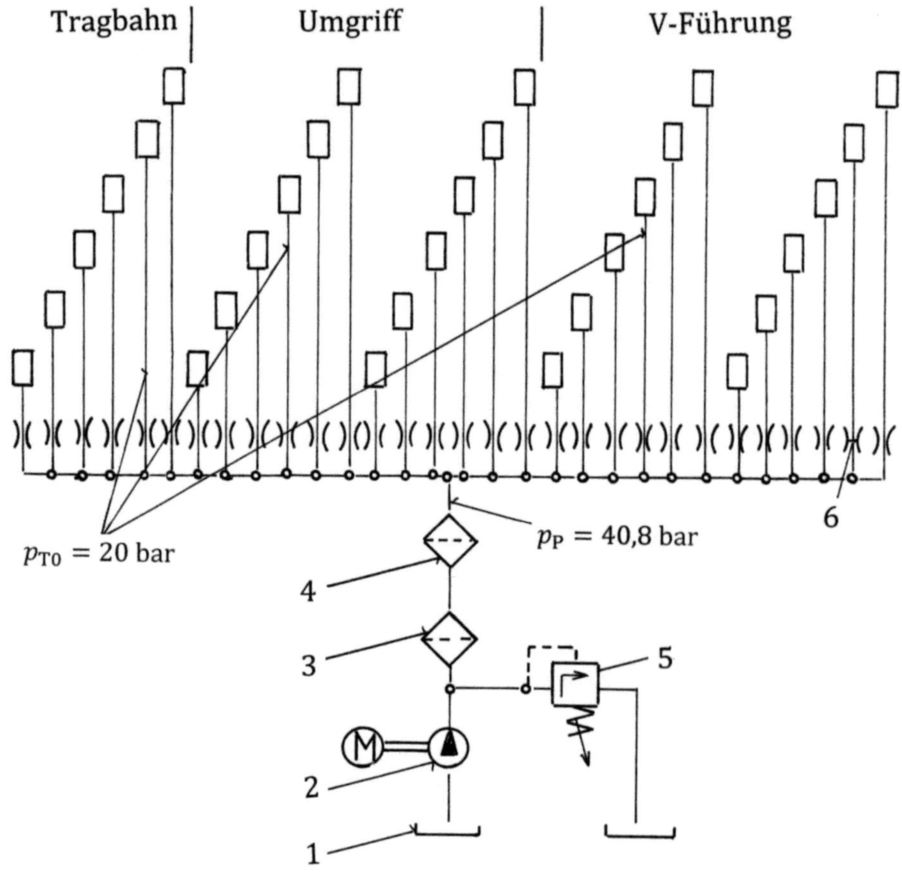

Lfd. Nr.	Benennung
1	Ölbehälter: $V = 100\ \text{dm}^3$, Öl: ISO VG 32, $\nu_{25} = 73{,}85\ \text{mm}^2\text{s}^{-1}$
2	Zahnradpumpe $Q_P = 5{,}25\ \text{dm}^3\text{min}^{-1}$, Gegendruck 50 bar
3	Grobfilter 60 µm
4	Feinstfilter 25 µm
5	Druckbegrenzungsventil 12 bis 60 bar
6	18 Kapillardrosseln $r_K = 0{,}4$ mm, $l_K = 196$ mm

Abb. 3.21 Hydraulikplan für die zentrisch belastete hydrostatische geschlossene V-Flachführung

Lösung:

1. Kapillarlänge:

$$l_K = \frac{1{,}5\pi r_K^4 \left(\frac{p_P}{p_{T0}} - 1\right)}{h_0^3} \frac{l}{b} = \frac{1{,}5 \cdot \pi \cdot 0{,}4^4 \cdot (2{,}12 - 1)}{0{,}03^3} \cdot \frac{1}{24{,}6} = 203{,}4\ \text{mm} \tag{3.3}$$

Für die Ölversorgung von 30 hydrostatischen Taschen werden 30 Kapillarrohre, Innendurchmesser: $D_K = 2r_K = 2 \cdot 0{,}4 = 0{,}8$ mm, Länge: $l_K = 204$ mm vorgesehen.

2. Der Volumenstrom der Zahnradpumpe für die Ölversorgung von 30 hydrostatischen Taschen der hydrostatischen geschlossenen Dachführung muss größer sein als die berechneten Gesamtvolumenströme im Anfangszustand.
   Gewählt wird: $Q_P = 2{,}5$ dm^3 min^{-1} mit maximalem Gegendruck von 50 bar.
3. Für die Verlustleistung $P_{VER} = 130{,}6$ W ist keine Ölkühlung notwendig.
4. Das Behältervolumen wird gewählt: $V = 100$ dm^3.
5. Es wird ein Druckbegrenzungsventil für den Einstellbereich 12 bis 60 bar gewählt.
6. Es wird ein Ölmanometer für Öldrücke von 0 bis 100 bar gewählt.
7. Die Filterfeinheit des Feinstfilters soll feiner als der kleinste Lagerspalt (27 µm) sein, gewählt wird die Feinheit 25 µm.
8. Die Feinheit des Grobfilters wird gewählt: 60 µm.

Der Hydraulikplan für die Ölversorgung von 30 hydrostatischen Taschen der zentrisch belasteten hydrostatischen geschlossenen Dachführung ist in Abb. 3.22 dargestellt.

3.3.16 Anwendungsbereiche der Ölversorgung mit Kapillardrosseln

Das Ölversorgungssystem „Eine gemeinsame Pumpe und Kapillardrosseln" ist wegen der einfach durchführbaren Einstellung der Drosseln und des niedrigen Preises für zentrisch belastete Führungen und Lager sehr geeignet.

Dieses Ölversorgungssystem ist für vorgespannte hydrostatische Mittenführungen und vorgespannte zentrisch belastete Mittenführungen (Abb. 3.13) nicht nur besonders geeignet, sondern in der Tat sogar die einzige Lösung.

Der Grund hierfür ist, dass für das Ölversorgungssystem „Eine gemeinsame Pumpe und Membrandrosseln" und das Ölversorgungssystem „Eine Pumpe pro Tasche" die äußeren Kräfte vorausgesetzt werden. Membrandrosseln sind lastabhängige Vorwiderstände und beim Ölversorgungssystem „Eine Pumpe pro Tasche" wird der Taschendruck p_T nur bei der Belastung des Schlittens aufgebaut.

Für hydrostatische Gewindetriebe (Abb. 3.12) kommen alleine Kapillardrosseln in Frage, da nur sie problemlos in die Gewindemutter eingebaut werden können.

Nach den in Abb. 1.5 dargestellten Kennlinien der Ölversorgungssysteme wird deutlich, dass mit dem Ölversorgungssystem „Eine gemeinsame Pumpe und Kapillardrosseln" die niedrigste Steifigkeit von allen behandelten Ölversorgungssystemen erreicht werden kann. Die Berechnungsbeispiele 2.4.1 bis 2.22.1 bestätigen diesen Sachverhalt.

Die dargestellten Kennlinien der Ölversorgungssysteme zeigen, dass beim Ölversorgungssystem „Eine gemeinsame Pumpe und Kapillardrosseln" der größte

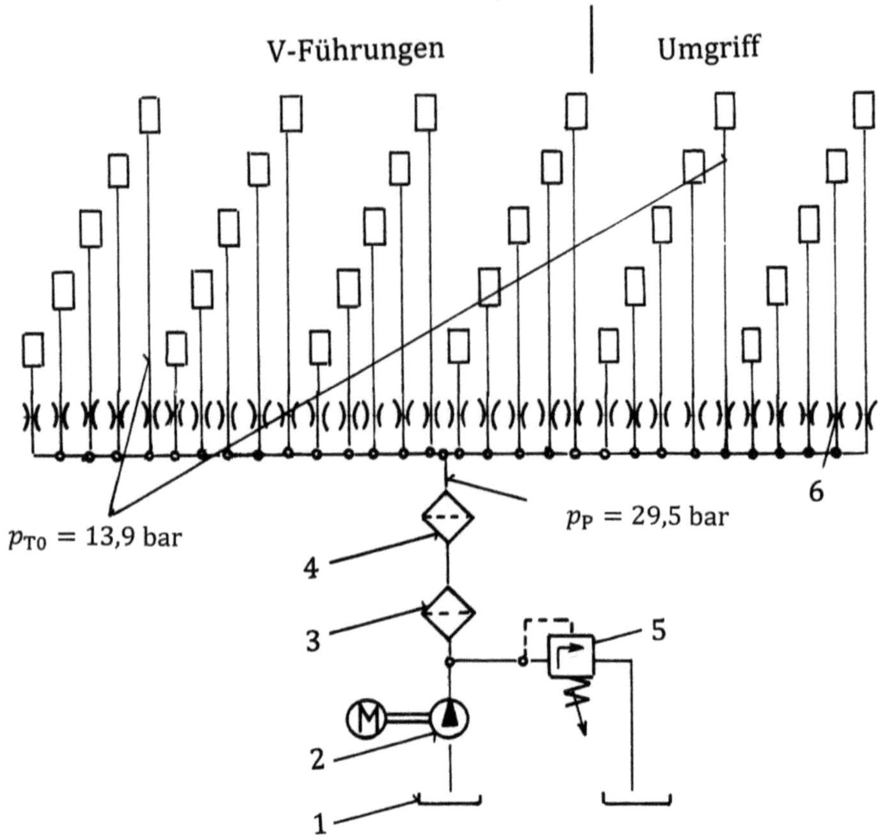

Lfd. Nr.	Benennung
1	Ölbehälter: $V = 100\ \text{dm}^3$, Öl: ISO VG 32, $\nu_{25} = 73{,}85\ \text{mm}^2\text{s}^{-1}$
2	Zahnradpumpe $Q_P = 2{,}5\ \text{dm}^3\text{min}^{-1}$, Gegendruck 30 bar
3	Grobfilter 60 µm
4	Feinstfilter 25 µm
5	Druckbegrenzungsventil 12 bis 60 bar
6	18 Kapillardrosseln $r_K = 0{,}4$ mm, $l_K = 204$ mm

Abb. 3.22 Hydraulikplan für die zentrisch belastete hydrostatische geschlossene Dachführung

Volumenstrom im Anfangszustand erreicht wird. Dies gilt für die einfachen Systeme, wie z. B. für eine hydrostatische Führung ohne Umgriff. Bei kombinierten Systemen, etwa bei hydrostatischen Führungen mit Umgriff oder hydrostatischen Radiallager, kann der Gesamtvolumenstrom unter zusätzlich wirkender Kraft aus folgenden Gründen größer sein als der Volumenstrom im Anfangszustand.

Da die wirksamen Taschenflächen bei den Radiallagern gleich sind, müssen die Taschendrücke der oberen und der unteren hydrostatischen Taschen verschieden sein, damit die Kraft F_G aufgenommen werden kann. Da die Taschendrücke in den unteren und in den oberen hydrostatischen Taschen unter Wirkung der Schnittkraft ansteigen, kann bei manchen Betriebsbedingungen der Gesamtvolumenstrom unter Wirkung der Schnittkraft größer sein als der Gesamtvolumenstrom im Anfangszustand (s. Formeln 2.61 und 2.62).

Alle in den Hydraulikplänen von Abb. 3.8, bis 3.22 bezeichneten Geräte können von Hydraulikfirmen (Willy Vogel AG, Hydac u. a.) bezogen werden. Ausnahme ist die in Abb. 3.7 dargestellte Drosselkontrolleinheit, die problemlos nach dem dargestelltem Hydraulikplan im eigenen Betrieb nachgebaut werden kann.

Kapillardrosseln können als Kapillarrohre mit gewünschtem Durchmesser bestellt und im eigenen Werk auf die berechnete Länge geschnitten werden. Die Kapillarrohre werden mit Außendurchmessern von 0,3 mm bis 38 mm, Wanddicken ab 0,1 mm und Längen von 2000 bis 6000 mm geliefert (Fa. Rohre Ketterer u. a.).

In diesem Unterkapitel (3.3) werden, mit der Ausnahme von Abb. 3.17 und 3.18, zentrisch belastete Führungen und Lager behandelt.

Für die meisten behandelten hydrostatischen Führungen und Lager werden Ölbehälter mit $V = 100\ \text{dm}^3$ vorgesehen.

Ausnahmen sind vorgespannte hydrostatische Mittenführungen (Abb. 3.13), hydrostatische Gewindetriebe (Abb. 3.12), zentrisch belastete hydrostatische Radiallagerungen (Abb. 3.11) und kombinierte Radial- und Axiallager (Abb. 3.10), bei welchen Ölbehälter mit dem Volumen $V = 50\ \text{dm}^3$ ausreichen.

Für die behandelten hydrostatischen Führungen und Lager werden folgende Volumenströme der Zahnradpumpen vorgesehen: von $Q_P = 0{,}85\ \text{dm}^3\ \text{min}^{-1}$ bis $Q_P = 12{,}5\ \text{dm}^3\ \text{min}^{-1}$. Der kleinste Volumenstrom der Zahnradpumpe ($Q_P = 0{,}85\ \text{dm}^3\ \text{min}^{-1}$) wird für die vorgespannte hydrostatische Mittenführung vorgesehen.

Der größte Volumenstrom der Zahnradpumpe ($Q_P = 12{,}5\ \text{dm}^3\ \text{min}^{-1}$) wird für die schnelllaufende hydrostatische axial- und radial gelagerte Spindel vorgesehen.

Eine Ölkühlung wird nur für die schnelllaufenden hydrostatischen axial- und radial gelagerten Spindeln eingebaut.

3.4 Ölversorgungssystem „Eine Pumpe pro Tasche“

In Abb. 3.23 ist der Hydraulikplan für das Ölversorgungssystem „Eine Pumpe pro Tasche“ vereinfacht dargestellt.

Das Öl wird aus dem Ölbehälter 1 durch die Vordruckpumpe 2 mit Pumpendruck p_{PV} durch den Grobfilter 3 und den Feinstfilter 4 zu den Mehrkreispumpen 5 gefördert. Der Pumpendruck p_{PV} wird mit Hilfe des Druckbegrenzungsventils 6 eingestellt. Von den Mehrkreispumpen strömt das Öl zu den hydrostatischen Taschen 8 mit dem Taschendruck $p_P = p_T$.

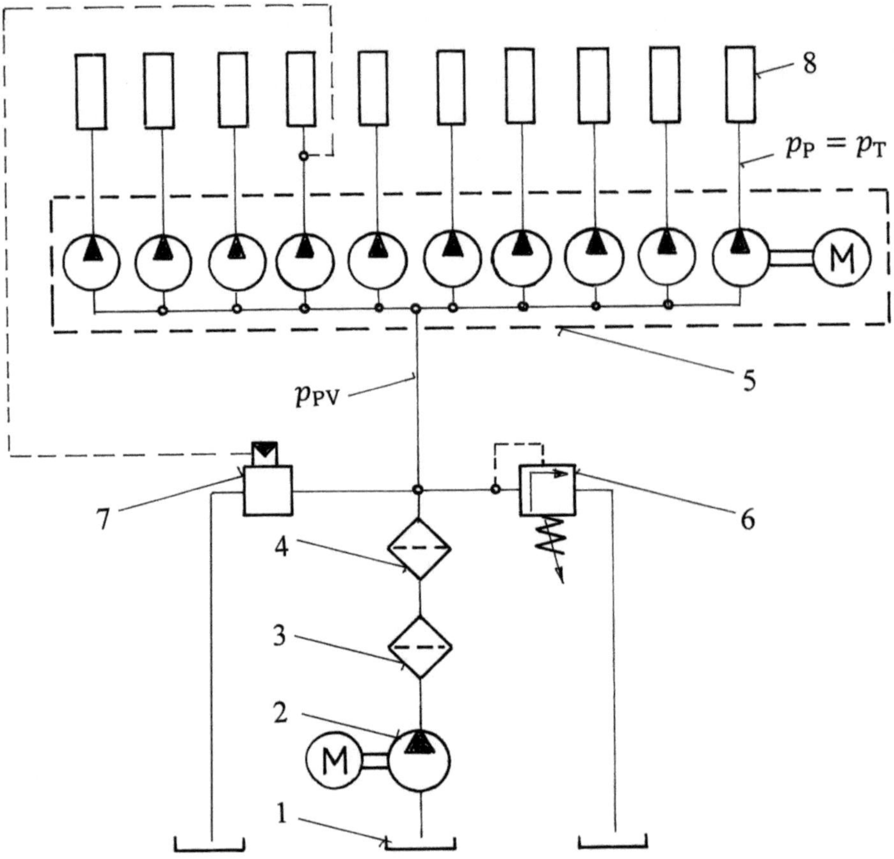

Abb. 3.23 Hydraulikplan für das Ölversorgungssystem „Eine Pumpe pro Tasche". *1* Ölbehälter, *2* Vordruckpumpe, *3* Grobfilter, *4* Feinstfilter, *5* Mehrkreispumpen, *6* Druckbegrenzungsventil, *7* Druckstufenventil, *8* hydrostatische Taschen

Die Druckdifferenz, d. h. das Schwanken der Fördermengen der einzelnen Kreise der Mehrkreispumpe untereinander, kann durch Einsatz der Vordruckpumpe sehr klein gehalten werden, was der Gleichmäßigkeit der Förderströme zugute kommt. Je geringer die Fördermenge je Kreis, je niedriger die Ölviskosität und je größer der Pumpendruck, umso stärker schwanken die Fördermengen der Kreise untereinander. Bei Lagerungen, die starken Druckschwankungen ausgesetzt sind, kann der Vordruck mit Hilfe des Druckstufenventils 7 dem jeweiligen Taschendruck einer charakteristischen Tasche angepasst werden.

Im Anfangsstadium hält das Druckstufenventil den Druck:

$$p_{PV} = \text{ca.}2{,}5\ \text{bar}$$

Tab. 3.3 Förderströme und Vordrücke von Mehrkreispumpen der SKF-Willy Vogel AG

Förderstrom in $dm^3\ min^{-1}$	4 × 0,2 4 × 0,45	5 × 0,2 5 × 0,45	8 × 0,2 8 × 0,45	10 × 0,2 10 × 0,45	20 × 0,015; 20 × 0,03 20 × 0,05; 20 × 0,1
p_{PV} in bar	50	30	50	30	30

Das Druckstufenventil wird zusammen mit den Mehrkreispumpen vom Hersteller (Fa. SKF-Willy Vogel AG) bezogen.

Der Ölüberschuss wird zum Behälter zurückgeleitet. Steigt der Druck p_T, so wird über das Druckstufenventil auch der Vordruck p_{PV} entsprechend erhöht, so dass die Druckdifferenz in etwa konstant gehalten wird.

Die Druckdifferenz sollte in folgenden Grenzen eingehalten werden:

$$p_T - p_{PV} = 4 \text{ bis } 7 \text{ bar} \tag{3.4}$$

Die Mehrkreispumpen werden standardmäßig für Förderströme und Gegendrücke nach Tab. 3.3 gebaut. Sie können von der Fa. SKF-Willy Vogel bezogen werden.

Auf Anfrage werden die Mehrkreispumpen für noch höhere Vordrücke als Sonderanfertigung ausgelegt.

3.4.1 Auslegungsbeispiel: Zentrisch belastete hydrostatische Führung mit Umgriff

Für die in Abschn. 2.4.2 behandelte zentrisch belastete hydrostatische Führung mit Umgriff nach Abb. 2.1 wird eine Ölversorgung mit dem Ölversorgungssystem „Eine Pumpe pro Tasche“ ausgelegt.

Vorgabedaten:

Lagerspalt im Anfangszustand: $h_0 = 0{,}030 \cdot 10^{-3}$ m $= 0{,}030$ mm $= 30$ µm
Kleinster Lagerspalt: $h_I = 27$ µm
Gesamtanzahl der Taschenpaare: $z = 12$
Gesamtanzahl der hydrostatischen Taschen: $2z = 24$ Taschen, davon 12 Taschen der Tragbahn und 12 Taschen des Umgriffs
Taschendruck im Anfangszustand: $p_{T0} = 5{,}85 \cdot 10^5$ N m^{-2} $= 5{,}85$ bar
Max. Taschendruck: $p_{TI} = 8{,}02 \cdot 10^5$ N m^{-2}
Schmieröl: ISO VG 46 mit der kinematischen Viskosität $\upsilon_{25} = 113{,}8$ mm^2 s^{-1}
Volumenstrom durch alle Taschen im Anfangszustand:
$Q_{0GES} = 0{,}78$ dm^3 min^{-1}
Volumenstrom unter Wirkung der Schnittkraft $F_{äuß}$:
$Q_{GES} = 0{,}76$ dm^3 min^{-1}
Verlustleistung: $P_{VER} = 76{,}5$ W

Lösung:

1. Der Volumenstrom der Zahnradpumpe für die Ölversorgung von 24 hydrostatische Taschen der Tragbahn und des Umgriffes muss größer sein als die berechneten Gesamtvolumenströme im Anfangszustand und unter Wirkung der Schnittkraft.
   Volumenstrom pro Strang der Mehrkreispumpe:
   $$Q_S = \frac{Q_0}{2z} = \frac{0{,}78}{24} = 0{,}0325 \text{ dm}^3 \text{ min}^{-1}$$
   Für zehn Taschen der Tragbahn und zehn Taschen des Umgriffs wird eine Zwanzigkreispumpe je 0,05 $\text{dm}^3 \text{ min}^{-1}$ mit dem Vordruck $p_{PV} = 30$ bar gewählt. Für zwei Taschen der Tragbahn und zwei Taschen des Umgriffs wird eine Vierkreispumpe je 0,2 $\text{dm}^3 \text{min}^{-1}$ mit dem Vordruck $p_{PV} = 50$ bar gewählt. Gesamtpumpenvolumenstrom: $Q_P = 20 \cdot 0{,}05 + 4 \cdot 0{,}2 = 1{,}8 \text{ dm}^3 \text{ min}^{-1}$. Der Vordruck der Zwanzigkreispumpe sollte größer sein als der maximale Taschendruck:
   $$p_{PV} \geq p_{TI}$$
   $$30 \text{ bar} \geq 8{,}02 \text{ bar}$$
2. Gewählt wird eine Vordruckpumpe:
   $Q_P = 2{,}5 \text{ dm}^3 \text{ min}^{-1}$ mit maximalem Gegendruck von 50 bar.
3. Für die Verlustleistung von $P_{VER} = 76{,}5$ W ist keine Ölkühlung notwendig.
4. Das Behältervolumen wird gewählt:
   $$V = 100 \text{ dm}^3$$
5. Es wird ein Druckbegrenzungsventil für den Einstellbereich 12 bis 60 bar gewählt.
6. Die Filterfeinheit des Feinstfilters soll feiner als der kleinste Lagerspalt (27 μm) sein, gewählt wird die Feinheit 25 μm.
7. Die Feinheit des Grobfilters wird gewählt: 60 μm.

Der Hydraulikplan für die zentrisch belastete hydrostatische Führung mit Umgriff ist in Abb. 3.24 dargestellt.

3.4.2 Auslegungsbeispiel: Exzentrisch belastete hydrostatische Führung mit Umgriff

Für die in Abschn. 2.5.2 behandelte exzentrisch belastete hydrostatische Führung mit Umgriff nach Abb. 2.2 wird eine Ölversorgung mit dem Ölversorgungssystem „Eine Pumpe pro Tasche“ ausgelegt.

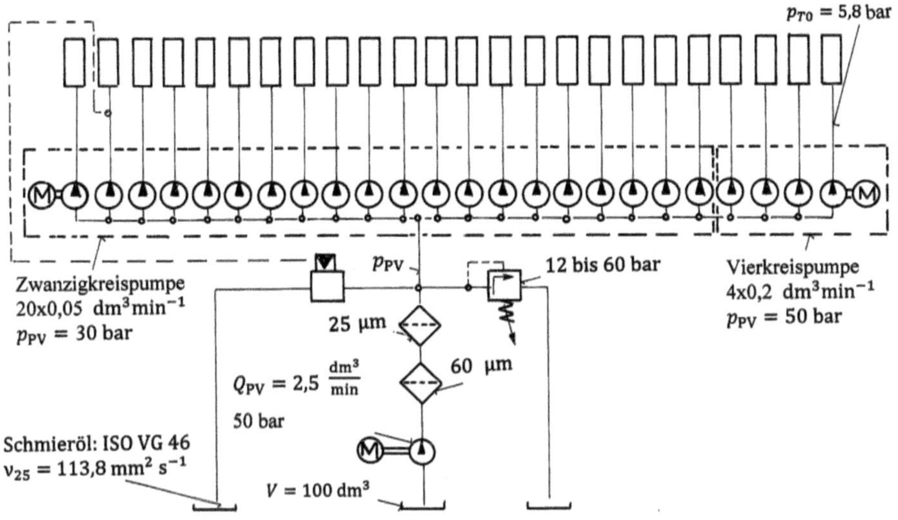

Abb. 3.24 Hydraulikplan für die zentrisch belastete hydrostatische Führung mit Umgriff

Vorgabedaten:

Lagerspalt im Anfangszustand: $h_0 = 0{,}030 \cdot 10^{-3}$ m $= 0{,}030$ mm $= 30$ µm
Gesamtanzahl der Taschenpaare: $z = 12$
Gesamtanzahl der hydrostatischen Taschen: $2z = 24$ Taschen, davon 12 Taschen der Tragbahn und 12 Taschen des Umgriffs
Taschendruck im Anfangszustand:

$p_{T01} = 8{,}25 \cdot 10^5$ N m^{-2}; $p_{T02} = 9{,}73 \cdot 10^5$ N m^{-2};
$p_{T03} = 6{,}76 \cdot 10^5$ N m^{-2}; $p_{T04} = 11{,}22 \cdot 10^5$ N m^{-2};
$p_{T05} = 5{,}28 \cdot 10^5$ N m^{-2}; $p_{T06} = 12{,}71 \cdot 10^5$ N m^{-2}

Max. Taschendruck: $p_{TI6} = 16{,}42 \cdot 10^5$ N m^{-2};
Schmieröl: ISO VG 46 mit der kinematischen Viskosität $\upsilon_{25} = 113{,}8$ mm^2 s^{-1}
Gesamtvolumenstrom durch alle Taschen im Anfangszustand:

$Q_{0GES} = 1{,}17$ dm^3 min^{-1}

Verlustleistung: $P_{VER} = 80{,}7$ W

Lösung:

1. Der kleinste Lagerspalt ist bei der Tasche 6 mit $\Delta h_6 = 0{,}00246 \cdot 10^{-3}$ m:

$$h_6 = h_0 - \Delta h_6 = 0{,}030 \cdot 10^{-3} - 0{,}00246 \cdot 10^{-3} = 0{,}027 \cdot 10^{-3} \text{ m} = 27 \text{ µm} \tag{2.11}$$

2. Der Volumenstrom der Mehrkreispumpe muss größer sein als der berechnete Gesamtvolumenstrom im Anfangszustand.
   Volumenstrom pro Strang der Mehrkreispumpe:

$$Q_S = \frac{Q_0}{2z} = \frac{1{,}17}{24} = 0{,}048 \text{ dm}^3 \text{ min}^{-1}$$

Für zehn Taschen der Tragbahn und zehn Taschen des Umgriffs wird eine Zwanzigkreispumpe je 0,05 $dm^3\ min^{-1}$ mit dem Vordruck $p_{PV} = 30$ bar gewählt.
Für zwei Taschen der Tragbahn und zwei Taschen des Umgriffs wird eine Vierkreispumpe je 0,2 $dm^3\ min^{-1}$ mit dem Vordruck $p_{PV} = 50$ bar gewählt.
Gesamtpumpenvolumenstrom: $Q_P = 20 \cdot 0{,}05 + 4 \cdot 0{,}2 = 1{,}8\ dm^3\ min^{-1}$ Der Vordruck der Zwanzigkreispumpe soll größer sein als der maximale Taschendruck:

$$P_{PV} \geq P_{TI}$$

$$30\ \text{bar} \geq 16{,}42\ \text{bar}$$

3. Es soll eine Vordruckpumpe mit größerem Pumpenvolumenstrom als 1,8 $dm^3\ min^{-1}$ gewählt werden. Gewählt wird eine Vordruckpumpe:

$$Q_P = 2{,}5\ dm^3\ min^{-1}\ \text{mit maximalem Gegendruck von 50 bar.}$$

4. Bei der Verlustleistung von $P_{VER} = 80{,}7$ W ist keine Ölkühlung notwendig.
5. Das Behältervolumen wird gewählt: $V = 100\ dm^3$.
6. Es wird ein Druckbegrenzungsventil für den Einstellbereich 12 bis 60 bar gewählt.
7. Die Filterfeinheit des Feinstfilters soll feiner als der kleinste Lagerspalt (27 µm) sein, gewählt wird die Feinheit 25 µm.
8. Die Feinheit des Grobfilters wird gewählt: 60 µm.

Der Hydraulikplan für die exzentrisch belastete hydrostatische Führung mit Umgriff ist in Abb. 3.25 dargestellt.

Da die Führung im Anfangszustand durch die exzentrisch wirkende Kraft F_e belastet wird, sind die Taschendrücke verschiedener Taschen im Anfangszustand verschieden. Bei der Tasche mit kleinster Entfernung von der exzentrischen Kraft (Tasche 6) wird der höchste Taschendruck im Anfangszustand aufgebaut (s. Abb. 2.2). Bei der Tasche mit größter Entfernung von der exzentrischen Kraft (Tasche 5) wird der niedrigste Taschendruck im Anfangszustand aufgebaut. Bei beiden Führungsbahnen herrschen bei gegenüberliegenden Taschen die gleichen Taschendrücke, z. B. bei beiden Taschen 6 und bei beiden Taschen 5. Die Taschendrücke bei Tragbahn und bei Umgriff sind nach Gl. (2.5) für jede Tasche gleich:

$$p_{TOI1} = p_{TOII1} = p_{TO1} \quad \text{und}$$

$$p_{TOI4} = p_{TOII4} = p_{TO4}$$

Da die Drücke einzelner Taschen im Anfangszustand kontrolliert werden müssen, werden im Hydraulikplan Abb. 3.25 die Taschendrücke aller Taschen im Anfangszustand angegeben. Zur Kontrolle einzelner Taschendrücke kann der Druckmeßstellenwähler (s. Abb. 3.7, Pos 1) eingesetzt werden.

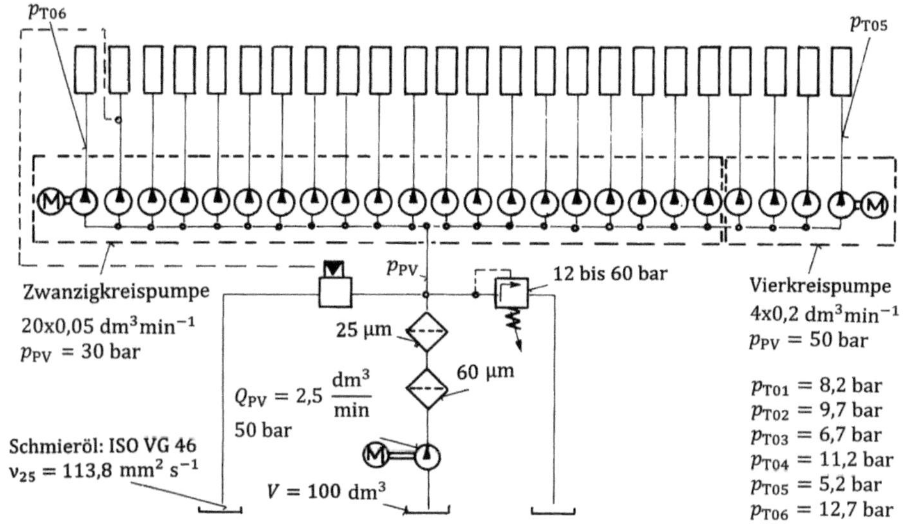

Abb. 3.25 Hydraulikplan für die exzentrisch belastete hydrostatische Führung mit Umgriff

3.4.3 Auslegungsbeispiel: Kombinierte Radial- und Axiallager

Für die in Abschn. 2.6.2 behandelten kombinierten Radial- und Axiallagern nach Abb. 2.4 wird eine Ölversorgung mit dem Ölversorgungssystem „Eine Pumpe pro Tasche“ ausgelegt.

Vorgabedaten:

Lagerspalt im Anfangszustand: $h_{0\mathrm{I}} = h_{0\mathrm{II}} = h_0 = 0{,}00004\ \mathrm{m} = 0{,}040 \cdot 10^{-3}\ \mathrm{m}$
Anzahl der Taschenpaare bei Axiallager: $z = 4$
Gesamtanzahl der Axiallager: 8
Anzahl der hydrostatischen Taschen der Radiallager in einem Querschnitt: $z = 4$
Anzahl der Radiallager: $x = 2$
Gesamtanzahl der Radiallager: 8
Schmieröl: ISO VG 46
Kinematische Viskosität bei $\vartheta = 25\ °\mathrm{C} : \upsilon_{25} = 113{,}87546\ \mathrm{mm}^2\ \mathrm{s}^{-1}$
Taschendruck bei den Axiallagern im Anfangszustand:
$p_{\mathrm{T0}} = 7{,}3 \cdot 10^5\ \mathrm{N\ m}^{-2} = 7{,}3\ \mathrm{bar}$
Maximaler Taschendruck: $p_{\mathrm{TI}} = 9{,}3 \cdot 10^5\ \mathrm{N\ m}^{-2}$
Verlustleistung bei den Axiallagern: $P_{\mathrm{VER}} = 27{,}9\ \mathrm{W}$
Volumenstrom durch alle Taschen bei den Axiallagern im Anfangszustand:
$Q_{0\mathrm{GES}} = 0{,}247\ \mathrm{dm}^3\ \mathrm{min}^{-1}$
Volumenstrom durch alle Taschen bei den Radiallagern im Anfangszustand:
$Q_{0\mathrm{GES}} = 0{,}247\ \mathrm{dm}^3\ \mathrm{min}^{-1}$

Volumenstrom durch einen Strang der Mehrkreispumpe bei den Axiallagern:
$Q_{SI} = 0{,}03\ \text{dm}^3\ \text{min}^{-1}$
Strömungsverhältnisse:
$\frac{b_I}{l_I} = \frac{b_{II}}{l_{II}} = \frac{b}{l} = 13$
Optimales Drosselverhältnis bei den Radiallagern: $\left(\frac{p_P}{p_{T0}}\right)_{OPT} = 2{,}02$
Die Radiallager werden mit folgendem Taschendruck vorgespannt:
$p_{T0} = 7{,}3 \cdot 10^5\ \text{N m}^{-2} = 7{,}3$ bar
Pumpendruck bei Radiallagern: $p_P = 2{,}02 \cdot 7{,}3\ \text{N m}^{-2} = 14{,}8$ bar
Kleinster Lagerspalt: 37 µm
Der Innenradius der Kapillare wird angenommen: $r_K = 0{,}4$ mm

Lösung:

1. Volumenstrom pro Strang der Mehrkreispumpe bei den Axiallagern:
$$Q_S = 0{,}03\ \text{dm}^3\ \text{min}^{-1}.$$
Für acht hydrostatische Taschen der Axiallager wird eine Achtkreispumpe $8 \times 0{,}2\ \text{dm}^3\ \text{min}^{-1}$ mit Vordruck $p_{PV} = 50$ bar gewählt.
Gesamtpumpenvolumenstrom: $Q_P = 8 \cdot 0{,}2 = 1{,}6\ \text{dm}^3\ \text{min}^{-1}$.
2. Es soll eine Vordruckpumpe mit größerem Pumpenvolumenstrom als $1{,}6\ \text{dm}^3\ \text{min}^{-1}$ gewählt werden. Gewählt wird eine Vordruckpumpe:
$Q_P = 2{,}5\ \text{dm}^3\ \text{min}^{-1}$ mit maximalem Gegendruck von 50 bar.
Der Vordruck der Achtkreispumpe soll größer sein als der maximale Taschendruck: $p_{PV} \geq p_{TI}$; 50 bar $\geq$ 9,3 bar.
3. Da die Radiallager durch keine Kräfte belastet werden, wird für sie die Ölversorgung „Eine gemeinsame Pumpe und Kapillardrosseln" vorgesehen.
Kapillarlänge bei den Radiallagern:
$$l_K = \frac{1{,}5\pi r_K^4 \left(\frac{p_P}{p_{T0}} - 1\right)}{h_0^3}\frac{l}{b} = \frac{1{,}5 \cdot \pi \cdot 0{,}4^4 \cdot (2{,}02 - 1)}{0{,}04^3} \cdot \frac{1}{13} = 147{,}8\ \text{mm}. \tag{3.3}$$
Für 8 hydrostatische Taschen der Radiallager werden acht Kapillarrohre, Innendurchmesser: $D_K = 2r_K = 2 \cdot 0{,}4 = 0{,}8$ mm, Länge: $l_K = 148$ mm vorgesehen.
4. Der Volumenstrom der Zahnradpumpe für die Ölversorgung von acht hydrostatischen Taschen der Radiallager muss größer sein als der berechnete Gesamtvolumenstrom im Anfangszustand: $Q_{0GES} = 0{,}247\ \text{dm}^3\ \text{min}^{-1}$.
Gewählt wird: $Q_P = 0{,}85\ \text{dm}^3\ \text{min}^{-1}$ mit maximalem Gegendruck von 30 bar.
5. Für die Verlustleistung $P_{VER} = 27{,}9$ W ist keine Ölkühlung notwendig.
6. Das Behältervolumen wird gewählt:
$$V = 100\ \text{dm}^3.$$
7. Es wird ein Druckbegrenzungsventil für den Einstellbereich 12 bis 60 bar gewählt.

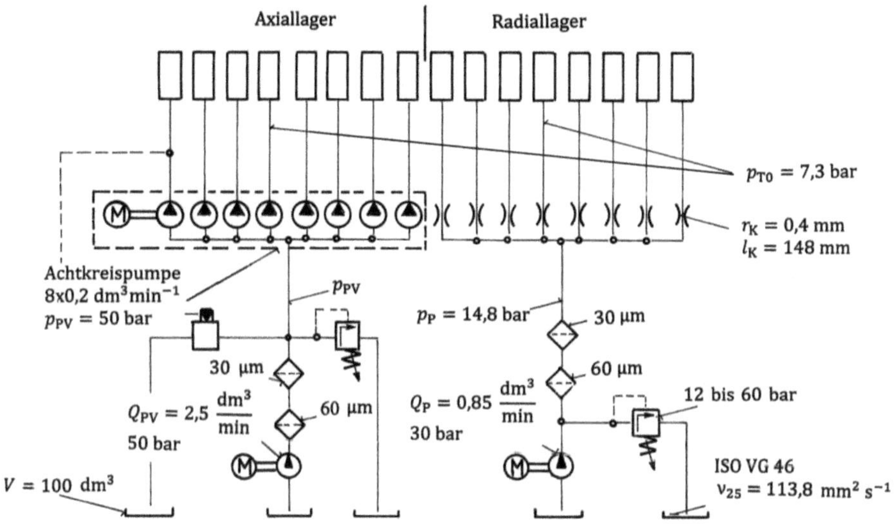

Abb. 3.26 Hydraulikplan für die kombinierten Radial- und Axiallager

8. Es wird ein Ölmanometer für Öldrücke von 0 bis 100 bar gewählt.
9. Die Filterfeinheit des Feinstfilters soll feiner oder gleich als der kleinste Lagerspalt (37 µm) sein, gewählt wird die Feinheit 30 µm.
10. Die Feinheit des Grobfilters wird gewählt: 60 µm.
11. Der Hydraulikplan für die kombinierten Radial- und Axiallager ist in Abb. 3.26 dargestellt.

3.4.4 *Auslegungsbeispiel: Zentrisch belastete hydrostatische Radiallagerung*

Für die in Abschn. 2.7.2 behandelte zentrisch belastete hydrostatische Radiallagerung nach Abb. 2.5 wird eine Ölversorgung mit dem Ölversorgungssystem „Eine Pumpe pro Tasche“ ausgelegt.

Vorgabedaten:

Lagerspalt im Anfangszustand: $h_0 = 0{,}020 \cdot 10^{-3}$ m $= 0{,}020$ mm $= 20$ µm

Der kleinste Lagerspalt ist bei den unteren hydrostatischen Taschen unter Wirkung der Schnittkraft: $h_{\mathrm{I}} = 0{,}016 \cdot 10^{-3}$ m $= 0{,}016$ mm $= 16$ µm

Anzahl der hydrostatischen Taschen in einem Querschnitt: $z = 4$

Anzahl der Radiallager: $x = 2$

Gesamtanzahl der hydrostatischen Taschen: $2 \cdot 4 = 8$ Taschen, davon 4 obere Taschen mit Bezeichnung II und 4 untere Taschen mit Bezeichnung I

Taschendruck bei den unteren hydrostatischen Taschen im Anfangszustand: $p_{\mathrm{T0I}} = 18{,}13 \cdot 10^5\ \mathrm{N\,m^{-2}}$

Taschendruck bei den oberen hydrostatischen Taschen im Anfangszustand:
$p_{\mathrm{TOII}} = 9{,}065 \cdot 10^5\ \mathrm{N\,m^{-2}}$
Höchster Taschendruck: $p_{\mathrm{TI}} = 35{,}41 \cdot 10^5\ \mathrm{N\,m^{-2}}$
Schmieröl: ISO VG 10 mit der kinematischen Viskosität $\upsilon_{25} = 17{,}95\ \mathrm{mm^2\,s^{-1}}$
Volumenstrom durch alle Taschen im Anfangszustand und unter Wirkung der Schnittkraft: $Q_{\mathrm{0GES}} = 1{,}1\ \mathrm{dm^3 min^{-1}}$
Volumenstrom, der unter Wirkung der Schnittkraft durch eine untere hydrostatische Tasche strömt (durch einen Strang der Mehrkreispumpe):
$Q_{\mathrm{SI}} = 0{,}18\ \mathrm{dm^3\ min^{-1}}$
Volumenstrom, der unter Wirkung der Schnittkraft durch eine obere hydrostatische Tasche strömt (durch einen Strang der Mehrkreispumpe):
$Q_{\mathrm{SII}} = 0{,}09\ \mathrm{dm^3\ min^{-1}}$
Verlustleistung: $P_{\mathrm{VER}} = 604{,}1\ \mathrm{W}$
Schmieröl ISO VG 10 mit der kinematischen Viskosität $\upsilon_{25} = 17{,}95\ \mathrm{mm^2\,s^{-1}}$

Lösung:

1. Für acht hydrostatische Taschen der zentrisch belasteten hydrostatische Radiallagerung wird eine Achtkreispumpe mit größerem Volumenstrom als Q_{SI} und Q_{SII} vorgesehen.
   Gewählt wird eine Achtkreispumpe mit Volumenstrom $8 \times 0{,}2\ \mathrm{dm^3\ min^{-1}}$ mit Vordruck $p_{\mathrm{PV}} = 50$ bar.
   Der Gegendruck der Achtkreispumpe muss größer sein als der größte Taschendruck:
   $$50\ \mathrm{bar} \geqq 35{,}41\ \mathrm{bar}.$$
2. Es soll eine Vordruckpumpe mit größerem Pumpenvolumenstrom als $Q_P = 8 \cdot 0{,}2\ \mathrm{dm^3\ min^{-1}} = 1{,}6\ \mathrm{dm^3\ min^{-1}}$ eingebaut werden.
   Gewählt wird eine Vordruckpumpe mit dem Pumpenvolumenstrom $Q_{PV} = 2{,}5\ \mathrm{dm^3\ min^{-1}}$ mit maximalem Gegendruck von 50 bar.
3. Bei der Verlustleistung von $P_{\mathrm{VER}} = 604{,}1$ W ist keine Ölkühlung notwendig.
4. Das Behältervolumen wird gewählt: $V = 100\ \mathrm{dm^3}$.
5. Es wird ein Druckbegrenzungsventil für den Einstellbereich 12 bis 60 bar gewählt.
6. Die Filterfeinheit des Feinstfilters soll feiner als der kleinste Lagerspalt (16 μm) sein, gewählt wird die Feinheit 15 μm.
7. Die Feinheit des Grobfilters wird gewählt: 40 μm.
8. Wenn eine Radiallagerung für die Lagerung der Schleifscheibe vorgesehen ist, wird ein Druckspeicher für den Nachlauf der Schleifscheibe eingebaut (s. Abb. 3.11).

Der Hydraulikplan für die zentrisch belastete hydrostatische Radiallagerung ist in Abb. 3.27 dargestellt.

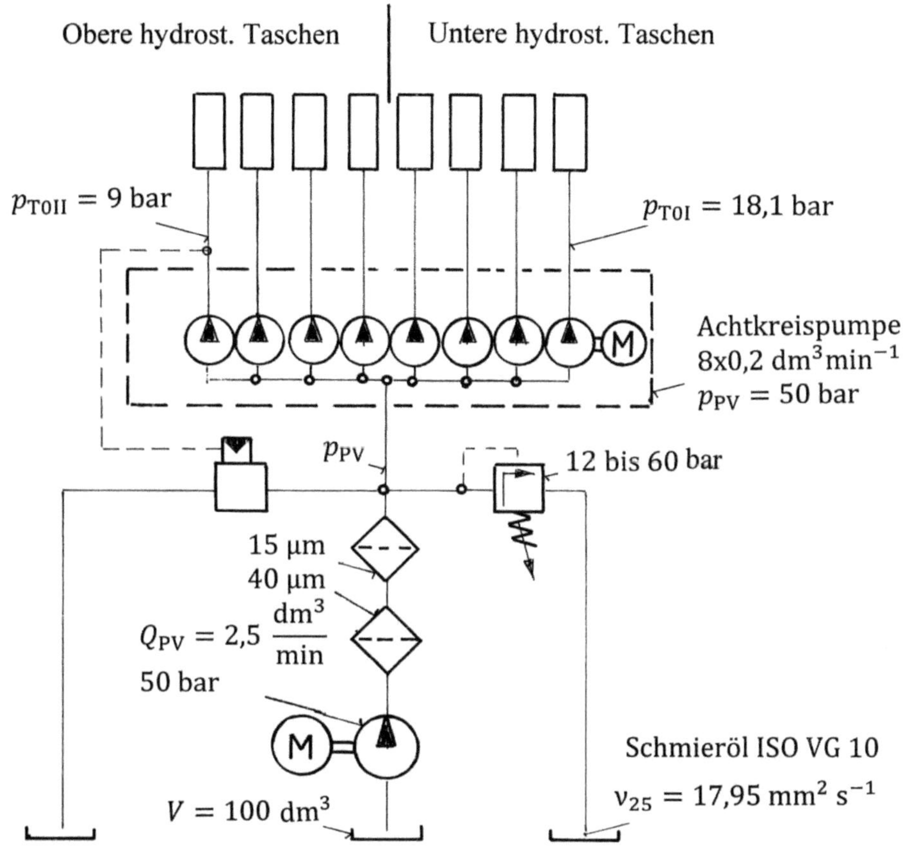

Abb. 3.27 Hydraulikplan für zentrisch belastete hydrostatische Radiallagerung

3.4.5 Auslegungsbeispiel: Exzentrisch belastete hydrostatische Radiallagerung

Für die in Abschn. 2.8.2 behandelte exzentrisch belastete hydrostatische Radiallagerung nach Abb. 2.6 wird eine Ölversorgung mit dem Ölversorgungssystem „Eine Pumpe pro Tasche" ausgelegt.

Vorgabedaten:

Lagerspalt im Anfangszustand: $h_0 = 0{,}020 \cdot 10^{-3}$ m $= 0{,}020$ mm $= 20$ µm
Der kleinste Lagerspalt ist bei der unteren hydrostatischen Tasche 1 unter Wirkung der Schnittkraft: $h_{I1} = 0{,}0164 \cdot 10^{-3}$ m $= 0{,}0164$ mm $= 16$ µm
Anzahl der hydrostatischen Taschen in einem Querschnitt: $z = 4$
Anzahl der Radiallager: $x = 2$

Gesamtanzahl der hydrostatischen Taschen: $2 \cdot 4 = 8$ Taschen, davon 4 obere Taschen mit Bezeichnung II und 4 untere Taschen mit Bezeichnung I

Taschendruck bei der unteren hydrostatischen Tasche 1 im Anfangszustand: $p_{\mathrm{T0I1}} = 21{,}74 \cdot 10^5\ \mathrm{N\,m^{-2}}$

Taschendruck bei der oberen hydrostatischen Tasche 1 im Anfangszustand: $p_{\mathrm{T0II1}} = 10{,}87 \cdot 10^5\ \mathrm{N\,m^{-2}}$

Taschendruck bei der unteren hydrostatischen Tasche 2 im Anfangszustand: $p_{\mathrm{T0II2}} = 8{,}16 \cdot 10^5\ \mathrm{N\,m^{-2}}$

Taschendruck bei der oberen hydrostatischen Tasche 2 im Anfangszustand: $p_{\mathrm{T0I2}} = 16{,}32 \cdot 10^5\ \mathrm{N\,m^{-2}}$

Großter Taschendruck: $p_{\mathrm{TI1}} = 31{,}9 \cdot 10^5\ \mathrm{N\,m^{-2}}$

Schmieröl: ISO VG 10 mit der kinematischen Viskosität $\upsilon_{25} = 17{,}95\ \mathrm{mm^2\,s^{-1}}$

Gesamtvolumenstrom im Anfangszustand: $Q_{\mathrm{0GES}} = 1{,}17\ \mathrm{dm^3\,min^{-1}}$

Der Volumenstrom, der unter Wirkung der Schnittkraft durch die untere hydrostatische Tasche 1 strömt (durch einen Strang der Mehrkreispumpe): $Q_{\mathrm{SI1}} = 0{,}18\ \mathrm{dm^3\,min^{-1}}$

Der Volumenstrom, der unter Wirkung der Schnittkraft durch die obere hydrostatische Tasche 1 strömt (durch einen Strang der Mehrkreispumpe): $Q_{\mathrm{SII1}} = 0{,}13\ \mathrm{dm^3\,min^{-1}}$

Der Volumenstrom, der unter Wirkung der Schnittkraft durch die untere hydrostatische Tasche 2 strömt (durch einen Strang der Mehrkreispumpe): $Q_{\mathrm{SII2}} = 0{,}09\ \mathrm{dm^3\,min^{-1}}$

Der Volumenstrom, der unter Wirkung der Schnittkraft durch die obere hydrostatische Tasche 2 strömt (durch einen Strang der Mehrkreispumpe): $Q_{\mathrm{SI2}} = 0{,}13\ \mathrm{dm^3\,min^{-1}}$

Verlustleistung: $P_{\mathrm{VER}} = 580{,}9\ \mathrm{W}$

Lösung:

1. Für acht hydrostatische Taschen der exzentrisch belasteten hydrostatischen Radiallagerung wird eine Achtkreispumpe mit größerem Volumenstrom als $Q_{\mathrm{SI1}} = 0{,}18\ \mathrm{dm^3\,min^{-1}}$ eingesetzt.
   Gewählt wird eine Achtkreispumpe mit Volumenstrom $8 \times 0{,}2\ \mathrm{dm^3\,min^{-1}}$ und Vordruck $p_{\mathrm{PV}} = 50$ bar.
   Der Gegendruck der Achtkreispumpe muss größer sein als der höchste Taschendruck:
   $$50\ \text{bar} \geqq 31{,}9\ \text{bar}.$$
2. Es soll eine Vordruckpumpe mit größerem Pumpenvolumenstrom als $Q_{\mathrm{P}} = 8 \cdot 0{,}2\ \mathrm{dm^3\,min^{-1}} = 1{,}6\ \mathrm{dm^3\,min^{-1}}$ eingebaut werden.
   Gewählt wird eine Vordruckpumpe mit Pumpenvolumenstrom $Q_{\mathrm{PV}} = 2{,}5\ \mathrm{dm^3\,min^{-1}}$ mit maximalem Gegendruck von 50 bar.

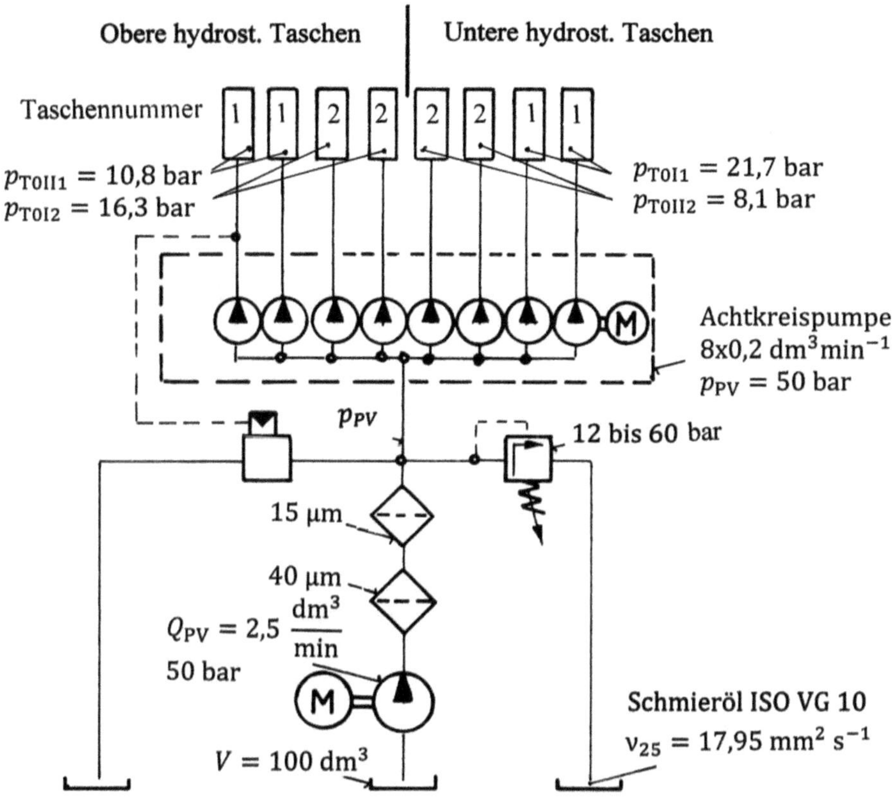

Abb. 3.28 Hydraulikplan für die exzentrisch belastete hydrostatische Radiallagerung

3. Bei der Verlustleistung von $P_{VER} = 580{,}9$ W ist keine Ölkühlung notwendig.
4. Das Behältervolumen wird gewählt: $V = 100\ \text{dm}^3$.
5. Es wird ein Druckbegrenzungsventil für den Einstellbereich 12 bis 60 bar gewählt.
6. Wenn eine Radiallagerung für die Lagerung der Schleifscheibe vorgesehen ist, wird ein Druckspeicher für den Nachlauf der Schleifscheibe eingebaut (s. Abb. 3.11).
7. Die Filterfeinheit des Feinstfilters soll feiner als der kleinste Lagerspalt (16 µm) sein, gewählt wird die Feinheit 15 µm.
8. Die Feinheit des Grobfilters wird gewählt: 40 µm.
9. Schmieröl ISO VG 10 mit der kinematischen Viskosität $\upsilon_{25} = 17{,}95\ \text{mm}^2\ \text{s}^{-1}$.

Der Hydraulikplan für die exzentrisch belastete hydrostatische Radiallagerung ist in Abb. 3.28 dargestellt.

3.4.6 *Auslegungsbeispiel: zentrisch belasteter hydrostatischer Schlitten*

Für den in Abschn. 2.12.2 behandelten zentrisch belasteten hydrostatischen Schlitten nach Abb. 2.11 wird eine Ölversorgung mit dem Ölversorgungssystem „Eine Pumpe pro Tasche“ ausgelegt.

Vorgabedaten:

Gesamtanzahl der hydrostatischen Taschen bei Tragbahn und Umgriff: 28
Gesamtanzahl der hydrostatischen Taschen bei der Mittenführung: 14
Gesamtanzahl der hydrostatischen Taschen des zentrisch belasteten hydrostatischen Schlittens (Tragbahn, Umgriff und Mittenführung): 42
Lagerspalt im Anfangszustand: $h_{0\mathrm{I}} = h_{0\mathrm{II}} = h_{0\mathrm{III}} = h_0 = 0{,}00003\ \mathrm{m} = 0{,}030 \cdot 10^{-3}\ \mathrm{m}$
Kleinster Lagerspalt: $h_\mathrm{I} = 0{,}000027\ \mathrm{m} = 0{,}027 \cdot 10^{-3}\ \mathrm{m}$
Taschendruck im Anfangszustand für die Tragbahn und den Umgriff: $p_{\mathrm{T}0} = 6 \cdot 10^5\ \mathrm{N\,m^{-2}}$
Höchster Taschendruck: $p_{\mathrm{TI}} = 8{,}16$ bar
Die Mittenführung wird vorgespannt mit Taschendruck: $p_{\mathrm{T}0} = 6 \cdot 10^5\ \mathrm{N\,m^{-2}}$
Volumenstrom durch alle Taschen der Tragbahn und des Umgriffs im Anfangszustand: $Q_{0\mathrm{TU}} = 1{,}125\ \mathrm{dm^3\,min^{-1}}$
Volumenstrom durch alle Taschen der Mittenführung im Anfangszustand: $Q_{0\mathrm{MF}} = 0{,}56\ \mathrm{dm^3\,min^{-1}}$
Volumenstrom durch alle Taschen der Tragbahn und des Umgriffs unter Wirkung der Schnittkraft $F_{\mathrm{äuß}}$: $Q_{\mathrm{TU}} = 1{,}119\ \mathrm{dm^3\,min^{-1}}$
Verlustleistung: $P_{\mathrm{VER}} = 78{,}7$ W
Schmieröl: ISO VG 32 mit der kinematischen Viskosität $\upsilon_{25} = 73{,}85\ \mathrm{mm^2\,s^{-1}}$
Innenradius der Kapillare: $r_\mathrm{K} = 0{,}4$ mm

Lösung:

1. Volumenstrom pro Strang der Mehrkreispumpe der Tragbahn und des Umgriffs:

$$\frac{Q_{0\mathrm{TU}}}{28} = \frac{1{,}125}{28} = 0{,}040\ \mathrm{dm^3\,min^{-1}}.$$

2. Für die 28 Taschen der Tragbahn und des Umgriffs werden gewählt: eine Zwanzigkreispumpe je $0{,}05\ \mathrm{dm^3\,min^{-1}}$ mit Vordruck $p_{\mathrm{PV}} = 30$ bar und eine Achtkreispumpe je $0{,}2\ \mathrm{dm^3\,min^{-1}}$ mit Vordruck $p_{\mathrm{PV}} = 50$ bar mit Gesamtpumpenvolumenstrom

$$Q_\mathrm{P} = 20 \cdot 0{,}05 + 8 \cdot 0{,}2 = 2{,}6\ \mathrm{dm^3\,min^{-1}}.$$

Der Gegendruck der Zwanzigkreispumpe muss größer sein als der höchste Taschendruck: 30 bar $\geqq$ 8,16 bar.

3. Es soll eine Vordruckpumpe mit größerem Pumpenvolumenstrom als 2,6 $dm^3\ min^{-1}$ gewählt werden:

$$Q_{PV} = 5{,}25\ dm^3\ min^{-1} \text{ mit Gegendruck von 50 bar.}$$

4. Für die Ölversorgung von 14 hydrostatischen Taschen der Mittenführung können keine Mehrkreispumpen eingesetzt werden, da die Mittenführung durch keine äußeren Kräfte belastet wird und der Taschendruck p_T nur bei der Belastung des Schlittens aufgebaut wird. Die 14 hydrostatischen Taschen der Mittenführung werden an die Kapillardrosseln angeschlossen.
5. Der Pumpendruck für die Mittenführung wird angenommen:

$$p_P = 12{,}2 \text{ bar}.$$

Es gilt: $\frac{p_P}{p_{T0}} = \frac{12{,}2}{6} = 2{,}03$

6. Kapillarlänge:

$$l_K = \frac{1{,}5\pi r_K^4 \left(\frac{p_P}{p_{T0}} - 1\right)}{h_0^3} \frac{l}{b} = \frac{1{,}5 \cdot \pi \cdot 0{,}4^4 \cdot (2{,}03 - 1)}{0{,}03^3} \cdot \frac{1}{31{,}8} = 144{,}7 \text{ mm} \tag{3.3}$$

Für 14 hydrostatische Taschen der Mittenführung werden 14 Kapillarrohre, Innendurchmesser: $D_K = 2r_K = 2 \cdot 0{,}4 = 0{,}8$ mm, Länge: $l_K = 144{,}7$ mm vorgesehen.
7. Der Volumenstrom der Zahnradpumpe für die Ölversorgung von 14 hydrostatischen Taschen der Mittenführung muss größer sein als der berechnete Gesamtvolumenstrom im Anfangszustand $Q_{0MF} = 0{,}56\ dm^3\ min^{-1}$.
Gewählt wird: $Q_P = 0{,}85\ dm^3\ min^{-1}$ mit maximalem Gegendruck von 30 bar.
8. Für die Verlustleistung: $P_{VER} = 78{,}7$ W ist keine Ölkühlung notwendig.
9. Das Behältervolumen wird gewählt: $V = 100\ dm^3$.
10. Es wird ein Druckbegrenzungsventil für den Einstellbereich 12 bis 60 bar gewählt.
11. Die Filterfeinheit des Feinstfilters soll feiner als der kleinste Lagerspalt (27 μm) sein, gewählt wird die Feinheit 25 μm.
12. Die Feinheit des Grobfilters wird gewählt: 60 μm.

Der Hydraulikplan für die Ölversorgung von 42 hydrostatischen Taschen des zentrisch belasteten hydrostatischen Schlittens ist in Abb. 3.29 dargestellt.

3.4.7 Auslegungsbeispiel: schnelllaufende hydrostatisch axial- und radial gelagerte Spindeln

Für die in Abschn. 2.13.4 behandelte schnelllaufende axial- und radial gelagerte Spindel nach Abb. 2.4 wird die Ölversorgung ausgelegt.

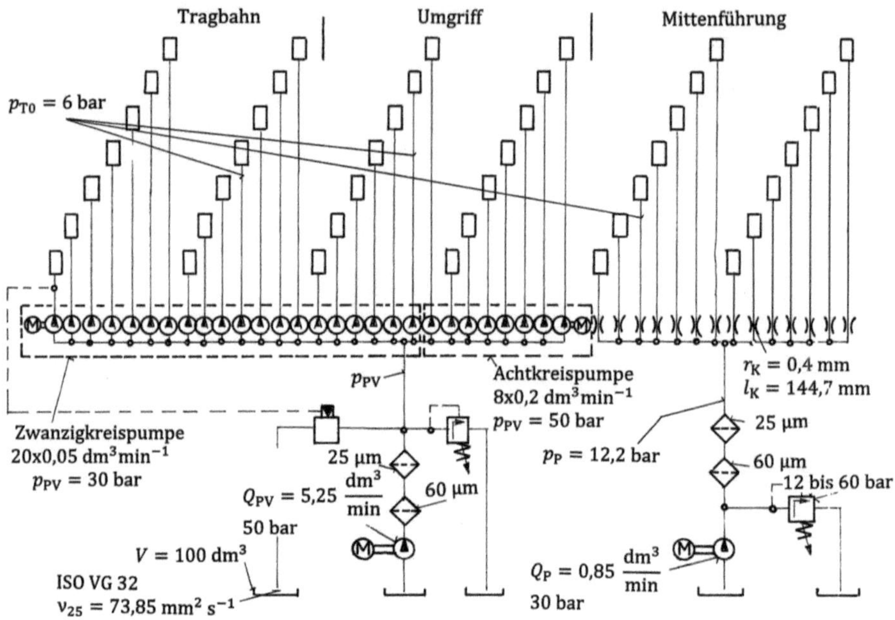

Abb. 3.29 Hydraulikplan für den zentrisch belasteten hydrostatischen Schlitten

Vorgabedaten:

Lagerspalt im Anfangszustand: $h_{0I} = h_{0II} = h_0 = 0{,}00005\ \text{m} = 0{,}050 \cdot 10^{-3}\ \text{m}$
Anzahl der Taschenpaare bei Axiallager: $z = 3$
Gesamtanzahl der Axiallager: 6
Anzahl der hydrostatischen Taschen der Radiallager in einem Querschnitt: $z = 4$
Anzahl der Radiallager: $x = 2$
Gesamtanzahl der Radiallager: 8
Schmieröl: ISO VG 15
Kinematische Viskosität bei $\vartheta = 22\ °\text{C} : \nu_{22} = 32{,}145\ \text{mm}^2\ \text{s}^{-1}$
Taschendruck bei den Axial-und Radiallagern im Anfangszustand:
  $p_{T0} = 5{,}97 \cdot 10^5\ \text{N m}^{-2} = 5{,}97\ \text{bar}$
Höchster Taschendruck: $p_{TI} = 11{,}66$ bar
Pumpendruck bei Radiallager: $p_P = 13{,}3$ bar
Druckverhältnis $\frac{p_P}{p_{T0}} = \frac{13{,}3}{5{,}97} = 2{,}22$
Gesamtverlustleistung: $P_{VER} = 8686{,}7$ W
Volumenstrom durch alle Taschen bei den Axiallagern im Anfangszustand:
  $Q_{0AX} = 2{,}7\ \text{dm}^3\ \text{min}^{-1}$
Gesamtvolumenstrom bei den Radiallagern im Anfangszustand:
  $Q_{0RAD} = 4{,}29\ \text{dm}^3\ \text{min}^{-1}$
Volumenstrom durch alle Taschen bei den Axial- und Radiallagern im Anfangszustand: $Q_{0GES} = 6{,}99\ \text{dm}^3\ \text{min}^{-1}$
Strömungsverhältnisse: $\frac{b_I}{l_I} = \frac{b_{II}}{l_{II}} = \frac{b}{l} = 40$

Kleinster Lagerspalt: 40 µm
Der Innenradius der Kapillare wird angenommen: $r_K = 0{,}5$ mm

Lösung:

1. Volumenstrom durch einen Strang der Mehrkreispumpe bei den Axiallagern:

$$Q_{SI} = \frac{Q_{0AX}}{2z} = \frac{2{,}7}{2 \cdot 3} = 0{,}45\ \text{dm}^3\ \text{min}^{-1}.$$

2. Für die Ölversorgung von sechs hydrostatischen Taschen der Axiallager wird Eine Achtkreispumpe $8 \times 0{,}45\ \text{dm}^3\ \text{min}^{-1}$ mit Vordruck $p_{PV} = 50$ bar gewählt. Der Gegendruck der Achtkreispumpe muss größer sein als der höchste Taschendruck: 50 bar $\geqq$ 11,66 bar.
3. Es soll eine Vordruckpumpe mit größerem Pumpenvolumenstrom als $8 \cdot 0{,}45\,\text{dm}^3\,\text{min}^{-1} = 3{,}6\ \text{dm}^3\ \text{min}^{-1}$ gewählt werden.
   Gewählt wird eine Vordruckpumpe mit Pumpenvolumenstrom

$$Q_{PV} = 5{,}25\ \text{dm}^3\ \text{min}^{-1}\ \text{mit maximalem Gegendruck von 50 bar.}$$

4. Kapillarlänge bei den Radiallagern:

$$l_K = \frac{1{,}5\pi r_K^4 \left(\frac{p_P}{p_{T0}} - 1\right)}{h_0^3}\frac{l}{b} = \frac{1{,}5 \cdot \pi \cdot 0{,}5^4 \cdot (2{,}23 - 1)}{0{,}05^3} \cdot \frac{1}{40} = 72{,}4\ \text{mm} \quad (3.3)$$

5. Für acht hydrostatische Taschen der Radiallager werden acht Kapillarrohre, Innendurchmesser: $D_K = 2r_K = 2 \cdot 0{,}5 = 1{,}0$ mm, Länge: $l_K = 72{,}4$ mm vorgesehen.
6. Der Volumenstrom der Zahnradpumpe für die Ölversorgung von acht hydrostatischen Taschen der Radiallager muss größer sein als der berechnete Gesamtvolumenstrom im Anfangszustand. Gewählt wird: $Q_P = 5{,}25\ \text{dm}^3\text{min}^{-1}$ mit maximalem Gegendruck von 50 bar.
7. Für die Verlustleistung $P_{VER} = 8686{,}7$ W ist eine Ölkühlung notwendig. Gewählt wird: $P_K = 7000$ W.
8. Die Kühlerpumpe wird nach der Verlustleistung, der Ölviskosität und der notwendigen Differenz zwischen den Öltemperaturen in der Rücklaufleitung ϑ_1 und in der Zulaufleitung ϑ_2 bestimmt: $Q_K = 49\ \text{dm}^3\text{min}^{-1}$.
9. Von den hydrostatischen Lagern strömt das Öl durch die Ölrücklaufleitung 9 zu dem Ölbehälter frei ab. Die am Ölbehälter eingebaute Zahnradpumpe 10 fördert das Öl durch den Filter 11 zu dem Kühler 12 und weiter zum Ölbehälter des Ölversorgungsaggregates 1.
10. Das Behältervolumen wird gewählt: $V = 200\ \text{dm}^3$.
11. Zwischen der Kühlerpumpe und dem Kühler wird ein Filter 40 µm eingebaut.
12. Es wird ein Druckbegrenzungsventil für den Einstellbereich 12 bis 60 bar gewählt.
13. Die Filterfeinheit des Feinstfilters soll feiner als der kleinste Lagerspalt (40 µm) sein, gewählt wird die Feinheit 30 µm.

14. Die Feinheit des Grobfilters wird gewählt: 60 μm.

Der Hydraulikplan für die schnelllaufende hydrostatische, axial- und radial gelagerte Spindel durch „Eine Pumpe pro Tasche" und Kapillardrosseln ist in Abb. 3.30 dargestellt.

3.4.8 Auslegungsbeispiel: schnelllaufende hydrostatische zentrisch belastete radial gelagerte Spindeln

Für die in Abschn. 2.14.2 behandelte schnelllaufende hydrostatische zentrisch belastete radial gelagerte Spindeln nach Abb. 2.5 wird eine Ölversorgung mit dem Ölversorgungssystem „Eine Pumpe pro Tasche" ausgelegt.

Vorgabedaten:

Lagerspalt im Anfangszustand: $h_0 = 0{,}030 \cdot 10^{-3}\ \text{m} = 0{,}030\ \text{mm} = 30\ \mu\text{m}$
Der kleinste Lagerspalt ist bei den unteren hydrostatischen Taschen unter Wirkung der Schnittkraft: $h_\text{I} = 0{,}024 \cdot 10^{-3}\ \text{m} = 0{,}024\ \text{mm} = 24\ \mu\text{m}$
Anzahl der hydrostatischen Taschen in einem Querschnitt: $z = 4$
Anzahl der Radiallager: $x = 2$
Gesamtanzahl der hydrostatischen Taschen: $2 \cdot 4 = 8$ Taschen, davon 4 obere Taschen mit Bezeichnung II und 4 untere Taschen mit Bezeichnung I
Taschendruck bei den unteren hydrostatischen Taschen im Anfangszustand: $p_\text{T0I} = 23 \cdot 10^5\ \text{N m}^{-2}$
Taschendruck bei den oberen hydrostatischen Taschen im Anfangszustand: $p_\text{T0II} = 11{,}5 \cdot 10^5\ \text{N m}^{-2}$
Höchster Taschendruck: $p_\text{TI} = 44{,}92 \cdot 10^5\ \text{N m}^{-2}$
Schmieröl: ISO VG 15 mit der kinematischen Viskosität $\upsilon_{22} = 32{,}145\ \text{mm}^2\ \text{s}^{-1}$
Volumenstrom durch alle Taschen im Anfangszustand und unter Wirkung der Schnittkraft: $Q_\text{0GES} = 2{,}68\ \text{dm}^3\ \text{min}^{-1}$
Volumenstrom, der unter Wirkung der Schnittkraft durch eine untere hydrostatische Tasche strömt (durch einen Strang der Mehrkreispumpe): $Q_\text{SI} = 0{,}446\ \text{dm}^3\ \text{min}^{-1}$
Volumenstrom, der unter Wirkung der Schnittkraft durch eine obere hydrostatische Tasche strömt (durch einen Strang der Mehrkreispumpe): $Q_\text{SII} = 0{,}223\ \text{dm}^3\ \text{min}^{-1}$
Verlustleistung: $P_\text{VER} = 3803{,}7\ \text{W}$

Lösung:

1. Für die vier unteren und die vier oberen hydrostatischen Taschen wird eine Achtkreispumpe mit Volumenstrom $8 \times 0{,}45\ \text{dm}^3\ \text{min}^{-1}$ und Vordruck $p_\text{PV} = 50$ bar eingesetzt. Der Gegendruck muss größer sein als der maximale Taschendruck: 50 bar $\geqq$ 44,9 bar.

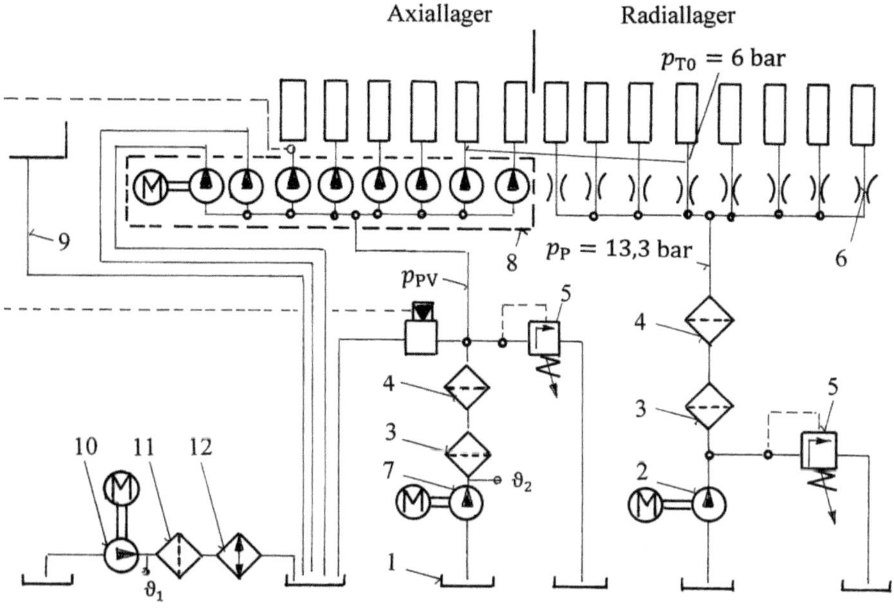

Lfd. Nr.	Benennung
1	Ölbehälter: $V = 200\ \text{dm}^3$, *Öl*: 15, $\nu_{22} = 32{,}145\ \text{mm}^2\text{s}^{-1}$
2	Zahnradpumpe $Q_P = 5{,}25\ \text{dm}^3\text{min}^{-1}$, Gegendruck 50 bar
3	2 Grobfilter 60 µm
4	2 Feinstfilter 30 µm
5	2 Druckbegrenzungsventil 12 bis 60 bar
6	8 Kapillardrosseln $r_K = 0{,}5$ mm, $l_K = 72{,}4$ mm
7	Vordruckpumpe $Q_{PV} = 5{,}25\ \text{dm}^3\text{min}^{-1}$, Gegendruck 50 bar
8	Achtkreispumpe 8x0,45 $\text{dm}^3\text{min}^{-1}$, $p_{PV} = 50$ bar
9	Ölrücklaufleitung
10	Kühlerpumpe $Q_K = 49\ \text{dm}^3\text{min}^{-1}$
11	Filter 40 µm
12	Rückkühlaggregat $P_K = 7000$ W

Abb. 3.30 Hydraulikplan für eine schnelllaufende hydrostatische, axial- und radial gelagerte Spindel

2. Es soll eine Vordruckpumpe mit größerem Pumpenvolumenstrom als $Q_P = 8 \cdot 0{,}45\ \text{dm}^3\ \text{min}^{-1} = 3{,}6\ \text{dm}^3\ \text{min}^{-1}$ eingesetzt werden. Gewählt wird eine Vordruckpumpe mit dem Pumpenvolumenstrom $Q_{PV} = 5{,}25\ \text{dm}^3\ \text{min}^{-1}$ mit maximalem Gegendruck von 50 bar.
3. Bei der Verlustleistung von $P_{VER} = 3803{,}7$ W wird eine Ölkühlung mit der Kühlleistung: $P_K = 3000$ W vorgesehen.

4. Von den hydrostatischen Lagern strömt das Öl durch die Ölrücklaufleitung 7 zu dem Ölbehälter frei ab. Die am Ölbehälter eingebaute Zahnradpumpe 8 fördert das Öl durch den Filter 9 zu dem Kühler 10 und weiter zum Ölbehälter des Ölversorgungsaggregates 1. Die Temperatur des Rücklauföles ϑ_1 wird mit einem digitalen Thermometer gemessen.
5. Das Behältervolumen wird gewählt: $V = 200\ \mathrm{dm}^3$.
   Die Kühlerpumpe wird nach der Verlustleistung, der Ölviskosität und der notwendigen Differenz zwischen den Öltemperaturen in der Rücklaufleitung ϑ_1 und in der Zulaufleitung ϑ_2 bestimmt: $Q_\mathrm{K} = 21\ \mathrm{dm}^3\ \mathrm{min}^{-1}$.
6. Zwischen der Kühlerpumpe und dem Kühler wird ein Filter der Feinheit 40 μm eingebaut.
7. Es wird ein Druckbegrenzungsventil für den Einstellbereich 12 bis 60 bar gewählt.
8. Wenn eine Radiallagerung für die Lagerung der Schleifscheibe vorgesehen ist, wird ein Druckspeicher für den Nachlauf der Schleifscheibe eingebaut (s. Abb. 3.11).
9. Die Filterfeinheit des Feinstfilters soll feiner oder gleich als der kleinste Lagerspalt (24 μm) sein, gewählt wird die Feinheit 20 μm.
10. Die Feinheit des Grobfilters wird gewählt: 60 μm.
11. Ein Druckbegrenzungsventil für den Einstellbereich 12 bis 60 bar wird gewählt.

Der Hydraulikplan für die schnelllaufende hydrostatische, zentrisch belastete, radial gelagerte Spindel ist in Abb. 3.31 dargestellt.

3.4.9 Auslegungsbeispiel: schnelllaufende hydrostatische, exzentrisch belastete, radial gelagerte Spindeln

Für die in Abschn. 2.15.2 behandelte schnelllaufende hydrostatische, exzentrisch belastete, radial gelagerte Spindel nach Abb. 2.6 wird eine Ölversorgung mit dem Ölversorgungssystem „Eine Pumpe pro Tasche" ausgelegt.

Bekannte technische Daten:

Lagerspalt im Anfangszustand: $h_0 = 0{,}030 \cdot 10^{-3}\ \mathrm{m} = 0{,}030\ \mathrm{mm} = 30\ \mu\mathrm{m}$
Kleinster Lagerspalt: $h_{I2} = 0{,}0000261\ \mathrm{m} = 0{,}0261\ \mathrm{mm} = 26{,}1\ \mu\mathrm{m}$
Anzahl der hydrostatischen Taschen in einem Querschnitt: $z = 4$
Anzahl der Radiallager: $x = 2$
Gesamtanzahl der hydrostatischen Taschen: $2 \cdot 4 = 8$ Taschen, davon 4 obere Taschen mit Bezeichnung II und 4 untere Taschen mit Bezeichnung I
Taschendruck bei den oberen hydrostatischen Taschen 1 im Anfangszustand: $p_{\mathrm{T0II1}} = 11{,}89 \cdot 10^5\ \mathrm{N\ m}^{-2}$
Taschendruck bei den unteren hydrostatischen Taschen 1 im Anfangszustand: $p_{\mathrm{T0I1}} = 23{,}78 \cdot 10^5\ \mathrm{N\ m}^{-2}$

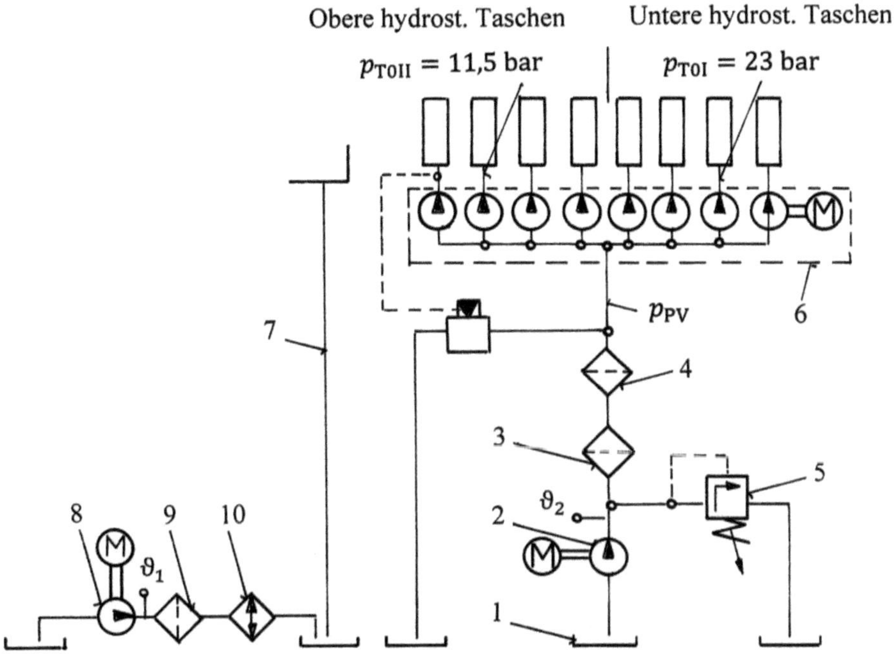

Lfd. Nr.	Benennung
1	Ölbehälter: $V = 200\ \text{dm}^3$, Öl: 15, $\nu_{25} = 32{,}145\ \text{mm}^2\text{s}^{-1}$
2	Zahnradpumpe $Q_{PV} = 5{,}25\ \text{dm}^3\text{min}^{-1}$, Gegendruck 50 bar
3	Grobfilter 60 μm
4	Feinstfilter 20 μm
5	Druckbegrenzungsventil 12 bis 60 bar
6	Achtkreispumpe 8x0,45 $\text{dm}^3\text{min}^{-1}$, $p_{PV} = 50$ bar
7	Ölrücklaufleitung
8	Kühlerpumpe $Q_K = 21\ \text{dm}^3\text{min}^{-1}$
9	Filter 40 μm
10	Rückkühlaggregat $P_K = 3000$ W

Abb. 3.31 Hydraulikplan für eine schnelllaufende hydrostatische, zentrisch belastete, radial gelagerte Spindel

Taschendruck bei den unteren hydrostatischen Taschen 2 im Anfangszustand:

$p_{TOII2} = 8{,}91 \cdot 10^5\ \text{N m}^{-2}$

Taschendruck bei den oberen hydrostatischen Taschen 2 im Anfangszustand:

$p_{TOI2} = 17{,}82 \cdot 10^5\ \text{N m}^{-2}$

Höchster Taschendruck $p_{TI1} = 35{,}6 \cdot 10^5$ N m^{-2}
Schmieröl: ISO VG 15 mit der kinematischen Viskosität $\upsilon_{22} = 32{,}145$ mm^2 s^{-1}
Volumenstrom durch alle Taschen im Anfangszustand:
$Q_{0GES} = 2{,}42$ dm^3 min^{-1}
Volumenstrom durch alle Taschen unter Wirkung der Schnittkraft:
$Q_{GES} = 2{,}41$ dm^3 min^{-1}
Verlustleistung: $P_{VER} = 3747{,}3$ W
Strömungsverhältnis: $\frac{b}{l} = 40$
Volumenstrom, der unter Wirkung der Schnittkraft durch die untere hydrostatischen Tasche 1 strömt (durch einen Strang der Mehrkreispumpe):
$Q_{SI1} = 0{,}45$ dm^3 min^{-1}
Volumenstrom, der unter Wirkung der Schnittkraft durch die obere hydrostatische Tasche 1 strömt (durch einen Strang der Mehrkreispumpe):
$Q_{SII1} = 0{,}23$ dm^3 min^{-1}
Volumenstrom, der unter Wirkung der Schnittkraft durch die untere hydrostatische Tasche 2 strömt (durch einen Strang der Mehrkreispumpe):
$Q_{SII2} = 0{,}17$ dm^3 min^{-1}
Volumenstrom, der unter Wirkung der Schnittkraft durch die obere hydrostatische Tasche 2 strömt (durch einen Strang der Mehrkreispumpe):
$Q_{SI2} = 0{,}34$ dm^3 min^{-1}

Lösung:

1. Für die vier oberen und vier unteren hydrostatische Taschen wird eine Achtkreispumpe $8 \times 0{,}45$ dm^3 min^{-1}mit dem Vordruck $p_{PV} = 50$ bar eingesetzt. Der Gegendruck der Pumpe muss höher sein als der höchste Taschendruck:

$$50 \text{ bar} \geqq 35{,}6 \text{ bar}.$$

2. Es soll eine Vordruckpumpe mit größerem Pumpenvolumenstrom als $Q_P = 8 \cdot 0{,}45$ dm^3 min^{-1} $= 3{,}6$ dm^3 min^{-1} eingesetzt werden. Gewählt wird eine Vordruckpumpe mit dem Pumpenvolumenstrom

$$Q_{PV} = 5{,}25 \text{ dm}^3 \text{ min}^{-1} \text{ mit maximalem Gegendruck von 50 bar.}$$

3. Bei der Verlustleistung von $P_{VER} = 3747{,}3$ W wird eine Ölkühlung mit der Kühlleistung: $P_K = 3000$ W vorgesehen.
4. Von den hydrostatischen Lagern strömt das Öl durch die Ölrücklaufleitung 7 zu dem Ölbehälter frei ab. Die am Ölbehälter eingebaute Zahnradpumpe 8 fördert das Öl durch den Filter 9 zu dem Kühler 10 und weiter zum Ölbehälter des Ölversorgungsaggregates 1. Die Temperatur des Rücklauföles ϑ_1 wird mit einem digitalen Thermometer gemessen.
5. Das Behältervolumen wird gewählt: $V = 200$ dm^3.

6. Die Kühlerpumpe wird nach der Verlustleistung, der Ölviskosität und der notwendigen Differenz zwischen den Öltemperaturen in der Rücklaufleitung ϑ_1 und in der Zulaufleitung ϑ_2 bestimmt: $Q_K = 21\ \mathrm{dm}^3\ \mathrm{min}^{-1}$.
7. Zwischen der Kühlerpumpe und dem Kühler wird ein Filter 40 µm eingebaut.
8. Es wird ein Druckbegrenzungsventil für den Einstellbereich 12 bis 60 bar gewählt.
9. Die Filterfeinheit des Feinstfilters soll feiner sein als der kleinste Lagerspalt (26 µm), gewählt wird die Feinheit 25 µm.
10. Die Feinheit des Grobfilters wird gewählt: 60 µm.
11. Ein Druckbegrenzungsventil für den Einstellbereich 12 bis 60 bar wird gewählt.
12. Wenn eine Radiallagerung für die Lagerung der Schleifscheibe vorgesehen ist, wird ein Druckspeicher für den Nachlauf der Schleifscheibe eingebaut (s. Abb. 3.11).

Der Hydraulikplan für dic schnelllaufende hydrostatische, exzentrisch belastete, radial gelagerte Spindel ist in Abb. 3.32 dargestellt.

3.4.10 Auslegungsbeispiel: schnelllaufende hydrostatische, beidseitig exzentrisch belastete, radial gelagerte Spindeln

Für die in Abschn. 2.16.2 behandelten schnelllaufenden hydrostatischen, beidseitig exzentrisch belasteten, radial gelagerten Spindeln nach Abb. 2.12 wird eine Ölversorgung mit dem Ölversorgungssystem „Eine Pumpe pro Tasche“ ausgelegt.

Vorgabedaten:

Lagerspalt im Anfangszustand: $h_0 = 0{,}030 \cdot 10^{-3}\ \mathrm{m} = 0{,}030\ \mathrm{mm} = 30\ \mu\mathrm{m}$
Kleinster Lagerspalt: $h_{I2} = 0{,}0000235\ \mathrm{m} = 0{,}0235\ \mathrm{mm} = 23{,}5\ \mu\mathrm{m}$
Anzahl der hydrostatischen Taschen in einem Querschnitt: $z = 4$
Anzahl der Radiallager: $x = 2$
Gesamtanzahl der hydrostatischen Taschen: $2 \cdot 4 = 8$ Taschen, davon 4 obere Taschen mit Bezeichnung II und 4 untere Taschen mit Bezeichnung I
Taschendruck bei den oberen hydrostatischen Taschen 1 im Anfangszustand: $p_{\mathrm{T0II1}} = 10{,}14 \cdot 10^5\ \mathrm{N\ m}^{-2}$
Taschendruck bei den unteren hydrostatischen Taschen 1 im Anfangszustand: $p_{\mathrm{T0I1}} = 20{,}28 \cdot 10^5\ \mathrm{N\ m}^{-2}$
Taschendruck bei den unteren hydrostatischen Taschen 2 im Anfangszustand: $p_{\mathrm{T0II2}} = 3{,}97 \cdot 10^5\ \mathrm{N\ m}^{-2}$
Taschendruck bei den oberen hydrostatischen Taschen 2 im Anfangszustand: $p_{\mathrm{T0I2}} = 7{,}94 \cdot 10^5\ \mathrm{N\ m}^{-2}$
Höchster Taschendruck: $p_{\mathrm{TI1}} = 31{,}1 \cdot 10^5\ \mathrm{N\,m}^{-2}$
Schmieröl: ISO VG 15 mit der kinematischen Viskosität $\upsilon_{22} = 32{,}145\ \mathrm{mm}^2\ \mathrm{s}^{-1}$

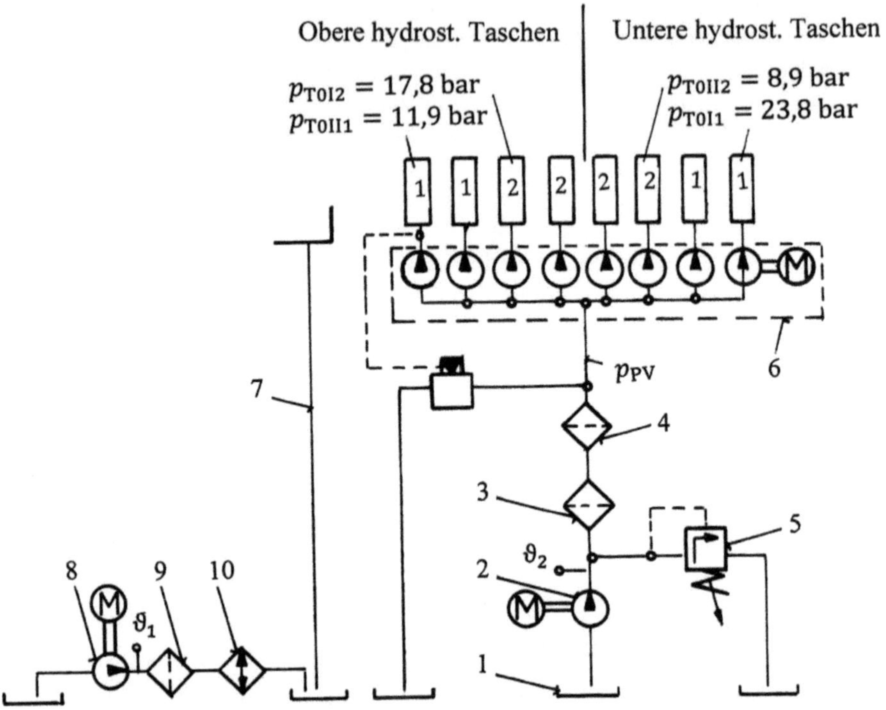

Lfd. Nr.	Benennung
1	Ölbehälter: $V = 200\ \text{dm}^3$, *Öl*: ISO VG 15, $\nu_{22} = 32{,}145\ \text{mm}^2\text{s}^{-1}$
2	Zahnradpumpe $Q_{PV} = 5{,}25\ \text{dm}^3\text{min}^{-1}$, Gegendruck 50 bar
3	Grobfilter 60 µm
4	Feinstfilter 25 µm
5	Druckbegrenzungsventil 12 bis 60 bar
6	Achtkreispumpe 8x0,45 $\text{dm}^3\text{min}^{-1}$, $p_{PV} = 50$ bar
7	Ölrücklaufleitung
8	Kühlerpumpe $Q_K = 21\ \text{dm}^3\text{min}^{-1}$
9	Filter 40 µm
10	Rückkühlaggregat $P_K = 3000$ W

Abb. 3.32 Hydraulikplan für eine schnelllaufende hydrostatische, exzentrisch belastete, radial gelagerte Spindel

Gesamtvolumenstrom im Anfangszustand: $Q_{0GES} = 1{,}64\ \text{dm}^3\ \text{min}^{-1}$
Gesamtvolumenstrom unter Wirkung der Schnittkraft: $Q_{GES} = 1{,}62\ \text{dm}^3\ \text{min}^{-1}$
Volumenstrom, der unter Wirkung der Schnittkraft durch die unteren hydrostatischen Taschen 1 strömt (durch einen Strang der Mehrkreispumpe):
$Q_{SI1} = 0{,}39\ \text{dm}^3\ \text{min}^{-1}$

Volumenstrom, der unter Wirkung der Schnittkraft durch die oberen hydrostatischen Taschen 1 strömt (durch einen Strang der Mehrkreispumpe):
$Q_{\mathrm{SII1}} = 0,19\ \mathrm{dm}^3\ \mathrm{min}^{-1}$
Volumenstrom, der unter Wirkung der Schnittkraft durch die unteren hydrostatischen Taschen 2 strömt (durch einen Strang der Mehrkreispumpe):
$Q_{\mathrm{SII2}} = 0,07\ \mathrm{dm}^3\ \mathrm{min}^{-1}$
Volumenstrom, der unter Wirkung der Schnittkraft durch die oberen hydrostatischen Taschen 2 strömt (durch einen Strang der Mehrkreispumpe):
$Q_{\mathrm{SI2}} = 0,15\ \mathrm{dm}^3\ \mathrm{min}^{-1}$
Verlustleistung: $P_{\mathrm{VER}} = 3688$ W

Lösung:

1. Für die vier oberen und vier unteren hydrostatische Taschen wird eine Achtkreispumpe $8 \times 0{,}45\ \mathrm{dm}^3\ \mathrm{min}^{-1}$ mit dem Vordruck $p_{\mathrm{PV}} = 50$ bar eingesetzt. Der Gegendruck der Pumpe muss höher sein als der höchste Taschendruck:
$$50\ \mathrm{bar} \geqq 31{,}1\ \mathrm{bar}.$$
2. Es soll eine Vordruckpumpe mit größerem Pumpenvolumenstrom als $Q_{\mathrm{P}} = 8 \cdot 0{,}45\ \mathrm{dm}^3\ \mathrm{min}^{-1} = 3{,}6\ \mathrm{dm}^3\ \mathrm{min}^{-1}$ eingesetzt werden. Gewählt wird eine Vordruckpumpe mit dem Pumpenvolumenstrom $Q_{\mathrm{PV}} = 5{,}25\ \mathrm{dm}^3\ \mathrm{min}^{-1}$ mit maximalem Gegendruck von 50 bar.
3. Bei der Verlustleistung von $P_{\mathrm{VER}} = 3688$ W wird eine Ölkühlung mit der Kühlleistung $P_{\mathrm{K}} = 3000$ W vorgesehen.
4. Von den hydrostatischen Lagern fließt das Öl durch die Ölrücklaufleitung 7 zu dem Ölbehälter frei ab. Die am Ölbehälter eingebaute Zahnradpumpe 8 fördert das Öl durch den Filter 9 zu dem Kühler 10 und weiter zum Ölbehälter des Ölversorgungsaggregates 1. Die Temperatur des Rücklauföles ϑ_1 wird mit digitalem Thermometer gemessen.
5. Das Behältervolumen wird gewählt: $V = 200\ \mathrm{dm}^3$.
6. Die Kühlerpumpe wird nach der Verlustleistung, der Ölviskosität und der notwendigen Differenz zwischen den Öltemperaturen in der Rücklaufleitung ϑ_1 und in der Zulaufleitung ϑ_2 bestimmt: $Q_{\mathrm{K}} = 21\ \mathrm{dm}^3\ \mathrm{min}^{-1}$.
7. Zwischen der Kühlerpumpe und dem Kühler wird ein Filter der Feinheit 40 µm eingebaut.
8. Es wird ein Druckbegrenzungsventil für den Einstellbereich 12 bis 60 bar gewählt.
9. Die Filterfeinheit des Feinstfilters soll feiner als der kleinste Lagerspalt (23,5 µm) sein, gewählt wird die Feinheit 20 µm.
10. Die Feinheit des Grobfilters wird gewählt: 60 µm.
11. Ein Druckbegrenzungsventil für den Einstellbereich 12 bis 60 bar wird gewählt.

12. Wenn eine Radiallagerung für die Lagerung der Schleifscheibe vorgesehen ist, wird ein Druckspeicher für den Nachlauf der Schleifscheibe eingebaut (s. Abb. 3.11).

Der Hydraulikplan für die schnelllaufende hydrostatische, beidseitig exzentrisch belastete, radial gelagerte Spindel in Abb. 3.33 dargestellt.

3.4.11 Auslegungsbeispiel: zentrisch belastete hydrostatische Flachführung ohne Umgriff

Für die in Abschn. 2.18.2 behandelte zentrisch belastete hydrostatische Flachführung ohne Umgriff nach Abb. 2.15 wird eine Ölversorgung mit dem Ölversorgungssystem „Eine Pumpe pro Tasche“ ausgelegt.

Vorgabedaten:

Gesamtanzahl der hydrostatischen Taschen bei Tragbahn: 12
Gesamtanzahl der hydrostatischen Taschen bei der Mittenführung: 12
Gesamtanzahl der hydrostatischen Taschen (Tragbahn und Mittenführung): 24
Lagerspalt im Anfangszustand: $h_{0\mathrm{I}} = h_{0\mathrm{III}} = h_0 = 0{,}00003\ \mathrm{m} = 0{,}030 \cdot 10^{-3}\ \mathrm{m}$
Kleinster Lagerspalt: $h_\mathrm{I} = 0{,}000027\ \mathrm{m} = 0{,}027 \cdot 10^{-3}\ \mathrm{m}$
Taschendruck im Anfangszustand: $p_{\mathrm{T}0} = 5{,}53 \cdot 10^5\ \mathrm{N\,m^{-2}}$
Höchster Taschendruck: $p_{\mathrm{TI}} = 7{,}58$ bar
Volumenstrom durch alle Taschen der Tragbahn im Anfangszustand:
$Q_{0\mathrm{GES}} = 0{,}444\ \mathrm{dm^3\,min^{-1}}$
Volumenstrom durch alle Taschen der Tragbahn unter Wirkung der Schnittkraft:
$Q_\mathrm{GES} = 0{,}444\ \mathrm{dm^3\,min^{-1}}$
Volumenstrom durch alle Taschen der Mittenführung im Anfangszustand: $Q_{0\mathrm{GES}} = 0{,}444\ \mathrm{dm^3\,min^{-1}}$
Verlustleistung: $P_\mathrm{VER} = 59{,}6$ W
Strömungsverhältnis bei Mittenführung: $\frac{b_\mathrm{III}}{l_\mathrm{III}} = 31{,}8$
Schmieröl: ISO VG 32 mit der kinematischen Viskosität $\upsilon_{25} = 73{,}85\ \mathrm{mm^2\,s^{-1}}$
Innenradius der Kapillare: $r_\mathrm{K} = 0{,}4$ mm

Lösung:

1. Volumenstrom pro Strang der Mehrkreispumpe für Tragbahn:

$$\frac{Q_\mathrm{GES}}{z} = \frac{0{,}444}{12} = 0{,}037\ \mathrm{dm^3\,min^{-1}}$$

   Für die zwölf Taschen der Tragbahn werden gewählt:
   Eine Zwanzigkreispumpe je 0,05 $\mathrm{dm^3\,min^{-1}}$ mit Vordruck $p_\mathrm{PV} = 30$ bar mit Gesamtpumpenvolumenstrom: $Q_\mathrm{P} = 20 \cdot 0{,}05 = 1\ \mathrm{dm^3\,min^{-1}}$.

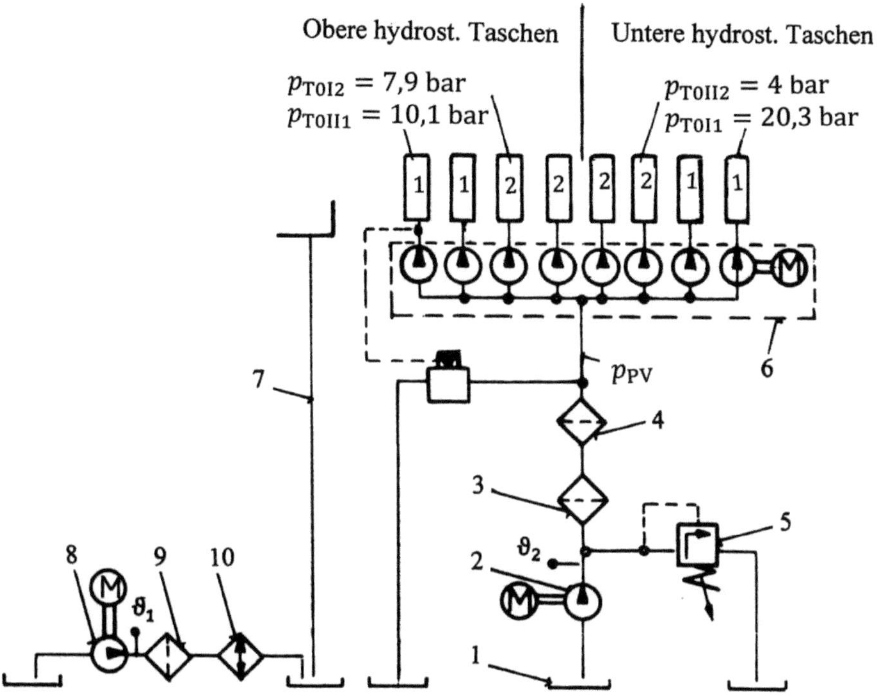

Lfd. Nr.	Benennung
1	Ölbehälter: $V = 200\ dm^3$, *Öl*: ISO VG 15, $\nu_{22} = 32{,}145\ mm^2s^{-1}$
2	Zahnradpumpe $Q_{PV} = 5{,}25\ dm^3min^{-1}$, Gegendruck 50 bar
3	Grobfilter 60 µm
4	Feinstfilter 20 µm
5	Druckbegrenzungsventil 12 bis 60 bar
6	Achtkreispumpe 8x0,45 dm^3min^{-1}, $p_{PV} = 50$ bar
7	Ölrücklaufleitung
8	Kühlerpumpe $Q_K = 21\ dm^3min^{-1}$
9	Filter 40 µm
10	Rückkühlaggregat $P_K = 3000$ W

Abb. 3.33 Hydraulikplan für eine schnelllaufende hydrostatische, beidseitig exzentrisch belastete, radial gelagerte Spindel

Der Volumenstrom von acht nicht gebrauchten Pumpen wird zum Ölbehälter geleitet.

Der Gegendruck der Pumpe ist höher als der höchste Taschendruck:

$$30\ \text{bar} \geqq 7{,}58\ \text{bar}.$$

2. Es soll eine Vordruckpumpe mit größerem Pumpenvolumenstrom als 1 $dm^3\ min^{-1}$ gewählt werden. Gewählt wird eine Vordruckpumpe mit $Q_{PV} = 1{,}7\ dm^3\ min^{-1}$ mit maximalem Gegendruck von 30 bar.
3. Für die Ölversorgung von zwölf hydrostatischen Taschen der Mittenführung können keine Mehrkreispumpen eingesetzt, da die Mittenführung durch keine äußeren Kräfte belastet wird und der Taschendruck p_T nur bei der Belastung des Schlittens aufgebaut wird. Die Kapillardrosseln werden so ausgelegt, dass in der Mittenführung der gewünschte Taschendruck $p_{T0} = 5{,}5$ bar erreicht wird.
4. Für die Mittenführung wird der Pumpendruck angenommen: $p_P = 12$ bar. Es gilt: $\frac{p_P}{p_{T0}} = \frac{12}{5{,}53} = 2{,}17$.
5. Kapillarlänge:

$$l_K = \frac{1{,}5\pi r_K^4 \left(\frac{p_P}{p_{T0}} - 1\right)}{h_0^3} \frac{1}{b} = \frac{1{,}5 \cdot \pi \cdot 0{,}4^4 \cdot (2{,}17 - 1)}{0{,}03^3} \cdot \frac{1}{31{,}8} = 164{,}3\ \mathrm{mm} \tag{3.3}$$

   Für zwölf hydrostatische Taschen der Mittenführung werden zwölf Kapillarrohre, Innendurchmesser: $D_K = 2r_K = 2.0{,}4 = 0{,}8$ mm, Länge: $l_K = 164{,}3$ mm eingebaut.
6. Der Volumenstrom der Zahnradpumpe für die Ölversorgung von zwölf hydrostatischen Taschen der Mittenführung muss größer sein als der berechnete Gesamtvolumenstrom im Anfangszustand: $Q_{0GES} = 0{,}444\ dm^3\ min^{-1}$. Gewählt wird: $Q_P = 1{,}7\ dm^3\ min^{-1}$ mit maximalem Gegendruck von 30 bar.
7. Für die Verlustleistung $P_{VER} = 59{,}6$ W ist keine Ölkühlung vorgesehen.
8. Das Behältervolumen wird gewählt:

$$V = 100\ dm^3.$$

9. Es wird ein Druckbegrenzungsventil für den Einstellbereich 12 bis 60 bar gewählt.
10. Es wird ein Ölmanometer für Öldrücke von 0 bis 100 bar gewählt.
11. Die Filterfeinheit des Feinstfilters soll feiner als der kleinste Lagerspalt (27 µm) sein, gewählt wird die Feinheit 25 µm.
12. Die Feinheit des Grobfilters wird gewählt: 60 µm.

Der Hydraulikplan für die zentrisch belastete hydrostatische Flachführung ohne Umgriff ist in Abb. 3.34 dargestellt.

3.4.12 Auslegungsbeispiel: zentrisch belastete hydrostatische offene V-Flachführung

Für die in Abschn. 2.19.2 behandelte zentrisch belastete hydrostatische offene V-Flachführung nach Abb. 2.16 wird eine Ölversorgung mit dem Ölversorgungssystem „Eine Pumpe pro Tasche" ausgelegt.

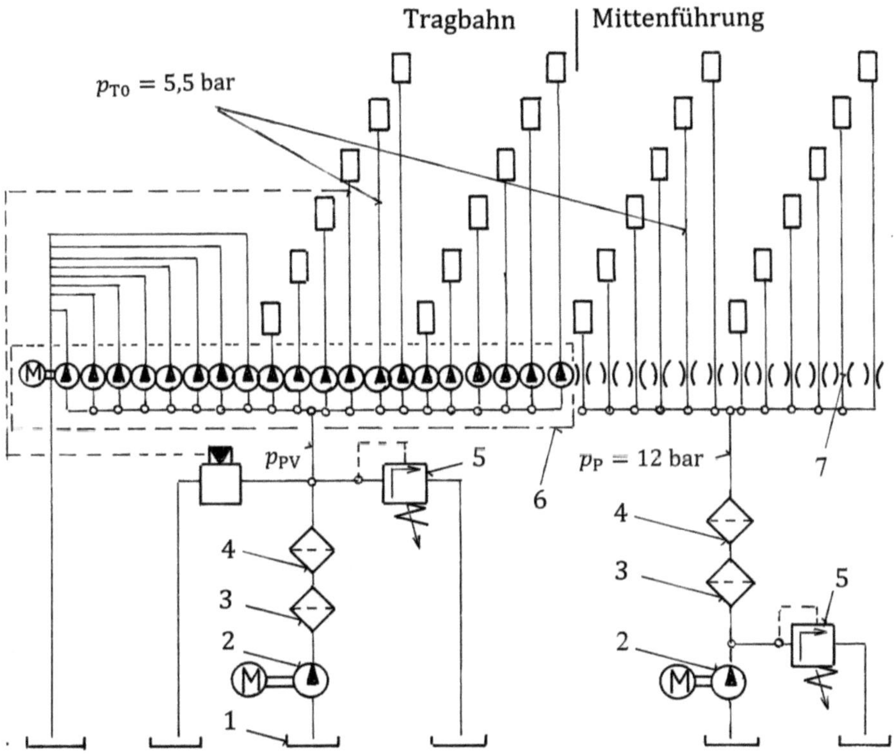

Lfd. Nr.	Benennung
1	Ölbehälter: $V = 100\ \mathrm{dm}^3$, Öl: ISO VG 32, $\nu_{25} = 73{,}85\ \mathrm{mm^2 s^{-1}}$
2	2 Zahnradpumpe $Q_{PV} = 1{,}7\ \mathrm{dm^3 min^{-1}}$, Gegendruck 30 bar
3	2 Grobfilter 60 µm
4	2 Feinstfilter 25 µm
5	2 Druckbegrenzungsventil 12 bis 60 bar
6	Zwanzigkreispumpe 20x0,05 $\mathrm{dm^3 min^{-1}}$, $p_{PV} = 30$ bar
7	12 Kapillardrosseln $r_K = 0{,}4$ mm, $l_K = 164{,}3$ mm

Abb. 3.34 Hydraulikplan für eine zentrisch belastete hydrostatische Flachführung ohne Umgriff

Vorgabedaten:

Gesamtanzahl der hydrostatischen Taschen bei Flachführung: 6
Gesamtanzahl der hydrostatischen Taschen bei V-Führung: 12
Gesamtanzahl der hydrostatischen Taschen: 18
Lagerspalt im Anfangszustand: $h_0 = h_0 = 0{,}00003\ \mathrm{m} = 0{,}030 \cdot 10^{-3}\ \mathrm{m}$
Kleinster Lagerspalt: $h = 0{,}000027\ \mathrm{m} = 0{,}027 \cdot 10^{-3}\ \mathrm{m}$

Taschendruck im Anfangszustand: $p_{T0} = 5{,}76 \cdot 10^5\ \mathrm{N\,m^{-2}}$
Höchster Taschendruck: $p_T = 7{,}9$ bar
Volumenstrom durch alle Taschen der Flachführung im Anfangszustand:
$Q_{0F} = 0{,}231\ \mathrm{dm^3\ min^{-1}}$
Volumenstrom durch alle Taschen der Flachführung unter Wirkung der Schnittkraft $F_{äuß}$: $Q_F = 0{,}231\ \mathrm{dm^3\ min^{-1}}$
Volumenstrom durch alle Taschen der V-Führung im Anfangszustand:
$Q_{0V} = 0{,}462\ \mathrm{dm^3\ min^{-1}}$
Volumenstrom durch alle Taschen der V-Führung unter Wirkung der Schnittkraft:
$Q_V = 0{,}458\ \mathrm{dm^3\ min^{-1}}$
Verlustleistung: $P_{VER} = 36{,}2$ W
Schmieröl: ISO VG 32 mit der kinematischen Viskosität $\upsilon_{25} = 73{,}85\ \mathrm{mm^2\ s^{-1}}$

Lösung:

1. Volumenstrom pro Strang der Mehrkreispumpe bei Flachführung:

$$\frac{Q_0}{z} = \frac{0.231}{6} = 0{,}0385\ \mathrm{dm^3\ min^{-1}}$$

2. Volumenstrom pro Strang der Mehrkreispumpe bei V-Führung:

$$\frac{Q_{0V}}{z} = \frac{0.462}{12} = 0{,}0385\ \mathrm{dm^3\ min^{-1}}$$

3. Für die 18 Taschen der offenen V-Flachführung werden gewählt: Eine Zwanzigkreispumpe je $0{,}05\ \mathrm{dm^3\ min^{-1}}$ mit Vordruck $p_{PV} = 30$ bar und Gesamtpumpenvolumenstrom $Q_P = 20 \cdot 0{,}05 = 1\ \mathrm{dm^3\ min^{-1}}$.
   Der Gegendruck der Pumpe muss höher sein als der höchste Taschendruck:

$$30\,\mathrm{bar} \geqq 7,9\,\mathrm{bar}.$$

4. Es soll eine Vordruckpumpe mit größerem Pumpenvolumenstrom als $1\ \mathrm{dm^3\ min^{-1}}$ eingesetzt werden. Gewählt wird die Vordruckpumpe: $Q_{PV} = 1{,}7\ \mathrm{dm^3\ min^{-1}}$ mit Gegendruck von 30 bar.
5. Für die Verlustleistung: $P_{VER} = 36{,}2$ W ist keine Ölkühlung notwendig.
6. Das Behältervolumen wird gewählt:

$$V = 100\ \mathrm{dm^3}$$

7. Es wird ein Druckbegrenzungsventil für den Einstellbereich 12 bis 60 bar gewählt.
8. Es wird ein Ölmanometer für Öldrücke von 0 bis 100 bar gewählt.
9. Die Filterfeinheit des Feinstfilters soll feiner als der kleinste Lagerspalt (27 μm) sein, gewählt wird die Feinheit 25 μm.
10. Die Feinheit des Grobfilters wird gewählt: 60 μm.

Der Hydraulikplan für die zentrisch belastete hydrostatische offene V-Flachführung in Abb. 3.35 dargestellt.

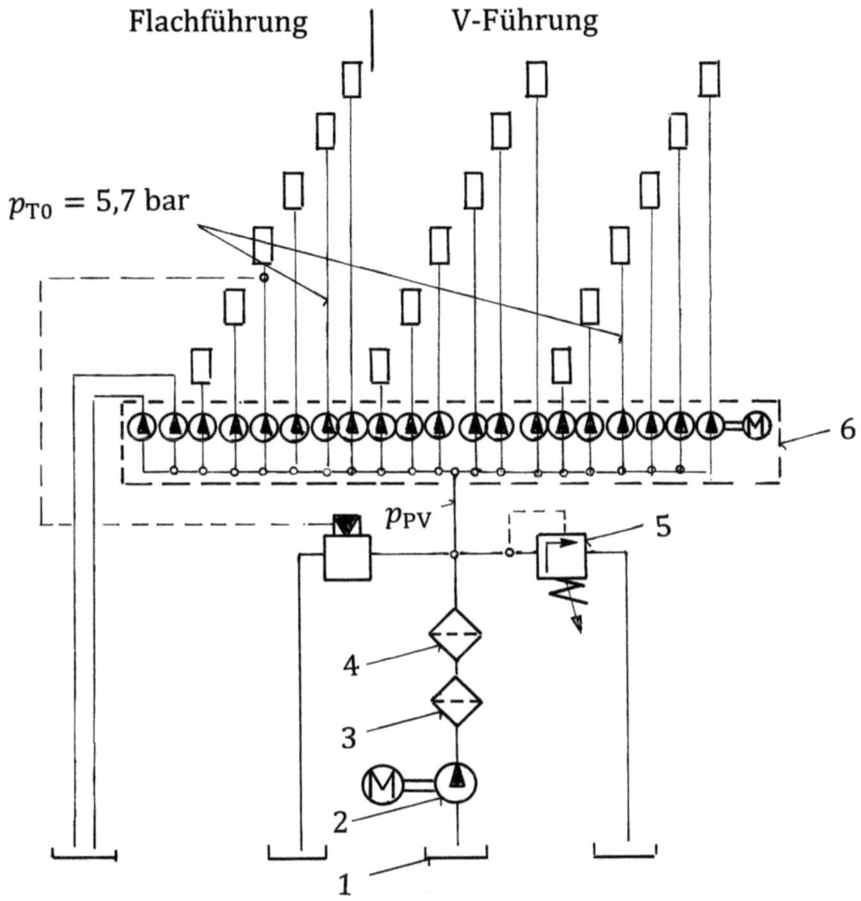

Lfd. Nr.	Benennung
1	Ölbehälter: $V = 100\ \mathrm{dm}^3$, *Öl*: ISO VG 32, $\nu_{25} = 73{,}85\ \mathrm{mm}^2\mathrm{s}^{-1}$
2	Zahnradpumpe $Q_{PV} = 1{,}7\ \mathrm{dm}^3\mathrm{min}^{-1}$, Gegendruck 30 bar
3	Grobfilter 60 µm
4	Feinstfilter 25 µm
5	Druckbegrenzungsventil 12 bis 60 bar
6	Zwanzigkreispumpe 20x0,05 $\mathrm{dm}^3\mathrm{min}^{-1}$, $p_{PV} = 30$ bar

Abb. 3.35 Hydraulikplan für die zentrisch belastete hydrostatische offene V-Flachführung

3.4.13 *Auslegungsbeispiel: zentrisch belastete hydrostatische geschlossene V-Flachführung*

Für die in Abschn. 2.20.2 behandelte zentrisch belastete hydrostatische geschlossene V-Flachführung nach Abb. 2.17 wird eine Ölversorgung mit dem Ölversorgungssystem „Eine Pumpe pro Tasche“ ausgelegt.

Vorgabedaten:

Anzahl der Taschenpaare bei Tragbahn und Umgriff: $z = 6$
Anzahl der Taschenpaare der V-Bahn und des Umgriffs: $z = 6$
Gesamtanzahl der hydrostatischen Taschen: 30
Lagerspalt im Anfangszustand: $h_0 = h_0 = 0{,}00003\ \mathrm{m} = 0{,}030 \cdot 10^{-3}\ \mathrm{m}$
Kleinster Lagerspalt: $h_\mathrm{I} = 0{,}000027\ \mathrm{m} = 0{,}027 \cdot 10^{-3}\ \mathrm{m}$
Taschendruck im Anfangszustand: $p_{\mathrm{T0}} = 20 \cdot 10^5\ \mathrm{N\,m^{-2}}$
Höchster Taschendruck: $p_{\mathrm{TI}} = 27{,}4$ bar
Volumenstrom durch alle Taschen der geschlossenen V-Flachführung im Anfangszustand: $Q_{\mathrm{0GES}} = 3\ \mathrm{dm^3\ min^{-1}}$
Verlustleistung: $P_{\mathrm{VER}} = 139{,}1$ W
Schmieröl: ISO VG 32 mit der kinematischen Viskosität $\upsilon_{25} = 73{,}85\ \mathrm{mm^2\ s^{-1}}$

Lösung:

1. Volumenstrom pro Strang der Mehrkreispumpe:
$$\frac{Q_{\mathrm{0GES}}}{5z} = \frac{3}{5 \cdot 6} = 0{,}1\ \mathrm{dm^3\ min^{-1}}$$
2. Für die 30 Taschen der geschlossenen V-Flachführung werden gewählt: Zwei Zwanzigkreispumpen je $0{,}1\ \mathrm{dm^3\ min^{-1}}$mit Vordruck $p_{\mathrm{PV}} = 30$ bar und mit Gesamtpumpenvolumenstrom:
$$Q_\mathrm{P} = 40 \cdot 0{,}1 = 4\ \mathrm{dm^3\ min^{-1}}.$$
Der Gegendruck der Pumpe muss höher sein als der höchste Taschendruck:
$$30\ \mathrm{bar} \geqq 27{,}4\ \mathrm{bar}.$$
3. Es soll eine Vordruckpumpe mit größerem Pumpenvolumenstrom als Q_P gewählt werden: $Q_{\mathrm{PV}} = 5{,}25\ \mathrm{dm^3\ min^{-1}}$ mit Gegendruck von 50 bar.
4. Für die Verlustleistung $P_{\mathrm{VER}} = 139{,}1$ W ist keine Ölkühlung notwendig.
5. Das Behältervolumen wird gewählt: $V = 100\ \mathrm{dm^3}$.
6. Das Druckbegrenzungsventil für den Einstellbereich 12 bis 60 bar wird gewählt.
7. Die Filterfeinheit des Feinstfilters soll feiner als der kleinste Lagerspalt (27 µm) sein, gewählt wird die Feinheit 25 µm.
8. Die Feinheit des Grobfilters wird gewählt: 60 µm.

Der Hydraulikplan für die zentrisch belastete hydrostatische geschlossene V-Flachführung ist in Abb. 3.36 dargestellt.

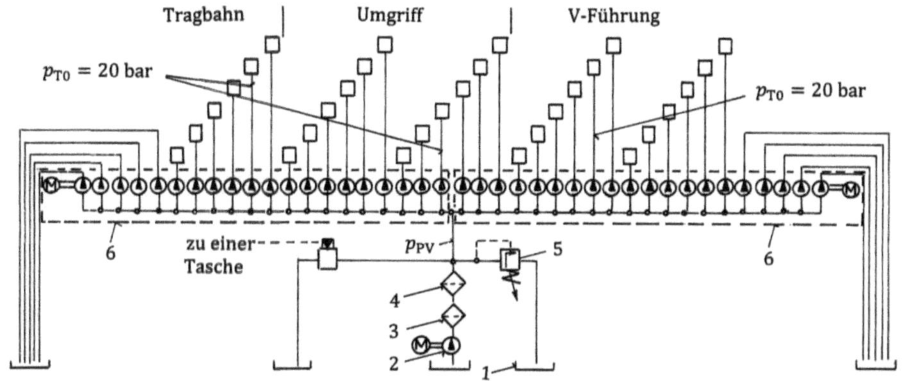

Lfd. Nr.	Benennung
1	Ölbehälter: $V = 100\ \mathrm{dm^3}$, *Öl*: ISO VG 32, $\nu_{25} = 73{,}85\ \mathrm{mm^2 s^{-1}}$
2	Zahnradpumpe $Q_{PV} = 5{,}25\ \mathrm{dm^3 min^{-1}}$, Gegendruck 50 bar
3	Grobfilter 60 µm
4	Feinstfilter 25 µm
5	Druckbegrenzungsventil 12 bis 60 bar
6	2 Zwanzigkreispumpe 20x0,1 $\mathrm{dm^3 min^{-1}}$, $p_{PV} = 30$ bar

Abb. 3.36 Hydraulikplan für eine zentrisch belastete hydrostatische geschlossene V-Flachführung

3.4.14 Auslegungsbeispiel: zentrisch belastete hydrostatische geschlossene Dachführung

Für die in Abschn. 2.21.2 behandelte zentrisch belastete hydrostatische geschlossene Dachführung nach Abb. 2.18 wird eine Ölversorgung mit dem Ölversorgungssystem „Eine Pumpe pro Tasche“ ausgelegt.

Vorgabedaten:

Anzahl der Taschenpaare der V-Bahn und des Umgriffs: $z = 5$
Gesamtanzahl der Taschen: $6z = 6 \cdot 5 = 30$
Gesamtanzahl der hydrostatischen Taschen: 30
Lagerspalt im Anfangszustand: $h_{0\mathrm{II}} = h_{0\mathrm{V}} = h_0 = 0{,}00003\ \mathrm{m} = 0{,}030 \cdot 10^{-3}\ \mathrm{m}$
Kleinster Lagerspalt: $h_\mathrm{V} = 0{,}0000278\ \mathrm{m} = 0{,}0278 \cdot 10^{-3}\ \mathrm{m}$
Taschendruck im Anfangszustand: $p_{\mathrm{T0}} = 13{,}96 \cdot 10^5\ \mathrm{N\,m^{-2}}$
Gesamtvolumenstrom durch alle Taschen der geschlossenen Dachführung im Anfangszustand: $Q_{\mathrm{0GES}} = 1{,}4\ \mathrm{dm^3\ min^{-1}}$
Höchster Taschendruck: $p_{\mathrm{TV}} = 17{,}39 \cdot 10^5\ \mathrm{N\,m^{-2}}$
Verlustleistung: $P_{\mathrm{VER}} = 94{,}7\ \mathrm{W}$
Schmieröl: ISO VG 46 mit der kinematischen Viskosität $\upsilon_{25} = 113{,}8\ \mathrm{mm^2\ s^{-1}}$

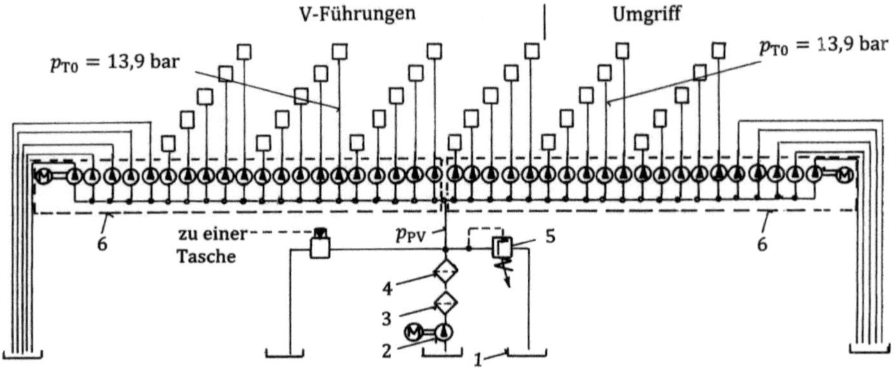

Lfd. Nr.	Benennung
1	Ölbehälter: $V = 100\ \mathrm{dm}^3$, Öl: ISO VG 46, $\nu_{25} = 113{,}8\ \mathrm{mm}^2\mathrm{s}^{-1}$
2	Zahnradpumpe $Q_{PV} = 2{,}5\ \mathrm{dm}^3\mathrm{min}^{-1}$, Gegendruck 50 bar
3	Grobfilter 60 µm
4	Feinstfilter 25 µm
5	Druckbegrenzungsventil 12 bis 60 bar
6	2 Zwanzigkreispumpe 20x0,05 $\mathrm{dm}^3\mathrm{min}^{-1}$, $p_{PV} = 30$ bar

Abb. 3.37 Hydraulikplan für eine zentrisch belastete hydrostatische geschlossene Dachführung

Lösung:

1. Volumenstrom pro Strang der Mehrkreispumpe:

$$\frac{Q_{0\mathrm{GES}}}{6z} = \frac{1{,}4}{6 \cdot 5} = 0{,}046\ \mathrm{dm}^3\ \mathrm{min}^{-1}$$

   Für 30 Taschen der zentrisch belasteten hydrostatischen geschlossenen Dachführung werden gewählt: Zwei Zwanzigkreispumpen je 0,05 $\mathrm{dm}^3\ \mathrm{min}^{-1}$ mit Vordruck $p_{PV} = 30$ bar.
   Der Gegendruck der Pumpe muss höher sein als der höchste Taschendruck: 30 bar $\geqq$ 17,39 bar.
   Gesamtpumpenvolumenstrom: $Q_P = 40 \cdot 0{,}05 = 2\ \mathrm{dm}^3\ \mathrm{min}^{-1}$.
2. Es soll eine Vordruckpumpe mit größerem Pumpenvolumenstrom als 2 $\mathrm{dm}^3\ \mathrm{min}^{-1}$ eingesetzt werden, gewählt wird: $Q_{PV} = 2{,}5\ \mathrm{dm}^3\ \mathrm{min}^{-1}$ mit maximalem Gegendruck von 50 bar.
3. Für die Verlustleistung $P_{VER} = 94{,}7$ W ist keine Ölkühlung notwendig.
4. Das Behältervolumen wird gewählt: $V = 100\ \mathrm{dm}^3$.
5. Es wird ein Druckbegrenzungsventil für den Einstellbereich 12 bis 60 bar gewählt.
6. Die Filterfeinheit des Feinstfilters soll feiner sein als der kleinste Lagerspalt (27 µm), gewählt wird die Feinheit 25 µm.
7. Die Feinheit des Grobfilters wird gewählt: 60 µm.

Der Hydraulikplan für die zentrisch belastete hydrostatische geschlossene Dachführung ist in Abb. 3.37 dargestellt.

3.4.15 Auslegungsbeispiel: Exzentrisch belastete hydrostatische geschlossene Dachführung

Für die in Abschn. 2.22.2 behandelte exzentrisch belastete hydrostatische geschlossene Dachführung nach Abb. 2.19 wird eine Ölversorgung mit dem Ölversorgungssystem „Eine Pumpe pro Tasche" ausgelegt.

Vorgabedaten:

Lagerspalt im Anfangszustand: $h_0 = 0{,}032 \cdot 10^{-3}$ m $= 0{,}032$ mm $= 32$ µm
Gesamtanzahl der Taschenpaare: $2z = 12$
Gesamtanzahl der hydrostatischen Taschen: 6z = 36 Taschen, davon 24 Taschen der V-Bahnen und 12 Taschen des Umgriffs
Taschendruck im Anfangszustand:
$p_{\mathrm{T01}} = 8{,}25 \cdot 10^5$ N m^{-2}; $p_{\mathrm{T02}} = 9{,}73 \cdot 10^5$ N m^{-2};
$p_{\mathrm{T03}} = 6{,}76 \cdot 10^5$ N m^{-2}; $p_{\mathrm{T04}} = 11{,}22 \cdot 10^5$ N m^{-2};
$p_{\mathrm{T05}} = 5{,}28 \cdot 10^5$ N m^{-2}; $p_{\mathrm{T06}} = 12{,}71 \cdot 10^5$ N m^{-2}
Maximaler Taschendruck: $p_{\mathrm{TV6}} = 16{,}42 \cdot 10^5$ N m^{-2};
Schmieröl: ISO VG 46 mit der kinematischen Viskosität $\upsilon_{25} = 113{,}8$ mm^2 s^{-1}
Volumenstrom durch alle Taschen im Anfangszustand: $Q_{\mathrm{0GES}} = 1{,}76$ dm^3 min^{-1}
Verlustleistung: $P_{\mathrm{VER}} = 83{,}6$ W

Lösung:

1. Der kleinste Lagerspalt befindet sich bei der Tasche 6: $\Delta h_6 = 0{,}00246 \cdot 10^{-3}$ m:

$$h_6 = h_0 - \Delta h_6 = 0{,}032 \cdot 10^{-3} - 0{,}00246 \cdot 10^{-3}$$
$$= 0{,}029 \cdot 10^{-3} \text{ m} = 29 \text{ µm} \qquad (2.11)$$

2. Volumenstrom pro Strang der Mehrkreispumpe:

$$\frac{Q_{\mathrm{0GES}}}{6z} = \frac{1{,}76}{6 \cdot 6} = 0{,}048 \text{ dm}^3 \text{ min}^{-1}.$$

3. Für 36 Taschen der exzentrisch belasteten hydrostatischen geschlossenen Dachführung werden zwei Zwanzigkreispumpen je 0,05 dm^3 min^{-1} mit Vordruck gewählt. $p_{PV} = 30$ bar
Der Gesamtpumpenvolumenstrom beträgt $Q_{\mathrm{P}} = 40 \cdot 0{,}05 = 2$ dm^3 min^{-1}.
Der Gegendruck der Mehrkreispumpe muss größer sein als der maximale Taschendruck: 30 bar $\geqq$ 16,42 bar.
4. Es soll eine Vordruckpumpe mit größerem Pumpenvolumenstrom als 2 dm^3 min^{-1}, gewählt werden. Gewählt wird: $Q_{\mathrm{PV}} = 2{,}5$ dm^3 min^{-1} mit maximalem Gegendruck von 50 bar.
5. Bei der Verlustleistung von $P_{\mathrm{VER}} = 83{,}6$ W ist keine Ölkühlung notwendig.
6. Das Behältervolumen des Ölbehälters wird gewählt: $V = 100$ dm^3

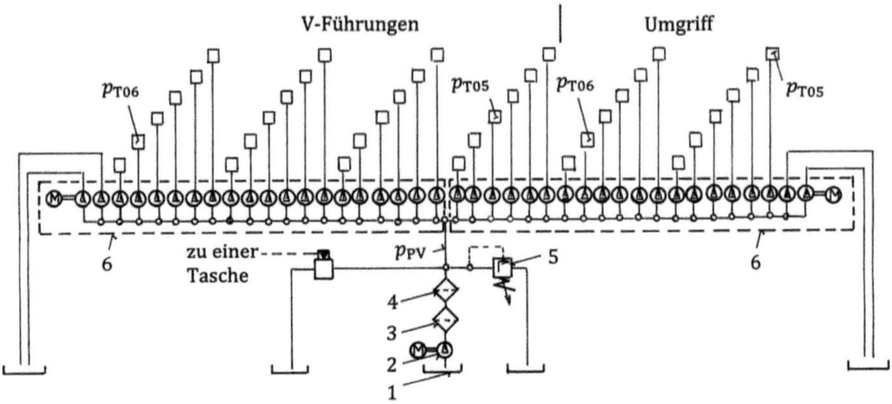

Lfd. Nr.	Benennung
1	Ölbehälter: $V = 100\ \mathrm{dm}^3$, Öl: ISO VG 46, $\nu_{25} = 113{,}8\ \mathrm{mm}^2\mathrm{s}^{-1}$
2	Zahnradpumpe $Q_{PV} = 2{,}5\ \mathrm{dm}^3\mathrm{min}^{-1}$, Gegendruck 50 bar
3	Grobfilter 60 µm
4	Feinstfilter 25 µm
5	Druckbegrenzungsventil 12 bis 60 bar
6	2 Zwanzigkreispumpe 20x0,05 $\mathrm{dm}^3\mathrm{min}^{-1}$, $p_{PV} = 30$ bar

$p_{T01} = 8{,}2$ bar
$p_{T02} = 9{,}7$ bar
$p_{T03} = 6{,}7$ bar
$p_{T04} = 11{,}2$ bar
$p_{T05} = 5{,}2$ bar
$p_{T06} = 12{,}7$ bar

Abb. 3.38 Hydraulikplan für eine exzentrisch belastete hydrostatische geschlossene Dachführung

7. Es wird ein Druckbegrenzungsventil für den Einstellbereich 12 bis 60 bar gewählt.
8. Es wird ein Ölmanometer für Öldrücke von 0 bis 100 bar gewählt.
9. Die Filterfeinheit des Feinstfilters soll feiner als der kleinste Lagerspalt (29 µm) sein, gewählt wird die Feinheit 25 µm.
10. Die Feinheit des Grobfilters wird gewählt: 60 µm.

Der Hydraulikplan für die exzentrisch belastete hydrostatische geschlossene Dachführung ist in Abb. 3.38 dargestellt.

3.4.16 Anwendungsbereiche der Ölversorgung „Eine Pumpe pro Tasche"

Mit dem Ölversorgungssystem „Eine Pumpe pro Tasche" werden höhere Lagersteifigkeiten als mit dem Ölversorgungssystem „Eine gemeinsame Pumpe und Kapillardrosseln" erreicht. Die Nachteile des Ölversorgungssystems „Eine Pumpe pro Tasche" sind:

- Das System ist unflexibel, eine Einstellung zum Zwecke der Anpassung des Ölversorgungssystems an das hydrostatische Lager ist nicht möglich.
- Die Pumpen müssen genau berechnet werden, da keine Veränderung des Volumenstromes möglich ist.

- Die Erwärmung des Öles hat beim System „Eine Pumpe pro Tasche“ eine große Verringerung der Lagersteifigkeit zur Folge [2].
- Die Mehrkreispumpen können wegen der dabei auftretenden Schwingungen nicht direkt an den Tisch, sondern müssen an dem Ölversorgungsaggregat angebracht werden, sie werden durch mehrere Schläuche mit den hydrostatischen Taschen verbunden.
- Höhere Kosten.
- Der Konstrukteur muss bei der Konstruktion und Auslegung von hydrostatischen Führungen und Lagern berücksichtigen, dass die Volumenströme der einzelnen Kreise der Mehrkreispumpe sich im Bereich zwischen

$$0{,}015\ \mathrm{dm}^3\ \mathrm{min}^{-1} \quad \text{bis} \quad 0{,}45\ \mathrm{dm}^3\ \mathrm{min}^{-1}$$

(bei Mehrkreispumpen der Fa. Willy Vogel AG) befinden.

Es lässt sich nicht vermeiden, dass die Volumenströme der einzelnen Kreise der Mehrkreispumpe höher liegen als die berechneten Volumenströme. Beispiel: Bei der zentrisch belasteten Radiallagerung in Abb. 3.27 beträgt der Volumenstrom durch einen Strang der Mehrkreispumpe durch eine untere hydrostatische Tasche: $Q_{\mathrm{SI}} = 0{,}18\ \mathrm{dm}^3\ \mathrm{min}^{-1}$, durch eine obere hydrostatische Tasche: $Q_{S\mathrm{II}} = 0{,}09\ \mathrm{dm}^3\ \mathrm{min}^{-1}$.

Gewählt wird eine Achtkreispumpe mit Volumenstrom $8 \times 0{,}2\ \mathrm{dm}^3\ \mathrm{min}^{-1}$. Dieser Volumenstrom entspricht ungefähr dem berechneten Volumenstrom $Q_{\mathrm{SI}} = 0{,}18\ \mathrm{dm}^3\ \mathrm{min}^{-1}$, ist aber wesentlich höher als $Q_{S\mathrm{II}} = 0{,}09\ \mathrm{dm}^3\ \mathrm{min}^{-1}$.

Nach dem *Hagen-Poiseuilleschen Gesetz* errechnet sich der Volumenstrom Q nach dem Taschendruck p_{T}, dem Lagerspalt h, dem Strömungsverhältnis $\frac{b}{l}$ und der dynamischen Viskosität des Öles η:

$$Q = \frac{p_{\mathrm{T}} h^3}{12\eta} \frac{b}{l} \tag{1.5}$$

Wenn die Mehrkreispumpe pro Strang $0{,}2\ \mathrm{dm}^3\ \mathrm{min}^{-1}$ fördert und eine obere hydrostatische Tasche $Q_{\mathrm{SII}} = 0{,}09\ \mathrm{dm}^3\ \mathrm{min}^{-1}$ beansprucht, wird im Folgenden analysiert, was in dem Lagerspalt geschieht.

Der Lagerspalt h und der Taschendruck p_{T} werden nach den Abmessungen und den auf die Tasche wirkenden Kräfte bestimmt. Nach dem *Hagen-Poiseuilleschen Gesetz* strömt durch die Tasche bei laminarer Strömung ein Volumenstrom Q nach Gl. (1.5). Wenn bei gleichem Lagerspalt h und gleichem Taschendruck p_{T} anstatt $0{,}09\ \mathrm{dm}^3\ \mathrm{min}^{-1}$ die Tasche mit einem größeren Volumenstrom gespeist wird, z. B. $0{,}2\ \mathrm{dm}^3\ \mathrm{min}^{-1}$, erhöht sich die Strömungsgeschwindigkeit. Bei geringer Erhöhung der Strömungsgeschwindigkeit sind keine weiteren Veränderungen in dem Lagerspalt zu erwarten. Es empfiehlt sich, die Volumenströme genau zu berechnen und schon bei der Lagergestaltung die verfügbaren Volumenströme der Mehrkreispumpe zu berücksichtigen.

Dieses Ölversorgungssystem empfiehlt sich wegen seiner hohen Lagersteifigkeit für alle hydrostatische Führungen und Lager. Alle in den Hydraulikplänen der Abb. 3.24 bis 3.38 bezeichneten Geräte inklusive Mehrkreispumpen können von Hydraulikfirmen (SKF-Willy Vogel AG, Hydac u. a.) bezogen werden.

Bei den meisten Hydraulikplänen werden alle hydrostatischen Taschen durch die Mehrkreispumpen mit Öl versorgt. Ausnahmen sind die Hydraulikpläne mit vorgespannten Radiallagern (Abb. 3.26 und Abb. 3.30) und vorgespannten Mittenführungen (Abb. 3.29 und Abb. 3.34).

Für die behandelten hydrostatischen Führungen und Lager werden folgende Mehrkreispumpen vorgesehen:

$$4 \times 0{,}2\ \mathrm{dm}^3\ \mathrm{min}^{-1},\ 4 \times 0{,}45\ \mathrm{dm}^3\ \mathrm{min}^{-1},\ 8 \times 0{,}2\ \mathrm{dm}^3,\ 8 \times 0{,}45\ \mathrm{dm}^3\ \mathrm{min}^{-1},$$

$$20 \times 0{,}05\ \mathrm{dm}^3\ \mathrm{min}^{-1},\ 20 \times 0{,}01\ \mathrm{dm}^3\ \mathrm{min}^{-1}.$$

Da die Mehrkreispumpen infolge der auftretenden Schwingungen nicht direkt an dem Tisch, sondern an dem Ölversorgungsaggregat angebracht werden müssen, benötigt man größere Behältervolumen als bei den Ölversorgungen mit Kapillar- und Membrandrosseln. In diesen Berechnungsbeispielen werden Behältervolumen von $V = 100\ \mathrm{dm}^3$ bis $200\ \mathrm{dm}^3$ vorgesehen, die größeren Behältervolumen von $V = 200\ \mathrm{dm}^3$ werden bei Führungen und Lagern mit Ölkühlung eingebaut.

3.5 Ölversorgungssystem „Eine gemeinsame Pumpe und Membrandrosseln"

Beim Ölversorgungssystem „Eine gemeinsame Pumpe und Membrandrosseln" (Abb. 1.5c) werden mit einer Pumpe über die Membrandrosseln mehrere hydrostatische Taschen versorgt. Charakteristisch für dieses System ist der konstante Lagerspalt (h = konstant). Da beim Kraftanstieg ΔF der Lagerspalt h konstant bleibt, gilt nach Gl. (1.11): $\Delta h = 0$, die Steifigkeit des hydrostatischen Lagers beträgt $K = \infty$.

Die Membrandrosseln werden nicht wie die Kapillardrosseln eingestellt, sondern so ausgelegt, dass sie sich bei jeder Last dem hydrostatischen Lager anpassen.

3.5.1 Theoretische Grundlagen

Abbildung 3.39 zeigt eine prinzipielle Darstellung des Ölversorgungssystems „Eine gemeinsame Pumpe und Membrandrosseln".

Wenn der Tisch durch die Kraft F belastet wird, wird in den hydrostatischen Taschen der Taschendruck p_T aufgebaut. Dieser Taschendruck belastet die Membran, die sich durchbiegt, das Öl fließt von der Pumpe zu der hydrostatischen Tasche.

Wenn die Kraft F ansteigt, erhöht sich der Taschendruck p_T, das Durchbiegen der Membran (Drosselspalt) H wird größer, es fließt mehr Öl durch die Membrandrossel zu der hydrostatischen Führung. Beim gleichzeitigem Anstieg des Taschendruckes p_T und des Volumenstromes Q bleibt der Lagerspalt nach der *Hagen-Poiseuilleschen-Gleichung* annähernd konstant:

$$Q = \frac{p_\mathrm{T} h^3}{12\eta} \frac{b}{l} \tag{1.5}$$

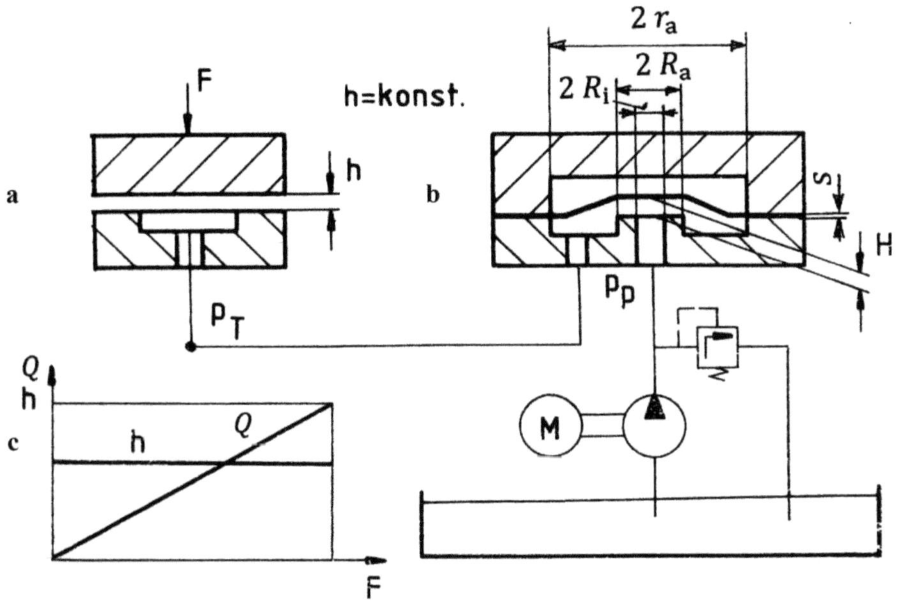

Abb. 3.39 Prinzipielle Darstellung des Ölversorgungssystems „Eine gemeinsame Pumpe und Membrandrosseln". **a** Hydrostatische Führung, **b** Membrandossel, **c** Kennlinie. *h* Lagerspalt, *H* Drosselspalt, *s* Membranstärke, p_P Pumpendruck, p_T Taschendruck, *Q* Volumenstrom, R_a Äußerer Radius der Drosselfläche, R_i Innerer Radius der Drosselfläche, r_a Einspannradius der Membran

$$F \uparrow p_T \uparrow H \uparrow Q \uparrow$$

h = konstant

Das Ölversorgungssystem „Eine gemeinsame Pumpe und Membrandrosseln" beim Anschluss einer Membrandrossel pro Tasche ist analytisch und experimentell eingehend untersucht worden [2, 5, 6].

Mit einer Membrandrossel können mehr als eine hydrostatische Tasche angeschlossen werden (Abb. 3.40). Wenn mit einer Membran drei hydrostatische Taschen mit gleichem Taschendruck angeschlossen werden, erreicht man annähernd die gleiche Kennlinie und die gleiche Lagersteifigkeit bei wesentlich geringeren Herstellungskosten als beim System mit einer Membrandrossel pro Tasche [2]. Die Ölversorgung „Eine Membrandrossel für drei Taschen" ist analytisch und experimentell untersucht worden [2].

Die Membrandrosseleinheit besteht aus dem oberen Teil, unterem Teil und der Membran, die sich zwischen beiden Teilen befindet. Der obere Teil der Membrandrosseleinheit muss mit dem unteren Teil durch Schrauben und Stifte so verspannt werden, dass sie die Membran unter Kraft durchbiegt und nicht seitlich ausweicht.

Bei der Berechnung und Auslegung von Ölversorgung „Eine gemeinsame Pumpe und Membrandrosseln" müssen äußerer Radius der Drosselfläche R_a, innerer Radius

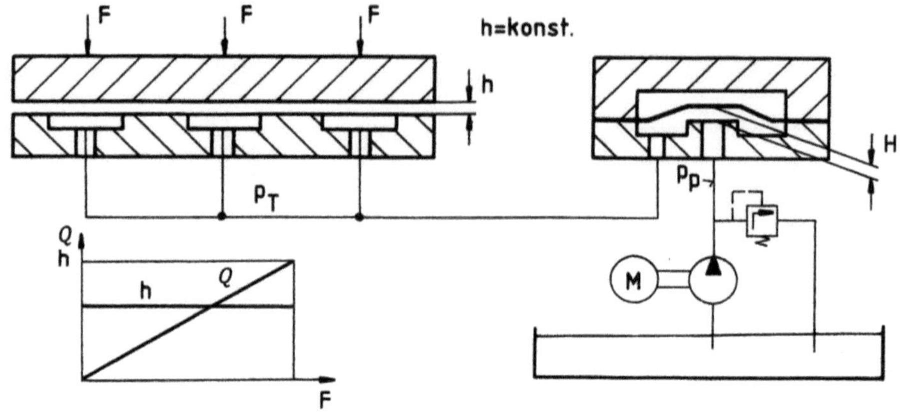

Abb. 3.40 Prinzipielle Darstellung der Ölversorgung „Eine Membrandrossel für drei Taschen"

der Drosselfläche R_i und Einspannradius der Membran r_a konstruktiv festgelegt werden (Abb. 3.39).

Der dimensionslose Faktor K wird nach folgender Gleichung bestimmt:

$$K = \sqrt[3]{\frac{2\pi}{ln\frac{R_a}{R_i}} \frac{l}{b}} \tag{3.5}$$

Bei der Anwendung des Hagen-Poiseuilleschen Gesetzes für die Membrandrossel erhält man den Volumenstrom durch eine Membrandrossel:

$$Q_D = \frac{(p_P - p_T)\pi H^3}{6\eta ln\frac{R_a}{R_i}} \tag{3.6}$$

Für den Volumenstrom durch eine hydrostatische Tasche gilt:

$$Q = \frac{p_T h_c^3}{12\eta} \frac{b}{l} \tag{1.5}$$

Wenn an eine Membrandrossel eine hydrostatische Tasche angeschlossen wird, gilt:

$$Q_D = Q$$

Beim Einsetzen von Gl. (3.6) und (1.5) ergibt sich:

$$\frac{(p_P - p_T)\pi H^3}{6\eta ln\frac{R_a}{R_i}} = \frac{p_T h_c^3}{12\eta} \frac{b}{l}$$

Aus dieser Gleichung bekommt man die Funktion $H\frac{k}{h_c} = f\left(\frac{p_T}{p_P}\right)$, wenn an eine Membrandrossel eine hydrostatische Tasche angeschlossen wird.

$$H\frac{k}{h_c} = \sqrt[3]{\frac{\frac{p_T}{p_P}}{1 - \frac{p_T}{p_P}}} \tag{3.7}$$

Tab. 3.4 Tabellarische Werte der Funktion $H\frac{k}{h_c} = f(\frac{p_T}{p_P})$, wenn an eine Membrandrossel eine hydrostatische Tasche angeschlossen wird

$\frac{Hk}{h_c}$	0	0,48	0,63	0,75	0,87	1	1,14	1,32	1,58	2,06	∞
$\frac{p_T}{p_P}$	0	0,1	0,2	0,3	0,4	0,5	0,6	0,7	0,8	0,9	1

Tab. 3.5 Tabellarische Werte der Funktion $H\frac{k}{h_c} = f\left(\frac{p_T}{p_P}\right)$, wenn an eine Membrandrossel zwei hydrostatische Taschen angeschlossen werden

$\frac{Hk}{h_c}$	0	0,608	0,795	0,95	1,099	1,257	1,436	1,66	1,986	2,595	∞
$\frac{p_T}{p_P}$	0	0,1	0,2	0,3	0,4	0,5	0,6	0,7	0,8	0,9	1

In Tab. 3.4 ist die Funktion $H\frac{k}{h_c} = f\left(\frac{p_T}{p_P}\right)$ für verschiedene Werte $\frac{p_T}{p_P}$ aufgestellt, wenn an eine Membrandrossel eine hydrostatische Tasche angeschlossen wird.

Wenn an eine Membrandrossel zwei hydrostatische Taschen angeschlossen werden gilt:

$$Q_D = 2Q$$

Beim Einsatz von Gl. (3.6) und (1.5) ergibt sich:

$$\frac{(p_P - p_T)\pi H^3}{6\eta ln\frac{R_a}{R_i}} = \frac{2p_T h_c^3}{12\eta}\frac{b}{l}$$

Aus dieser Gleichung ergibt sich der relative Spalt:

$$H\frac{k}{h_c} = \sqrt[3]{\frac{2\frac{p_T}{p_P}}{1 - \frac{p_T}{p_P}}} \tag{3.8}$$

In Tab. 3.5 ist die Funktion $H\left(\frac{k}{h_c}\right) = f\left(\frac{p_T}{p_P}\right)$ für verschiedene Werte $\frac{p_T}{p_P}$ Wenn an eine Membrandrossel zwei hydrostatische Taschen angeschlossen werden.

Wenn an eine Membrandrossel drei hydrostatische Taschen angeschlossen werden, gilt:

$$Q_D = 3Q$$

Beim Einsetzen von Gl. (3.6) und (1.5) ergibt sich:

$$\frac{(p_P - p_T)\pi H^3}{6\eta ln\frac{R_a}{R_i}} = \frac{3p_T h_c^3}{12\eta}\frac{b}{l}$$

Aus dieser Gleichung ergibt sich der relative Spalt:

$$H\frac{k}{h_c} = \sqrt[3]{\frac{3\frac{p_T}{p_P}}{1 - \frac{p_T}{p_P}}} \tag{3.9}$$

Tab. 3.6 Tabellarische Werte der Funktion $H\frac{k}{h_c} = f\left(\frac{p_T}{p_P}\right)$, wenn an eine Membrandrossel drei hydrostatische Taschen angeschlossen werden

$\frac{Hk}{h_c}$	0	0,695	0,909	1,086	1,257	1,436	1,642	1,9	2,27	2,96	∞
$\frac{p_T}{p_P}$	0	0,1	0,2	0,3	0,4	0,5	0,6	0,7	0,8	0,9	1

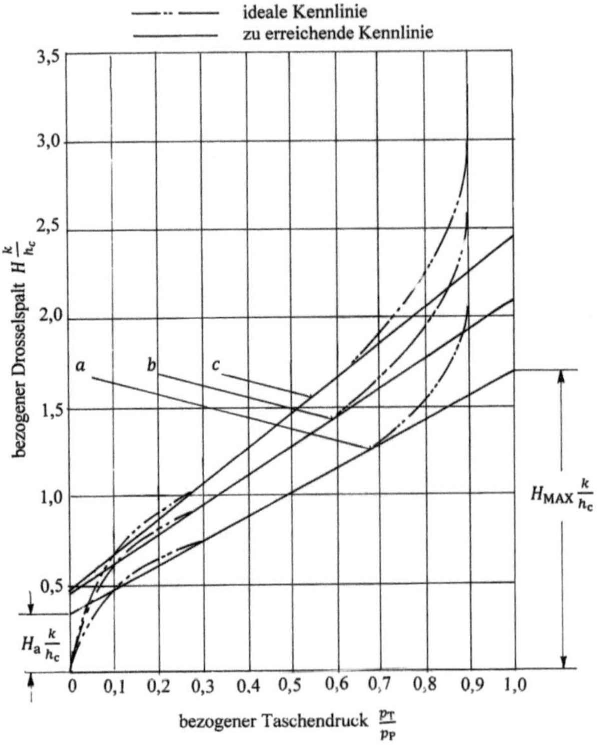

Abb. 3.41 Bezogener Drosselspalt als Funktion des bezogenen Taschendruckes. **a** Eine Membrandrossel für eine Tasche, **b** Eine Membrandrossel für zwei Taschen, **c** Eine Membrandrossel für drei Taschen

Tab. 3.6 zeigt die Funktion $H\frac{k}{h_c} = f\left(\frac{p_T}{p_P}\right)$ für verschiedene Werte $\frac{p_T}{p_P}$, wenn an eine Membrandrossel drei hydrostatische Taschen angeschlossen werden.

Der Verlauf der Funktion $H\frac{k}{h_c} = f\left(\frac{p_T}{p_P}\right)$ ist für alle drei Gl. (3.7–3.9) in Abb. 3.41 eingezeichnet.

Die idealen Kurven nach Gl. (3.7–3.9) sind strichpunktiert gezeichnet. Die praktisch zu erreichenden Kurven sind die vollen Linien, die sich mit den idealen Kurven im Bereich

$$(p_T/p_P)_{OPT} = 0,1 \text{ bis } 0,6 \tag{2.37}$$

überdecken.

Die Membrandrosseln sollen bei der Auslegung der Ölversorgung in dem Bereich $(p_T/p_P)_{OPT} = 0,1$ bis $0,6$ verwendet werden.

Bei der Membran, wie bei allen Federn, steigt die Verlagerung mit zunehmender Kraft linear an. Die vollen Linien in Abb. 3.41 sind die Federkennlinien der Membran.

Die analytische Form der Geraden wird nach Abb. 3.41 ermittelt:

$$H\frac{k}{h_c} = H_a\frac{k}{h_c} + (H_{MAX} - H_a)\frac{k}{h_c}\frac{p_T}{p_P} \tag{3.10}$$

Beim System „Eine Membrandrossel für eine Tasche" gilt nach Abb. 3.41:

Relativer Anfangsdrosselspalt: $H_a\frac{k}{h_c} = 0{,}35$
Größter relativer Drosselspalt: $H_{MAX}\frac{k}{h_c} = 1{,}7$

Beim System „Eine Membrandrossel für zwei Taschen" gilt nach Abb. 3.41:

Relativer Anfangsdrosselspalt: $H_a\frac{k}{h_c} = 0{,}47$
Größter relativer Drosselspalt: $H_{MAX}\frac{k}{h_c} = 2{,}1$

Beim System „Eine Membrandrossel für drei Taschen" gilt nach Abb. 3.41:

Relativer Anfangsdrosselspalt: $H_a\frac{k}{h_c} = 0{,}48$
Größter relativer Drosselspalt: $H_{MAX}\frac{k}{h_c} = 2{,}48$

Auf diese Art bekommt man die Gleichung der zu erreichenden Kennlinie beim System „*Eine Membrandrossel für eine Tasche*":
$H\frac{k}{h_c} = (1{,}7 - 0{,}35)\frac{p_T}{p_P}$ bzw.:

$$H\frac{k}{h_c} = 0{,}35 + 1{,}35\frac{p_T}{p_P}$$

Aus dieser Gleichung ergibt sich die Funktion $H = f(\frac{p_T}{p_P})$ zu:

$$H = \frac{h_c}{K}\left(0{,}35 + 1{,}35\frac{p_T}{p_P}\right) \tag{3.11}$$

Die Gleichung der zu erreichenden Kennlinie beim System „*Eine Membrandrossel für zwei Taschen*":
$H\frac{k}{h_c} = 0{,}47 + (2{,}1 - 0{,}47)\frac{p_T}{p_P}$ bzw.:

$$H\frac{k}{h_c} = 0{,}47 + 1{,}63\frac{p_T}{p_P}$$

Aus dieser Gleichung ergibt sich die Funktion $H = f(\frac{p_T}{p_P})$ zu:

$$H = \frac{h_c}{K}\left(0{,}47 + 1{,}63\frac{p_T}{p_P}\right) \tag{3.12}$$

Die Gleichung der zu erreichenden Kennlinie beim System „*Eine Membrandrossel für drei Taschen*“ lautet:
$H \frac{k}{h_c} = 0{,}48 + (2{,}48 - 0{,}48) \frac{p_T}{p_P}$ bzw.:

$$H \frac{k}{h_c} = 0{,}48 + 2 \frac{p_T}{p_P}$$

Aus dieser Gleichung ergibt sich die Funktion $H = f(\frac{p_T}{p_P})$ zu:

$$H = \frac{h_c}{K} \left(0{,}48 + 2 \frac{p_T}{p_P} \right) \tag{3.13}$$

Nach Gl. (3.11)–(3.13) werden für jeden Betriebsfall, d. h. für jede hydrostatische Führung und jedes hydrostatische Lager, die Membrandrosseln daraufhin geprüft, ob die Kennlinien $H = f\left(\frac{p_T}{p_P}\right)$ in dem gesamten Bereich des bezogenen Taschendruckes $\frac{p_T}{p_P}$ von 0,1 bis 0,6 für das gewählte System erfüllt werden. Dabei wird die Membranstärke s durch Schleifen verändert, bis die Gl. (3.11)–(3.13) erfüllt werden.

Für Membrandrosseln mit sich von selbst einstellendem Anfangsspalt wird die Membranstärke s_{TH} nach folgender Gleichung ermittelt [6]:

$$s_{TH} = 0{,}004255 \cdot \sqrt[3]{\frac{K r_a^4 p_P}{\left(H_{MAX} \frac{k}{h_c} \right) h_c}}$$

Beim System „Eine Membrandrossel für eine Tasche“ bekommt man die endgültige Gleichung für die Membranstärke mit Einsatz: $H_{MAX} \frac{k}{h_c} = 1{,}7$ zu:

$$s_{TH} = 0{,}00356 \cdot \sqrt[3]{\frac{K r_a^4 p_P}{h_c}} \tag{3.14}$$

Die Membranstärke s_{TH} beim System „Eine Membrandrossel für zwei Taschen“ ergibt sich mit Einsatz des größten relativen Drosselspaltes: $H_{MAX} \frac{k}{h_c} = 2{,}1$ zu:

$$s_{TH} = 0{,}00332 \cdot \sqrt[3]{\frac{K r_a^4 p_P}{h_c}} \tag{3.15}$$

Die Membranstärke s_{TH} beim System „Eine Membrandrossel für drei Taschen“ ergibt sich mit Einsatz des größten relativen Drosselspaltes: $H_{MAX} \frac{k}{h_c} = 2{,}48$ zu [2]:

$$s_{TH} = 0{,}003144 \cdot \sqrt[3]{\frac{K r_a^4 p_P}{h_c}} \tag{3.16}$$

s_{TH} theoretisch ermittelte Membranstärke in cm

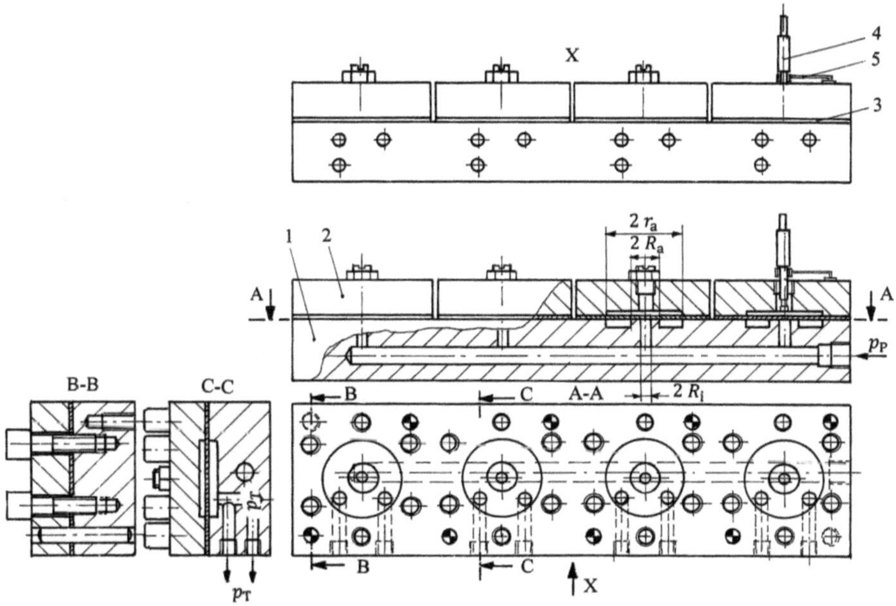

Abb. 3.42 Universelle Membrandrosseleinheit mit vier Drosseln und vier Membranen. *1* Drosselgehäuse, *2* Drosselkopf, *3* Membran, *4* elektronischer Feinzeiger, *5* Magnetständer. R_a Äußerer Radius der Drosselfläche, R_i Innerer Radius der Drosselfläche, r_a Einspannradius der Membran

r_a Einspannradius in cm
p_P Pumpendruck in bar
h_c Nennmaß des Lagerspaltes in cm
K dimensionsloser Faktor nach Gl. (3.5)

Bei experimentellen Untersuchungen [2] ergab sich mit der Gl. (3.16) eine etwa 5% kleinere Membranstärke, als es für die optimale Auslegung erforderlich war. Deshalb empfiehlt sich, die Prüfung der Membrandrossel mit einer um 10% größeren Membranstärke anzufangen [2]:

$$s = 1{,}1\;s_{TH} \tag{3.17}$$

3.5.2 *Konstruktion der Membrandrosseleinheit*

Abbildung 3.42 zeigt eine universelle *Membrandrosseleinheit* mit vier Drosseln und vier Membranen. An eine Membrandrossel können eine, zwei oder drei hydrostatische Taschen angeschlossen werden (s. Ansicht X und Schnitt C-C). Auf diese Art können mit dieser Membrandrosseleinheit zwölf hydrostatische Taschen angeschlossen werden.

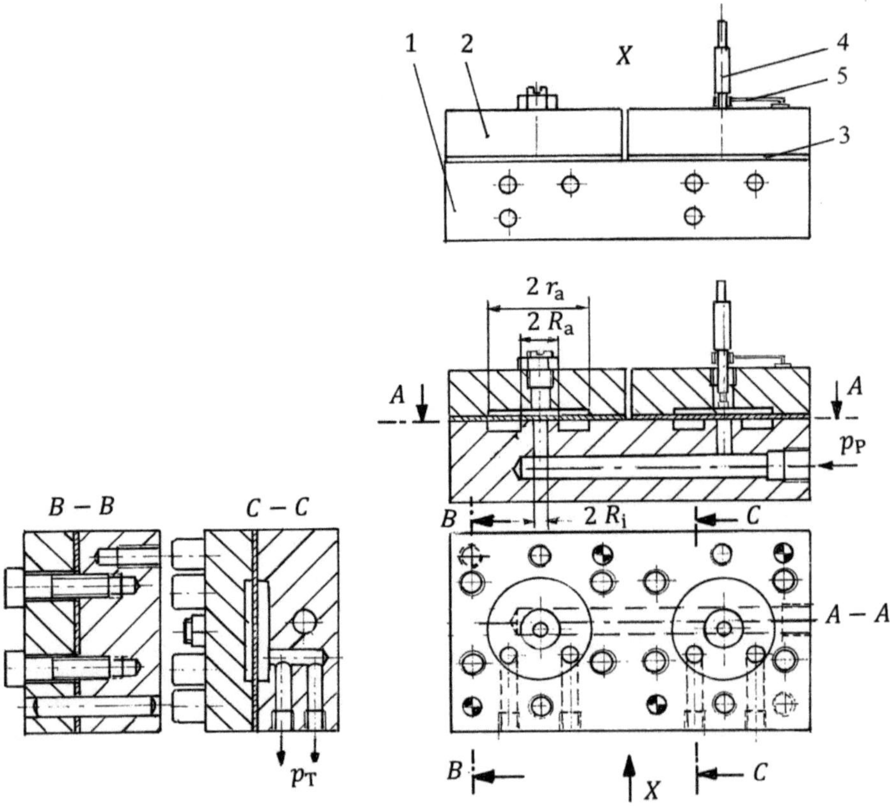

Abb. 3.43 Universelle Membrandrosseleinheit mit zwei Drosseln. *1* Drosselgehäuse, *2* Drosselkopf, *3* Membran, *4* elektronischer Feinzeiger, *5* Magnetständer. R_a Äußerer Radius der Drosselfläche, R_i Innerer Radius der Drosselfläche, r_a Einspannradius der Membran

Die Membrandrosseleinheit besteht aus dem Drosselgehäuse 1, vier Drosselköpfen 2 und vier Membranen 3. Die zu untersuchende Membrandrossel wird an den Prüfstand (oder die hydrostatische Führung) angeschlossen.

Der Drosselspalt H (Abb. 3.40) wird mit dem elektronischen Feinzeiger 4, der mit Hilfe des Magnetständers 5 an dem Drosselkopf befestigt ist, gemessen.

Jeder Drosselkopf ist durch sechs Schrauben und zwei Zylinderstifte an dem Drosselgehäuse befestigt (s. Ansicht A-A). Somit wird die Bedingung erfüllt, dass der obere Teil der Membrandrossel mit dem unteren Teil durch Schrauben und Stifte so verspannt werden, dass sich die Membran unter Kraft durchbiegt und nicht seitlich ausweicht. In dem Drosselgehäuse befinden sich zwei Gewindebohrungen für die Befestigung der Membrandrosseleinheit (s. Ansicht A-A und Schnitt B-B).

Abbildung 3.43 zeigt eine Membrandrosseleinheit mit zwei Drosseln, bei welcher an jede Membrandrossel eine, zwei oder drei hydrostatische Taschen angeschlossen werden können.

Abbildung 3.44 zeigt eine Membrandrosseleinheit mit einer Drossel, bei welcher an eine Membrandrossel eine, zwei oder drei hydrostatische Taschen angeschlossen werden können.

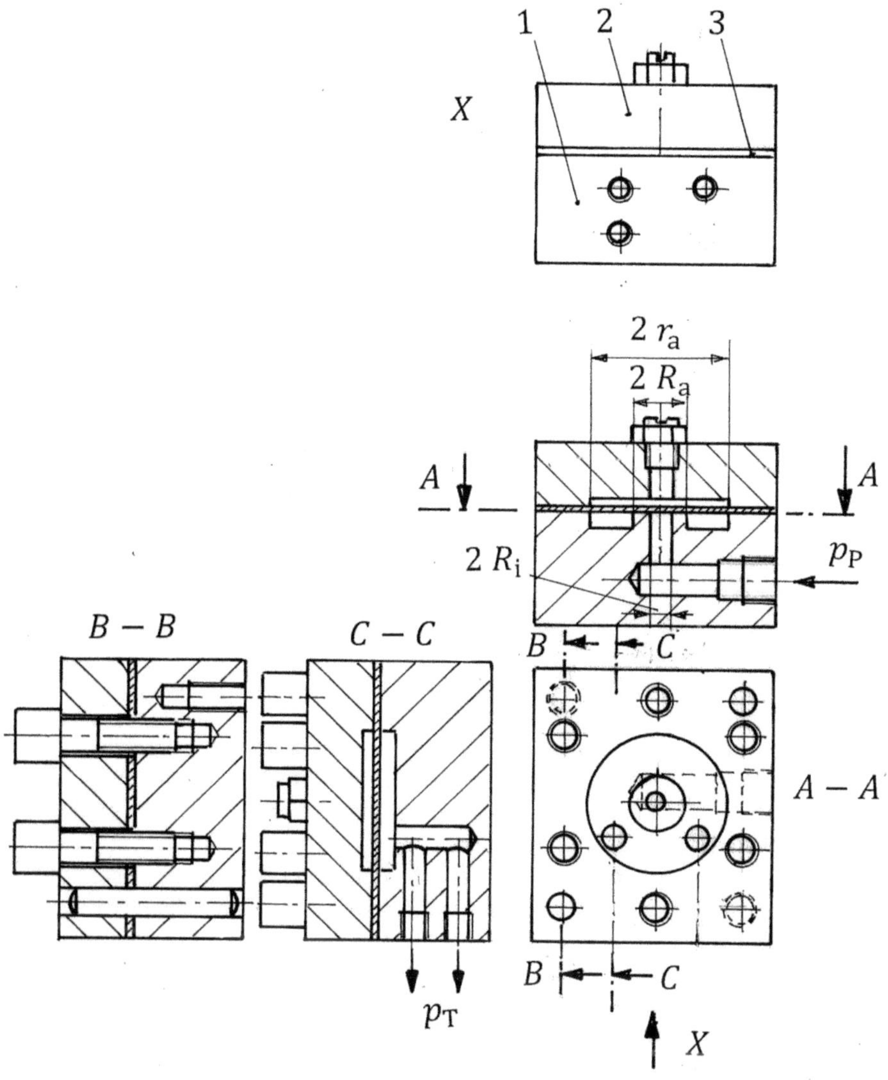

Abb. 3.44 Universelle Membrandrosseleinheit mit einer Drossel. *1* Drosselgehäuse, *2* Drosselkopf, *3* Membran. R_a Äußerer Radius der Drosselfläche, R_i Innerer Radius der Drosselfläche, r_a Einspannradius der Membran

3.5.3 *Prüfung der Membrandrossel*

Zuerst wird die Membranstärke s_{TH}, je nach System nach den Gl. (3.14–3.16) errechnet. Nach dem Einbau der Membran in die Membrandrosseleinheit wird die Membran daraufhin überprüft, ob die Funktionen $H = f(\frac{p_T}{p_P})$ nach Gl. (3.11–3.13)

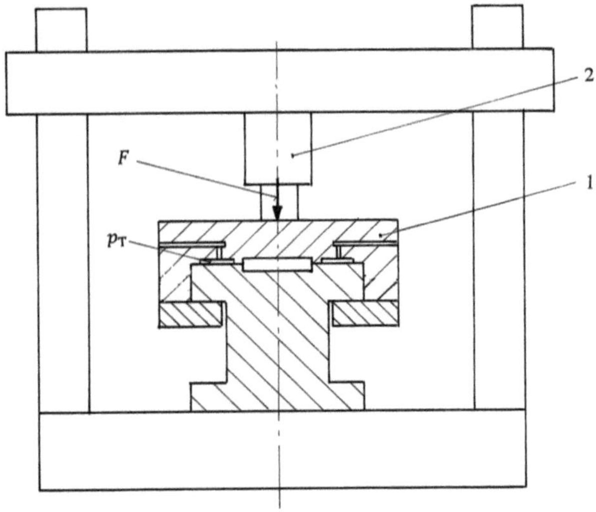

Abb. 3.45 Prinzipielle Darstellung der Belastungseinrichtung. *1* Hydrostatisch geführter Tisch, *2* Kraftzylinder, *F* Kraft, p_T Taschendruck

in dem gesamten Bereich des bezogenen Taschendruckes $\frac{p_T}{p_P}$ von 0,1 bis 0,6 für das gewählte System erfüllt werden.

Abbildung 3.45 zeigt, wie ein hydrostatisch geführter Rundtisch 1 mit Hilfe eines Kraftzylinders 2 mit veränderlichen Kräften F belastet wird. In den hydrostatischen Taschen der Tragbahn wird der Taschendruck p_T aufgebaut. Dieser Taschendruck belastet die Membrandrossel, das Durchbiegen der Membran H wird größer (Abb. 3.40). In Abb. 3.42 wird gezeigt wie der Drosselspalt H mit dem elektronischem Feinzeiger gemessen wird.

In Abb. 3.46 ist ein Hydraulikplan zur Prüfung einer Membrandrossel mit dem Ölversorgungsaggregat 3, mit der Membrandrosseleinheit 2 und dem hydrostatisch geführten Rundtisch 1 dargestellt.

An die zu untersuchende Membrandrossel 5 werden drei hydrostatischen Tragbahntaschen des Rundtisches angeschlossen. Die Belastung wird verändert, der Taschendruck p_T und der Drosselspalt H werden gemessen und mit der idealen Kurve $H = f(p_T)$ nach (3.13) verglichen. Die Membran wird ausgebaut und nachgeschliffen und wieder in die Membrandrosseleinheit eingebaut, die Belastung wird verändert, der Taschendruck p_T und der Drosselspalt H werden gemessen, bis die Funktion $H = f(p_T)$ nach (3.13) erfüllt wird. Auf diese Art müssen die Membrandrosseln für alle hydrostatischen Führungen und Lager mit den Systemen „Eine Membrandrossel für zwei Taschen" und „Eine Membrandrossel für eine Tasche" getestet werden.

Wenn das Ölversorgungssystem „Eine gemeinsame Pumpe und Membrandrosseln" häufig verwendet wird, ist es ratsam, die Belastungseinrichtung und den Hydraulikplan universell als Prüfstand bereitzustellen.

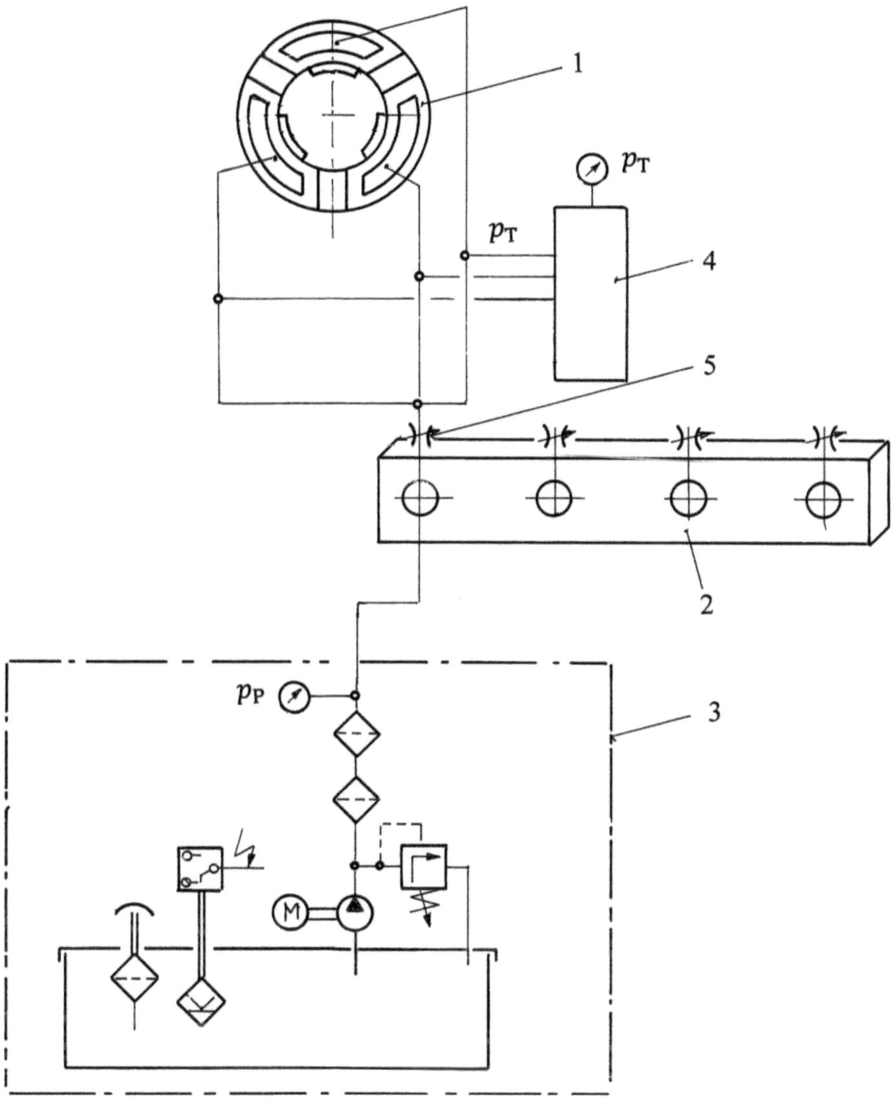

Abb. 3.46 Hydraulikplan zur Prüfung der Membrandrossel für den zentrisch belasteten Rundtisch beim System „Eine Membrandrosssel für drei Taschen“. *1* Hydrostatisch geführter Tisch, *2* Membrandrosseleinheit, *3* Ölversorgungsaggregat, *4* Druckmessstellenwähler, *5* zu untersuchende Membrandrossel

3.5.4 *Auslegungsbeispiel: Zentrisch belastete hydrostatische Führung mit Umgriff*

Für die in Abschn. 2.4.3 behandelte zentrisch belastete hydrostatische Führung mit Umgriff nach Abb. 2.1 wird eine Ölversorgung mit dem Ölversorgungssystem „Eine gemeinsame Pumpe und Membrandrosseln" ausgelegt.

Vorgabedaten:

Lagerspalt im Anfangszustand: $h_0 = h_c = 0{,}030 \cdot 10^{-3}$ m $= 0{,}030$ mm $=$ 0,0030 cm

Gesamtanzahl der Taschenpaare: $z = 12$

Gesamtanzahl der hydrostatischen Taschen: 2z = 24 Taschen, davon 12 Taschen der Tragbahn und 12 Taschen des Umgriffs

Taschendruck im Anfangszustand: $p_{\text{T0I}} = p_{\text{T0II}} = p_{\text{T0}} = 5{,}85 \cdot 10^5\ \text{N m}^{-2} =$ 5,85 bar

Taschendruck unter Wirkung der Schnittkraft:

$p_{\text{TI}} = p_{\text{TII}} = p_{\text{T}} = 13{,}5 \cdot 10^5\ \text{N m}^{-2}$

Pumpendruck: $p_{\text{P}} = 38{,}5 \cdot 10^5\ \text{N m}^{-2} = 38{,}5$ bar

Schmieröl: ISO VG 46 mit der kinematischen Viskosität $\upsilon_{25} = 113{,}8\ \text{mm}^2\ \text{s}^{-1}$

Gesamtvolumenstrom im Anfangszustand: $Q_{\text{0GES}} = 0{,}78\ \text{dm}^3\ \text{min}^{-1}$

Gesamtvolumenstrom unter Wirkung der Schnittkraft: $Q_{\text{GES}} = 1{,}8\ \text{dm}^3\ \text{min}^{-1}$

Verlustleistung: $P_{\text{VER}} = 116{,}3$ W

Strömungsverhältnis: $\frac{b}{l} = 40$

Äußerer Radius der Drosselfläche: $R_{\text{a}} = 0{,}87$ cm

Innerer Radius der Drosselfläche: $R_{\text{i}} = 0{,}3$ cm

Einspannradius der Membran: $r_{\text{a}} = 2{,}5$ cm

Größtes Druckverhältnis, in welchem die Membran belastet wird:

$$\left(\frac{p_{\text{T}}}{p_{\text{P}}}\right)_{\text{MAX}} = 0{,}35$$

Kleinstes Druckverhältnis, in welchem die Membran belastet wird:

$$\left(\frac{p_{\text{T0}}}{p_{\text{P}}}\right)_{\text{MIN}} = 0{,}15$$

Lösung:

1. Dimensionsloser Faktor K:

$$K = \sqrt[3]{\frac{2\pi}{\ln \frac{R_{\text{a}} l}{R_{\text{i}} b}}} = \sqrt[3]{\frac{2\pi}{ln \frac{0{,}87}{0{,}3} \cdot 40}} = 0{,}528 \tag{3.5}$$

2. Theoretische Membranstärke beim System „Eine Membrandrossel für drei Taschen":

$$s_{\text{TH}} = 0{,}003144 \cdot \sqrt[3]{\frac{K r_{\text{a}}^4 p_{\text{P}}}{h_{\text{c}}}} = 0{,}003144 \cdot \sqrt[3]{\frac{0{,}528 \cdot 2{,}5^4 \cdot 38{,}5}{0{,}003}} = 0{,}20\ \text{cm} \tag{3.16}$$

Tab. 3.7 Tabellarische Werte für die Funktion (3.13)

p_T in bar	0	5,77	7,7	11,5	13,47	15,4	19,2	23,1
$\frac{p_T}{p_P}$	0	0,15	0,2	0,3	0,35	0,4	0,5	0,6
H in cm	0,0027	0,0044	0,00499	0,00613	0,0067	0,00727	0,0084	0,0095

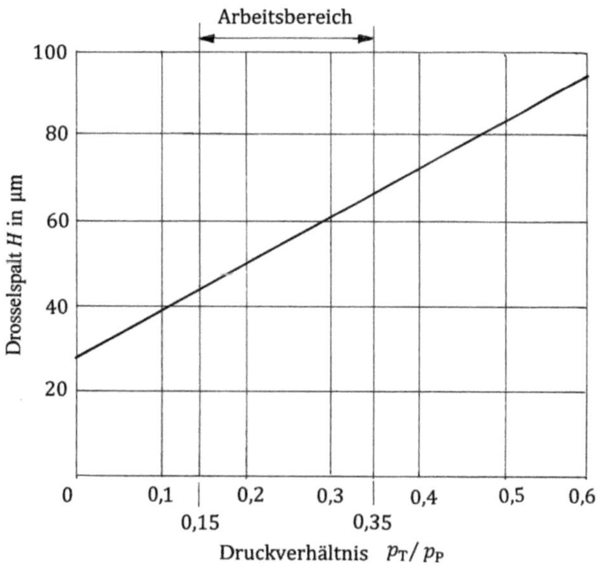

Abb. 3.47 Testdiagramm zur Optimierung der Membranstärke beim Anschluss einer Membrandrossel mit drei hydrostatischen Taschen

$h_c = h_0 = h$: idealer Lagerspalt

3. Praktische Membranstärke:

$$s = 1{,}1 s_{TH} = 1{,}1 \cdot 0{,}20 = 0{,}22 \text{ cm} \tag{3.17}$$

4. Nach der Funktion

$$H = \frac{h_c}{K}\left(0{,}48 + 2\frac{p_T}{p_P}\right) = \frac{0{,}0030}{0{,}528} \cdot \left(0{,}48 + 2\frac{p_T}{p_P}\right)$$
$$= 0{,}00568 \cdot \left(0{,}48 + 2\frac{p_T}{p_P}\right) \tag{3.13}$$

werden für einige Werte p_T die Drosselspalte errechnet, in Tab. 3.7 aufgestellt und in Abb. 3.47 eingezeichnet.

5. Die Membrandrossel soll in dem Bereich des optimalen Druckverhältnisses

$$(p_T/p_P)_{OPT} = 0{,}1 \text{ bis } 0{,}6 \tag{2.37}$$

nach dem Testdiagramm Abb. 3.47 untersucht werden.

6. Für die Ölversorgung von 24 hydrostatischen Taschen der Tragbahn und des Umgriffs werden zwei Membrandrosseleinheiten nach Abb. 3.42 mit je vier Drosseln vorgesehen, Membranstärke: s = 0,22 cm.

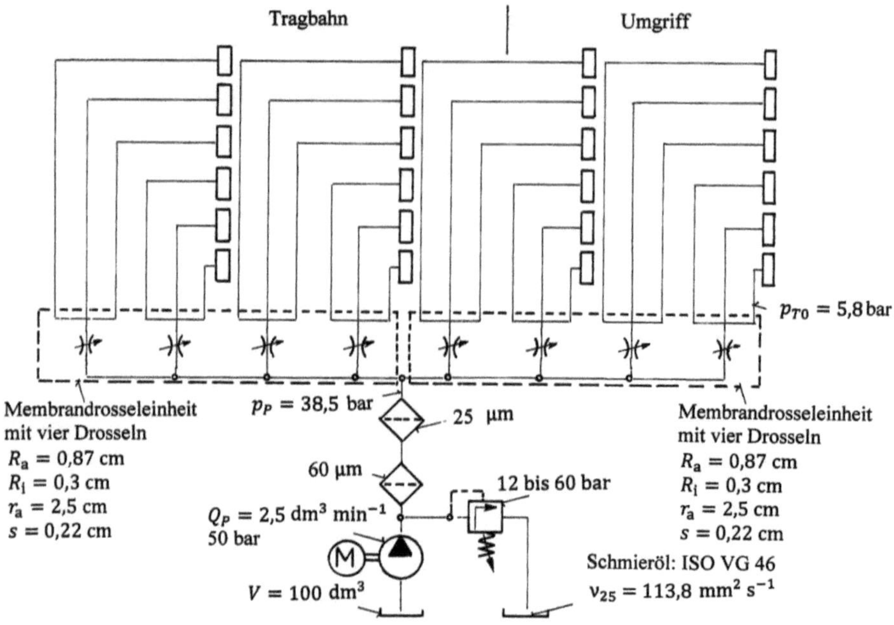

Abb. 3.48 Hydraulikplan für eine zentrisch belastete hydrostatische Führung mit Umgriff

7. Der Volumenstrom der Zahnradpumpe muss größer sein als die berechneten Gesamtvolumenströme im Anfangszustand und unter Wirkung der Schnittkraft, gewählt wird: $Q_P = 2{,}5\ \text{dm}^3\ \text{min}^{-1}$ mit maximalem Gegendruck von 50 bar.
8. Bei der Verlustleistung von $P_{VER} = 116{,}3$ W ist keine Ölkühlung notwendig.
9. Das Behältervolumen wird gewählt: $V = 100\ \text{dm}^3$.
10. Es wird ein Druckbegrenzungsventil für den Einstellbereich 12 bis 60 bar gewählt.
11. Es wird ein Ölmanometer für Öldrücke von 0 bis 100 bar gewählt.
12. Die Filterfeinheit des Feinstfilters soll feiner als der Lagerspalt (30 µm), gewählt wird die Feinheit 25 µm.
13. Die Feinheit des Grobfilters wird gewählt: 60 µm.
14. Der Arbeitsbereich der Membrandrossel ist zwischen $\frac{p_T}{p_P} = 0{,}15$ und $0{,}35$.

Der Hydraulikplan für die zentrisch belastete hydrostatische Führung mit Umgriff ist in Abb. 3.48 dargestellt.

3.5.5 Auslegungsbeispiel: Exzentrisch belastete hydrostatische Führung mit Umgriff

Für die in Abschn. 2.5.3 behandelten exzentrisch belasteten hydrostatischen Führungen mit Umgriff nach Abb. 2.2 wird eine Ölversorgung mit dem Ölversorgungssystem „Eine gemeinsame Pumpe und Membrandrosseln“ ausgelegt.

Vorgabedaten:

Lagerspalt im Anfangszustand: $h_0 = 0{,}030x10^{-3}$ m = 0,030 mm = 0,0030 cm
Gesamtanzahl der Taschenpaare: $z = 12$
Gesamtanzahl der hydrostatischen Taschen: 2z = 24 Taschen, davon 12 Taschen der Tragbahn und 12 Taschen des Umgriffs
Taschendruck im Anfangszustand:
$p_{T01} = 8{,}2 \cdot 10^5\,\mathrm{N\,m^{-2}}$; $p_{T02} = 9{,}7 \cdot 10^5\,\mathrm{N\,m^{-2}}$;
$p_{T03} = 6{,}7 \cdot 10^5\,\mathrm{N\,m^{-2}}$; $p_{T04} = 11{,}2 \cdot 10^5\,\mathrm{N\,m^{-2}}$;
$p_{T05} = 5{,}3 \cdot 10^5\,\mathrm{N\,m^{-2}}$; $p_{T06} = 12{,}7 \cdot 10^5\,\mathrm{N\,m^{-2}}$
Taschendrücke unter Wirkung der Schnittkraft:
$p_{T3} = 5{,}97 \cdot 10^5\,\mathrm{N\,m^{-2}}$; $p_{T6} = 24{,}08 \cdot 10^5\,\mathrm{N\,m^{-2}}$
Pumpendruck: $p_P = 40 \cdot 10^5\,\mathrm{N\,m^{-2}}$
Schmieröl: ISO VG 46 mit der kinematischen Viskosität $\upsilon_{25} = 113{,}8\,\mathrm{mm^2\,s^{-1}}$
Gesamtvolumenstrom im Anfangszustand: $Q_{0GES} = 1{,}17\,\mathrm{dm^3\,min^{-1}}$
Gesamtvolumenstrom unter Wirkung der Schnittkraft: $Q_{GES} = 1{,}66\,\mathrm{dm^3\,min^{-1}}$
Volumenstrom, der im Anfangszustand durch eine Tasche mit Bez. 5 (einen Strang der Mehrkreispumpe) strömt: $Q_{S0} = 0{,}028\,\mathrm{dm^3\,min^{-1}}$
Verlustleistung: $P_{VER} = 126{,}8$ W
Strömungsverhältnis: $\frac{b}{l} = 40$
Äußerer Radius der Drosselfläche: $R_a = 0{,}87$ cm
Innerer Radius der Drosselfläche: $R_i = 0{,}3$ cm
Einspannradius der Membran: $r_a = 2{,}5$ cm
Die Membrandrossel wird in folgendem Druckbereich eingesetzt:

$$\left(\frac{p_T}{p_P}\right)_{MAX} = \frac{p_{T6}}{p_P} = \frac{24{,}08 \cdot 10^5}{40 \cdot 10^5} = 0{,}6$$

Kleinstes Druckverhältnis:

$$\left(\frac{p_{T0}}{p_P}\right)_{MIN} = \frac{p_{T3}}{p_P} = \frac{5{,}97 \cdot 10^5}{40 \cdot 10^5} = 0{,}149$$

An die Membrandrosseln werden vier Taschen Nr. 6, vier Taschen Nr. 4, vier Taschen Nr. 2, vier Taschen Nr. 1 und vier Taschen Nr. 3, insgesamt zwanzig Taschen angeschlossen. Die übrigen vier Taschen Nr. 5 werden an die Ölversorgung „Eine Pumpe pro Tasche“ angeschlossen.

Lösung:

1. Dimensionsloser Faktor K:

$$K = \sqrt[3]{\frac{2\pi}{\ln \frac{R_a l}{R_i b}}} = \sqrt[3]{\frac{2\pi}{\ln \frac{0{,}87}{0{,}3} \cdot 40}} = 0{,}528 \tag{3.5}$$

2. In je vier Taschen gleicher Bezeichnung (linke Führungsbahn, rechte Führungsbahn, Tragbahn, Umgriff) herrscht der gleiche Taschendruck. Es werden drei Taschen mit dem System „Eine Membrandrossel für drei Taschen“, die vierte Tasche gleicher Bezeichnung mit dem System „Eine Membrandrossel für eine Tasche“ angeschlossen.

Tab. 3.8 Tabellarische Werte für die Funktion (3.13)

p_T in bar	0	4	5,96	8	12	16	20	24
$\frac{p_T}{p_P}$	0	0,1	0,149	0,2	0,3	0,4	0,5	0,6
H in cm	0,00272	0,00386	0,00442	0,00449	0,00613	0,00727	0,0084	0,0095

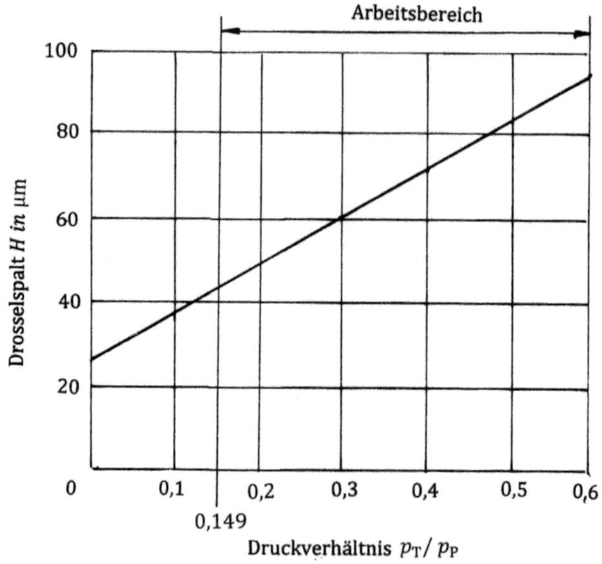

Abb. 3.49 Testdiagramm zur Optimierung der Membranstärke bei exzentrisch belasteter hydrostatischer Führung mit Umgriff beim Anschluss einer Membrandrossel mit drei hydrostatischen Taschen

3. Membranstärke beim System „Eine Membrandrossel für drei Taschen“:

$$s_{TH} = 0{,}003144 \cdot \sqrt[3]{\frac{K r_a^4 p_P}{h_c}} = 0{,}003144 \cdot \sqrt[3]{\frac{0{,}528 \cdot 2{,}5^4 \cdot 40}{0{,}003}} = 0{,}2 \text{ cm} \quad (3.16)$$

$h_c = h_0 = h$: idealer Lagerspalt

4. Praktische Membranstärke:

$$s = 1{,}1 s_{TH} = 1{,}1 \cdot 0{,}2 = 0{,}22 \text{ cm} \quad (3.17)$$

5. Beim System „Eine Membrandrossel für drei Taschen“ werden mittels

$$H = \frac{h_c}{K}\left(0{,}48 + 2\frac{p_T}{p_P}\right) = \frac{0{,}0030}{0{,}528} \cdot \left(0{,}48 + 2\frac{p_T}{p_P}\right)$$
$$= 0{,}00568 \cdot \left(0{,}48 + 2\frac{p_T}{p_P}\right) \quad (3.13)$$

für einige Werte p_T die Drosselspalte errechnet, in Tab. 3.8 aufgestellt und Abb. 3.49 eingezeichnet.

Die Membrandrossel soll in dem Bereich $(p_T/p_P)_{OPT} = 0{,}149$ bis $0{,}6$ nach dem Testdiagramm Abb. 3.49 untersucht werden.

6. Membranstärke beim System „Eine Membrandrossel für eine Tasche“:

$$s_{TH} = 0{,}00356 \cdot \sqrt[3]{\frac{K r_a^4 p_P}{h_c}} = 0{,}00356 \cdot \sqrt[3]{\frac{0{,}52 \cdot 2{,}5^4 \cdot 40}{0{,}003}} = 0{,}229 \text{ cm} \quad (3.14)$$

Tab. 3.9 Tabellarische Werte für die Funktion (3.11)

p_T in bar	0	4	5,96	8	12	16	20	24
$\frac{p_T}{p_P}$	0	0,1	0,149	0,2	0,3	0,4	0,5	0,6
H in cm	0,00198	0,00275	0,00313	0,00352	0,00428	0,00505	0,0058	0,00658

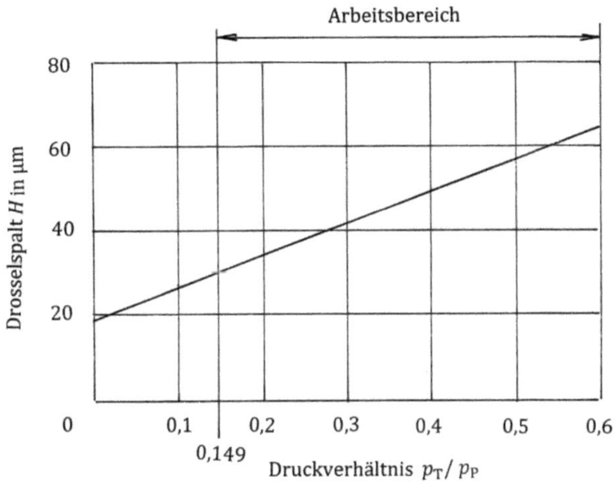

Abb. 3.50 Testdiagramm zur Optimierung der Membranstärke bei exzentrisch belasteter hydrostatischer Führung mit Umgriff, beim Anschluss einer Membrandrossel mit einer Tasche

7. Praktische Membranstärke:

$$s = 1{,}1 s_{\text{TH}} = 1{,}1 \cdot 0{,}229 = 0{,}25 \text{ cm} \tag{3.17}$$

8. Für das System „Eine Membrandrossel für eine Tasche“ werden mittels

$$\begin{aligned} H &= \frac{h_c}{K}\left(0{,}35 + 1{,}35\frac{p_T}{p_P}\right) = \frac{0{,}0030}{0{,}528} \cdot \left(0{,}35 + 1{,}35\frac{p_T}{p_P}\right) \\ &= 0{,}00568 \cdot \left(0{,}35 + 1{,}35\frac{p_T}{p_P}\right) \end{aligned} \tag{3.11}$$

für einige Werte p_T die Drosselspalte errechnet, in Tab. 3.9 aufgestellt und in Abb. 3.50 eingezeichnet.

9. Für die Ölversorgung von 20 hydrostatischen Taschen der exzentrisch belasteten hydrostatischen Führung mit Umgriff werden zwei Membrandrosseleinheiten mit vier Drosseln nach Abb. 3.42 und eine Membrandrosseleinheit mit zwei Drosseln nach Abb. 3.43 eingebaut.
Fünf Membrandrosseln (Membranstärke $s = 0{,}22$ cm) werden an je drei hydrostatischen Taschen (15 Taschen) angeschlossen, fünf Membrandrosseln (Membranstärke $s = 0{,}25$ cm) werden mit je einer hydrostatischen Tasche angeschlossen.
10. Der Volumenstrom der Zahnradpumpe muss größer sein als die berechneten Gesamtvolumenströme im Anfangszustand und unter Wirkung der Schnittkraft, gewählt wird: $Q_P = 2{,}5$ dm^3 min^{-1} mit maximalem Gegendruck von 50 bar.

11. Vier hydrostatische Taschen mit Bezeichnung 5 werden durch eine Vierkreispumpe angeschlossen. Der Volumenstrom pro Strang der Vierkreispumpe muss größer sein als der berechnete Wert: $Q_{S0} = 0{,}028\ \mathrm{dm^3\ min^{-1}}$. Gewählt wird eine Achtkreispumpe mit $8 \cdot 0{,}2\ \mathrm{dm^3\ min^{-1}}$ und Vordruck $p_{PV} = 50$ bar.
12. Der Volumenstrom der Vordruckpumpe muss größer sein als $4 \cdot 0{,}2 = 0{,}8\ \mathrm{dm^3\ min^{-1}}$. Gewählt wird eine Vordruckpumpe mit $Q_{PV} = 0{,}85\ \mathrm{dm^3\ min^{-1}}$ mit maximalem Gegendruck 30 bar.
13. Bei der Verlustleistung von $P_{VER} = 126{,}8$ W ist keine Ölkühlung vorgesehen.
14. Das Behältervolumen wird gewählt: $V = 100\ \mathrm{dm^3}$.
15. Es werden zwei Druckbegrenzungsventile für den Einstellbereich 12 bis 60 bar gewählt.
16. Es wird ein Ölmanometer für Öldrücke von 0 bis 100 bar gewählt.
17. Die Filterfeinheit des Feinstfilters soll feiner als der Lagerspalt (30 µm) sein, gewählt wird die Feinheit 25 µm.
18. Die Feinheit des Grobfilters wird gewählt: 60 µm.
19. Der Arbeitsbereich der Membrandrossel für diese hydrostatische Führung liegt zwischen $\frac{p_T}{p_P} = 0{,}149$ und 0,60.

Der Hydraulikplan für die exzentrisch belastete hydrostatische Führung mit Umgriff ist in Abb. 3.51 dargestellt.

3.5.6 Auslegungsbeispiel: Kombinierte Radial und Axiallager

Für die in Abschn. 2.6.3 behandelten kombinierten Radial- und Axiallager nach Abb. 2.4 wird eine Ölversorgung mit dem Ölversorgungssystem „Eine gemeinsame Pumpe und Membrandrosseln" ausgelegt.

Vorgabedaten:

Lagerspalt bei Axiallagern und Radiallagern im Anfangszustand:
$h_0 = h_c = 0{,}040 \cdot 10^{-3}\ \mathrm{m} = 0{,}040\ \mathrm{mm}$
Gesamtanzahl der Taschenpaare bei Axiallager: $z = 4$
Anzahl der hydrostatischen Taschen der Radiallager in einem Querschnitt: $z = 4$
Anzahl der Radiallager: $x = 2$
Gesamtanzahl der hydrostatischen Taschen bei Axiallagern und Radiallagern:
$2 \cdot z = 8$
Taschendruck bei den Axiallagern im Anfangszustand:
$p_{T0I} = p_{T0II} = p_{T0} = 7{,}3 \cdot 10^5\ \mathrm{N\,m^{-2}} = 7{,}3\ \mathrm{bar}$
Taschendruck bei den Axiallagern unter Wirkung der Schnittkraft:
$p_{TI} = p_{TII} = p_T = 22{,}84 \cdot 10^5\ \mathrm{N\,m^{-2}}$
Die Radiallager werden mit folgendem Taschendruck vorgespannt: $p_{T0} = 7{,}3$ bar
Pumpendruck bei Membrandrosseln: $p_p = 45{,}6 \cdot 10^5\ \mathrm{N\,m^{-2}} = 45{,}6$ bar
Pumpendruck bei Kapillardrosseln: $p_p = 14{,}8$ bar
Schmieröl: ISO VG 46 mit der kinematischen Viskosität $\nu_{25} = 113{,}8\ \mathrm{mm^2 s^{-1}}$

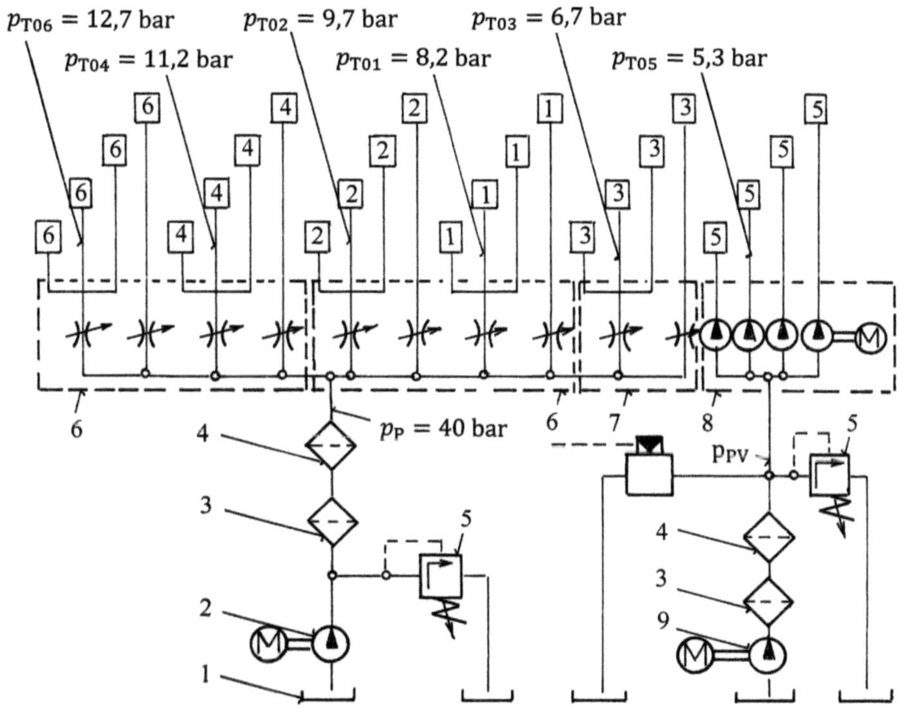

Lfd.Nr.	Benennung
1	Ölbehälter: $V = 100\ dm^3$, $Öl$: ISO VG 46, $\nu_{25} = 113{,}8\ \mathrm{mm^2 s^{-1}}$
2	Zahnradpumpe $Q_P = 2{,}5\ \mathrm{dm^3 min^{-1}}$, Gegendruck 50 bar
3	2 Grobfilter 60 μm
4	2 Feinstfilter 25 μm
5	2 Druckbegrenzungsventile 12 bis 60 bar
6	2 Membrandrosseleinheiten mit vier Drosseln $s = 0{,}25$ cm $R_a = 0{,}87$ cm, $R_i = 0{,}3$ cm, $r_a = 2{,}5$ cm, $s = 0{,}22$ cm
7	Membrandrosseleinheit mit zwei Drosseln $s = 0{,}25$ cm $R_a = 0{,}87$ cm, $R_i = 0{,}3$ cm, $r_a = 2{,}5$ cm, $s = 0{,}22$ cm
8	Vierkreispumpe 4x0,2 $\mathrm{dm^3 min^{-1}}$ $p_{PV} = 50$ bar
9	Zahnradpumpe $Q_P = 0{,}85\ \mathrm{dm^3 min^{-1}}$, Gegendruck 30 bar

Abb. 3.51 Hydraulikplan für eine exzentrisch belastete hydrostatische Führung mit Umgriff

Gesamtvolumenstrom der Axiallager im Anfangszustand:

$Q_{0\mathrm{GES}} = 0{,}24\ \mathrm{dm^3\ min^{-1}}$

Gesamtvolumenstrom der Axiallager unter Wirkung der Schnittkraft:

$Q_{\mathrm{GES}} = 0{,}76\ \mathrm{dm^3\ min^{-1}}$

Gesamtvolumenstrom der Radiallager im Anfangszustand:

$Q_{0\mathrm{R}} = 0{,}24\ \mathrm{dm^3 min^{-1}}$

Verlustleistung: $P_{\text{VER}} = 212{,}44$ W
Strömungsverhältnis: $\frac{b}{l} = 13$
Äußerer Radius der Drosselfläche: $R_{\text{a}} = 0{,}87$ cm
Innerer Radius der Drosselfläche: $R_{\text{i}} = 0{,}3$ cm
Einspannradius der Membran: $r_{\text{a}} = 2{,}5$ cm
Größtes Druckverhältnis: $\frac{p_{\text{T}}}{p_{\text{P}}} = \frac{22{,}84}{45{,}6} = 0{,}5$
Kleinstes Druckverhältnis: $\frac{p_{\text{T0}}}{p_{\text{P}}} = \frac{7{,}37 \cdot 10^5}{45{,}68 \cdot 10^5} = 0{,}16$
Der Innenradius der Kapillare wird angenommen: $r_{\text{K}} = 0{,}4$ mm

Lösung:

1. Dimensionsloser Faktor K:

$$K = \sqrt[3]{\frac{2\pi}{\ln \frac{R_{\text{a}} l}{R_{\text{i}} b}}} = \sqrt[3]{\frac{2\pi}{ln \frac{0{,}87}{0{,}3} \cdot 13}} = 0{,}77 \tag{3.5}$$

2. Für die Ölversorgung von acht hydrostatischen Taschen der Axiallager wird die Membrandrosseleinheit mit vier Drosseln nach Abb. 3.42 vorgesehen. Zwei Membrandrosseln werden an je drei hydrostatische Taschen, zwei an je eine hydrostatische Tasche angeschlossen.
3. Theoretische Membranstärke beim Anschluss einer Membrandrossel an drei hydrostatische Taschen:

$$s_{\text{TH}} = 0{,}003144 \cdot \sqrt[3]{\frac{K r_{\text{a}}^4 p_{\text{P}}}{h_{\text{c}}}} = 0{,}003144 \cdot \sqrt[3]{\frac{0{,}77 \cdot 2{,}5^4 \cdot 45{,}68}{0{,}004}} = 0{,}219 \text{ cm} \tag{3.16}$$

$h_{\text{c}} = h_0 = h$: idealer Lagerspalt

4. Praktische Membranstärke:

$$s = 1{,}1\, s_{\text{TH}} = 1{,}1 \cdot 0{,}219 = 0{,}24 \text{ cm} \tag{3.17}$$

5. Theoretische Membranstärke beim Anschluss einer Membrandrossel an eine hydrostatischen Tasche:

$$s_{\text{TH}} = 0{,}00356 \cdot \sqrt[3]{\frac{K r_{\text{a}}^4 p_{\text{P}}}{h_{\text{c}}}} = 0{,}00356 \cdot \sqrt[3]{\frac{0{,}77 \cdot 2{,}5^4 \cdot 45{,}68}{0{,}004}} = 0{,}247 \text{ cm} \tag{3.14}$$

6. Praktische Membranstärke:

$$s = 1{,}1 s_{\text{TH}} = 1{,}1 \cdot 0{,}247 = 0{,}27 \text{ cm} \tag{3.17}$$

7. Beim Anschluss einer Membrandrossel an drei Taschen gilt:

$$H = \frac{h_{\text{c}}}{K}\left(0{,}48 + 2\frac{p_{\text{T}}}{p_{\text{P}}}\right) = \frac{0{,}0040}{0{,}77} \cdot \left(0{,}48 + 2\frac{p_{\text{T}}}{p_{\text{P}}}\right)$$

Tab. 3.10 Tabellarische Werte für die Funktion (3.13)

p_T in bar	0	4,568	7,3	9,13	13,7	18,27	22,84	27,4
$\frac{p_T}{p_P}$	0	0,1	0,16	0,2	0,3	0,4	0,5	0,6
H in cm	0,00249	0,00352	0,00415	0,00456	0,0056	0,0066	0,00768	0,0087

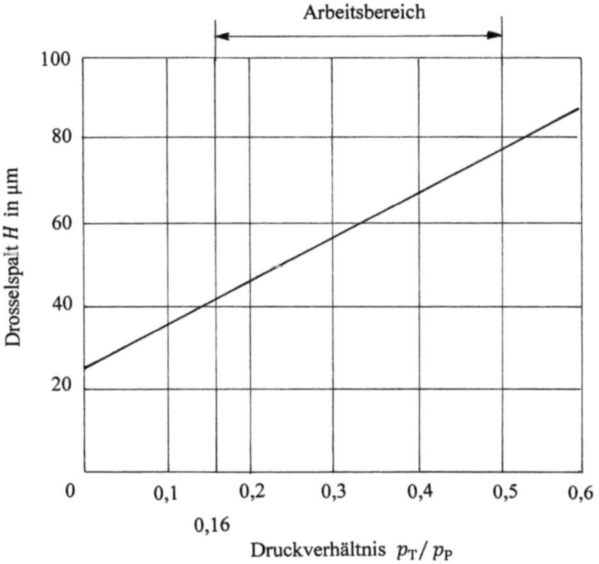

Abb. 3.52 Testdiagramm zur Optimierung der Membranstärke bei kombinierten Radial- und Axiallagern beim Anschluss einer Membrandrossel an drei Taschen

$$= 0{,}00519 \cdot \left(0{,}48 + 2\frac{p_T}{p_P}\right) \tag{3.13}$$

Für einige Werte p_T werden die Drosselspalte H errechnet, in Tab. 3.10 aufgestellt und in Abb. 3.52 eingezeichnet.

8. Beim Anschluss einer Membrandrossel an eine Tasche gilt:

$$H = \frac{h_c}{K}\left(0{,}35 + 1{,}35\frac{p_T}{p_P}\right) = \frac{0{,}0040}{0{,}77} \cdot \left(0{,}35 + 1{,}35\frac{p_T}{p_P}\right)$$

$$= 0{,}00519 \cdot \left(0{,}35 + 1{,}35\frac{p_T}{p_P}\right) \tag{3.11}$$

Für einige Werte p_T werden die Drosselspalte H errechnet, in Tab. 3.11 aufgestellt und in Abb. 3.53 eingezeichnet.

9. Der Volumenstrom der Zahnradpumpe für die Axiallager muss größer sein als die berechneten Gesamtvolumenströme im Anfangszustand und unter Wirkung der Schnittkraft, gewählt wird:

$$Q_P = 2{,}5\ \mathrm{dm}^3\ \mathrm{min}^{-1} \text{ mit maximalem Gegendruck von 50 bar.}$$

Tab. 3.11 Tabellarische Werte für die Funktion (3.11)

p_T in bar	0	4,568	7,3	9,13	13,7	18,27	22,84	27,4
$\frac{p_T}{p_P}$	0	0,1	0,16	0,2	0,3	0,4	0,5	0,6
H in cm	0,00181	0,00251	0,00293	0,00321	0,00391	0,00462	0,00532	0,00602

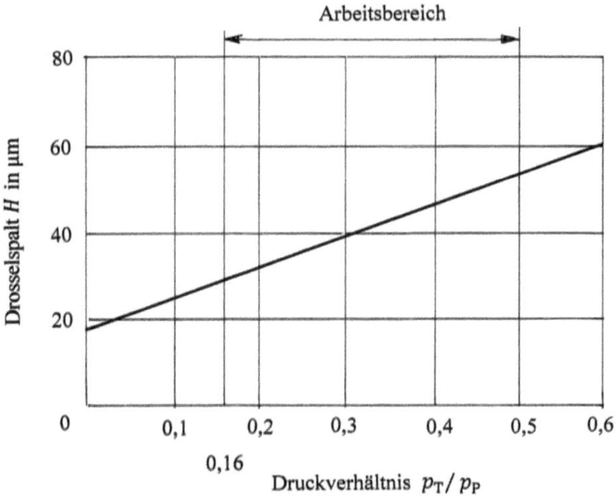

Abb. 3.53 Testdiagramm zur Optimierung der Membranstärke bei kombinierten Radial- und Axiallagern beim Anschluss einer Membrandrossel an einer Tasche

10. Bei der Verlustleistung von $P_{VER} = 212{,}4$ W ist keine Ölkühlung notwendig.
11. Das Behältervolumen wird gewählt: $V = 100\ \text{dm}^3$.
12. Es wird ein Druckbegrenzungsventil für den Einstellbereich 12 bis 60 bar gewählt.
13. Es wird ein Ölmanometer für Öldrücke von 0 bis 100 bar gewählt.
14. Die Filterfeinheit des Feinstfilters soll feiner als der Lagerspalt (40 µm) sein, gewählt wird die Feinheit 30 µm.
15. Die Feinheit des Grobfilters wird gewählt: 60 µm.
16. Druckverhältnis bei Kapillardrosseln:

$$\frac{p_P}{p_{T0}} = \frac{14{,}8}{7{,}3} = 2{,}02$$

17. Kapillarlänge:

$$l_K = \frac{1{,}5\pi r_K^4 \left(\frac{p_P}{p_{T0}} - 1\right)}{h_0^3} \frac{l}{b} = \frac{1{,}5 \cdot \pi \cdot 0{,}4^4 \cdot (2{,}027 - 1)}{0{,}04^3} \cdot \frac{1}{13} = 148{,}9\ \text{mm} \tag{3.3}$$

18. Für acht hydrostatische Taschen der Radiallager werden acht Kapillarrohre, Innendurchmesser: $D_K = 2r_K = 2 \cdot 0{,}4 = 0{,}8$ mm, Länge: $l_K = 148{,}9$ mm vorgesehen.

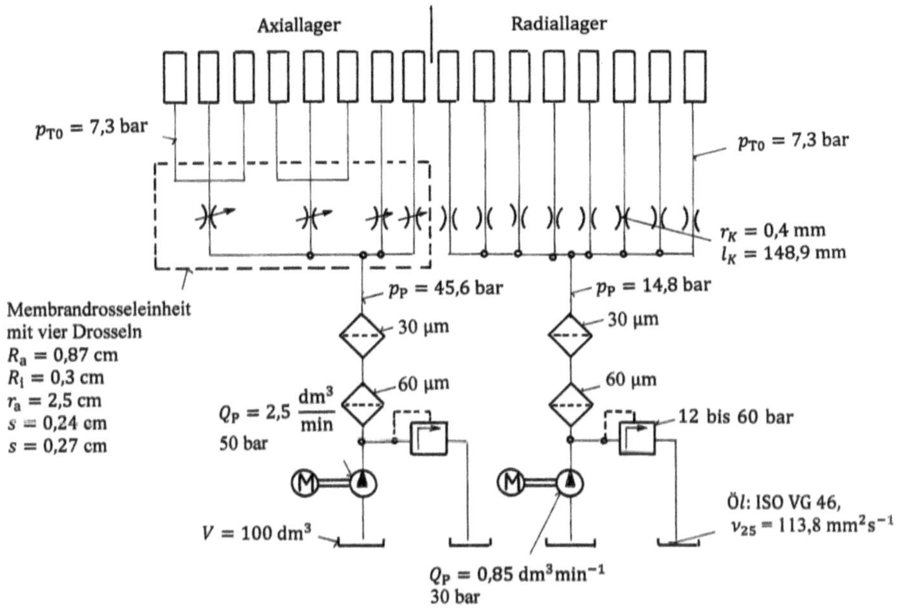

Abb. 3.54 Hydraulikplan für ein kombiniertes Radial- und Axiallager

19. Der Volumenstrom der Zahnradpumpe für die Ölversorgung von acht hydrostatischen Taschen der Radiallager muss größer sein als die berechneten Gesamtvolumenströme im Anfangszustand.
Gewählt wird: $Q_P = 0{,}85\ \mathrm{dm}^3\ \mathrm{min}^{-1}$ mit maximalem Gegendruck von 30 bar.

Der Hydraulikplan für die kombinierten Radial- und Axiallager ist in Abb. 3.54 dargestellt.

3.5.7 *Auslegungsbeispiel: Zentrisch belastete hydrostatische Radiallagerung*

Für die in Abschn. 2.7.3 behandelte zentrisch belastete hydrostatische Radiallagerung nach Abb. 2.5 wird eine Ölversorgung mit dem Ölversorgungssystem „Eine gemeinsame Pumpe und Membrandrosseln" ausgelegt.

Vorgabedaten:

Lagerspalt: $h_{0\mathrm{I}} = h_{0\mathrm{II}} = h_0 = 0{,}020 \cdot 10^{-3}$ m
Anzahl der hydrostatischen Taschen in einem Querschnitt: $z = 4$
Anzahl der Radiallager: $x = 2$
Taschendruck bei der oberen hydrostatischen Tasche im Anfangszustand:
$p_{\mathrm{T0II}} = 9{,}065 \cdot 10^5\ \mathrm{N\ m}^{-2} = 9{,}065$ bar

Taschendruck bei der unteren hydrostatischen Tasche im Anfangszustand:
$p_{\text{T0I}} = \zeta\, p_{\text{T0II}} = 18{,}13 \cdot 10^5\ \text{N m}^{-2} = 18{,}13\ \text{bar}$
Taschendruck bei der oberen hydrostatischen Tasche unter Wirkung der Schnittkraft:
$p_{\text{TII}} = 30{,}17 \cdot 10^5\ \text{N m}^{-2} = 30{,}17\ \text{bar}$
Taschendruck bei der unteren hydrostatischen Tasche unter Wirkung der Schnittkraft:
$p_{\text{TI}} = 60{,}34 \cdot 10^5\ \text{N m}^{-2} = 60{,}34\ \text{bar}$
Pumpendruck: $p_{\text{P}} = 100{,}5 \cdot 10^5\ \text{N m}^{-2} = 100{,}5\ \text{bar}$
Gesamtvolumenstrom im Anfangszustand: $Q_{\text{0GES}} = 1{,}11\ \text{dm}^3\ \text{min}^{-1}$
Schmieröl: ISO VG 10 mit der kinematischen Viskosität $\upsilon_{25} = 17{,}95\ \text{mm}^2\ \text{s}^{-1}$
Gesamtvolumenstrom unter Wirkung der Schnittkraft:
$Q_{\text{GES}} = 3{,}7\ \text{dm}^3\ \text{min}^{-1}$
Verlustleistung: $P_{\text{VER}} = 724{,}5\ \text{W}$
Strömungsverhältnis: $\frac{b}{l} = 40$
Größtes Druckverhältnis: $\frac{p_{\text{TI}}}{p_{\text{P}}} = 0{,}6$
Kleinstes Druckverhältnis: $\frac{p_{\text{T0II}}}{p_{\text{P}}} = 0{,}09$
Äußerer Radius der Drosselfläche: $R_{\text{a}} = 0{,}87\ \text{cm}$
Innerer Radius der Drosselfläche: $R_{\text{i}} = 0{,}3\ \text{cm}$
Einspannradius der Membran: $r_{\text{a}} = 2{,}5\ \text{cm}$

Lösung:

1. Dimensionsloser Faktor K

$$K = \sqrt[3]{\frac{2\pi}{\ln \frac{R_{\text{a}} l}{R_{\text{i}} b}}} = \sqrt[3]{\frac{2\pi}{\ln \frac{0{,}87}{0.3} \cdot 40}} = 0{,}53 \tag{3.5}$$

2. Für die Ölversorgung von acht hydrostatischen Taschen der zentrisch belasteten hydrostatischen Radiallagerung wird eine Membrandrosseleinheit nach Abb. 3.42 mit vier Drosseln angeschlossen. Zwei Membrandrosseln werden an je drei hydrostatische Taschen, zwei an je eine hydrostatische Tasche angeschlossen.
3. Theoretische Membranstärke beim Anschluss einer Membrandrossel an drei hydrostatische Taschen:

$$s_{\text{TH}} = 0{,}003144 \cdot \sqrt[3]{\frac{K r_{\text{a}}^4 p_{\text{P}}}{h_{\text{c}}}} = 0{,}003144 \cdot \sqrt[3]{\frac{0{,}53 \cdot 2{,}5^4 \cdot 100{,}5}{0{,}002}} = 0{,}318\ \text{cm} \tag{3.16}$$

$h_c = h_0 = h$: idealer Lagerspalt
4. Praktische Membranstärke:

$$s = 1{,}1 s_{\text{TH}} = 1{,}1 \cdot 0{,}318 = 0{,}349\ \text{cm} \tag{3.17}$$

5. Theoretische Membranstärke beim Anschluss einer Membrandrossel an eine Tasche:

$$s_{\text{TH}} = 0{,}00356 \cdot \sqrt[3]{\frac{K r_{\text{a}}^4 p_{\text{P}}}{h_{\text{c}}}} = 0{,}00356 \cdot \sqrt[3]{\frac{0{,}53 \cdot 2{,}5^4 \cdot 100{,}5}{0{,}002}} = 0{,}36\ \text{cm} \tag{3.14}$$

Tab. 3.12 Tabellarische Werte für die Funktion (3.12)

p_T in bar	0	14,2	28,4	42,6	56,8	71	85,2
$\frac{p_T}{p_P}$	0	0,1	0,2	0,3	0,4	0,5	0,6
H in cm	0,0018	0,00256	0,0033	0,0041	0,0048	0,0055	0,0063

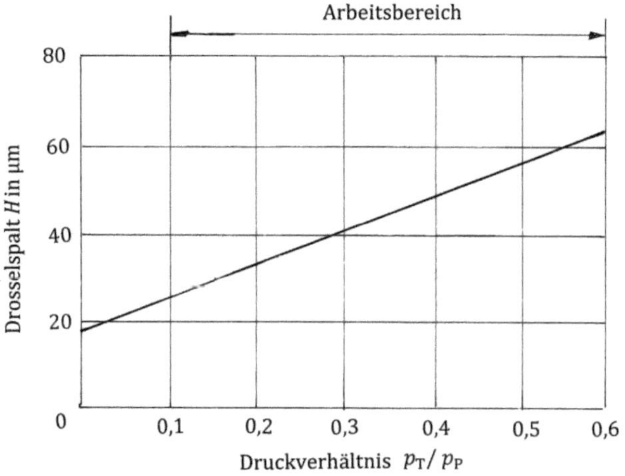

Abb. 3.55 Testdiagramm zur Optimierung der Membranstärke für eine zentrisch belastete hydrostatische Radiallagerung beim Anschluss einer Membrandrossel an drei hydrostatischen Taschen

6. Praktische Membranstärke:

$$s = 1{,}1 s_{\mathrm{TH}} = 1{,}1 \cdot 0{,}36 = 0{,}39 \text{ cm} \tag{3.17}$$

7. Beim Anschluss einer Membrandrossel an drei Taschen gilt:

$$\begin{aligned} H &= \frac{h_c}{K}\left(0{,}48 + 2\frac{p_T}{p_P}\right) = \frac{0{,}0020}{0{,}53} \cdot \left(0{,}48 + 2\frac{p_T}{p_P}\right) \\ &= 0{,}00377 \cdot \left(0{,}48 + 2\frac{p_T}{p_P}\right) \end{aligned} \tag{3.13}$$

Für einige Werte p_T werden die Drosselspalte H errechnet, in Tab. 3.12 aufgestellt und in Abb. 3.55 eingezeichnet.

8. Beim Anschluss einer Membrandrossel an eine Tasche gilt:

$$\begin{aligned} H &= \frac{h_c}{K}\left(0{,}35 + 1{,}35\frac{p_T}{p_P}\right) = \frac{0{,}0020}{0{,}53} \cdot \left(0{,}35 + 1{,}35\frac{p_T}{p_P}\right) \\ &= 0{,}00377 \cdot \left(0{,}35 + 1{,}35\frac{p_T}{p_P}\right) \end{aligned} \tag{3.11}$$

Für einige Werte p_T werden die Drosselspalte H errechnet, in Tab. 3.13 aufgestellt und in Abb. 3.56 eingezeichnet.

Tab. 3.13 Tabellarische Werte für die Funktion (3.11)

p_T in bar	0	14,2	28,4	42,6	56,8	71	85,2
$\frac{p_T}{p_P}$	0	0,1	0,2	0,3	0,4	0,5	0,6
H in cm	0,0013	0,0018	0,0023	0,0028	0,00335	0,00386	0,00437

Abb. 3.56 Testdiagramm zur Optimierung der Membranstärke für zentrisch belastete hydrostatische Radiallagerung beim Anschluss einer Membrandrossel mit einer hydrostatischen Tasche

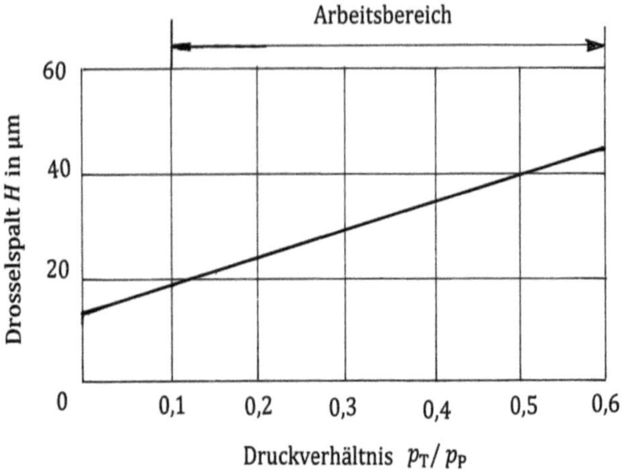

9. Der Volumenstrom der Zahnradpumpe muss größer sein als die berechneten Gesamtvolumenströme im Anfangszustand und unter Wirkung der Schnittkraft, gewählt wird:

$$Q_P = 7{,}5 \text{ dm}^3 \text{ min}^{-1} \text{ mit maximalem Gegendruck von 150 bar.}$$

   Das Behältervolumen wird gewählt: $V = 100 \text{ dm}^3$.
10. Bei der Verlustleistung von $P_{VER} = 724{,}5$ W bei den Spindellagern mit sehr kleinem Lagerspalt wird eine Ölkühlung mit der Kühlleistung $P_K = 1000$ W vorgesehen.
11. Von den hydrostatischen Lagern fließt das Öl durch die Ölrücklaufleitung 7 zu dem Ölbehälter frei ab. Die am Ölbehälter eingebaute Zahnradpumpe 8 fördert das Öl durch den Filter 9 zu dem Kühler 10 und weiter zum Ölbehälter des Ölversorgungsaggregates 1. Die Temperatur des Rücklauföles ϑ_1 wird mit einem digitalen Thermometer gemessen.
12. Die Kühlerpumpe wird nach der Verlustleistung, der Ölviskosität und der notwendigen Differenz zwischen den Öltemperaturen in der Rücklaufleitung ϑ_1 und in der Zulaufleitung ϑ_2 bestimmt: $Q_K = 7 \text{ dm}^3 \text{ min}^{-1}$.
13. Zwischen der Kühlerpumpe und dem Kühler wird ein Filter der Feinheit 40 µm eingebaut.
14. Es wird ein Druckbegrenzungsventil für den Einstellbereich 24 bis 160 bar gewählt.

15. Wenn eine Radiallagerung für die Lagerung der Schleifscheibe vorgesehen ist, wird ein Druckspeicher für den Nachlauf der Schleifscheibe eingebaut (s. Abb. 3.11).
16. Die Filterfeinheit des Feinstfilters soll feiner als der Lagerspalt (20 μm) sein, gewählt wird die Feinheit 15 μm.
17. Die Feinheit des Grobfilters wird gewählt: 60 μm.

Der Hydraulikplan für die zentrisch belastete hydrostatische Radiallagerung ist in Abb. 3.57 dargestellt.

3.5.8 Auslegungsbeispiel: Exzentrisch belastete hydrostatische Radiallagerung

Für die in Abschn. 2.8.3 behandelte exzentrisch belastete hydrostatische Radiallagerung nach Abb. 2.6 wird eine Ölversorgung mit dem Ölversorgungssystem „Eine gemeinsame Pumpe und Membrandrosseln“ ausgelegt.

Vorgabedaten:

Lagerspalt: $h_{0\mathrm{I}} = h_{0\mathrm{II}} = h_0 = 0{,}020 \cdot 10^{-3}$ m
der hydrostatischen Taschen in einem Querschnitt: $z = 4$
Anzahl der Radiallager: $x = 2$
Taschendruck bei der oberen hydrostatischen Tasche 1 im Anfangszustand:
$p_{\mathrm{T0II1}} = 10{,}87 \cdot 10^5\ \mathrm{N\,m^{-2}} = 10{,}87$ bar
Taschendruck bei der unteren hydrostatischen Tasche 1 im Anfangszustand:
$p_{\mathrm{T0I1}} = 21{,}74 \cdot \mathrm{N\,m^{-2}} = 21{,}74$ bar
Taschendruck bei der unteren hydrostatischen Tasche 2 im Anfangszustand:
$p_{\mathrm{T0II2}} = 8{,}16 \cdot 10^5\ \mathrm{N\,m^{-2}} = 8{,}16$ bar
Taschendruck bei der oberen hydrostatischen Tasche 2 im Anfangszustand:
$p_{\mathrm{T0I2}} = 16{,}32 \cdot 10^5\ \mathrm{N\,m^{-2}} = 16{,}32$ bar
Taschendruck bei der oberen hydrostatischen Tasche 1 unter Wirkung der Schnittkraft: $p_{\mathrm{TII1}} = 24{,}83 \cdot 10^5\ \mathrm{N\,m^{-2}} = 24{,}83$ bar
Taschendruck bei der unteren hydrostatischen Tasche 1 unter Wirkung der Schnittkraft: $p_{\mathrm{TI1}} = 49{,}66 \cdot 10^5\ \mathrm{N\,m^{-2}} = 49{,}66$ bar
Taschendruck bei der unteren hydrostatischen Tasche 2 unter Wirkung der Schnittkraft: $p_{\mathrm{TII2}} = 18{,}9 \cdot 10^5\ \mathrm{N\,m^{-2}} = 18{,}9$ bar
Taschendruck bei der oberen hydrostatischen Tasche 2 unter Wirkung der Schnittkraft: $p_{\mathrm{TI2}} = 37{,}8 \cdot 10^5\ \mathrm{N\,m^{-2}} = 37{,}8$ bar
Pumpendruck: $p_{\mathrm{P}} = 82{,}7 \cdot 10^5\ \mathrm{N\,m^{-2}} = 82{,}7$ bar
Schmieröl: ISO VG 10 mit der kinematischen Viskosität $\upsilon_{25} = 17{,}95\ \mathrm{mm^2\,s^{-1}}$
Strömungsverhältnisse: $\frac{b_a}{l_a} = \frac{b_u}{l_u} = \frac{b}{l} = 40$
Gesamtvolumenstrom im Anfangszustand: $Q_{0\mathrm{GES}} = 1{,}17\ \mathrm{dm^3\,min^{-1}}$

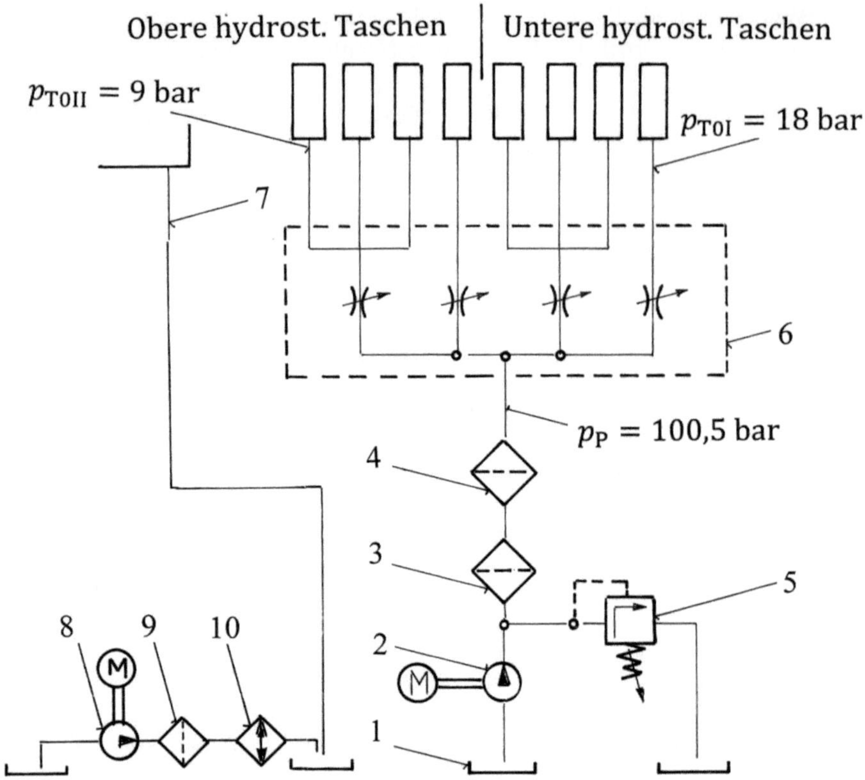

Lfd.Nr.	Benennung
1	Ölbehälter: $V = 100\ dm^3$, $Öl$: ISO VG 10, $\nu_{25} = 17{,}95\ mm^2s^{-1}$
2	Zahnradpumpe $Q_P = 7{,}5\ dm^3min^{-1}$, Gegendruck 150 bar
3	Grobfilter 60 µm
4	Feinstfilter 15 µm
5	Druckbegrenzungsventil 24 bis 160 bar
6	Membrandrosseleinheit mit vier Drosseln $R_a = 0{,}87$ cm, $R_i = 0{,}3$ cm, $r_a = 2{,}5$ cm, $s = 0{,}44$ cm
7	Ölrücklaufleitung
8	Kühlerpumpe $Q_K = 7\ dm^3min^{-1}$
9	Filter 40 µm
10	Rückkühlaggregat $P_K = 1000$ W

Abb. 3.57 Hydraulikplan für zentrisch belastete hydrostatische Radiallagerung

Gesamtvolumenstrom unter der Wirkung der Schnittkraft:
$Q_{GES} = 2{,}68\ \mathrm{dm}^3\ \mathrm{min}^{-1}$
Verlustleistung: $P_{VER} = 699{,}86$ W
Größtes Druckverhältnis: $\frac{p_{TI1}}{p_P} = 0{,}6$
Kleinstes Druckverhältnis: $\frac{p_{T0II2}}{p_P} = 0{,}1$
Äußerer Radius der Drosselfläche: $R_a = 0{,}87$ cm
Innerer Radius der Drosselfläche: $R_i = 0{,}3$ cm
Einspannradius der Membran: $r_a = 2{,}5$ cm

Lösung:

1. Dimensionsloser Faktor K

$$K = \sqrt[3]{\frac{2\pi}{\ln \frac{R_a l}{R_i b}}} = \sqrt[3]{\frac{2\pi}{\ln \frac{0{,}87}{0.3} \cdot 40}} = 0{,}53 \tag{3.5}$$

2. Für die Ölversorgung von acht hydrostatischen Taschen der exzentrisch belasteten hydrostatischen Radiallagerung wird eine Membrandrosseleinheit mit vier Drosseln nach Abb. 3.42 vorgesehen. Jede Membrandrossel wird an zwei hydrostatische Taschen angeschlossen.
3. Theoretische Membranstärke beim Anschluss einer Membrandrossel an zwei Taschen:

$$s_{TH} = 0{,}00332 \cdot \sqrt[3]{\frac{K r_a^4 p_P}{h_c}} = 0{,}00332 \cdot \sqrt[3]{\frac{0{,}53 \cdot 2{,}5^4 \cdot 82{,}7}{0{,}002}} = 0{,}315\,\mathrm{cm} \tag{3.15}$$

$h_c = h_0 = h$: idealer Lagerspalt
4. Praktische Membranstärke:

$$s = 1{,}1 s_{TH} = 1{,}1 \cdot 0{,}315 = 0{,}34\,\mathrm{cm} \tag{3.17}$$

5. Beim Anschluss einer Membrandrossel an zwei Taschen gilt:

$$\begin{aligned} H &= \frac{h_c}{K}\left(0{,}47 + 1{,}63\frac{p_T}{p_P}\right) = \frac{0{,}0020}{0{,}53} \cdot \left(0{,}47 + 1{,}63\frac{p_T}{p_P}\right) \\ &= 0{,}00377 \cdot \left(0{,}47 + 1{,}63\frac{p_T}{p_P}\right) \end{aligned} \tag{3.12}$$

Für einige Werte p_T werden die Drosselspalte H errechnet, in Tab. 3.14 aufgestellt und in Abb. 3.58 eingezeichnet.
6. Der Volumenstrom der Zahnradpumpe muss größer sein als die berechneten Gesamtvolumenströme im Anfangszustand und unter Wirkung der Schnittkraft, gewählt wird: $Q_P = 4\ \mathrm{dm}^3\ \mathrm{min}^{-1}$ mit maximalem Gegendruck 90 bar
7. Das Behältervolumen wird gewählt: $V = 100\ \mathrm{dm}^3$.
8. Bei der Verlustleistung von $P_{VER} = 699{,}8$ W bei den Spindellagern mit sehr kleinem Lagerspalt wird eine Ölkühlung mit der Kühlleistung $P_K = 1000$ W vorgesehen.

Tab. 3.14 Tabellarische Werte für die Funktion (3.12)

p_T in bar	0	8,27	16,54	24,81	33,08	41,35	42,6
$\frac{p_T}{p_P}$	0	0,1	0,2	0,3	0,4	0,5	0,6
H in cm	0,00177	0,00238	0,0030	0,0036	0,0042	0,0048	0,0054

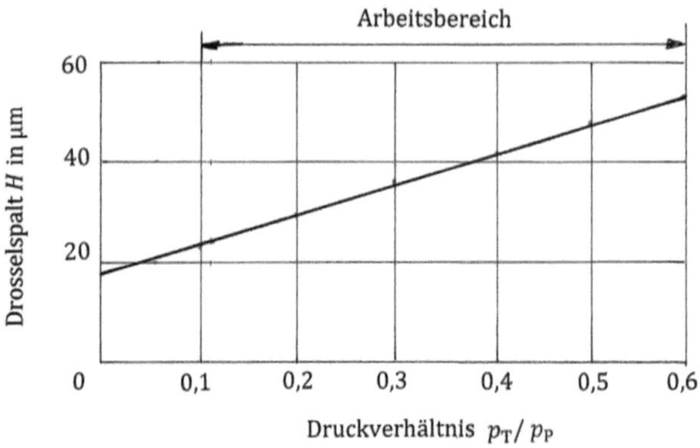

Abb. 3.58 Testdiagramm zur Optimierung der Membranstärke für eine exzentrisch belastete hydrostatische Radiallagerung beim Anschluss einer Membrandrossel an zwei hydrostatische Taschen

9. Die Kühlerpumpe wird nach der Verlustleistung, der Ölviskosität und der notwendigen Differenz zwischen den Öltemperaturen in der Rücklaufleitung ϑ_1 und in der Zulaufleitung ϑ_2 bestimmt: $Q_S = 7\ \text{dm}^3\ \text{min}^{-1}$.
10. Zwischen der Kühlerpumpe und dem Kühler wird ein Filter der Feinheit 40 µm eingebaut.
11. Von den hydrostatischen Lagern fließt das Öl durch die Ölrücklaufleitung 7 zu dem Sammelbehälter 8: $V = 25\ \text{dm}^3$.
12. Es wird ein Druckbegrenzungsventil für den Einstellbereich 15 bis 100 bar gewählt.
13. Wenn eine Radiallagerung für die Lagerung der Schleifscheibe vorgesehen ist, wird ein Druckspeicher für den Nachlauf der Schleifscheibe eingebaut (s. Abb. 3.11).
14. Die Filterfeinheit des Feinstfilters soll feiner als der Lagerspalt (20 µm) sein, gewählt wird die Feinheit 15 µm.
15. Die Feinheit des Grobfilters wird gewählt: 60 µm.
16. Arbeitsbereich der Membrandrossel für die exzentrisch belastete hydrostatische Radiallagerung: $\frac{p_T}{p_P} = 0{,}1$ und $0{,}60$.

Der Hydraulikplan für die exzentrisch belastete hydrostatische Radiallagerung ist in Abb. 3.59 dargestellt.

3.5.9 *Auslegungsbeispiel: Zentrisch belasteter hydrostatischer Schlitten*

Für den in Abschn. 2.12.3 behandelten zentrisch belasteten hydrostatischen Schlitten nach Abb. 2.11 wird eine Ölversorgung mit dem Ölversorgungssystem „Eine gemeinsame Pumpe und Membrandrosseln“ ausgelegt.

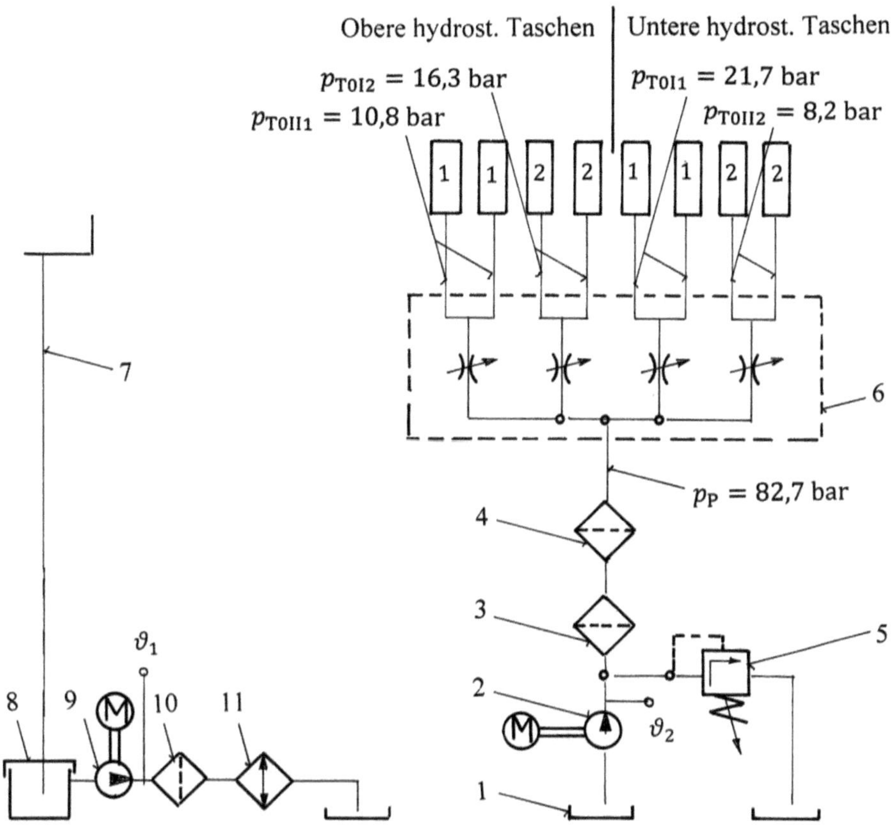

Lfd.Nr.	Benennung
1	Ölbehälter: $V = 100\ \mathrm{dm}^3$, Öl: ISO VG 10, $\nu_{25} = 17{,}95\ \mathrm{mm}^2\mathrm{s}^{-1}$
2	Zahnradpumpe $Q_P = 4\ \mathrm{dm}^3\mathrm{min}^{-1}$, Gegendruck 90 bar
3	Grobfilter 60 µm
4	Feinstfilter 15 µm
5	Druckbegrenzungsventil 15 bis 100 bar
6	Membrandrosseleinheit mit vier Drosseln $R_a = 0{,}87$ cm, $R_i = 0{,}3$ cm, $r_a = 2{,}5$ cm, $s = 0{,}34$ cm
7	Ölrücklaufleitung
8	Sammelbehälter $V = 25\ \mathrm{dm}^3$
9	Kühlerpumpe $Q_K = 7\ \mathrm{dm}^3\mathrm{min}^{-1}$
10	Filter 40 µm
11	Rückkühlaggregat $P_K = 1000$ W

Abb. 3.59 Hydraulikplan für die exzentrisch belastete hydrostatische Radiallagerung

Vorgabedaten:

Lagerspalt im Anfangszustand: $h_0 = h_c = 0{,}030 \cdot 10^{-3}$ m $= 0{,}030$ mm $= 0{,}030$ cm
Gesamtanzahl der hydrostatischen Taschen bei Tragbahn und Umgriff: $2 \cdot z = 28$
Gesamtanzahl der hydrostatischen Taschen bei der Mittenführung: $2 \cdot z_{MF} = 14$
Gesamtanzahl der hydrostatischen Taschen: $2 \cdot z + 2 \cdot z_{MF} = 42$
Taschendruck im Anfangszustand: $p_{T0I} = p_{T0II} = p_{T0III} = p_{T0} = 6 \cdot 10^5$ N m^{-2} = 6 bar
Taschendruck unter Wirkung der Schnittkraft:
$p_{TI} = p_{TII} = p_T = 16{,}87 \cdot 10^5$ N m^{-2}
Pumpendruck für Tragbahn und Umgriff: $p_P = 42{,}2 \cdot 10^5$ N m^{-2} = 42,2 bar
Schmieröl: ISO VG 32
Kinematische Viskosität: $\upsilon_{25} = 73{,}85$ mm^2 s^{-1}
Volumenstrom durch alle Taschen der Tragbahn des Umgriffs im Anfangszustand:
$Q_{0TU} = 1{,}125$ dm^3 min^{-1}
Volumenstrom durch alle Taschen der Tragbahn und des Umgriffs unter Wirkung der Schnittkraft: $Q_{TU} = 3{,}159$ dm^3 min^{-1}
Volumenstrom durch alle Taschen der Mittenführung im Anfangszustand:
$Q_{MF} = 0{,}562$ dm^3 min^{-1}
Verlustleistung: $P_{VER} = 330{,}7$ W
Strömungsverhältnis: $\frac{b}{l} = 31{,}8$
Größtes Druckverhältnis: $\frac{p_T}{p_P} = 0{,}4$
Kleinstes Druckverhältnis: $\frac{p_T}{p_P} = 0{,}14$
Äußerer Radius der Drosselfläche: $R_a = 0{,}87$ cm
Innerer Radius der Drosselfläche: $R_i = 0{,}3$ cm
Einspannradius der Membran: $r_a = 2{,}5$ cm

Lösung:

1. Für die Ölversorgung von 28 hydrostatischen Taschen der Tragbahn und des Umgriffs werden neun Membrandrosseln, die je drei Taschen versorgen, sowie eine, die eine Tasche versorgt, eingesetzt.
2. Dimensionsloser Faktor K:

$$K = \sqrt[3]{\frac{2\pi}{\ln \frac{R_a l}{R_i b}}} = \sqrt[3]{\frac{2\pi}{\ln \frac{0{,}87}{0.3} \cdot 31{,}8}} = 0{,}57 \qquad (3.5)$$

3. Theoretische Membranstärke beim Anschluss einer Membrandrossel an drei Taschen:

$$s_{TH} = 0{,}003144 \cdot \sqrt[3]{\frac{K r_a^4 p_P}{h_c}} = 0{,}003144 \cdot \sqrt[3]{\frac{0{,}57 \cdot 2{,}5^4 \cdot 42{,}2}{0{,}003}} = 0{,}212 \text{ cm} \qquad (3.16)$$

$h_c = h_0 = h$: idealer Lagerspalt

Tab. 3.15 Tabellarische Werte für die Funktion (3.13)

p_T in bar	0	4,9	7	10,5	14	17,5	21
$\frac{p_T}{p_P}$	0	0,14	0,2	0,3	0,4	0,5	0,6
H in cm	0,00252	0,00399	0,0046	0,0056	0,0067	0,00778	0,0088

4. Praktische Membranstärke:

$$s = 1,1 s_{TH} = 1,1 \cdot 0,212 = 0,23 \text{ cm} \tag{3.17}$$

5. Theoretische Membranstärke beim Anschluss einer Membrandrossel an eine Tasche:

$$s_{TH} = 0,00356 \cdot \sqrt[3]{\frac{K r_a^4 p_P}{h_c}} = 0,00356 \cdot \sqrt[3]{\frac{0,57 \cdot 2,5^4 \cdot 42,2}{0,003}} = 0,24 \,\text{cm} \tag{3.14}$$

6. Praktische Membranstärke:

$$s = 1,1 s_{TH} = 1,1 \cdot 0,24 = 0,26 \text{ cm} \tag{3.17}$$

7. Beim Anschluss einer Membrandrossel an drei Taschen gilt:

$$H = \frac{h_c}{K}\left(0,48 + 2\frac{p_T}{p_P}\right) = \frac{0,0030}{0,57} \cdot \left(0,48 + 2\frac{p_T}{p_P}\right)$$

$$= 0,00526 \cdot \left(0,48 + 2\frac{p_T}{p_P}\right) \tag{3.13}$$

Für einige Werte p_T werden die Drosselspalte H errechnet, in Tab. 3.15 aufgestellt und in Abb. 3.60 eingezeichnet.

8. Beim Anschluss einer Membrandrossel an eine Tasche gilt:

$$H = \frac{h_c}{K}\left(0,35 + 1,35\frac{p_T}{p_P}\right) = \frac{0,0030}{0,57} \cdot \left(0,35 + 1,35\frac{p_T}{p_P}\right)$$

$$= 0,00526 \cdot \left(0,35 + 1,35\frac{p_T}{p_P}\right) \tag{3.11}$$

Für einige Werte p_T werden die Drosselspalte H errechnet, in Tab. 3.16 aufgestellt und in Abb. 3.61 eingezeichnet.

9. Der Arbeitsbereich der Membrandrossel befindet sich zwischen

$$\left(\frac{p_T}{p_P}\right)_{MAX} = 0,4 \quad \text{und} \quad \left(\frac{p_{T0}}{p_P}\right)_{MIN} = 0,14$$

10. Die Membrandrossel soll in dem Bereich des optimalen Druckverhältnisses

$$\left(\frac{p_T}{p_P}\right)_{OPT} = 0,1 \text{ bis } 0,6 \tag{2.37}$$

nach den Testdiagrammen Abb. 3.60 und 3.61 untersucht werden.

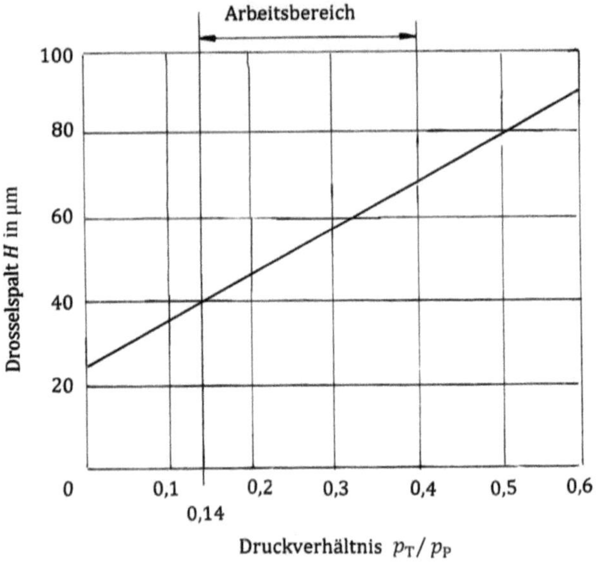

Abb. 3.60 Testdiagramm zur Optimierung der Membranstärke für eine zentrisch belastete hydrostatische Radiallagerung beim Anschluss einer Membrandrossel an drei hydrostatische Taschen

Tab. 3.16 Tabellarische Werte für die Funktion (3.11)

p_T in bar	0	4,9	7	10,5	14	17,5	21
$\frac{p_T}{p_P}$	0	0,14	0,2	0,3	0,4	0,5	0,6
H in cm	0,00184	0,00283	0,00326	0,0039	0,0046	0,00539	0,0061

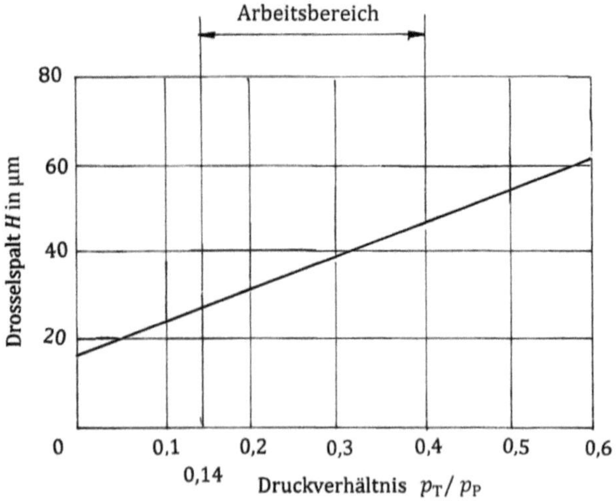

Abb. 3.61 Testdiagramm zur Optimierung der Membranstärke beim Anschluss einer Membrandrossel an eine hydrostatische Tasche

11. Für die Ölversorgung von 28 hydrostatischen Taschen des Tragbahn und des Umgriffs werden zwei gleiche Membrandrosseleinheiten nach Abb. 3.42 mit je vier Drosseln und eine Membrandrosseleinheit nach Abb. 3.43 mit zwei Drosseln vorgesehen. Membranstärke beim Anschluss einer Membrandrossel an drei

Taschen: $s = 0{,}23$ cm. Membranstärke beim Anschluss einer Membrandrossel an eine Tasche: $s = 0{,}26$ cm.

12. Der Volumenstrom der Zahnradpumpe für die Ölversorgung von 28 hydrostatischen Taschen der Tragbahn und des Umgriffs muss größer sein als die berechneten Gesamtvolumenströme im Anfangszustand und unter der Wirkung der Schnittkraft, gewählt wird:

$$Q_\mathrm{P} = 5{,}25\ \mathrm{dm}^3\ \mathrm{min}^{-1} \quad \text{mit maximalem Gegendruck von 50 bar.}$$

13. Für die Ölversorgung von 14 hydrostatischen Taschen der Mittenführung werden keine Membrandrosseln und keine Mehrkreispumpen verwendet, da die Mittenführung durch keine äußeren Kräfte belastet wird und der Taschendruck p_T nur bei der Belastung des Schlittens aufgebaut wird. Die Kapillardrosseln werden so ausgelegt, dass in der Mittenführung der gewünschte Taschendruck $p_\mathrm{T0} = 6$ bar erreicht wird.
14. Der Pumpendruck für die Mittenführung wird angenommen:

$$p_\mathrm{P} = 12{,}2\ \mathrm{bar}$$

Es gilt: $\frac{p_\mathrm{P}}{p_\mathrm{T0}} = \frac{12{,}2}{6} = 2{,}03$
15. Kapillarlänge:

$$l_\mathrm{K} = \frac{1{,}5\pi r_\mathrm{K}^4 \left(\frac{p_\mathrm{P}}{p_\mathrm{T0}} - 1\right)}{h_0^3} \frac{l}{b} = \frac{1{,}5 \cdot \pi \cdot 0{,}4^4 \cdot (2{,}03 - 1)}{0{,}03^3} \frac{1}{31{,}8} = 144{,}7\ \mathrm{mm} \tag{3.3}$$

Für 14 hydrostatische Taschen der Mittenführung werden 14 Kapillarrohre, Innendurchmesser: $D_\mathrm{K} = 2r_\mathrm{K} = 2 \cdot 0{,}4 = 0{,}8$ mm, Länge: $l_\mathrm{K} = 144{,}7$ mm vorgesehen.
16. Der Volumenstrom der Zahnradpumpe für die Ölversorgung von 14 hydrostatischen Taschen der Mittenführung muss größer sein als der berechnete Gesamtvolumenstrom im Anfangszustand, gewählt wird:

$$Q_\mathrm{P} = 1{,}7\ \mathrm{dm}^3\ \mathrm{min}^{-1} \quad \text{mit maximalem Gegendruck von 30 bar.}$$

17. Bei der Verlustleistung von $P_\mathrm{VER} = 330{,}7$ W ist keine Ölkühlung notwendig.
18. Das Behältervolumen für die Ölversorgung des hydrostatisch geführten Schlittens wird gewählt: $V = 100\ \mathrm{dm}^3$.
19. Es wird ein Druckbegrenzungsventil für den Einstellbereich 12 bis 60 bar gewählt.
20. Es wird ein Ölmanometer für Öldrücke von 0 bis 100 bar gewählt.
21. Die Filterfeinheit des Feinstfilters soll feiner als der Lagerspalt (30 µm) sein, gewählt wird die Feinheit 25 µm.
22. Die Feinheit des Grobfilters wird gewählt: 60 µm.

Der Hydraulikplan für den zentrisch belasteten hydrostatisch geführten Schlitten ist in Abb. 3.62 dargestellt.

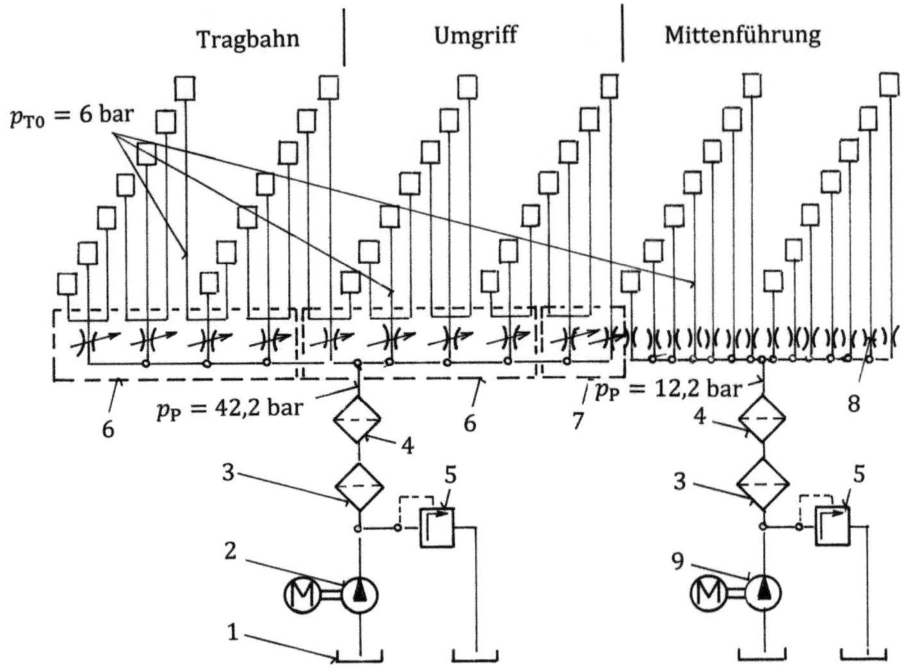

Lfd.Nr.	Benennung
1	Ölbehälter: $V = 100\ \mathrm{dm}^3$, $Öl$: ISO VG 32, $\nu_{22} = 73{,}85\ \mathrm{mm}^2\mathrm{s}^{-1}$
2	Zahnradpumpe $Q_P = 5{,}25\ \mathrm{dm}^3\mathrm{min}^{-1}$, Gegendruck 50 bar
3	2 Grobfilter 60 µm
4	2 Feinstfilter 25 µm
5	2 Druckbegrenzungsventile 12 bis 60 bar
6	2 Membrandrosseleinheiten mit vier Drosseln $R_a = 0{,}87$ cm, $R_i = 0{,}3$ cm, $r_a = 2{,}5$ cm, $s = 0{,}23$ cm
7	Membrandrosseleinheit mit zwei Drosseln $s = 0{,}23$ cm $R_a = 0{,}87$ cm, $R_i = 0{,}3$ cm, $r_a = 2{,}5$ cm, $s = 0{,}26$ cm
8	14 Kapillardrosseln $r_K = 0{,}4$ mm, $l_K = 144{,}7$ mm
9	Zahnradpumpe $Q_P = 1{,}7\ \mathrm{dm}^3\mathrm{min}^{-1}$, Gegendruck 30 bar

Abb. 3.62 Hydraulikplan für einen zentrisch belasteten hydrostatisch geführten Schlitten

3.5.10 Auslegungsbeispiel: Schnelllaufende hydrostatische, axial- und radial gelagerte Spindeln

Für die in Abschn. 2.13.5 behandelte schnelllaufende hydrostatische, axial und radial gelagerte Spindel nach Abb. 2.4 wird eine Ölversorgung mit dem Ölversorgungssystem „Eine gemeinsame Pumpe und Membrandrosseln" ausgelegt.

Vorgabedaten:

Lagerspalt im Anfangszustand beim Axiallager:
$h_0 = h_c = 0{,}050 \cdot 10^{-3}$ m $= 0{,}050$ mm $= 0{,}0050$ cm
Gesamtanzahl der Taschenpaare bei den Axiallagern: $z = 3$
Anzahl der hydrostatischen Taschen der Radiallager in einem Querschnitt: $z = 4$
Anzahl der Radiallager: $x = 2$
Taschendruck beim Axiallager im Anfangszustand:
$p_{\mathrm{T0I}} = p_{\mathrm{T0II}} = p_{\mathrm{T0}} = 5{,}97 \cdot 10^5$ N m^{-2} $= 5{,}97$ bar
Taschendruck beim Axiallager unter Wirkung der Schnittkraft: $p_{\mathrm{T}} = 16{,}23$ bar
Pumpendruck bei Membrandrosseln: $p_{\mathrm{P}} = 32{,}46$ bar
Lagerspalt im Anfangszustand beim Radiallager:

$$h_0 = 0{,}00005 \text{ m} = 0{,}050 \cdot 10^{-3} \text{ m}$$

Pumpendruck bei Kapillardrosseln: $p_{\mathrm{P}} = 13{,}31$ bar
Schmieröl: ISO VG 15, kinematische Viskosität $\upsilon_{22} = 32{,}145$ mm^2 s^{-1}
Gesamtvolumenstrom der Axiallager im Anfangszustand: $Q_{0\mathrm{AX}} = 2{,}7$ dm^3 min^{-1}
Gesamtvolumenstrom der Axiallager unter Wirkung der Schnittkraft: $Q_{\mathrm{AX}} = 8{,}75$ dm^3 min^{-1}
Gesamtvolumenstrom bei den Radiallagern im Anfangszustand: $Q_{0\mathrm{RAD}} = 4{,}29$ dm^3 min^{-1}
Gesamtverlustleistung (Axial- und Radiallager): $P_{\mathrm{VER}} = 8810{,}12$ W
Strömungsverhältnis: $\frac{b}{l} = 40$
Äußerer Radius der Drosselfläche: $R_{\mathrm{a}} = 0{,}87$ cm
Innerer Radius der Drosselfläche: $R_{\mathrm{i}} = 0{,}3$ cm
Einspannradius der Membran: $r_{\mathrm{a}} = 2{,}5$ cm
Größtes Druckverhältnis, in welchem die Membran belastet wird: $\frac{p_{\mathrm{T}}}{p_{\mathrm{P}}} = 0{,}5$
Kleinstes Druckverhältnis, in welchem die Membran belastet wird: $\frac{p_{\mathrm{T0}}}{p_{\mathrm{P}}} = 0{,}184$
Der Innenradius der Kapillare wird angenommen: $r_{\mathrm{K}} = 0{,}5$ mm

Lösung:

1. Für die Ölversorgung von sechs hydrostatischen Taschen der Axiallager werden zwei Membrandrosseln, die je drei Taschen versorgen, eingesetzt.
2. Dimensionsloser Faktor K:

$$K = \sqrt[3]{\frac{2\pi}{\ln \frac{R_{\mathrm{a}} l}{R_{\mathrm{i}} b}}} = \sqrt[3]{\frac{2\pi}{\ln \frac{0{,}87}{0.3} \cdot 40}} = 0{,}528 \tag{3.5}$$

Tab. 3.17 Tabellarische Werte für die Funktion (3.13)

p_T in bar	0	3,246	5,97	6,49	9,738	12,98	16,23	19,47
$\frac{p_T}{p_P}$	0	0,1	0,184	0,2	0,3	0,4	0,5	0,6
H in cm	0,0045	0,0064	0,00803	0,00833	0,0102	0,012	0,014	0,0159

3. Theoretische Membranstärke:

$$s_{\mathrm{TH}} = 0{,}003144 \cdot \sqrt[3]{\frac{K r_a^4 p_P}{h_c}} = 0{,}003144 \cdot \sqrt[3]{\frac{0{,}528 \cdot 2{,}5^4 \cdot 32{,}46}{0{,}005}} = 0,16 \text{ cm} \tag{3.16}$$

$h_c = h_0 = h$: idealer Lagerspalt

4. Praktische Membranstärke:

$$s = 1,1\, s_{\mathrm{TH}} = 1,1 \cdot 0,16 = 0,176\,\text{cm} \tag{3.17}$$

5. Für die Ölversorgung von sechs hydrostatischen Taschen der Axiallager wird eine Membrandrosseleinheit mit zwei Drosseln nach Abb. 3.43, Membranstärke: $s = 0,176$ cm vorgesehen.
6. Beim System „Eine Membrandrossel für drei Taschen" gilt:

$$H = \frac{h_c}{K}\left(0{,}48 + 2\frac{p_T}{p_P}\right) = \frac{0{,}0050}{0{,}528} \cdot \left(0{,}48 + 2\frac{p_T}{p_P}\right)$$
$$= 0{,}00947 \cdot \left(0{,}48 + 2\frac{p_T}{p_P}\right) \tag{3.13}$$

Für einige Werte p_T werden die Drosselspalte errechnet, in Tab. 3.17 aufgestellt und in Abb. 3.63 eingezeichnet.

7. Der Volumenstrom der Zahnradpumpe für die Ölversorgung von Axiallagern muss größer sein als die berechneten Gesamtvolumenströme:

$$Q_{\mathrm{AX}} = 8{,}75 \text{ dm}^3 \text{ min}^{-1}.$$

Gewählt wird: $Q_P = 12{,}5$ dm^3 min^{-1} mit maximalem Gegendruck von 50 bar.

8. Für die Ölversorgung von acht hydrostatischen Taschen der Radiallager werden keine Membrandrosseln und keine Mehrkreispumpen verwendet, da die Radiallager durch keine äußeren Kräfte belastet werden und der Taschendruck p_T nur bei der Belastung des Schlittens aufgebaut wird. Es werden Kapillardrosseln vorgesehen.
9. Druckverhältnis bei den Kapillardrosseln:

$$\frac{p_P}{p_{T0}} = \frac{13{,}31}{5{,}97} = 2{,}23$$

10. Kapillarlänge:

$$l_K = \frac{1{,}5\pi r_K^4 \left(\frac{p_P}{p_{T0}} - 1\right)}{h_0^3} \frac{l}{b} = \frac{1{,}5 \cdot \pi \cdot 0{,}5^4 \cdot (2{,}23 - 1)}{0{,}05^3} \cdot \frac{1}{40} = 72{,}4\,\text{mm} \tag{3.3}$$

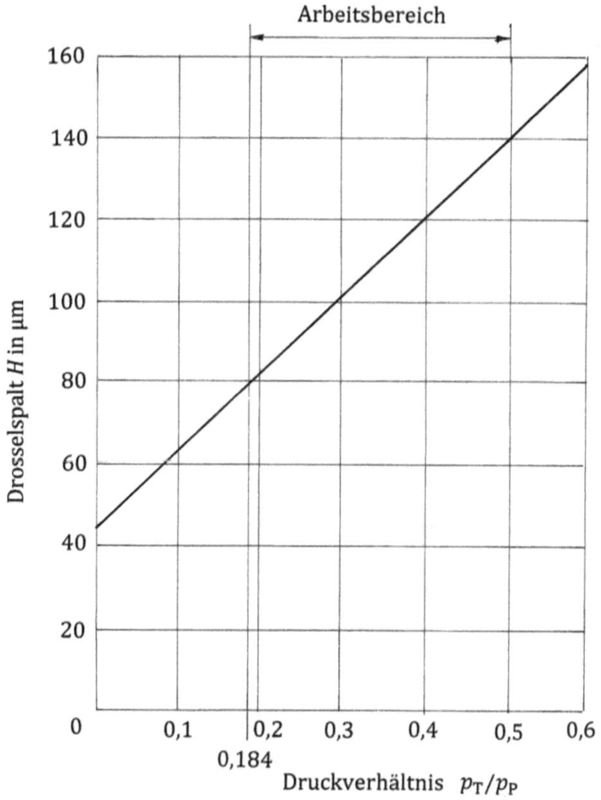

Abb. 3.63 Testdiagramm zur Optimierung der Membranstärke bei schnelllaufenden hydrostatischen, axial- und radial gelagerten Spindeln beim Anschluss einer Membrandrossel an drei Taschen

Für acht hydrostatische Taschen der Radiallager werden acht Kapillarrohre, Innendurchmesser: $D_K = 2r_K = 2 \cdot 0{,}5 = 1{,}0$ mm, Länge: $l_K = 72{,}4$ mm vorgesehen.

11. Der Volumenstrom der Zahnradpumpe für die Ölversorgung von acht hydrostatischen Taschen der Radiallager muss größer sein als die berechneten Gesamtvolumenströme im Anfangszustand: $Q_{0RAD} = 4{,}29$ dm^3 min^{-1} Gewählt wird: $Q_P = 5{,}25$ dm^3 min^{-1} mit maximalem Gegendruck von 20 bar.
12. Für die Gesamtverlustleistung (Axial- und Radiallager): $P_{VER} = 8810{,}12$ W ist eine Ölkühlung notwendig. Da eine genaue mathematische Bestimmung der Kühlleistung nicht möglich ist, besonders große Wärmeabgabe vom Ölbehälter durch die Wärmekonvektion und Wärmestrahlung an die Umgebung nicht berücksichtigt worden ist, wird in diesem Fall eine Ölkühlung mit etwas geringerer Kühlleistung als die Verlustleistung gewählt: $P_K = 7000$ W.
13. Von den hydrostatischen Lagern fließt das Öl durch die Ölrücklaufleitung 9 zu dem Ölbehälter frei ab. Die am Ölbehälter eingebaute Zahnradpumpe 10 fördert das Öl durch den Filter 11 zu dem Kühler 12 und weiter zum Ölbehälter des Ölversorgungsaggregates 1.

14. Die Kühlerpumpe wird nach der Verlustleistung, der Ölviskosität und der notwendigen Differenz zwischen den Öltemperaturen in der Rücklaufleitung ϑ_1 und in der Zulaufleitung ϑ_2 bestimmt: $Q_K = 49\ \text{dm}^3\ \text{min}^{-1}$.
15. Da eine Kühlerpumpe mit sehr hohem Volumenstrom vorgesehen ist, wird ein etwas größerer Ölbehälter eingebaut. Beim $V = 100\ \text{dm}^3$ würde der gesamte Inhalt des Ölbehälters in zwei Minuten durch die Kühlerpumpe strömen. Um übermäßige Schaumbildung zu verhindern, wird daher das Behältervolumen $V = 200\ \text{dm}^3$ gewählt.
16. Zwischen der Kühlerpumpe und dem Kühlaggregat wird ein Filter 40 µm eingebaut.
17. Es werden zwei Druckbegrenzungsventile für den Einstellbereich 12 bis 60 bar gewählt.
18. Es wird ein Ölmanometer für Öldrücke von 0 bis 100 bar gewählt.
19. Die Filterfeinheit des Feinstfilters für Membran- und Kapillardrosseln soll feiner sein als der kleinste Lagerspalt (50 µm) sein, gewählt wird die Feinheit 40 µm.
20. Die Feinheit des Grobfilters wird gewählt: 60 µm.

Der Hydraulikplan für die schnelllaufende hydrostatische, axial- und radial gelagerte Spindel ist in Abb. 3.64 dargestellt.

3.5.11 Auslegungsbeispiel: Schnelllaufende hydrostatische, zentrisch belastete radial gelagerte Spindeln

Für die in Abschn. 2.14.3 behandelten schnelllaufenden hydrostatischen, zentrisch belasteten radial gelagerten Spindeln nach Abb. 2.5 wird eine Ölversorgung mit dem Ölversorgungssystem „Eine gemeinsame Pumpe und Membrandrosseln" ausgelegt.

Vorgabedaten:

Lagerspalt: $h_{0\text{I}} = h_{0\text{II}} = h_0 = 0{,}030 \cdot 10^{-3}$ m
Anzahl der hydrostatischen Taschen in einem Querschnitt: $z = 4$
Anzahl der Radiallager: $x = 2$
Taschendruck bei der oberen hydrostatischen Tasche im Anfangszustand:
$p_{\text{T0II}} = 11{,}5 \cdot 10^5\ \text{N m}^{-2} = 11{,}5$ bar
Taschendruck bei der unteren hydrostatischen Tasche im Anfangszustand:
$p_{\text{T0I}} = 23 \cdot 10^5\ \text{N m}^{-2} = 23$ bar
Taschendruck bei der oberen hydrostatischen Tasche unter Wirkung der Schnittkraft:
$p_{\text{TII}} = 38{,}26 \cdot 10^5\ \text{N m}^{-2} = 38{,}26$ bar
Taschendruck bei der unteren hydrostatischen Tasche unter Wirkung der Schnittkraft:
$p_{\text{TI}} = 76{,}5 \cdot 10^5\ \text{N} = 76{,}5$ bar
Pumpendruck: $p_P = 127{,}5 \cdot 10^5\ \text{N m}^{-2} = 127{,}5$ bar
Gesamtvolumenstrom im Anfangszustand: $Q_{0\text{GES}} = 2{,}68\ \text{dm}^3\ \text{min}^{-1}$
Schmieröl: ISO VG 15 mit der kinematischen Viskosität $\upsilon_{22} = 32{,}145\ \text{mm}^2\ \text{s}^{-1}$
Gesamtvolumenstrom unter Wirkung der Schnittkraft: $Q_{\text{GES}} = 8{,}86\ \text{dm}^3\ \text{min}^{-1}$

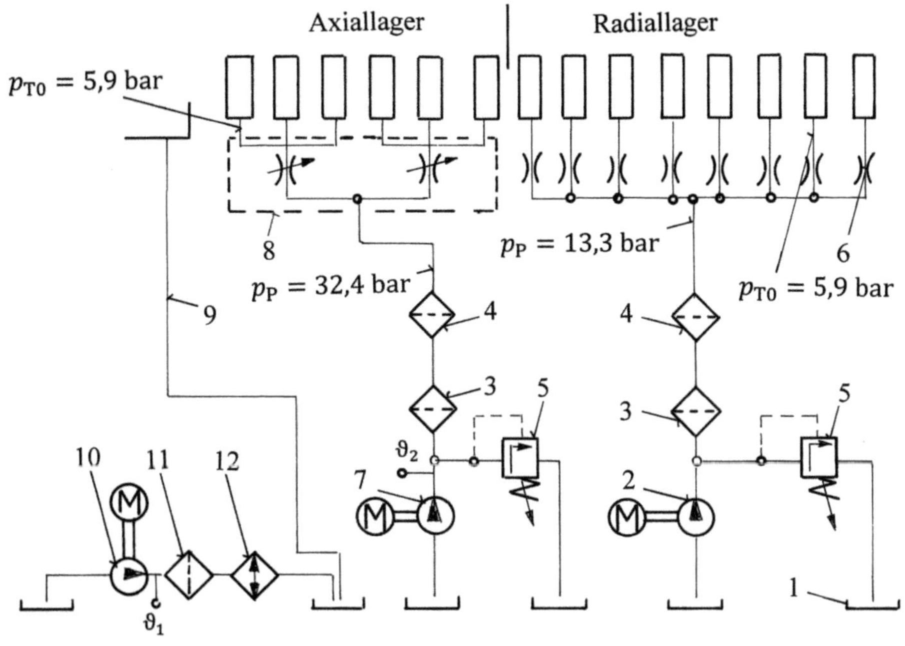

Lfd.Nr.	Benennung
1	Ölbehälter: $V = 200\ dm^3$, $Öl$: ISO VG 15, $\nu_{22} = 32{,}145\ mm^2s^{-1}$
2	Zahnradpumpe $Q_P = 5{,}25\ dm^3min^{-1}$, Gegendruck 20 bar
3	2 Grobfilter 60 μm
4	2 Feinstfilter 40 μm
5	2 Druckbegrenzungsventile 12 bis 60 bar
6	8 Kapillardrosseln $r_K = 0{,}5$ mm, $l_K = 72{,}4$ mm
7	Zahnradpumpe $Q_P = 12{,}5\ dm^3min^{-1}$, Gegendruck 50 bar
8	Membrandrosseleinheit mit zwei Drosseln $R_a = 0{,}87$ cm, $R_i = 0{,}3$ cm, $r_a = 2{,}5$ cm, $s = 0{,}176$ cm
9	Ölrücklaufleitung
10	Kühlerpumpe $Q_K = 49\ dm^3min^{-1}$
11	Filter 40 μm
12	Rückkühlagggregat $P_K = 7000$ W

Abb. 3.64 Hydraulikplan für eine schnelllaufende hydrostatische, axial- und radial gelagerte Spindel

Verlustleistung: $P_{VER} = 4172$ W
Strömungsverhältnis: $\frac{b}{l} = 40$
maximales Druckverhältnis: $\frac{p_{TI}}{p_P} = 0{,}6$
minimales Druckverhältnis: $\frac{p_{T0II}}{p_P} = 0{,}1$
Äußerer Radius der Drosselfläche: $R_a = 0{,}87$ cm
Innerer Radius der Drosselfläche: $R_i = 2{,}3$ cm
Einspannradius der Membran: $r_a = 2{,}5$ cm

Lösung:

1. Dimensionsloser Faktor K:

$$K = \sqrt[3]{\frac{2\pi}{\ln \frac{R_a l}{R_i b}}} = \sqrt[3]{\frac{2\pi}{ln \frac{0{,}87}{0.3} \cdot 40}} = 0{,}53 \tag{3.5}$$

2. Für die Ölversorgung von acht hydrostatischen Taschen der schnelllaufenden hydrostatischen, zentrisch belasteten radial gelagerten Spindeln werden zwei Membrandrosseln, die je drei Taschen versorgen und zwei, die je eine Tasche versorgen, eingesetzt.
3. Theoretische Membranstärke beim Anschluss einer Membrandrossel mit drei Taschen:

$$s_{TH} = 0{,}003144 \cdot \sqrt[3]{\frac{K r_a^4 p_P}{h_c}} = 0{,}003144 \cdot \sqrt[3]{\frac{0{,}53 \cdot 2{,}5^4 \cdot 127{,}5}{0{,}003}} = 0{,}299 \text{ cm} \tag{3.16}$$

$h_c = h_0 = h$: idealer Lagerspalt
4. Praktische Membranstärke:

$$s = 1{,}1\, s_{TH} = 1{,}1 \cdot 0{,}299 = 0{,}329 \text{ cm} \tag{3.17}$$

5. Theoretische Membranstärke beim Anschluss einer Membrandrossel an eine Tasche:

$$s_{TH} = 0{,}00356 \cdot \sqrt[3]{\frac{K r_a^4 p_P}{h_c}} = 0{,}00356 \cdot \sqrt[3]{\frac{0{,}53 \cdot 2{,}5^4 \cdot 127{,}5}{0{,}003}} = 0{,}339 \text{ cm} \tag{3.14}$$

6. Praktische Membranstärke:

$$s = 1{,}1\, s_{TH} = 1{,}1 \cdot 0{,}339 = 0{,}37 \text{ cm} \tag{3.17}$$

7. Für die Versorgung von acht hydrostatischen Taschen wird eine Membrandrosseleinheit mit vier Drosseln nach Abb. 3.42, Membranstärke: $s = 0{,}329$ cm und $s = 0{,}37$ cm eingesetzt.

Tab. 3.18 Tabellarische Werte für die Funktion (3.13)

p_T in bar	0	12,75	25,5	38,2	51	63,7	76,5
$\frac{p_T}{p_P}$	0	0,1	0,2	0,3	0,4	0,5	0,6
H in cm	0,0027	0,0036	0,0049	0,0061	0,0072	0,0083	0,0095

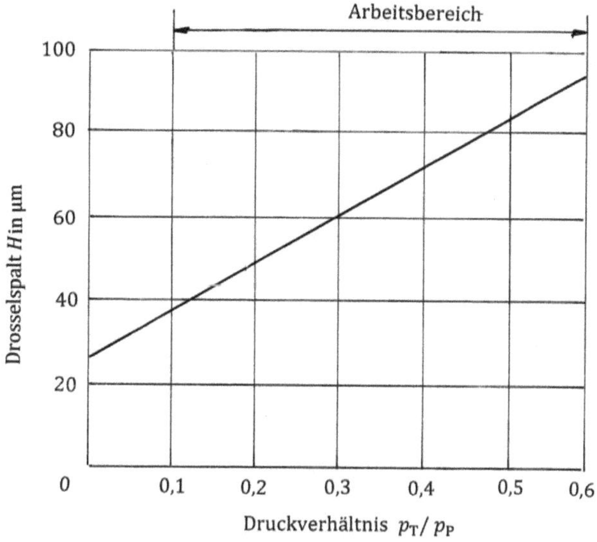

Abb. 3.65 Testdiagramm zur Optimierung der Membranstärke für eine schnelllaufende hydrostatische, zentrisch belastete radial gelagerte Spindel beim Anschluss einer Membrandrossel an drei hydrostatische Taschen

Zwei Membrandrosseln werden mit je drei Taschen angeschlossen, die anderen zwei versorgen je eine Tasche.

8. Beim Anschluss einer Membrandrossel an drei Taschen gilt:

$$H = \frac{h_c}{K}\left(0{,}48 + 2\frac{p_T}{p_P}\right) = \frac{0{,}0030}{0{,}53} \cdot \left(0{,}48 + 2\frac{p_T}{p_P}\right)$$
$$= 0{,}00566 \cdot \left(0{,}48 + 2\frac{p_T}{p_P}\right) \tag{3.13}$$

Für einige Werte p_T werden die Drosselspalte H errechnet, in Tab. 3.18 aufgestellt und in Abb. 3.65 eingezeichnet.

9. Beim Anschluss einer Membrandrossel an eine Tasche gilt nach (3.11):

$$H = \frac{h_c}{K}\left(0{,}35 + 1{,}35\frac{p_T}{p_P}\right)$$
$$= \frac{0{,}0030}{0{,}53} \cdot \left(0{,}35 + 1{,}35\frac{p_T}{p_P}\right) = 0{,}00566 \cdot \left(0{,}35 + 1{,}35\frac{p_T}{p_P}\right)$$

Für einige Werte p_T werden die Drosselspalte H errechnet, in Tab. 3.19 aufgestellt und in Abb. 3.66 eingezeichnet.

Tab. 3.19 Tabellarische Werte für die Funktion (3.11)

p_T in bar	0	12,75	25,5	38,2	51	63,7	76,5
$\frac{p_T}{p_P}$	0	0,1	0,2	0,3	0,4	0,5	0,6
H in cm	0,0019	0,0027	0,0035	0,0042	0,0050	0,0058	0,0065

Abb. 3.66 Testdiagramm zur Optimierung der Membranstärke für schnelllaufende hydrostatische, zentrisch belastete radial gelagerte Spindel beim Anschluss einer Membrandrossel an eine hydrostatische Tasche

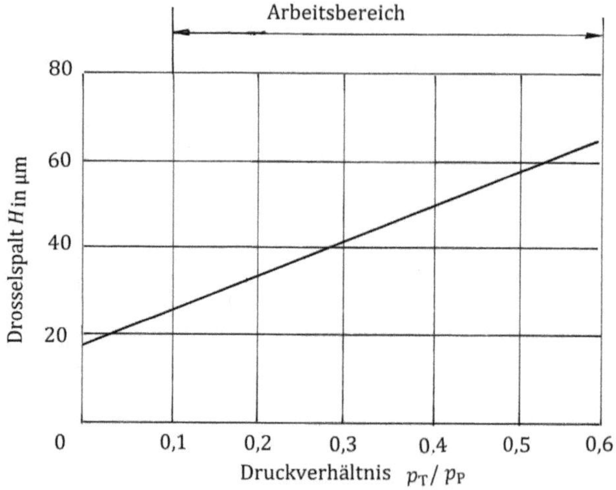

10. Der Volumenstrom der Zahnradpumpe muss größer sein als die berechneten Gesamtvolumenströme im Anfangszustand und unter Wirkung der Schnittkraft, gewählt wird: $Q_P = 10\ \text{dm}^3\ \text{min}^{-1}$ mit maximalem Gegendruck von 130 bar
11. Das Behältervolumen wird gewählt: $V = 100\ \text{dm}^3$
12. Bei der Verlustleistung von $P_{VER} = 4172$ W wird eine Ölkühlung mit der Kühlleistung $P_K = 4000$ W vorgesehen.
13. Von den hydrostatischen Lagern fließt das Öl durch die Ölrücklaufleitung 7 zu dem Ölbehälter frei ab. Die am Ölbehälter eingebaute Zahnradpumpe 8 fördert das Öl durch den Filter 9 zu dem Kühler 10 und weiter zum Ölbehälter des Ölversorgungsaggregates.
14. Die Temperatur des Rücklauföles ϑ_1 wird mit einem digitalen Thermometer gemessen.
15. Die Kühlerpumpe wird nach der Verlustleistung, der Ölviskosität und der notwendigen Differenz zwischen den Öltemperaturen in der Rücklaufleitung ϑ_1 und in der Zulaufleitung ϑ_2 bestimmt: $Q_K = 28\ \text{dm}^3\ \text{min}^{-1}$.
16. Zwischen der Kühlerpumpe und dem Kühler wird ein Filter der Feinheit 40 µm eingebaut.
17. Es wird ein Druckbegrenzungsventil für den Einstellbereich 24 bis 160 bar gewählt.

18. Wenn eine Radiallagerung für die Lagerung der Schleifscheibe vorgesehen ist, wird ein Druckspeicher für den Nachlauf der Schleifscheibe eingebaut (s. Abb. 3.11).
19. Die Filterfeinheit des Feinstfilters soll feiner als der Lagerspalt (30 μm) sein, gewählt wird die Feinheit 20 μm.
20. Die Feinheit des Grobfilters wird gewählt: 60 μm.
21. Der Arbeitsbereich der Membrandrossel ist zwischen $\frac{p_{\mathrm{T}}}{p_{\mathrm{P}}} = 0{,}1$ und 0,60.

Der Hydraulikplan für die schnelllaufende hydrostatische, zentrisch belastete radial gelagerte Spindel ist in Abb. 3.67 dargestellt.

3.5.12 Auslegungsbeispiel: Schnelllaufende hydrostatische, exzentrisch belastete, radial gelagerte Spindeln

Für die in Abschn. 2.15.3 behandelten schnelllaufenden hydrostatischen, exzentrisch belasteten, radial gelagerten Spindeln nach Abb. 2.6 wird eine Ölversorgung mit dem Ölversorgungssystem „Eine gemeinsame Pumpe und Membrandrosseln" ausgelegt.

Vorgabedaten:

Lagerspalt: $h_{0\mathrm{I}} = h_{0\mathrm{II}} = \mathrm{h}_0 = 0{,}030 \cdot 10^{-3}$ m
Anzahl der hydrostatischen Taschen in einem Querschnitt: $z = 4$
Anzahl der Radiallager: $x = 2$
Taschendruck bei der oberen hydrostatischen Tasche 1 im Anfangszustand:
$p_{\mathrm{T0II1}} = 11{,}89 \cdot 10^5\ \mathrm{N\,m^{-2}} = 11{,}89$ bar
Taschendruck bei der unteren hydrostatischen Tasche 1 im Anfangszustand:
$p_{\mathrm{T0I1}} = 23{,}78 \cdot 10^5\ \mathrm{N\,m^{-2}} = 23{,}78$ bar
Taschendruck bei der unteren hydrostatischen Tasche 2 im Anfangszustand:
$p_{\mathrm{T0II2}} = 8{,}91 \cdot 10^5\ \mathrm{N\,m^{-2}} = 8{,}91$ bar
Taschendruck bei der oberen hydrostatischen Tasche 2 im Anfangszustand:
$p_{\mathrm{T0I2}} = 17{,}82 \cdot 10^5\ \mathrm{N\,m^{-2}} = 17{,}82$ bar
Taschendruck bei der oberen hydrostatischen Tasche 1 unter Wirkung der Schnittkraft:
$p_{\mathrm{TII1}} = 27{,}14 \cdot 10^5\ \mathrm{N\,m^{-2}} = 27{,}14$ bar
Taschendruck bei der unteren hydrostatischen Tasche 1 unter Wirkung der Schnittkraft: $p_{\mathrm{TI1}} = 54{,}28 \cdot 10^5\ \mathrm{N\,m^{-2}} = 54{,}28$ bar
Taschendruck bei der unteren hydrostatischen Tasche 2 unter Wirkung der Schnittkraft: $p_{\mathrm{TII2}} = 20{,}7 \cdot 10^5\ \mathrm{N\,m^{-2}} = 20{,}7$ bar
Taschendruck bei der oberen hydrostatischen Tasche 2 unter Wirkung der Schnittkraft: $p_{\mathrm{TI2}} = 41{,}4 \cdot 10^5\ \mathrm{N\,m^{-2}} = 41{,}4$ bar
Pumpendruck: $p_{\mathrm{P}} = 90{,}4 \cdot 10^5\ \mathrm{N\,m^{-2}} = 90{,}4$ bar
Gesamtvolumenstrom im Anfangszustand:

$$Q_{0\mathrm{GES}} = 2{,}42\ \mathrm{dm^3\,min^{-1}}$$

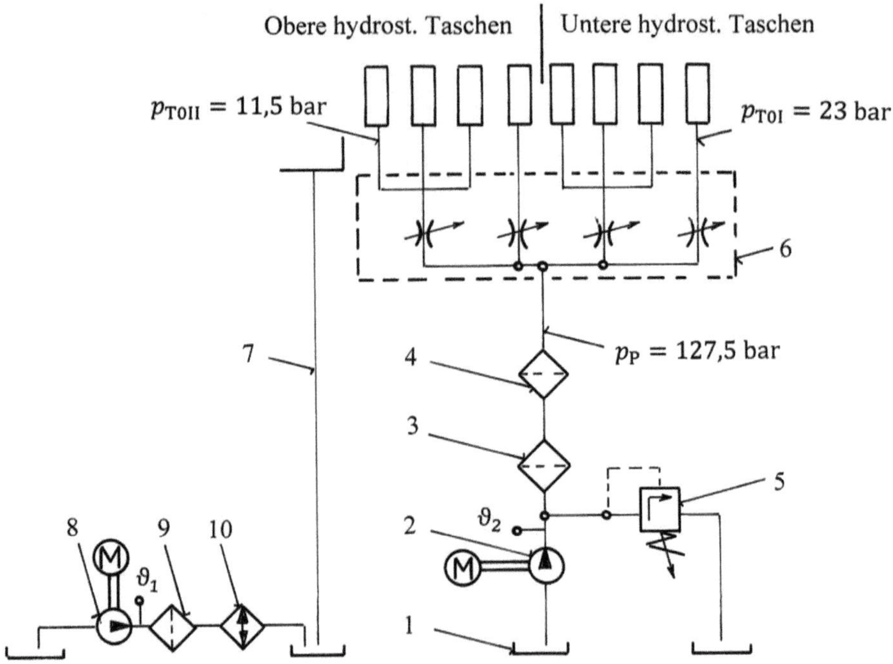

Lfd.Nr.	Benennung
1	Ölbehälter: $V = 100\ \text{dm}^3$, $Öl$: ISO VG 15, $\nu_{22} = 32{,}145\ \text{mm}^2\text{s}^{-1}$
2	Zahnradpumpe $Q_{\text{P}} = 10\ \text{dm}^3\text{min}^{-1}$, Gegendruck 130 bar
3	Grobfilter 60 µm
4	Feinstfilter 20 µm
5	Druckbegrenzungsventil 24 bis 160 bar
6	Membrandrosseleinheit mit vier Drosseln $s = 0{,}329$ cm $R_{\text{a}} = 0{,}87$ cm, $R_{\text{i}} = 0{,}3$ cm, $r_{\text{a}} = 2{,}5$ cm, $s = 0{,}37$ cm
7	Ölrücklaufleitung
8	Kühlerpumpe $Q_K = 28\ \text{dm}^3\text{min}^{-1}$
9	Filter 40 µm
10	Rückkühlagggregat $P_{\text{K}} = 4000$ W

Abb. 3.67 Hydraulikplan für eine schnelllaufende hydrostatische zentrisch belastete radial gelagerte Spindel durch vier Membrandrosseln

Schmieröl: ISO VG 15 mit der kinematischen Viskosität $\upsilon_{22} = 32{,}145\ \text{mm}^2\ \text{s}^{-1}$
Gesamtvolumenstrom unter Wirkung der Schnittkraft:

$$Q_{\text{GES}} = 5{,}55\ \text{dm}^3\ \text{min}^{-1}$$

Verlustleistung: $P_{\text{VER}} = 3968{,}9$ W

Strömungsverhältnis: $\frac{b}{l} = 40$
Größtes Druckverhältnis: $\frac{p_{\mathrm{TI1}}}{p_{\mathrm{P}}} = \frac{54,28}{90,46} = 0,6$
Kleinstes Druckverhältnis: $\frac{p_{\mathrm{T0II2}}}{p_{\mathrm{P}}} = \frac{8,91x10^5}{90,46x10^5} = 0,099 \approx 0,1$
Äußerer Radius der Drosselfläche: $R_{\mathrm{a}} = 0,87$ cm
Innerer Radius der Drosselfläche: $R_{\mathrm{i}} = 0,3$ cm
Einspannradius der Membran: $r_{\mathrm{a}} = 2,5$ cm

Lösung:

1. Dimensionsloser Faktor K:

$$K = \sqrt[3]{\frac{2\pi}{\ln \frac{R_{\mathrm{a}} l}{R_{\mathrm{i}} b}}} = \sqrt[3]{\frac{2\pi}{ln \frac{0,87}{0.3} \cdot 40}} = 0,53 \qquad (3.5)$$

2. Für die Ölversorgung von acht hydrostatischen Taschen der schnelllaufenden hydrostatischen, exzentrisch belasteten, radial gelagerten Spindeln werden vier Membrandrosseln, die je zwei Taschen versorgen, eingesetzt.
3. Theoretische Membranstärke beim Anschluss einer Membrandrossel mit zwei Taschen:

$$s_{\mathrm{TH}} = 0,00332 \cdot \sqrt[3]{\frac{K r_{\mathrm{a}}^4 p_{\mathrm{P}}}{h_{\mathrm{c}}}} = 0,00332 \cdot \sqrt[3]{\frac{0,53 \cdot 2,5^4 \cdot 90,4}{0,003}} = 0,28\,\mathrm{cm} \qquad (3.15)$$

$h_c = h_0 = h$: idealer Lagerspalt

4. Praktische Membranstärke:

$$s = 1,1\, s_{\mathrm{TH}} = 1,1 \cdot 0,28 = 0,3 \text{ cm} \qquad (3.17)$$

5. Für die Versorgung von acht hydrostatischen Taschen wird eine Membrandrosseleinheit mit vier Drosseln nach Abb. 3.42, Membranstärke: $s = 0,3$ cm vorgesehen.
6. Beim Anschluss einer Membrandrossel mit zwei Taschen gilt:

$$H = \frac{h_{\mathrm{c}}}{K}\left(0,47 + 1,63\frac{p_{\mathrm{T}}}{p_{\mathrm{P}}}\right) = \frac{0,0030}{0,53} \cdot \left(0,47 + 1,63\frac{p_{\mathrm{T}}}{p_{\mathrm{P}}}\right)$$
$$= 0,0056 \cdot \left(0,47 + 1,63\frac{p_{\mathrm{T}}}{p_{\mathrm{P}}}\right) \qquad (3.12)$$

Für einige Werte p_{T} werden die Drosselspalte H errechnet, in Tab. 3.20 aufgestellt und in Abb. 3.68 eingezeichnet.

7. Der Volumenstrom der Zahnradpumpe muss größer sein als die berechneten Gesamtvolumenströme im Anfangszustand und unter Wirkung der Schnittkraft, gewählt wird:

$$Q_{\mathrm{P}} = 8 \text{ dm}^3 \text{ min}^{-1} \text{ mit maximalem Gegendruck von 95 bar.}$$

Tab. 3.20 Tabellarische Werte für die Funktion (3.12)

p_T in bar	0	9,04	18,08	27,12	36,16	45,2	54,2
$\frac{p_T}{p_P}$	0	0,1	0,2	0,3	0,4	0,5	0,6
H in cm	0,00266	0,00358	0,0045	0,0054	0,0063	0,0072	0,00819

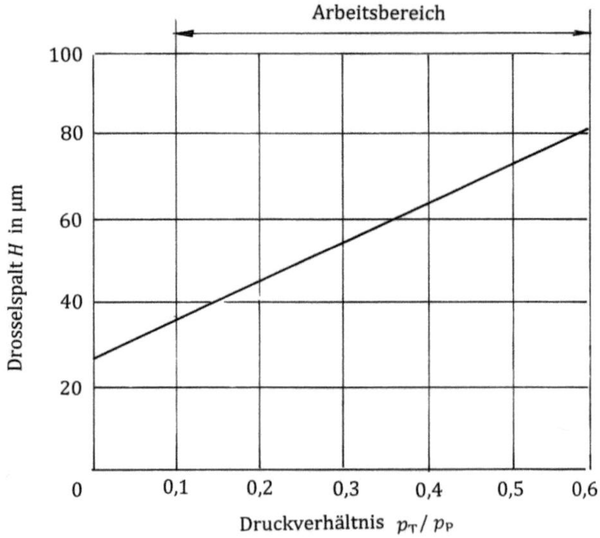

Abb. 3.68 Testdiagramm für eine schnelllaufende hydrostatische exzentrisch belastete radial gelagerte Spindel beim Anschluss einer Membrandrossel mit zwei hydrostatischen Taschen

8. Das Behältervolumen wird gewählt: $V = 100\ \text{dm}^3$.
9. Bei der Verlustleistung von $P_{VER} = 3968{,}9$ W wird eine Ölkühlung mit der Kühlleistung $P_K = 3000$ W vorgesehen.
10. Von den hydrostatischen Lagern fließt das Öl durch die Ölrücklaufleitung 7 zu dem Ölbehälter frei ab. Die am Ölbehälter eingebaute Zahnradpumpe 8 fördert das Öl durch den Filter 9 zu dem Kühler 10 und weiter zum Ölbehälter des Ölversorgungsaggregates 1. Die Temperatur des Rücklauföles ϑ_1 wird mit einem digitalen Thermometer gemessen.
11. Die Kühlerpumpe wird nach der Verlustleistung, der Ölviskosität und der notwendigen Differenz zwischen den Öltemperaturen in der Rücklaufleitung ϑ_1 und in der Zulaufleitung ϑ_2 bestimmt: $Q_K = 21\ \text{dm}^3\ \text{min}^{-1}$.
12. Zwischen der Kühlerpumpe und dem Kühler wird ein Filter der Feinheit 40 µm eingebaut.
13. Es wird ein Druckbegrenzungsventil für den Einstellbereich 15 bis 100 bar gewählt.
14. Wenn eine Radiallagerung für die Lagerung der Schleifscheibe vorgesehen ist, wird ein Druckspeicher für den Nachlauf der Schleifscheibe eingebaut (s. Abb. 3.11).
15. Die Filterfeinheit des Feinstfilters soll feiner als der Lagerspalt (30 µm) sein, gewählt wird die Feinheit 25 µm.

16. Die Feinheit des Grobfilters wird gewählt: 60 µm.

Der Hydraulikplan für die schnelllaufende hydrostatische, exzentrisch belastete, radial gelagerte Spindel ist in Abb. 3.69 dargestellt.

3.5.13 Auslegungsbeispiel: Schnelllaufende hydrostatische, beidseitig exzentrisch belastete, radial gelagerte Spindeln

Für die in Abschn. 2.16.3 behandelten schnelllaufenden hydrostatischen, beidseitig exzentrisch belasteten, radial gelagerten Spindeln nach Abb. 2.12 wird eine Ölversorgung mit dem Ölversorgungssystem „Eine gemeinsame Pumpe und Membrandrosseln" ausgelegt.

Vorgabedaten:

Lagerspalt: $h_{0\mathrm{I}} = h_{0\mathrm{II}} = h_0 = 0{,}030 \cdot 10^{-3}$ m
Anzahl der hydrostatischen Taschen in einem Querschnitt: $z = 4$
Anzahl der Radiallager: $x = 2$
Taschendruck bei der oberen hydrostatischen Tasche 1 im Anfangszustand:
$p_{\mathrm{T0II1}} = 12{,}2 \cdot 10^5$ N m^{-2} = 12,2 bar
Taschendruck bei der unteren hydrostatischen Tasche 1 im Anfangszustand:
$p_{\mathrm{T0I1}} = 24{,}4 \cdot 10^5$ N m^{-2} = 24,4 bar
Taschendruck bei der oberen hydrostatischen Tasche 2 im Anfangszustand:
$p_{\mathrm{T0I2}} = 14{,}4 \cdot 10^5$ N m^{-2} = 14,4 bar
Taschendruck bei der unteren hydrostatischen Tasche 2 im Anfangszustand:
$p_{\mathrm{T0II2}} = 7{,}23 \cdot 10^5$ N m^{-2} = 7,23 bar
Taschendruck bei der oberen hydrostatischen Tasche 1 unter Wirkung der Schnittkraft: $p_{\mathrm{TII1}} = 25{,}7 \cdot 10^5$ N m^{-2} = 25,7 bar
Taschendruck bei der unteren hydrostatischen Tasche 1 unter Wirkung der Schnittkraft: $p_{\mathrm{TI1}} = 51{,}5 \cdot 10^5$ N m^{-2} = 51,5 bar
Taschendruck bei der unteren hydrostatischen Tasche 2 unter Wirkung der Schnittkraft: $p_{\mathrm{TII2}} = 17{,}7 \cdot 10^5$ N m^{-2} = 17,7 bar
Taschendruck bei der oberen hydrostatischen Tasche 2 unter Wirkung der Schnittkraft: $p_{\mathrm{TI2}} = 35{,}4 \cdot 10^5$ N m^{-2} = 35,4 bar
Pumpendruck bei Membrandrosseln: $p_{\mathrm{P}} = 85{,}8 \cdot 10^5$ N m^{-2} = 85,8 bar
Gesamtvolumenstrom im Anfangszustand: $Q_{0\mathrm{GES}} = 2{,}26$ dm^3 min^{-1}
Schmieröl: ISO VG 15 mit der kinematischen Viskosität $\upsilon_{22} = 32{,}145$ mm^2 s^{-1}
Gesamtvolumenstrom durch alle Taschen unter Wirkung der Schnittkraft: $Q_{\mathrm{GES}} = 5{,}05$ dm^3 min^{-1}
Verlustleistung: $P_{\mathrm{VER}} = 4325$ W
Strömungsverhältnis: $\frac{b}{l} = 40$
Kleinstes Druckverhältnis $\frac{p_{\mathrm{T0II2}}}{p_{\mathrm{P}}} = 0{,}1$
Größtes Druckverhältnis: $\frac{p_{\mathrm{TI1}}}{p_{\mathrm{P}}} = 0{,}6$
Äußerer Radius der Drosselfläche: $R_{\mathrm{a}} = 0{,}87$ cm

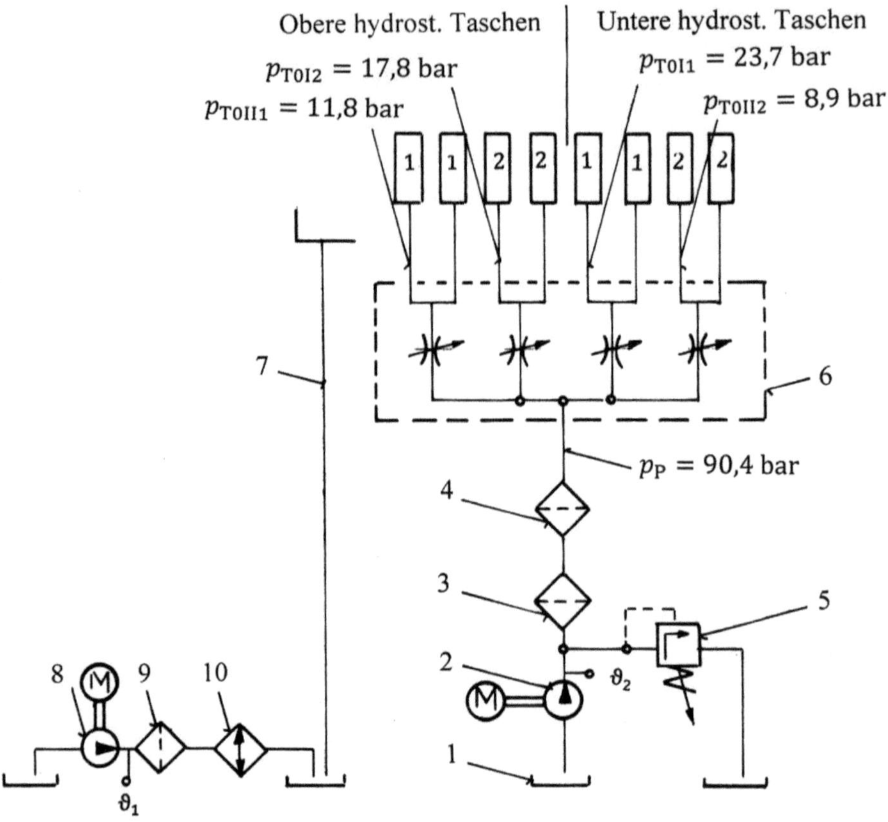

Lfd.Nr.	Benennung
1	Ölbehälter: $V = 100\ \mathrm{dm}^3$, $Öl$: ISO VG 15, $\nu_{22} = 32{,}145\ \mathrm{mm}^2\mathrm{s}^{-1}$
2	Zahnradpumpe $Q_\mathrm{P} = 8\ \mathrm{dm}^3\mathrm{min}^{-1}$, Gegendruck 95 bar
3	Grobfilter 60 µm
4	Feinstfilter 25 µm
5	Druckbegrenzungsventil 15 bis 100 bar
6	Membrandrosseleinheit mit vier Drosseln $R_\mathrm{a} = 0{,}87$ cm, $R_\mathrm{i} = 0{,}3$ cm, $r_\mathrm{a} = 2{,}5$ cm, $s = 0{,}3$ cm
7	Ölrücklaufleitung
8	Kühlerpumpe $Q_K = 21\ \mathrm{dm}^3\mathrm{min}^{-1}$
9	Filter 40 µm
10	Rückkühlagggregat $P_\mathrm{K} = 3000$ W

Abb. 3.69 Hydraulikplan für eine schnelllaufende hydrostatische, exzentrisch belastete, radial gelagerte Spindel durch vier Membrandrosseln

Innerer Radius der Drosselfläche: $R_\mathrm{i} = 0{,}3$ cm
Einspannradius der Membran: $r_\mathrm{a} = 2{,}5$ cm

Lösung:

1. Dimensionsloser Faktor K:

$$K = \sqrt[3]{\frac{2\pi}{\ln\frac{R_\mathrm{a}l}{R_\mathrm{i}b}}} = \sqrt[3]{\frac{2\pi}{ln\frac{0{,}87}{0.3}\cdot 40}} = 0{,}53 \qquad (3.5)$$

2. Für die Ölversorgung von acht hydrostatischen Taschen werden vier Membrandrosseln, die je zwei Taschen versorgen, eingesetzt.
3. Theoretische Membranstärke:

$$s_\mathrm{TH} = 0{,}00332\cdot\sqrt[3]{\frac{Kr_\mathrm{a}^4 p_\mathrm{P}}{h_c}} = 0{,}00332\cdot\sqrt[3]{\frac{0{,}53\cdot 2{,}5^4\cdot 85{,}8}{0{,}003}} = 0{,}277\,\mathrm{cm} \quad (3.15)$$

   $h_\mathrm{c} = h_0 = h$: idealer Lagerspalt
4. Praktische Membranstärke:

$$s = 1{,}1\,s_\mathrm{TH} = 1{,}1\cdot 0{,}277 = 0{,}3\ \mathrm{cm} \qquad (3.17)$$

5. Für die Ölversorgung von acht hydrostatischen Taschen wird eine Membrandrosseleinheit mit vier Drosseln nach Abb. 3.42, Membranstärke: $s = 0{,}3$ cm angeschlossen.
6. Beim Anschluss einer Membrandrossel an zwei Taschen gilt:

$$\begin{aligned} H &= \frac{h_\mathrm{c}}{K}\left(0{,}47 + 1{,}63\frac{p_\mathrm{T}}{p_\mathrm{P}}\right) = \frac{0{,}0030}{0{,}53}\cdot\left(0{,}47 + 1{,}63\frac{p_\mathrm{T}}{p_\mathrm{P}}\right) \\ &= 0{,}00566\cdot\left(0{,}47 + 1{,}63\frac{p_\mathrm{T}}{p_\mathrm{P}}\right) \end{aligned} \qquad (3.12)$$

   Für einige Werte p_T werden die Drosselspalte H errechnet, in Tab. 3.20 aufgestellt und in Abb. 3.68 eingezeichnet (wie im Abschn. 3.5.12).
7. Der Volumenstrom der Zahnradpumpe muss größer sein als die berechneten Gesamtvolumenströme im Anfangszustand und unter Wirkung der Schnittkraft, gewählt wird:

$$Q_\mathrm{P} = 6\ \mathrm{dm}^3\ \mathrm{min}^{-1}\ \text{mit maximalem Gegendruck von 90 bar.}$$

8. Das Behältervolumen wird gewählt:

$$V = 100\ \mathrm{dm}^3$$

9. Bei der Verlustleistung von $P_\mathrm{VER} = 4325$ W wird eine Ölkühlung mit der Kühlleistung $P_\mathrm{K} = 4000$ W vorgesehen.

10. Von den hydrostatischen Lagern fließt das Öl durch die Ölrücklaufleitung 7 zu dem Ölbehälter frei ab. Die am Ölbehälter eingebaute Zahnradpumpe 8 fördert das Öl durch den Filter 9 zu dem Kühler 10 und weiter zum Ölbehälter des Ölversorgungsaggregates 1. Die Temperatur des Rücklauföles ϑ_1 wird mit einem digitalen Thermometer gemessen.
11. Die Kühlerpumpe wird nach der Verlustleistung, der Ölviskosität und der notwendigen Differenz zwischen den Öltemperaturen in der Rücklaufleitung ϑ_1 und in der Zulaufleitung ϑ_2 bestimmt: $Q_K = 28\ \text{dm}^3\ \text{min}^{-1}$
12. Zwischen der Kühlerpumpe und dem Kühler wird ein Filter der Feinheit 40 µm eingebaut.
13. Es wird ein Druckbegrenzungsventil für den Einstellbereich von 15 bis 100 bar eingesetzt.
14. Wenn eine Radiallagerung für die Lagerung der Schleifscheibe vorgesehen ist, wird ein Druckspeicher für den Nachlauf der Schleifscheibe eingebaut (s. Abb. 3.11).
15. Die Filterfeinheit des Feinstfilters soll feiner als der Lagerspalt (30 µm) sein, es wird die Feinheit 25 µm gewählt.
16. Die Feinheit des Grobfilters wird gewählt: 60 µm.
17. Der Arbeitsbereich der Membrandrossel für die sechs hydrostatischen Taschen liegt zwischen $\frac{p_T}{p_P} = 0{,}1$ bis $0{,}60$.

Der Hydraulikplan für die schnelllaufende hydrostatische, beidseitig exzentrisch belastete, radial gelagerte Spindel ist in Abb. 3.70 dargestellt.

3.5.14 Auslegungsbeispiel: zentrisch belastete hydrostatische Flachführung ohne Umgriff

Für die in Abschn. 2.18.3 behandelte zentrisch belastete hydrostatische Flachführung ohne Umgriff nach Abb. 2.15 wird eine Ölversorgung mit dem Ölversorgungssystem „Eine gemeinsame Pumpe und Membrandrosseln" ausgelegt.

Vorgabedaten:

Gesamtanzahl der hydrostatischen Taschen bei Tragbahn: 12
Gesamtanzahl der hydrostatischen Taschen bei der Mittenführung: 12
Gesamtanzahl der hydrostatischen Taschen (Tragbahn und Mittenführung): 24
Lagerspalt im Anfangszustand: $h_{0\text{I}} = h_{0\text{III}} = h_0 = 0{,}00003\ \text{m} = 0{,}030 \cdot 10^{-3}\ \text{m}$
Kleinster Lagerspalt: $h_\text{I} = 0{,}000030\ \text{m} = 0{,}030 \cdot 10^{-3}\ \text{m}$
Taschendruck im Anfangszustand: $p_{T0} = 5{,}5 \cdot 10^5\ \text{N m}^{-2}$
Volumenstrom durch alle Taschen der Tragbahn im Anfangszustand:
$Q_{0\text{GES}} = 0{,}444\ \text{dm}^3\ \text{min}^{-1}$
Volumenstrom durch alle Taschen der Tragbahn unter Wirkung der Schnittkraft:
$Q_\text{GES} = 0{,}608\ \text{dm}^3\ \text{min}^{-1}$

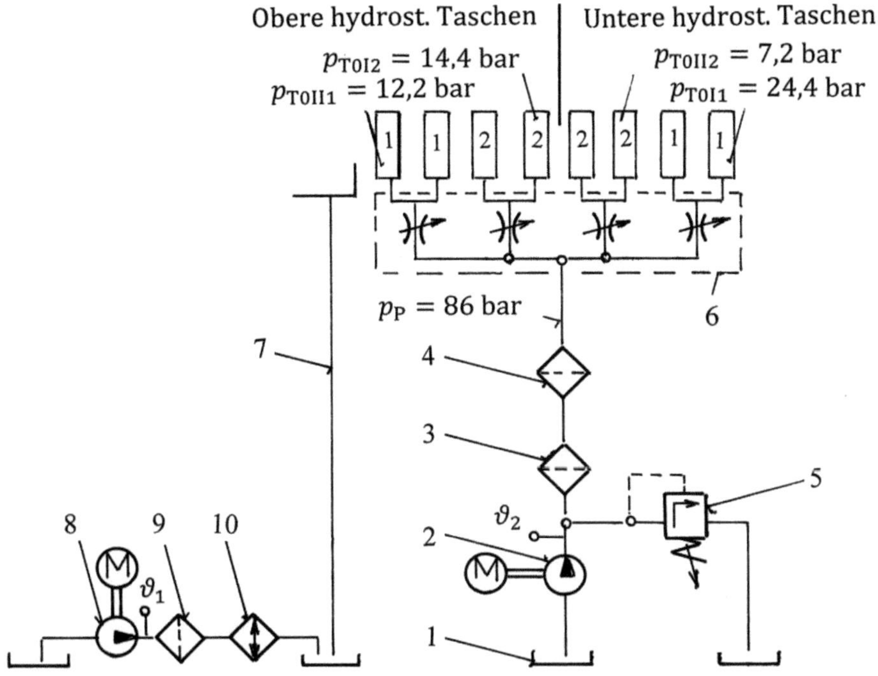

Lfd.Nr.	Benennung
1	Ölbehälter: $V = 100\ \mathrm{dm}^3$, $Öl$: ISO VG 15, $\nu_{22} = 32{,}145\ \mathrm{mm}^2\mathrm{s}^{-1}$
2	Zahnradpumpe $Q_\mathrm{P} = 6\ \mathrm{dm}^3\mathrm{min}^{-1}$, Gegendruck 90 bar
3	Grobfilter 60 µm
4	Feinstfilter 25 µm
5	Druckbegrenzungsventil 15 bis 100 bar
6	Membrandrosseleinheit mit vier Drosseln $R_\mathrm{a} = 0{,}87$ cm, $R_\mathrm{i} = 0{,}3$ cm, $r_\mathrm{a} = 2{,}5$ cm, $s = 0{,}3$ cm
7	Ölrücklaufleitung
8	Kühlerpumpe $Q_K = 28\ \mathrm{dm}^3\mathrm{min}^{-1}$
9	Filter 40 µm
10	Rückkühlagggregat $P_\mathrm{K} = 4000$ W

Abb. 3.70 Hydraulikplan für eine schnelllaufende hydrostatische, beidseitig exzentrisch belastete, radial gelagerte Spindel

Volumenstrom durch alle Taschen der Mittenführung im Anfangszustand:
$Q_{\mathrm{0MF}} = 0{,}444\ \mathrm{dm}^3\ \mathrm{min}^{-1}$
Verlustleistung: $P_{\mathrm{VER}} = 83{,}5$ W
Strömungsverhältnis bei Mittenführung: $\frac{b_{\mathrm{III}}}{l_{\mathrm{III}}} = 31{,}8$

Tab. 3.21 Tabellarische Werte für die Funktion (3.13)

p_T in bar	0	2,0	4	5,52	6,0	7,58	8,0	10,0	12,0
$\frac{p_T}{p_P}$	0	0,1	0,2	0,276	0,3	0,379	0,4	0,5	0,6
H in cm	0,0025	0,0035	0,0046	0,0054	0,0056	0,0065	0,0067	0,0077	0,0088

Schmieröl: ISO VG 32 mit der kinematischen Viskosität $\upsilon_{25} = 73{,}85\ \mathrm{mm^2\ s^{-1}}$
Äußerer Radius der Drosselfläche: $R_a = 0{,}87$ cm
Innerer Radius der Drosselfläche: $R_i = 0{,}3$ cm
Einspannradius der Membran: $r_a = 2{,}5$ cm
Innenradius der Kapillare: $r_K = 0{,}4$ mm
Größtes Druckverhältnis: $\frac{p_T}{p_P} = 0{,}379$
Kleinstes Druckverhältnis: $\frac{p_T}{p_P} = 0{,}276$
Pumpendruck bei Membrandrosseln: $p_P = 20$ bar
Pumpendruck bei Kapillardrosseln: $p_P = 12$ bar

Lösung:

1. Dimensionsloser Faktor K:

$$K = \sqrt[3]{\frac{2\pi}{\ln \frac{R_a l}{R_i b}}} = \sqrt[3]{\frac{2\pi}{\ln \frac{0{,}87}{0.3} \cdot 31{,}8}} = 0{,}57 \qquad (3.5)$$

2. Theoretische Membranstärke beim Anschluss einer Membrandrossel an drei Taschen:

$$s_{TH} = 0{,}003144 \cdot \sqrt[3]{\frac{K r_a^4 p_P}{h_c}} = 0{,}003144 \cdot \sqrt[3]{\frac{0{,}57 \cdot 2{,}5^4 \cdot 20}{0{,}003}} = 0{,}165 \text{ cm} \qquad (3.16)$$

$h_c = h_0 = h$: idealer Lagerspalt

3. Praktische Membranstärke:

$$s = 1{,}1\, s_{TH} = 1{,}1x0{,}165 = 0{,}181 \text{ cm} \qquad (3.17)$$

4. Beim Anschluss einer Membrandrossel an drei Taschen gilt:

$$H = \frac{h_c}{K}\left(0{,}48 + 2\frac{p_T}{p_P}\right) = \frac{0{,}0030}{0{,}57} \cdot \left(0{,}48 + 2\frac{p_T}{p_P}\right)$$
$$= 0{,}00526 \cdot \left(0{,}48 + 2\frac{p_T}{p_P}\right) \qquad (3.13)$$

Für einige Werte p_T werden die Drosselspalte errechnet, in Tab. 3.21 aufgestellt und in Abb. 3.71 eingezeichnet.

5. Die Membrandrossel soll in dem Bereich des optimalen Druckverhältnisses

$$\left(\frac{p_T}{p_P}\right)_{OPT} = 0{,}1 \text{ bis } 0{,}6 \qquad (2.37)$$

nach dem Testdiagramm Abb. 3.71 untersucht werden.

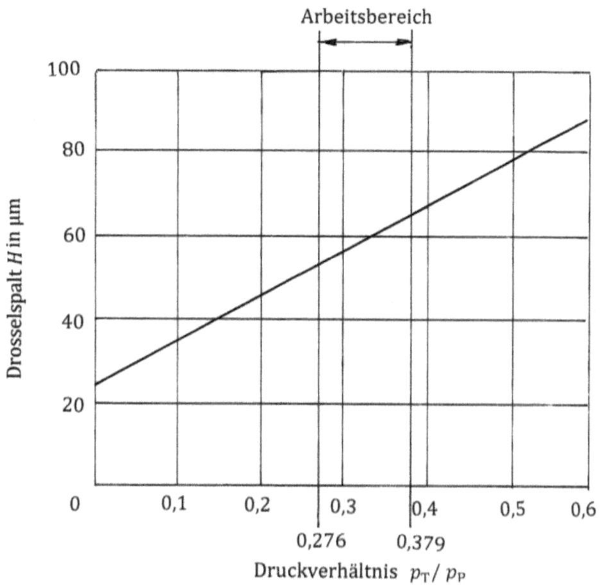

Abb. 3.71 Testdiagramm zur Optimierung der Membranstärke beim Anschluss einer Membrandrossel an drei hydrostatische Taschen

6. Für die Ölversorgung von zwölf hydrostatischen Taschen der Tragbahn wird eine Membrandrosseleinheit nach Abb. 3.42 mit vier Drosseln, Membranstärke: $s = 0{,}181$ cm vorgesehen.
7. Für die Ölversorgung von zwölf hydrostatischen Taschen der Mittenführung werden keine Membrandrosseln verwendet, da die Membrandrosseln lastabhängige Vorwiderstände sind und die Mittenführung durch keine Kräfte belastet wird. Für die Ölversorgung von zwölf hydrostatischen Taschen der Mittenführung werden die Kapillardrosseln so ausgelegt, dass in der Mittenführung der gewünschte Taschendruck $p_{T0} = 5{,}5$ bar erreicht werden kann.
8. Für die Mittenführung wird der Pumpendruck angenommen: $p_P = 12$ bar. Es gilt: $\frac{p_P}{p_{T0}} = \frac{12}{5{,}53} = 2{,}17$.
9. Kapillarlänge:

$$l_K = \frac{1{,}5\pi r_K^4 \left(\frac{p_P}{p_{T0}} - 1\right)}{h_0^3} \frac{l}{b} = \frac{1{,}5 \cdot \pi \cdot 0{,}4^4 \cdot (2{,}17 - 1)}{0{,}03^3} \cdot \frac{1}{31{,}8} = 164{,}3 \text{ mm} \tag{3.3}$$

Für zwölf hydrostatische Taschen der Mittenführung werden zwölf Kapillar- rohre, Innendurchmesser $D_K = 2r_K = 2 \cdot 0{,}4 = 0{,}8$ mm, Länge: $l_K = 164{,}3$ mm vorgesehen.

10. Der Volumenstrom der Zahnradpumpe für die Ölversorgung von zwölf hydrostatischen Taschen der Mittenführung muss größer sein als der berechnete Gesamtvolumenstrom im Anfangszustand: $Q_0 = 0{,}444 \text{ dm}^3 \text{ min}^{-1}$. Gewählt wird: $Q_P = 1{,}7 \text{ dm}^3 \text{ min}^{-1}$ mit maximalem Gegendruck von 30 bar.

11. Der Volumenstrom der Zahnradpumpe für die Ölversorgung von zwölf hydrostatischen Taschen der Tragbahn muss größer sein als die berechneten Gesamtvolumenströme im Anfangszustand und unter Wirkung der Schnittkraft: $Q_{\mathrm{GES}} = 0{,}608\ \mathrm{dm}^3\ \mathrm{min}^{-1}$.
    Gewählt wird: $Q_{\mathrm{P}} = 1{,}7\ \mathrm{dm}^3\ \mathrm{min}^{-1}$ mit maximalem Gegendruck von 30 bar.
12. Bei der Verlustleistung von $P_{\mathrm{VER}} = 83{,}5$ W ist keine Ölkühlung notwendig.
13. Das Behältervolumen wird gewählt: $V = 100\ \mathrm{dm}^3$.
14. Es wird ein Druckbegrenzungsventil für den Einstellbereich 12 bis 60 bar gewählt.
15. Es wird ein Ölmanometer für Öldrücke von 0 bis 100 bar gewählt.
16. Die Filterfeinheit des Feinstfilters soll feiner als der Lagerspalt (30 µm) sein, gewählt wird die Feinheit: 25 µm.
17. Die Feinheit des Grobfilters wird gewählt: 60 µm.

Der Hydraulikplan für die zentrisch belastete hydrostatische Flachführung ohne Umgriff ist in Abb. 3.72 dargestellt.

3.5.15 Auslegungsbeispiel: zentrisch belastete hydrostatische offene V-Flachführung

Für die in Abschn. 2.19.3 behandelte zentrisch belastete hydrostatische offene V-Flachführung nach Abb. 2.16 wird eine Ölversorgung mit dem Ölversorgungssystem „Eine gemeinsame Pumpe und Membrandrosseln" ausgelegt.

Vorgabedaten:

Gesamtanzahl der hydrostatischen Taschen der Flachführung: 6
Gesamtanzahl der hydrostatischen Taschen der V-Führung: 12
Gesamtanzahl der hydrostatischen Taschen: 18
Lagerspalt im Anfangszustand: $h_0 = h_{0\mathrm{V}} = 0{,}00003\ \mathrm{m} = 0{,}030 \cdot 10^{-3}\ \mathrm{m}$
Kleinster Lagerspalt: $h_{\mathrm{I}} = 0{,}000030\ \mathrm{m} = 0{,}030 \cdot 10^{-3}\ \mathrm{m}$
Taschendruck im Anfangszustand: $p_{\mathrm{T}0} = 5{,}7 \cdot 10^5\ \mathrm{N\ m}^{-2}$
Volumenstrom durch alle Taschen der offenen V-Flachführung im Anfangszustand: $Q_0 = 0{,}69\ \mathrm{dm}^3\ \mathrm{min}^{-1}$
Volumenstrom durch alle Taschen der offenen V-Flachführung unter Wirkung der Schnittkraft: $Q_{\mathrm{T}} = 0{,}9\ \mathrm{dm}^3\ \mathrm{min}^{-1}$
Verlustleistung: $p_{\mathrm{VER}} = 58{,}4$ W
Strömungsverhältnis bei V-Flachführung: $\frac{b}{l} = 31{,}8$
Schmieröl: ISO VG 32 mit der kinematischen Viskosität $\upsilon_{25} = 73{,}85\ \mathrm{mm}^2\ \mathrm{s}^{-1}$
Äußerer Radius der Drosselfläche: $R_{\mathrm{a}} = 0{,}87$ cm
Innerer Radius der Drosselfläche: $R_{\mathrm{i}} = 0{,}3$ cm
Einspannradius der Membran: $r_{\mathrm{a}} = 2{,}5$ cm
Größtes Druckverhältnis: $\frac{p_{\mathrm{T}}}{p_{\mathrm{P}}} = 0{,}3$
Kleinstes Druckverhältnis: $\frac{p_{\mathrm{T}}}{p_{\mathrm{P}}} = 0{,}23$

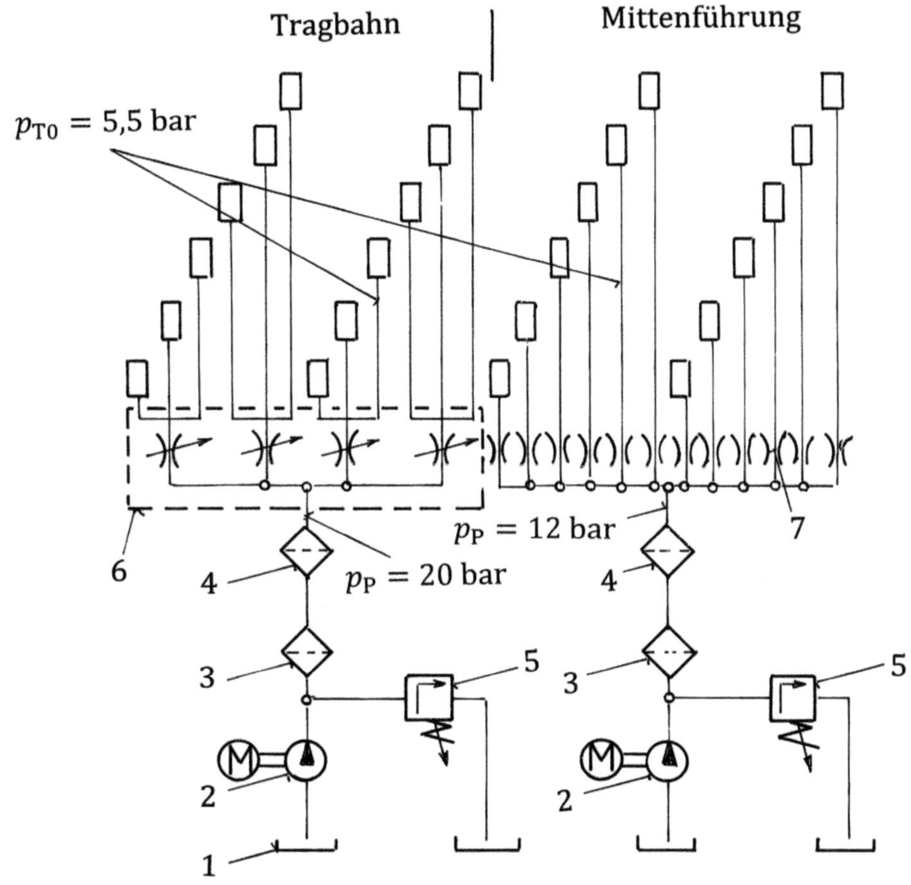

Lfd.Nr.	Benennung
1	Ölbehälter: $V = 100\ \mathrm{dm}^3$, $Öl$: ISO VG 32, $\nu_{25} = 73{,}85\ \mathrm{mm}^2\mathrm{s}^{-1}$
2	2 Zahnradpumpen $Q_P = 1{,}7\ \mathrm{dm}^3\mathrm{min}^{-1}$, Gegendruck 30 bar
3	2 Grobfilter 60 µm
4	2 Feinstfilter 25 µm
5	2 Druckbegrenzungsventile 12 bis 60 bar
6	Membrandrosseleinheit mit vier Drosseln $R_a = 0{,}87$ cm, $R_i = 0{,}3$ cm, $r_a = 2{,}5$ cm, $s = 0{,}181$ cm
7	12 Kapillardrosseln $r_K = 0{,}4$ mm, $l_K = 164{,}3$ mm

Abb. 3.72 Hydraulikplan für eine zentrisch belastete hydrostatische Flachführung ohne Umgriff

Tab. 3.22 Tabellarische Werte für die Funktion (3.13)

p_T in bar	0	1,13	2,26	2,47	3,39	4,52	5,65	6,78
$\frac{p_T}{p_P}$	0	0,1	0,2	0,23	0,3	0,4	0,5	0,6
H in cm	0,0025	0,0035	0,0046	0,0049	0,0056	0,00067	0,0077	0,0088

Pumpendruck: $p_P = 25$ bar

Lösung:

1. Dimensionsloser Faktor K:

$$K = \sqrt[3]{\frac{2\pi}{\ln \frac{R_a l}{R_i b}}} = \sqrt[3]{\frac{2\pi}{\ln \frac{0,87}{0.3} \cdot 31,8}} = 0,57 \tag{3.5}$$

2. Theoretische Membranstärke beim System „eine Membrandrossel für drei Taschen“:

$$s_{TH} = 0,003144 \cdot \sqrt[3]{\frac{K r_a^4 p_P}{h_c}} = 0,003144 \cdot \sqrt[3]{\frac{0,57 \cdot 2,5^4 \cdot 25}{0,003}} = 0,178 \text{ cm} \tag{3.16}$$

$h_c = h_0 = h$: idealer Lagerspalt

3. Praktische Membranstärke:

$$s = 1,1\, s_{TH} = 1,1 \cdot 0,178 = 0,19 \text{ cm} \tag{3.17}$$

4. Nach der Funktion

$$H = \frac{h_c}{K}\left(0,48 + 2\frac{p_T}{p_P}\right) = \frac{0,0030}{0,57} \cdot \left(0,48 + 2\frac{p_T}{p_P}\right)$$
$$= 0,00526 \cdot \left(0,48 + 2\frac{p_T}{p_P}\right) \tag{3.13}$$

beim System „Eine Membrandrossel für drei Taschen“ werden für einige Werte p_T die Drosselspalte errechnet, in Tab. 3.22 aufgestellt und in Abb. 3.73 eingezeichnet.

5. Die Membrandrossel soll in dem Bereich des optimalen Druckverhältnisses

$$\left(\frac{p_T}{p_P}\right)_{OPT} = 0,1 \text{ bis } 0,6 \tag{2.37}$$

nach dem Testdiagramm Abb. 3.73 untersucht werden.

6. Für die Ölversorgung von 18 hydrostatischen Taschen der offenen V-Flachführung wird eine Membrandrosseleinheit mit vier Drosseln nach

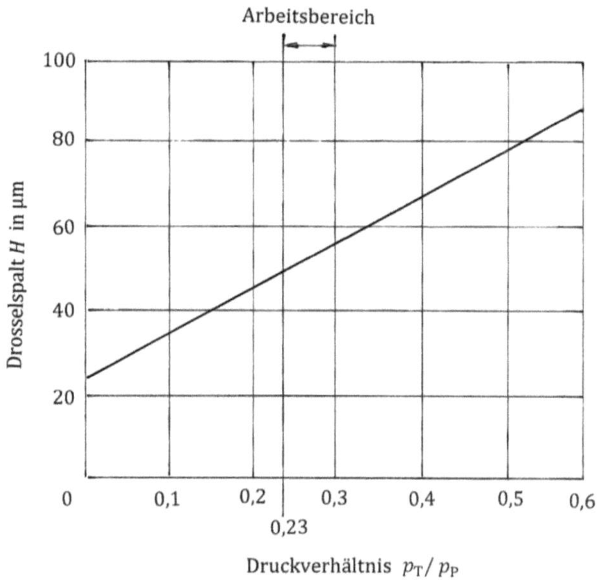

Abb. 3.73 Testdiagramm zur Optimierung der Membranstärke beim Anschluss einer Membrandrossel mit drei hydrostatischen Taschen

Abb. 3.42 und eine Membrandrosseleinheit mit zwei Drosseln nach Abb. 3.43, Membranstärke: $s = 0{,}19$ cm vorgesehen.

7. Der Volumenstrom der Zahnradpumpe für die Ölversorgung von 18 hydrostatischen Taschen der offenen V-Flachführung muss größer sein als die berechneten Gesamtvolumenströme, gewählt wird:

$$Q_P = 1{,}7\ \text{dm}^3\ \text{min}^{-1} \text{ mit maximalem Gegendruck von 30 bar.}$$

8. Bei der Verlustleistung von $P_{VER} = 58{,}4$ W ist keine Ölkühlung notwendig.
9. Das Behältervolumen für die Ölversorgung wird gewählt: $V = 100\ \text{dm}^3$.
10. Es wird ein Druckbegrenzungsventil für den Einstellbereich 12 bis 60 bar gewählt.
11. Die Filterfeinheit des Feinstfilters soll feiner als der Lagerspalt (30 µm) sein, gewählt wird die Feinheit 25 µm.
12. Die Feinheit des Grobfilters wird gewählt: 60 µm.
13. Der Arbeitsbereich der Membrandrossel für diese hydrostatische Führung liegt zwischen $\frac{p_T}{p_P} = 0{,}23$ bis 0,3.

Der Hydraulikplan für die zentrisch belastete hydrostatische offene V-Flachführung ist in Abb. 3.74 dargestellt

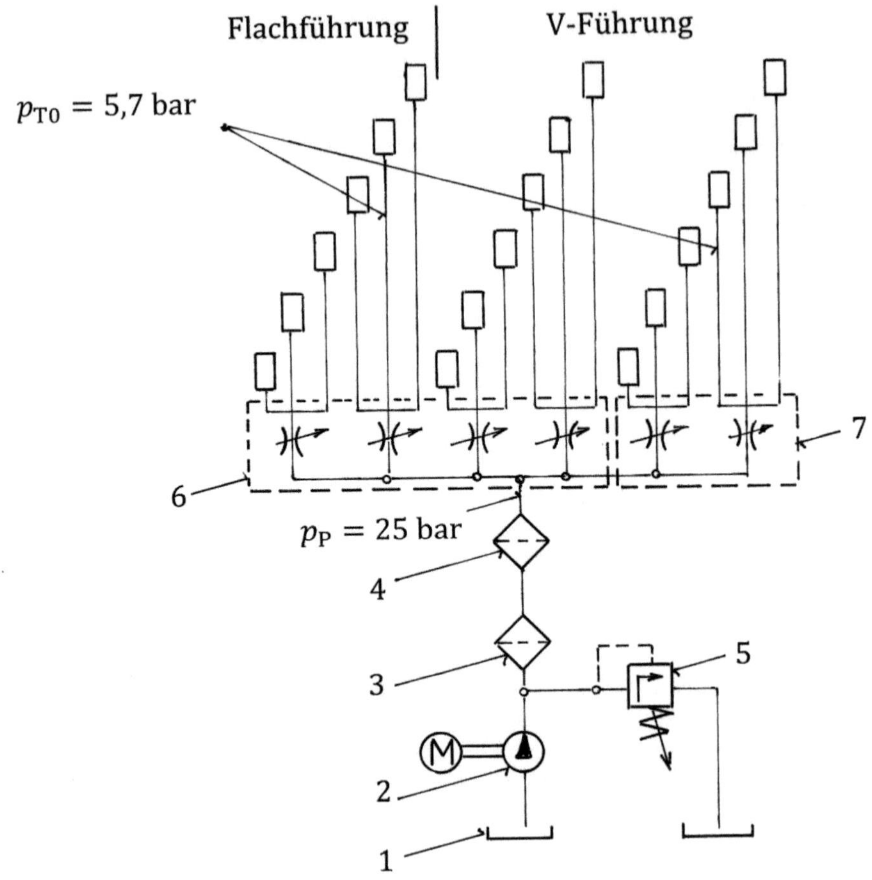

Lfd.Nr.	Benennung
1	Ölbehälter: $V = 100\ \mathrm{dm}^3$, Öl: ISO VG 32, $\nu_{25} = 73{,}85\ \mathrm{mm}^2\mathrm{s}^{-1}$
2	Zahnradpumpe $Q_P = 1{,}7\ \mathrm{dm}^3\mathrm{min}^{-1}$, Gegendruck 30 bar
3	Grobfilter 60 µm
4	Feinstfilter 25 µm
5	Druckbegrenzungsventile 12 bis 60 bar
6	Membrandrosseleinheit mit vier Drosseln $R_a = 0{,}87$ cm, $R_i = 0{,}3$ cm, $r_a = 2{,}5$ cm, $s = 0{,}19$ cm
7	Membrandrosseleinheit mit zwei Drosseln $R_a = 0{,}87$ cm, $R_i = 0{,}3$ cm, $r_a = 2{,}5$ cm, $s = 0{,}19$ cm

Abb. 3.74 Hydraulikplan für eine zentrisch belastete hydrostatische offene V-Flachführung

3.5.16 Auslegungsbeispiel: zentrisch belastete hydrostatische geschlossene V-Flachführung

Für die in Abschn. 2.20.3 behandelte zentrisch belastete hydrostatische geschlossene V-Flachführung nach Abb. 2.17 wird eine Ölversorgung mit dem Ölversorgungssystem „Eine gemeinsame Pumpe und Membrandrosseln“ ausgelegt.

Vorgabedaten:

Anzahl der Taschenpaare bei Tragbahn und Umgriff: $z = 6$
Anzahl der Taschenpaare der V-Bahn und des Umgriffs: $z = 6$
Gesamtanzahl der hydrostatischen Taschen: 30
Lagerspalt im Anfangszustand: $h_0 = h_{0\mathrm{V}} = 0{,}00003\ \mathrm{m} = 0{,}030 \cdot 10^{-3}\ \mathrm{m}$
Kleinster Lagerspalt: $h = 0{,}000030\ \mathrm{m} = 0{,}030 \cdot 10^{-3}\ \mathrm{m}$
Taschendruck im Anfangszustand: $p_{\mathrm{T}0} = 20 \cdot 10^5\ \mathrm{N\,m^{-2}}$
Volumenstrom durch alle Taschen der geschlossenen V-Flachführung im Anfangszustand: $Q_{0\mathrm{V,I,II}} = 3\ \mathrm{dm^3\ min^{-1}}$
Volumenstrom durch alle Taschen der geschlossenen V-Flachführung unter Wirkung der Schnittkraft: $Q_{\mathrm{V,I,II}} = 7\ \mathrm{dm^3\ min^{-1}}$
Verlustleistung: $P_{\mathrm{VER}} = 426\ \mathrm{W}$
Strömungsverhältnis bei V-Flachführung: $\frac{b}{l} = 24{,}6$
Schmieröl: ISO VG 32 mit der kinematischen Viskosität $\upsilon_{25} = 73{,}85\ \mathrm{mm^2\ s^{-1}}$
Äußerer Radius der Drosselfläche: $R_{\mathrm{a}} = 0{,}87\ \mathrm{cm}$
Innerer Radius der Drosselfläche: $R_{\mathrm{i}} = 0{,}3\ \mathrm{cm}$
Einspannradius der Membran: $r_{\mathrm{a}} = 2{,}5\ \mathrm{cm}$
Größtes Druckverhältnis: $\frac{p_{\mathrm{T}}}{p_{\mathrm{P}}} = 0{,}6$
Kleinstes Druckverhältnis: $\frac{p_{\mathrm{T}}}{p_{\mathrm{P}}} = 0{,}26$
Pumpendruck: $p_{\mathrm{P}} = 75{,}5\ \mathrm{bar}$

Lösung:

1. Dimensionsloser Faktor K:

$$K = \sqrt[3]{\frac{2\pi}{\ln \frac{R_{\mathrm{a}} l}{R_{\mathrm{i}} b}}} = \sqrt[3]{\frac{2\pi}{\ln \frac{0{,}87}{0.3} \cdot 24{,}6}} = 0{,}62 \tag{3.5}$$

2. Theoretische Membranstärke beim System „Eine Membrandrossel für drei Taschen“:

$$s_{\mathrm{TH}} = 0{,}003144 \cdot \sqrt[3]{\frac{K r_{\mathrm{a}}^4 p_{\mathrm{P}}}{h_{\mathrm{c}}}} = 0{,}003144 \cdot \sqrt[3]{\frac{0{,}62 \cdot 2{,}5^4 \cdot 75{,}5}{0{,}003}} = 0{,}265\ \mathrm{cm} \tag{3.16}$$

$h_c = h_0 = h$: idealer Lagerspalt

Tab. 3.23 Tabellarische Werte für die Funktion (3.16)

p_T in bar	0	7,55	15,1	19,63	22,65	30,2	37,7	45,3
$\frac{p_T}{p_P}$	0	0,1	0,2	0,26	0,3	0,4	0,5	0,6
H in cm	0,0025	0,0033	0,0042	0,00484	0,00522	0,00619	0,00716	0,00813

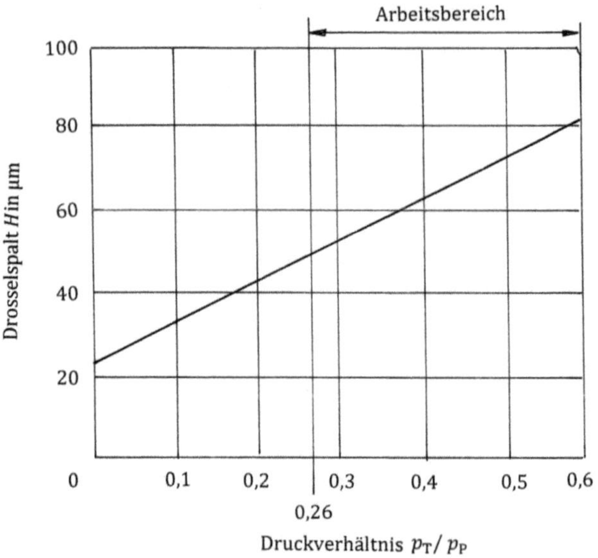

Abb. 3.75 Testdiagramm zur Optimierung der Membranstärke beim Anschluss einer Membrandrossel mit drei hydrostatischen Taschen

3. Praktische Membranstärke:

$$s = 1{,}1\, s_{TH} = 1{,}1 \cdot 0{,}265 = 0{,}29 \text{ cm} \tag{3.17}$$

4. Nach der Funktion

$$H = \frac{h_c}{K}\left(0{,}48 + 2\frac{p_T}{p_P}\right) = \frac{0{,}0030}{0{,}62} \cdot \left(0{,}48 + 2\frac{p_T}{p_P}\right)$$
$$= 0{,}00484 \cdot \left(0{,}48 + 2\frac{p_T}{p_P}\right) \tag{3.13}$$

beim System „Eine Membrandrossel für drei Taschen" werden für einige Werte p_T die Drosselspalte errechnet, in Tab. 3.23 aufgestellt und in Abb. 3.75 eingezeichnet.
Die Membrandrossel soll in dem Bereich des optimalen Druckverhältnisses

$$(p_T/p_P)_{OPT} = 0{,}1 \text{ bis } 0{,}6 \tag{2.37}$$

nach dem Testdiagramm Abb. 3.75 untersucht werden.

5. Für die Ölversorgung von 30 hydrostatischen Taschen der geschlossenen V-Flachführung werden zwei Membrandrosseleinheiten mit vier Drosseln nach

Abb. 3.42 und eine Membrandrosseleinheit mit zwei Drosseln nach Abb. 3.43, Membranstärke: $s = 0{,}29$ cm vorgesehen.

6. Der Volumenstrom der Zahnradpumpe für die Ölversorgung von 30 hydrostatischen Taschen der geschlossenen V-Flachführung muss größer sein als die berechneten Gesamtvolumenströme im Anfangszustand, gewählt wird:

$$Q_{\mathrm{P}} = 9\ \mathrm{dm}^3\ \mathrm{min}^{-1} \text{ mit maximalem Gegendruck von 80 bar.}$$

7. Bei der Verlustleistung von $P_{\mathrm{VER}} = 426$ W ist keine Ölkühlung notwendig.
8. Das Behältervolumen für die zentrisch belastete hydrostatische geschlossene V-Flachführung wird gewählt: $V = 100\ \mathrm{dm}^3$.
9. Es wird ein Druckbegrenzungsventil für den Einstellbereich 15 bis 80 bar gewählt.
10. Es wird ein Ölmanometer für Öldrücke von 0 bis 100 bar gewählt.
11. Die Filterfeinheit des Feinstfilters soll feiner als der Lagerspalt (30 μm) sein, es wird die Feinheit: 25 μm gewählt.
12. Die Feinheit des Grobfilters wird gewählt: 60 μm.
13. Der Arbeitsbereich der Membrandrossel für diese hydrostatische Führung ist zwischen $\frac{p_{\mathrm{T}}}{p_{\mathrm{P}}} = 0{,}26$ bis 0,6.

Der Hydraulikplan für die zentrisch belastete hydrostatische geschlossene V-Flachführung ist in Abb. 3.76 dargestellt.

3.5.17 *Auslegungsbeispiel: zentrisch belastete hydrostatische geschlossene Dachführung*

Für die in Abschn. 2.21.3 behandelte zentrisch belastete hydrostatische geschlossene Dachführung nach Abb. 2.18 wird eine Ölversorgung mit dem Ölversorgungssystem „Eine gemeinsame Pumpe und Membrandrosseln“ ausgelegt.

Vorgabedaten:

Anzahl der Taschenpaare der V-Bahnen und des Umgriffs: $z = 5$
Gesamtanzahl der Taschen: $6z = 6 \cdot 5 = 30$
Lagerspalt im Anfangszustand: $h_0 = h_{0\mathrm{V}} = h_{0\mathrm{II}} = 0{,}00003\ \mathrm{m} = 0{,}030 \cdot 10^{-3}\ \mathrm{m}$
Kleinster Lagerspalt: $h = 0{,}000030\ \mathrm{m} = 0{,}030 \cdot 10^{-3}\ \mathrm{m}$
Taschendruck im Anfangszustand: $p_{\mathrm{T0}} = 13{,}96 \cdot 10^5\ \mathrm{N\,m}^{-2}$
Volumenstrom durch alle Taschen der zentrisch belasteten hydrostatischen geschlossenen Dachführung im Anfangszustand: $Q_{0\mathrm{GES}} = 0{,}0000233 = 1{,}4\ \mathrm{dm}^3\ \mathrm{min}^{-1}$
Volumenstrom durch alle Taschen der zentrisch belasteten hydrostatischen geschlossenen Dachführung unter Wirkung der Schnittkraft $F_{\mathrm{äuß}}$:
$Q = 2{,}03\ \mathrm{dm}^3\ \mathrm{min}^{-1}$
Verlustleistung: $P_{\mathrm{VER}} = 177$ W
Strömungsverhältnis bei V-Flachführung: $\frac{b}{l} = 24{,}6$

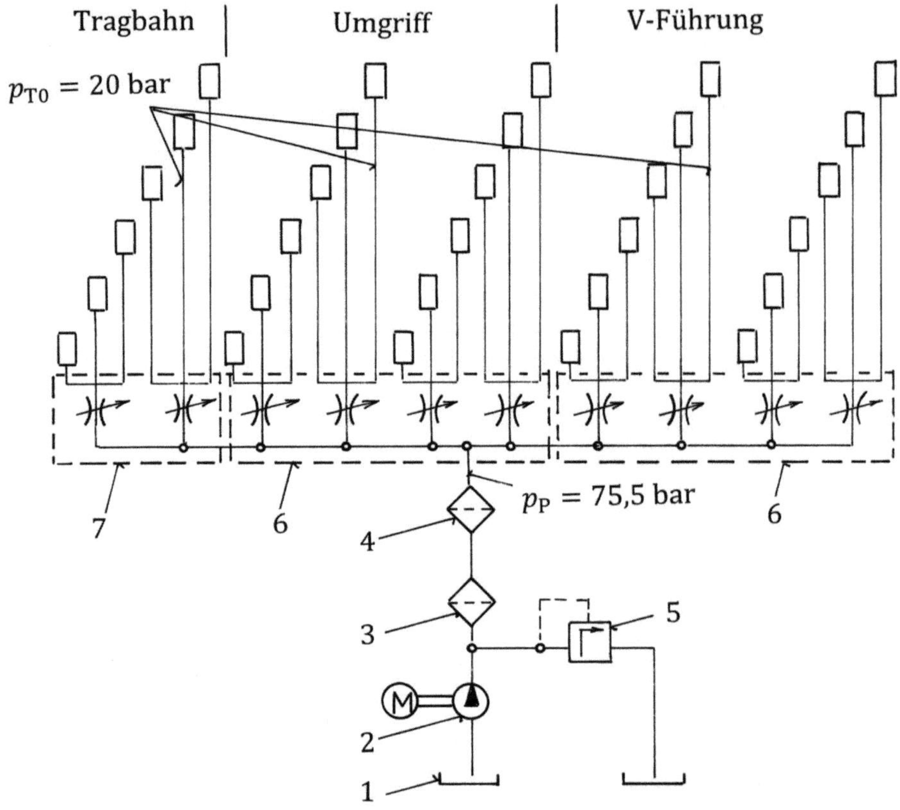

Lfd.Nr.	Benennung
1	Ölbehälter: $V = 100\ \mathrm{dm}^3$, $Öl$: ISO VG 32, $\nu_{25} = 73{,}85\ \mathrm{mm}^2\mathrm{s}^{-1}$
2	Zahnradpumpe $Q_\mathrm{P} = 9\ \mathrm{dm}^3\mathrm{min}^{-1}$, Gegendruck 80 bar
3	Grobfilter 60 µm
4	Feinstfilter 25 µm
5	Druckbegrenzungsventil 15 bis 80 bar
6	2 Membrandrosseleinheiten mit vier Drosseln $R_\mathrm{a} = 0{,}87$ cm, $R_\mathrm{i} = 0{,}3$ cm, $r_\mathrm{a} = 2{,}5$ cm, $s = 0{,}29$ cm
7	Membrandrosseleinheit mit zwei Drosseln $R_\mathrm{a} = 0{,}87$ cm, $R_\mathrm{i} = 0{,}3$ cm, $r_\mathrm{a} = 2{,}5$ cm, $s = 0{,}29$ cm

Abb. 3.76 Hydraulikplan für eine zentrisch belastete hydrostatische geschlossene V-Flachführung

Tab. 3.24 Tabellarische Werte für die Funktion (3.16)

p_T in bar	0	4,95	9,9	13,8	14,85	20,29	24,7	29,7
$\frac{p_T}{p_P}$	0	0,1	0,2	0,28	0,3	0,41	0,5	0,6
H in cm	0,0023	0,0033	0,0042	0,005	0,00522	0,000629	0,00716	0,00813

Schmieröl: ISO VG 46 mit der kinematischen Viskosität $\upsilon_{25} = 113{,}8\ \text{mm}^2\ \text{s}^{-1}$
Äußerer Radius der Drosselfläche: $R_a = 0{,}87$ cm
Innerer Radius der Drosselfläche: $R_i = 0{,}3$ cm
Einspannradius der Membran: $r_a = 2{,}5$ cm
Größtes Druckverhältnis: $\frac{p_T}{p_P} = 0{,}41$
Kleinstes Druckverhältnis: $\frac{p_T}{p_P} = 0{,}28$
Pumpendruck: $p_P = 49{,}5$ bar

Lösung:

1. Dimensionsloser Faktor K:

$$K = \sqrt[3]{\frac{2\pi}{\ln \frac{R_a l}{R_i b}}} = \sqrt[3]{\frac{2\pi}{\ln \frac{0{,}87}{0.3} \cdot 24{,}6}} = 0{,}62 \tag{3.5}$$

2. Theoretische Membranstärke beim System „eine Membrandrossel für drei Taschen":

$$s_{TH} = 0{,}003144 \cdot \sqrt[3]{\frac{K r_a^4 p_P}{h_c}} = 0{,}003144 \cdot \sqrt[3]{\frac{0{,}62 \cdot 2{,}5^4 \cdot 49{,}5}{0{,}003}} = 0{,}23\ \text{cm} \tag{3.16}$$

$h_c = h_0 = h$: idealer Lagerspalt

3. Praktische Membranstärke:

$$s = 1{,}1\, s_{TH} = 1{,}1 \cdot 0{,}23 = 0{,}25\ \text{cm} \tag{3.17}$$

4. Nach der Funktion

$$H = \frac{h_c}{K}\left(0{,}48 + 2\frac{p_T}{p_P}\right) = \frac{0{,}0030}{0{,}62} \cdot \left(0{,}48 + 2\frac{p_T}{p_P}\right)$$
$$= 0{,}00484 \cdot \left(0{,}48 + 2\frac{p_T}{p_P}\right) \tag{3.13}$$

beim System „Eine Membrandrossel für drei Taschen" werden für einige Werte p_T die Drosselspalte errechnet, in Tab. 3.24 aufgestellt und in Abb. 3.77 eingezeichnet.
Die Membrandrossel soll in dem Bereich des optimalen Druckverhältnisses

$$\left(\frac{p_T}{p_P}\right)_{OPT} = 0{,}1 \text{ bis } 0{,}6 \tag{2.37}$$

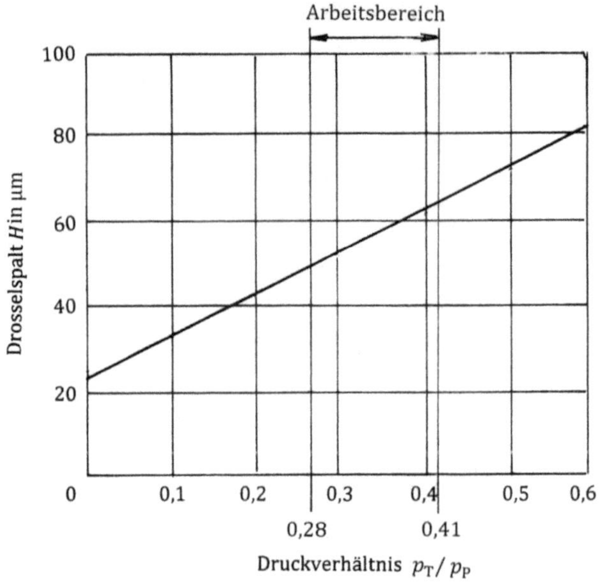

Abb. 3.77 Testdiagramm zur Optimierung der Membranstärke beim Anschluss einer Membrandrossel mit drei hydrostatischen Taschen

nach dem Testdiagramm Abb. 3.77 untersucht werden.

5. Für die Ölversorgung von 30 hydrostatischen Taschen der zentrisch belasteten hydrostatischen geschlossenen Dachführung werden zwei Membrandrosseleinheiten mit vier Drosseln nach Abb. 3.42 und eine Membrandrosseleineinheit mit zwei Drosseln nach Abb. 3.43, Membranstärke: $s = 0{,}25$ cm vorgesehen.
6. Der Volumenstrom der Zahnradpumpe für die Ölversorgung von 30 hydrostatischen Taschen der zentrisch belasteten hydrostatischen geschlossenen Dachführung muss größer sein als die berechneten Gesamtvolumenströme im Anfangszustand und unter Wirkung der Schnittkraft. Gewählt wird:

$$Q_P = 2{,}5 \text{ dm}^3 \text{ min}^{-1} \text{ mit maximalem Gegendruck von 50 bar.}$$

7. Bei der Verlustleistung von $P_{VER} = 177$ W ist keine Ölkühlung notwendig.
8. Das Behältervolumen wird gewählt: $V = 100 \text{ dm}^3$.
9. Es wird ein Druckbegrenzungsventil für den Einstellbereich 12 bis 60 bar gewählt.
10. Es wird ein Ölmanometer für Öldrücke von 0 bis 100 bar gewählt.
11. Die Filterfeinheit des Feinstfilters soll feiner als der Lagerspalt (30 µm) sein, die Feinheit 25 µm wird gewählt.
12. Die Feinheit des Grobfilters wird gewählt: 60 µm.
13. Der Arbeitsbereich der Membrandrossel ist zwischen $\frac{p_T}{p_P} = 0{,}28$ und $0{,}41$.

Der Hydraulikplan für die zentrisch belastete hydrostatische geschlossene Dachführung ist in Abb. 3.78 dargestellt.

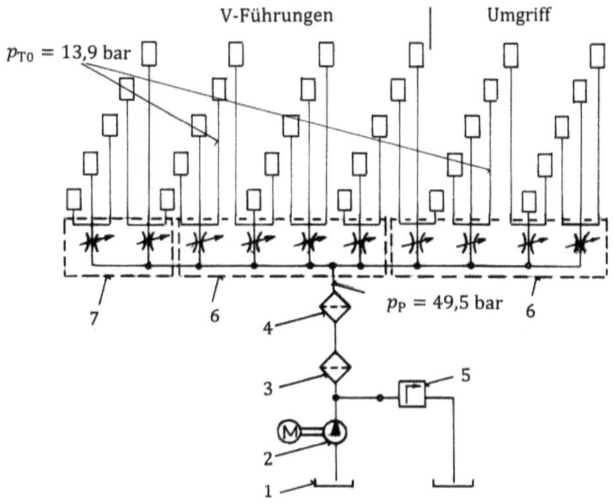

Abb. 3.78 Hydraulikplan für eine zentrisch belastete hydrostatische geschlossene Dachführung

Lfd.Nr.	Benennung
1	Ölbehälter: $V = 100\ \text{dm}^3$, Öl: ISO VG 46, $\nu_{25} = 113{,}8\ \text{mm}^2\text{s}^{-1}$
2	Zahnradpumpe $Q_P = 2{,}5\ \text{dm}^3\text{min}^{-1}$, Gegendruck 50 bar
3	Grobfilter 60 µm
4	Feinstfilter 25 µm
5	Druckbegrenzungsventil 12 bis 60 bar
6	2 Membrandrosseleinheiten mit vier Drosseln $R_a = 0{,}87$ cm, $R_i = 0{,}3$ cm, $r_a = 2{,}5$ cm, $s = 0{,}25$ cm
7	Membrandrosseleinheit mit zwei Drosseln $R_a = 0{,}87$ cm, $R_i = 0{,}3$ cm, $r_a = 2{,}5$ cm, $s = 0{,}25$ cm

3.5.18 Auslegungsbeispiel: Exzentrisch belastete hydrostatische geschlossene Dachführung

Für die in Abschn. 2.22.3 behandelte exzentrisch belastete hydrostatische geschlossene Dachführung nach Abb. 2.19 wird eine Ölversorgung mit dem Ölversorgungssystem „Eine Pumpe und Membrandrosseln“ ausgelegt.

Vorgabedaten:

Lagerspalt im Anfangszustand: $h_0 = 0{,}032 \cdot 10^{-3}\ \text{m} = 0{,}032\ \text{mm} = 0{,}0032\ \text{cm}$
Gesamtanzahl der Taschenpaare: $2z = 12$
Gesamtanzahl der hydrostatischen Taschen: 6z = 36 Taschen, davon 24 Taschen der V-Bahnen und 12 Taschen des Umgriffs
Taschendruck im Anfangszustand:

$p_{T01} = 8{,}25 \cdot 10^5\ \text{N m}^{-2}$; $p_{T02} = 9{,}73 \cdot 10^5\ \text{N m}^{-2}$;
$p_{T03} = 6{,}76 \cdot 10^5\ \text{N m}^{-2}$; $p_{T04} = 11{,}22 \cdot 10^5\ \text{N m}^{-2}$;
$p_{T05} = 5{,}28 \cdot 10^5\ \text{N m}^{-2}$; $p_{T06} = 12{,}71 \cdot 10^5\ \text{N m}^{-2}$

Taschendruck unter Wirkung der Schnittkraft:

$p_{T1} = 10{,}4 \cdot 10^5\ \text{N m}^{-2}$
$p_{T2} = 14{,}8 \cdot 10^5\ \text{N m}^{-2}$

$p_{T3} = 6 \cdot 10^5$ N m^{-2}
$p_{T4} = 19{,}73 \cdot 10^5$ N m^{-2}
$p_{T5} = 1{,}63 \cdot 10^5$ N m^{-2}
$p_{T6} = 24{,}08 \cdot 10^5$ N m^{-2}
Pumpendruck: $p_P = 40 \cdot 10^5$ N m^{-2}
Schmieröl: ISO VG 46 mit der kinematischen Viskosität $\upsilon_{25} = 113{,}8$ mm^2 s^{-1}
Volumenstrom durch alle Taschen im Anfangszustand:
$Q_{0GES} = 1{,}76$ dm^3 min^{-1}
Der Volumenstrom durch alle Taschen unter Wirkung der Schnittkraft wird nach dem mittleren Taschendruck p_{TM} ermittelt: $Q_{GES} = 2{,}5$ dm^3 min^{-1}
Volumenstrom pro Strang: $Q_S = 0{,}069$ dm^3 min^{-1}
Verlustleistung: $P_{VER} = 174{,}5$ W
Strömungsverhältnis: $\frac{b}{l} = 40$
Angenommen werden:
Äußerer Radius der Drosselfläche: $R_a = 0{,}87$ cm
Innerer Radius der Drosselfläche: $R_i = 0{,}3$ cm
Einspannradius der Membran: $r_a = 2{,}5$ cm
Größtes Druckverhältnis:
$\left(\frac{p_T}{p_P}\right)_{MAX} = \frac{p_{T6}}{p_P} = \frac{24{,}08 \cdot 10^5}{40 \cdot 10^5} = 0{,}6$
Kleinstes Druckverhältnis:
$\left(\frac{p_{T0}}{p_P}\right)_{MIN} = \frac{p_{T3}}{p_P} = \frac{6 \cdot 10^5}{40 \cdot 10^5} = 0{,}15$
$P_{VER} = 174{,}5$ W

Lösung:

1. Dimensionsloser Faktor K:

$$K = \sqrt[3]{\frac{2\pi}{\ln \frac{R_a l}{R_i b}}} = \sqrt[3]{\frac{2\pi}{ln \frac{0{,}87}{0.3} \cdot 40}} = 0{,}528 \tag{3.5}$$

2. Theoretische Membranstärke beim System „Eine Membrandrossel für drei Taschen“:

$$s_{TH} = 0{,}003144 \cdot \sqrt[3]{\frac{K r_a^4 p_P}{h_c}} = 0{,}003144 \cdot \sqrt[3]{\frac{0{,}528 \cdot 2{,}5^4 \cdot 40}{0{,}0032}} = 0{,}2\,\text{cm} \tag{3.16}$$

$h_c = h_0 = h$: idealer Lagerspalt

3. Praktische Membranstärke:

$$s = 1{,}1\, s_{TH} = 1{,}1 \cdot 0{,}2 = 0{,}22 \text{ cm} \tag{3.17}$$

4. Mit dem System „Eine Membrandrossel für drei Taschen“ werden dreißig hydrostatische Taschen der exzentrisch belasteten hydrostatischen geschlossenen Dachführung mit Bezeichnung 6, 4, 2, 1 und 3 angeschlossen.
Sechs Taschen mit Bezeichnung 5 werden mit dem System „Eine Pumpe pro Tasche“ angeschlossen.

Tab. 3.25 Tabellarische Werte für die Funktion (3.16)

p_T in bar	0	4	6	8	12	16	20	24
$\frac{p_T}{p_P}$	0	0,1	0,15	0,2	0,3	0,4	0,5	0,6
H in cm	0,0027	0,0038	0,0044	0,0050	0,0061	0,000727	0,0084	0,0095

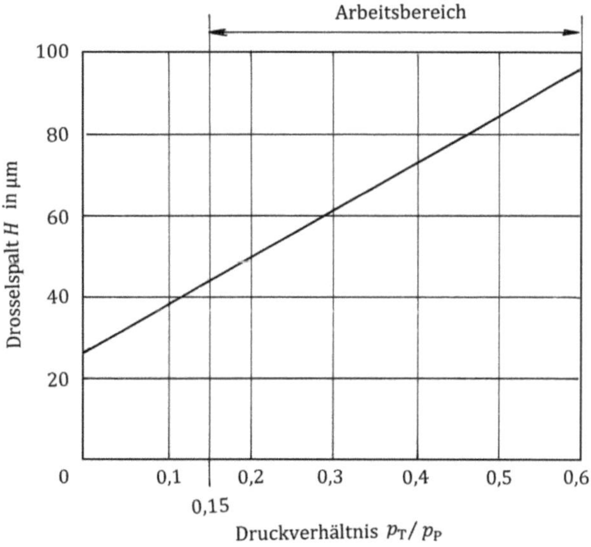

Abb. 3.79 Testdiagramm zur Optimierung der Membranstärke beim Anschluss einer Membrandrossel mit drei hydrostatischen Taschen

5. Nach der Funktion

$$H = \frac{h_c}{K}\left(0{,}48 + 2\frac{p_T}{p_P}\right) = \frac{0{,}0030}{0{,}528}\cdot\left(0{,}48 + 2\frac{p_T}{p_P}\right)$$

$$= 0{,}00568\cdot\left(0{,}48 + 2\frac{p_T}{p_P}\right) \qquad (3.13)$$

beim System „Eine Membrandrossel für drei Taschen“ werden für einige Werte p_T die Drosselspalte errechnet, in Tab. 3.25 aufgestellt und in Abb. 3.79 eingezeichnet.
6. Die Membrandrossel soll in dem Bereich $(p_T/p_P)_{OPT} = 0{,}1$ bis 0,6 nach dem Testdiagramm Abb. 3.79 untersucht werden.
7. Für die Ölversorgung von 30 hydrostatischen Taschen werden zwei Membrandrosseleinheiten mit vier Drosseln nach Abb. 3.42 und eine Membrandrosseleinheit mit zwei Drosseln nach Abb. 3.43, Membranstärke $s = 0{,}22$ cm vorgesehen.
8. Der Volumenstrom der Zahnradpumpe muss größer sein als die berechneten Gesamtvolumenströme im Anfangszustand und unter Wirkung der Schnittkraft, gewählt wird:

$$Q_P = 2{,}5\ \text{dm}^3\ \text{min}^{-1} \text{ mit maximalem Gegendruck von 50 bar.}$$

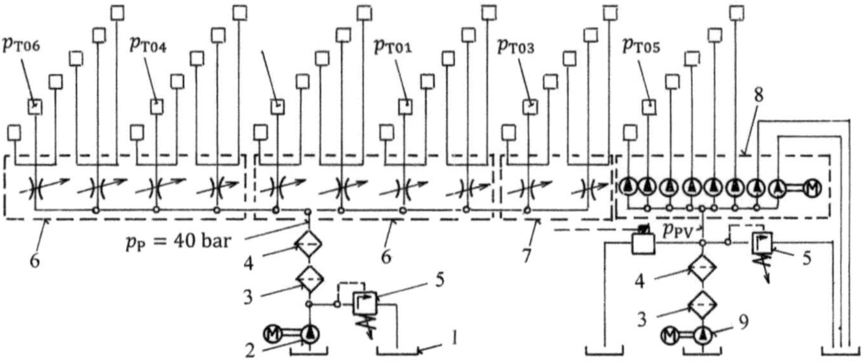

Lfd.Nr.	Benennung
1	Ölbehälter: $V = 100\ dm^3$,$Öl$: ISO VG 46, $\nu_{25} = 113{,}8\ \mathrm{mm^2 s^{-1}}$
2	Zahnradpumpe $Q_P = 2{,}5\ \mathrm{dm^3 min^{-1}}$, Gegendruck 50 bar
3	2 Grobfilter 60 µm
4	2 Feinstfilter 25 µm
5	2 Druckbegrenzungsventile 12 bis 60 bar
6	2 Membrandrosseleinheiten mit vier Drosseln $R_a = 0{,}87$ cm, $R_i = 0{,}3$ cm, $r_a = 2{,}5$ cm, $s = 0{,}22$ cm
7	Membrandrosseleinheit mit zwei Drosseln $R_a = 0{,}87$ cm, $R_i = 0{,}3$ cm, $r_a = 2{,}5$ cm, $s = 0{,}22$ cm
8	Achtkreispumpe 8x0,2 $\mathrm{dm^3 min^{-1}}$ $p_{PV} = 50$ bar
9	Zahnradpumpe $Q_{PV} = 1{,}7\ \mathrm{dm^3 min^{-1}}$, Gegendruck 30 bar

$p_{T01} = 8{,}2$ bar
$p_{T02} = 9{,}7$ bar
$p_{T03} = 6{,}7$ bar
$p_{T04} = 11{,}2$ bar
$p_{T05} = 5{,}3$ bar
$p_{T06} = 12{,}7$ bar

Abb. 3.80 Hydraulikplan für eine exzentrisch belastete hydrostatische geschlossene Dachführung durch zehn Membrandrosseln und eine Achtkreispumpetem

9. Sechs hydrostatische Taschen mit Bez. 5 werden mit einer Achtkreispumpe angeschlossen. Der Volumenstrom pro Strang der Achtkreispumpe muss größer sein als der berechnete Wert $Q_s = 0{,}069\ \mathrm{dm^3\ min^{-1}}$. Gewählt wird eine Achtkreispumpe $8 \times 0{,}2\ \mathrm{dm^3\ min^{-1}}$, $p_{PV} = 50$ bar.
10. Der Volumenstrom der Vordruckpumpe muss größer sein als $8 \cdot 0{,}2 = 1{,}6\ \mathrm{dm^3\ min^{-1}}$. Gewählt wird eine Vordruckpumpe mit $Q_{PV} = 1{,}7\ \mathrm{dm^3\ min^{-1}}$ mit maximalem Gegendruck 30 bar.
11. Bei der Verlustleistung von $P_{VER} = 174$ W ist keine Ölkühlung notwendig.
12. Das Behältervolumen wird gewählt: $V = 100\ \mathrm{dm^3}$.
13. Es werden zwei Druckbegrenzungsventile für den Einstellbereich 12 bis 60 bar gewählt.
14. Es wird ein Ölmanometer für Öldrücke von 0 bis 100 bar gewählt.
15. Die Filterfeinheit des Feinstfilters soll feiner als der Lagerspalt (32 µm) sein, gewählt wird die Feinheit 25 µm.
16. Die Feinheit des Grobfilters wird gewählt: 60 µm.

Der Hydraulikplan für die exzentrisch belastete hydrostatische geschlossene Dachführung ist in Abb. 3.80 dargestellt.

3.5.19 Anwendungsbereiche der Ölversorgung „Eine gemeinsame Pumpe und Membrandrosseln“

Mit dem Ölversorgungssystem „Eine gemeinsame Pumpe und Membrandrosseln“ werden die höchsten Lagersteifigkeiten von allen Ölversorgungssystemen erreicht. Das Ölversorgungssystem passt sich den Betriebsbedingungen von selbst an, da sich bei zunehmender Belastung der Taschendruck erhöht, was eine größere Durchbiegung der Membran und somit einen größeren Volumenstrom zur Folge hat.

Dieses System findet überall dort Anwendung, wo höchste Lagersteifigkeiten erreicht werden müssen, z. B. bei Schleifmaschinen und bei anderen Genauigkeitswerkzeugmaschinen. Bei Einständer-Konsol- und Säulenmaschinen ist dieses System unerlässlich, da durch Punkt- und Linienbelastung höchste Steifigkeiten mit höchsten Taschendrücken erforderlich sind, die nur mit Membrandrosseln erreicht werden können.

Die Membrandrosseln sind ruhige Vorwiderstände, sie können direkt an den Tisch angebracht werden.

Bei den meisten Hydraulikplänen werden alle hydrostatischen Taschen durch die Membrandrosseln mit Öl versorgt. Ausnahmen sind:

- Exzentrisch belastete hydrostatische Führungen mit Umgriff (Abb. 3.51) und exzentrisch belastete hydrostatische geschlossene Dachführungen (Abb. 3.80), bei welchen hydrostatische Taschen mit kleinerem Druckverhältnis als 0,1 mit der Ölversorgung „Eine Pumpe pro Tasche“ angeschlossen werden.
- Vorgespannte Radiallager (Abb. 3.54, 3.64) und vorgespannte Mittenführungen (Abb. 3.62, 3.72), die mit Kapillardrosseln angeschlossen werden.

Formelverzeichnis

Das Formelverzeichnis soll dem Benutzer helfen, schnell das Unterkapitel zu finden, in welchem die aufgestellten Formeln abgeleitet werden. Die Berechnungsformeln werden zum Beginn des Kap. 2 der Reihe nach übersichtlich aufgestellt.

Formelnummer	Abgeleitet im Unterkapitel
(1.1) bis (1.10)	1.2
(1.11) bis (1.12)	1.3
(2.1) bis (2.38)	2.4
(2.39) bis (2.53)	2.5
(2.54) bis (2.68)	2.7
(2.69) bis (2.78)	2.8
(2.79) bis (2.95)	2.9
(2.96) bis (2.97)	2.11
(2.98) bis (2.100)	2.12
(2.101) bis (2.107)	2.13
(2.108)	2.14
(2.109)	2.15
(2.110) bis (2.113)	2.16
(2.114) bis (2.115)	2.17
(2.116) bis (2.117)	2.18
(2.118) bis (2.130)	2.19
(2.131) bis (2.136)	2.20
(2.137) bis (2.145)	2.21
(2.146) bis (2.154)	2.22
(3.1) bis (3.3)	3.3
(3.4)	3.4
(3.5) bis (3.17)	3.5

B. Perović, *Hydrostatische Führungen und Lager,*
DOI 10.1007/978-3-642-20298-8, © Springer-Verlag Berlin Heidelberg 2012

Verzeichnis der Hydraulikpläne

Ölversorgung: Eine gemeinsame Pumpe und Kapillardrosseln

Ölversorgung: „Eine Pumpe pro Tasche“

B. Perović, *Hydrostatische Führungen und Lager*,
DOI 10.1007/978-3-642-20298-8, © Springer-Verlag Berlin Heidelberg 2012

Ölversorgung: Eine gemeinsame Pumpe und Membrandrosseln

Firmenverzeichnis

SKF (Willy Vogel AG), Berlin:	Mehrkreispumpen, Einkreispumpen, Filter, Druckbegrenzungsventile, Druckstufenventile, Ölbehälter, Zahnrad Pumpenaggregate für die hydrostatische Schmierung, Manometer, Thermometer
Hydac, Saarbrücken:	Ölbehälter, Zahnradpumpenaggregate, Druckbegrenzungsventile, Kühlaggregate mit Kühlerpumpe, Druckspeicher
Log Hydraulik Unterahrain:	Ölbehälter, Zahnradpumpenaggregate Druckbegrenzungsventile
HPV Hydraulik Uedem:	Zahnradpumpenaggregate
VOORTMANN Issum:	Zahnradpumpenaggregate
Schimpke, Haan:	Kühlaggregate mit Kühlerpumpe
Rohre Ketterer, Solingen:	Kapillarrohre für Kapillardrosseln
Deltatherm, Bövingen:	Kühlaggregate mit Kühlerpumpe

B. Perović, *Hydrostatische Führungen und Lager,*
DOI 10.1007/978-3-642-20298-8, © Springer-Verlag Berlin Heidelberg 2012

Literaturverzeichnis

[1] Porsch, G.: Über die Steifigkeit hydrostatischer Führungen unter besonderer Berücksichtigung eines Umgriffes. Dr. Ing Dissertation, RWTH Aachen 1969.
[2] Perovic, B.: Optimierung von hydrostatischen Führungen nach Steifigkeit und thermischem Verhalten. Dr.-Ing. Dissertation, TU Berlin 1977.
[3] Perovic, B.: Arbeitsmappe für den Konstrukteur. Düsseldorf: VDI-Verlag 1993.
[4] Schlotterbeck, H.: Untersuchungen hydrostatischer Lager unter besonderer Berücksichtigung ihrer Anwendungsmöglichkeiten im Werkzeugmaschinenbau. Dr.-Ing. Diss., RWTH Aachen 1964.
[5] Perovic, B.: Tragkraftverlust bei hohen Drehzahlen. Zeitschrift für integrierte Fertigungstechnik VDI-Z 134 (1992), S. 116-122.
[6] Dittrich, E.: Untersuchung hydrostatischer Lager mit gesteuerter und geregelter Ölzuführung. Dr.-Ing. Diss., RWTH Aachen 1967.
[7] Perovic, B.: Werkzeugmaschinen und Vorrichtungen. München Wien: Carl Hanser Verlag 1999.
[8] Perovic, B.: Handbuch Werkzeugmaschinen. München Wien: Carl Hanser Verlag 2006.
[9] Winterschladen, M.: Verfahren zur ganzzeitlichen Auslegung von hydrostatischen Führungen und Lagern. Dr.-Ing. Diss., RWTH Aachen 2008.
[10] Knödel, A.: Adaptronische hydrostatische Drucktascheneinheit. Dr.-Ing. Diss., Universität Karlsruhe 2008.

DOI 10.1007/978-3-642-20298-8,

Sachverzeichnis

B. Perović, *Hydrostatische Führungen und Lager,*
DOI 10.1007/978-3-642-20298-8, © Springer-Verlag Berlin Heidelberg 2012

MIX
Papier aus verantwortungsvollen Quellen
Paper from responsible sources
FSC® C105338
FSC
www.fsc.org

If you have any concerns about our products,
you can contact us on
ProductSafety@springernature.com

In case Publisher is established outside the EU,
the EU authorized representative is:
Springer Nature Customer Service Center GmbH
Europaplatz 3, 69115 Heidelberg, Germany

Printed by Libri Plureos GmbH
in Hamburg, Germany